2019
中国建筑学会学术年会
论文集

Proceedings of
ASC Annual Conference

5.21-5.25·苏州

中国建筑学会　主编

U0210108

中国建筑工业出版社

图书在版编目（CIP）数据

2019中国建筑学会学术年会论文集/中国建筑学会主编. —北京：中国建筑工业出版社，2019.4
ISBN 978-7-112-23624-4

Ⅰ.①2…　Ⅱ.①中…　Ⅲ.①建筑学－文集　Ⅳ.①TU-53

中国版本图书馆CIP数据核字（2019）第069563号

本书收录了2019中国建筑学会学术年会的论文，涵盖五个专题：建筑理论与实践研究、建筑文化与遗产保护、城市设计与乡村建设、绿色建筑与建筑技术、建筑教育。涉及古城复兴、乡村营建、城市设计、建筑技术、建筑文化、建筑教育等领域和内容。本书适用于建筑行业、城市设计等专业从业者、相关单位负责人、建筑师、规划师、工程师、科技工作者、院校师生阅读。

责任编辑：唐　旭　孙　硕　李东禧
责任校对：王　瑞

2019中国建筑学会学术年会论文集
中国建筑学会　主编
＊
中国建筑工业出版社出版、发行（北京海淀三里河路9号）
各地新华书店、建筑书店经销
北京佳捷真科技发展有限公司制版
北京市密东印刷有限公司印刷
＊
开本：880×1230毫米　1/16　印张：25　字数：1748千字
2019年5月第一版　2019年5月第一次印刷
定价：**108.00**元
ISBN 978-7-112-23624-4
　　　（33911）

编　委　会

前　言

　　主题为"新时代本土建筑文化和技艺的融合与创新"的2019中国建筑学会学术年会，定于2019年5月21日～25日在江苏省苏州市召开。会议以习近平新时代中国特色社会主义思想为指导，深入贯彻《中共中央国务院关于进一步加强城市规划建设管理工作的若干意见》精神，结合住房和城乡建设部中心工作和全国建设工作会议部署，围绕城市特色风貌塑造、美丽乡村建设、绿色建筑与建筑工业化、建筑教育与职业实践、建筑文化传承与创新，以及长三角一体化城乡发展等议题进行深入交流，推动新时代中国建筑文化大发展大繁荣，促进建筑科技事业蓬勃发展，以丰硕的会议成果庆祝中华人民共和国成立70周年。

　　本届学术年会自2018年12月发布论文征集第一号通知以后，得到了全国广大建筑科技人员和高校师生的积极响应和踊跃投稿，截至2019年3月25日共收到论文322篇，投稿地区覆盖了全国大部分省、区、市，论文作者来自于广大建筑院校、相关企业和科研机构等。经过摘要筛选、全文审查、优秀论文评审等阶段，论文集编委会最终遴选135篇论文收录于《2019中国建筑学会学术年会论文集》，其中51篇优秀论文全文刊登，其余84篇论文刊登摘要以及电子全文。论文内容涵盖建筑理论与实践研究、建筑文化与遗产保护、城市设计与乡村建设、绿色建筑与建筑技术、建筑教育等方面，代表了新时代我国建筑领域所取得的一系列研究成果，相信对促进本土建筑文化与相关学科的相互融合、推动建筑理论与实践的创新发展将起到积极作用。

　　在本书出版之际，中国建筑学会谨向为论文集的出版给予大力支持的论文集编委会、《建筑学报》、哈尔滨工业大学建筑学院以及中国建筑工业出版社表示诚挚感谢。

　　由于出版时间紧、周期短，疏漏之处在所难免，还望读者谅解。

中国建筑学会

2019年4月

目 录

第一部分　2019 中国建筑学会学术年会优秀论文

专题一　建筑理论与实践研究

专题二　建筑文化与遗产保护

专题三　城市设计与乡村建设

专题四　绿色建筑与建筑技术

专题五 建筑教育

第二部分　2019 中国建筑学会学术年会收录论文

专题一 建筑理论与实践研究

专题二　建筑文化与遗产保护

专题三　城市设计与乡村建设

专题四　绿色建筑与建筑技术

专题五　建筑教育

第一部分
2019 中国建筑学会学术年会
优秀论文

专题一　建筑理论与实践研究

当代中国建筑理论发展整体语境中的个体话语
——论"两观三性"建筑理论发展中的两次飞跃[①]

Individual Discourse in the Global Context of Contemporary Chinese Architectural Theory Development: Two Leaps in the Development of Architectural Theory "Two Perspectives and Three Properties"

向姝胤 [1、2]、向科 [1、3]

作者单位
1. 华南理工大学建筑学院（广州，510000）
2. 广东省现代建筑创作工程技术研究中心（广州，510000）
3. 亚热带建筑科学国家重点实验室（广州，510000）

摘要： 在中国当代建筑发展道路探索过程中，选取何镜堂"两观三性"建筑理论的发展历程为样本，解析建筑师个体话语与整体语境的关系。从理论文本与创作实践出发，讨论"两观三性"建筑理论演变过程中的两次飞跃——从下意识的创作到有意识的言说以及从观念的多元到和谐统一的整体，从而实现了从实践到立言再到立论的蜕变，代表了当代建筑师在承担历史使命与实现自身追求过程中的不懈努力和积极探索。

关键词： 建筑理论；个体话语；何镜堂；两观三性；飞跃

Abstact: In the process of exploring the development path of contemporary Chinese architecture, the development process of He Jingtang's architectural theory "Two Perspectives and Three Properties" was selected as a sample to analyze the relationship between the individual discourse of architects and the global context. Starting from He's theoretical texts and creation practice, the two leaps in the evolution of the theory "Two Perspectives and Three Properties" was discussed - from subconscious creation to conscious expression and from concept pluralism to harmony and unity, thus realizing the transformation from practice to statement and then to argument, which represented an effort of contemporary architects in undertaking historical mission and realizing their own pursuit.

Keywords: Architectural Theory; Individual Discourse; He Jingtang; Two Perspectives and Three Properties; Leap

1 当代中国建筑理论探索与"两观三性"建筑理论

从20世纪初开始，中国建筑学人一直在探索中国建筑的发展道路，大体经历了20世纪20~20世纪50年代的民族形式探索、20世纪50~20世纪70年代末的政治话语和现代建筑的延续、20世纪80~20世纪90年代末外来建筑文化交流以及1990年代末以后的多元探索。尤其是1999年国际建筑师协会（CIAM）第20届大会以来，在建筑思考、建筑实践以及思想传播等方面，中国特色现代建筑道路的构建呈现百花齐放的态势。2012年王澍获得普利策奖，标志着中国建筑开始融入国际交流的舞台。

学界早在1999年开始提倡建立中国特色的理论框架，何镜堂先生是跻身中国建筑理论体系构建行列的积极参与者，自1983年回归建筑实践前沿以来，

何先生始终坚持在建筑产学研的第一线，在本土语境与时代背景中持续努力，将自己的建筑思考凝练为"两观三性"建筑理论。这不仅是对自身实践的思考总结，也是融入整个时代发展历程中对中国建筑发展方向的一种响应。对"两观三性"理论过程的研究，可以视为透析时代的一个纵向切片。

仔细审视当代中国建筑道路探索与何镜堂先生的"两观三性"建筑理论演化脉络，我们发现中国几代建筑师在东方与西方、传统与现代纠缠的语境中，不断反思本土建筑文化，学习西方建筑理论，总结实践经验，努力探索一条适合中国的建筑发展道路[1]。何镜堂先生与当代中国建筑轨迹不期而至的交汇或离散，既体现了建筑师个体话语与整体语境的关系，也呈现出何镜堂先生作为中国建筑师在那条未竟的多元的"中国化"道路上对自身身份的不断寻求（图1）。

① 亚热带建筑科学国家重点实验室开放课题："两观三性"建筑论和谐统一的系统机制研究（项目编号：2015zb04）；广东省现代建筑创作工程技术研究中心自主课题资助项目：基于"两观三性"建筑论的建筑设计方法研究（项目编号：2016AZ01）。

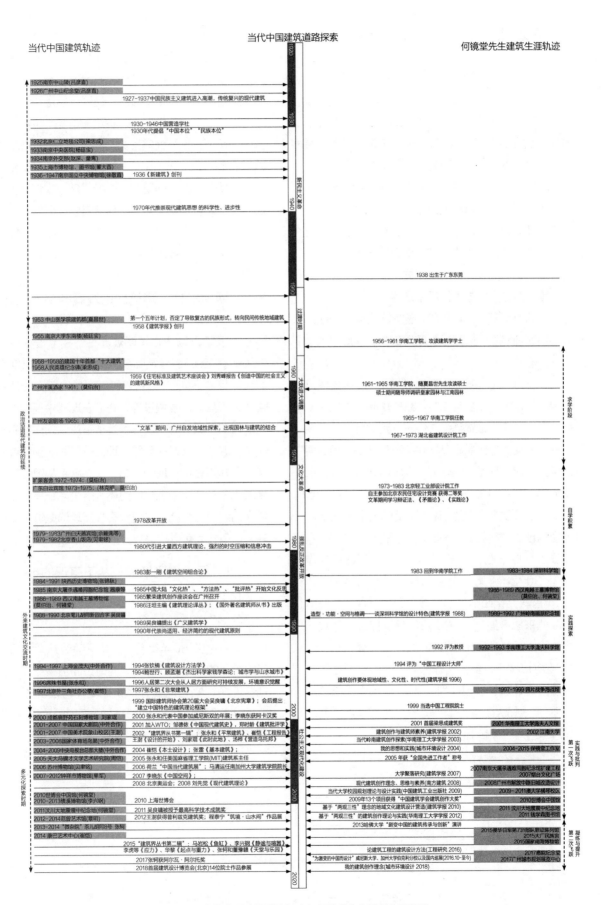

图1 当代中国建筑道路探索与何镜堂先生建筑生涯轨迹

2 "两观三性"建筑理论的发展历程

20世纪50年代末到60年代初，举国上下正热衷于统一建筑思想，建筑理论的讨论大都与刘秀峰发表的《创造中国的社会主义的建筑新风格》有关。这时期何镜堂在华南工学院求学，并随夏昌世教授进行了大量庭园调研，相较而言，其求学生涯受夏教授的解决问题而非寻求风格的现代建筑理念影响较深。[①][2]1965年何镜堂研究生毕业并留校，1967年开始辗转于湖北、北京的设计院，初出校园正值中国建筑创作极端政治化，何先生与其他建筑学人一样基本中断了建筑相关的工作，期间何先生潜心研读《矛盾论》、《实践论》，成为其后来从事建筑创作的哲学基础。1983年刚回归华南的何镜堂抓住稍纵即逝的机会，在深圳科学馆的竞标中获得首奖，从此进入了建筑创作的井喷期。

三十多年来，国外建筑师大量涌入，中国建筑师留学归来让中国特色与西方体系的博弈更为显著。何镜堂作为一名本土建筑师对传统批判地继承，对西方建筑理论及优秀作品研究学习，在实践中逐步探索中国特色的建筑理论。1988~2018年间，何镜堂在《建筑学报》上共发表59篇论文，在各大建筑杂志与报纸上发表文章两百多篇。解读何先生的文本可以梳理其理论建构过程中的几个关键节点：1996年首次提出"地域性、文化性、时代性"的建筑创作思想[3]；2002年强调"三性"是不可分割的整体[4]；2003年首次完整归纳了"两观"和"三性"，并提出要以此来思考建筑[5]；2008年首次提出"两观三性"的整体概念，至此"两观三性"理论体系初步建立[6]；2009年后，多篇文章论述了"两观三性"可以用于指导建筑和校园规划实践；2016年提出"两观三性"是融贯综合的设计理念[7]；2018年将"两观三性"总结为一种和谐统一的价值判断[8]。

近年来，中国建筑师在国内外各种演讲与展览上频繁亮相，成为传播当代中国建筑文化的重要力量。何镜堂也于2000年开始受邀四处讲学，并在2016~2018年间通过国内外建筑作品巡展，更直观地阐述了"两观三性"建筑理论。论文、讲座以及展览让"两观三性"建筑理论及其指导下的实践成为学界热议的对象。2008年汪原等指出了以何镜堂为代表的"岭南学派"的诞生；[9]2013年，崔愷认为"两观三性"建筑理论是对当下建筑普遍问题的针对性解答，[10]；2018年，冯江评述"两观三性"建筑理论是对岭南建筑发展历程和个人实践的反思与总结[11]。

3 "两观三性"建筑理论发展的两次飞跃

何镜堂曾论述，"两观三性"建筑理论受到了中国传统文化[②]、建筑师承、建筑素养、建筑实践等影响。结合何先生从1983年开始层出不穷的建筑实践，分析其理论发展过程，我们发现其中存在两次明显的认知飞跃，第一次飞跃是从下意识创作到有意识言说，这个飞跃是在实践—理论—实践的交替过程中通过批判与思辨实现的；第二次飞跃是从观念的多元到凝练为一个和谐统一的整体，这个飞跃是理论转化融合的结果。至此，"两观三性"理论提供了一种新的思维范式，可以视为其成形的一个标志（图2）。

3.1 第一次飞跃——从下意识的创作到有意识的言说

3.1.1 伴随实践的思辨

从20世纪80年代至今，中国建筑师享受着改革开放带来的优越创作环境，同时也面临着环境危机、社会问题、文化同质等现实挑战，何镜堂先生总是以批判的眼光和理性的思考做出回应。何先生先后在1996年批评了"追求形式"和"滥用符号"的现

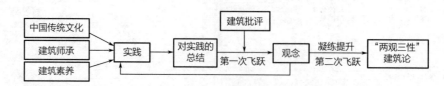

图2　"两观三性"建筑理论形成过程解析

---

① 何镜堂在《一代建筑大师夏昌世教授》中指出"两观三性"建筑理论是对岭南现代建筑理念的延伸和发展。
② 何镜堂曾指出"两观三性"体现了天人合一、和而不同、不同而又协调的和谐统一观。

象，首次提出"地域性、文化性、时代性"三个建筑创作要点[12]；2003年在进行了一系列岭南地域性实践后，指出"为标新立异而破坏城市空间"的乱象，他的解决之道是"建筑创作的整体观"[5]；2010年在完成大量的校园规划实践后，批判"当下校园文化氛围的缺失"，认为校园规划的趋势是"整体化、生态化、地域化以及人文化"[13]；2013年批判了城镇化过程中"千城一面、崇洋媚外和盲目复古"的现象，并选择用"传承与创新"来作答[14]，传承强调扎根本土，即地域性，创新要体现时代的科技和进步，即时代性。我们可以看到，"两观三性"建筑理论的出发点是问题的提出，问题源自于对现有实践与知识的批判[15]，而著述的过程则让概念逐渐清晰和体系化。

3.1.2 理论对实践的反哺

2001年中国加入世贸组织，开放格局增大，设计竞争也日趋激烈。何镜堂先生积极参与竞标并贯彻产学研模式，使实践与理论产生联动效应成为其设计创新的动力，因而密集持续地创作出优秀的设计作品，如华南理工大学逸夫人文馆（2001）、何镜堂工作室（2004-2015）、南京大屠杀遇难同胞纪念馆扩建工程（2007）、广州市越秀区解放中路旧城改造一期工程（2008）、上海世博会中国馆（2010）、汶川大地震震中纪念馆（2011）、侵华日军第731部队罪证陈列馆（2015）、中国南海博物馆（2017）、青岛国际会议中心（2018）等。其中，2010年的上海世博中国馆是全球344个方案的中标方案，堪称代表作。中国馆运用现代建筑语汇对地域文化进行现代演绎，

借彰显中国传统文化特色的同时突出时代精神风貌，借此探索了既现代又中国的身份认同（图3）。[16]这些项目都是"两观三性"理论指导的结果，这是一个理论与实践对话的过程，是不断总结反思、提出问题、进行争论，并对实践形成反哺作用从而发展实践的过程。[17]

3.1.3 第一次飞跃——理论与实践的连贯性及相对独立性

1983年的深圳科学馆等何镜堂早期设计作品，至今仍显现出独特的气质。这些作品蕴含了何先生对建筑创作的朴素思考，这种思考逐渐积累起来，最直接的体现是转化为一篇篇发表在《建筑学报》上的文章。这个时期的实践可以称之为"下意识"，呈现出理论的"碎片化"。随着实践积累，观察到的社会现象增多，思考的深度和广度不断扩展，逐渐产生了批判，并开始"言说"。从脱离某个具体实践的言说开始，标志着理论的思想基础已经形成①。随后，这种表达的意识越来越强，表达的观念越来越清晰，不断逼近一个核心思想，从而产生了一次飞跃——从下意识地创作到有意识地言说。这是"两观三性"建筑理论形成的一个必经过程。

如果将建筑学理解为一种思考世界的方式，那么文本和创作可以看作其思考的两种角度，文本是在思考"如何想"，而创作是在思考"如何做"。与何先生提出"两观三性"建筑理论的同时，许多建筑师也在"做"与"想"的反复中提出了相应的建筑理论，如崔愷立足本土的"本土设计"、张永和关注建筑本

图3 中国馆

---

① 1996年何镜堂在《建筑创作要体现地域性、文化性、时代性》一文中第一次脱离具体实践进行了概念性思考。

质的"平常建筑"以及孟建民强调回归生活的"本原设计"等。

无论是伴随实践的思辨，还是理论对实践的反哺，都体现了理论与实践既相互对话又独立发展的过程，这不是一个单向连续的进化过程，而是一个循环往复、螺旋提升的历史过程。

3.2 第二次飞跃——从观念的多元到凝练为一个和谐统一的整体

3.2.1 从朴素到多元到整体——"两观三性"理论演变的过程

"两观三性"建筑理论在其形成过程中经历了从朴素到多元到统一三个阶段：前期是一系列指向具体细节和经历的关键词，例如1990年的"整体和谐统一"，1996年的"地域性、文化性、时代性"，再到2003年逐渐形成了"三性"和"两观"的核心概念，并且随后对于地域性、文化性、时代性，以及整体观、可持续发展观均有自己独到的解释。①直至近年，关于"两观三性"作为一个整体的意义和价值开始在不同场合被反复提及。毫无疑问，何先生思考的重点已不再是孤立的"三性"和"两观"，不再把"两观三性"当作一个概念的集合体，而是强调概念的整体性。2018年，何先生总结道："一个合乎逻辑的设计构思过程，常常是从地域中挖掘有益的'基因'成为设计的依据，从文化的层面深化和提升，与现代的科技和观念相结合，并从文化的层面深化和提升，与现代的科技和观念相结合，并从空间的整体观和时间的可持续观而加以把握，创作出'三性'和谐统一的有机整体"[18]。

3.2.2 难以清晰言说的困境

在2008年，最早出现了"两观三性"的正式文献表述，一直到2016年，理论处在不断探索的阶段。这个时期的"两观三性"理论可以简单表述为：建筑要坚持"整体观"和"可持续发展观"，建筑创作要体现"地域性、文化性和时代性的和谐统一"[19]，处于"立言"的阶段。事实上，在方法论的范畴，何镜堂已经走得更远，在丰富的实践过程中形成了基于"两观三性"的设计方法论：建筑设计要以问题为导向，用辩证的方法抓住主要矛盾和矛盾的主

要方面；同时，在以地域性为根基的项目文化定位以及时代精神表达中运用普遍联系的视野。基于"两观三性"理论的实践过程和呈现出来的作品，已经明显体现出对于中国特色建筑之路有意识地追求，但这个时期理论的核心表述是在论证"三性"之间的关系，以及论证"两观"对于建筑创作的意义，理论变成多元概念的叠加。在探索过程中，也尝试通过"共生"、系统论等来建构五个要素之间的作用关系，但终究很难将其核心价值释放出来，理论发展一度陷入了难以清晰言说的困境。"行胜于言"是这个阶段的主要特征。

3.2.3 第二次飞跃——理论确立的标志

2012年王澍获得普利策奖，增强了国人对民族文化的认同与自信，预示着一种本土文化的回归以及对文化身份的再定位。随后，何镜堂先生于2013年开始在学术报告中出现了一系列主题明确的标题，如"文化传承与建筑创新"、"和谐理念 和谐建筑 和谐团队"、"融合与创新"、"文化自信与建筑创新"、"地域性、文化性、时代性——为激变的中国而设计"，"建筑文化与绿色技术的交融"等等。从中可以看到，何先生关注的几个核心问题包括"激变的中国"、"文化自信"、"传承与创新"、"和谐"与"融合"。"两观三性"建筑论并未在标题中出现，但在报告内容中都有一定呈现。这些现象一方面说明"两观三性"理论还未完全成熟，另一方面也说明关于"两观三性"的思考在不断深化，并出现了转向。

之前理论表述中"地域性、文化性、时代性"和"整体观、可持续发展观"等子系统的问题可以视为认知的不断调适，这个阶段则上升到关于建筑本原、建筑与环境的关系、传统与现代等相对稳定的知识架构方面的思考。子系统各自的意义不再重要，而是不同子系统之间通过各种关系形成的新的意义成为探求的关键。

2016年，何镜堂先生在《论建筑工程的建筑设计方法》一文中通过建筑设计的基本要求、原则、设计理念、思维方法、设计程序与工作方法等几个方面阐述了"两观三性"建筑理论的思想内核，囊括了对建筑本体的理解、建筑设计的认识以及建筑设计方法

---

① 如地域性不仅包含物质层面的概念，还包括地域文化、文脉等精神层面的内涵，而文化性则着重于美学领域的价值，分为"物的美"、"心物合一的美"以及可以抛离物质实体的"心的美"三个层次。

的建构等问题。文章明确提出了"两观三性"是一个融贯综合的设计理念，并尝试用一个以"三性"为极轴的球体模型来建构文化性、地域性的共时性与时代性的历时性之间的整体关系[7]（图4）。2018年，在《我的建筑创作理念》一文中，何先生将"两观三性"总结为一种和谐统一的价值判断，明显将理论的定位从既往的概念集成中跳脱出来，强调"两观三性"作为一个整体概念需赋予新的意义。同时期，对"两观三性"理论内部各要素的层次性从哲学层面进行了新的探索（图5）。①通过以上线索，我们可以把何先生的所有言论重新串接起来，形成一个相对清

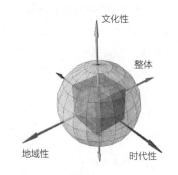

图4 "两观三性"建筑理论体系图示

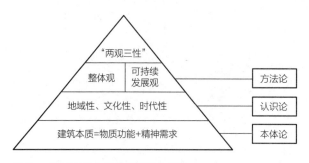

图5 "两观三性"建筑理论层次关系

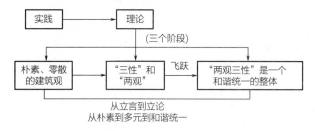

图6 "两观三性"建筑理论发展的三个阶段

晰的理论框架。

"两观三性"建筑理论的第二次飞跃实现了从立言到立论的转变，何镜堂先生也在不断实践与理

论陈述中逐渐建立起自己的理论话语（图6）。与此同时，还有许多前辈也从不同侧面进行理论观察，如吴良镛从人类聚居角度提出的"广义建筑学"、顾孟潮基于建筑哲学角度的"建筑科学体系"以及郑时龄从建筑批评角度切入的"建筑批评学"等，都反映了当代建筑学人关注人与自然、人与社会的关系及发展的新图景，也体现了当代建筑理论体系的多元与开放，它们都是当代建筑中国话语建构的重要组成部分。

4 结语

本文试图将"两观三性"建筑理论及其相关实践置于当代中国建筑道路探索的具体背景下，对其"知识化"，从而为观察中国当代建筑理论发展提供切片。"两观三性"建筑理论形成的过程经历了从下意识的创作到有意识的言说、从多元观念到和谐统一的整体两次飞跃，这个过程经历了几十年的实践探索与理论沉淀，也表明了何先生毕生实践中一贯的意向和意识[20]。而在同时期，许多建筑学人在做着同样的事情，以批判性的现实认知为立场，以个人对建筑的思考和对现代性的理解、反思为起点，并以此介入建筑的实践、批评、教学，或体现在他们的工作和工作方法中。有些还形成了从立场、观念、方法、工具到作品的相对连贯性[21]，所有的这些都极大丰富中国建筑的知识构成。我们也期待更系统完整的"两观三性"建筑理论文本，从而进一步完善建筑理论的中国话语建构。

参考文献

[1] 朱亚光. 当代中国建筑设计现状与发展研究报告[R]. 当代中国建筑设计现状与发展课题研究组. 当代中国建筑设计现状与发展. 南京：东南大学出版社，2014：3-101.

[2] 何镜堂. 一代建筑大师夏昌世教授[J]. 南方建筑，2010（02）：8-13.

[3] 何镜堂. 建筑创作要体现地域性、文化性、时代性[J]. 建筑学报，1996（03）：10.

① 在对何镜堂先生进行访谈中，何先生对"两观三性"建筑理论内部各要素的层次关系所作解释。

[4] 何镜堂. 建筑创作与建筑师素养[J]. 建筑学报，2002（09）：16-18.

[5] 何镜堂，王扬. 当代岭南建筑创作探索[J]. 华南理工大学学报（自然科学版），2003（07）：65-69.

[6] 何镜堂. 现代建筑创作理念、思维与素养[J]. 南方建筑，2008（01）：6-11.

[7] 何镜堂，向科. 论建筑工程的建筑设计方法[J]. 工程研究—跨学科视野中的工程，2016，8（05）：511-521.

[8] 何镜堂. 我的建筑创作理念[J]. 城市环境设计，2018（02）：26-27.

[9] 汪原. 从"华南现象"走向"岭南学派"[J]. 新建筑，2008（05）：6-7.

[10] 崔愷. 建筑的"何"流[J]. 城市环境设计，2013（10）：50-51.

[11] 冯江. 归乡：从夏昌世到何镜堂的建筑路途与理念嬗递[J]. 建筑学报，2018（01）：18-25.

[12] 郦伟，唐孝祥. 何镜堂"两观三性"建筑论的发展历程、哲学基础和价值取向[J]. 南方建筑，2014（01）：99-104.

[13] 何镜堂. 理念·实践·展望——当代大学校园规划与设计[J]. 中国科技论文在线，2010，5（07）：489-493.

[14] 何镜堂. 新型城镇化 中国建筑怎么做？[N]. 建筑时报，2013-12-23（001）.

[15] 李华. "读写"建筑——关于一门课的所思所想[J]. 新建筑，2013（05）：29-31.

[16] 彼得·罗. 附录 展览序言：何镜堂与事件之象[J]. 建筑学报，2018（01）：5.

[17] 王骏阳. 建筑实践与理论反思[J]. 建筑学报，2014（03）：98-99.

[18] 何镜堂. 为激变的中国而设计 何镜堂访谈录[J]. 室内设计与装修，2018（03）：114+113.

[19] 何镜堂. 基于"两观三性"的建筑创作理论与实践[J]. 华南理工大学学报（自然科学版），2012，40（10）：12-19.

[20] 冯仕达，李雨珂. 言辞与理念——何镜堂的设计理念与形式语言的关联[J]. 建筑学报，2018（01）：12-17.

[21] 李华，葛明. "知识构成"——一种现代性的考查方法：以1992-2001中国建筑为例[J]. 建筑学报，2015（11）：4-8.

图片来源

图1、2、5、6：作者自绘

图3：源于华南理工大学建筑设计研究院

图4：参考文献[7]

当代标志性景观创作中的时效性探索
——此在理论下审美态度的情感延展

Exploration into the Timeliness of Contemporary Landmark Creation
——Emotional Extension of Aesthetic Attitude in Dasein Sense

王雪霏

作者单位
中国广州大学（广州，510000）

摘要： 当代西方建筑思潮的繁衍更新促使西方城市标志性景观在审美价值上呈现一种时效现象。本文借用海德格尔的"此在"理论，根据存在的时间视角探究与之对应的三种审美态度。并通过实例解析，尝试在创作路径中寻求贯穿于设计作品中的审美态度，以此梳理标志性景观在过去、现在及将来产生的审美价值和时效意义。

关键词： 此在理论；标志性景观；时效性；审美态度

Abstract: The proliferation and updating of contemporary western agricultural trends promote time-based phenomenon in the aesthetic value of western urban landmark landscape. In this paper, three corresponding aesthetic attitudes of the existing time perspective are explored with Heidegger's "Dasein" theory. And it attempts to seek for the aesthetic attitudes through the design works in the creation path with example analysis, thus to comb the aesthetic value and timeliness significant of the landscapes in the past, at present and in the future.

Keywords: Being Theory; Landmark Landscapes; Timeliness; Aesthetic Attitude

近年来，随着新生代城市建筑、景观创作的繁衍更新，以及设计作品的时效性问题，逐渐成为大众所关注的重点问题。在当今城市的迅速发展中，标志性景观所展现于大众的生命寓意与审美认同在时间的作用下，通过人们自身审美态度的不断完善，促发审美情感由过去到未来的延展性表达，从而建构出标志性景观恒定的审美价值和时效意义。如同法国美学家杜夫海纳所认为的一样，"时间决定了艺术作品的生命历程，艺术作品的生命被人的目光带进了历史时间，因此，只有获得了时间性，这些作品的表现力才得以彰显，才能在时代中创造与该时代相对应的审美价值"[1]。

1 此在理论的阐述

1.1 此在理论的概念衍生

"此在"理论是由海德格尔在《存在与时间》一书中根据生命存在方式提出的一种时间哲学。人们最初于胡塞尔的"纯粹意识"本质结构之中发现与其对应的结构形式。一直以来，在哲学领域中，

关于存在的时间问题思考，呈现两种不同的观点旨意——基于直线模式的先验时间和基于循环模式的此在时间。前者的提出者为康德，后者即为海德格尔。按照康德的阐释，时间具有双重意义：形式的直观和直观的形式，其对于存在而言是本质化的呈现，即从"过去"到"现在"再到"未来"的顺序绵延。而海德格尔的"此在"时间规则是在胡塞尔"纯粹意识"的分析中对康德先验观念的改造。胡塞尔的"纯粹意识"是对于主观时间与客观时间相结合的一种意向性探究，建立在超越的基础之上，认为时间应脱离现实意义。在海德格尔看来，胡塞尔的意向时间与康德的直观先验时间一样，都是自我的时间，前者没有脱离内在意识，后者没有展望到现象的超越。因此，海德格尔认为，每一个事物在生命存在阶段都具备不断更新的意义内核和价值表现，而诠释这种进程的结构即"此在"。

1.2 此在理论的时效内涵

"此在"理论强调从超越的时间层中去认知、探究生命，驳斥那些将存在意义的进展看作是事实发展

必然的观点，突出时间观念的整体循环与超越特征。于此，海德格尔在康德先验时间的基础上，根据事物的基本存在，定义了三种新的时间维度——曾在、现在和将在，并称之为一种"可定期状态"，通过其所呈现的"绽出—视野"的时间结构，赋予"此在"以时间意义的现代解读，并且寓意"此在"的时间本质是对诸多现在的超越过程。从而打破了康德的直观思维模式，使"存在"的现在不再是过去与未来的分离点，而是过去与未来的切入点；存在的时间也不再是直线绵延的，而是一种指向将来的抛物线循环——存在的现在意义将从曾在的将来中产生，是一种对过去的不断超越。因此，对于生命中的"可定期状态"，海德格尔认为：曾在奠基于将在，现在根植于当前，将在延续于曾在，生命在时间维度中将呈现一种超越化的无限循环，并被看作是一种"永远延续的过去"[2]。

1.3 标志性景观中此在理论的体现

存在是生命的本质，任何事物的存在都具备生命意义，"此在"从人的基本存在状态中发掘出时间的特性：它不是一条渐进平稳的脉络轨迹，需要借由若干个"当前"阶段得到理解。而此在的可定期状态正是将过去的"现在"和未来的"现在"，置放于当前的存在之上，它所涉及的是一种由过去不断绽出的超越过程。它以人的生命为载体，将时间定义于存在的可能性之中，强调在生命绵延的过程中，那些存在的既定事实既是一种时间的超越性展现，也是一种内在时间经验的体现，从而映射一切事物的生命都将与时间构成一种"交互规定"，即某种"能是"和"将是"的存在意义会借助时间而到来。对于标志性景观而言，作为对不同时期、不同思潮文化的价值认可，从形成到被熟知的时间进程中具备诞生、展示与再生的存在特性，这种循序繁衍的审美价值和意义同样展示出一种生命的存在结构，需要以一种非固态的流动

时间观念，依据对"当前"的自身理解，去领会有所期备的"而后"阶段。

当其审美价值的演进历程被看作是一种由文化、造型、功能、细节等若干因素共同集结而构成的一种"精神表现"的超越过程时，这种超越便寓意了标志性景观从过去面对将来的无限可能，不仅指出标志性景观过去的文化同现在的形式和未来的潜能存在意义关联，同时更隐喻出过去价值的可见特性，说明过去的存在价值会随同城市的发展以及人们对其不同的利用、解读和阐释发生改变，发生在时间里的种种"事件"（抑或可能）超越了自身而进入一个自我显现的状态[3]，使新的意义用途在其持续绵延的过去功效中得到超越，从而实现审美价值的恒定。因此，"此在"的时间特质决定了人们审视参与标志性景观时，必然同其所存在的过去及创作表现相互关联，即依托原有的文脉印记，滋生出现在的信息条件，创造崭新的场所精神；并且借助现在的形式功能，隐喻将来的创造力与能用价值。

伯纳德·屈米（Bernard Tschumi）所创作的拉维莱特公园中，红色"Folie"的介入使用将整个公园的表现意义呈现于过去、现在及未来的超越式时间探索之中，奠定了公园的恒定审美价值。其中，红色"Folie"作为19世纪法国贵族花园休憩亭的符号扩充，被屈米借用于场地造型之中，在映射历史文脉的同时，通过其对公园与城市之间的现有路径构成制约，以此加强公园空间功能的整体关联，建构新的场所精神。同时，红色"Folie"的置放模式也为公园未来的不确定性构成了铺垫，使公园规模在城市化发展中，不论收缩或扩建，都能够借助于此信号维持风格细节的整体统一，避免产生因面积尺度调整而引发的形式分散状况，当空间发展与城市需求形成互动，公园的价值便在时间的超越中获得再生可能，从而延续"园在城中、城在园中"的审美意义（图1）。

图 1　巴黎拉维莱特公园

综上所述，我们可以发现，事物的现在固然依托于过去，却也成为将来的基础，标志性景观的蜕变或更新依然能够存在于当前的境况中，亦能够持续原本的状态，还可以延续于将来的发展之中，其中的要点在于它将超越原有的曾经，却不会脱离原有的曾经。因此，标志性景观的价值特性将完成对原有的延续，并且在生存状态的当前期备中，通过设计者的意识形态和欣赏者的感知认同，在一种"此在"的时间循环透视中构建彼此间的相互作用，以此确定景观本体在城市建设系统中多效、动态的可持续意义。这既关联着时间机制的超越性展现，也关联着人们审美态度的切变，其所涉及的是标志性景观存在之时的一种不断绽出、持续超越的情感变化过程。

2　审美态度的时效延展

时间滋生情感，情感转变态度，标志性景观的审美价值在时间的超越中被升华，其首要原因是人的态度改变了，"人以哪一种态度去观看事物，事物的哪一种属性就向人呈现出来。"[4]因此，对于标志性景观的时效意义而言，上文中审美价值的"精神表现"可以被解读为特有文化背景下，人对标志性景观创作主旨的意识感知与态度认知，从而确立标志性景观审

美价值的建构（图2）。

2.1　审美态度的可定期状态

审美态度是主体在观赏体验中面临客体事物及相关环境而形成的一种情感注意，其作为一种心理状态，亦是对审美经验的组织累积，通常处于一种"超越曾经"的状态。在这种审美态度的超越状态中，人对同一处标志性景观的情感会跟随时间的推移而转换，主体辨别意识和领会思想中的情感得以蔓延，最初的感知和现在的感受在即将到来的解释中获得认知，这正是"此在理论"可定期状态中所强调的对"过去、当前和将来"时间性的不断认知，其可以在种种不同的可能性中以种种不同的方式到其时机[5]，是对过往经验的持续超越。另外，审美态度的这种超越状态往往与设计师的思维状态形成相互渗透。由于艺术思维的非线性特征，设计师不同期限内的情感表达将跟随创造过程而发生，美国心理学家西尔瓦诺·阿瑞提在《创造的秘密》中根据创作中人对事物感知的概念意象、逻辑思维以及理念深化，提出了创作的三种过程：原发过程、继发过程和第三级过程[6]（图3）。其中的每次一创作过程都是对上一次情感意义的超越表达，相应的每一次的欣赏也都是对上一次审美经验的超越认同。在欣赏过程中，观赏者在对标志性景观

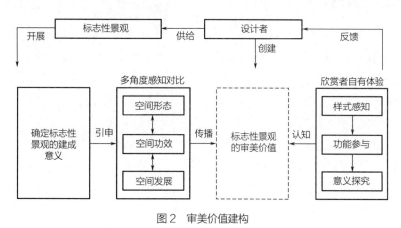

图2　审美价值建构

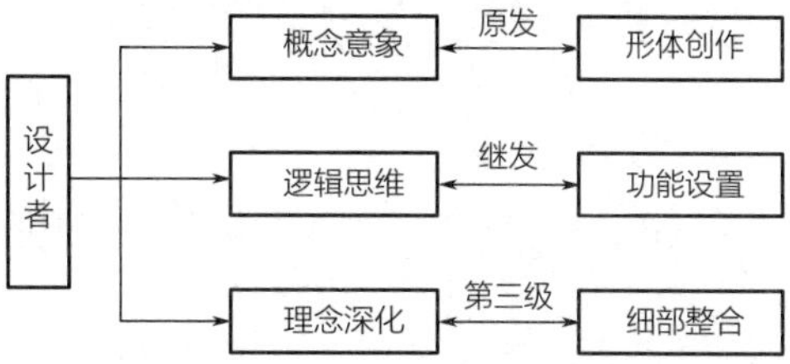

图3　创作过程示意

形体、功效及细节方面的超越认知中产生情感上的转变，审美主体通过对客体过去、现在和未来的情感期备得到最终的审美理解。这种关联的存在，使主体所期备的态度在当前化的时间持续中绽放出来，促发情感状态的必然延展。反之，如果欣赏者只凭借第一印象或外界言论去断定一处景观的美丑，而不去发掘它的期备价值，就失去了审美的意义。因此，审美态度强调对标志性景观的欣赏，既要用心去感知，更是一种时间进程的完善，从而构建欣赏者与作品之间的紧密关联，实现情感的超越延展。于此，我们将人对物的"初始态度"、"展开态度"和"持恒态度"确定为对标志性景观时效价值形成作用的三种审美态度（图4）。

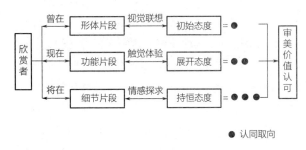

图4 审美态度示意

2.2 审美态度的情感特征

2.2.1 初始态度的情感选择

情感选择是指在审美活动中，审美主体通过视觉、直觉或联想等心理活动层面，对所存在景观个体形态或色彩所表现出的一种跳跃性的情感态度，其与原发过程相对应，是审美态度的初始阶段，呈现曾在状态。景观作品中形体的样式表达将激发欣赏者的直觉联想。当人通过观察标志性景观的样式风格特性时，会构成对大脑浅表认知的情感刺激，人会借助既有的感知想象能力探究现有形式下色彩、形体、材料等具体要素的原本文化意象，这是一种潜意识的辨别，以期获得较为愉悦的由表象到内质的情感态度。这种态度模式呈现先入为主的特性，表象的判断构成了人对景的直观评判，以此作为对审美时效界定的第一阶段认知，以片刻的"点"状时间路径显现。

2.2.2 展开态度的情感加工

情感加工是指在审美活动中，审美主体根据已经存在的主观感知，深入到对景观个体功能领域的内涵

体验，逐渐形成一种放射性的情感态度，其与继发过程相对应，是审美态度的展开阶段，表达现在状态。景观作品中功能的场所体验将确立欣赏者的共性认同。当人通过参与体验标志性景观的功能特性时，会构成对肢体知觉的情感愉悦，人会通过持续的触感认同能力探索现有空间中环境、界面、形态等具体要素的现有功能效用，确定各要素之间环环相扣的功能关联，这是一种理性思维的解读，以期得到可认知化的由主观会意到客观表达的情感态度。这种态度模式呈现肯定认同的特性，实际的接触构成了人对景的主动接受，以此作为对审美时效界定的第二阶段认知，以持恒的"段"状时间路径显现。

2.2.3 持恒态度的情感建构

情感建构是指在审美活动中，审美主体借鉴对已然生成的色彩、形态及功能的历史文化认同经验，从特定的角度激发出景观个体存在的崭新意义，于此呈现一种逻辑性的情感态度，其与第三级过程相对应，是审美态度的持恒阶段，呈现将在状态。景观作品中细节的印记彰显将延续欣赏者的意识传达。人对景观的体验在时间进程中转换，形体的即刻观摩到功能的随即体验、形体的感性表达到功能的理性分解，都在映射着景观的意义逐渐从无拘束的自由模式延展为严谨的整理模式。人将借鉴对已然生成的形态、功能或材质的细节发现，探求出标志性景观将来再利用的控制因素和可行性，这是一种价值效用的自我更新，以期得到注重表现的由局部分布到总体整合的情感态度。这种态度模式呈现认知再生的特性，细节的品位深究构成了人对景的持恒认可，以此作为对审美时效界定的第三阶段认知，以平稳的"线"状时间路径显现。

由此可见，审美态度的情感选择、情感加工和情感建构，在"点、段、线"时间路径中呈现出依次递进、逐步超越的延展变化，为人们解读标志性景观的衍生状态和扩展可能提供了一种维度结构，促使标志性景观的审美价值借助有序循环的时间特性，在过去、现在和未来的被感知中实现对过去的持续超越。

3 都柏林大运河广场的时效体验

位于爱尔兰都柏林的都柏林大运河广场（Dublin Grand Canal Square）项目建成于2007年，景观

设计师玛莎·舒瓦茨（Martha Schwartz）在作品的创作中延续了其简洁、清晰的设计手法，以形体的对接、线条的张力、功能的多元等创作理念的灵活运用赋予此广场可感知的情感认同，使景观在注重原本文化、构建现有路径以及追求未来空间发展的同时，仍然可以形成多面的风格特性。"红毯"与"绿毯"的交互对比既是对各区域间功能质感的平衡特性的表达，亦是在将无数的"曾经"统一为"既有"的此刻的映射，从而令广场的审美价值与滨水意义隐喻于时间超越之中。

3.1 文化的原义投映

玛莎·舒瓦茨在大运河广场的平面组织上，以两条带状脉络的交结穿插控制了广场的形体格局，从而确定了城市新旧文化之间的超越关联（图5）。其中，由里伯斯金设计的新剧院与古老的大运河遥之相对，介于两者之间人流涌进的共同特性，舒瓦茨于此借用一条"红毯"将广场内的两个主体参照沿铺相连，以一种逐渐渗入的栈道方式将其延入运河之中，借此将当下的城市文化映射于传统的滨水文脉之中。随之，"绿毯"作为"红毯"的样式呼应，以同样的方式将人由新酒店引入传统河滨步道之中，构成新样式与旧文化的并联。

3.2 路径的现有交接

"红毯"与"绿毯"作为这个滨水开放空间的两条主脉，在空间环境的制约中，引生出相互连通交接的广场路径（图6）。横竖交织的诸多路径以均衡的

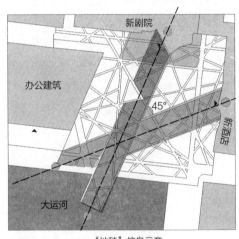

a. "地毯"信息示意

b. 广场效果

图5 大运河广场

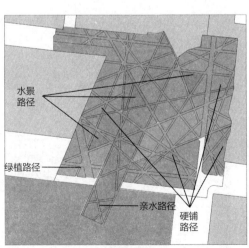

a. 路径主脉

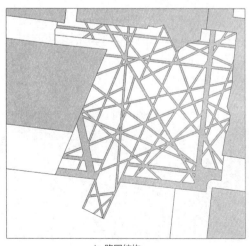

b. 路网结构

图6 空间路径

比例赋予了各个方向节点的穿越可能，达到各区域间相互融合相互渗透的理想功效。并由此增加广场的空间多效性，促进空间界面的多效整合，构成了对原有单一路线的功能超越。

3.3 空间的未来诉求

玛莎·舒瓦茨在借助"红色"与"绿色"路径的分割达成广场格局的整一的同时，也为空间的未来延展构筑了可行条件（图7）。红毯作为通往滨水区域的丰要栈道，结合亲水嬉戏的特性被塑造为动态活络的空间模式，令滨水区的在未来亲水平台的扩展中能够延续空间的主脉，确保场所功能性质的统一。绿毯作为连接滨河通道的主要区域，借助丰茂的绿植将人引入悠久的运河大道，从而营造静态安逸的空间意境，其中，湿地植被的再现与传统街道的融合表达了设计者对城市文化的尊重，由此赋予广场在未来发展中的静态展示空间的可建性，避免风格的零散堆积。

时间虽然不能改变景观及建筑作品的既定样式，但是却能完善情感的意向传达，设计师借助若干景观要素或标识，有意识地将自己的情感体验传达于观者，观者在欣赏中被其所感染，继而体验到此情感。如果说，玛莎·舒瓦茨的原本用意是在这个以当代设计为主导的建筑群空间中，以艳丽的色彩和交错的线条创造出一块能够赋予其动感功效的大地艺术作品，那么，"红毯"与"绿毯"的叠置融合以全新的空间语言结合传统信息的局部重现，在映射场所文脉的同时给予了广场以时间交互特性，使人的审美态度跟随两条红绿脉络的多元演绎在有效时间内不断提升，达到在现实空间的游历中体验过往的景象本质意义。这种意义通过人们持续超越的审美态度繁衍出当前意义、推测出将来意义，于此令广场的有效性得以滋

长，时间性得以绵延，标志性于此升华。同时，大运河广场的既往价值与现实功效在"此刻"的体验中被叠合为整体，促使其审美价值的本有特性在多重的时间涌动中得到彻底的超越。

4 结语

通过对海德格尔此在时间理论的相关释析，本文在可定期状态下，重点探究了当今城市标志性景观所将呈现出延展性审美特征与持恒性审美价值。提出对标志性景观持恒价值的二种影响机制：因文化联想构成的初始化态度模式；因功能体验促发的展开化态度模式；因细节跟随滋长的延续化态度模式。当我们完成对个体工程案例的分析时，可以看到这几种审美态度在时间的延展中所呈现出的逐层递进：观者对待原本样式、现实功能和未来扩展的感知差异，给予了标志性景观"过去—现在—将来"的另有价值意义，继而对这三阶段意义所形成的彼此关联的时间效用做出了阐释：观者从"原本"中挖掘"现实"，以此寻求"将有"的全新意义，其中的每一次探索都是对过去的整合超越。

参考文献

[1] 吴海庆. 伽达默尔与杜夫海纳关于审美存在的时间性观念[J]. 河南师范大学学报（哲学社会科学版），2001（1）：31-34.

[2] [美]保罗·戈德伯格，百舜译. 建筑无可替代[M]. 济南：山东画报出版社，2012：138.

[3] Forman R Some General Principles of Landscape and Regional Ecology [J]. Landscape Ecology, 1995

 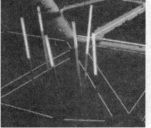  

a. 活络的红色区域　　　　　　　　　　b. 静谧的绿色区域

图 7　动静空间对比

（13）：133-124.

[4] 张法. 美学导论[M]. 中国人民大学出版社，1999：44-46.

[5] [德]海德格尔，陈嘉映，王庆节译. 存在与时间[M]. 生活·读书·新知三联书店，2012：347.

[6] 西尔瓦诺·阿瑞提，钱冈南译. 创造的秘密[M]. 沈阳：辽宁人民出版社，1987：15.

图片来源

图1：http://www.vccoo.com/v/aab6de?source=rss.

图5（b）、图7：http://blog.sina.com.cn/s/blog_673c8b9e010154zl.html.

其余图片均为作者自摄或自绘

传移模写
——"地方"空间及其"山水"境象觉知与表达①

"Place" and its "Traditional Landscape Space" Image Awareness and Expression

王伟

作者单位
沈阳建筑大学　建筑与规划学院（沈阳，110168）

摘要：本文以"地方"喻示生活空间的界域及内涵，令空间这一概念客体得以具有较为具体的指向性和可言说性。进而，借助我国传统"山水"艺术中固有的，从各种角度针对空间感知、移情、意象化以至表达等方式方法的探究和阐述，将以代表性的谢赫六法中传移模写为线索，探索地方性人居环境空间经由具身认知、量度化进而得以情境模型化表述的理论体系。

关键词：地方；山水艺术；情境；知觉量度；情境解析模型；传移模写

Abstract: This article uses "place" to describe the boundaries and connotations of living space, in order to make the concept object of space more specific and directional. And then, exploring and expounding the methods of spatial perception, empathy, imagery and expression from various angles, which are inherent in the Chinese traditional "landscape" art. Taking the way "Imagination and reconstruction" in "six method" of Sheikh as a clue, exploring the theoretical system of localized human settlements environment modeled by contextual cognition and measurement, in the perspective of embodied cognition.

Keywords: Place; Chinese Landscape Art; Situation; Perceptual Measurement; Environment Modeled by Contextual Cognition; Imagination and Reconstruction

　　"空间"是客观的"实存"，它既虚空又充实，因其有所指而成其所"在"。"埏埴以为器，当其无，有器之用。凿户牖以为室，当其无，有室之用。故有之以为利，无之以为用"，"空间"总是在所指的范畴之下，得以被"名状"而具备存在性。如《易·鼎卦》象传中"君子以正位凝命"的提法，以时、序得宜令所指"存在"系统化、秩序化、典型化，质形相成为生命化、意义化、表情化的境象存在。

　　而境象，本文中定义为一种带有传统文化印记的特定"表征"，一种相关"空间"被认知所有条件和关系的系统框架，我们借此认知、定义、符号化表述认知对象的内容、规律、机制及结构。而表征则指代某种信号，作为一种模型建构，指称某类事物并传递其征性信息。如《易经·系词上》中说，"圣人有以见天下之赜，而拟诸形容，象其物宜，是故谓之象"，又于《易·系词下》中言及古圣人，"仰则观象于天，俯则观法于地，观鸟兽之文与地之宜，近取诸身，远取诸物，于是始作八卦，以通神明之德，以类万物之情"。境象于是成为寓情于景的境围类比，以整体系统的"空间"表征达成情理一如的认知表述。其过程恰如王昌龄于其所著《诗格》中所论及的，应"神之于心，处身于境，视境于心，莹然掌中，然后用思，了然境象，故得神似。"

　　"地方"作为一种特定的境围表征，在段义孚的表述中突出了特定空间的方位（Location）、形态（Form）以及价值和意义（Value & Meaning）等主要意义。它是一个内向而有明确界定意象和价值的系统，进而决定着人类与之相依的行为模式。就我国传统文化而言，最根本的地方依存就在"可居"的"山水"之间，一方山水提供了人居空间表达的基础。

1 "空间"的表征性本质

　　任何"空间"的认知与表达行为都是基于"表

① 基金资助：辽宁省科学技术计划项目，编号:20170540761。

征"而发生的，作为一个指称，其指称对象却非其所表征的确指"实在"，而需被解析为具有特定物质个体及其间关系构建而来的特定形式框架——某种符号表达式（以某种机制规约着符号的序列）——进而形成概念的逻辑概括、推论和表述。譬如夕照之下的南山，依着篱笆随风轻颤的野菊，有鸟蹁跹云蔚霞蒸的山峡，心远地偏的幽境均非隐者暇居空间的本体，唯有在认知意向的整合中构建了世外山居的处所空间。

为人所惯识掌握而无意识化的认知对象，以及认知所不可穿透彻查的个体，我们将之简练为特定语义的个体表征符号，进而借由个人主体与之交互、关联而引申的意义结构是"空间"概念确立的核心框架，空间的"具身性"本质决定了关于它的认知和表达是意向性建构式的过程，空间又是意识能动的表征性外延。

> 夫情致异区，文变殊术，莫不因情立体，即体成势也。势者，乘利而为制也。
>
> ——晋 刘勰，《文心雕龙·神思篇》

由此，被感知的世界失去了于认知身体之外的对立和拒斥，被意识情境化为特定形式的知识表述，而意义令个体人与外部个体间形成了可"思量"、"体察"与"推度"的，具有"深度"性的联系，度与量的差异表现出独特的结构形态。梅洛-庞蒂提出，"深度是物体或物体的诸成分得以相互包含的维度，而高度和宽度则是它们之间得以彼此并列的维度"。以其深度判断，身体赋予外部相关事体空间性的结构关系，并将之指向其表征（形式）的秩序性。

> 夫情动而言形，理发而文现，盖沿隐以至显，因内而符外者也。
>
> ——晋 刘勰，《文心雕龙·体性篇》

宋时范宽曾说："吾与其师于人者未若师诸物也"，进而达致"师诸心"，以至"舍其旧习，卜居于终南、太华岩隈林麓之间，而览其云烟惨淡、风月阴霁难状之景，默然与神通，一寄于笔端之间"的空间表述境界。而郭熙则在其《山水训》中提出，以"意推"、"三远"表现空间的深度和情态，"度物象以取其真"，将山水可行、可望、可游、可居的具身化情境经验抒发于空间形式表述之端。在存在主义哲学家萨特的理论中，空间的对象本身并非外部境物，它是意识与对象间的关系的表述，是在意识中被反思塑成的对象，映照了自我意识而形成的客观表述。感情作为一种意识，身体由赋予知觉对象以质性，影响着感情对意义的判断，而针对这种感情的自我意识联系了物我彼此，形成了基于具身判断（情感量度）的结构体察。

如《园冶》有论："凡造作，必先想地立基，然后定期间进，量其广狭，随曲合方，是在主者，能妙于得体合宜，未可拘牵"。其"想"且"量"而致，便表达了空间组织者立基营筑"巧而得体、精而合宜"的具身性推思过程。再如崇祯年间，郑元勋在《影园自记》中说："吾友计无否（计成），善解人意，意之所向，指挥匠石，百无一失，故无毁画之恨"。解人意、运匠石而至入画之空间表达，以致茅元仪于《影园记》中"影园，以柳影、水影、山影，足以表其盛"的空间盛景。

图1 秋声赋图（文徵明）

> "草木无情，有时飘零。人为动物，惟物之灵；百忧感其心，万事劳其形；有动于中，必摇其精。"
>
> ——《秋声赋》欧阳修

2 "空间"概念的语义建构

哲学家梅勒（D.H.Mellor）的理论提出，空间是时间的空间性类似物，空间作为某种存在，一方面有其时序演进的逻辑性趋向，又本质的包含着时间变迁中境围的变化带来的各种可能性。它可能走向可能的预期构式，也可能因各种涌现的现象走向另一种可揣摩或不可测的样态，因此关于空间概念的建构由行为走向有迹可循的基本个体出发去推度，也许比无端揣测的，大尺度笼统推理来得更有所本、可靠而在某种程度上更有逻辑安全感。

"情境分析"理论最早由卡尔·波普尔（Karl.Popper）提出，即以构建社会情境模型的方法，进行一种典型而基本的空间结构情态化表达。当我们将被无意识化和认知不可解析的实存内容、事体定义为空间个体时，同时将逻辑性"存在"的人假定为个体之一，并以之作为空间–事件源生、发展的"零坐标"构建解析模型。通过指向性的情境界定，将历史性现象和人的行为放到具体的境围中去加以比对和证伪，考量人的行为及环境影响的可能性，以形成对其"情境—景观"趋向的逻辑判断。因此，某种程度上，情境分析理论中的主体人由于被逻辑化、理性化，而由空间主体的强主观性存在被转换为空间情态化结构中的个体实存之一，其行为可以被用来与零坐标元结构进行比对、证伪、反驳和推测。以合逻辑的理性个体为基元，人与空间的情态结构便具有了可量度的客观性。

在依赖形式的概念交流中，表达是一种对周围世界的再现与互动的语言过程，必然要求人类个体相关能力的发展，以期形成一种长久而稳定的概念表意结构和语义表征形式。相对的，概念表征的规则并非基于其自身呈现而来的行为形态，而是决定于引生该行为的心理预期。以日本建筑师藤本壮介的作品为例，我们可以认识到借助语义建构，传统空间语言在意向性表达中所能呈现出来的语义变换与多元的表征能力。

梅勒认为"概念是人类认知结构间的语义关联"，即在交流和理解过程中通过语义关联将表征形式放在相应境域中对其形式做出语义说明。表征的语言体系作为知识或本能存在于身体中，其语义在被形式化之初便将以某种心理现象获得表现。认知语言学加拉考夫（G.Lakoff）与之相似的以理想化认知模型

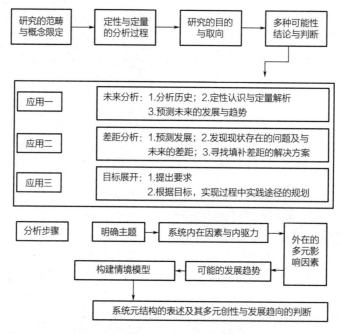

图2 情境分析的基本内容与流

图3 藤本壮介 NA住宅

图4 藤本壮介 NA住宅

（Idealized Cognitive Model，ICM）理论说明了人类可以借助表征范畴间的语义关联，"不需要非常固定的意义（sense）和指涉物（referent）就能使用语言符号进行交流"，从而为特定语境下，得到范畴化和形式化的心理表征现象可以解析、认知和描述空间概念，并以特定形式对其加以表达的可能性提供了理论基础。

3 空间的知觉量度与转移摹写

　　形生势成，始末相承……夫情志异区，文变殊术，莫不因情立体，即体成势也。

　　　　　　　　　　——刘勰《文心雕龙·形势》

　　具身实践具有明确的意向性，其"能为"属性引生或约束外部事物如何被知觉及设想。并关联、赋义、定位而结构化的方式，建构为空间意识的外延表征形式。在此一方面，很容易为我们所联想到生活在中原地带的汉族城聚形态，与游牧民族如蒙古人聚居的库伦形态之间的差异，很鲜明的表征了面对不同环境能力的身体如何为我们抉择了适宜的人居空间形态。

　　语境可以是一个系统，一个关系或一个事物，它促使语境范畴内的空间表征个体组成稳定的系统，被表述为某种表达式或框架形式，令该系统中各层级趋向于整体征性的一致。在情境分析建立的空间解析模型中，储存大量典型境象，其中表征个体的相对位置可映射其所处的位势及相互关系，使空间具有可揣度、估量的客观性。呈现为空间行为驱动、趋势、阻力、平衡、张力以及强度等形式的动力现象等，令逻辑性、"量度化"的分析和表述空间关系成为可能。莱考夫认为人的感情和知觉本身和空间一样难以精确的剖析和解释，需要借助可以精确理解的其他概念来掌握它们。而这个隐喻的立场、强度和过程将因表述的范畴、具体的情境而容许多元的内容可能性。

　　在梅勒看来，"空间"要得到有效的表征，就必须由其概念所界定的范畴内寻求相关涉的意义映射对象，即某种"隐喻点"来实现。就地方人居视角的空间范畴而言，时空同构的可指称形式可以由如下三个方面进行表述：

　　（1）空间内容的形式表征

　　身体的能为对某概念范畴内空间内容具有强度性界定的知觉定义，明确区界了的空间范畴。具身意

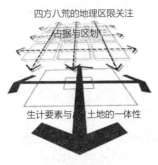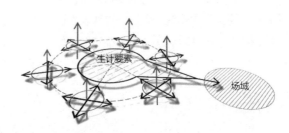

图5　农耕文化的汉族聚居空间与蒙古游牧聚居形态解析模型对比

图6　草原上的蒙古大库伦

识决定了我们依靠和利用知觉以离散性实体构建"空间"的客观基础，令地方人居空间形态在界面、肌理、结构、层级、容积、形态以及界域性等空间性征可以被考量和表述。

（2）空间个体的结构表征

空间个体相互关联构建的完形系统，空间个体间的位势关系使个体人在其中因价值趋向的影响，会产生系统内相对性的"方位"意识。经过长期的生活过程，身体通过知觉的触角将外部个体整合为特定的意义结构，由知觉和判断而表现出趋向性（方位向量、向心性、线性、发散性等）、生态位势与空间层级性以及动力学机制下的拓扑深度等空间属性。

（3）时空同构的径向表征

情境化的空间概念决定了认知时间的容量。在空间认知及其景观知觉的过程中，相对零坐标的个体情境意识，时间性途径具有单一指向的目的性，时空同构的人居实践过程反映出地方性空间个体间的价值判断、实践取向、实践后果以及其形式映射，我们可以借此知悉空间结构中行为和运动的强度表现。

认知心理学者布鲁纳（J.S.Bruner）认为，知觉的过程同时是归类的过程和概括话、建构的过程，经由知觉信息和意向建构，定义推论出一个关于外部事物的根据性假设，并以此作为未来行为判断和预见的基础。而表征的意义是根据这一假设，对意象表述的形式化推定和建构，一种对认知对象的意向性转移模写的过程。

4　图示与语义模型

在中国古典文化中，关于空间的"名状"本就是以"身体"为质心而定义的意义结构。"古往今来谓之宙，四方上下谓之宇"（《淮南子·齐俗》），包含着发自己身，得之验践的经验过程。其形式是以人为核心的"世界"或"环境"的整体呈现，"无名天地之始，有名万物之母"，它是一种名状、表述，是人与自身、他物、事体、自然和世界关系的系统性表述。建立"空间"认知的方法，便也在这传统文化中有明确的途径可资因循，如"天官薄类""心有征知"。

"征知，则缘耳而知声可也，缘目而知行可也；然而征知必将待天官之当薄其类然后可也。"

——《荀子·正名》

此"薄"有使物象归"类"，清明浅近易于辨知的意思，也有近切经验的含义，与天官（知觉五官）相联而论，其名状征知的"具身"意谓不言而喻。"故万物虽众，有时而欲偏举之，故谓之物。物也者，大（形容广泛与宏博）共名也。推而共之，至于无共然后止。"（《荀子·解蔽》）物的意义及名状（"状"的名义获得），源于人的身体与其整体关联中赋予的意义基础。

情境定义下的"地方"概念定义了人类栖居行为的某些偏爱，欲望、本能、理想等都在空间性个体间唤起一种连贯的结构化"图式"表征的构建。图式又是一种反应模式，表征了个体人向空间个体投射意义的某种意向性，决定着关于它们分布和组织的特征或属性，并将之表征为某种包含征性内容的形式语言。由此，图式表述了一种经由话语描述的意义链条，在空间系统的内驱力作用下向着可预期的方向进行推演和发展。

以"身体"为基的情境性空间概念，以我们与环境间可度量的互涉行为强度特征为基础。隐喻将之与知觉情态相关联，使我们可以用更客观而明晰的量化关系去表述这一图式化的"经验完形"，为我们的"空间"经验提供一个可指称、可言说的形式基础。

5　结语

当下之时，人居空间领域中的具身认知研究方兴未艾，新颖而系统的工作方法，通过知觉量度将心智与外部空间物象相关涉，建立起生态性的意义结构与表述框架。以具身意识理解的传统空间文化，结合传统文化所诠释的具身性空间认知方法，有着深远的研究价值以及支持特定空间决策的实践价值，能够为地域人居环境空间建设提供现实、有益的帮助。

参考文献

[1] 刘胜利. 身体、空间与科学[M]. 南京: 江苏人民出版社, 2014. 11.

[2] 乔治. 莱考夫, 马克. 约翰逊, 何文忠译. 我们赖以生存的隐喻[M]. 杭州: 浙江大学出版社, 2015. 3.

[3] 韩桂玲. 吉尔. 德勒兹身体创造学研究[M]. 南京: 南京师

范大学，2010. 8.

[4] 卡. 波普尔，杜汝楫，邱仁宗译. 历史主义的贫困[M]. 上海：上海人民出版社，2009. 7.

[5] 宁海林. 阿恩海姆视知觉形式动力理论研究[M]. 北京：人民出版社，2009. 8.

[6] 刘沛林. 家园的景观与基因[M]. 北京：商务印书馆，2014. 12.

[7] 蒲欣成. 传统乡村聚落平面形态的量化方法研究[M]. 南京：东南大学出版社，2013. 10.

[8] 约翰·H·霍兰、陈禹、方美琪著，周晓牧、韩晖译，隐秩序——适应性造就复杂性[M]. 上海：上海科技教育出版社，2011. 10.

[9] 库尔特. 勒温著，竺培梁译，拓扑心理学原理[M]. 北京：北京大学出版社，2011. 10.

[10] 克里斯蒂安. 诺伯格-舒尔茨著，黄世均译，居住的概念——走向图形建筑[M]. 北京：中国建筑工业出版社，2012. 04.

[11] 冯炜著，李开然译，透视前后的空间体验与建构[M]. 南京：东南大学出版社，2009. 1.

[12] 徐炯，刘峰著，建筑的图像转向（视觉文化语境下的阐述）[M]. 南京：东南大学出版社，2012. 7.

[13] 张之沧，张卨著，身体认知论[M]. 北京：人民出版社，2014. 2.

[14] 约翰. 安德森著，认知心理学及其启示[M]. 北京，人民邮电出版社，2017. 6.

胜景与荒芜：建筑之于场所的自证
——以苏州御窑遗址园暨御窑金砖博物馆为例

Splendor and Barren: Self-certification of the Building to the Site——Taking Suzhou Imperial Kiln Ruins& Museum of Imperial Kiln Brick as an Example

熊玮

作者单位
东南大学建筑学院（南京，210000）

摘要： 场所的生命力来自于建筑于其中恰如其是的语意与营造。本文以苏州御窑遗址园暨御窑金砖遗址博物馆为例，从路径、关系、物什三个角度对场所的文脉、形式和精神意义进行分析，探讨了建筑如何在场地之中圆融恰当的表现，试图建立建筑与场所的物质和精神关联，以期获得场所的外在表现力与内在张力。

关键词： 场所；路径；关系；物什

Abstract: The vitality of the place comes from the architecture with the appropriate semantics and constructing. Taking Suzhou Imperial Kiln Ruins& Museum of Imperial Kiln *Brick* as an example, this paper analyzes the context, form and spiritual significance of the place from three perspectives of route, relationship and matter, and discusses how the architecture can be properly and integratedly presented in the place, trying to establish the material and spiritual connection between architecture and place, in order to obtain the external expressiveness and internal tension of the place.

Keywords: Place; Route; Relationship; Matter

胜景与荒芜描述是刘家琨所作的苏州御窑金砖博物馆所表现的建筑与场所的图景，或是到访、探寻、观游、思考之后的感受。一处苏州城北荒芜的场地，一处六百余年废弃的砖窑、一众精致考究的金砖、一众繁华帝都的殿堂、一位"在西部做建筑"的建筑师。这些碰撞在一起，完成一场建筑之于场所的自证。

1 路径：回应场所文脉

御窑金砖遗址博物馆并非孤立的建筑，包含博物馆、游客中心、交流中心、会议中心、生产用房四者，及其所依存的场所以及所统领的场地。场地初见，荒芜寥落。御窑遗址孑然立于其间，似是冷静而深沉的叙述者。非昔日胜时，昼夜劳作，往来车辙，方有朱棣于千百里之外的帝都大兴土木，造就胜景。博物馆的兴造似乎是想在此处荒芜之上建立一种叙事的秩序，从一处荒芜之地，到一块砖，再到一时盛景。空间路径的设置恰是其中重要的环节：人们如何认知、以何种方式认知似乎都取决于此（图1）。于

是，在这种刻意为之的路径中，叙事的脉络被延展，探求的好奇心也被随之调动。场地的主入口设置在西北隅，而博物馆的主体设置在南端，漫长的路径之间穿插着直白的林荫道，曲折的廊桥，略微宽阔的广场以及收放自如的小庭小院。场地主入口并不张扬，自城市道路略向南扩展，形成一处微狭的小广场；随即转而向东，引导的是一条直白的林荫道，至场地的东北角向南望，透过树影依稀可辨的是一处灰砖砌筑的小建筑，似近似远，并不真实；林荫道的尽端是河流，识别位置的陆慕桥已在近处，似是又出了场地回到了城市；此时转而向南沿着水流经过石桥，已可见西侧不远处与石桥平行跨于水塘之上的廊桥，廊桥及其身后远景，似是在勾勒一幅旷野图景（图2），又似在描绘一处深藏不露的精致林泉，其所建立的矛盾感知又继续引人深入，而此时已至廊桥起点。廊桥先引向北至方才隐约见到灰砖砌筑的小建筑，这里是路径的第一个节点——游客中心。廊桥经游客中心稍作停顿又从紧邻的一侧折返向南，引向博物馆与会议中心。与林荫道不同，廊桥虽也是径直延伸，却因其中的诸多小园（图3、图4），而表现出曲折、蜿蜒，

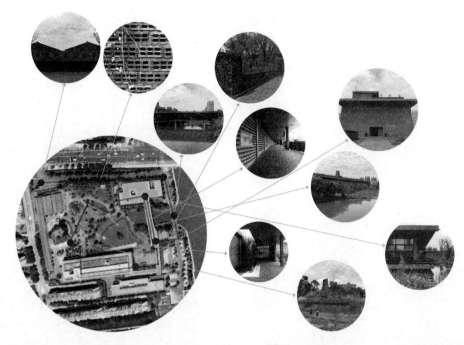

图1 路径节点分析

图2 场地的荒芜感

图3 廊桥中江南意境的小庭园

图4 廊桥

多有意趣。廊桥最南端豁然开朗即至博物馆主入口。主入口开在博物馆的山墙面，垂直的方向则是会议中心的入口。至此，路径的叙事升至高潮，开始由室外转向室内。但路径的叙事并未因此而终止，从室内转向室外的转折是博物馆三层西北角的连续向下的台阶（图5），道路开始狭窄、无序、像是荒草之间随意行走而成的小径，小径不约而同地引向御窑遗址，御窑遗址之后，小径再逐渐聚合引洄游客中心西侧小庭院，路径的秩序至此而终。

图 5　博物馆连续向通向遗址的台阶

　　路径的秩序流露着某种流动的诗性，看似无常，其本身确是在回应场地所在的文脉（context），或者说是语境（context），与江南园林中的某种路径的设置相似（图6）。曲直错落、明暗交替、狭阔有致，而路径与其中的节点之间又在移步之时建构着某种图景：譬如游客中心如轩榭，譬如博物馆如厅堂，譬如御窑遗址如山石，似乎正欲建立一种与园林的联系。而每一处图景却不刻意渲染，路途之中也有风景，场地自有的荒芜感看似未曾破坏，但又因路径的置入多出些许精致来，引发关于盛景的思绪。路径之中隐藏探寻的线索，在不断的观望与驻足之间，建构有关遗址的图景，有关金砖的图景等等。路径叙事

是一种可观瞻亦可游历的方式。刻意延长的路径似是一种深沉的邀约，使人沉静下来，进入建筑师所设定的情境，方可探得深远不尽的盛景。这与园林之中的路径设置不谋而合但又不尽相同。不谋而合的是，两者通过刻意为之的路径设置，从探幽到漫游的过程，使人进入一处当下与久远并存、在场与虚空并置的世界；不尽相同的是，博物馆的空间体验在漫游之外又增加了叙事，并非只是主动的、私人的寻道过程，而是有意识的导引、完整的讲述的过程，这也是因建筑与场地所应具有的公共性决定的。

图 6　苏式意境的庭院

2　关系：回应场所形式

2.1　遗址与城市

　　建筑师对场地的营造似是在遗址与城市之间建立建筑学的联系。从城市进入遗址的过程漫长而有序，而从遗址返回城市的过程则曲折而无章。中间则是各有意喻的大小建筑。遗址本身并未被过分强调，而通过路径的设置、图景的建构，保存了遗址的某种原初与真实，恰是这种原初与真实所创造的荒芜，于现代城市的喧嚣与精致的对比中被强调。明成祖时，千里

之外的京城繁华，殿堂、庙宇所用金砖皆出自于此，泥土取炼、砖坯烧制、方砖降温，而后再经挑选、运送，终得见于庙堂。建筑师在遗址与城市之间建立了一种独属于场地的图景，这种图景所表现的荒芜的场所感反而能够引人驻足沉思（图8），思考真实的使用、朴素的生产等，如其所是。关联起一处与今时的城市、昔日的京城之间的语意纯粹的场所，而非过多予以限定变得意味不明，偏离真相。

图7 御窑遗址

图8 荒芜场地之中的博物馆

2.2 砖窑与殿堂

博物馆的建筑形态并不是具有特别构图的形式，而选择以"霍夫曼窑"为原型予以抽象与转译，以回应御窑所建立的形式语言，平远的出檐与雄浑的体量又予以回应殿堂所导向的形式语言，二者并置，建立属于博物馆自身的话语立场："表现其从一种地域性物质原料到一个王朝的最高殿堂的大跨度精神历

程"[1]。建筑师所表达的砖窑感与殿堂感并没有去迎合场地之中原生的实际烧制金砖所用的圆形砖窑，也没有去附和金砖所用于的明清殿堂，而是建立一种属于建筑自身的砖窑感（图9）与殿堂感（图10）这种方式并不是刻意地去描摹形式，而是去描摹空间。而建筑以"霍夫曼窑"这种更近现代的形式来界定空间的时态、以"雄辉的殿堂"这种更具气势的形式来界定空间的状态，这与建筑师所要表达的空间氛围相契合，也与金砖的气质相应和。它应当是坚硬的、沉重的，又当是大气的、抽象的。

图9 山墙面主入口与砖窑感

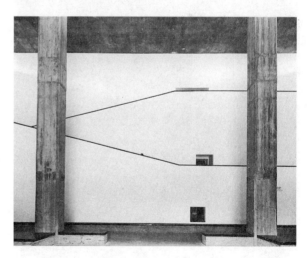

图10 序厅的殿堂感与苏州感

博物馆自身相较于场地应是盛景之于荒芜。博物馆序厅所营造的殿堂感表现出明确且强烈的空间特征。正对主入口的"白墙"实际上是几折坡道的维护面，沿坡道走势压灰边与白墙并置表现出浓郁的苏州感，铺地的小青砖也是苏州感的表象，但并未削弱"殿堂"的气质。空阔高挑的矩形空间、木模混

凝土柱与混凝土的藻井塑造强烈的"殿堂"端庄氛围（图11）。空间有自然光照射的位置选用49块金砖铺地，其殿堂感再次加深。"白墙"与小青砖的存在强调建筑所在"地方"的同时从对照的视角加深空间的殿堂感（图12）。

图11　博物馆序厅混凝土藻井

图12　砖窑内部空间的演绎

3　物什：回应场所精神

金砖（图13）这一物质性载体，既关联至原初而真实的江南砖窑、朴素而细腻的地方工艺，也关联至精致而大气的帝都殿堂。地域性的场所精神维系于斯，所有的空间表现、空间建构也都围绕其展开。于是便有了精心安排的路径、有了悉心设计的关系。以物什本身回应场所精神，这种方式更加直接、却充满着张力与戏剧冲突。建筑师为了衬托金砖，场地与建筑中使用了诸多其他的砖：既有多孔砖、大孔砖、煤矸砖等粗糙的砖，也有不同规格的青砖与空心砖等雅致的砖（图14）。这些砖在场所之中恰到好处地支撑着每一处图景，渲染着每一处细节，看似简单，却能够衬托出建筑师所要表达的空间气质及其自身所暗示的有关砖的场所精神。"以砖为因由，物的意义明晰可辨。"[2]最终这些砖的组合成为金砖表现的支撑与烘托，在建造方式和语言上对荒芜破碎的场地予以统一的秩序，其自身也是盛景。"尽管材料本身并不是诗性的，然而我深信只要建筑师为它创作出具有意义的情景，材料便能在建筑中展现诗性。"[3]

图13　金砖

图14　不同规格、不同种类的砖及其拼法

　　金砖的物质性存在，引发我们去探索、感受、知觉其身后所隐匿的盛大而丰富的多重性世界。以物的真实唤其思考、情绪与想象，是具有强大力量的。因为金砖的存在，这个本是支离破碎的场地变得真实可读，甚至何以制于苏州而用于京城的关系也变得明朗起来。金砖的大气与厚重是属于帝都的气质，而其烧制的精致与细腻却属于苏州。如是，金砖生发出一种生动的在场感，强化了场地、建筑与观者的联系。

4　结语

　　"在一个混沌的世界里，建筑有所表现，有所稳定，也有所指向。"[4]

　　建筑之于场所的自证，意味建筑在场所之中圆融恰当，得宜地回应场所文脉、场所形式、场所精神等。建筑并非脱离场所的孤立存在。建筑与场所发生各种各样的关联，以证明其存在。建筑于场所而言，是引发场所之中诸多事物间的一种联系机制，无论形或意，均是其自证其理的表达。在御窑金砖博物馆的项目中，建筑与场地在胜景与荒芜的对照之中获得其话语深度与厚度，建筑无论在苏州地域的文本之中、在御窑遗址的文本之中，或是在帝都盛世的文本之中都能够有所表现，有所思考，有所回应，在在场与不在场之间、在现实与想象之间可臻于圆境（图15）。建筑与场所得以成为一个完整的叙事系统，或者说是完整的自然图景，被每一位到访的人感知，触动人的情感与思想，充满着表现力与内在张力。

图15　园的荒芜与城市的盛景

参考文献

[1] 刘家琨. 苏州御窑遗址园暨御窑金砖博物馆[J]. 建筑学报，2017，7：20-26.

[2] 褚冬竹. 从御窑到殿堂——苏州御窑金砖博物馆及建筑师刘家琨观察[J]. 建筑学报，2017，7：32-37.

[3] 卒姆托. 思考建筑[M]. 张宇　译.北京：中国建筑工业出版社，2010.

[4] 丹尼尔·李布斯金. 破土：生活与建筑的冒险[M]. 吴家恒　译. 北京：清华大学出版社，2008.

图片来源

　　图1：作者自绘

　　图2～图15：作者自摄

大隐于市
——刍议留园入口在氛围过渡上的场所化设计

Hidden Downtown:Genius Loci of the Entrance Design of Lingering Garden in the Transition of Atmosphere

赵萍萍、吴永发

作者单位
苏州大学（苏州，215123）

摘要： 从氛围与场所视角出发，解析留园入口与周边建筑与环境的关系，探讨对周边场地的巧妙因借为其入口氛围营造和过渡上带来的空间效果。通过将留园入口的场所化设计与西方氛围理论指导下的卒姆托瓦尔斯温泉浴场，以及在东方哲学思想指导下的安藤水御堂这两个现代建筑进行比较，探析留园入口空间因地制宜的氛围转换设计这一做法对于现代城市空间设计的启示意义，进而从城市设计角度讨论建筑入口空间的多样化职能与公共性价值。

关键词： 留园；入口空间；建筑氛围；场所

Abstract: This paper will analyze the relationship between the entrance to Lingering Garden and the surrounding buildings as well as environment from the perspective of atmosphere and loci in Architectural Phenomenology, and discuss the space effect of the skillful use of the surrounding venues for the entrance atmosphere transition. By comparing the localized design of the entrance to the garden with the ones of two modern buildings — Zum Torvalz's Therme Vals under the guidance of western atmosphere theory, the Water Palace by Ando under the guidance of oriental philosophy, this paper probes into the enlightenment for modern urban space design from the atmosphere transition design of the Liuyuan Garden entrance space,and then discusses the diversified functions and public value of the entrance space of the buildings from the perspective of urban design.

Keywords: Lingering Garden; Entrance Space; Atmosphere; Loci

1 序言：幽暗中的"镇静与诱导"①

在特定的场所中，每一个建筑都立在时间里吟诵着空间的故事。苏州古典园林一直是中国古代园林建筑中的叙事典范，常在有限的场地内以欲扬先抑的叙事手法取得小中见大的空间效果。留园在制造空间的戏剧性效果上有着自己的独特之处，从园门入，其50米长的幽暗封闭、迂回狭长、明暗交迭、收放自如的曲廊充分运用空间大小、虚实、光线明暗、虚实的多重对比和方向的逐次变换（图1），以一种极为优雅的"镇静与诱导"方式，实现人的敏锐情感在喧闹的外部环境与静谧的园内洞天之间的过渡，"以不规则而惊奇的转换手法创造一种浪漫式的相互作用"②。

那么，到底是初始造园者在决心设计此园之前已经拥有该地块，而迫于周边既有建筑的限制不得不

呕心沥血避免狭长入口的平庸乏味，还是胸中先有陶渊明"初极狭，才通人，复行数十步，豁然开朗"的意境构思，才特意挑中这块独特场地的，历史上已无从考证。但以现代建筑学视角来审度，不论是哪种情况，留园入口空间的氛围营造手法都值得深思深析。

2 与西方建筑现象学的不谋而合

现象学对于建筑空间的叙事性和人的主体性一直颇为关注。赫尔曼·施密茨将萌芽于古希腊，经过两千余年西方思想完善的"氛围"理念视作一种空间现象，强调以人为空间主体，"被氛围触动情感的人身体上察觉到自己被包裹其中"，去感受并非内心世界的私密状态。这种包裹是没有明确的实体边界，因而氛围的沉浸性(Immersive)[1]实际上是无维度的。简而言之，虽然氛围通常依附于某一场所而存在，其本

① [瑞士].彼得·卒姆托（Peter Zumthor）著.建筑氛围[M].张宇译.北京：中国建筑工业出版社，2007：40.
② [挪]诺伯茨·舒尔茨（Christian Norberg Schulz）著.场所精神——迈向建筑现象学[M].施植明译，武汉：华中科技大学出版社，2010：176.

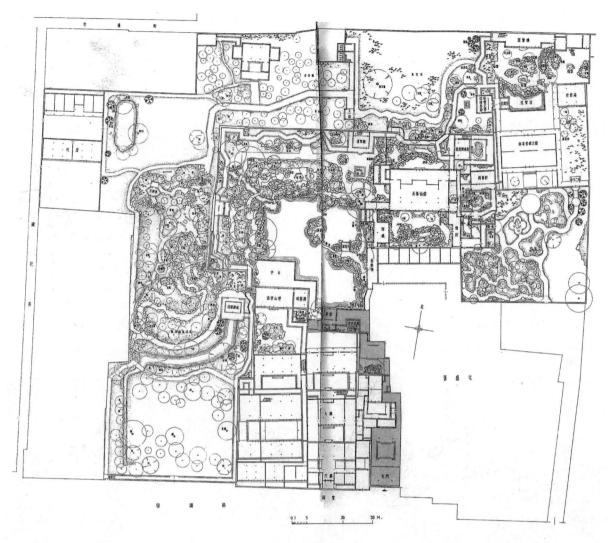

图1　留园入口

身却不带有场所属性。

留园与其他苏州园林一样，都属于封闭的私家园林。从这方面来看，留园自身内部空间理论上可以独立于周围环境存在，这也是众多对留园入口空间分析中经常出现的一种思维定式——入口"序幕"的铺陈蓄势完全来源于造园者精心的戏剧冲突设计。这种评析最大缺憾在于忽略了氛围理论中另一个不可或缺的概念——处境（Situation）[1]。从词源上看，"处境"的拉丁词根"itus"既指被建造和可容纳居住，又带有地理位置、地方的含义；并且，中文里拆解开的"处"、"境"二字也带有一定的场所与场景意味。Alban·Janson认为氛围是贯穿于处境中的持续存在，而非感知过程中出现的单个瞬间。他所强调的连续性在相当程度上与舒尔茨所主张的场所实存性（Substantive）[2]不谋而合。

可见，尽管氛围具有一定的独立性，但绝不能割离于场所。这种语境下，留园入口空间依附于两侧建筑的山墙面，将狭长难以发挥作用的城市负形空间（一般将建筑实体空间视为正形）转化为富有空间感染力、一波三折的积极空间，并通过原有曲折巷道空间的收放对比，打破因两侧高墙限制所带来的单调沉闷之感，营造出积极富有节奏的空间氛围。这本质上是回答了舒尔茨"物之何为"（What a thing is）的问题。那么，依照路易斯·康的说法，它又"意欲何为"（What it wants to be）呢？当一名身带闹市尘器，踌躇疑惑踱过幽暗入口的观者眼前豁然开阔，惊叹于一览无余的湖光山色时，造园者欲扬先抑的意图才得以实现。换言之，观者在缓缓步行中对前方未知空间的好奇心层层加深，逐渐忘却外界城市的繁杂喧闹并对前方未知的园林主体景观充满期待，从而实现一种心理情绪的转换，这才是造园者心中设想的"柳暗花明"。因此，留园入口戏剧性的空间对比效果事实上是对周围建筑与环境因势利导的结果。这无疑是一种基于知觉体验的高品质场所化设计。

西方建筑师彼得·卒姆托将和谐的氛围作为建筑品质的诗意传递。他认为建筑空间的形式应该反映场所，建筑与环境结合一致（Coherence）[3]才能营造和谐的氛围，获得最高的建筑品质。在瓦尔斯温泉浴场的设计中，他坚持让建筑"敷地"，完全融于阿尔卑斯山连绵起伏的地形地貌和旖旎多姿的自然风光中，"就像温泉是从瓦尔斯生长出来的一样"（图2）。他将内部空间分成内向空间和曲折空间[4]。内向空间是完全室内的功能空间，曲折空间即为实现人工建筑空间与自然山脉契合衔接的过渡地带。为了创造出能够唤醒使用者归属感与认同感的场所，他着眼于空间体验和平面结构两个层面，这两点则恰好与东方园林"步移景异"的设计思路异曲同工。进一步而言，在氛围营造上，经过二次加工的瓦尔斯山谷石材被敷于建筑内面，材料兼容性使得室内外几乎察觉不到空间的转换，室内氛围最大限度地呈现出地域特色的形式魅力。在平衡室内外张力或者说实现室内外空间介质结合一致时，建筑师消解人造空间异质性的意志就已经达到（图3）。

图 2　从阿尔卑斯山"生长"出的瓦尔斯温泉浴场

图 3　瓦尔斯温泉浴场室外到室内空间的氛围转换

殊途而同归，尽管年代背景、地域文化、指导思想都截然不同，但是留园入口空间对于周边建筑的巧妙因借和瓦尔斯温泉浴场对于周边自然环境的主动融合，却在对待场地的积极态度上取得共鸣，这一共鸣正体现在氛围的营造上。

3　东方哲学意境的场景物化

推崇道法自然，天人合一的中国古典园林与讲究"统一律"的西方园林从一开始便是经纬之别。加之苏州古典园林多为文人之园，所谓"园为诗宅，诗为园境"[5]，诗文之起承转合于园林之中，便化作迂回曲折、收放开合的空间序列，浪漫的诗情就隐含于点滴山水、咫尺胜境。文人诗画重"意"，文人之园有无灵魂也全在一个"意"字。《春秋》有言"心之所谓意"，儒家所讲的"意"指意念，意味，或指立意、神韵或旨趣，是源自感官主体内心而诉诸直觉的情感思维。从认识论上要求主体直接进入空间，直接感受到其中的内在事物和精神境界。感官主体经由闹市进入留园狭窄曲廊之中，空间顿收，顺微弱光线行至小院，见小景一二，眼前一亮，身后喧嚣渐远，再向前，又被北向漏窗中隐约可见的山池亭阁吸引，疾步向前，曲廊陡转，框景消失，直等绕至绿荫轩才真正豁然开朗。一收一放、一藏一漏之间，柳暗花明的意境便烘托得委婉动人。这种含蓄而模糊性的蓄势手法正是典型东方哲学思想的场景化演绎。[6]

同为东方建筑师的安藤忠雄深谙入口空间对于整体建筑空间意境和氛围转换过渡的重要性。他的建筑，入口常被设置在基地侧边，或藏于一片墙后或以一片浅水与外界隔开。在水御堂的设计中，安藤将建筑的圆形主体埋于地下，在其外围包裹一片圆弧墙。参观者沿这片圆弧形的墙壁顺着山势坡道，缓缓来到顶端入口，一池睡莲让人心境顿时平和，再通过一条笔直的台阶进入幽暗的建筑内部（图4）。山势地形巧妙地将建筑隐匿于自然环境之中。同时，先上后下、先曲后直、先明后暗、先虚后实，这一系列的空

间序列和转折足以攫紧参观者的心境，又恰到好处地使其原本喧闹的心逐渐平静下来，仿佛接受了一场精神上的净化和洗礼，能够充分融入静谧安详的空间氛围中去。[7]从水御堂入口处的处理手法中，不难看出安藤的东方哲思与意蕴在建筑空间中的演绎，宁静祥和的宗教空间氛围和饱含禅理的意境，通过场景化的建筑语言传达给身处建筑中的人，使得参观者能够感知到设计者的深远用意和精神意志。

图4　瓦尔斯温泉浴场室外到室内空间的氛围转换

从深层次上看，留园入口空间两侧曲折参差的墙壁和水御堂入口顺山势而上的环形圆弧墙造就了两个主题空间的叙事节奏。一方面，二者均利用既有场地营造出特定的氛围，使得参观者的心理感受在潜移默化中自然过渡；另一方面，设计者的精神意志和审美追求在场景的切换、空间的转折之中完整地传达给了参观者。融糅了东方哲学思想的志趣与意境，以一种内敛而深刻的方式完成了自身的场景物化。

4　嵌置的入口——对现代城市空间设计的启示

单就景观设计而言，50米长的狭窄曲道对于游览空间来说属于不利因素，或者说是消极成分，但借两侧蜿蜒曲折的墙壁走势合理划分出三次转折、形成两处小高潮，成功将场地的限制巧妙转化为园林整体叙事节奏中关键的一部分。[8]原本平庸无奇的巷道延伸出起伏开合、扣人心弦的空间情节，某种程度上还使得园林主体和周遭场地之间形成一种紧密的咬合关系。将场地既有建筑形成的负形空间

转化为自身空间叙事中重要的情节，这种积极的场地态度和全局式的思考模式，使得园林整体和周围建筑不仅在平面结构上形成一种密切的图底关系，而且在三维空间上形成一种嵌入式的榫合关系。进一步而言，尽管留园是一座封闭的私家园林，但是在区域空间结构上它并未与城市脱节或孤立于城市语境。相反，它是尊重并依附于周边城市肌理、脉络而存在，并与其融为一体的。这是一种带有东方古典哲学意味的和谐关系。

对于现代建筑来说，入口空间是建筑内部与外界场地交流的关键通道，内部空间与外部环境在这里交汇渗透。如何才能实现两种氛围的自然过渡，留园给出了明晰的诠释。在场所精神依旧明亮的今天，建筑本就不应对场地抱以回避的态度或对场地的处理手法过于简单直白，留园这种将入口嵌置于周边场地的做法显然是一种对环境客体的主动回应，并且这种高情感的回应对于建筑本身和区域大环境都是一种双赢。基于这种紧密的嵌置，内外之间双向的氛围共享能够生动地柔化城市的肌理线条，建筑本身也会被赋予更为亲切的城市意义。

5　结语

现代城市大多面临着相似的危机：尽管一般性的秩序依然存在，城市外部空间与建筑之间的疏离感却难以避免。舒尔茨将这种症候称为"场所的沦丧"①，当然，他所探究的问题要肃穆玄奥得多。但事实上，与古老城市相比，现代环境确实少有令人惊奇的反转或更戏剧性的冲突。要想找回这种缺失的浪漫性，或许现代城市设计应该重新树立起一种古典的态度——大隐于市，像留园一样嵌入，成为场所的一部分。

参考文献

[1] 杨舢. 氛围的原理与建筑氛围的构建[J]. 建筑师, 2016: 60-71.

[2] [挪]诺伯茨·舒尔茨（Christian Norberg Schulz）著. 场所精神——迈向建筑现象学[M]. 施植明译. 武汉: 华中科技大学出版社, 2010.

[3] [瑞士]彼得·卒姆托（Peter Zumthor, ）著. 建筑氛围[M]. 张宇译. 北京: 中国建筑工业出版社, 2007.

[4] 贺玮玲, 黄印武.瑞士瓦尔斯温泉浴场——建筑设计中的现象学思考[J].时代建筑, 2008（06）: 42-47.

[5] 周维权.中国古典园林史[M]. 北京: 清华大学出版社, 2010.

[6] 刘敦桢. 苏州古典园林[M]. 北京: 中国建筑工业出版社, 2005.

[7] 方亮, 张天娇. 水御堂的禅意美[J]. 中外建筑, 2012（02）: 49-50.

[8] 彭一刚. 中国古典园林分析[M]. 北京: 中国建筑工业出版社, 1986.

图片来源

图1: 刘敦桢《苏州古典园林》P333

图2: http://bbs.zhulong.com/101010_group_201809/detail10028170/.

图3: http://bbs.zhulong.com/101010_group_201809/detail10028170/.

图4: http://bbs.zhulong.com/101010_group_201808/detail10000502/.

---

① [挪]诺伯茨·舒尔茨（Christian Norberg Schulz）著. 场所精神——迈向建筑现象学[M]. 施植明译, 武汉: 华中科技大学出版社, 2010: 186.

成都本土文化的再生
——远洋太古里的建筑类型学解析
The Regeneration of the Native Culture of Chengdu: an Analysis of the Architectural Typology of Sino-Ocean Taikoo Li

何明

作者单位
西南交通大学 建筑与设计学院（成都，611756）

摘要： 成都远洋太古里以大慈寺为核心，对历史建筑进行保护修缮，融合了文化遗产和创意时尚。该项目将四川民居元素融入商业建筑空间，结合城市的历史、文脉、地域特征，充分考虑了成都的本土文化以及川西建筑特点，将其建成了一个具有老成都特色的商业中心。笔者以建筑类型学为研究切入点，分析成都远洋太古里商业街"巷、院、间、墙、场"对四川民居和成都本土文化的提炼与演绎，以实现建筑设计对历史记忆的延续与发展，对场所环境的整体协调以及对社会民众的人文关怀。

关键词： 成都远洋太古里；建筑类型学；本土文化；原型

Abstract: With Daci Temple as the core, Sino-Ocean Taikoo Li Chengdu is full of rich cultural and historical connotations, which combines cultural heritage and creative fashion. The project integrates the elements of Sichuan vernacular residence into the commercial building space, combines the history, context and regional characteristics of the city, fully considers the native culture of Chengdu and the architectural characteristics of western Sichuan, and builds it into a commercial center with the characteristics of the old Chengdu. Based on the research of architectural type degree, the author analyzes the extraction and deduction of Sichuan folk houses and Chengdu native culture by "Xiang, Yuan, interval, Wall and Chang" in Chengdu Ocean Swire Commercial Street. It can realize the continuation and development of the architectural design to the historical memory, the overall coordination of the place and environment and the humanistic concern to the social people.

Keywords: Sino-Ocean Taikoo Li Chengdu; Architectural Typology; Local Culture; Prototype

随着中国建筑行业的快速发展，大规模的建设忽视了历史传统，破坏了城市肌理，建筑理论与实践逐渐脱节，拉菲尔·莫内欧认为中国建筑师应根植于自己的文化背景，对场地理性的分析创造属于中国的现代本土化建筑。成都远洋太古里坐落于锦江区大慈寺片区以东临近春熙路的核心地段，占地面积约70800平方米，整体建筑风格独具匠心，融合川西文化特色，以人为本，是城市中心快慢生活相结合的集文化、休闲、购物、餐饮、娱乐为一体的开放式、低密度的街区体验式集聚地。建筑类型学设计方法始于欧洲启蒙运动时期，其与文化、历史、场所有着密切的联系。本文通过建筑类型学理论的研究，探讨类型学设计过程中类型抽象和类型转换及场所化两个阶段的设计方法，用类型学的方式对历史建筑与街道空间进行辨别提取，再根据现实条件进行重组，能够更好地对传统建筑进行演绎，传承历史文化，将抽象精神用现代形式表达，创造独特的精神场所。

1 建筑类型学的认知

在建筑领域中，科特米瑞·狄·昆西于19世纪初提出了"类型"比较权威的定义，指出"类型并不意味事物形象的抄袭和完美的模仿，而是代表了一种要素的思想，这种思想本身即是形成模型的法则"[1]。昆西给了建筑类型学一个宽泛的定义，而意大利的建筑师阿尔多·罗西则将建筑类型学引入到了建筑设计之中。指出"类型是按需要对美的渴望而发展的，一种特定的类型是一种生活方式与一种形式的结合"[2]。罗西对类型的概念深受荣格有关"原型"概念的影响，原型（Archetype）的概念是指人类世世代代普遍性心理经验的长期积累，"沉积"在每一个人的无意识深处的集体记忆，认为建筑类型与原型类似，它是形成各种最具典型的建筑的一种内在法则。

莫内欧将类型学的现实应用推进一步，以实际项目解读类型的选取和还原。他指出"类型是一个用来描述一群具有相同形式结构的事物的概念：作为一种形式结构它同时与现实和由社会行为所产生的对建造活动的广泛关注保持着紧密的联系"[3]。而这种类型不是由建筑师决定的，而是同一种群的集体记忆，是历史的记忆，这种建筑"原型"不仅是可见的形式，而是生活方式、历史事件在脑海中的凝聚与沉淀，是历史文化习俗的外在表现[4]。在建筑设计中需要找出集体记忆中的类型特征，以契合人们的心理认知经验，进而可以实现历史形态的延续。集体记忆中的类型特征是一组具有相同形式结构特点物体的概念，类型作为一种形式结构，是在特定空间与时间下，生活方式与物质形式的结合，它与历史、文化现象、传统思想相关，又同现实的社会行为保持着紧密的联系。

2 建筑类型学实践简述

通过对建筑类型学的发展及历程进行系统的研究后，我们发现，西方建筑师在运用类型学思想进行建筑创作实践过程中，都认为设计时应以改良的方式、缓和的姿态将历史意象渗入现实中，类型在现实中的使用需经历从抽象的类型逐渐引导向现实环境的发展过程。在这个过程中，类型对具体的周边环境做出回应转化成能够反映场所特殊属性的具体形式。可以理解为类型学在建筑实践的过程中阐释了两个过程：对历史模型形式抽象与还原和类型的转换及场所化，即形式—类型—新形式、具象—抽象—具象的设计过程。类型抽象与还原代表了设计与过去之间的关系，而类型的转换及场所化则展现了设计与现在及未来的互动。

类型抽象与还原阶段即类型选择阶段，新的"原型"多数从历史上的建筑类型中衍化再进行重组。罗西等人认为类型应该是生活方式与形式的结合，设计要抽取出那些特定的建筑形式，并进行概括、抽象，并将历史上的某些具有典型特征的类型进行组合、拼贴、变形，或根据类型的基本思想进行重新设计，创造出既有历史意义，又能适应人类特定的生活方式，进而可以根据需要而进行变化的建筑，辩证地解决历史、传统与现代的关系问题[4]。总结为需要对项目场地条件和自身需求进行分析，从而思考设计策略，从亲身体验和历史、现实环境中寻找与人们方式、心理相契合的类型，分析其内在的形式结构，从而抽象提取原型。

类型的转换及场所化阶段，将原型转换成在特定现实环境中的特定形式，并完成属于这个场所的设计。设计者以选择的类型为基本形式结构，对设计上的特定要求作出回应，这个过程包括了类型根据实际情况的变形和转换，也包括了表层结构对于环境的场所化过程。

3 成都远洋太古里的类型学解析

相传成都大慈寺建于隋唐时期，并被赐名"敕建大圣慈寺"，寺内有楼、阁、殿、塔及各种神像、佛像、画像等[5]，大慈寺不仅具有宗教地位，其附近的商业也非常繁荣，是成都的游览名区。时间的演变使大慈寺经历了多次的兴盛与衰败，规模及活力大不如前。成都远洋太古里商业项目与大慈寺融合而建，其历史文化地位和历史商业地位赋予了太古里项目独特的文化、商业韵味，为成都市民提供了更为休闲和具有活力的空间。

是什么使大慈寺周边重新焕发了活力，成为人们实现"集体记忆"的场所？从类型学的角度出发，主要是因为设计者根据历史街区原有的现状，提取了街区中与人们生活和历史相关的"原型"。太古里街区的"原型"没有改变，在商业街区加入了新的元素，适应现代人的新要求，赋予场所新的活力，又沿袭了历史传统文化，因而赋予了场所新的活力。笔者认为设计者在太古里商业街区的设计中，从老街区中提取的"原型"为"巷"、"院"、"间"、"墙"、"场"。这些空间类型组成的物质场所已经抽象为与人们生活息息相关的特定概念，经过不断的演变还原成为现代的新场所。

（1）古有"直为街，曲为巷；大者为街，小者为巷"的说法，"巷"即巷道，是连接"街"与"院"的公共空间。成都传统街巷空间的构成形式主要体现为街道轮廓相对封闭、街区肌理尺度较小、收放自如、平直中有弯曲、空间分段各有归属和分隔、街景错落变化[6]。太古里的商业街道中提取"巷"这一原型，通过不断的类型转换，如：突出、挤压、斜变、交叉等，获得既具有传统感觉又满足现代需求的新街道。引入"快里"、"慢里"概念，"里"字意味着"街巷"，代表着太古里是以纵横交织的里巷空间为主，在深刻理解成都的城市文化与消费习惯的基础上，进行合理的业态组合，"快里"主要以人们逛街享受为主，而"慢里"主要以生活体验为主。并在巷中以建筑内部与外部开放空间相结合的形式创建变化的"巷"空间，在二层的廊道中设置休闲餐饮区域，这些形式借鉴了传统川西人的生活娱乐休闲习惯，唤起了大家的传统街坊意识，促使人们从现代紧张的生活节奏中转换到传统老式的生活体验氛围中，不仅提取了"巷"的原型，也提取了"巷"中人们的"集体记忆"。另外，太古里商业街保留了东/西糠市街、和尚街、笔贴式街、马家巷、玉成街、章华里

等街巷[7]，如和尚街延续了清代寺外的小街的特点，呈带状，街道一侧为景观，一侧为各餐厅的外摆，人们可以在此交流、观景、就餐。每栋建筑前后略有错动，巷道通过较小角度的折线形成局部曲折，总体布局继承了成都传统巷道布局的精髓，形态上"通而不畅"，无法一眼望尽的巷道，在心理上延长了其长度，其巷里的有机形态也与新的街巷相互穿插渗透，非外非内的短、窄、密的巷空间，遵循着历史中原有的道路肌理，形成了宽度、长度不一的"巷"，继承了成都传统巷道特点，如图1所示。

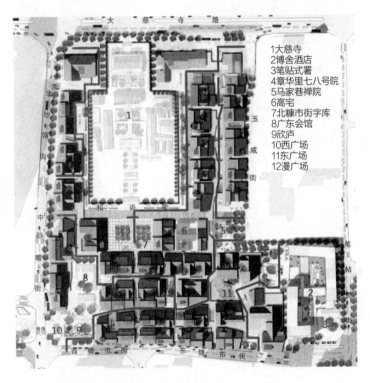

图1 街巷分布图

1大慈寺
2博舍酒店
3笔贴式署
4章华里七八号院
5马家巷禅院
6高宅
7北糠市街字库
8广东会馆
9欣庐
10西广场
11东广场
12漫广场

（2）"院"是连接"巷"与室内的半私密或半公共活动空间。其空间类型特征是四面围合的空间，可能三面是"间"，一面是"墙"也可能四面是"间"，且间与墙的高度不能过高。太古里的设计提取"院"的空间类型特征，通过剪切、拉伸、拼贴、变形、压缩……得到具有特定场所意义的新型的"院"。沿用传统川西民居的庭院和通风天井，结构上采取檐廊或柱廊来联系各个房间，这样既形成院落又灵巧地组成了街坊，如图2所示。不仅保留了旧有的部分院落，如广东会馆、欣庐、笔贴式、马家巷禅院等，促使人们去感受旧有的历史时光与人文气息，也提取了"院"的空间原型。建筑主要为2层，局部

3层退台的形式，前后略有错落，建筑高度适度变化，立面和平面布局非常灵活，建筑二层采用连廊将建筑间彼此联系，采用传统连廊的材料、形式和功效进行还原转换，组成"街坊"样式。

图2 院鸟瞰图

（3）"间"指房间，分为私密和公共两种，在太古里的设计中，提取传统"间"的原型并进行附加、删减、重复、连接、重叠等转换，赋予场所新的意义，形成了新街区的基本风貌。私密性的"间"，主要体现在一方面保留了大慈寺的一些建筑，使原来的生活形态得以传承，另一方面在商业街的建设中，部分"间"转化为私密性较强的商店、咖啡馆、

茶馆、餐饮、酒吧等场所，四周由"墙"围合。而公共的"间"主要体现在三面由"墙"围合，另一面与"巷"相连，成为"巷"的扩展。在太古里的建筑中，屋顶采用斜坡顶，屋面出挑形成挑檐，增加了街巷顶界面空间的丰富度，并且其形成的灰空间成为从街巷到商铺的过渡空间，可供人休息和驻留，如图3所示。

图3　公共性的"间"

（4）"墙"是指一种分割空间的围护结构，在笔者看来太古里的墙主要是指建筑的外立面，墙上的色彩、材质、窗子、门可以共同构成拥有地域文化和承载生活的"原型"。在太古里的设计中，充分地提取了"墙"这一原型，并进行适当的还原转换。商业街保留的古建以砖墙为外立面，而新建建筑遵循古建筑的比例关系，使用川西风格的青瓦坡屋顶与格栅、落地玻璃的形式，以深色调为主，偶尔搭配亮黄色，促使太古里显得既古典又现代，古典的是选用了具有川西建筑特点的与自然相联系的材质，现代的是选用落地玻璃搭配石材，模糊室内外界限，让空间得以延伸，两种不同质感的材质搭配使太古里传统中不失现代，如图4所示。建筑三层和以上的部分采用较为标准的设计，营造出了聚合村落的意象。街巷的建筑下层由店家自由设计，呈现出丰富多彩的街道，使得建筑面的视觉印象得以连续，从而加强了形式特征，为场所精神的塑造提供条件[6]。

图4　川西建筑风格立面

（5）"场"，主要是开场空旷的，是指聚集人气以便交流、集会、娱乐、观演的场所。太古里的设计中考虑了"场"的概念，并根据新的需要转化为漫广场、地铁广场、东广场、西广场等不同形式，实现了历史的"场"与现实的"场"的"共时性"。与春熙路相交接的西广场和地铁广场，起着引入游人、空间过渡、软化现代都市快节奏与传统慢生活的冲击等作用。地铁站出入口外观色调和材质和太古里建筑一样运用了川西建筑的风格，起到一个视觉过渡的作用。大慈寺内的轴线延伸至室外与新建的漫广场对接，拉伸了原有的建筑轴线，加长的纵深感将大慈寺古建筑群更完整地呈现在游客面前[8]。广场起着集散、分流游客的作用，主要通过材质的变化、材质颜色的变化、镜面水、影壁的排列组合进行空间的过渡，如图5所示。太古里商业街中"场"的还原转换为大慈寺片区带来了新的生机与活力。

图5　广场的场景

4　结语

通过对太古里的类型学分析，笔者发现太古里的设计从成都传统街道和川西民居中提取原型，通过进一步的还原与转化，形成既满足现代人功能需求又体现传统街道特点的商业街。但这并不是简单地把几种类型的建筑元素进行糅杂，而是以为了让人们感受到历史的记忆为出发点，融合其不同时代、不同环境、不同社会下形成的有益元素，形成和谐统一的新建筑表达形式，传承成都独特的文化，促使太古里以其浓厚的成都生活情趣及更富多元魅力的认同感和亲切感成为成都人心中的那一条街。当代类型学从语言学、结构主义哲学、心理学的角度剖析建筑，解释了"建筑对人"的关系。它强调历史建筑和新建筑之间的传承，对建筑与历史、地域以及自身的统一与变化存在着积极的作用，对区域历史文化的演变与再生有重要的指导意义，尤其是对于中国这个拥有悠久历史文化沉淀的国家来说具有十分重要的意义。

参考文献

[1] Anthony Vidler. Introduction to type, Oppositions[M].The MIT Press, 1977（8）：21.

[2] Aldo Rossi. The Architecture of the City[M]. The MIT Press, 1984（09）.

[3] 汪丽君. 建筑类型学[M].天津：天津大学出版社，2005（11）：70.

[4] 刘晓宇. 对建筑类型学及其方法论的浅识[J]. 西安建筑科技大学学报，2011，30（1）：46-49.

[5] 潘婷，牟江. 成都市远洋太古里场所精神的塑造[J]. 四川建筑，2017，37（2）：58-59.

[6] 张莺于. 成都锦里街道空间地域性设计研究[D]. 重庆：西南交通大学，2009.

[7] 郝琳. 未来的传统——成都远洋太古里的都市与建筑设计[J]. 建筑学报，2016（5）：43-47.

[8] 韩丹. 成都远洋太古里商业环境设计分析[J]. 艺术教育，2017（17）：200-201.

图片来源

图2：根据"成都远洋太古里，建筑学报，2016（5）"作者更改绘制

图3：根据"为都市中心而创建的成都远洋太古里——郝琳专访采访，吴春花《建筑技艺》杂志社"作者更改绘制

图1、图4、图5：作者自摄

基于空间句法的阆中古城街巷空间结构研究

Research on Spatial Structure of Lang Zhong Ancient City Based on Space Syntax

张攀、曾姗、李昕

作者单位
西南交通大学（成都，611756）

摘要： 使用空间句法理论，研究分析阆中古城街巷空间结构的变迁历程和组织关系，探讨古城空间结构规律对空间行为的影响。研究发现随着古城街巷空间的不断拓展延伸，古城空间结构关系发生了变化；由于古城主要整合空间的偏移，影响了街巷空间中的行为分布，逐渐形成了部分重点建筑聚集和街道功能被重新定义的现象。通过对阆中古城街巷空间结构特征的解读和总结，揭示出古城空间真正的内在规律，为古城的保护与复兴提出优化的方向和建议。

关键词： 阆中古城；古城复兴；空间句法；街巷空间结构

Abstract: LangZhong ancient city lane space structure changes and organizational relations are studied and analyzed using space syntax theory, and the influence of spatial structure rules of ancient city on spatial behavior is discussed. The research found that: with the continuous expansion of the ancient city streets and lanes, the spatial structure of the ancient city changed; Due to the deviation of the main integrated space of the ancient city, the behavior distribution in the street space is affected, and the phenomenon of the aggregation of some key buildings and the redefinition of street functions is gradually formed. Through the interpretation and summary of the spatial structure characteristics of the alleys in LangZhong ancient city, the true inner laws of the ancient city space are revealed, and the optimization directions and Suggestions are put forward for the protection and rejuvenation of the ancient city.

Keywords: Langzhong Ancient City; Revival of Ancient Cities; Space Syntax; The Spatial Structure of Streets and Lanes

1 引言

"天人合一、因地制宜"是中国古代城市建造的精髓，阆中古城其独特的城市选址和空间格局体现的正是这种营造文化。随着我国社会经济发展进入转型升级的新时期，文化自信和文化传承已经成为城市复兴的原动力。拥有近2300年历史的阆中古城，在古城复兴中要保护的不仅仅是众多的文物建筑单体，还有反映古城社会文化特征的街巷与空间。

城市空间结构关系可以反映城市社会经济文化的状态，透过空间结构所呈现的联结规律，可以揭示出社会功能和人群行为的影响关系。笔者认为城市营建形成的空间结构是古城保护的价值所在，整体空间结构的延续则是古城复兴的基础，也是古城文化在物质空间层面映射的关键。

阆中古城作为中国堪舆文化的集大成者，古城的选址和营建都与堪舆文化相关，在古城的复兴中延续古城街巷的空间结构关系，在某种层面上也是对古城独特的堪舆文化在空间体现的保护。

2 阆中古城的背景和现状

2.1 历史与变迁

阆中古城隶属于四川省南充市，坐落于四川东北部，嘉陵江中游。古城选址顺形应势，山环水绕，负阴而抱阳，为四川保存规模最大的风水古城（图1）。

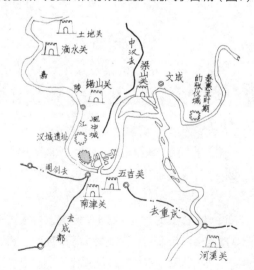

图1 阆中城址变迁图

"阆中"县名始于公元前314年，即周赧王元年。张仪灭巴国后，于秦惠文王更元十一年（公元前314年），建巴郡和阆中县[1]。三国时期，蜀汉改阆中为巴西郡治，汉桓侯张飞驻守于此。天宝元年即公元742年，阆中曾改为阆中郡，五代及南北宋时期，为阆州治[2]（图2）。清顺治年间，阆中为四川省会长达10余年。1912年在阆中设川北宣慰使署，后改为川北道署[3]。新中国成立以后，阆中古城的城墙和城西部分老旧建筑因历史原因被拆除。20世纪70年代末以后，古城的空间格局基本稳定并保留至今。

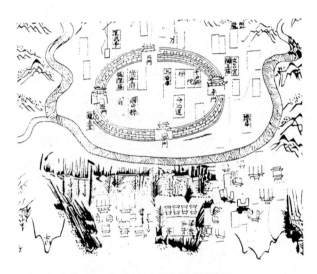

图2　明嘉靖二十三年（1544年）阆中城域图

2.2　保护与复兴

阆中古城已纳入阆中历史文化名城保护规划（2003-2023年）中，明确采取了历史文化重点保护区和规划建设控制区两级保护的方式。目前，阆中古城的总体规划保护区约1.78平方公里，其中重点保护区为0.63平方公里，建设控制区为1.15平方公里。古城整体建筑风貌为川北院落民居，层数为1~2层，以木构架为主，部分沿街建筑有檐廊。

阆中古城因其较为完整的建筑规模和众多的历史文化建筑，于1986年被国务院列为"中国历史文化名城"。进入21世纪以后，随着国内旅游型小城镇建设打造的兴起，古城突出的文化旅游资源，成为阆中经济发展和文化自信的优势。在旅游经济发展中复兴阆中古城的人文内涵，延续古城的空间结构，同时防止社会空间的断裂和避免历史文化走向衰亡[4]，成了阆中古城利用与保护的关键。

3　研究方法

比尔·希列尔教授认为城市作为人类聚居行为的社会实践结果，空间结构存在着"几乎不变"的特征[5]，这些特征表现为局部与整体两种空间格局。随着城市整体形态的生长，局部与整体的网格结构所组织的街道空间，始终会维持着城市形态和社会行为相互关联的空间规律。

3.1　空间句法：理论与模型

空间句法的轴线分析法可以将城市街巷网格量化为空间结构，建立起"轴线模型"，并根据轴线对街巷网格的描述，对空间结构的连结关系进行研究。根据拓扑轴线模型量化的空间结构图，可以显示出空间元素在整体系统中的重要程度，分析出空间结构在局部和整体层面的不同特征，如整合度（Integration）表达空间的可达性潜力，对应了实际街巷中的空间聚集状态。通过对历时性层面空间结构特征和规律的变化，可以分析出街巷路网的演变趋势与变迁动态。

2012年希列尔、杨滔、特纳等在轴线模型的基础上提出了"线段模型"的标准化计算方法，分别为：标准化角度选择度（Normalized Angular Choice，简记为NACH，称为穿行度）和标准化角度整合度（Normalized Angular Integration，简要记为NAIN，本文简称为标准化整合度）[6]。标准化整合度NAIN衡量了街道被作为目的性空间的潜力；穿行度NACH衡量了街道被作为通行性空间的潜力。由于阆中古城保护区采取了明显的通行限制措施，古城内部主要以步行通行模式为主，因此笔者在对不同半径尺度下的线段模型进行观察时，以步行距离范围为参考。

3.2　研究范围：空间与数据

本文研究的空间范围为阆中古城的重点保护区，面积约0.63平方公里。笔者根据阆中市城市规划管理部门提供的勘察测绘图，进行空间句法模型的绘制，并依照实地调研情况对句法模型完成校正。通过对古城相关历史文献资料的查阅，选取了文献记载较为完整的清道光元年（1821年）和民国15年（1926年）两个历史时期的城市图景（图3、图4），进行句法模型的绘制。由于古籍文献记载的阆中古城地图缺少现代测绘图纸所具有的精确数据，因此空间句法模型的绘制以2003年古城勘察测绘图为基础，通过街道比对和重要建筑位置的参照进行句法模型轴线的增减校正。

本文研究所需的数据由实地调研采集完成记录，主要涉及重要历史保护建筑的分布数据和古城重点保护区内的人流数据两个方面。重要历史保护建筑的分布情况通过城市规划部门提供的相关资料进行标记和现场校对完成，根据不同历史时期的建筑落位情况，与各自时期的空间句法线段模型相对应。古城内部的人流数据通过"大门计数法"[7]，在街道中段设置观察点记录人流，共计81个观察点，从观察日的9时至19时分5个时间段，记录每个观察点2分钟内通过人流次数，共计两个观察日，最终取每个观察点人流数据的平均值录入，减小记录误差。

4 古城街巷空间结构解析

4.1 空间结构的演变

通过对道光、民国和现代三个时期的街巷地图的观察可以发现，东西横向的武庙街和南北纵向的北街、双栅子街形成的"十字形"格局是阆中古城街巷的主要骨架，其余纵横交错的街巷网格编织了古城的路网。历史时期的古城空间结构保持了内向性的空间聚集关系，突出了以"中天楼"为城市中心的空间格局。

从历时性角度对比三个时期的阆中古城拓扑轴线模型，可以发现古城街巷空间结构关系在整体和局部层面都有不同程度的变化（图5）。整体层面，具有最高整合度的武庙街和具有较高整合度的北街和双栅子街，是古城主要的核心空间，并在三个时期的空间结构关系都没有发生太大变化；但是随着街巷的拓展延伸，位于城东的南北纵向的状元街，逐渐取代了原本的北街和双栅子街，成为古城内部整合度较高的街道。局部层面，较高整合关系的街道逐渐向城东聚集，形成以状元街为核心的分布关系，并由于城墙拆除的影响，随着街巷拓展，局部街巷的空间整合性向东南向偏移，并向嘉陵江沿岸横向展开。

结合道光、民国和现代三个时期阆中古城空间结

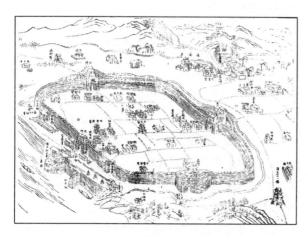

图3 清道光元年（1821年）阆中城木刻全景图

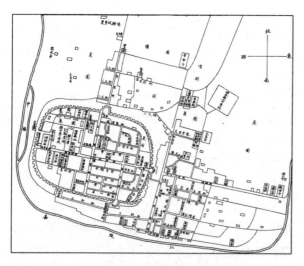

图4 民国15年（1926年）阆中城区地图

图5 清末时期（1821年）、民国时期（1926年）和现代（2018年）阆中古城空间结构模型

构在局部和整体层面的观察，可以发现古城的主要的整体空间格局由"十"字形演变成了"卅"字形的状态，整合度最高的街道发生了转移；古城的街巷空间结构的联结关系逐渐向东南方聚集，街巷的空间整合性突破了古城旧址范围。

4.2　空间结构特征与规律

通过前面对阆中古城街巷空间结构局部和整体关系的分析，可以明确随着街巷空间结构的演变，古城的空间关系发生了偏移。在实地调研中，笔者根据城市规划部门提供的相关资料对古城众多不同历史时期的重点建筑（官署、文庙、贡院、会馆、镖局、市场和氏族大院楼阁等）进行了标记，通过对历史重点建筑和古城空间句法线段模型（segment model）的标准化整合度NAIN的相关性双侧检验，可以判断阆中古城的空间结构在近200年的演变中，古城社会特定功能建筑与空间结构规律的联动关系。

双侧检验结果显示（表1），在阆中古城最近

200年的街巷空间结构演中，历史重点建筑分布状态与空间句法的标准化整合度NAIN都保持了较高的相关性（相关系数＞0.5），说明古城的社会空间行为，随着空间结构的规律变化做出了有效的回应。结合前面空间句法模型的分析，可以发现古城各时期的社会行为活动与街巷空间结构的动态演变特征，存在不同程度的适应，古城目前的保护规划建设与空间结构的规律大致相吻合。对比各个历史时期的检测数据还发现，阆中古城在民国时期和现代社会的相关系数低于清末时期，说明古城街巷在清末以后的空间规律变化较大，这与前面分析的空间结构关系中，高整合度的街巷空间出现偏移的现象相符合。

通过观察相关性双侧检验结果中，相关系数的变化趋势可以发现，1821年的相关系数在半径800米范围达到峰值；1926年的相关系数在半径400米时达到峰值；2018年的相关系数在半径1000米时达到峰值；检测结果的峰值半径整体呈现出扩大的趋势（图6）。由于大多历史重点建筑均在建国前就已存在，

历史重点建筑分布位置和标准化整合度NAIN相关性双侧检验结果　　　　表1

			相关系数									
Spearman 的 rho			R100	R200	R300	R400	R600	R800	R1000	R1200	R1600	R2000	R2800
NAIN	1821	相关系数	.071	.505**	.558**	.676**	.732**	.742**	.707**	.704**	.694**	.675**	.672**
		Sig（双侧）	.659	.001	.000	.000	.000	.000	.000	.000	.000	.000	.000
		N	41	41	41	41	41	41	41	41	41	41	41
	1926	相关系数	-.134	.158	.549**	.583**	.537**	.503**	.417**	.395**	.430**	.407**	.408**
		Sig（双侧）	.390	.312	.000	.000	.000	.001	.005	.009	.004	.007	.007
		N	43	43	43	43	43	43	43	43	43	43	43
	2018	相关系数	-.059	.192	.215	.209	.458**	.570**	.664**	.626**	.573**	.564**	.500**
		Sig（双侧）	.712	.228	.176	.189	.003	.000	.000	.000	.000	.000	.001
		N	41	41	41	41	41	41	41	41	41	41	41
*. 在置信度（双测）为0.05时，相关性是显著的												
**. 在置信度（双测）为0.01时，相关性是显著的												

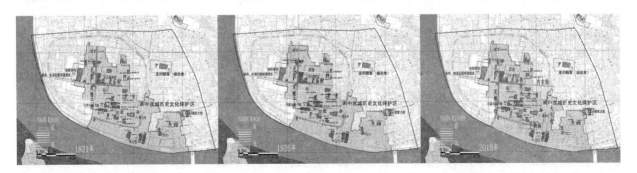

图6　1821年、1926年、2018年各时期相关性双侧检验结果为峰值时的空间结构模型

且分布关系已经完全固定，说明古城的街巷空间结构在为适应更加远距离的出行范围而发生改变，这种改变正潜移默化地影响行为人群对空间规律的认识。

因此，在阆中未来的历史文化空间保护和古城复兴中，需要更加准确地认识古城街巷空间结构的组织状态，才能更好地把握社会行为与空间规律的关系。

4.3 特征与规律对空间行为的影响

希列尔教授认为，人们创造、改造、使用空间的历时性过程之中，体现了空间自身的构成规律或特征，而空间本身的建造方式又折射出某时某地的社会经济文化的规律或特征[8]。通过前面的分析，阆中古城空间结构特征与规律的改变，影响了街巷使用人群在空间的分布关系，并逐渐对空间的社会功能做出定义。

笔者根据实地调研观察，古城的空间行为以传统生活和观光旅游为主，因此将观测流量分别记录为生活人流和旅游人流，将采集数据与空间句法的穿行度NACH值参数进行相关性双侧检验。结果显示（表2），古城重点保护区内的生活人流和旅游人流都具有较高的相关性（相关系数＞0.5），其中，旅游人流与句法模型的相关性高于生活人流，说明古城

主要街巷的氛围是旅游性强于生活性的；但是，生活行为和旅游行为相关系数差异较小，说明古城内部的街巷仍然保持了传统生活和旅游发展的平衡，没有退化成完全单一的旅游性商业空间。

观察不同半径尺度下的NACH值分布情况可以发现，古城"廿"字形街道结构所涵盖的武庙街、状元街、双栅子街和北街是人流分布的主要空间，局部区域的下新街和内东街也具有较高的NACH值。将空间句法NACH分布图和生活市场的位置进行比对，可以发现当地生活市场的位置略微偏离于高NACH值的分布空间，生活人群聚集的空间更加靠近古城北部外边缘；而具有较高NAHC值的下新街和下沙河街，连结了古城东南部主入口的游客中心和古城内部高整合度的状元街。

值得注意的是，在流量数据和空间句法模型NACH值的双侧检验中，旅游人流检测结果的相关系数在半径1000米左右达到峰值（0.610），这与前面重点建筑分布状态和句法模型NAIN值的双侧检验结果相吻合；生活人流检测结果的相关系数在更远距离的2000米左右达到峰值（0.512），生活行为则更加适应较大范围的分布。观察空间句法模型可以发现（图7），

古城人行流量（生活/旅游）和穿行度NACH相关性双侧检验结果 表2

			相关系数											
Spearman 的 rho			R100	R200	R300	R400	R600	R800	R1000	R1200	R1600	R2000	R2800
NACH	生活人流	相关系数	-.171	-.039	.165	.256*	.337**	.417**	.423**	.485**	.491**	.508**	.512**
		Sig(双侧)	.126	.727	.140	.021	.002	.000	.000	.000	.000	.000	.000
		N	81	81	81	81	81	81	81	81	81	81	81
	旅游人流	相关系数	-.247	.068	.228*	.317**	.476**	.589**	.610**	.616**	.608**	.604**	.612**
		Sig(双侧)	.026	.543	.041	.004	.000	.000	.000	.000	.000	.000	.000
		N	81	81	81	81	81	81	81	81	81	81	81

**. 在置信度（双测）为 0.01 时，相关性是显著的

*. 在置信度（双测）为 0.05 时，相关性是显著的

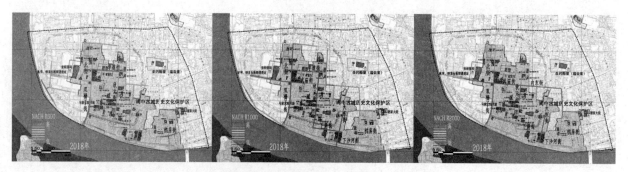

图7 古城 2018 年街巷空间结构线段模型 NACH 图

当计算为半径1000米左右时，空间结构中NACH值较高的街道为武庙街和内东街；当计算半径扩大到2000米左右时，空间结构中NACH值较高的街道为大东街、下新街和下沙河街。这种不同出行半径距离的人流分布情况，实际上反映了空间结构规律影响下的出行行为对街道使用功能的定义，逐渐形成针对主要人群行为的街道类型。

由此可以推断，虽然古城整体街巷空间中的行为分布有着交流与对话的状态，但是生活和旅游人流分布状态与空间结构的规律仍然存在一定程度的差异。在古城内部两种行为人群对街巷空间的特征和规律都有较好的认识，而古城外围的行为人群受到特定社会功能的影响，生活人群和旅游人群开始较少相互涉足

"各自"空间区域。因此，在古城内部以步行为主的通行模式下，街巷空间结构的规律对旅游人群的引导要强于生活人群，而生活人群的则更容易受到特定社会功能等因素的影响，在出行距离上生活行为比旅游行为分布得更远。

综上所述，随着阆中古城街巷空间的演变，空间结构的规律已经对空间行为的分布产生了影响。为了保持古城空间中生活行为和旅游行为分布状态的平衡，避免古城出现旅游功能纯化的社会状态，可在目前空间结构规律的基础上对特定社会功能进行适当调整，合理引导生活人流和旅游人流的融合，延续古城生生不息的人文精神（图8）。

图8 阆中古城街景与鸟瞰

5 讨论与总结：关于阆中古城的保护优化与复兴建议

本文使用空间句法理论从空间结构历时性演变的角度，探析了阆中古城街巷空间的变迁过程和组织规律，研究了古城空间结构演变对社会行为的影响。通过使用实证数据和句法参数的对比，揭示了空间关系对空间功能的定义和人流分布的影响，为准确认识阆中古城空间结构规律提出了优化方向。

本文的研究表明，准确识别核心整合空间的偏移现象是阆中古城复兴的关键。随着古城街巷网格的不断拓展，街巷空间关系逐渐发生转变，基于传统空间结构而形成的特定历史建筑和社会功能，与现有空间规律的差异逐渐扩大。这种差异可能会因为街巷使用人群对空间特征和规律认识的不同而放大，体现为同一空间结构中，存在两种互不融合交

流的功能空间（生活和旅游）。因此，准确认识古城的结构规律，明晰街巷变迁过程中，空间规律的演变特征，在以旅游发展为背景的历史古城保护与更新中显得尤为重要。目前，阆中古城的发展与保护规划对古城物理空间和社会生活都有所兼顾，较好地维护了古城空间结构的原真性，但是对街巷空间的结构规律在微观层面的认识存在不足，还需要准确识别人行行为与空间结构的联动关系，以利古城保护与发展的平衡。

阆中古城的案例研究对我国历史文化古城的保护利用具有一定的启发意义，在面对古城复兴的议题上，基于何种逻辑的复兴是建筑学领域亟需思考的内容。本文的分析表明，在努力保留文化遗产物质实体的基础上，还应该延续空间结构的真实规律以及所承载的社会文化生活，由此才能使古城的内涵得到继承和发展。

参考文献

[1] 常璩. 华阳国志·蜀志 [M].中华书局.

[2] 张仲军. 历史文化名城阆中古城街区街道空间分析[D]. 长沙: 湖南大学，2010.5.

[3] 阆中市人民政府. 阆中历史沿革简述[EB]. 市政府办公室，2018.3.

[4] 王浩锋，饶小军，封晨. 空间隔离与社会异化——丽江古城变迁的深层结构研究. [J]. 城市规划，2014.10.

[5] 比尔·希列尔，朱利安·汉森.空间的社会逻辑 [M]. 1984.

[6] 金达·赛义德，特纳·阿拉斯代尔，比尔·希列尔，饭田慎一，艾伦·佩恩，高士博，杨滔. 线段分析以及高级轴线与线段分析：选自《空间句法方法:教学指南》第5、6章[J].城市设计，2016.2.

[7] 陈泳，倪晓玲，戴晓玲，李立. 基于空间句法的江南古镇步行空间结构解析——以同里为例[J]. 建筑师，2013.4.

[8] 比尔·希列尔,朱利安·汉森.空间的社会逻辑[M].1984.

图片来源

图1～图4：阆中历史文化名城保护规划

图5～图7：作者自绘

图8：作者自摄

表1、表2：作者自绘

上海宝山祇园金塔营造研究①

A Study on the Construction of Shanghai Baoshan Qi Park Tower

金良程、黄瀛丹、杜贵首

作者单位
上海原构设计咨询有限公司

摘要： 由于年代久远和内战外患及火水等自然灾害原因，中国纯木结构古建筑两三千年传承下来的并不多，特别是高层建筑（楼阁式塔）少之又少，且有记载的参考文献及现有的设计规范未对高层木结构建筑有规范性指导。在上海宝山寺异地重建工程项目中，祇园金塔的设计与实施过程填补了国内近代高层纯木结构设计、建造的空白。在多方共同争取下，项目得以立项科研课题，项目组以创新性的思维实践了传统的法式营造，理性地解决了设计与规范之间的矛盾，确保项目得以实验性建造，为后续设计建造类似高层木结构提供了样板。

关键词： 传统阁楼式塔；高层纯木结构；法式；营造；尺度

Abstract: Due to the age, civil war and natural disasters such as fire and water, there are not many ancient pure wooden structure buildings in China that have been inherited for two or three thousand years, and especially the few high-rise buildings such as Loft Style Tower. And the documented references and existing design specifications do not have normative guidance for high-rise wooden structures.In the Shanghai baoshan temple reconstruction project, the design and implementation process of the Qi Park Tower fills in the gap in the design and construction of the high-rise pure wood structure in modern China.Under the concerted efforts of many parties, the scientific research project was set up. Practising the traditional French construction method with innovative thinking, the project team rationally solved the contradiction between design and specifications and ensured the project could be built experimentally. It provides a model for the subsequent design and construction of similar high-rise wooden structures.

Keywords: Traditional Loft Style Tower; High-rise Wooden Structure ; Form ; Construct ; Size

1 缘起

2004年年底，上海原构设计咨询有限公司受上海宝山寺方丈世良大和尚之托，开始进行宝山寺项目的异地重建工程项目设计，2005年5月大殿正式奠基，历经五余年的建设，2010年底，寺庙礼佛核心区基本建成，占地约20亩。2011年1月11日（农历腊八）上午，上海宝山寺在此隆重举行"宝山寺开山五百周年·移地重建落成暨全堂佛像开光庆典"活动。重建的宝山寺的殿堂布局采用传统的伽蓝七堂制纵轴式布局，总平面处理成三个平台，依次递升，形成了层次丰富的空间序列，并创造了错落有致的空间艺术效果。建筑整体为晚唐宫殿式风格，材质以非洲红花梨纯木榫卯构造，结构严谨，古朴大方。重建区域包括天王殿、钟楼、鼓楼、大雄宝殿、观音殿、药师殿、伽蓝殿、祖堂、佛堂、藏经楼、法堂、方丈室、斋堂、僧寮等，总建筑面积约12000平方米，规模居沪上佛教寺院之首（图1）。此后又陆续向南扩建了前院山门、前广场用地16亩，建有山门、东西侧门、连廊（总长约500米）、牌坊等。

根据《贤愚因缘经·须达起精舍缘品第四十三》记载，释迦牟尼佛成佛后第六年，为请佛祖到憍萨罗国说法，给独孤长者和祇陀太子共同发心在王都舍卫城城南门外五里建了一处精舍，称"太子祇树给孤独园"，简称"祇园"。2012年起宝山区在寺院东侧辟地30余亩为寺院规划建设配套园林——祇园。叠山理水过程中，巧妙地将挖湖产生的土，在园林的后部堆成山，并在山上建造佛香阁，祇园里的水榭可凭栏远眺，中部的松涛轩周围

① 本论文受上海市科学技术委员会科研计划项目课题《传统楼阁式高层纯木结构塔设计与施工技术研究》（课题编号：13231201700）资助。

将种植对环境要求很高的黑松。祇园全部建成后将成为唐代建筑艺术的博览园（图2）。

宝山祇园先后建成了功德堂、管理楼、佛香阁、松涛轩、水榭、水池、桥亭、北门、东门等，同样采用非洲红花梨纯木建造。但祇园中最重要的建筑七级浮屠——金塔，由于结构、抗震和消防等法规规范的限制，始终无法建造。为填补国内

图1　宝山寺航拍图（2012年）

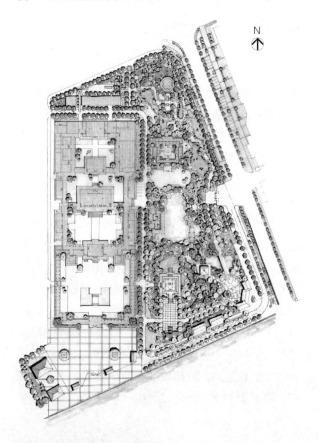

图2　宝山寺及祇园总体规划图

近代高层纯木结构设计建造的空白，经多方努力，2013年8月，上海市科学技术委员会设立题为《传统楼阁式高层纯木结构塔设计与施工技术研究》（课题编号：13231201700）的科研计划项目课题。从此，项目组开始了历时五年的设计建造科研历程。

2　历史借鉴

由于年代久远和内战外患及火水等自然灾害原因，中国纯木结构古建筑两三千年传承下来的并不多，特别是高层建筑（楼阁式塔）少之又少，且有记载的参考文献及现有的设计规范未对高层木结构建筑有规范性指导。为设计出这座别具唐韵的纯木结构楼阁式塔，笔者先后多次带队去日本奈良、京都及山西应县考察木塔，对晚唐前后的塔做了系统的研究。

"塔"最初是古印度埋葬佛祖释迦牟尼火化后留下的舍利的一种佛教建筑"窣堵坡"，汉代时传入中国与中国本土建筑相结合形成了"塔"这种建筑形式。最初是供奉或收藏佛骨、佛像、佛经、僧人遗体等的高耸型点式建筑，称"佛塔"。随着佛教在东方的传播，"窣堵坡"这种建筑形式也在东方广泛扩散，发展出了"塔"这种极具东方特色的传统建筑形式。我国佛塔以楼阁式和密檐式为主，都是结合印度"窣堵坡"的原型与中国汉代已大量出现的楼阁创造的。

我国的塔一般由地宫、塔基、塔身、塔顶和塔刹组成。地宫藏舍利，位于塔基正中地面以下。塔基包括基台和基座。塔刹在塔顶之上，通常由须弥座、仰莲、覆钵、相轮和宝珠组成，也有在相轮之上加宝盖、圆光、仰月和宝珠的塔刹。

据考证，唐朝以前的塔大多为四边形塔，鲜有五边形及以上的，塔自唐代由我国传到日本后，也均以四边形为主。但四边形的塔从结构力学的角度来说不太稳定，现在所见的日本与唐同时期的佛塔，规模一般较小，塔中间有塔心柱，来稳定塔身，抵抗风压，且一般不能登高，以外形观赏为主。推其原因，一是因为日本岛国资源相对匮乏，二是因为国家多有地震，但由此也大致可以推断我国唐朝楼阁式塔的构造。

日本法隆寺五重塔是日本最古老的塔，约重建于公元679年，外观类似楼阁式塔，但塔内没有楼板，平面呈方形，塔高31.5米（含基座32.45米），塔刹约占1/3高，上有九个相轮。它的建造过程大致如下：先挖基础→放置塔心柱础石→制作塔心柱→立塔心柱→固定塔心柱→联接四金柱和外檐柱→用屋架连接心柱和外檐柱→层层累叠外檐柱和屋架→安放塔刹→制作屋盖→盖瓦→小木作→底层加副阶完工。法隆寺塔形制和大多数日本的塔（奈良室生寺五重塔于8～9世纪建、京都府醍醐寺五重塔-952年等寺塔）大体相同一样不可登高，登高望远这是我们设计宝山祇园金塔所要解决的问题之一。

山西应县佛宫寺释迦塔建成于辽清宁二年(1056年)，是国内现存古代建筑中最古最高的木构塔式建筑，塔通高67.21米，系世界木构建筑中罕见的珍品，也是目前国内唯一一座木结构楼阁式塔。应县木塔采用两个内外相套的八角形，将木塔平面分为内外槽两部分。内槽供奉佛像，外槽供人员活动。构架作"叉柱造"式，层层立柱，上层柱插入下层柱头枋上，用梁、枋、斗拱逐层向上叠架而成。

木塔第一层立面重檐，以上各层均为单檐，共五层六檐，各层间夹设暗层，实为九层。因底层为重檐并有回廊，称为"副阶周匝"，故塔的外观为六层屋檐。层间的这个暗层从外看是装饰性很强的斗栱平座结构，从内看却是坚固刚强的结构层，建筑处理极为巧妙。内槽圈柱实际上是中心柱的扩大。明层梁枋规整，结构精巧；暗层木柱纵横支撑，形成各种框架，以加强荷载能力，稳固塔身。塔底层外附加的一周外廊（副阶）直径30.27米，塔身底层直径23.36米；其上各层依次收小约1米，第5层直径19.22米。

这些设计规律都为宝山祇园金塔提供了设计思路，但应县木塔类似层层搭积木叉柱造的构造方式很难通过现代结构和抗震的计算，这是摆在我们面前又一个需要解决的问题。

3　祇园金塔设计研究

上海宝山祇园金塔根据设计要求风格为晚唐风格，平面采用方型，广深各三间，七层楼阁式木塔，采用非洲花梨木纯木打造。

木塔建筑因为其复杂的多层平面组织与其竖向尺度构成，都存在着大量比例关系，这也是材分模数设计的必然结果。而其最重要也是最严密的比例关系就是塔身各层高度与面阔的比例关系，在经过反复研究塔身的营造尺度关系及与塔身实际受力情况的理论推理上，我们设定了塔身基准层（第四层）面阔与层高的相应尺寸。

3.1　竖向上的尺度关系

高度上我们采用1050毫米为模数A，祇园金塔总高由塔基、塔身、屋顶塔刹三部分组成。塔身中的二至六层又由正层和结构层组成（层高：下层楼面至上层楼面。正层：楼面至下桁架梁底，结构层：下桁架梁底至楼面）。实测资料表明各遗存塔身各部分之间也极富比例关系。

经反复推定金塔2～6层的层高采用5250毫米即5A，2～6层的正层和结构层的层高分别相等，分别为正层3A和结构层2A；第7层层高为标准层层高的4/5，为4A，结构层的层高缩减为1A。塔身的总高为5A的7又1/4，即36A。清晰地设计出祇园金塔在高度方向营造设计的尺度，和应县木塔有异曲同工之妙。

同时塔基的高度设计为2100即2A，屋顶也根据举架关系设计为2A，塔刹参照日本同时期木塔的比例关系，设计为塔身高度的1/3即13300毫米即12又2/3A。这样建筑高度从室外地坪至塔刹定为55.3米，基座参照应县木塔设两层台明，四出台阶，台明采用汉白玉砌筑而成。具体数据见表1。

3.2　平面上的尺度关系

祇园金塔平面方向上的尺度关系如下，由于侧脚关系，木塔平面尺寸的设计是以柱头为标准的。具体设计数据见表2。

由表2可以看出，4A不但是高度方向上的7层层高，也是第四层的当心间面阔尺度，各层的面阔尺度是以通面阔为基准的，第一层通面阔20B是由当心间8B及梢间6B所组成的。

这样我们以中间层第四层为基准层，其横向尺度（心间面阔）4200毫米，竖向尺度（层高）5250毫米（4200毫米+1050毫米）构成基准中核，那么第

竖向上的尺度关系 表1

竖向上的尺度关系						
部位	楼层		设计值（cm）			备注
			高度	小计		
顶部	塔刹		1330	1540	1330	12+2/3A
	屋顶		210		3990	2A
塔身	七层	结构层	105	420		4A
		正层	315			
	六层	结构层	210	525		5A
		正层	315			
	五层	结构层	210	525		5A
		正层	315			
	四层	结构层	210	525		5A
		正层	315			
	三层	结构层	210	525		5A
		正层	315			
	二层	结构层	210	525		5A
		正层	315			
	一层	结构层	210	735		7A
		正层	525			
塔基			210	210	210	2A
合计			5530		5530	52+2/3A
注：1斗口=16cm；A=105						

平面上的尺度关系 表2

平面上的尺度关系						
部位	楼层	宽度设计值（cm）				备注
		稍间	心间	心间折合	小计	
塔身	七层	240	360		840	14B
	六层	260	380		900	15B
	五层	280	400		960	16B
	四层	300	420	7B（4A）	1020	17B
	三层	320	440		1080	18B
	二层	340	460		1140	19B
	一层	360	480		1200	20B
注：1斗口=16cm;B=60			不含一层副阶，逐层缩减1/20			

四层的基准层便形成1：1.25的宽高比，扣除结构层高2100毫米后，第四层的正层高3150毫米与心间面阔4200毫米便形成0.75：1的高宽比，符合法式高不越宽广的法则。

在地盘尺度上，设计以一层的通面阔12000毫米20A为基准，逐层以其1/20递加减，形成各层的通面阔尺度。

一层参照法隆寺五重塔和佛宫寺释迦塔设置了副阶，这既从视觉上加强了塔的稳定感、考虑到结构受力的安全性，也出于延长塔的使用寿命以免底层檐柱受雨水腐蚀的考虑，同时也方便信众"绕塔礼佛"（图3）。

图3 祇园金塔正立面图

全塔自地面至刹尖总高55.3米。约为底层直径18米的3倍，比例高峻而不失凝重。各层塔檐基本平直，角翘十分平缓。平坐以其水平方向与各层塔檐协调，与塔身对比；又以其材料、色彩和处理手法与塔檐对比，与塔身协调，是塔檐和塔身的必要过渡。平坐、塔身、塔檐重叠而上，区隔分明，交代清晰，强

调了节奏，丰富了轮廓线，也增加了横向线条。使高耸的大塔时时回顾大地，稳稳当当地坐落在大地上。底层的副阶处理更加强了全塔的稳定感（图4）。

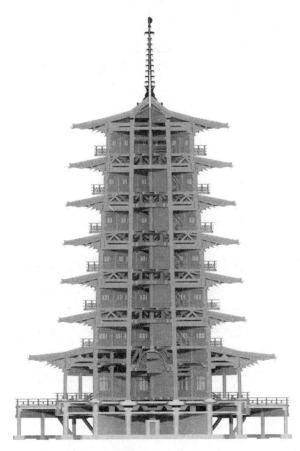

图4 祇园金塔45°剖面图

3.3 材份制度

整个木塔建筑根据《营造法式》的用材制度，采用三等材取值设计（即营造尺尺长31.2厘米，契厚16厘米，契广为24厘米）（图5）。

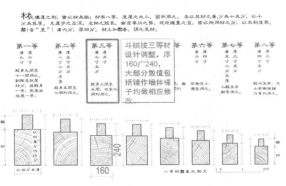

图5 营造尺选用

金塔一层设有副阶，平面采用中国古代特有的殿堂结构"金箱斗底槽"形式。结构内部呈筒状，柱与塔壁之间设登临而用的木楼梯、楼板，外设有平坐及栏杆。塔身每层阑额之上架设五铺作单杪单下昂，补间用斗子蜀柱。一层设六铺作单杪双下昂，补间用斗子蜀柱。二层及以上檐柱内退300，平坐用义柱造，栏杆用斗子蜀柱承盆唇寻杖，转角处，横向构件双向出挑。

3.4　几点设计创新

1. 内筒设计

为加强结构的整体性，保证结构内筒受力性能，金柱采用通长设计，金柱间在结构层处采用桁架链接，形成整体，使内槽圈柱实际上是中心柱的扩大；立面上外檐柱与角柱向上层层退进，外立面心间每层退进200毫米，梢间每层退进300毫米（图6、图7）。但是内筒金柱由于结构需要不能断为每层一根，经过研究比较，最后我们采用柱子大侧脚的办法，即设立斜柱，斜率根据整体退进尺寸计算得出。金柱通长38.4米，采用三段或四段木材拼合而成，为减少金柱刚度损失，同一楼层只有二根柱子采用两段合接柱造的传统拼接工艺拼接。分别在二、三、五、六楼面以上1米位置拼合（图8、图9）。

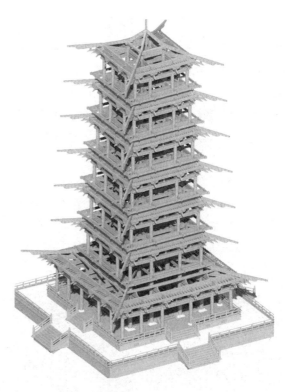

图 7　祇园金塔 BIM 模型结构示意

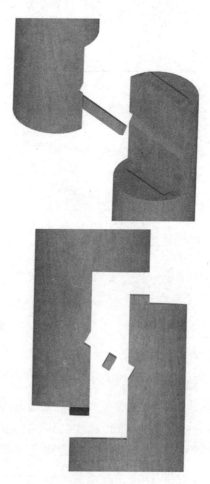

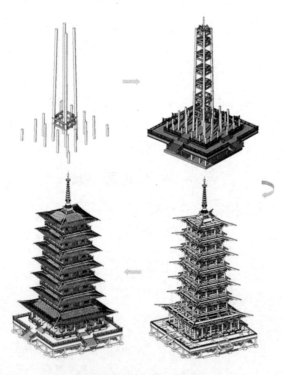

图 6　祇园金塔 BIM 模型模拟搭建过程

图 8　金柱接柱造示意

图9　祇园金塔竖向构件设计示意

2．首层柱脚设计

为防止地下水汽对木构的影响，一层地坪抬高400毫米，在一层下的地下空腔设计净高度1050毫米的夹层，侧边开通风百叶，通风防潮，防止一层柱脚及地坪的腐蚀，起到很好的保护作用。地下空腔夹层内设置一圈的排水沟，并在四个角设置地漏，利于水的排出（图10）。

地坪抬高400毫米空间内，金柱柱脚之间用地袱等水平构件，两两相连，内、外槽之间也以梁枋相连接，使双层套筒紧密结合，同时地面采用50毫米厚的木地板铺贴，形成类刚性地面，加强整体性。金柱设置花岗石柱础，为保证柱础不滑动，形成和金柱的刚接，把柱础整浇在混凝土楼板内（图11）。

3.5　辅助设计手法

1．整塔风压体型系数数值模拟分析（数值风洞）

为了分析风荷载对主体结构的作用力，课题组将方案模型导入流体力学软件Fluent，模拟并对比了0°、15°、30°、45°四个具有代表性的风向角下的风压分布。结果表明：在0°风向角下塔体受到最大的风荷载作用（约为60Pa）；墙面带迎风面体形系数为+0.786左右，略低于规范中的规定值+0.8；背风面风吸力随楼层增高而递增；檐顶带风

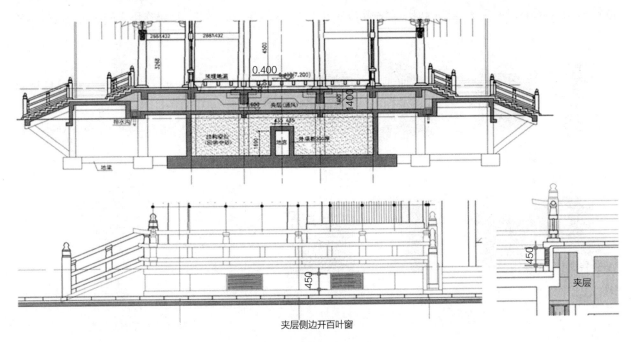

夹层侧边开百叶窗

图10　一层地坪架空设计示意

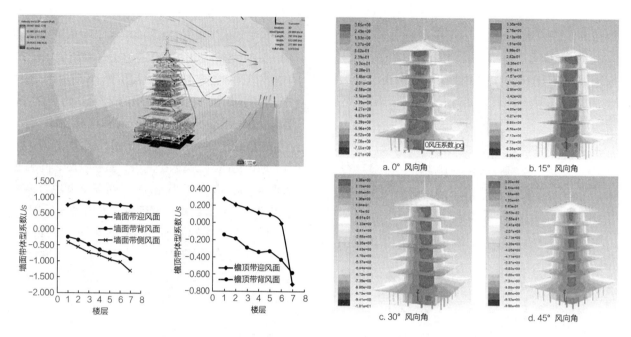

a. 0° 风向角

b. 15° 风向角

c. 30° 风向角

d. 45° 风向角

图 11　祇园金塔柱与柱础连接示意

压力逐层递减，第七层坡顶迎风面总体受到很大的风吸力[1]（图12）。

　　此外对金塔主体结构进行风振响应模拟。将Revit方案模型导入结构分析软件SAP2000，采用特征向量法计算金塔模态。经过自振周期模拟结果对比发现，用铰接节点模型来代替半刚性节点模型进行动力分析误差很小，可以满足工程精度要求，且分析结果偏向于安全。最后通过对金塔结构进行风振响应时域分析，计算荷载风振系数。结果表明：风振响应效

应随高度增加呈缓慢增大趋势，金塔顶部达到系数最大值2.550（图13）。

　　2. 整塔缩尺模型振动台抗震试验

　　进一步对金塔结构构件进行计算分析，确定构件尺寸并基于初步设计成果完成整塔缩尺模型振动台抗震试验，再根据试验结果，调整部分设计参数。经分析得出，0° 风荷载作用下首层层间位移角为1/427，顶点位移308.4，位移角为1/174，基底剪力为516.445千牛；地震作用下的首层层间位移角

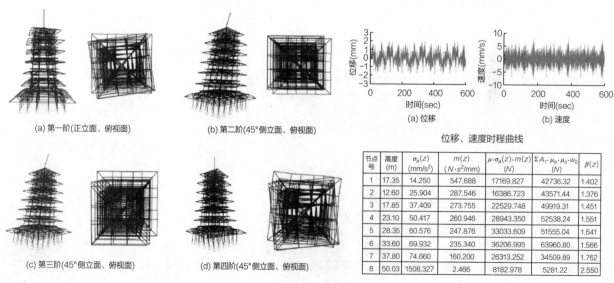

(a) 第一阶(正立面、俯视面)

(b) 第二阶(45°侧立面、俯视面)

(c) 第三阶(45°侧立面、俯视面)

(d) 第四阶(45°侧立面、俯视面)

各阶振型图

位移、速度时程曲线

荷载风振系数计算(时域法)

节点号	高度(m)	$\sigma_a(z)$ (mm/s²)	$m(z)$ (N·s²/mm)	$\mu \cdot \sigma_a(z) \cdot m(z)$ (N)	$\Sigma A_1 \cdot \mu_a \cdot \mu_s \cdot W_0$ (N)	$\beta(z)$
1	17.35	14.250	547.688	17169.827	42736.32	1.402
2	12.60	25.904	287.546	16386.723	43571.44	1.376
3	17.85	37.409	273.755	22529.748	49919.31	1.451
4	23.10	50.417	260.946	28943.350	52538.24	1.551
5	28.35	60.576	247.876	33033.609	51555.04	1.641
6	33.60	69.932	235.340	36206.995	63960.80	1.566
7	37.80	74.660	160.200	26313.252	34509.89	1.762
8	50.03	1508.327	2.466	8182.978	5281.22	2.550

图12　祇园金塔风压模拟

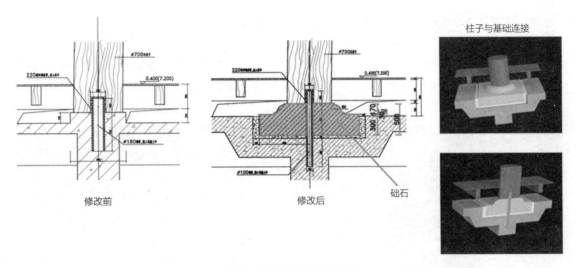

修改前　　　　　　　　　　　修改后

柱子与基础连接

础石

图 13　祇园金塔风振响应试验

为1/340，顶点位移88.9，位移角为1/640，基底剪力为640.784千牛；罕遇地震作用下，顶点位移为510.5毫米，顶点位移角为1/105；结构的最大应力为10.890牛/平方毫米，在首层栏杆处，内筒金柱最大应力为3.560牛/平方毫米。理论成果与实际抗震试验数据基本一致[2]（图14）。

4　结语

基于项目的特殊情况，本项目设计过程采用交

互式设计方法，目前祇园金塔已在施工建造，预计2018年12月份能够建造完成。项目设计中针对传统楼阁式高层纯木结构塔的力学性能，采用试验结合数值模拟的方法。研究木塔在竖向荷载以及风和地震荷载单独或共同工作下的变形性能、极限承载力以及破坏机理。并结合我国传统木结构施工工艺，运用施工期以及施工后结构检测和监测结合的手段，综合评价木塔结构体型、节点连接性能、施工布置和质量控制以及施工期荷载等因素对塔体结构性能的影响，提炼、建立该类型木结构的设计理论和计算方法。并结

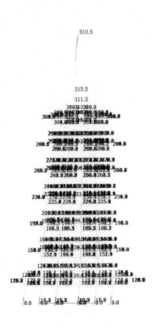

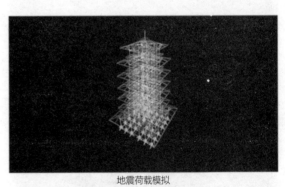

地震荷载模拟

抗震试验(8度双向)

图 14　祇园金塔结构计算及抗震台试验

合最新建筑结构信息管理理念（BIM）的技术，为传统楼阁式高层纯木结构塔的设计和施工提供全程控制，并提高设计和施工效率（图15、图16）。

图15 祇园金塔效果图

图16 祇园金塔建造过程图

参考文献

[1] 罗烈，孙晓峰，宋晓滨基于CFD的某仿古木塔风压分布研究[J]. 特种结构，2014年.

[2] 王众. 基于BIM技术的传统楼阁式高层纯木结构塔研究——以上海宝山祇园金塔项目为例[J]. 住区，2017.

图片来源

图1：公司聘请的摄影拍摄

图2~图4、图6~图11、图15：项目组自绘、拍摄

图5：梁思成全集第七卷P378

图12~图14：课题组其他子课题提供

儿童候诊空间的使用者焦虑行为与其空间影响机制研究

Study on Users' Anxiety Behavior in Children's Waiting Space and Spatial Impact Mechanism

张叶、龙灏

作者单位
重庆大学 建筑城规学院（重庆，400045）

摘要：儿童和陪护人员在候诊过程产生焦虑情绪已成为普遍现象，已有研究发现不相称的拥挤环境会引起焦虑特征，而空间围合和封闭程度也可能导致内部人员的焦虑障碍。本研究则以公立和私立儿童医院的候诊空间为研究对象，对各类医院候诊空间运用行为观察法、流线跟踪法绘制使用者焦虑行为地图、焦虑者流线地图，结合环境特征来研究候诊空间环境对使用者焦虑行为的影响。研究结果发现，候诊空间的体量形态、建筑功能组织、灰空间的设置、装饰图样和色彩，与室外景观的获取等，皆会影响等候人群的焦虑心情，研究也对此提出可改善的设计策略。

关键词：环境心理学；使用者焦虑行为地图；情绪影响型空间；儿童候诊空间

Abstract: Anxiety of children and escorts has become a common phenomenons in the waiting process. It has been found that disproportionate crowded environment can cause anxiety characteristics, and the degree of spatial enclosure and closure may also lead to anxiety disorders of internal staff. In this study, the waiting space of children in public and private children's hospitals and maternal and child health centers was taken as the research object, The behavior observation method and streamline tracking method were used to draw the user's anxiety behavior map and the anxious person's streamline map in the waiting space of various hospitals. The influence of the waiting space environment on the user's anxiety behavior was studied by combining the environmental characteristics. The results show that the size and shape of waiting space, the organization of building functions, the setting of grey space, decorative patterns and colors, and the acquisition of outdoor landscape all affect the anxiety of waiting people. Improved design schemes are also proposed in the study.

Keywords: Environmental Psychology; Anxiety Behavior Map of Users; Emotional Influencing Space; Children's Waiting Space

1 前言

在中国的儿童候诊空间中，儿童哭泣、吵闹、尖叫、躲避、争吵的行为十分频繁，而陪护人员往往搓手顿足、不能静坐，多不停地来回走动，无目的的小动作增多，甚至一窝蜂地堵在诊室门口候诊，焦急张望，这些行为严重影响就医体验，干扰空间秩序，降低医疗建筑效率。而另一些候诊区中，却井然有序，这些行为较少发生。在心理学和医学研究之中，上述行为背后的心理原因为焦虑情绪，而这些由焦虑情绪引发的行为动作、实际感觉被称为焦虑行为，可分为外向型焦虑行为（可观察到的行为动作）、内向型焦虑行为（心理感知）。

而环境心理学领域对空间与焦虑心理和行为的研究发现：刺激过度、行为受约束、应激物过多、资源设施不足会导致使用者的消极情绪。[1]如不相称

的拥挤环境会引起焦虑特征[2]。另外，空间围合和封闭程度也可能导致内部人员的空间焦虑障碍，所感知到的空间围合和封闭程度越高，越有可能造成内部人员的"幽闭恐惧症"，反之，则可能引发"空旷恐惧症"。而对美国病房类型与患者行为的研究表明，在20~40床的大病房中，不少病人由于与他人接触过多，缺乏私密性，往往会主动规避接触，患上孤独和社会隔离综合征。[1]由此引发了以下问题：候诊空间对使用者焦虑行为有何影响？如何设计降低焦虑情绪，获得愉快就诊体验的儿童候诊空间？对此，本研究以重庆地区公立和私立儿童医院为研究对象，运用行为观察法、跟踪法，绘制使用者焦虑行为地图、焦虑者行为流线图、环境特征层析图进行比对，以此研究候诊空间对使用者焦虑行为的影响机制，并提出空间优化设计策略，以改善中国儿童候诊空间中这一普遍问题。

2 我国儿童候诊空间、焦虑行为与情绪影响型空间

2.1 我国儿童候诊空间现状与特质

我国专门为儿童提供医疗服务的医疗结构包括：综合医院与妇幼保健院的儿童相关科室、公立儿童医院、私人儿童医院。在这些医院门诊部的就诊流程中，等候行为是最大量出现的空间行为。"据调查，每名就诊人员平均在院停留时间为146分钟，其中医生直接诊病时间仅占滞留时间的7.5%～16.5%，等候时间占全程时间的2/3"。[3]反映到空间上，候诊空间则是病人与陪护人员使用时间最长的一类空间，对使用人群的情绪、行为、就诊体验有着重要的影响。儿童候诊空间是为病人和陪护人员提供休息、等候、排队、交流、娱乐等服务的空间，包括：咨询处、护士站、挂号收费区、候诊区、其他附属空间（卫生间、母婴室、儿童游乐区、商业区等）。其中，候诊区在建筑空间形态上可分为廊式候诊空间、厅式候诊空间；根据组织形式，可分为厅式集中候诊、内廊式候诊、廊室结合分科候诊、廊室结合分科二次候诊。[4~6]

2.2 儿童候诊空间的患儿与陪护人员焦虑行为特征

根据儿童心理学的研究成果与实地调研观察[7]，儿童在候诊时的焦虑行为随着年龄而发生变化，随着年龄的增大，焦虑行为从理由不明的哭闹、尖叫、抗拒转变为伴随有焦虑情绪语言的哭闹、尖叫、抗拒、地上打滚、争吵，再转为搓手顿足、不能静坐、在诊室门口张望、不停地观看屏幕上的候诊人信息、在候诊区与诊室间来回走动等接近于成年人的焦虑行为表达（表1）。还有一些焦虑情绪在行为上并无异常表现，但有心理感知、生理变化（如血压上升、心跳加速），为内向型焦虑行为。[8~9]

儿童生理心理特征与候诊空间中使用者的外向型焦虑行为特征　　　　表1

年龄段	分期	候诊时的焦虑行为特征
0～1周岁	乳儿期	理由不明的哭闹、尖叫
1～3周岁	婴儿期	理由不明或伴随有焦虑情绪语言的哭闹、尖叫、在地上打滚、争吵、打架
3～6周岁	幼儿期	伴随有焦虑情绪语言的哭闹、尖叫、在地上打滚、争吵、打架、在诊室门口张望、在候诊区与诊室间来回走动
7～12周岁	童年期	伴随有焦虑情绪语言的哭闹、争吵、打架、在诊室门口张望、不停地观看屏幕上的候诊人信息、在候诊区与诊室间来回走动
13～18周岁	少年期	在诊室门口张望、不停地观看屏幕上的候诊人信息、在候诊区与诊室间来回走动

陪护人员候诊时的焦虑行为特征

安抚焦虑的患儿，
责骂患儿，
搓手顿足、不能静坐，多不停地来回走动，
无目的的小动作增多，
在诊室门口排队张望，
不停地观看屏幕上的候诊人信息，
在候诊区与诊室间来回走动，
不停地询问导医护士

2.3 情绪影响型空间与使用者焦虑行为引发机制

大量事实表明，各种生物对环境具有不同的感知能力，人类也不例外，心理和生理深受空间的影响，如"幽闭恐怖症"和"孤独和社会隔离综合症"。据此，本研究提出了"情绪影响型空间"，对一定人群在某类空间中易形成特定的心理感知或生理变化进行分类与描述。而焦虑型空间则是其中的典型类型。当然，焦虑行为不完全由空间因素引起，一些非空间因素也对焦虑行为产生影响。以候诊空间为例，患儿担心疼痛、担心与家人分离，陪护人员担心病情、费用、不熟悉医疗流程、候诊时间过长等均会引发焦虑，此为非空间因素；若此时的候诊空间无法解压、

无法安抚焦虑情绪，甚至给使用者带来心理上的压迫力，则会加重焦虑情绪，此外，环境中受他人焦虑行为的"传染"也会引发或加重焦虑情绪和焦虑行为，上述空间因素则属于焦虑型空间的特征。故空间因素与非空间因素是相互作用的，共同引发使用者的焦虑行为。

3　儿童候诊空间对使用者焦虑行为的影响机制研究

本研究选取公立和私立儿童医院门诊部候诊空间为研究对象，具体以重庆市儿童医院（本部）、重庆市小米熊儿童医院的门诊部为例，运用行为观察法、流线跟踪法——观察者身处空间内一角，在不对患儿和陪护人员进行干扰的情况下，结合心理学的知识，对外向型焦虑行为动作进行系统的有计划的观察、辨别、分类、分析，并辅以录像及时对其类型与所发生的具体空间位置进行记录，以此绘制儿童候诊空间外向型焦虑行为地图，并跟踪其行走路径并在图纸上记录，绘制焦虑者流线地图。再比照焦虑行为发生地点、类型、数量与所对应的建筑环境，通过对比的方法来研究候诊空间对使用者焦虑行为的影响机制。本研究针对外向型焦虑行为进行调研与数据收集，将在后续通过访谈调研内向型焦虑行为。

3.1　调研案例候诊空间环境说明

重庆市儿童医院（本部）为公立医院，共有1400床位数，现有门诊楼建立于1997年，共5层。其门诊楼以交通空间、候诊区、挂号收费大厅为核心，诊室沿四周布置，各科候诊区开放，分为廊式候诊、厅式候诊，配置有铝制座椅。墙体通白，仅少数墙上贴有医疗宣传卡通资料。现场调研中发现重庆市儿童医院候诊空间环境嘈杂、候诊空间不足、环境拥挤、候诊空间基本无自然采光、色彩单调、缺乏为儿童建造的休息玩耍设备，现场感知秩序混乱。

重庆小米熊儿童医院为私立医院，2018年6月投入使用，共有床位数99床，门诊部位于1层、2层和地下1层。重庆市小米熊儿童医院门诊部呈"L"形，两翼均为双走廊布局，候诊空间结合交通空间布置与两侧走廊内，且向外开窗，两翼的交点处为导医台、儿童游乐区。室内装饰与家具布置以小米熊的童话故

事为主题，以第二层为例，共设置四处廊式候诊区，每一候诊区的装饰色调各异。候诊座椅为彩色沙发，并在部分候诊座椅之间设置隔墙隔断。现场调研感知，候诊空间较安静、空间充足、色彩丰富、充满童趣，儿童游乐设施丰富多样，现场井然有序。

图1　重庆市儿童医院（本部）候诊空间

图2　重庆市小米熊儿童医院候诊空间

3.2　使用者焦虑行为地图绘制

本研究选取人流高峰期（上午10：00）时的使用者焦虑行为地图来分析候诊环境对使用者焦虑行为的影响。

在重庆市儿童医院中，①廊式候诊区的使用者焦虑行为比例最高，此处人流量大，此处的焦虑行为基本为患儿和陪护人员聚集在诊室门口前张望，或不停地观看诊室门前的导视牌，也由此引发了人流拥挤和交通堵塞，但患儿哭闹、争吵等焦虑行为很少发生。②大厅、台阶、连结平台的使用者焦虑行为比例次高，此处的焦虑行为以患儿哭闹、尖叫、地上打滚、

争吵、打架，陪护人员安抚患儿为主。③治疗室、检查室（如采血窗口、脱敏注射室、口腔治疗室、皮肤科检查室）旁的候诊区使用者焦虑行为比例明显高于一般诊室的候诊区。

对焦虑者行为跟踪可发现，焦虑人群多处于动态的活动之中，如当患儿哭闹时，陪护人员常会怀抱患儿进行安抚，由原来的坐或站转为行走，慢慢走向大厅、高差空间、卡通墙、庭院、连廊、连接平台等空间，调研时可明显感知这些空间比引发焦虑行为的空间噪声小、人流量低、视野开阔、更具趣味性。陪护

人员怀抱患儿在这类空间中来回踱步或更换到其他的空间，直至患儿停止哭闹、尖叫等焦虑行为。调研中还发现，安抚患儿的陪护人员常会回到原候诊座椅处休息，也可能寻找新的候诊座椅休息。

而相同时间段，重庆市小米熊儿童医院中候诊人群的焦虑行为少，出现了哭闹型焦虑行为，耳鼻喉科检查室和治疗室内的患儿因焦虑害怕而哭叫不止，导致门外的候诊患儿也出现了焦虑情绪。调研中发现，陪护家属安抚焦虑患儿的有效方法是带领其看墙上的卡通画或抱着儿童看窗外的景色。

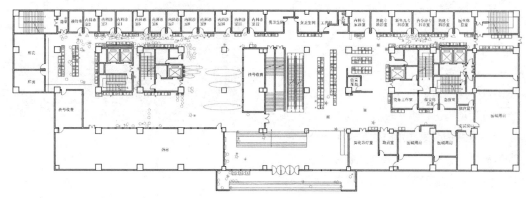

(a) 重庆市儿童医院(本部)1层10:00使用者焦虑行为地图

(b) 重庆市儿童医院(本部)2层10:00使用者焦虑行为地图

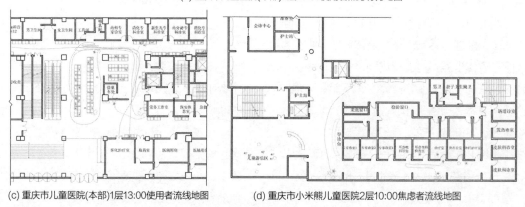

(c) 重庆市儿童医院(本部)1层13:00使用者流线地图　　(d) 重庆市小米熊儿童医院2层10:00焦虑者流线地图

图例：
· 无焦虑行为(患儿)　★ 哭闹、尖叫、争吵(患儿)　● 诊室门口张望(患儿)　■ 来回走动(患儿)　■ 自助挂号收费机　■ 自助报告打印机　▭ 导医台
▫ 无焦虑行为(陪护人员)　△ 安抚上述行为(陪护人员)　○ 诊室门口张望(陪护人员)　□ 来回走动(陪护人员)　▭ 儿童摇摇车　▭ 候诊椅　⬭ N人在排队等候

图3　儿童候诊空间使用者焦虑行为地图和焦虑者流线地图

3.3　候诊空间环境对焦虑行为的影响推论

1. 候诊空间的体量型态

一般而言，在公立医院，厅式候诊空间中哭闹类的焦虑行为较多，反而空间最为拥挤、最单调压抑的廊式候诊空间的哭闹类的焦虑行为较少，原因为患儿一旦出现哭闹类的焦虑行为，陪护人员必定会离开使之焦虑的环境，而去寻找一个相对更好的环境来安抚，相比起空间狭小、左右受人目光注视的廊式候诊空间，空间较开阔、便于交通通行的厅式候诊空间成了陪护人员的更好选择。

廊式候诊区中诊室门口张望类的焦虑行为较多。目前公立儿童医院医疗资源短缺，常出现候诊空间不足、候诊座椅短缺、人员拥挤的状况，而廊式候诊区距离诊室最近、空间狭小，又兼具交通功能，往往上述问题最为严重，易使陪护人员与患儿产生资源紧张、担心错过挂号导致候诊时间加长的紧迫感，引发焦虑情绪，产生不能静坐、在候诊区与诊室之间来回走动，或一直守在诊室门口候诊，焦急张望的焦虑行为。此外，廊式候诊的焦虑行为的视觉和听觉"传染"作用，再加上候诊座椅短缺，导致使用者越来越无法安心等候，越来越多地聚集在诊室门口焦虑等待，造成交通堵塞、嘈杂的候诊环境，这更加重了候诊人群的焦虑情绪，形成恶性循环。

2. 建筑功能组织

治疗室、检查室（如采血窗口、脱敏注射室、口腔治疗室、皮肤科检查室）旁的候诊区使用者焦虑行为比例明显高于一般诊室的候诊区，这是受室内患儿多发出伴随有焦虑情绪语言的哭闹、尖叫的视觉与听觉的"传染"所致。而远离卫生间、母婴室的候诊区常出现因换尿布而哭闹不止的焦虑行为，影响旁边的候诊人群。另外，在同一候诊空间中，交通区的焦虑行为与安抚行为比候诊座椅区出现得多，原因在于站起来、行走、转移注意力、寻求更好的环境是产生焦虑行为的使用者发泄、缓解焦虑的需求。

3. 灰空间的设置

灰空间中焦虑行为较多，调研发现：焦虑者会主动选择灰空间来安抚情绪，使得该类空间中汇有哭闹行为的患儿。以重庆市儿童医院的门诊楼、急诊楼的二层连接平台为例，这一空间设置有生活超室、饮品店，上有顶棚覆盖，四周以栏杆作为维护，并配备有儿童摇摇车、候诊座椅。此处空间较室内开阔、噪声小、人流量少、空气清新、景观丰富，与室内压抑紧张的气氛形成鲜明对比。陪护人员常把哭闹的患儿带入此处安抚，待其焦虑行为明显减弱后再带入室内。

4. 装饰图样和色彩、儿童游乐区的设置

充满童趣的装饰图样和色彩、儿童游乐区的设置能安抚儿童的焦虑情绪，在充满童趣的装饰图样和色彩环境中，候诊人群焦虑行为发生较无装饰图样和色彩低。调研发现：在患儿表现出明显的焦虑行为时，陪护人员有意引导患儿观察装饰图样，特别是解释医疗过程的卡通图案，能有效平缓患儿的焦虑情绪。儿童游乐区若能与候诊区、交通空间的关联性处理得当，能有效增加欢乐和温馨的气氛。

5. 室外景观的获取

与无窗的候诊空间相比，设置窗户的候诊空间中的焦虑行为发生较低。或许与候诊区的视野更开阔，窗外的景色吸引患儿注意力有关。与装饰图样和色彩的影响机制类似，焦虑患儿的陪护人员会选择靠近窗的候诊空间为安抚环境。

6. 人均候诊面积与空间容量

人均候诊面积不足，易引起拥挤、混乱、无序的环境，使内部人员产生压抑、紧张之感，引发或加重焦虑情绪和焦虑行为，而面积不足时，更也容易受他人焦虑行为的传染，形成恶性循环。

4　结论

本研究从使用者焦虑行为这一创新研究视角出发，提出了情绪影响型空间的概念，结合循证设计原理，通过使用者焦虑行为地图、焦虑者流线地图以及各环境特征层析图叠合对比探求儿童候诊环境对使用者焦虑行为的影响，研究结果发现：候诊空间的体量形态、建筑功能组织、灰空间的设置、装饰图样和色彩、儿童游乐区的设置、室外景观的获取、人均候诊面积与空间容量均会影响使用者的焦虑行为。基于此，本研究从隔离、安抚两方面提出儿童候诊空间优化设计策略：一方面要隔离高焦虑型空间，避免焦虑行为的传染，如各科室的治疗室、检查室及其候诊区与常规诊室候诊区隔离。儿童输液区、注射区、血液采集区宜采取封闭式的候诊空间与治疗空间；另一方面要形成安抚型空间，建议利用庭院、高差空间、

医院街、灰空间等形成"回游动线"式的安抚环境，以便于怀抱哭闹患儿的陪护人员循环式地来回踱步安抚，并将儿童游乐区穿插于候诊空间之中，利用装饰图样、色彩、家具、儿童游乐区、儿童商业区设置趣味性空间。后续还会结合访谈法对儿童候诊空间的内向型焦虑行为进行数据收集，并运用虚拟建筑技术运用和访谈来检验候诊空间优化设计策略的有效性，并根据检验结果对设计策略进行调整。

参考文献

[1] 林玉莲，胡正凡. 环境心理学[M]. 北京：中国建筑工业出版社，2006.

[2] 王锦堂译（台）. 环境心理学[M]. 台北：茂荣图书有限公司，1986：.218.

[3] 丁东. 世界医院建筑选编[M]. 北京：北京科学出版社，2003.

[4] 刘弥. 现代医学模式下的综合医院门诊楼公共空间设计研究[D]. 南京：东南大学，2005.

[5] 罗运湖. 现代医院建筑设计[M]. 北京：中国建筑工业出版社，2001.

[6] 张姗姗，裴立东. 转化医学·医院转化——以澳大利亚墨尔本皇家儿童医院为例[J]. 建筑学报，2018，601（10）：121-125.

[7] Alan Carr著.儿童和青少年临床心理学（两册）[M]. 张建新等译. 上海: 华东师范大学出版社，2005.

[8] 闫黎津，陈力，李蓓,等. 中外儿童口腔治疗焦虑行为的对比[J]. 牙体牙髓牙周病学杂志，2009，19（8）：480-482.

[9] 张晓霞，黄爱兰，邹密. 术前访视对手术儿童分离焦虑行为影响的研究[C]. 首届国际手术室护理学术交流暨专题讲座会议.

图片来源

图1：作者拍摄
图2：作者拍摄
图3：作者自绘

低层新中式商业街的现实意义
——以红河水乡为例

The Practical Significance of Low-rise New Chinese-style Commercial Street: A Case Study of Honghe Shuixiang

任鹏洲、赖翰翰、林志强

作者单位

华蓝设计（集团）有限公司城乡规划设计院规划研究所（南宁，530011）

摘要： 新中式商业街继承当地的文化特色，引入现代设计手法，进行一定程度地创新，避免了商业街的同质化，提高了居民幸福感。新中式商业街为大众提供商业活动的场所之外，还在文化交流传承、树立民族自信、丰富城市功能等方面发挥重要的作用。通过对新中式商业街设计要素的讨论以及百色市田阳古镇和弥勒市红河水乡两个新中式商业街的对比分析，阐述了低层新中式商业街在城市功能、城市形态、传统特色文化继承发扬等方面的现实意义。

关键词： 新中式风格；商业街；地方特色；文化传承；城市形态；城市功能

Abstract: New Chinese-style commercial street inherits the local cultural characteristics, introduces modern design techniques, carries out a certain degree of innovation, avoids the homogenization of commercial street, and improves residents'happiness. In addition to providing commercial venues for the public, the New Chinese Commercial Street also plays an important role in cultural exchange and inheritance, building national confidence and enriching urban functions. By discussing the design elements of the new Chinese-style commercial street and comparing the two new Chinese-style commercial streets, Tianyang Ancient Town in Baise City and Honghe Shuixiang in Maile City, this paper expounds the practical significance of the low-level new Chinese-style commercial street in the aspects of urban function, urban form and inheritance and development of traditional culture.

Keywords: New Chinese Style; Commercial Street; Local Characteristics; Cultural Heritage; Urban Form; Urban Function

1　新中式商业街

商业街是指能够满足人们商业的综合性、专业性和社会性需要，由多数量的商业及服务设施按规律组成，以带状街道建筑形态为主体呈网状辐射，统一管理并具有一定规模的区域性商业集群[1]。我国新中式商业街的相关研究工作也不断深入，人们从多角度分析研究了新中式商业街的功能和意义。例如夏弘毅结合杭州南宋御街等新中式商业街区的案例分析，总结出新中式商业街的设计方法，以解决商业街文化氛围缺失、景观趋同等问题，明确新中式商业街的价值[2]；蒋妮丽则讨论了新中式商业街在设计实践过程中运用地区特色和历史文化的相关方法，考虑地区特色因素[3]；王荣提出了针对不同类型的城市新中式商业街设计方法，为商业街公共空间的设计提供策略参考[4]；徐腾从使用者的视角进行了公共空间的构成分析，总结出商业街外部空间设计的具体方法[5]；俞昌斌指出运用现代景观设计思想理念与技术，结合中国

古典园林设计思想，创造现代适宜生活[6]；周晖晖则基于艺术学的角度研究了新中式景观的艺术价值[7]。

2　新中式商业街的设计风格

新中式商业街的设计风格是将现代元素和传统元素有机地结合在一起，以现代人的功能需求和审美爱好来打造富有传统韵味的商业步行街，使传统艺术在当今社会得以体现、传承。新中式风格既是对传统设计风格的延续，又是对中式风格的改良，体现出我国城市公共空间的特色以及人民的精神特征对传统文化的认同。

2.1　空间环境

易格菲认为城市商业街外部空间使人产生愉快的体验，居民作为商业街的使用者，应当是空间的主角，因此人性化维度将成为建筑设计的核心[8]；余就荣对行为模式进行了深入分析，分别从商业街空间构

成以及景观要素探讨了人性化设计，并提出了商业步行街的人性化设计对策[9]；唐克宇对城市沿街商业空间的行人个性、情绪做出了定量研究，探讨了各要素的设计对人以及城市活力所产生的影响[10]。

新中式商业街建造设计过程中，需尊重历史和自然，融合城市特有的社会文化、自然风貌和风土人情，提炼如古典檐角、立面花窗、雕塑标识等建筑语言和景观符号，将其与现代改造手法相结合，创造符合时代特征且充满"乡愁"记忆的街道景观[11]。将历史文化的具现形式作为空间引导物来处理，这样既增强了空间的秩序性，又节省成本，更主要的是不会为了迎合某种形式而大拆大建[12]。

2.2 工艺手法

在工艺手法上，新中式商业街常结合现代材料和技术对传统元素的进行创新应用，并以更简洁的形式出现。新中式建筑元素在现代商业街区中的有效运用，有效解决传统商业街区模式混乱、样式单一等问题，并美化城市环境，丰富城市形态。新中式景观能

够以现代人的功能需求和审美爱好来打造富有传统韵味的园林景观，让传统艺术在当今社会得到合适体现。通过生态手段构建商业街景观可以美化街景、改善环境质量、营造出宜人的公共空间，并传递出尊重自然的价值观。

2.3 视觉形象

2.3.1 材料

在新中式商业街建筑中往往将传统建筑中复杂的窗棂形式进行抽象或者简化，以大量的玻璃或栅格状的木百叶替代这种更为简洁的设计增强了商业内外空间的渗透性，增强了建筑内部的可视性，有利于商业氛围表达（图1）。

2.3.2 色彩

我国幅员辽阔，各地形成了独有的建筑色彩[13]。新中式商业街的色彩表达偏向于素雅的新中式风格景观，在局部运用鲜艳的颜色，如橱窗、门、雕塑，视觉上的强烈反差活跃了环境氛围，打破了单调的色彩格局（表1）。

图1 新中式铺装材料

不同建筑色彩的表达意义 表1

建筑色彩	着色建筑	表达意义
红（朱砂红）	大门、廊架、景墙	喜庆、热烈、权利
橙（淡橘橙）	铺装、小品	华丽、柔和、强烈
黄（琉璃黄）	景观亭、大门	温暖、明朗、柔和
绿（国槐绿）	绿色植物	宁静、安慰、清新
蓝（晴山蓝）	铺装、廊架、亭	优雅、洁净、寂静
紫（石竹紫）	景墙饰面、雕塑	高贵、神秘、稳重
灰（长城灰）	地面、景墙、建筑、座椅	明快、淡雅、庄重
白（玉脂白）	雕塑、地面散置石	纯洁、吉祥、温润
黑（青、黛）	铺装、小品、廊架、亭	沉稳、内敛、庄重

2.3.3　符号

在新中式景观设计中采用传统符号用抽象或简化的手法来体现中国传统文化内涵，运用形式多种多样，可镶刻于景墙、廊架、景亭、铺装、座凳上。有中国传统的吉祥物龙、凤、貔貅、双鱼、蝙蝠等，有十二干支纪法，有甲骨文、象形文字，有象征民族特色的图案中国结、窗花、剪纸、生肖、太极、金乌、剪纸[14]，有福、禄、寿等吉祥文字。

2.4　案例统计

新中式商业街的兴起已经成为地方发展旅游、传承特色文化的主要形式之一，表2主要对我国新中式商业街的分布、规模、材料、符号、特色等方面进行了整理和对比。

新中式商业街案例统计与对比　　　　　　　　　　　　　　　　　　　表2

名称	地区	规模	高度	特色	材料	符号	色彩
彝人古镇	云南	150万平方米	3~4层	彝族文化	石桥栏杆 水景设施	彝族文字	黑、红
曹魏古城	河南许昌	长度1.3公里	3~5层	曹魏文化	砖木结构 戏台阁楼	魏武关圣 铜雀杜康	黑、黄
定远古城	安徽定远	80万平方米	2~4层	皖东将相文化	文华广场 武德广场	将相题材 项羽浮雕	红黑蓝
窑埠古镇	广西柳州	8万平方米	3~5层	侗寨风情	砖木结构 民居街道	侗族文字	灰、白
零陵古城	湖南永州	40万平方米	3~5层	虞舜文化 柳子文化	过街骑楼 牌楼青砖	碑刻诗画 瑶族女书	青、灰
田阳古镇	广西百色	90万平方米	2~4层	红色旅游壮文化	砖木结构 鼓楼民居	铜鼓 歌圩	黑、白
锦绣古镇	广西靖西	22万平方米	2~4层	壮乡水寨边关小镇	木结构 阁楼民居	中越边关 壮乡山地	黑灰白
石羊古镇	云南大姚县	35万平方米	3~5层	千年盐都 祭孔圣地	石羊井盐 砖木结构	商贾文化 儒道文化	白、黄
北京后海	北京古海港	5万平方米	2~3层	皇家遗韵	砖木结构	古都文化	碧瓦红墙
楚河汉街	湖北武汉	长度1.5公里	3~5层	楚汉文化	乌漆门窗 青砖铺装	欧式民国 近代风格	红、灰

3　新中式商业街的现实意义

3.1　商业活动

商业街不仅提供了步行、休憩、社交聚会的场所，还增进了人际交流和地域认同感。同时也促进地方社区经济的发展繁荣，减少视觉污染，使得建筑环境富有人情味[15]。

3.2　文化传承

国人对于精神文明与传统文化认知与诉求是"新中式"出现的根源[16]。新中式商业街营造了本土地域化景观，以诗词歌赋、文学艺术、神话传说、历史典故等为提取对象，渗入新中式风格的商业街景观营造中，是对传统文化的传承，也是新时代对传统文化的再解读，帮助人们唤醒对传统文化的"记忆"[17]。

3.3　整体形象

从某种意义上来说，一个成熟的商业街，其分布形态、空间特点、环境特征直观地体现了城镇的文化品位和城市的特色风貌，吸收当地的建筑色彩及风格，形成城市特色（图2）。

3.4　城市功能

我国古代规划强调"因天材，就地利"，"人与天调，然后天地之美生"。只有人与自然和谐共处，人民安居乐业，才能达到改善人居环境品质的目的。满足居民日常的商业活动是城市的重要功能之一，随着社会的基本矛盾转化为人民对美好生活的向往。

图 2　云南省弥勒市红河水乡商业街

3.5　城市形态

城市形态记载着历史，是各种历史片段的丰富交织，当现实与历史恰当融合时，所形成的城市形态是最富有魅力的，或许可以演绎出最有文化活力的新形象。在需要隔绝视线的地方，则使用中式的屏障或墙面，通过这种新的分隔方式，新中式商业街就展现出中式建筑的层次之美（表3）。

中国古代木构建筑的硕大屋顶轻盈俏丽，翩翩欲飞，不仅丰富了天际线，而且这种飞动之美给人们以极大的美感[18]。新中式建筑仍保留中式建筑的神韵和精髓。

3.6　地方特色

国内商业街同质化倾向严重，建立和保持鲜明

的个性特征尤为重要。利用商业街的文化特色差异，在大众心目中塑造与众不同、令人印象深刻的城市形象。新中式建筑元素的应用则利用商业步行街地域文化的差异，将当地的风土人情、城市文脉融合到商业街区建筑中，打造具有地方特色的商业街区，使每一个街区都成为当地的代表作。

4　案例对比

本文对弥勒市红河水乡、田阳古镇两个商业街景观设计案例进行分析与梳理，通过建设背景、空间形态、空间序列、景观要素等方面的对比，进一步总结新中式商业街设计要素（表4）。

在空间形态上，红河水乡依靠湿地资源，建造环湖滨水的空间布局，空间形态变化丰富，田阳古镇则

现代建筑与传统建筑对比　　　　　　　　　　　　　　　　　　　　　　表3

类别	风格	形态	立面、屋顶	高度	色彩
现代建筑	新都市、新表现主义风格；独特、现代	体量独立，形态富于变化，景观节点性高	造型新颖独特；屋顶形式灵活多变	高层为主	色彩多样，明快活泼
传统建筑	干阑建筑、吊脚楼、石板房等民族建筑	中低层院落式结构，注重环境与建筑结合	后退和开敞空间形成连续性界面；立面采用石材和木材	低层为主，注重与山形地貌相结合	较少使用破坏环境色调的色彩

建设背景对比		表4
案例名称	红河水乡	田阳古镇
建成时间	2013年11月	2013年10月
地理位置	云南省自治州弥勒市城南	广西百色市田阳县百东河北岸
规划面积	3.54平方公里	1.2平方公里
设计模式	新建	新建

主要呈沿河现状布局，二者均在空间舒适感具有良好体验（表5）。

在空间序列的营造方面，红河水乡具有完备的空间序列，不同主题的布置在空间感受上产生韵律感，田阳古镇则在尾部呈现了壮乡民俗文化主题（表6）。

在景观要素方面，二者在设计上均融入了传统元素和现代元素，并注重传统与现代的融合创新（表7）。

空间形态对比			表5
	红河水乡	田阳古镇	分析评价
空间布局	网络型（滨水型）布局	线型布局	后者缺乏多元空间格局
空间尺度	街道长约500米，宽约6～18米；高度2～3层	街道长约800米，宽约8米；建筑高度2～4层	具备适宜的人居环境
空间颜色	以白色、灰色为主色	以白色、灰色为主色	传统颜色，色彩丰富

空间序列对比			表6
	红河水乡	田阳古镇	分析评价
前导空间	以牌坊、广场作为入口标志物	以坊墙作为入口标志物	传统的坊墙和牌坊形象结合现代设计元素
行进空间	骑楼和植物限定形成断面形态	建筑错落和植物限定形成空间变化	良好的步行感受
高潮空间	广场、戏台	广场、鼓楼	民族特色主题文化展示
结尾空间	以建筑作为结尾	与高潮空间结合	未刻意营造结尾空间

景观要素对比			表7
	红河水乡	田阳古镇	分析评价
导向标识	以木材、金属为主要材质	以木材、金属为主要材质	采用金属材料进行构造，注重文化信息表达
建筑设计	现代和传统建筑元素并存	多时期的建筑风格，形态丰富	表层优化和抽象变异等方式进行创新设计
道路铺装	现代与传统材料结合	以传统材料铺设为主	前者铺装形式丰富
植物配置	以点状、线状绿化为主	以点状、线状绿化为主	后者植物配置单一
雕塑小品	传统形象的直接表达	注重对文化的抽象表达	传统街道文化资源丰富
水体风光	整体依山傍湖局部设计了喷泉	引水入街，恢复传统御街形态	前者营造亲水空间，后者具有舒适的街道环境

5　小结

新中式商业街囊括了现有的商业街区形式，改善其不足之处，同时根据现代社会和人们的需求，开创适合中国各地区特色的独特商业街。新中式设计风格将鲜明的民族印记和创新的设计思想融入建筑设计中，在提倡本土设计和地域性设计的今天，新中式风格结合了民族性和时代性的特征，表达了中国人对回归自然、重视文化的设计倾向，并以中国传统文化特色、中国传统艺术风格以及中国传统美学价值为追求，建筑设计表现出丰厚的文化底蕴和人文关怀。新中式风格商业街通过新技术、新理念展现传统的文化内涵，同时也体现出包容性与开放性，不仅能够结合现代商业氛围、时尚潮流，又能以其高品质的文化形象创造独特的商业气息和更强的凝聚力。

新中式商业街结合了地方传统文化的特色元素以及现代建筑的技术优势，呈现出符合国人审美的设计理念，这是民众自我文化认同感不断提升，逐渐树立起民族自信的必然需求。现代城市商业街引入新中式风格是对于中国传统文明的追溯和探寻，也是传统文化特色不断进化演绎，并且被继承和发扬创新的过程，群众不仅能够在新中式商业街体验到文化获得感、认同感，更有利于树立每个人的民族自信心。

参考文献

[1] 韩健徽. 中国商业街——概念篇[J]. 中国商贸, 2008, : 92.

[2] 夏弘毅. "新中式"风格在商业街景观设计中的应用研究[D].芜湖: 安徽农业大学, 2015.

[3] 蒋妮丽. 现代中式特色商业街景观设计探析——以张家港杨舍老街商业步行街景观设计为例[D].南昌: 南昌大学, 2011.

[4] 王荣. "新中式"风格在城市公共空间景观设计中的探索及运用[D].芜湖: 安徽农业大学, 2014.

[5] 徐腾. 基于行为模式视角的步行商业街室外公共空间形态研究——以深圳南山商业文化中心区海岸城片区为例[J]. 价值工程, 2016, : 197-198.

[6] 俞昌斌. 源于中国的现代景观设计:空间营造[J]. 建筑技艺, 2013, : 24.

[7] 周晖晖. 基于艺术学角度的新中式景观研究[D]. 南京: 东南大学, 2017.

[8] 易格菲. 商业街外部空间设计研究——以成都市大慈寺商业街区为例[D].西南交通大学, 2016.

[9] 余就荣. 城市商业步行街公共空间的人性化设计研究[D]. 广州: 华南理工大学, 2017.

[10] 唐克宇. 现代城市沿街商业空间活力探究——以深港两地为例[D].深圳: 深圳大学, 2017.

[11] 陈伟,何蕾,王贝. 回归"人本生活"的商业街改造模式[J]. 规划师, 2014, 30(7): 123-128.

[12] 侯浚哲. 中小型城镇商业步行街空间形态研究——以爱尔兰代表性商业步行街为例[D].太原: 太原理工大学, 2018.

[13] 郭月月. "新中式"商业街建筑外立面装饰设计与实践——以金田利兹蓝顿项目为例[D].西安: 西安建筑科技大学, 2018.

[14] 孔伟. 探究剪纸艺术在景观小品设计中的艺术表达[J]. 现代园艺, 2018, : 71-72.

[15] 金勇. 增进建设环境公共价值的城市设计实效研究——以上海卢湾太平桥地区和深圳中心区22、23-1街坊城市设计为例[D].上海: 同济大学, 2006.

[16] 杨滨章. 关于中国传统园林文化认知与传承的几点思考[J]. 中国园林, 2009, : 77-80.

[17] 江博. 以步行街为载体的城市记忆恢复研究——以孝感解放街为例[D].武汉: 武汉理工大学, 2013.

[18] 邓其生. 岭南古建筑文化特色[J]. 建筑学报, 1993(12):16-18.

图片来源

图1: http://huaban.com.

图2: http://www.honghenativeland.com.

基于世界杯赛事的既有体育场主体空间改造设计研究

Research on the Reconstruction Design of Existing Stadium Main Space Based on World Cup Events

董宇[1、2]、薛静[1]

作者单位
1. 哈尔滨工业大学建筑学院（哈尔滨，150001）
2. 寒地城乡人居环境科学与技术工业和信息化部重点实验室（哈尔滨，150001）

摘要： 以利用既有体育场改造的世界杯赛场主体空间为研究对象，结合国际足联对世界杯赛场的技术规范要求，分析既有体育场主体空间在专业性、规范性、安全性和舒适性等方面存在的缺陷与不足。遴选近五届世界杯中利用既有体育场进行改造的典型案例，提出城市既有体育场主体空间改造原则。结合绿色生态技术等在改造过程中的应用，对体育场专业化改造升级趋势进行了探析。可为利用既有体育场进行专业化改造提供综合性参考。

关键词： 世界杯足球场；既有体育场；主体空间；改造；趋势

Abstract : This paper takes the main space of the World Cup competition venues reconstructed by existing stadiums as the research object to analyze the defects of the existing stadium main space in terms of professionalism, standardization, safety, and comfort by referring FIFA's technical requirements for the World Cup competition venues. The principle of the main space reconstruction of the existing stadiums in the city was proposed by summarizing the typical case of using the existing stadium for renovation in the last five World Cups. Combined with the application of green ecological technology in the reconstruction process, the trend of specialization and upgrading of stadiums was analyzed. It can provide a comprehensive reference for the professional transformation of existing stadiums.

Keywords: World Cup stadiums; Existing stadiums; The main space; Modification; Trend

1 引言

足球赛场是世界杯竞赛的空间载体。将既有体育场改造为专业足球场是历届世界杯赛场建设的主要模式之一（表1）。城市中既有体育场因其地理优势不仅拥有便利的交通、保证了赛场的可达性，而且可以避免新建赛场赛后利用出现"白象综合症"[①]的危险。在世界杯赛场改建中，为提供更为舒适的比赛环境，提高赛场比赛氛围，提升球迷观赛兴奋度和视觉舒适度，对既有体育场主体空间进行相关改造尤为重要。

近5届世界杯赛场概况 表1

时间	国家	赛场	新建体育场	改建体育场	改建综合体育场	改建专业足球场
2002年	日韩	18	16	2	2	5
2006年	德国	12	5	7	3	4
2010年	南非	10	5	5	4	1
2014年	巴西	12	5	7	2	5
2018年	俄罗斯	12	8	4	3	1

2 体育场主体空间概念界定

体育场包括外部空间和内部空间两部分，主体空间归属于内部空间，包括比赛场地和观众席[1]（图1），是体育场的首要空间。世界杯足球场的比赛场地是球员、裁判和观众关注的焦点，良好的球场

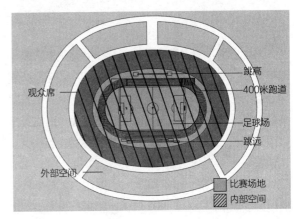

图1 体育场主体空间示意图

---

① 白象综合症：白象在《大英百科全书》中指中亚国家所独有的一种高贵的大象。传说国王会将大象赐给其讨厌的大臣，使其因供养大象而破产。而后，这个典故演变成耗费庞大的资金过分追求其价值和效用而得不偿失者。可以类比花费昂贵资金的体育场馆在比赛过后面临难以为继的利用处境。

质量可以保证运动员的发挥并防止观众对比赛产生干扰。观众席是观赛的必需场所，在设计上要考虑安全性和舒适性，如清晰的标识系统、最佳的观看视线以及便捷的服务设施等。

3 既有体育场主体空间存在的不足

利用既有体育场改建世界杯足球场的建设模式由来已久。这种建设模式既能够降低世界杯承办国新建赛场的资金投入，又可以实现地区体育文化与历史文脉的传承，使经济与文化效益最大化。但由于建设年代、建设目的等原因，且既有体育场多为综合体育场，如被采用作为世界杯赛场，其主体空间在专业性、规范性、安全性和舒适性等方面存在一定程度的不足和缺陷[2]，需进行相关改造方能符合国际足联对于世界杯足球场的规范与技术要求。

3.1 比赛场地专业化程度

3.1.1 比赛场地布置和质量

与专业足球场相比，既有体育场在场地布置方面存在明显差异。体育场内场尺寸多以国际性比赛尺寸为依据，长度介于100~110米，宽度介于64~75米，且外围包括一圈用于径赛的环形跑道和跳远赛场，使体育场场地长边至少达到176.91米，短边长度至少达到100米[3]（图2a）。而专业足球场除具有68米×105米的比赛场地外，还要求在边线外留有缓冲区，用来作为辅助设施的工作平台（图2b）。因此，综合体育场布置方式与专业足球场相比，径赛跑道、跳高和跳远场地的存在加大了比赛场地与座席的距离，布局不紧凑，且场地的不同在视点选择，最佳视距范围，看台剖面形式等方面都会产生一定的差异。

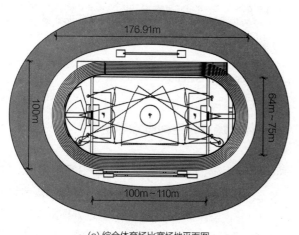

(a) 综合体育场比赛场地平面图

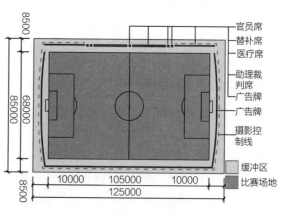

(b) 专业足球场比赛场地平面图

图2 综合体育场与专业足球场场地对比图

场地质量不高是既有体育场存在的另一个问题。既有体育场草坪往往疏于管理与维护，草植生长缓慢、局部土壤裸露等缺陷严重影响比赛场地的平整度和均匀度，使球员容易因场地问题而出现摔倒或受伤等意外状况[4]，不利于专业性足球竞赛的开展。

3.1.2 辅助区设施

专业足球场辅助区是指足球场边线至观众席内沿线之间的空间，是替补队员、教练员、裁判员、场内媒体人员、医护人员及相关工作人员的"工作平台"[5]。足球场周边设施包括球员通道、官员席、替补席、医疗席、媒体设施和安全隔离带。而利用既有

体育场举办其他等级相对较低的足球赛事时，体育场外围用于径赛的环形跑道常常作为赛时辅助区设施的放置区域，场地布局不紧凑，辅助设施不完善，不能满足专业性足球赛事的要求。

3.2 赛场容量与经济性

世界杯比赛对于赛场容量有明确的要求，观众席容量至少需要40000座，当举办半决赛、决赛时则需要60000座以上的容量。既有体育场由于修建年代久远，赛场容量较小，不能满足世界杯赛事对体育场容量的要求，影响球迷观赛体验及赛事经济收益。如2018俄

罗斯世界杯的4座改建的赛场中，除喀山竞技场外其他3座赛场均对看台进行了一定数量上的扩容（表2）。

3.3 安全防范设施规范性

为拉近观众与比赛场地之间的距离，既有体育场比赛场地与观众席之间通常不设置隔离设施，仅利用首排高度防止观众进入场地，导致在足球比赛中经常发生球迷进入赛场干扰比赛的情况。专业性世界杯赛场会在看台边缘和场地之间选择高差、壕沟和隔离屏三种形式之一作为安全防范设施（图3a、图3b、图3c），以防止此类安全性事件的发生。

与既有综合性体育场相比，专业足球场在观众席安全性防范上也进行了相应设计。为防止球迷闹事，专业足球场将看台分成至少4个相对独立的单元，各单元之间设置防入侵栏杆并设置独立出入口[6]。同时，综合体育场的运动员出入口也与足球赛事球员入口不同，如田径运动员入口最好位于体育场看台的西北侧，且不设盖顶等防护设施。而专业足球场为保护运动员、替补队员、教练员和裁判员免受观众的干扰，在主看台底部中央位置的球员通道（图3d、图3e）、为替补席和官员席加设栏杆分隔且增设盖顶（图3f）。

2018年俄罗斯世界杯既有体育场改建前后赛场容量				表2
体育场名称		卢日尼基体育场	菲什特体育场	叶卡捷琳堡竞技场
体育场坐席数量	原有坐席数（座）	78000	36000	23000
	改建后坐席数（座）	81000	47659	33000
体育场坐席扩建部分示意图		■扩建部分	■扩建部分	■扩建部分

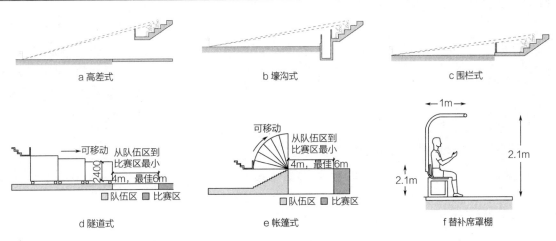

a 高差式　　　　　　b 壕沟式　　　　　　c 围栏式

d 隧道式　　　　　　e 帐篷式　　　　　　f 替补席罩棚

图3　足球场安全防范措施

3.4 现场观众易见性

现场观众易见性的好与坏直接影响其观看比赛的效果与舒适度。在既有综合体育场中（图4），由于足球场外侧布置田径跑道，跑道两侧又分别布置跳高和跳远场地，使看台第一排观众与足球场边线之间的距离至少为30米[7]，大大降低了现场观众观看比赛的易见性和互动性。

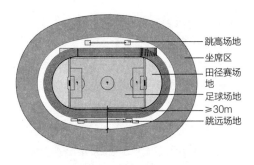

跳高场地
坐席区
田径赛场地
足球场地
≥30m
跳远场地

图4　体育场观看足球比赛视距分析简图

4 城市既有体育场主体空间改造原则

4.1 完善竞赛要求

为世界杯而改建体育场，首要目标在于满足现代足球赛事的需求，尤其是FIFA（Fédération Internationale de Football Association，国际足球联合会，简称国际足联）对世界杯赛场的要求。在比赛场地方面，FIFA要求场地长105米，宽68米，需留有辅助区，且场地应有明确的说明。在看台方面，主要是考虑看台容量、视线设计、安全标识和经济效益。在安全防范设施方面，如前所述在看台与比赛场地之间、看台各单元之间设置隔离设施。

始建于1956年的卢日尼基体育场，作为2018年俄罗斯世界杯决赛场地，为完善竞赛要求进行了全面翻新（图5），在比赛场地方面，移除田径跑道，看台前移靠近球场并且场地形状由椭圆形变成矩形，使赛场形式更为紧凑。在看台方面，扩充容量，使体育场容量从78000座增加到81000座，调整坐席梯度，进行视线设计，同时增加坐席层和包厢层，以满足FIFA对赛场舒适性和安全性的要求。

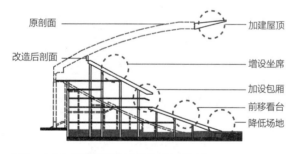

图5 卢日尼基体育场改造前后对比剖面图

4.2 优化观赛环境

既有体育场通常为综合性赛场，兼顾田赛和径赛等多种赛事，且建设年代相对久远等原因，导致观众易见性降低，场内媒体设施老旧。因此需要通过改造改善观众的观赛环境。始建于1973年的卡斯特劳体育场（图6），在2014年巴西世界杯赛场改造中，通过降低比赛场地高度拉近观众与比赛场地的距离，将底层看台朝比赛场地方向移动30米，使观众距离球场的距离仅为10米[8]。改造不仅实现了坐席的扩容，使容量从60326座增加到63903座，同时也提升了观众观赛效果。

a 体育场三维剖切示意图

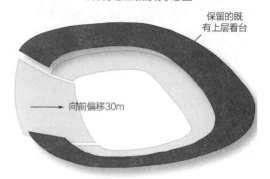

b 体育场坐席改造示意图

图6 卡斯特劳体育场主体空间

4.3 健全服务设施

比赛的顺利进行离不开标识系统、媒体设施、照明系统等健全的服务设施。清晰地标识系统是场地安全的保障，观众区的公共通道及楼梯必须明显地标记出来，以及所有的出入口也必须标记清楚。媒体设施是世界杯球场提升观赏效果，优化观赛环境的重要手段，比赛场内的媒体设施在完成拍摄精彩瞬间的同时，应确保不对赛场内运动员造成干扰，且场上的媒体拍摄人员须在媒体控制线范围内活动。灯光照明是保证赛事顺利进行的重要依托，其安装需符合赛事要求，不能对球员及裁判的视觉以及周围居民造成不利影响。

5 改造设计发展趋势探析

5.1 专业化升级

对既有综合体育场的比赛场地的改造实际上是对场地的专业化升级。将综合体育场的主体空间进行改造，以满足国际足联对世界杯足球场的要求，是对体育场分类的细致划分，突出了体育场专业化的发展趋势。主体空间的专业化是对比赛场地设计和看台设计的专业化和亲近化，是随着足球运动的发展、足球文化的形成，对足球竞赛场地要求越来越严格的一种必要的发展方向。

5.2 赛时赛后规模和功能的转换和充分利用

很多体育场在改建过程中，将比赛场地的平面由椭圆形改造为矩形。因其平面空间利用率高，利于各类功能的综合利用，便于赛时各项功能的使用和赛后的充分利用[9]。叶卡捷琳堡竞技场的比赛场地在俄罗斯世界杯赛场改造时便是如此（图7），将原有田径跑道移除，平面由椭圆形改为矩形。竞技场原有坐席容量不能满足FIFA对世界杯赛场座位数的要求，为保留新古典主义风格的立面，将10000座的临时坐席建在体育场纪念性的墙外，容量增至33000座。世界杯结束后，作为乌拉尔足球俱乐部的主场，因俱乐部的联赛而缩减规模，临时看台将被拆除。

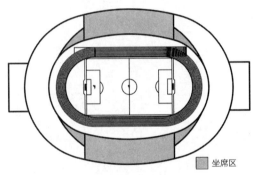

■ 坐席区

a 改造前叶卡捷琳堡竞技场比赛场地简图

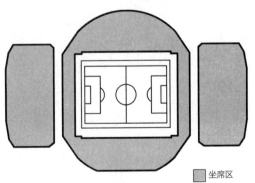

■ 坐席区

b 改造后叶卡捷琳堡竞技场比赛场地简图

图7 改造前后叶卡捷琳堡竞技场比赛场地

5.3 引入绿色生态技术

世界杯赛场建设越来注重场馆绿色生态技术的引入。俄罗斯世界杯场馆在建设时考虑到施工方式、环境因素和地域特点三方面影响，结合绿色建筑标准①，注重节能设备的选择、水资源合理利用、建筑材料耐久性和交通可达性等方面，建造资源节约环境友好型的比赛场馆[10]（图8）。菲什特体育场作为俄罗斯世界杯改造赛场之一，在通风方面采用被动的自然通风，利用竞技场的室外空气，降低室内空间和观众席的通风能耗。在照明方面，服务和管理用房使用节能的LED灯，同时屋面采用ETFE透明膜材，利用其透光性能，减少体育场的电能消耗[11]。

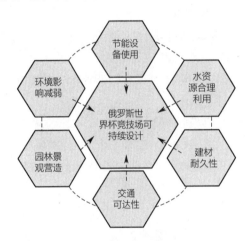

图8 俄罗斯世界杯赛场节能措施

6 结论

进入21世纪，各届世界杯竞技场主体空间的设计理念和技术水平都取得了一定程度的发展和提高。主办国在赛场改建的同时，加强对赛场主体空间的专业化升级，重视场馆赛后利用以及绿色生态技术的应用。我国目前正大力发展足球产业，虽然体育场馆基数大但足球场专业性不强。历届世界杯赛场所采取的"整合资源，改建为主，新建为辅"的建设模式，不仅对我国逐步完善专业足球场地等基础设施的建设与发展具有一定的启发和现实意义，也可为其他专业性足球赛事承办地区提供综合性参考。

---

① 俄罗斯世界杯参考的绿色建筑标准是BREEAM standard和Special Russian standard。BREEAM standard是英国制定，由英国建筑研究机构BRE（Building Research Establishment）管理，这个标准在全世界范围内用于绿色建筑的认证。Special Russian standard是俄罗斯为了2018年世界杯制定的一项特殊的标准，由俄罗斯专业工程师协会AVOK（Russian professional engineers' association）编写，本标准的制定旨在考虑2018年世界杯新建和改造的赛场在认证过程中对可持续发展的基本要求。

参考文献

[1] 刘献梅. 城市既有体育场适应性改造设计研究[D].哈尔滨: 哈尔滨工业大学, 2015:93.

[2] 彭小松, 朱文一. 世界杯足球赛场改建初探——中国世界杯规划战略研究系列（八）[J].世界建筑, 2008（10）:88-91.

[3] 杰兰特·J, 罗德·S. 体育场馆设计指南 [M].北京: 中国建筑工业出版社, 2016.

[4] FIFA. Football Stadiums Technical recommendations and requirements[M]. Fédération Internationale de Football Association, 2011:99.

[5] 冯淑芳. 以营运为导向的我国专业足球场设计[D].长沙: 中南大学, 2009:110.

[6] 李晓欣. 专业足球场建筑设计研究[D].上海: 同济大学, 2007:132.

[7] 马泷. 中国当代体育场建筑设计研究[J]. 城市建筑, 2008(11):22-25.

[8] 周钰. 卡斯特劳体育场[J]. 新建筑, 2015(06):99-101.

[9] 孙昊德, 朱文一. 2014年巴西世界杯主办城市与足球赛场初探——中国申办世界杯规划战略研究系列(十二)[J]. 世界建筑, 2014(12):114-119.

[10] The Russian Green Building Council. first technical report on sustainable stadiums in Russia[M]. Fédération Internationale de Football Association, 2016.

[11] The Russian Green Building Council. More sustainable stadium-2nd technical report (January to November 2016) on the implementation of environmental, energy- and resource-efficient design solutions for the stadiums of the 2018 FIFA World Cup Russia, 2016.

图片来源

图1、图2、图4、图5、图7、图8、表2: 作者自绘

图3: FIFA.《Football Stadiums Technical recommendations and requirements》[M]. Fédération Internationale de Football Association, 2011:99.

图6: archdaily.卡斯特劳体育场[EB/OL]. archdaily, ttps://www.archdaily.mx/mx/02-357093/arena-castelao-vigliecca-and-associados.

老旧社区空间环境要素老年人满意度研究
——兼论社区文化营造的空间支持 ①

Research on the Satisfaction of the Elderly in the Spatial Environment Elements of the Old Community
——Also On the Spatial Support of Community Culture Construction

张萌、李向锋

作者单位
东南大学（南京，210096）

摘要： 老旧社区往往是老年人口的集聚区，其适老化环境营造应充分考虑老年人的实际需求。本文以南京市为例，选取了有代表性的 24 个老旧社区作为研究对象，运用问卷调查和访谈，空间行为注记等方法，对 822 名老年人进行问卷访谈及行为注记观察，研究大城市老旧社区老年人对空间环境要素的满意度；从社区文化营造与空间环境要素提升的关联性入手，讨论大城市老旧社区的空间环境适老化改造的着重点。

关键词： 老旧社区；空间环境要素；老年人；社区文化营造

Abstract: Old communities are often the agglomeration areas of the elderly population, and the actual needs of the elderly should be fully taken into account in the construction of an aging environment. Taking Nanjing as an example, this paper selects 24 representative old communities as research objects. By using questionnaires and interviews, spatial behavior annotations, etc. , 822 elder people participated in the survey. This paper aims to study the satisfaction of the elderly in the old community of the big city on the spatial environment elements; Then, starting from the relationship between the construction of community culture and the promotion of spatial environment elements, the emphasis of the aging transformation of the old community's spatial environment is discussed.

Keywords: Old Communities ; Spatial Environment Elements; The Aged; The Shaping of Community Culture

1 研究背景及目的

社区已成为老年人养老的重要空间载体，我国在"十三五"期间提出了改善老年人居家养老服务的各项措施，且多以社区层面的执行为主，而大城市老旧社区往往具有居住人口老龄化、居住房屋老旧、社区环境老旧的"三老"特征，适老化改造势在必行。社区文化的营造可以为老年人的社区养老提供情感归属及环境认同。大城市老旧社区内老年人集聚，且生活时间往往较长，在此类特定区域内逐渐形成和发展起来的社区文化对老年人的生活方式、行为模式、价值观念和群体意识等有较为深入的影响。

本文以南京市为例，通过社会调查，讨论大城市老旧社区老年人的空间评价及其对不同空间社区文化塑造的需求；通过SPSS相关性分析，明晰老年人对空间满意度的评级与空间要素的相关性。本论文的研究目标在于：通过数据调研和分析，明晰老旧社区老年人对社区空间环境改造的需求，为大城市老旧社区的适老化改造提供重点和方向；分析空间环境要素对空间整体满意度的影响程度分级，深入挖掘社区空间环境要素与社区文化营造的关联性。

2 研究对象及方法

2.1 研究内容

2.1.1 社区空间环境要素分类及改造需求强度评价

参考已有研究[1]、[2]，将社区文化的物质空间载体分为社区内空间及社区外溢空间两大类。其中，社区内空间又分为居室空间、楼间空间、广场

---

① 资助项目：国家自然科学基金项目资助（项目编号：51678125）；中央高校基本科研业务费专项资金资助和江苏省研究生科研与实践创新计划项目（项目批准号：SJCX17_0007）。

绿地；社区外溢空间指社区内外的街道空间，作为居住区与城市涉老设施的联系空间（下文用"街道空间"代指）。四类空间又按照"尺度感"、"可达性"、"安全性"、"宜用性"、"舒适性"五个方向，将四小类空间分解成为43个调查项目：居室空间（居室大小、辅助设施、紧急呼叫、家具陈设、卫浴、采光、朝向、隔声、视野、总体满意度）；楼间空间（场地大小、方便下楼、地面平整、门禁系统、夜间照明、停车占比、绿化、氛围、卫生保洁、总体满意度）；广场绿地空间（场地大小、便捷程度、地面平整、夜间照明、总体安全感、娱乐设施、公共卫生间、绿化、卫生保洁、氛围、总体满意度）；街道空间（人行道宽度、巷道宽度、地面平整、夜间照明、道路车流、桌椅设施、停车占用、识别性）。

每个调查项目评价的测量采用五级李克特量表，分别为"完全不满意"、"不满意"、"视情况而定"、"满意"、"非常满意"，分别赋值为1~5；由于本文聚焦老旧社区改造，满意度评价与需求之间存在可转化关系，"完全不满意"可转化为"急需改造"，"非常满意"可转化为"完全不需要改造"，以此类推。本文以"需求强度平均值[①]"指标来评价被调查项目改造的轻重缓急；通过空间整体满意度与其空间要素评价的相关性分析，评价各个空间的要素影响力。由于街道是老年人与各类涉老设施交通媒介，因此本文将城市涉老设施的可达性评价作为街道空间整体满意度指标，并单独评价。

2.1.2　社区空间环境要素与社区文化的对应性

本文结合广义的社区文化[②]定义，将大城市老旧社区中老年人的行为模式、生活方式及价值观念等与老旧社区空间环境的设计的互相影响机制作为社区文化营造的内容，以社区的物质空间环境为研究对象，探索老旧社区文化塑造需求与社区物质空间环境改造的关联性。

本文将落实在社区物质空间层面的社区文化按照落实空间尺度的对应性分为个体文化、社群文化及城

市文化。其中个体文化是以个体感知为主，关注安全与舒适等评价指标；社群文化对应于社区群体交往、互助等行为；城市文化则与城市的历史、文脉、设施等在城市空间中分布的要素相关。

2.2　研究方法

本文运用Excel进行描述性统计、运用SPSS进行各类空间环境要素与总体评价的相关性分析，定量评价各类空间环境要素对空间总体满意度评价的相关性程度。以个体为基点，从个体到城市的联系空间作为社区文化的物质空间载体，分别分析各类空间中老年人的文化塑造诉求，总结社区空间建设中应注重营造的社区文化特征（图1）。

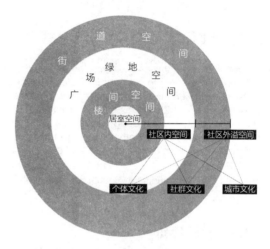

图1　社区文化研究的物质空间载体分布

2.3　调查对象的选择

调查对象为南京市六个街道24个社区内60岁以上的老年人，研究对象的选择依托《南京总体城市设计》中的《适老化环境专项研究》，综合考虑了老龄化率分布圈层、城市涉老设施可达区域分布、城市区位等因素，在南京市中心城区分布较为均衡。为了便于老年人理解问卷内容，问卷采用一对一访谈的方式记录数据。共完成822份访谈结果，最终800份问卷有效，问卷有效率为97%。

---

① 将不同项目的评价得分相加，除以项目数，得到每个项目的改造需求强度平均值，每个分项目得分高于平均值的即认为改造需求较大，低于平均值的则认为改造需求一般，以此作为评价此类项目改造需求强度的参考指标。
② 社区文化有广义和狭义两种界定方法，广义的社区文化除涵盖狭义的社区文化内涵外，还包括社区的人文环境、建筑物布局与空间、社区成员的信仰、行为规范、价值观念、社会心理、生活方式、风俗习惯等内容。

3　数据分析

3.1　总体满意度评价

四类空间的总体满意度调查结果（图2）显示：从整体来看，老旧社区老年人对四类空间的改造需求较为均衡，其中广场绿地的满意度相对较高，推测这也许与南京市的整体绿化环境较好有关，而满意度较低的楼间空间则可能与城市社区改造过程中对细节的不重视有关。其中各分项调查项目的满意度评分如图3所示。

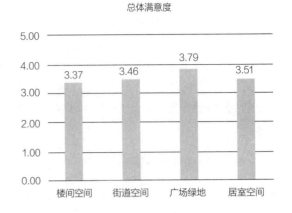

图2　四类社区空间的总体满意度评价

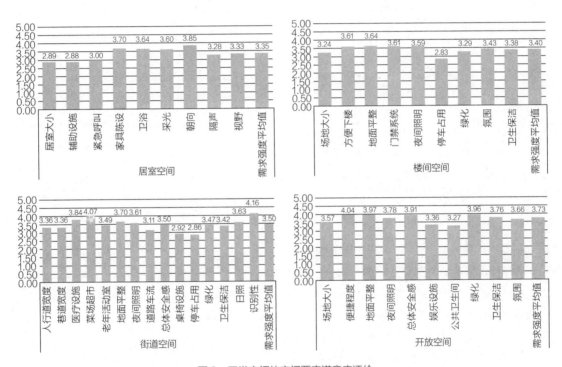

图3　四类空间的空间要素满意度评价

①居室空间：老年人对居室空间的"紧急呼叫"、"辅助设施"、"居室大小"三个项目的评分低于其需求强度平均值。②楼间空间：老年人对楼间空间的"停车占用"、"场地大小"、"绿化"、"卫生保洁"四类项目的分低于其需求强度的平均值。③广场绿地：老年人对"场地大小"、"娱乐设施"、"公共卫生"、"氛围感"评分低于其需求强度平均值。④街道空间：老年人对"停车占用"、"桌椅设施"、"绿化"、"道路车流"、"老年活动室可达性"、"巷道宽度"、"人行道宽度"几个项目的评价均低于需求强度的平均值。

3.2　空间评价的要素影响力分析

对不同类型的空间要素与总体满意度的相关性进行了定量分析，将调查数据分别按照社区进行均值化处理，将得到的评价数值进行Pearson相关分析，其结果如下所示，Pearson相关性数值（P值）越高表明老年人对该空间要素的关注度越高。

3.2.1　社区内空间

1．居室空间

"视野"、"隔声"、"采光"与居室空间的总体满意度呈现强相关性（表1），而"紧急呼救"及"辅助设施"对老年人的总体满意度的相关性不显著。即老年人较为关注居室空间改造的视野、隔声、采光三个方面。因此，在老旧社区居室空间的适老化改造中，应首先着力于满足老年人的基本需要，更多的体现为个体生理需要，例如改善居室空间中的隔声和采光条件、提升空间视野感受等。

居室空间测度指标与总体满意度的相关性及显著性评价   表1

		均值	标准差	P值	显著性
尺度感	居室大小	2.8942	0.46662	.721**	.000
安全性	辅助设施	2.9171	0.68145	.404*	.000
	紧急呼叫	3.0563	0.71353	.045	.004
宜用性	家具陈设	3.7221	0.68297	.731**	.000
	卫浴	3.6613	0.74399	.727**	.045
舒适性	采光	3.6112	0.71319	.831**	.000
	朝向	3.8529	0.68094	.686**	.000
	隔声	3.2758	0.70343	.844**	.000
	视野	3.3279	0.71964	.874**	.001

表1：该表使用"双变量相关分析"，P值越大，相关性越强
-*表示在0.05水平（双侧）上显著相关;**表示在0.01水平（双侧）上显著相关

2．楼间空间

楼间空间的相关性分析结果（表2）显示：各指标与总体满意度均呈现明显的相关性，数据分布较为均衡，其中"安全性"的关联程度更高。与楼间空间总体满意度呈现强相关性的三个指标依次为："地面平整"、"绿化"及"门禁系统"。因此，对于大城市老旧社区楼间空间的改造，应首先着力于空间的安全感和私密感塑造，关注地面的平整性，门禁系统的完善及照明改善。

楼间空间测度指标与总体满意度的相关性及显著性评价   表2

		均值	标准差	P值	显著性
尺度感	场地大小	3.2729	0.6763	.773**	.000
可达性	方便下楼	3.6429	0.6114	.741**	.000
安全性	地面平整	3.6575	0.6656	.902**	.000
	门禁系统	3.5913	0.7898	.893**	.000
	夜间照明	3.5842	0.6480	.683**	.000

续表

		均值	标准差	P值	显著性
宜用性	停车占用	2.8629	0.6886	.665**	.000
舒适性	绿化	3.2929	0.7084	.901**	.000
	氛围	3.4446	0.5868	.794**	.000
	卫生保洁	3.3821	0.6184	.755**	.000

表2：该表使用"双变量相关分析"，P值越大，相关性越强
-*表示在0.05水平（双侧）上显著相关；**表示在0.01水平（双侧）上显著相关

3．广场绿地空间

社区内广场绿地中各类要素与总体满意度的相关性分布较为均衡（表3），"娱乐设施"、"到达便捷程度"及"绿化"是与其总体满意度相关性最强的三类要素。因此，在社区集中休闲场地改造中，建议注重场地到达的便捷程度，布置各类娱乐设施，增加场地的趣味性和互动性，完善绿化种植，营造老年人互动交往的空间文化氛围。

社区户外休闲空间测度指标与总体满意度的相关性及显著性评价   表3

		均值	标准差	P值	显著性
尺度感	场地大小	3.6204	0.75808	.766**	.000
可达性	便捷程度	4.0796	0.62907	.842**	.000
安全性	地面平整	4.0425	0.70596	.768**	.004
	夜间照明	3.8475	0.69396	.814**	.000
	总体安全感	3.9671	0.69231	.837**	.045
宜用性	娱乐设施	3.3787	0.81204	.885**	.000
	公共卫生间	3.3142	0.76075	.727**	.000
舒适性	绿化	4.0213	0.68771	.838**	.000
	卫生保洁	3.8217	0.66860	.819**	.000
	氛围	3.7229	0.63161	.635**	.001

表3：该表使用"双变量相关分析"，P值越大，相关性越强
-*表示在0.05水平（双侧）上显著相关；**表示在0.01水平（双侧）上显著相关

3.2.2   街道空间

街道空间是社区空间向城市空间的过渡与连接，而可达性是街道最重要的空间属性之一，因此，本文通过街道可达性的要素影响力分析，研究老年人对街道空间文化塑造的诉求（表4）。

由于老年人前往各类涉老设施的交通方式、活动目的及活动理想时间具有明显的差异性[①]，因此本

---

① 研究发现：医疗设施是老年人日常活动出行的重要目的地之一，步行或车行前往所占比例均较大；菜场超市使用频率最大，关注度最高，且老年人多以步行前往且出行时间较短；公园绿地作为老年人日常休闲目的地，一般出行时间较长，多以步行为主；老年活动室也多以步行前往为主。

文根据问卷中老年人行为注记目的地分布，选取四类老年人使用频率较高的涉老设施为例开展研究，将街道空间按照通达目的地选取四类：医疗设施、菜场超市、老年活动室、城市公园绿地（图4）。

医疗设施可达性：研究结果显示，按照影响程度排序，"夜间照明"、"地面平整"、"人行道宽度"、"巷道宽度"对医疗设施可达性影响较大；"识别性"、"桌椅设施"对医疗设施的可达性影响较小，社区前往医疗设施的街道空间改造应注重街道空间的夜间照明设计、街道宽度及安全性。

菜场超市可达性：菜场超市的可达性评价与街道空间环境要素的关联程度较高，除"停车占用"项目之外，其余七个项目均呈现正相关。其中，按照相关程度排序，"识别性"、"夜间照明"、"巷道宽度"、"地面平整"、"人行道宽度"五个项目的关

联程度较高，而"桌椅设施"的关联程度较低。因此，前往菜场超市的街道空间应注重与行走安全相关的空间要素，例如照明、人行道宽度、地面平整等。

老年活动室可达性：老年活动室的可达性评价与街道空间要素的关联度较低，只有"停车占用"与可达性评价的相关性分析呈现显著性。可见，对于前往老年活动室的街道空间，老年人较为注重街道空间的设施占用问题。

公园绿地可达性：公园绿地的可达性评价与街道空间环境要素的相关性均较为显著，八类空间要素均呈现统计学意义上的显著性。其中，街道的"桌椅设施"、"夜间照明"、"地面平整"三类要素的关联程度最大。因此，此类街道空间要素改造应注重个体安全感及休闲交往文化氛围的塑造，提升桌椅绿化布局等。

街道环境要素与街道可达性相关性和显著性评价 表4

		尺度感		安全性			宜用性		舒适性
		人行道宽度	巷道宽度	地面平整	夜间照明	道路车流	桌椅设施	停车占用	识别性
医疗设施	P值	0.632**	0.621**	0.731**	0.762**	0.404	0.443*	0.297	0.478*
	显著性	0.001	0.001	0.000	0.000	0.050	0.030	0.159	0.018
菜场超市	P值	0.577**	0.676**	0.674**	0.680**	0.467*	0.444*	0.276	0.887**
	显著性	0.003	0.000	0.000	0.000	0.021	0.030	0.192	0.000
老年活动室	P值	0.128	0.289	0.189	0.195	0.292	0.243	0.420*	0.282
	显著性	0.551	0.170	0.377	0.362	0.166	0.253	0.041	0.181
公园绿地	P值	0.659**	0.728**	0.776**	0.773**	0.628**	0.872**	0.505**	0.572**
	显著性	0.000	0.000	0.000	0.000	0.001	0.000	0.012	0.003

表4：该表使用"双变量相关分析"，P值越大，相关性越强
-*表示在0.05水平（双侧）上显著相关；**表示在0.01水平（双侧）上显著相关

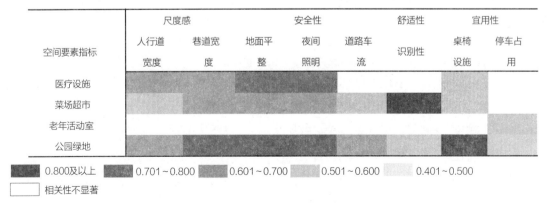

图4 涉老设施可达性评价影响因素

4 结论与建议

4.1 社区内空间

对于居室空间，老年人普遍对居室空间中的隔声、采光、视野等满意度较低。老年人较为关注以个体生理感官需求为主要素改造。因此，在进行居室空间环境要素的适老化改造时应注重提升老年人居室空间的墙体隔声，给老年人以充足的睡眠保证；设置"太阳角"等晒太阳及远眺休闲空间，为身体不便或电梯设备不全而无法经常外出的老年人提供与外界交流的场所等。

对于楼间空间，老年人对各类空间要素的关注度均较高，其中地面平整、门禁系统等安全性指标对总体满意度的贡献值最大，相关程度最高。可见，老年人较为关注楼间空间的安全性及家庭的私密性。对于老年人而言，楼间空间并不作为日常交往的常用地点，更多的是个体休闲行为。因此，对于楼间空间的环境要素改造，应注重个体文化的构建，注重整体安全感的提升，例如关注地面平整性改造、门禁系统完善及夜间照明设计等。

对于广场绿地空间，老年人较为关注其空间的群体交往属性。对此类空间要素的改造应基于有利于社群交往质量提升的原则，因此，在此类空间要素的改造中，应注重场地空间设计的丰富性，注重到达的便捷程度，同时设置各类辅助活动设施和娱乐设施，增加场地的趣味性和互动性，营造促进老年人互动交往的文化氛围。

4.2 街道空间

对于医疗设施可达性及菜场超市可达性，老年人认为道路尺度及行走安全感对道路的可达性影响较大，因此在此类街道空间的空间要素改造中，应注重人行道宽度、夜间照明、地面平整等要素的提升。

对于老年活动室可达性，老年人较为关注与停车占用有关的空间使用问题。因此，在此类空间改造中，应注意道路通畅性，建议将停车空间与人行道脱离设置，保障老年人的使用便利。

对于公园绿地可达性，老年人较为关注桌椅设施布置、绿化等要素，同时也较为关注空间安全感营造。可见，区别于以上三类街道空间，老年人较为关注公园绿地街道空间的休憩功能，此类街道空间可能作为城市公园绿地户外休闲的延展空间，承载了一部分的休闲交往功能。因此在此类空间设计中，应注重打造老年人的休闲体验和交往氛围。

本文还有一些现场体验性调研，由于篇幅问题未展开论述，体验调研的结论与问卷调查的结论有较高的匹配性，这种匹配性也反映了当下老旧社区改造在适老化层面上的不足。老旧社区改造的一些内容，例如立面出新、环境整治等更多的是与城市风貌塑造有关，但老年人更多的是关注个体生理舒适及群体互助交往等空间属性，因此建议老旧社区改造过程中并行适老化改造，重视社区空间的安全感提升，构建利于老年人的互助交往的空间环境。

参考文献

[1] 赵秀敏，郭薇薇，石坚韧.基于老年人日常活动类型的社区户外环境元素适老化配置模式[J]. 建筑学报，2017（2）.

[2] 裘知，楼瑛浩，王竹. 国内老旧住区适老化改造文献调查与综述[J]. 建筑与文化，2014（02）：86-88.

[3] 李斌，王依明，李雪，李华. 城市社区养老服务需求及其影响因素[J]. 建筑学报，2016（S1）:90-94.

[4] 周燕珉，林婧怡.我国养老社区的发展现状与规划原则探析[J].城市规划，2012，36（01）：46-51.

[5] 孙樱，陈田，韩英.北京市区老年人口休闲行为的时空特征初探[J].地理研究，2001（05）:537-546.

[6] 周燕珉，刘佳燕.居住区户外环境的适老化设计[J].建筑学报，2013(03):60-64.

[7] 李慧.天津城市社区文化建设与发展研究[D].天津:天津大学，2012.

图片来源

本文所有图片及表格均为作者自绘

社区外部空间对老年人冬季户外活动的吸引力研究
——以哈尔滨市花园街道辖区为例①

The Attraction of Community External Space to the Outdoor Activities of the Elderly in Winter: Taking Harbin Huayuan Street District as an Example

卫大可、陈雪娇

作者单位
哈尔滨工业大学建筑学院（哈尔滨，150006）
寒地城乡人居环境科学与技术工业和信息化部重点实验室（哈尔滨，150006）

摘要：户外活动是老年人冬季日常生活的重要内容。社区外部空间的吸引力决定了老年人冬季户外活动的意愿和质量。以哈尔滨市花园街道辖区为例，在实地调研基础上结合空间句法和日照模拟等方法，分析居住街坊、街道、河沿空间、集市、运动场地、闲置空间等典型外部空间对老年人冬季户外活动的吸引力影响因素，包括可达性、可视性、日照落影、地坪高差、景观质量等，进而提出我国寒地城市社区外部空间的适老化改造设计方法与策略。

关键词：寒地城市；社区外部空间；老年人；冬季户外活动；空间吸引力

Abstract: Outdoor activities are an important part of the elderly daily life. The attraction of community external space determines the willingness and quality of outdoor activities of the elderly in winter. Taking Harbin Huayuan street district as an example, on the base of investigation, combining the methods of space syntax and sunshine simulation, the influencing factors of the attraction of typical external space such as residential block, street, riverside space, market, sports venue and idle space to the outdoor activities of the elderly in winter are analyzed. Including accessibility, visibility, sunlight falling shadow, floor height difference, landscape quality, etc. Then, the design method and strategy of the aging-adapted transformation of the community external space in cold regional city of China are put forward.

Keywords: Cold Regional City; Community External Space; The Elderly; Winter Outdoor Activities; Space Attraction

1 研究概况

1.1 研究背景

我国在养老方面的相关研究逐步深入，但较少关注与老年人冬季活动相适应的社区外部空间，运用空间句法研究老年人的相关问题处于前期阶段，本研究对现有研究成果进行补充，为今后相关研究提供典型案例支撑。老年人户外活动与场地空间环境特征之间存在密切的联系[1]。北方寒冷地区气候因素导致老年人在夏季与冬季的户外活动方式具有明显差异，同时老年人身体机能衰退，活动能力下降，社区活动空间成为老年人日常户外活动的首选[2]，社区户外活动空间是否具有吸引力成为本研究的关键。

1.2 研究方法

本文分析如何提高寒地城市社区外部空间对老年人冬季户外活动的吸引力问题，采用实地调研与软件模拟相结合的方法。其中，实地调研方法适用范围广，但样本数量受限，针对性、主观性强；软件模拟方法对空间进行客观的表达，弥补了实地调研的不足，但忽略现实因素的影响，所得结果是否具有代表性有待验证，因此，二者结合可减少分析的局限性和片面性。本文以哈尔滨市花园街道辖区为例提出技术路线（图1），实地调研老年人冬季户外活动需求和社区外部空间现状，总结老年人冬季户外活动的影响因素和典型外部空间类型，通过空间句法和日照模拟等方法对典型外部空间进行量化分析并结合实地调研对分析结果加以论证。

① 基金：国家自然科学基金项目（51678175）；黑龙江省科学基金项目（E2018029）。

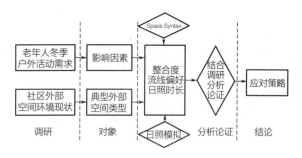

图1　研究技术路线

空间句法既是规划和设计理论，又是基于软件的技术[3]。通过可视化的形式将案例区域的空间特征进行客观的分割和表达，来解释空间与社会和人的行为关系，通过深入理解空间句法分析方式的特点及适用范围，为研究提供有效的分析工具，为挖掘社区空间活力提供技术支撑。

2　现状调研

2.1　辖区概况及外部空间类型

哈尔滨市花园街道辖区（图2）位于寒地城市的核心城区，面积1.9平方千米，人口5.01万，老龄化程度严重，包括花园社区、海城社区、繁荣社区、复华社区、工大社区五个老旧社区，普遍呈现场地功能复杂、公共活动空间少、景观形式单一、空间利用率

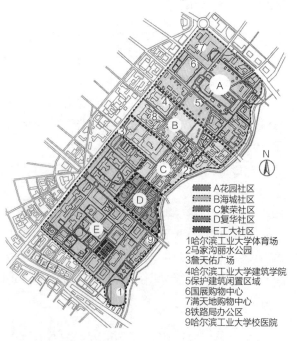

A花园社区
B海城社区
C繁荣社区
D复华社区
E工大社区
1哈尔滨工业大学体育场
2马家沟丽水公园
3詹天佑广场
4哈尔滨工业大学建筑学院
5保护建筑闲置区域
6国展购物中心
7满天地购物中心
8铁路局办公区
9哈尔滨工业大学校医院

图2　花园街道辖区平面

低等特点[4]，冬季气候环境恶劣为老年人出行增加困难。辖区居民楼集中布局，其中复华小区采用围合式布局，但院内空间冬季阳光不充足；东西向街道坡度大；辖区内包括马家沟丽水公园、哈尔滨工业大学校区，为老年人户外活动提供场地，但设施老旧、种类单一；公司街集市因物价低、食物种类齐全为老年人提供便利，但地坪高差大，冬季道路湿滑为购物增加困难；社区公共配套用房不足，部分活动室利用旧建筑改建而成。综上，根据老年人对社区外部空间需求程度将辖区外部空间分为居住街坊、街道、河沿空间、集市、运动场地、闲置空间等。

2.2　老年人冬季户外活动需求调研

方式一：采用行为观察统计法（时间为2018年12月）对全天的各时段花园街道辖区户外活动的老年人进行观察，并记录老年人参与活动项目的发生时间、类型、地点。

方式二：访谈冬季户外活动的老年人（地点为马家沟丽水公园），因辖区内办公、教育建筑较多，调研老年人中退休职工占大多数。其中80岁以上老人占20%，独立生活老人占38%，大部分老年人冬季每天外出活动大于两小时。

依据调研结果（图3）可得，老年人冬季室外活动的时间普遍为上午10：00~12：00和下午2：00~3：00。倾向于离家近且阳光充足的户外活动空间，活动场地大多在地势平坦、空间开阔的区域。根据老年人冬季户外活动需求，总结影响老年人冬季户外活动的因素如下：

可达性：指的是人们到达某地点的难易程度（多指花费的时间或距离）[5]。可达性是衡量老年人是否愿意到某区域活动的关键，据调查，老年人的步行能力时间为15分钟左右，因此老年人偏好离家近的室外

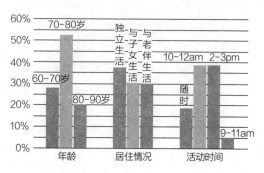

图3　调研结果统计

活动区域。

可视性：强调视觉上的可视和两点之间沿特定轨迹的通达性。调研发现辖区内最具代表性的情况是：北侧居民区的少部分老年人到哈尔滨工业大学体育场活动，原因是虽然视线不可及，但空间通达性高。

日照落影：老年人冬季喜欢在阳光充足的场地活动，由于早期居民楼层数高、冬季太阳高度角低导致院落内日照不足，因此老年人冬季在院落空间中活动的意愿远远低于夏季。

地坪高差：辖区场地西高东低。在冬季，由于降雪及低温环境使道路积雪成冰，路面湿滑难行加之坡度影响，降低了户外活动场地对老年人的吸引力。

景观质量：冬季绿化植被枯萎，取暖造成空气污染，降低了老年人户外活动的舒适度，使得因严酷的自然条件降低的户外活动意愿再一次受到影响。

2.3 环境与需求相关性分析

利用关系矩阵图梳理了典型外部空间与老年人冬季外部空间需求、影响因素、分析方法的相关性（图4），根据关联程度分为重点影响、一般影响、轻微影响、可忽略影响。空间句法可以将老年人对空间的需求与空间本体联合分析[6]。在实地调研基础上，居住街坊应具有可参与性，日照落影为重点影响，地坪高差、可视性、景观质量为一般影响，采用日照分析、视域分析法；街道应具有舒适安全性，可达性为重点影响，地坪高差、景观质量为一般影响，采用线段分析法；河沿空间应具有多样性，景观质量为重点

影响，可达性、可视性为一般影响，采用智能体模拟分析法；集市应具有可参与性，可视性为重点影响，景观质量为一般影响，采用视域分析法；运动场地应具有可参与性，可视性为重点影响，可达性为一般影响，采用线段分析、视域分析法；闲置空间应具有可识别性，景观质量为重点影响，可视性为一般影响，采用智能体模拟法。

3 冬季外部空间量化分析

本研究采用计算机模拟结合实地调研分析论证的方法。

3.1 居住街坊

以居住建筑围合式最典型空间为例，共标记6处居住街坊、15处院落（图5）。整合度分析结果（图6）显示仅街道空间开口处对院落空间影响大，为了让院落的可视化效果更明显，选取院落空间和临近街道量化分析：

①日照落影响因素分析（图6）：院落空间在街

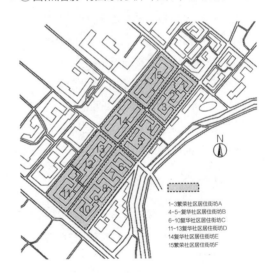

1-3繁荣社区居住街坊A
4-5复华社区居住街坊B
6-10复华社区居住街坊C
11-13复华社区居住街坊D
14复华社区居住街坊E
15繁荣社区居住街坊F

图5 居民楼院落空间平面

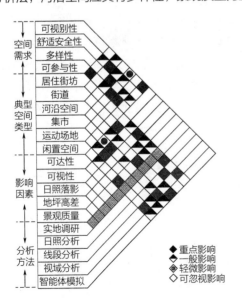

图4 环境与需求关系矩阵图

关系矩阵图标签：
可识别性／舒适安全性／多样性／可参与性／居住街坊／街道／河沿空间／集市／运动场地／闲置空间／可达性／可视性／日照落影／地坪高差／景观质量／实地调研／日照分析／线段分析／视域分析／智能体模拟

空间需求／典型空间类型／影响因素／分析方法

◆ 重点影响
◆ 一般影响
◆ 轻微影响
◇ 可忽视影响

A-F
6处居住街坊
15处围合式院落

图6 院落空间日照分析、整合度分析

道开口区域活力高，院落内满足冬至日2小时的区域面积1/5～1/4，与实际情况吻合；②地坪高差因素分析：院落空间内有高差，如1号院落将1/2地面抬高，利于捕捉光线，东南向入口到抬高处下方梯字形空间活力高（图7a）；③可视性因素分析：6～8号院落中心区存在变电站，高度约5米，如将院落空间分成三部分，活力值由大到小依次为东南向入口区域、西北向入口区域、中心区。拆除院内建筑物活力值呈现明显变化，以入口为顶点对角线活力值提高，并向两侧递减（图7b）。

图7 居民楼院落空间量化分析及现状

结合实地调研分析：由于社区建设年代早，建筑层数高且间距较小导致冬季院落空间缺少日照；场地绿化及公共设施老旧、配置不足，如14号空间是花园街道辖区紧急避难处，公共设施相对完善，但利用率低。目前院落中心的建筑物阻碍了空间的连通性，在传统和空间句法分析中，可同步发现保证两个入口的空间直接连通可提高空间活力，证明对于居住街坊空间，空间句法在研究如何提高空间吸引力方面具有可行性。

3.2　街道

对街道空间采用线段分析方法，将范围扩大到周边两个街区。线段分析规避了轴线长短交叉的影响，更适合小尺度的分析。

量化分析：全局整合度分析结果（图8a）显示西大直街及复华社区、繁荣社区的居民区空间活力值高，北侧花园社区和南侧工大社区活力值低。考虑老年人步行能力，将半径分别设置为400米（步行5分钟）、800米（步行10分钟）、1200米（步行15分钟）计算局域整合度，从分析结果来看，R=400米时复华小区居民区整合度高，对比半径为800米和1200米，发现整合度沿西大直街方向提高，辖区内部变化不明显（图8b，图8c，图8d）。分析居民区到周边街道的可达性（图8e）发现除工大社区外的街道可达性均较高，与辖区两处主要活动场地到周边街道的可达性分析结果（图8f）叠加发现，辖区活力最高的区域为复华社区，最低的区域为北侧花园社区。

结合实地调研分析：西大直街是城市主干道，车流、人流量大，因此空间活力值高；居民区内宅旁道路交叉口多，单行道限制了车流量，导致步行系统发达，可达性高于其他区域；由于辖区地势西高东低，居民区沿城市内河分布，在冬季，地面湿滑导致老年人外出行动难度增大，出行距离受限，老年人仅选择在南北向地坪高差不明显的河沿边活动；访谈发现北侧花园社区老年人到哈工大体育场活动的意愿较低，原因是距离较远，可达性低，提高北侧花园社区外部空间的吸引力成为研究重点。

3.3　河沿空间

老年人冬季户外活动主要集中在社区广场等有硬质铺装的场地，马家沟丽水公园位于居民区中部，是辖区尺度较大的公共活动场地，成为老年人外出活动的最佳选择。场地共有三处高差，包括活动区域、河边步道、健身步道。

量化分析：通过将河沿空间老年人的活动状况

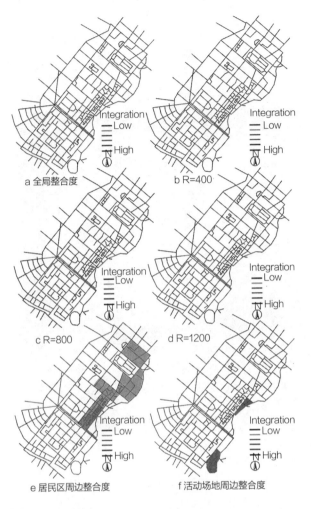

图8　街道空间量化分析

a 全局整合度

b R=400

c R=800

d R=1200

e 居民区周边整合度

f 活动场地周边整合度

（图9）与视域整合度及人流模拟结果（图10）作对比可以发现老年人户外活动偏向于视野开阔的空间，视域整合度高的区域老年人活动量大。对围墙拆除前后河沿空间活动的人群进行人流模拟分析结果（图10b）显示：围墙拆除前人群向居住区级支路发散；拆除后，因闲置空间建筑密度小，人群主要流向该区域，其他空间可视性不变，说明拆除围墙有利于提高河沿空间的吸引力。

结合实地调研分析：河沿空间通过台阶处理高差，观察发现老年人对台阶的利用率低；河沿空间现存室外活动场地和基本运动设施，但缺少座椅等基本游憩设施；由于对马家沟河水质治理，老年人户外活动的意愿稍有提高，但冬季植被枯萎、绿化率不足，对老年人冬季户外活动影响大。

图9　马家沟丽水公园现状

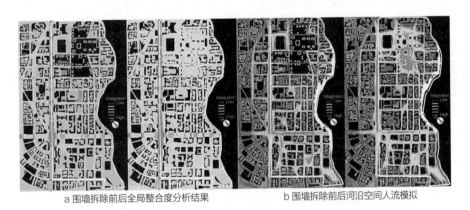

a 围墙拆除前后全局整合度分析结果　　b 围墙拆除前后河沿空间人流模拟

图10　花园街道辖区视域整合度分析、人流模拟分析

3.4　集市

量化分析：集市位于辖区中部公司街上，总长300米。①可达性因素分析：如图8a，公司街全局整合度低于居住区级街道，高于辖区其他区域。原因是

临近居民区，在老年人步行范围内可达；②可视性因素分析（图10a、图11），居民区道路与公司街交汇处空间活力高，公司街临近闲置区域围墙拆除后，集市空间活力范围扩大，以集市为圆心的800米半径范围内空间可视性较好，说明围墙拆除后可基本保证集

市为花园街道辖区居民区服务。

结合实地调研分析：居民区道路与公司街连通有利于提高夜市的空间活力；集市的东西向高差较大，分别从1/3、2/3、坡底以1.6米视角拍摄照片（图11），对比发现起坡高度在2/3处开始阻碍观测者的视线，坡上空间已经不能在视野范围内吸引路人；冬季下午4：00~7：00是夜市人流量大的时间段，天冷路滑是阻碍老年人购物的主要因素。

图11　公司街夜市分析

3.5　运动场地

量化分析：哈尔滨工业大学体育场处于辖区边界，选择居民聚集区分析人群流向（图12），结合整合度结果发现运动场空间活力较弱，人流模拟分析显示运动场相对其他开阔空间的人流量偏低，原因是在校区内部且工大社区居民少。

结合实地调研分析：少部分老年人每天到河沿空间和哈工大运动场地活动，原因是目标地点在老年人的步行能力范围内，场地空间开阔，有不同年龄段的活动人群聚集，可以缓解老年人的隐匿情感。

3.6　闲置空间

相关研究表明特定区域的文化价值和历史发展过程，反映在该区域的句法属性中[7]。量化分析（图12）发现：围墙拆除是提供河沿空间、集市吸引力的关键。城市干道活力值高于居民区内部，围墙拆除后闲置区域的空间活力值升高且覆盖范围扩大，说明围墙拆除对提高冬季老年人户外活动的吸引力产生积极作用。

结合实地调研分析：闲置空间位于辖区中部，建

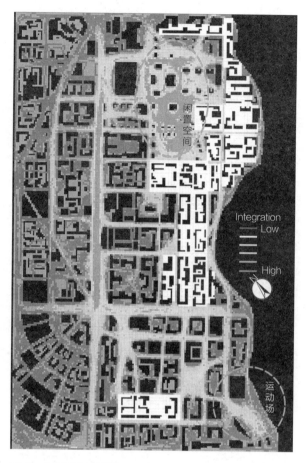

图12　居民区人流模拟

筑密度小，现存少量历史保护建筑和大片空地，阻隔了辖区的空间联通，对闲置空间的开发利用可提高辖区整体空间活力，为老年人冬季户外活动提供便利。

4　应对策略

针对花园街道辖区，提出以下三点统筹策略：①根据社群活动空间功能需求对空间集约布局[8]；②根据居民分布特征对活动场地进行选址；③加强社区管理、完善辖区内部功能型设施，如：诊所、市场、活动室等。

针对花园街道辖区典型外部空间，依次提出以下应对策略：

居住街坊：④结合硬质铺装设置组团绿地（图13a）。以6~10号院落空间为例，处理地坪高差、拆除院内建筑物、增设活动设施、种植四季常青植物等，方便老年人就近进行户外活动；⑤居民楼加设电梯，打造阳光房。

街道：⑥冬季步行空间优化设计（图13a）。

设置地面防滑铺装，道路每隔150~200米设休息座椅，结合座椅设置花坛、种植树木增强空间视觉层次感；⑦街道转折点、路口设置引导老年人安全标识。

河沿空间：⑧丰富功能型设施（图13b）。保留健身步道、河边走道现状不变，增设植被绿化、活动设施、景观小品等。

集市：⑨将公司街夜市位置转移到闲置空间内，进行重点照明，既改善公司街交通，也实现了空间集中利用。

闲置空间：⑩引入绿地、运动场、小游园等功能（图13c）。目前辖区老年人活动室缺乏，可对保护建筑修复改造，引入展厅、画室、美术馆等功能。

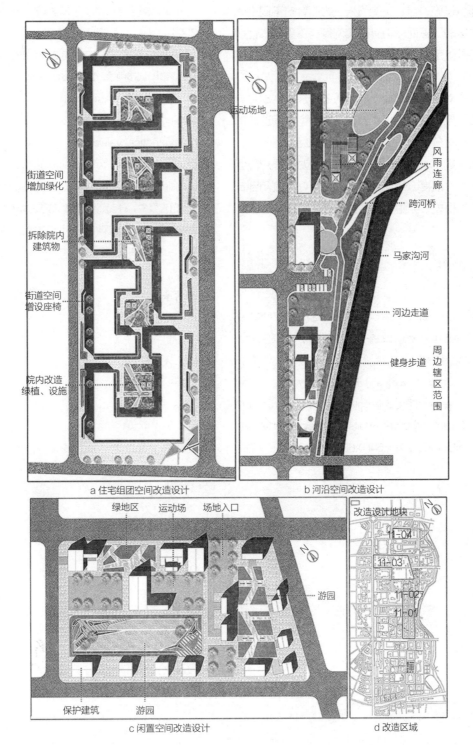

a 住宅组团空间改造设计

b 河沿空间改造设计

c 闲置空间改造设计

d 改造区域

图13　改造设计图

5 结语

提高社区外部空间对老年人冬季户外活动的吸引力可一定程度上满足老年人需求，保证适老化改造工作稳步、可持续地发展下去。本文从空间布局、场地选址、功能完善三方面提出统筹策略，从景观绿化配备、环境设施设置、功能引入三方面针对不同空间提出应对策略。然而，仍有现实问题得不到根本性解决，如冬季院落空间日照不足导致吸引力无法得到明显改善。

本研究对改善寒地城市老年人冬季户外活动具有指导意义。但仍存在不足：针对不同类型空间选取的模拟方法及对分析结果讨论时受到主观经验的干扰，分析结果不具有唯一性。今后，老年人对冬季户外活动的需求必然改变，如何将软件模拟更好地应用到针对老年人的相关研究中，是值得思考的问题。

参考文献

[1] 孙艺，戴冬晖，宋聚生，龚咏喜. 社区户外活动场地空间环境特征对老年人吸引力的多元回归模型[J]. 中国园林，2018(3)，34：93-97.

[2] Carlson J A, Sallis J F, Conway T L, et al. Interactions between Psychosocial and Built Environment Factors in Explaining Older Adults' Physical Activity [J]. Preventive Medicine, 2012, 54(1):68-73.

[3] Li Yuan, XiaoLong zhu, Ye Yu, et al. Understanding tourist space at a historic site through space syntax analysis: The case of Gulangyu, China[J]. Tourism Management, 2016, 52：30-43.

[4]周燕珉，秦岭.老龄化背景下城市新旧住宅的适老化转型[J]. 时代建筑，2016：22-28.

[5]约翰斯顿R J. 人文地理学词典[M]. 北京：商务印书馆，2004.

[6]邓毅,胡彬. 基于空间句法的城市公共空间适老性规划设计框架[J]. 城市问题，2016(6):53-60.

[7] Nayeem Asif, Nangkula Utaberta, Azmal Bin Sabil, Sumarni Ismaila. Reflection of cultural practices on syntactical values: An introduction to the application of space syntax to vernacular Malay architecture [J]. Frontiers of Architectural Research, 2018.

[8]宋聚生，孙艺，谢亚梅. 基于老年社群活动特征的空间规划设计策略——以深圳典型社区户外活动空间为例[J]. 城市规划，2017，41(5): 27-36.

图片来源

作者自绘

专题二　建筑文化与遗产保护

现代性之拐点
——1954 年《建筑设计规范》初探

The Change of Modernity：Primary Exploration on "Architectural Design Code" in 1954

车通 [1、2]、艾宏波 [2]、张早 [3]

作者单位
1. 西安建筑科技大学建筑学院（西安，710055）
2. 西安建筑科技大学建筑设计研究院（西安，710055）
3. 天津大学建筑工程学院（天津，300072）

摘要： 新中国的成立是中国建筑从"传统"走向"现代"转型过程中的关键点，1954 年颁布的《建筑设计规范》是新中国第一本建筑设计规范，也是当代中国建筑设计规范的开端，作为法规对中国现代建筑发展形成了根本性影响。通过对规范本身出台的时代背景、体系特点、技术特点的分析，认识其出台的时代必然性与时代局限性，以及对当代中国建筑发展带来的影响。

关键词： 建筑设计规范；现代转型；本土建筑

Abstract: The establishment of the People's Republic of China is a key point in the transformation of Chinese architecture from "traditional" to "modern". The "Architectural Design Code" promulgated in 1954 is the first architectural design norm in New China and the beginning of contemporary Chinese architectural design As a regulation, it has had a fundamental impact on the development of modern Chinese architecture. Through the analysis of the background, system characteristics and technical characteristics of the regulation itself, we understand the inevitability of the era and the limitations of the times, as well as the impact on the development of contemporary Chinese architecture.

Keywords: Architectural Design Code; Modern Transformation; Local Architecture

新中国成立后，新国家制度的确立带动了新建筑制度的形成与建筑法规的制定。当代中国建筑史"以往的研究偏重的是生产方式中生产力的部分，如建筑师和建筑技术与建筑的关系，但大都忽视了对于建筑中的生产关系，即建筑制度的研究。"[1]1954年中华人民共和国建设工程部颁布的《建筑设计规范》是新中国建筑制度下正式公布的第一部建筑设计技术法规，不仅是中国建筑学与近现代建筑发展的转折点，更是近现代建筑史研究中"地方"与"国家"、"传统"与"现代"等概念的制度法规前提。

1 时代背景——从动荡走向统一

新中国成立前由于"中国近代建筑处于社会更替、政局动荡、军阀争战、外敌入侵、国内战争等接连不断的时代背景之下"[2]，造成中国各地建筑制度、法规并不统一，建筑现代化发展差异巨大。

新中国成立初期，建筑立法处于空白。如何制定新建筑法规成为建筑发展首当其冲的问题。1950年政务院发布最早建筑行业法规文件《关于决算制度、预算审核、投资的施工计划和货币管理的决定》，规定先设计后施工的工作程序。1952年在《基本建设工作程序暂行办法》的基础上，由政务院财经委员会主任陈云签署命令颁布《基本建设工作暂行办法》。这是新中国第一部全国纲领性的建设法规，建立起了新中国建筑以勘察、设计、施工三者为核心的现代建筑生产关系架构。建筑设计做为工程建设的先决条件，对其技术规范标准的制定更为急迫。由于对全面工业化建设经验不足，"学习苏联先进经验"[3]成为现实选择。1952年6月，中央政务院财经委员会总建筑处编制《建筑设计规范初稿》。1953年2月中央建筑工程部编制《建筑设计规范试行草案》。但规范中技术要求与地方现实条件之间的差距，导致该两版规范草案并未正式公布。1954年4月，中南、东北、西北、华东、西南、华北大区行政制度被取消，同年9月第一届全国人民代表大会召开颁布新中国第一部宪法，中央人民政府建筑工程部改为中华人民共和国建筑工程部。《中华人民共和国宪法》的正式出台与中央领导的政府架构的确立，使规范在全国的执行具备了法规前提。同年11月中华人民共和国建筑工程部技术司在"主要采用苏联建筑设计标准的基础上，结合我国自身情况采用了部分国内资料，"[4]正式出台全国性的《建筑设计规范》（图1）。

2 规范特征——现代技术复合体系

新中国成立后颁布的第一部《建筑设计规范》由于参考苏联现代建筑规范体系，因此呈现以现代工业科技为基础、高度关联的体系成熟性。由总纲、建筑设计通则、防火及消防、居住及社会公用建筑、生产及仓储建筑、临时建筑，六章共计307条规定构成（表1），并具有以下特点。

2.1 系统化——建材为基础的量化规范体系

建筑材料是建筑的生产资料基础。不同建材的耐火性与结构力学性能，对于建筑影响巨大。1954年《建筑设计规范》学习苏联现代建筑规范制定方

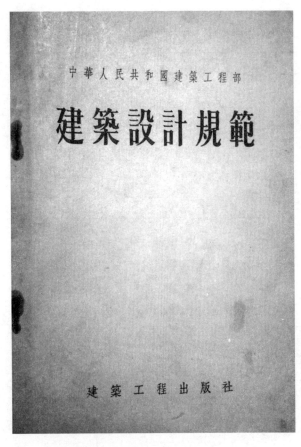

图1 1954年建筑设计规范

1954年《建筑设计规范》条款与篇章要求　　　　表1

篇章名称	章节名称	章节条款数量	章节图表要求	篇章条款数量
总纲	总则	4		23
	设计	7		
	管理	12		
建筑设计通则	区划	11		64
	建筑物高度	6	2	
	建筑物的长度与面积	7	2	
	突出建筑物	7		
	防潮、防湿	4		
	地面、楼板、屋顶	5		
	通路、出入口、楼梯、过道	11	1	
	门、窗	4		
	烟囱	9		
防火及消防	防火	18	2	36
	消防	18	3	
居住及社会公用建筑	居住建筑	19	9	124
	托儿所及幼儿园	15	3	
	医院	26	5	

续表

篇章名称	章节名称	章节条款数量	章节图表要求	篇章条款数量
居住及社会公用建筑	学校	15	2	124
	食堂及餐馆	9	1	
	剧场、电影院及礼堂	31	1	
	办公建筑	9	2	
	商场	10	4	
生产及仓储建筑	工厂	34	13	52
	仓库	18	6	
临时建筑		8		8

法，以砖、木与工业建材为基础，构建结构、防火、疏散、建筑尺度等要素相互量化关联的规范体系。根据建筑各部位材料燃烧性能及最低耐火极限，将建筑物耐火等级分为五级（表2）。其中砖、混凝土、钢筋混凝土为非燃烧体使用限制小，各等级建筑均可使用。木材作为燃烧体，防火三级以上建筑中不得使用，并且在建筑中的使用部位也有极多限制。为将木材耐火性增强为难燃烧体，需要以石膏、混凝土、金属网抹灰包裹并增加厚度增强耐火时间。建筑的耐火等级成为建筑高度（表3）、居住及公共建筑长度和面积（表4）、居住及公共建筑物间距（表5）等建筑本体规范要求的基础，该规范体系影响至今。

建筑物耐火等级　　　　表2

建筑物的耐火等级	建筑物各部构件的燃烧性能						
	最低耐火极限（小时）						
	承重墙或楼梯间的墙	非承重外墙	非承重外墙	支柱	楼板	屋顶	防火墙
一级	非燃烧体 4.00	非燃烧体1.00	非燃烧体1.00	非燃烧体3.00	非燃烧体1.50	非燃烧体1.50	非燃烧体5.00
二级	非燃烧体 3.00	非燃烧体0.25	非燃烧体0.25	非燃烧体3.00	非燃烧体1.00	非燃烧体0.25	非燃烧体5.00
三级	非燃烧体 3.00	非燃烧体0.25	难燃烧体0.25	非燃烧体3.00	难燃烧体0.75	燃烧体 ——	非燃烧体5.00
四级	难燃烧体0.40	难燃烧体0.25	难燃烧体0.25	难燃烧体0.40	难燃烧体0.25	燃烧体 ——	非燃烧体5.00
五级	燃烧体 ——	燃烧体 ——	燃烧体 ——	燃烧体 ——	燃烧体 ——	燃烧体 ——	非燃烧体5.00

建筑物高度限制　　　　表3

耐火等级	高度限制	层数限制（地下室及高出地平线不超过2米的半地下室不计在内）
一级	不限	不限
二级	不限	不限
三级	24公尺	五层
四级	12公尺	二层
五级	10公尺	二层

居住及公共建筑长度与面积的要求　　　　表4

耐火等级	层数	建筑物的允许长度（米）		允许建筑面积（平方米）	
		有防火墙者	无防火墙者	有防火墙者	无防火墙者
一级	不限	不限	90	不限	2000

续表

耐火等级	层数	建筑物的允许长度（米）		允许建筑面积（平方米）	
		有防火墙者	无防火墙者	有防火墙者	无防火墙者
二级	不限	不限	90	不限	1800
三级	1-5层	不限	90	不限	1800
四级	1层	140	70	2800	1400
	2层	100	50	2000	1000
五级	1层	100	50	2000	1000
	2层	80	40	1600	800

居住与社会公用建筑物间距　　　　　　　　　　表5

房间的耐火等级	间距（米）			
	另一房屋的耐火等级			
	一、二级	三级	四级	五级
一、二级	6	8	10	10
三级	8	8	10	10
四级	10	10	12	15
五级	10	10	15	15

2.2 专项化——新功能建筑专项规范要求

新中国成立前建筑规则中对不同功能建筑缺乏统一的技术要求。1954年版《建筑设计规范》中，明确将建筑类型分为居住与社会公用建筑、生产及仓储建筑两类，确立了民用建筑与工业建筑两大中国建筑类别。

居住与社会公用建筑的规范篇章中，对居住建筑、托儿所及幼儿园、医院、学校、食堂及餐馆、剧场、电影院及礼堂、办公建筑、商场等不同民用建筑类型，根据建筑功能特点分别作出专项建筑设计技术要求。

生产及仓储建筑由于工业工艺与存储的技术特殊性，因此规范中做出更多专项要求。首先，从城市规划角度为避免爆炸、污染，选址要求设于城市下风向、河流下游，且位于城市居住区附近。其次，对工厂总体设计中的厂前区、生产区、居住区的内部功能分区提出布局要求，着重强调绿化及防护地带的重要性，依据生产物的有毒性设置防护地带宽度（表6）。最后，对于工厂生产建筑与仓库建筑的特殊性，分别制定建筑层数、面积、建筑物防火间距以及更为详尽的体系化建筑要求。

工厂绿化防护间距要求　　　　表6

工厂级别	防护地带宽度	生产类别
一级	1000米	氮肥、碳化钙、炼焦、用皮革残屑或弃骨制胶
二级	500米	人工合成橡胶、以高热冶金法制锑、年产5000～150000吨的水泥
三级	300米	再生橡胶、尼古丁、胶皮绝缘电缆、蓄电池
四级	100米	甘油、油漆、铅笔、药用钾盐、机械制造
五级	50米	火柴、化妆品、鞣皮、啤酒、不设漂染室的棉毛纺织厂

新中国成立后《建筑设计规范》中对功能建筑专项规范要求，解决了中国现代化发展中新社会功能建筑应当如何设计的问题，同时工业建筑成为彼时国家建设的重点。

2.3 科学化——以科学研究为基础的规范要求

首先，建筑物的重要性对其耐久年限做出要求，也是中国建筑发展历程中第一次对新建建筑的耐久年限进行明确量化（表7）。

建筑级别与耐久年限　表7

级别	建筑类型	年限
特等	具有纪念性、历史性、代表性的建筑，如纪念馆、国家会堂、博物馆	永久
一等	重要建筑物，如一级行政机关办公主楼，大城市火车站，国际宾馆，大剧院	60年以上
二等	一般公共的、工厂的、居住的重要房屋，如大医院、高等学校、主要厂房、公寓	40年以上
三等	普通的建筑，如文教、交通、工厂、居住之房屋	40年以下
四等	普通临时性房屋	15年以下

其次，随着多种建筑材料的使用，对于建筑构造的要求开始细致化。建筑屋顶、地面、楼板、楼梯、门、窗、烟囱等建筑不同部位构造方式以及防潮、防湿做法，进行了具体要求。

再次，现代建筑设备使用要求也被明确化提出。"三层以上的居住建筑应有自来水与下水道设施……在寒冷区域，三层以上宿舍或四层以上的公寓，宜具有暖气设备"[4]。"居住房间在五层以上或最高层的楼板面高出地平线在17米以上时，应有电梯设备"[4]。明确消防设施构成，其中"基地消防设备包括蓄水池、水塔、消防水泵、室外管路及室外消火栓等。室内消防设备包括蓄水箱、室内管路、室内消火栓、水幕、自动喷淋设施"[4]，并列出消防设施设置的具体方式及用水量的计算公式。同时也要求了不同功能建筑内厕所卫生设施尺寸、数量。

最后，建筑的采光、隔声、采暖、通风等物理环境均被提出量化及原则要求。天然采光、间接采光或人工照明的房间采光系数以及计算方式，根据房间功能的不同作出具体规定要求。同时住宅、公寓、旅馆等建筑中的隔声要求也被量化（表8）。

建筑级别与耐久年限　表8

构造的名称	隔声性能（单位分贝）
外部墙壁厚20～70厘米	50～70
两室间隔墙厚6～12厘米	35～45
单层木门	25～35
双层木门	45～55
单层窗户	20～25
双层窗户	35～40

3　转变动因——"传统"的不足

新中国建筑设计规范出台的原因在于，民国时期半殖民地半封建的混杂建筑生产关系，已无法解决中国全面社会主义工业化发展的需要，新的建筑生产关系亟待被构建。

3.1　"现代"战争对"传统"公共安全的威胁

民国时期现代战争武器与战争方式的改变，导致中国农耕文明冷兵器防御为主的城市与建筑体系，无法保证城市公共安全。第二次世界大战期间飞机空袭造成爆炸、火灾，导致我国、苏联、日本、德国、英国、法国等国家的巨大人员伤亡与城市建筑的严重破坏。在大时代背景下，现代化战争对于中国传统城市与建筑的公共安全威胁，使防火、疏散、结构安全成为现代建筑设计法规的核心因素。

3.2　"传统"建筑生产资料的匮乏

木材不仅是中国传统的建筑材料，同时也是家具、工具、燃料的用材来源。中国悠久历史对于木材的消耗，导致中华人民共和国成立初森林覆盖率降至11.8%[5]，且分布不均，其中西安出现"民国33年（1944年）森林采伐因无木可采而歇业，西安地区的原始林破坏殆尽。"[6]林木资源不足与分布不均，造成中国传统砖木、土木建筑体系的持续性成为问题。现代工业建材可快速生产及结构特性优点，成为新中国成立后国家全面向工业化发展的重要原因之一。

3.3　国家"现代"工业化发展

中国近代半殖民地半封建社会的时代特征，导致国家近代以来的落后，使建立全面工业化体系成为中华民族的时代诉求。

新中国成立前夕"党的七届二中全会提出党的工作重心由乡村移到了城市。开始城市领导乡村的新时期，党的重要任务是把我国由贫穷落后的农业国变成繁荣富强的社会主义工业国，逐步实现国家的社会主义工业化。"[7]国家全面工业化发展的目标也使城市、建筑的发展方式改变，原有农业文明下的建设经验无法指引工业化发展。构建新的社会主义工业化建筑生产关系，以指导中国工业化发展下的建设，变得尤为重要。中国全面工业化的起步于苏联的帮助。自1953年"一五"计划实施起，苏联开始向中国各地援助156项工业项目，其中不仅包含工业生产建筑，也包含生活区内各类民用建筑，因此亟需与中国建筑规范体系对接。在此前提下，1954年中华人民共和国建筑工程部颁布《建筑设计规范》，并主要参考苏联建筑规范以方便对接全国性的援建。

4 转变的问题——"参考"的不足

4.1 生产力与生产关系不匹配

新中国成立初期的《建筑设计规范》参考自原苏联，但其技术标准体系建立在苏联的工业生产力与生产资料基础上，与新中国成立初期工业经济发展并不匹配。

在规范的制定过程中，对此也有反思。1953年，西北行政委员会在先行摘印的《建筑设计规范试行草案》（图2）中提出"为了配合西北具体情况，由于地区关系，目前尚难完全实行……"[5]（图3）

图2 《建筑设计规范试行草案》

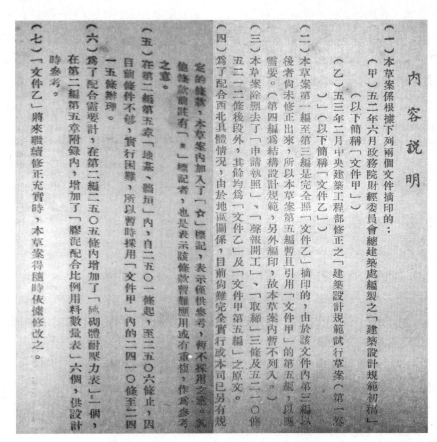

图3 《建筑设计规范试行草案》内容说明

并对难以应用条款进行标注仅供参考，内容包含第一编设计总则至第五章地基、墙垣章节。其中部分条款定量要求超出今日想象，譬如："建筑面积不得超过基底面积的百分之三十五。"[5]1954年正式公布《建筑设计规范》第一版说明中写道："其中大部分条文，在要求合理设计上是必须的，但由于我国幅员辽阔，各地情形未尽相同，而我们对于社会主义性质的建筑又体验不够，在未经长期研究与实践之前，尚难作出统一标准，所以只能暂以此规范作为建筑设计的主要参考资料。"[4]而1956年第四次印刷版本中的再版说明提出"本规范为一九五五年中央历行节约的号召以前编撰……有些标准定额仍感偏高，尤其是非生产建筑物……但此规范中有些条文在进行合理的设计上仍是必需的……因此，对设计人员仍具有极大的指导意义。"[4]新中国成立初期颁布的部分规范要求与当时国家经济实力以及地域客观差异并不匹配的问题，使《建筑设计规范》被定位为"参考"，给后期探讨与调整留下充分余地。

4.2 本土建材的现代化研究缺乏

1954年版《建筑设计规范》直接沿用苏联对于建筑材料的研究。由于苏联并不以土作为主要建筑材料，而导致土作为中国使用最为悠久、存储量最大的建筑材料，在规范中消失。我国在20世纪60年代物资匮乏时期，曾经在全国推广尝试"干打垒"建筑，后期这批干打垒建筑被大量拆除，并未留下充分使用后的结构与材料性能科学数据，以推动"土"的现代研究实属遗憾。时至今日，以土为材料的建筑尚缺乏专项规范。

4.3 本土传统建筑缺乏科学性认识

1954年《建筑设计规范》学习自苏联建筑规范体系，与中国的传统建筑方式缺乏延续关系，导致中国传统地域建筑不满足防火、疏散为核心的各项条款要求。以西安地域建筑为例：关中四合院一般为三开间窄院，厢房间距为3.9米左右。通过"房子半边盖"的方式与邻院共用山墙，形成连片街区肌理是西安传统院落及街区的主要特征。而新中国成立后防火规范要求，即使一类建筑之间距离至少6米。同时房屋后面空地"其平均深度不得小于房屋后面高度的一半，最狭窄处深度不得小于房屋后面高度的三分

之一"[4]。这造成西安传统四合院不满足建国后的疏散、防火要求，无法再建。同时，窑洞作为中国数千年的绿色居住方式，至今也无法纳入现代建筑规范体系。

4.4 历史建筑与城市特色消失

1954年《建筑设计规范》中提出对新建现代建筑的使用年限要求，有利于根据标准节约建筑用材，也成为保障安全的依据，是中国建筑现代化的巨大进步，但针对新中国成立前既有建筑的存废标准在建国时期并无依据。以西安为例，作为历史城市拥有大量时代纷杂的传统地域建筑，虽通过1953年总体规划中提出"基本上保留旧城区，充分利用一切现有建筑和公用事业设施。"[6]但改革开放后，中国历史文化名城中历史街区的大量历史建筑由于时间过久，不仅建筑质量面临居住安全隐患，并且传统建筑与国家建筑设计规范相矛盾，缺乏国家法规的保护，造成大量拆除出现。

《建筑设计规范》成为新中国成立后新城建设与旧城更新的主导建筑规则。由于规范技术要求中对于建筑尺度、间距的全国统一要求，在当代以利益最大化的投资建设状态下，旧城更新中传统城市肌理、建筑尺度被改变。"千城一面"、"城市特色消失"成为整体普遍现象。

4.5 规范体系的局限与矛盾

新中国成立后的《建筑设计规范》体系学习苏联，呈现以建筑材料为基础、建筑防火为核心的交叉体系特征，并且延续至今。但这种交叉的规范体系容易造成条款自身的相互矛盾。譬如"第2305条，后面空地"中要求"房屋后面应留有空地，其平均深度不得小于房屋后面高度的一般，最狭处深度不得小于房屋后面高度三分之一"。[4]但"第2307条，防火间距"中要求"建筑外墙合乎防火墙的规定时，不受防火间距的限制"。[4]造成两栋房屋后墙如若为防火墙是否可以贴建的问题。与此同时，不同规范之间的交叉要求也对建筑设计造成影响，譬如1954年，作为新中国成立初期城市规划主要依据的《城市规划—经济技术指标和计算》中要求"按照日光照射和通风条件，应当采用下列清洁卫生的间隔距离：房屋的纵侧面间应等于较高房屋高度的两倍。"[8]这不仅仅进

一步带来对于建筑间距的困惑，也使对其科学性产生疑问：相比较苏联处于寒带对于日照的需求，中国南方需要遮阳的地区是否需要遵照？当代建筑设计规范的顶层体系，依旧沿用新中国成立时学习自苏联的体系方式，随着中国建筑规范的体系深化发展，规范的交叉体系导致条款互相矛盾问题依旧不时出现。

5 结语

1954年出台的《建筑设计规范》作为新中国第一部建筑设计法规，是以社会主义工业化的国家制度为基础，构建新工业化建筑生产关系的技术规范，推动了中国建筑全面现代化的开展，也深刻改变了中国城市面貌。新中国成立后由于时代局限性导致规范体系中，地域本土建筑的现代设计技术规范始终未被解决。同时在规范制定时，建筑生产力与生产关系需要匹配，也是当代规范制定的重要经验。不同于新中国成立初期规范制定时的低城市化率，当代中国城市化率从1954年13.69%增长至2017年58.52%，既有建筑已经成为当代建筑规范制定时不得不考虑问题。面对既有的城市建筑与时代发展，当代建筑规范制定不仅需要着眼未来，也需要兼容过去，同时也要面对国内地域本土性特征与国际规范标准对接，造成新建筑规范出台需要解决的问题更为复杂。这也使对中国建筑规范体系发展史的前因、后果及时代问题进行梳理亟待开展，让历史照进现实。

参考文献

[1] 赖德霖.中国近代建筑史研究[M]. 北京：清华大学出版社，2007.

[2] 张复合. 中国近代建筑史研究与近代建筑遗产保护[J]. 哈尔滨工业大学学报(社会科学版)，2008，6:12-26.

[3] 张稼夫. 在中国建筑学会成立大会上的讲话[J]. 建筑学报，1954，1:3.

[4] 建筑工程部编.建筑设计规范[M]. 北京：建筑工程出版社，1955.

[5] 西北行政委员会建筑工程局设计公司. 建筑设计规范试行草案[Z]. 1953-8.

[6] 樊宝敏、董源. 中国历代森林覆盖率的探讨[J]. 北京林业大学学报，2001，4:60-65.

[7] 西安市地方志编撰委员会编.西安市志（第三卷）[M]. 西安：西安人民出版社，2003.

[8] 黄立志. 当代中国社会导论[M]. 上海：上海人民出版社，2015.

[9] （苏）列甫琴柯著；岂文彬译. 城市规划技术经济指标及计算[M]. 北京：建筑工程出版社，1954.

图片来源

图1：作者拍摄

图2：作者拍摄

图3：作者拍摄

表格来源

表1～表8：作者制作

《林徽因建筑文集》读后
——林徽因建筑写作与实践的影响因素分析（1930s-1940s）①

After reading Collection of Architecture By Lin huiyin：
Analysis of influencing factors of architectural writing and practice (1930s-1940s)

陈晨

金陵科技学院（南京，210000）

摘要： 通过分析林徽因建筑写作及其中国本土现代式建筑实践的影响因素，发现林徽因在 20 世纪三四十年代形成的中国建筑史分期理论、美术史学形式分析法，木料结构法与形式关联性的研究，以及国内战后低租住宅设计议题，皆与她所受教育、田野考察经验、战时以平民视角进行建筑创作的经历，以及多元建筑文化交织的时代思潮密不可分。研究旨在还原这位女建筑史学者、建筑师应有的历史地位，为新时代本土建筑设计提供镜鉴。

关键词： 林徽因；建筑写作；建筑实践；影响因素；20 世纪 30～40 年代

Abstract: After reading her architectural writing and a few architectural works with a lot of times and personal marks, found that she formed the staging theory of Chinese architectural spirit and technique,the analysis method of the form of art history,the correlation of timber structure method and form, she considered the design of low-rent housing after the civil war, as well as the exploration and practice of modern architecture in Chinese style from the 1930s to the 1940s. All these are inseparable from the education family and school of Lin huiyin, the experience of field investigation and architectural creation from the perspective of civilians during the war, as well as the architecture movement, theory of structural rationalism and the ideological trend of the times in which the plots of nationalism are interwoven.

Keywords: Lin Huiyin; Architectural Writing; Architectural Practice; Influencing Factors; 1930s to 1940s

1 引言

东方出版社2014年2月出版的《林徽因建筑文集》，收录林徽因建筑类文章21篇。其中，10篇成文于20世纪30～40年代，包括《论中国建筑之几个特征》（1932）、《中国建筑之结构》（1934）、《现代住宅设计的参考》（1945）、《平郊建筑杂录》（1932）、《晋汾古建筑预查纪略》（1935）等闻名今世的建筑史论与考古调查报告。剩余的11篇成文于新中国成立以后，多以马克思主义理论原理阐述城市新建筑设计、古建筑保护、城市重建计划等问题。初读后，笔者不揣浅陋地以为，这11篇论文

与研究报告中，有关中国建筑的史料与设计理论，多采撷自20世纪三四十年代的田野考察、测绘资料与研究成果。基于此，笔者聚焦该文集中成文于三四十年代的文献（有些文章是与梁思成合著，有些从文字风格来看主要传达了林徽因的建筑观点），整理同期林徽因的建筑实践成果，思考三四十年代林徽因建筑写作②与实践的影响因素。

关于林徽因的建筑实践问题，由于梁思成、林徽因一般合作从事建筑创作，因此，他们的作品大多难分彼此。这是将林徽因作为独立身份个体，研究她的建筑思想与创作经历的难点。据笔者整理现存资料发现，20世纪30～40年代，由林徽因主创

① 本论文为：江苏省高校哲学社会科学研究基金项目《近代南京民族形式建筑与新南京建设融合发展研究》（项目编号：2017SJB0490）阶段性研究成果。

② 在文学界能够较系统地研究林徽因的今天，建筑界对这位文艺复兴式才女的研究，却较多停留于传记、回忆录的层面，这对于以建筑师为荣，并在中国建筑学术领域做出重大贡献的林徽因而言是不公平的。梁思成曾经说过："林徽因是个很特别的人，她的才华是多方面的。不管是文学、艺术、建筑乃至哲学她都有很深的修养。"林徽因的学生、朋友也对此深表认同。所以，重视林徽因作为一名严谨的科学工作者的身份，重视她有关建筑考古、建筑历史与理论类文章的写作，对于全面认知这位女建筑史学者、建筑师在中国建筑论研究与本土建筑现代转型中的地位，有着特别重要的意义。

和参与的建筑作品，主要有：吉林大学（梁陈童蔡营造事务所，1930）、北京仁立地毯公司铺面改建设计（1932）、国立北京大学地质馆（1934）、国立北京大学学生宿舍（1935）、西南联大校舍（1939）、云南大学女生宿舍映秋院（1938）、昆明龙头村自建住宅（1940）、国立北京大学子民纪念堂·总办事处·大学博物馆计划（1947）等。其中，昆明龙头村自建住宅从1939年年中开工至1940年春建成，这大半年期间，正值梁思成带领营造学社成员进行川康调查工作，他们于1940年2月中旬才返回昆明，因此，可以认为龙头村住宅是林徽因的个人建筑实践，也是目前为止唯一可确认的由她主创的民族形式建筑。此外，从女性色彩较浓郁的映秋院建筑形制、空间组合与色调来看，推测这例民族形式建筑也由林徽因主创。基于上述研究难点与作品主创人的推测，本文将龙头村自建住宅与云南大学映秋院作为林徽因的代表性建筑作品。

以下，拟从林徽因受教育情况、从业经历、时代思潮等因素，分析它们对林徽因建筑写作与实践的影响。

2 家庭与学校教育

林徽因出身于书香门第与官宦世家，接受了良好的精英教育。她走上建筑之路，并且毕生从事中国建筑史研究与中国本土现代式建筑实践，首先离不开生命中的两个重要人物，以及留学期间的美术教育基础与海外游学经历。

2.1 家中两位重要的引路人

林徽因家父林长民与公公梁启超均为思想开明、极富远见、拥有家国情怀的政治活动家与学者。林长民在林徽因16岁时即带其周游欧洲，观察诸国事物、增长见识，以促成其改良社会的见解、能力。日后，林徽因形成较强烈的公共事务参与意识，能够就时事、政务、公共建筑展开鞭辟入里的研讨，进而将自己的建筑史研究与建筑实践提升到民族主义高度，并与世界现代建筑同步，对此，林长民的携女游学有

着不可或缺的启蒙与引导作用。值得一提的是，林徽因随父欧游期间，曾为女房东描绘建筑图。在描图过程中，林徽因对这门可改善民众生活与社会景观的综合学科——建筑学，萌生了热情，就此欲罢不能。这是她之后以建筑设计与建筑史研究为终身事业的直接动因。

家公梁启超在林徽因婚前即密切关注、支持着她的学业与职业生涯规划。梁本人并不希望子女与儿媳从政，而是希望他们走上文化创造之路。随后，他机缘巧合地从朱启钤处得到陶本《营造法式》这部"天书"，就更坚定了他寄望子、媳从事中国建筑史研究的决定。此外，被称为梁启超家庭教育读本的汉译韦尔斯(Herbert George Wells)《世界史纲》，是一部以进化史观说明社会历史变迁，传输自然选择、优胜劣汰、适者生存思想的著作。梁启超含辛茹苦地关注梁、林的思想成长、学业进步与职业规划，想必也会将进化史观潜移默化地传授给林徽因，促成其日后采用"创造、试验、成熟、抄袭、繁衍、堕落"的分期方式，论述中国建筑精神和技艺。

2.2 海外游学时的美术教育

林徽因在入读宾夕法尼亚大学之前，曾参加康奈尔大学夏季学期的学习。据《林徽因与梁思成在康奈尔的学习经历详考》一文所述，林徽因在康奈尔选修了户外写生、古代绘画与高等代数三科，其中，古代绘画是亚当斯教授结合一些素描作品讲解古代绘画知识。[①]之后林徽因于9月入读宾大，因为建筑系不收女生，她只能入学美术系，学习西方古典绘画理论，同时选修建筑系课程，并很快掌握了西方古典建筑设计原则，继而于1926年9月转入建筑系。林徽因一直希望向中国展现西方的建筑成就，她曾说："我们必须学习所有艺术的基本原理，只是运用这些原理来设计那些清晰地属于我们自己的东西。我们想学习建造的方法，那意味着（坚固）永久。"[②]由于林徽因传达此意还在就读宾大期间，因此，可以认为这里的艺术基本原理，正是林徽因所受布扎建筑教育中的西方古典建筑美学原理。它成为林徽因日后以维特鲁威的"实用、坚固、美观"三要点阐述中国建筑的几个特

---

① 参考：熊辉.林徽因与梁思成在康奈尔的学习经历详考[J].新文学史料，2016（04）:70.
② 引自：王贵祥.林徽因先生在宾夕法尼亚大学.清华大学建筑学院编 建筑师林徽因[M].北京：清华大学出版社，2004:196.

征，以及将台基、梁柱、屋顶三部分视为中国建筑最初胎形的美学依据。

3 婚后从业经历

林徽因从宾大毕业后便与梁思成结婚。婚后从事教育工作以及加入营造学社的从业经历，丰富了她的建筑思想，开拓了写作视域，并通过民族性与地域性的建筑实践表现出来。

3.1 田野考察时关注木料结构

1928年9月，林徽因、梁思成在梁启超的安排下来到东北大学任教，之后，因东北时局不稳及气候寒冷导致林身患肺病，她不得以来到北京香山疗养。1931年9月林徽因加入营造学社担当校理一职，她吸取王国维的二重证据法，以《工程做法》与《营造法式》为课本，进行考古学实地考察与测绘。她与梁思成等一众营造学社成员先后考察了平郊卧佛寺、法海寺门、居庸关、天宁寺塔等平郊古建筑与晋汾古建筑，其中，唐佛光寺大殿的发现，更是将营造学社的古建筑考察与测绘工作推向高峰。

林徽因加入营造学社后，一次次飞檐走壁地近距离接触建筑结构的经历，使得她逐渐将留学归国之前的美术史学形式分析，拓展到以木构为本体的木料结构法，以及结构与形式关联性的研究。她在1934年成文的《清式营造则例》"绪论"中说道："中国建筑的美就是合于这原则；其轮廓的和谐，权衡的俊秀伟力，大部分是有机的，有用的，结构所直接产生的结果……中国木构架中凡是梁，栋，檩，椽，及其承托、关联的结构部分，全部袒露无疑……"[①]基于此，她在《论中国建筑之几个特征》、《中国建筑之结构》等多篇文章中，提出现代"洋灰铁筋架"或"钢架"建筑，同中国木构架制为同一学理的观点。这为今日中国本土建筑的现代化奠定了建构学理论基础。

3.2 辗转从业时催生平民视角——以云南大学映秋院为例

1937年以后营造学社西迁昆明与李庄。林徽因在考察西南古建筑之余，兼任云南大学教书之职，同时，接手一些私人与官方委托的设计杂务。但是，由于战时知名建筑公司与建筑事务所垄断重要的市政工程，加上通货膨胀、经济匮乏，他们设计的规模较大的项目只有西南联大校舍。因战时衣食拮据，林徽因从衣食无忧的沙龙女主人一落而为忙着"洒扫、擦地、烹调、课子、洗衣、铺床，每日如在走马灯中过去"[②]的"糟糠之妇"，同时，辗转迁徙的生活也成为1938～1946年梁、林一家的日常。整理《林徽因年表》可以发现，在此期间，梁林一家分别定居过昆明翠湖前市长巡津街住宅，昆明郊区的龙泉镇麦地村，四川李庄上坝村，昆明唐继尧后山祖居花园别墅等，他们辗转于长沙、昆明、宜宾等城镇与农村，多有租住民房的经历。

伴随战时营造学社的辗转从业，一直以来生活优厚的林徽因，切身体会到平民的疾苦，并在亲力亲为处理家庭琐事的过程中，开始用平民的视角观察人与住宅的关系。"在同行们还停留在对古建筑的测量之时，林徽因的思绪早已荡开更远，高瞻远瞩地看到战后的住宅建设的问题，事实上，这一点也的确成为新中国成立后的首要事项。"[③]对起居生活的敏锐洞察力，对战后住宅重建问题的超前思虑，加上在研读凯瑟林·保尔（Cartherin Bauer）住宅研究成果时的学术积累，[④]成就了林徽因的云南大学女生宿舍映秋院、昆明龙头村住宅等取法西南民居院落、样式与材料技术的颇有生活情趣且亲近民本的建筑作品。

以1938年建成的映秋院为例（图1）。整个建筑群的主体为前后两进楼房，西南建瞭望塔，彼此由走廊连接。但是，正房较高、屋宇骈联、左拥右合，又映现云南一颗印馨墙高耸、外观方整的意象。为了表达女生宿舍的性别特点，改善较高的正房与瞭望塔

---

① 引自：林徽因.中国建筑之结构.林徽因建筑文集[M].北京：东方出版社，2014:59.

② 引自：费慰梅.林徽因与梁思成[M].北京：法律出版社，2010:143.

③ 引自：杨简茹.从"太太"的客厅到"糟糠"之宅：战时林徽因昆明经历的再思考[J].艺术设计研究，2017（01）:100.

④ 林徽因的名篇：成文于1945年的《现代住宅设计的参考》，是在翻译凯瑟林·保尔（Cartherin Bauer）的住宅研究成果基础之上，针对中国建筑现实的一项研究。但是，至少在战时，林徽因就已从凯瑟林·保尔的《近代住宅》一书中，了解到英美低租住宅的供需情况（参考：赵辰.作为中国建筑学术先行者的林徽因[J].建筑史，2005（07））。

鸟瞰旧影　　　　　　　　　　二进楼房与连廊　　　　　　　　　连廊与尽端月亮门

图1　云南大学女生宿舍映秋院

形成的壁垒森严的空间印象，林徽因以暖黄色调统一建筑，采用了柔美的卷棚式屋架与黄琉璃筒瓦，正脊端的雌毛脊也令庄重的建筑形象多了灵动之气。此外，走廊东北尽端设月亮门，与前一进楼房上的圆形窗户遥相呼应，堪称整个建筑群中最富巧思之笔。对于这件作品，赵辰在《作为中国建筑学术先行者的林徽因》一文中，不无感慨地说道："映秋院的意义是表明了林徽因在当时已经开始重视了民居与现实建筑的内在关系，这与前面提到的她对民居的特殊关注有着必然的联系。"[①]同时，这一案例也向我们证实，中国建筑师以民居为原型进行建筑创作的时间，应提前到20世纪30年代。应该说，映秋院与童寯借鉴江南私家园林建筑而成的金城银行别墅（1935年），有着同样的先锋意义[②]。

4　建筑文化多元交织的时代思潮

林徽因在建筑写作中，将考古学田野调查和美术史学形式分析相结合，提出中国建筑结构与造型发展的关系，并找到它与现代钢架建筑对应分析的结构基础，指明了中国本土建筑在世界现代建筑体系中存在与发展的可能性。这些建筑学研究的新范式，以及中国本土现代式建筑设计创见，同20世纪30年代流传国内的现代主义设计运动，19世纪以后建筑评论中的结构理性主义理论，以及20年代末至30年代国内

知识分子的民族主义情结与国民政府的民族文化复兴政策等时代思潮，也有着密切关系。

4.1　获得现代主义设计详实资料

虽然林徽因求学期间并未接收系统的现代建筑教育，20世纪三四十年代入职营造学社后，主要从事中国古建筑的调查、测绘与建筑史研究工作，其中，１９３７年以后更是迁居信息较闭塞的西南，但是，她与海外友人如费正清夫妇情同手足，同当时素有西学修养与现代意识的胡适、金岳霖、沈从文等过从甚密，和研究现代住宅的凯瑟·保尔密切交流等，就使得林徽因仍旧可以源源不断地获得西方现代设计与建筑运动的详实资料，促成林徽因在多篇文章中提及西方新材料、新技术与新功能议题。如她在《中国建筑之结构》一文中说，"可巧在这时间，有新材料新方法在欧美产生，其基本原则适与中国几千年来的构架制同一学理。而现代工厂、学校、医院，及其他需要光线和空气的建筑，其墙壁门窗之配置，其钢筋混凝土及钢骨的架构，除去材料不同外，基本方法与中国固有的方法是相同的。"刊于1945年《中国营造学社汇刊》第七卷第二期的《现代住宅设计的参考》一文，参考凯瑟·保尔总结近百年西方住宅发展史的《近代住宅》一书，在分析英、美低租住宅现状与问题的基础上，林徽因提出了地区分配构想，以救济我国战后的住宅房荒。基于此，她真正从民本出发，将

①　引自：赵辰.作为中国建筑学术先行者的林徽因[J].建筑史，2005（07）
②　传统民间建筑自由灵活的空间与巧妙结合自然的设计思想，成为中国近代建筑活动低潮期，学术研究与设计实践借鉴的对象。如：刘敦桢测绘故乡自宅，刘致平研究滇川两省民居，林徽因设计云南大学女生宿舍楼"映秋院"等。但是，童寯设计于1935年的取型江南私家园林空间与建筑的金城银行别墅，却都是他早于刘敦桢、林徽因的传统民居研究与实践。即便如此，童寯、林徽因、刘敦桢、刘致平等人，从基于官本位和精英文化背景中的中国营造传统中脱离开来，将目光投向寻常百姓家，在当时看来都是极富前瞻性与先锋性的。而林徽因作为唯一涉猎这一处女地的女性建筑师，她的先锋性就显得更加突出（参考：李海清.从"中国"＋"现代"到"现代"＋"中国"——关于王澍获普利茨克奖与中国本土性现代建筑的讨论[J].建筑师，2013（01）：47-49.）。

住宅供应提升到"市政"、"国策"的高度。①

4.2　用结构理性主义衡量建筑优劣——以龙头村梁林住宅为例

林徽因无论在建筑写作还是建筑实践中，都尤其重视结构、造型、美学品评与建筑艺术演变分期的关系。她认为"但建筑既是主要解决生活上的各种实际问题，而用材料所结构出来的物体……建筑上的美，是不能脱离合理的，有机的，有作用的结构而独立……只设施雕饰于必需的结构部分……不勉强结构出多余的装饰物来增加华丽；不滥用曲线或色彩来求媚于庸俗；这些便是'建筑美'所包含的各条件。"②所以，她更青睐庄重恰当的北方建筑檐部曲线，而对没有多少结构意义，徒增浪漫姿态的南方飞檐翘角多有贬斥。同样，对用色过滥、花样繁奢的琉璃屋顶与曲折过度的廊桥评价不高，谓之"脆弱虚矫"。③据此，赖德霖认为：林徽因、梁思成二人采用西方19世纪以来建

筑评论中的结构理性主义标准，对各时期建筑结构与造型设计进行评判，以结构演变与优劣建构起中国建筑史发展脉络。凡此种种，使得林徽因的建筑实践也秉持了以结构评判建筑优劣的原则，从而为中国本土现代式建筑探索提供可资借鉴的范例。

例如1940年竣工的龙头村梁林住宅（图2），因地制宜、就地取材，采用约一英尺方、六英尺长的木模子加入泥土，并用木棒冲实的西南冲墙技术。檐部取西南地区利于排水的两坡屋顶，再于正脊端设雌毛脊呈现起翘飞升之势，这个与映秋院如出一辙的做法既为散水也可装饰。屋面为悬山简简瓦，檐下有落水管，雨水顺势流入墙角明沟。建筑下段用碎石土夯筑而成，同样既为防潮也为装饰。两扇宽大窗子，窗棂用斜线交叉的木条构成一个个菱形小方格，古朴简洁、采光良好。这是一处"增一分则太长，减一分则太短"，将美蕴于各部位权衡之中的温馨小宅。它各部位结构合理、有机，于门窗、檐部真实地袒露内部

林徽因与女儿在宅前做家务

檐部两坡顶、雌毛脊与悬山简简瓦

檐下落水管、墙角明沟，碎石土夯筑与冲墙技术而成的墙体

宅内大窗与菱形方格窗棂

图2　龙头村梁林住宅

---

① 参见："现在的时代不同了，多数国家都对于人民个别或集体的住的问题极端重视，认为它是国家或社会的责任。以最新的理想与技术合作，使住宅设计，不但是美术，且成为特种的社会科学。"（引自：林徽因.现代住宅设计的参考.林徽因建筑文集[M].北京：东方出版社，2014:123）.
② 引自：林徽因.中国建筑之结构.林徽因建筑文集[M].北京：东方出版社，2014:58.
③ 原文为：不过我们须注意过当或极端的倾向，常将本来自然合理的结构变成取巧和复杂。这过当的倾向，表面上且呈出脆弱虚矫的弱点（引自：林徽因.中国建筑之结构.林徽因建筑文集[M].北京：东方出版社，2014:63.）。

结构，映现了"不事雕饰；不矫揉造作；能自然的发挥其所用材料的本质的特性"[①]的建构之美。

4.3　积极回应民族文化复兴政策

20世纪20年代，国民政府为强化党国意志，而制定、实施了民族文化复兴政策，随之，中国建筑师群体觉醒的民族国家意识与民族自尊心，被激发为一种强烈的民族主义情结。生性刚烈的林徽因更是在这场中国风格之现代建筑的探索浪潮中，亟亟于建筑考古资料的发掘与民族形式建筑创作，以历史遗存与理想的中国风格现代建筑作品，批判西方历史学家对中国建筑的一知半解与贬低。针对西人"谓中国建筑布置上是完全的单调而且缺乏趣味"的浮躁结论，林徽因以园庭、别墅、宫苑楼阁在平面上极其曲折变幻，与对称的布置正相反为例，论证中国建筑平面兼得庄严与浪漫的特质。[②]针对当时部分中国建筑师跟风外籍建筑师的宫殿式建筑形式，她指出：中国建筑"几乎各部结构各成美术上的贡献。这个特征在历史上，除西方高矗式建筑外，唯有中国建筑有此优点。"并认为："将来若能将中国建筑的源流变化悉数考察无遗，那时优劣诸点，极明了地陈列出来，当更可以慎重讨论，作将来中国建筑趋途的指导。省得一般建筑家，不是完全遗忘这以往的制度，则是追随西人之后，盲目抄袭中国宫殿，作无意义的尝试。"[③]在那个女性以相夫教子为本分的时代，林徽因却热衷于同营造学社的男建筑学家一道，不辞辛苦地进行古建筑考察、测绘与研究工作，用田野调查所得考据资料，拨正外人对中国建筑的误解，超越欧洲与日本建筑学者的研究成果。林徽因这种无视世俗偏见的行为，其实正是当时建筑师群体的民族自尊心在其个体的放大与彰显，也表达了个人对民族文化复兴政策的积极回应。

在强烈的民族主义情结的驱使下，林徽因的建筑实践也毋庸置疑地立足世界现代建筑体系，复兴中国建筑风格。为此，她同梁思成一起，在曾经受教的布扎建筑教育体系中，努力找寻"文法"、"词汇"等艺术形式和基于结构理性主义的核心形式的关联。然而，赖德霖考察梁、林建筑作品中核心形式与艺术形式的关系后，却认为：他们的结构理性主义思想与学院派"风格折衷主义设计"存在差异和断裂，并且前者最终被中国建筑固有形式的过度迷恋而瓦解。[④]这在50年代以后二人的建筑作品中表现得尤为明显。其实，这种核心形式与艺术形式相冲突，进而以传统结构方式与构件失去意义为代价，来凸显艺术形式的做法，早在20世纪三四十年代两人合作建筑中即多有体现。如北京仁立地毯公司铺面改建设计（1932年设计）与云南大学泽清堂（1941年建成）等民族形式建筑。它们与"理想的中国风格现代建筑"——国立中央博物院一样，均存在：采用钢筋混凝土结构，却让中国传统建筑构件失去结构意义，徒留形式特征之问题。对此，王贵祥教授的理解是：这是由林徽因、梁思成极度热爱中国建筑的民族形式以及强烈的民族主义情结使然，[⑤]是在这一时代思潮下创作民族形式建筑时，难以避免的问题。

5　结语

《林徽因建筑文集》收录的成文于20世纪三四十年代的建筑论文、研究报告，不仅为她在中华人民共和国成立后的设计实践与理论研究，提供了考古学实地考察与美术史学形式分析相结合的研究新范式及相关资料，其中的结构理性主义精神也延续到她日后的理论研究与设计实践中。这是从林徽因个人建筑事业的发展来看，她的建筑写作所具有的重要意义。如果放眼整个中国建筑学的发展，那么，这期间林徽因以进化史观为中国建筑史分期，以结构演变与优劣建构中国建筑史发展脉络；立足世界现代建筑体系，将中国建筑木框架与现代钢架结构进行对应分析

① 引自：林徽因.中国建筑之结构.林徽因建筑文集[M].北京：东方出版社，2014:58.
② 参考：林徽因.论中国建筑之几个特征. 林徽因建筑文集[M].北京：东方出版社，2014:9.
③ 引自：林徽因.论中国建筑之几个特征. 林徽因建筑文集[M].北京：东方出版社，2014:10.
④ 参考：王骏阳."建构"与"营造"观念之再思——兼论对梁思成、林徽因建筑思想的研究和评价[J].建筑师，2016（03）:26-27.
⑤ 当建筑屋顶被置换成钢桁架结构之后，梁思成似乎已经完全没有设计一座"理想的中国风格的现代建筑"的努力。他的兴趣已着眼于中国建筑特征之一的斗拱的建筑檐部，放弃了屋顶钢桁架结构的建筑表达和思考。对此，王贵祥认为这不能从建构学角度进行理解，而只能从对中国建筑"民族形式"的热爱，甚至民族主义的角度进行理解（参考：王骏阳."建构"与"营造"观念之再思——兼论对梁思成、林徽因建筑思想的研究和评价[J].建筑师，2016（03）:26-27.）。

的研究维度，以及将战后住宅供应提升到关乎"国家进步"、"民族生存"问题的博大人文关怀等，皆超越了文人士大夫专注于"整理国故"而非经世致用的局限性，超越了当时诸多中国男性建筑学者的理论阐释，足可为民国时期的中国建筑史论研究，打开认识论与方法论的视野，为今日的中国建筑史论研究奠基。

林徽因在建筑学界的重大贡献，是由其卓越才情与刻苦坚韧的研究精神使然，但是，也不应忽视家庭教育传输给她的进化史观，学校教育助其养成良好的西方古典建筑美学修养；婚后入职营造学社考察古建筑时，她对建筑结构产生更直观、深刻的认识，以及战时随学社迁徙，颠沛流离之时开始从民本视角思考人与住宅的关系等教育、从业因素。当这些因素同现代建筑运动、结构理性主义与民族主义时代思潮相激荡时，林徽因的建筑写作变得更加稳健、务实，其中的建筑思想愈加高屋建瓴且贴合国情。在此基础上，由她主创的为数不多却独具女性色彩，秉持结构理性主义的民族形式住宅类建筑，也足可为当今中国的本土现代式建筑实践提供镜鉴。

参考文献

[1] 熊辉.林徽因与梁思成在康奈尔的学习经历详考[J].新文学史料，2016，4:70.

[2] 王贵祥.林徽因先生在宾夕法尼亚大学.清华大学建筑学院编.建筑师林徽因[M].北京：清华大学出版社，2004: 196.

[3] 林徽因. 中国建筑之结构.林徽因建筑文集[M].北京：东方出版社，2014: 58，59，63.

[4] 费慰梅.林徽因与梁思成[M].北京：法律出版社，2010: 143.

[5] 杨简茹. 从"太太"的客厅到"糟糠"之宅：战时林徽因昆明经历的再思考[J]. 艺术设计研究，2017，1:100.

[6] 赵辰.作为中国建筑学术先行者的林徽因[J].建筑史，2005，7.

[7] 李海清.从"中国"+"现代"到"现代"+"中国"——关于王澍获普利茨克奖与中国本土性现代建筑的讨论[J].建筑师，2013，1:47-49.

[8] 林徽因.现代住宅设计的参考.林徽因建筑文集[M].北京：东方出版社，2014: 123.

[9] 肯尼思·弗兰姆普敦.建构文化研究[M].北京：中国建筑工业出版社，2007:20,54.

[10] 赖德霖. 经学、经世之学、新史学与营造学和建筑史学——现代中国建筑史学的形成再思[J].建筑学报，2014，Z1: 113.

[11] 林徽因.论中国建筑之几个特征. 林徽因建筑文集[M].北京：东方出版社，2014:9,10.

[12] 王骏阳."建构"与"营造"观念之再思——兼论对梁思成、林徽因建筑思想的研究和评价[J].建筑师，2016，3:26-27.

图片来源

图1：云南大学校史馆、实拍。

图2：龙头村梁林住宅室内展厅、实拍、杨简茹. 从"太太"的客厅到"糟糠"之宅：战时林徽因昆明经历的再思考[J].艺术设计研究，2017（01）:95。

传统园林设计中景与框的心理认知分析初探

Psychological Cognitive Investigation and Analysis of Scenery and Frame in Traditional Garden Design

袁怡欣、胡思羽

作者单位
华中科技大学

摘要： 本文为探究景框对于景的意义所形成的不同定义的效果，以太常观为验证。首先通过模拟实验记录人的观景画面及空间位置变化；接着通过眼动追踪实验观测人在观看画面时的反映；之后通过网络问卷，进行不同框景所产生心理感受的语义认知调查。由此发现通过景框对景物进行限定，赋予其不同的意义，使人心理感受发生变化，表达设计者的设计意向。

关键词： 景与框；语义认知；心理评价；眼动实验；武当山

Abstract: In order to explore the effect of different definitions on the meaning of scenery frames to the scene,Taking Taichang Temple as a case study. During the study, the spatial position changes and the corresponding pictures are recorded through simulation experiment firstly. Then the eye tracking experiment was carried out to observe the reflection of people in the process of viewing image. And then further semantic cognition investigation was carried out for the psychological feelings of images in different locations with network questionnaires. According to the results, the scene is limited by the frame which gives it different meanings, can change the psychological feelings of people and expresses the designer's design intention.

Keywords: Scenery and Frame; Semantic Cognition; Psychological Assessment; Eye Tracking Experiment; Wudang Mountain

1 研究背景

何为框景？《园冶》中描述为"轩楹高爽，窗户虚邻；纳千顷之汪洋，收四时之烂漫"，"刹宇隐环窗，仿佛片图小李；岩峦堆劈石，参差半壁大痴"，再问怎样营造框景，效果如何？也仅有如"触景生奇，含情多致"之语[1]。《中国园林艺术辞典》中则将框景解释为：有意识地设置门窗洞口或其他框洞，使观者在一定位置通过框洞看到景物，具有以下特点：能约束并引导人们视线；摒除粗俗而选取精美景色摄入视野，宛如经过剪裁的一幅图画[2]，至于如何引导视线，"裁剪图画"，则未详加阐述。在园林营造中，框景更偏重"框"的处理，同一处景物不同角度看会有所不同，直接看与隔着一重或多重层次看又有不同（图1）[3]；同一片风光，取景角度、框景范围的不同，"裁剪"的画面也随之不同（图2）。为探究造园者如何通过"框"的设置进行框景营造，本文展开以下调查。

道教武当山建筑群，被张良皋先生评为园林宏观设计的体现："见过中国古都，见过中国大型园

图1 瞻园入口空间处理：同一景物在不同框中形成的框景画面
（来源：彭一刚《中国古典园林分析》）

图2 东湖湖中道：同一风光在不同角度、不同范围时形成的框景画面

林者概会有同感。凡朝拜过中华五岳……特别是登过道教大岳（武当）者，必定能领略何谓'大笔写大字'"[4]；高介华先生也曾多次在演说中提到，武当山是我国皇家园林的典型案例。武当山建筑群各类形制建筑数量众多，经过匠师神而明之地运用，

构建出一幅"鸿篇巨制"，其中无处不有"起、承、转、合"重要的"小建筑"[5]。位于展旗峰以南、南岩背后的太常观[6]，正是这样"承、转"的小建筑之一，因此选择以武当山太常观为对象进行研究。

2 研究方法

人们在通过器官感知并认识世界的同时，也通过语义来认识世界，语义研究最初始于语言学，后来发展到通过语言来研究认知现象[7]，现在也逐渐应用在设计、测绘等领域中[8]，比如将形态探索与语言表达分析相结合，从人文关怀的视野与角度进行形态设计[9]。在视觉景观评价中也常用到，如海岸景观、水体景观的美学评价[10]、[11]，农业景观品质变化的评价[12]与公园视觉品质和管理的公众偏好调查[13]等。

与之类似，景观营造者会通过词语表达其设计思想，而游人在观景过程中也会通过词语描述反映感受。当人在观看由景框限定形成的画面时，会产生相应的心理感受，再经由描绘词语进行反映。因此，本文将通过探究人在观景过程中的视线关注状况与描绘词语的选择，对框景画面的景观特征与其对人心理感受的影响进行分析。由此本研究整体分为三部分：记录太常观中实际观景状况的模拟实验，探究人在观景过程中视觉关注点的眼动追踪实验，与通过网络问卷进行的语义认知调查。

2.1 模拟实验

由于组织大量被试前往场地进行实验不易实现，因此通过模拟实验记录实际的观景过程，并获取相应框景画面，作为后期实验基础。当游人从太常观中绕过照壁准备离开时，恰好看见由观门形成的框景（图3），正如颐和园中行至西配房透过隔扇看见的昆明湖畔（图4）。在从照壁行至观门的过程中，请模拟人拍摄使

图3 颐和园：透过西配房隔扇看昆明湖畔
（来源：彭一刚《中国古典园林分析》）

图4 太常观：观门形成的框景画面与观门外的风景

其感受不同的框景画面，并记录此时照壁、模拟人、观门形成的空间位置。

2.2 眼动追踪实验

实验仪器：Tobii Pro Glasses 2眼动仪。仪器由眼镜、记录模块、控制软件与数据分析软件构成，眼镜为被试在实验时佩戴，采用1点校准，可自动进行平行视差矫正，能够捕捉被试看到的场景与眼动追踪数据。

实验被试：随机招募大学内在读本科生及硕士研究生10名，其中未成功采集数据的无效被试1名，有效被试9名，男性5名，女性4名，年龄在20～25周岁，此前未参与过类似实验。

实验步骤：首先，收集整理景观描绘词语制成卡片并随机放置，请被试进行阅读。词语卡片阅读完成后，请被试佩戴眼镜，进行实验预设。接着请被试浏览画面，第一次浏览时，向被试按顺序呈现在模拟实验中拍摄的画面，记录被试在画面观看过程中的视觉关注点；第二次浏览时，请被试选择词语对画面进行描述。

2.3 语义认知调查

在完成模拟实验与眼动追踪实验后，通过网络问卷针对框景画面进行语义认知调查，步骤如下：筛选词语库；通过网络问卷进行景观描绘词语选择调查；根据词语选择结果进一步进行矩阵量表评分调查；最后对结果完成数据分析。

2.3.1 词语库筛选

首先，通过查阅词典与景观学科的经典，收集整理有关景色描绘的词语，形成初始的景色描绘词语库（表1）。接着通过问卷调查，请被调查者选出认为

最合适表达相关感受的词语，根据调查结果的频数分布取前三位，并结合词语意义分项筛选得到调查用词语库（表2）。

景色描绘词语库① 表1

分项		词语
山体	距离	遥远、疏远、接近、远离、幽深、邈远
	气势	不卑不亢、傲然屹立、气势磅礴、气凌（逾）霄汉、威风凛凛、巍然耸（屹）立、雄壮、雄伟、宏伟、威严、晴峦耸秀、宏伟博大、气势磅礴、巍峨
	形状	层峦叠嶂、崇山峻岭、矮小、高大、巍峨、低矮、陡峭、参差错落、嶙峋、千峦环翠、万壑流青
景观	视野	敞亮、广阔、开阔、宽阔、开敞、宽广、狭小
	感受	蔼然可亲、和蔼可亲、冰冷、壮观、壮丽、庄重、庄严、亲切、冷淡、幽静、庄严、肃穆、宁静、沉闷、压抑、豁然开朗、深邃

问卷调查使用词语库 表2

分项		词语
山体	距离	接近、遥远
	气势	巍然耸立、低矮渺小
	形状	高大、矮小
景观	视野	宽阔、开敞、狭小
	感受	壮观、渺茫

2.3.2　词语选择调查

词语选择填空通过问卷星平台发放网络问卷，向被调查者展示由模拟实验记录获得的画面，每幅画面设置"山体"与"景观"选项，"山体"为被调查者对画面中山体的感觉，"景观"为被调查者对整体画面的感觉，并让被调查者在给出词语库中，选择他们认为最符合看到画面时心理感受的词语。为降低词语排序对被调查者理解的干扰，词语库中的词语由计算机随机排列。

2.3.3　矩阵量表评分调查

本调查同样通过问卷星平台发放网络问卷，向被调查者展示由模拟实验获得的画面，每幅画面设置5条评分轴，分别是山体的距离（遥远-接近）、气势（巍然耸立-低矮渺小）、形状（高大-矮小）与景

观的视野（开阔-狭小）、感受（壮观-渺茫），共设有7个评分值，其中±3表示完全处于两端，±2表示较为接近两端，±1表示稍微接近两端，0则表示处于中间。为降低被调查者受图片顺序的影响，在发放问卷时，图片顺序被设置为随机展示。此外，为了解被调查者的背景特征，在调查问卷后同时设置有性别、年龄与专业类别（文、理、工）等信息采集选项。

3　调查结果与讨论分析

3.1　空间关系与相应框景画面的变化状况

根据模拟实验，由观门构成的框景画面中，景物有天空、山体与树木，根据主要景物天柱峰的变化，模拟人所见的框景画面可以分为三个层次（图5），分别为画面A、画面B、画面C，并对应三种不同空间关系（图6）。在画面变化的过程中，山体面积占比逐渐缩小，山体轮廓线也逐渐向画面下方移动，其高度占比也逐渐缩小。

画面A　　　　画面B　　　　画面C

图5　框景画面的变化状况

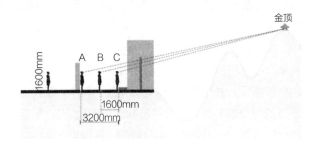

图6　空间关系变化示意图（单位：毫米）

---

① 　词语来源：孙梦梅主编《汉语成语词典：双色本（第2版）》.2015；郑怀德，孟庆海编《汉语形容词用法词典》.2003；文昌荣编《描摹词辞典》.1997；杨天戈，刘沫等编《汉语常用词搭配词典》.1990；鲍克怡 编《同义词反义词对照词典》.1990；张家骥《园冶全释》.1993；陈从周《梓翁说园》.2016；彭一刚《中国古典园林分析》.1986.

3.2 眼动追踪实验结果分析

3.2.1 注视点热力图

注视点热力图可以对被试在画面观看过程中的关注点与兴趣区进行展示，热力图中具有3种颜色，分别为红、黄、绿，其中红色表明在该区域被试注视的时间最长，注视点次最多；由红至绿，颜色变浅，注视时间缩短，注视次数减少。

本次眼动追踪实验的注视点热力图结果如图7所示。由注视点热力图可以发现，被试在观看画面的过程中，整体最关注的区域集中在画面中部树梢与山顶一线，其次为山体与画面下部的树木。在画面由A至C的过程中，观看者最先关注的区域集中在画面中树梢与山顶一线的带状区域；接着关注区域由中部稍向上，更多关注画面中上部的山体；最后则由中部稍向下部与两侧，更多关注树木。此外，不同背景特征对于画面的关注点也具有一定影响，女性被试的注视点分布比男性被试的注视点整体更为分散；来自常与平面图形接触的专业如广告学的被试，比来自其他专业如给水排水的被试，热力图中注视点的分布会更为分散。

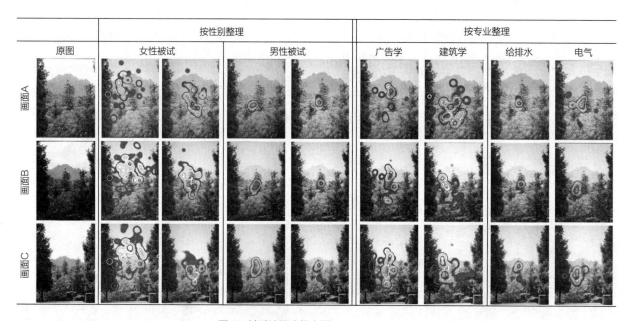

图7 被试注视点热力图

3.2.2 描绘词语选择结果

对于所见景观画面中的内容，人们会借由词语反映其心理感受。因此在完成画面观看后，也请被试针对画面选择描绘词语，结果如表3所示。结合注视点热力图分析可以发现，在被试观看画面的过程中，全程最关注画面中部的树梢与山顶一线，随着其在画面中面积占比与高度位置的改变，由此影响被试的心理感受，进而使得词语选择不同，其中对于距离远近的感受最明显，并且随着画面A至画面C，呈现由接近变为遥远的趋势。由此可得，注视点区域特征的改变对反映心理感受的词语选择具有影响。此外，根据不同背景特征的注视点热力图分布特征，也可推测性别、专业等背景特征的差异会对词语选择产生影响。

描绘词语选择结果　　表3

	描绘词语
画面A	接近（5）、宽阔（2）、狭小（1）、亲切（1）
画面B	遥远（2）、冰冷（2）、亲切（1）、渺茫（1）、矮小（1）、狭小（1）、隐约（1）
画面C	遥远（2）、渺茫（2）、矮小（2）、狭小（1）、开敞（1）、壮观（1）

3.3 语义认知调查

3.3.1 不同画面的评价

词语选择调查中，由于展示三幅画面时出现部分词语选择重复，因此再次调查时仅展示画面A与画面C，共发放问卷84份，有效答卷76份，词语选择落点呈现明显差别，结果如图8。在词语选择调查

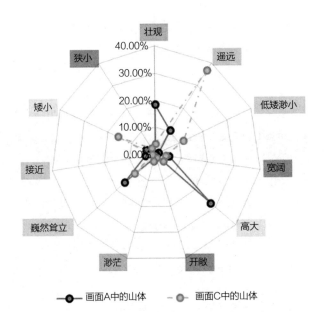

图 8　画面中山体感受词语的选择落点示意

完成后，进行矩阵量表评分调查，此次调查共发放 74 份问卷，回收有效问卷 74 份，整体结果呈明显集簇趋势，因此使用众数落点状况进行说明，如图 9 所示。

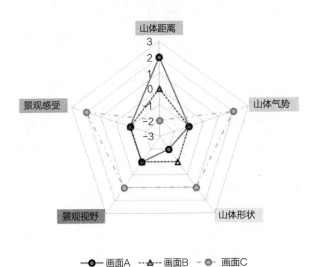

图 9　三幅画面矩阵量表评分众数落点示意

根据词语选择调查结果，被调查者多认为画面 A 中山体给人以高大、壮观、巍然耸立的感受，而画面 C 中山体则给人以遥远、矮小、低矮渺小的感受。根据矩阵量表评分结果可得，被调查者多数认为由画面 A 至画面 C，山体距离与山体形状变化较为明显，逐渐由接近变为遥远，由高大变为矮小，这与在眼动追踪实验过程中的结果一致；山体气势与景观感受的变化次之，由稍显巍然耸立改变至较为低矮渺小，由稍显壮观变至较为渺茫；景观视野则变化较小。

3.3.2　不同背景特征对心理感受的影响

针对矩阵量表评价的结果，本文进一步按照被调查者的不同背景特征群体进行分析，包括性别、年龄与专业。分析结果表明，专业差异对画面评价的山体气势、山体形状与景观感受都具有影响，文科背景的被调查者评分比理工科背景的被调查者对画面变化趋势的感受更为明显；性别差异对于画面的景观感受评价具有一定影响，男性对画面的景观感受变化相较于女性更为明显；年龄差别则对感受评价影响较小。

3.4　框景画面对心理感受的影响

在太常观观门构成的框景画面中，山体的面积占比逐渐减少，轮廓高度逐渐降低，使得人观景时的心理感受也由感觉壮观、山体高大而巍峨耸立，逐渐改变为感觉遥远而渺茫，详见表 4。其中山体面积占比为山体面积与画面整幅面积的比值，高度占比为山体轮廓线顶点高度与画面整体高度的比值。

框景画面中山体特征的改变
影响心理感受的变化　　　　　　　表4

	山体面积占比	山体轮廓高度占比	心理感受
画面A	11.2%	81.8%	壮观，山体高大、巍峨耸立
画面B	7.1%	70.9%	山体远去，变得矮小，气势减弱
画面C	2%	60%	遥远而渺茫

同样的，在颐和园中，由西配房的隔扇看昆明湖时，由隔扇构成的框景画面中，作为主景的玉峰塔，其轮廓高度占比约为 80.2%，给人以气势高大的感受，而当游人走出配房将昆明湖畔尽收眼底时，玉峰塔又融入更为宏大的画面中，前后画面形成鲜明对比，使人心生慨叹。由此可以发现，当文人游客观赏框景时，正是考量画面中内容特征，依此进行描绘。而设计者对于"框"的处理，也是经过对于框定景物的推敲，考量框景画面内各项景致的面积占比与高度占比，如此"裁剪图画"，营造预设框景。

4　结论

通过模拟实验可得，在观赏框景的过程中，由于框的设置对所见画面范围形成限定，当人与景框的距离由远至近时，所看见的框景画面中主景内容却逐渐变小，对画面的感受也由接近变为遥远。其后通过眼动追踪实验发现，通过框的设置，对于人所观赏的景物内容与构图进行框定，控制人在赏景过程中形成的画面视觉关注点。结合语义认知调查发现，框景画面中人的视觉关注点所在景物，其面积占比与高度占比发生变化，也会促使人的心理感受发生变化。

在园林的框景设计中，正是利用框的设置，对取景范围、构图中主要景物的面积占比与高度占比进行控制，由此对人在观景时的心理感受产生影响。同时结合《园冶》分析可知，框景营造的过程可分为以下四个阶段：首先踏勘场地环境，明确设计主题与预期景观效果，即"意在笔先"；其次，选择目标景物，是"千顷汪洋"还是"四时烂漫"；再次，根据预期景观效果推敲框景画面，确定景框的位置与大小，即"有意识地设置"；最后，根据园林建筑整体营造，确定框的形式，"轩楹高爽"或"窗户虚邻"，最终完成框景设计。

作为传统园林设计手法之一，框景在当下的建筑设计中也被广泛应用，有关其景物选择与景框形式设计已有研究[14-16]，对于框景画面的景观特征则尚少有推敲分析，而这正是让人"触景生奇，含情多致"的重要环节。本研究从语义认知角度对框景画面进行初探性研究，可为设计者或者文学工作者在对景观内容进行描述时的语义认识提供参照，未来还可进行更多景观语境的相关研究。

参考文献

[1] 张家骥. 园冶全释[M]. 太原:山西人民出版社，1993.

[2] 张承安. 中国园林艺术辞典[M]. 武汉:湖北人民出版社，1994.

[3] 彭一刚. 中国古典园林分析[M]. 北京:中国建筑工业出版社，1986.

[4] 张良皋.园林城郭济双美——谈中国城市园林的宏观设计[J].规划师，1997（01）：53-55.

[5] 张良皋. 武当山古建筑综论[M]//张良皋.张良皋文集[C].武汉:华中科技大学出版社，2014.118-131.

[6] 武当山志[M]北京:新华出版社，1994.

[7] 韩宝育. 语义的分析与认知[M]. 成都：电子科技大学出版社，2014.

[8] 田江鹏，游雄，贾奋励，夏青. 地图符号的认知语义分析与动态生成[J].测绘学报，2017，46（07）：928-938.

[9] 成朝晖. 形态·语意[M]. 北京:北京大学出版社，2017.

[10] Nam Hyeong Kim, Hyang Hye Kang. The aesthetic evaluation of coastal landscape [J].Seoul: KSCE Journal of Civil Engineering, 2009(2012-10-19).

[11] Zohre Bulut, Hasan Yilmaz. Determination of waterscape beauties through visual quality assessment method [J]. Dordrecht: Environmental Monitoring and Assessment, 2009(2014-08-09).

[12] Eija Pouta, Ioanna Grammatikopoulou, Timo Hurme, et al. Assessing the Quality of Agricultural Landscape Change with Multiple Dimensions. [J].Basel: Land, 2014(2014-10-31).

[13] Cengiz Acar, Banu Cicek Kurdoglu, Oguz Kurdoglu, et al. Public preferences for visual quality and management in the Kackar Mountains National Park (Turkey) [J]. London: International Journal of Sustainable Development and World Ecology, 2006(2011-08-31).

[14] 封云.园景如画——古典园林的框景之妙[J].同济大学学报（社会科学版），2001（05）：1-4.

[15] 董世宇，周慧.古典园林中"框景"构成手法研究[M]//中国民族建筑研究会.中国民族建筑研究会第二十届学术年会论文特辑（2017）[C].中国民族建筑研究会，2017:9.

[16] 单菁菁，魏春雨.解读"框景"在当代建筑设计中的表达[J].中外建筑，2011（05）：46-48.

图表来源

图1、图3:彭一刚.《中国古典园林分析》

图2、图5～图9均为作者摄制或绘制

两广私家园林的差异

Divergence of the Private Gardens between Guangdong and Guangxi

冯一民

摘要： 两广私家园林是岭南私家园林的两个重要分支。两广在自然环境、经济水平和文化发展的差别，导致两广私家园林存在一定的差异。以广东四大私家园林与广西三大私家园林为研究对象，对比发展、持园、地理、园名、规模、功能、空间、建筑、植物、理念、意境等因素，总结出广东私家园林"因水制宜、小巧玲珑、艺化自然"和广西私家园林"因山制宜、大真朴实、融入天然"的特点。

关键词： 广东；广西；私家园林；差异；对比

Abstract: Guangdong and Guangxi private garden is an important branch of Lingnan private garden.Guangdong and Guangxi have certain difference, both on the natural environment, economic and cultural development.Resulting in Guangdong, Guangxi private gardens has the differences.With four private gardens in Guangdong and three private gardens in Guangxi as the research object,comparison of the Development, hold, geography, name, scale, function, space, buildings, plants, idea,feature and the artistic conception，Summed up Guangdong private gardens "by water condition, small and exquisite, art nature" and Guangxi private gardens "by hill condition, guileless, integrated into the natural" characteristics.

Keywords: Guangdong；Guangxi；Private Garden；Difference；Comparison

中央城市工作会议明确指出：要强化尊重自然、传承历史等理念，要留住城市特有的地域环境、文化特色、建筑风格等"基因"，要保护、弘扬中华优秀传统文化，保护好前人留下的文化遗产。中国古典园林是中国传统文化的一个组成部分，源远流长、博大精深，它展现了中国文化的精英，显示出华夏民族的灵气，以其丰富多彩的内容和高度的艺术水平而在世界上独树一帜[1]。中国古典园林的文化价值最突出地体现在我国多处古典园林进入《世界遗产名录》，包括承德避暑山庄、苏州古典园林、北京颐和园、拉萨罗布林卡。中国古典园林都反映出所处地方特有的环境特征，具有优秀的地方文化特色。在我国城市化过程中，"千城一面、千园一貌"的问题越来越普遍时，寻找地方特色是必然之道。研古而论今，研究各地的古典园林是找到地方特色的好办法。

岭南私家园林是中国古典园林的重要流派。以往关于岭南私家园林的研究更多是整体性的，或是针对单个分支、某个园、某些方面如理法、要素等的研究，较少涉及分支之间的研究。以往研究的方法更多是定性分析归纳法，缺乏定量分析，对比法用得少。两广私家园林作为岭南园林的两个重要分支，两者的差别研究是空白点。两广具有相似的地理特征、气候环境和风俗习惯，但在经济与文化发展上却存在差别，这导致了两广私家园林的差异。差异对比研究是寻找特色的好方法。通过对比广东四大私家园林——番禺余荫山房、顺德清晖园、东莞可园、佛山梁园和广西三大私家园林——桂林雁山园、武鸣明秀园、陆川谢鲁山庄，从造园的三个层面进行研究：一是背景层面，包括环境、经济、社会、文化、时间、地点、人物等因素；二是理法层面，有园名、规模、类型、理念、功能、空间、布局、造景、山水、建筑、植物、道路等因素；三是内涵层面，包括文化、艺术、特色、意境等因素。通过全方位的对比，找出差异因素，进而深入对比，找到差异内容，在此基础上总结出两广私家园林的特点（图1～图7）。

1 造园背景对比

1.1 发展特点对比

明清时期是中国古典园林发展的高峰，两广私家园林也是在这个时期蓬勃发展起来。清乾隆二十二年（1757年），清政府实施对外贸易的特殊政策，广州成了唯一的通商口岸，使珠江三角洲成为全国最富

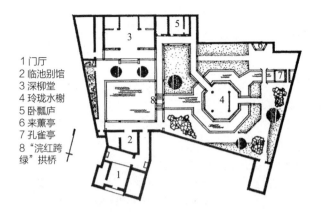

1 门厅
2 临池别馆
3 深柳堂
4 玲珑水榭
5 卧瓢庐
6 来薰亭
7 孔雀亭
8 "浣红跨绿"拱桥

图1 番禺余荫山房平面图

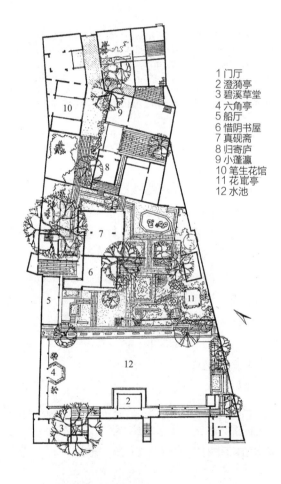

1 门厅
2 澄漪亭
3 碧溪草堂
4 六角亭
5 船厅
6 惜阴书屋
7 真砚斋
8 归寄庐
9 小蓬瀛
10 笔生花馆
11 花䛭亭
12 水池

图2 顺德清晖园平面图

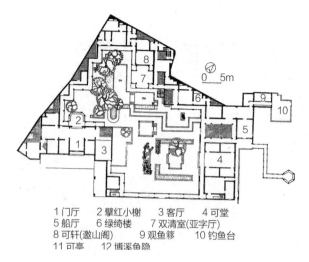

1 门厅　　2 擘红小榭　　3 客厅　　4 可堂
5 船厅　　6 绿绮楼　　7 双清室(亚字厅)
8 可轩(邀山阁)　9 观鱼簃　10 钓鱼台
11 可亭　　12 博溪鱼隐

图3 东莞可园平面图

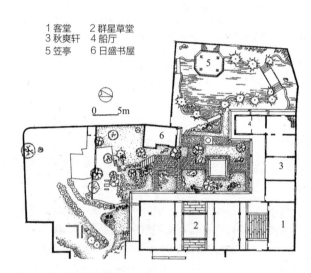

1 客堂　　2 群星草堂
3 秋爽轩　4 船厅
5 笠亭　　6 日盛书屋

图4 佛山梁园平面图

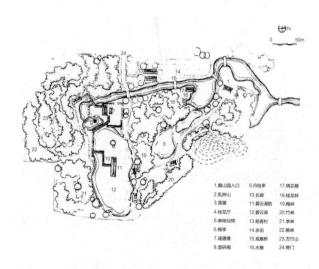

1.雁山园入口　9.丹桂亭　17.绣花楼
2.乳钟山　10.长廊　18.桂花林
3.莲塘　11.碧云湖舫　19.梅林
4.桂花厅　12.碧云湖　20.竹林
5.琳现仙馆　13.稻香村　21.李林
6.梅亭　14.农田　22.桃林
7.涵通楼　15.观翻桥　23.方竹山
8.澄研阁　16.水榭　24.旁门

图5 桂林雁山园平面图

庶的地区之一。伴随着商业的繁荣，到清代中后期，广东私家园林的发展达到了高潮，广州及周边地区有私家园林五六十处之多，现存较为完整还有三十多处[2]。十三行商人的私家园林是其中的代表。十三行的首富、19世纪的世界首富、怡和行主人伍秉鉴的财产为2600万银元，而广东海关税收在道光元年至

1 门楼
2 文虎楼
3 观鱼塘
4 百年鸳鸯玉兰
5 1号专家楼
6 2号专家楼
7 望江亭
8 荷风亭
9 修志楼
10 百年荔枝园
11 别有洞天亭
12 桃花园

0 5 10 25 50

N

图6 武鸣明秀园平面图

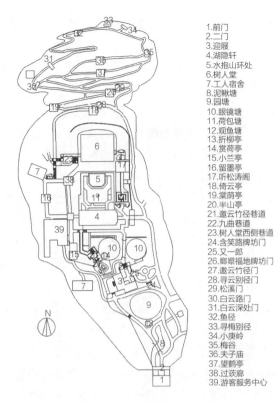

1.前门
2.二门
3.迎屐
4.湖隐轩
5.水抱山环处
6.树人堂
7.工人宿舍
8.泥鳅塘
9.园塘
10.眼镜塘
11.荷包塘
12.观鱼塘
13.折柳亭
14.赏荷亭
15.小兰亭
16.留墨亭
17.听松涛阁
18.倚云亭
19.棠荫亭
20.半山亭
21.邀云竹径巷道
22.九曲巷道
23.树人堂西侧巷道
24.含笑路牌坊门
25.又一郎
26.娜娜福地牌坊门
27.邀云竹径门
28.寻云别径门
29.松溪门
30.白云路门
31.白云深处门
32.鱼径
33.寻梅别径
34.小庚岭
35.梅谷
36.夫子庙
37.望鹤亭
38.过茨廊
39.游客服务中心

N

图7 陆川谢鲁山庄平面图

十七年（1821～1837年）平均每年才为152万两①。嘉庆八年（1803年）他在漱珠涌东边的安海乡修建著名的伍家花园，俗称万松园，占地13万平方米，是当时最大的私家园林。广州其他的私家园林还有建于道光年间的海山仙馆、1856年的十香园、1878年的继园、1891年的陈家花园、1902年的小画舫斋等。广州周边地区也有一批私家名园，有建于1796年的佛山梁园、1821年的顺德清晖园、1850年的东莞可园、1866年的番禺余荫山房等。粤东地区也有一些私家园林，包括建于1799年的澄海樟林西塘、1884年的人境庐、1898年的潮阳西园等。广东私家园林的发展时间集中在1796年到1902年间，属于清代中后期，是由经济繁荣带动的发展方式，发展数量多，属于群体现象。

广西自古以来就属于经济欠发达地区。从清后期开始，封建地主阶级借镇压太平天国革命所取得的权势来掠夺土地和金钱，在全国造园的风气影响下，掀起了建造私家园林的高潮，有建于1869年的雁山园、1875年的冯官堡（冯子材故居）、1891年的三宣堂（刘永福故居）。至民国时期，桂系军阀势力强大，一些军阀建造了私家花园，包括建于民国初的李宗仁的故居[3]、1918年的明秀园、1920年的谢鲁山庄。广西私家园林的数量少，只是少数官僚军阀才有，不是经济繁荣发展的产物，从广西经济与园林投入的数据对比可以看出：广西壮族自治区在清道光十年（1848年）的各项收入约为81.8万两，民国5年（1916年）的预算收入为447万两②；建造雁山园的花费是24万两③，明秀园是50万元[4]，谢鲁山庄是20万元④。园林最少的花费也占全省收入的4%左右，可见投入之大，只可能是个别现象。可见广西私家园林发展相对晚，数量少，与政治有关，是地方官僚与军阀敛聚财力的产物，是由政治人物决定的发展方式。

1.2 持园特点对比

私家园林的变迁史就是持有者及其家族的兴衰

---

① 广东省地方史志编纂委员会编.《广东省志》经济综述［M］.广州: 广东人民出版社, 2004: 83.
② 广西壮族自治区地方志编纂委员会编.《广西通志》经济总志［M］.南宁: 广西人民出版社, 1998: 36-37.
③ 吕立忠. 清代广西的私家藏书［J］.广西地方志, 2006年第1期, 第40页.
④ 合山市志编纂委员会编. 合山市志［M］.南宁: 广西人民出版社, 1998: 432.

史。广东私家园林的持有者大多数是士商，出身地方名门望族，通过家族来持有园林。梁园由佛山的侨寓大族梁氏家族建造，从梁国雄开创基业开始，到长子梁玉成经营为佛山首富，次子梁蔼如（无懈怠斋主人）中进士，官至内阁中书，到第三代的梁九章官至四川布政司知州（寒香馆主人）、梁九华官至大理寺主事（群星草堂主人），使梁氏家族盛名享誉佛山，持有梁园时间115年[5]；东莞张氏家族是唐代宰相张九龄的弟弟张九皋的后代，可园主人张敬修以武将出身，官至江西布政使，其侄张嘉谟（道生园主人）也是诗画俊才，家族持有可园时间100年[6]。邬氏家族从第5代开始在番禺发展，余荫山房园主邬彬为邬氏第22代，官至刑部主事，两个儿子也是举人，"一门三举人，父子同折桂"在番禺被传为佳话，家族持有余荫山房时间84年[7]。龙氏家族在顺德是大姓，一共出了六位进士，包括清晖园主人龙廷槐，官至监察御史，家族持有时间117年[8]。四大家族持有园林的时间平均为104年，可见百年持有需要家族式的经营、积累与传承。

广西私家园林的持有者都是地方官僚或军阀。从清末到民国，正是中国政局动荡时代，持有者容易受到政局的影响，一旦失势，没有敛财能力，很难支撑园林的维护费用，只能转手或充公。雁山园分为两个时段，从1854年到1907年为广西全省团练总办唐岳持有，时长53年；第二任持有人为岑春煊，出生于身世显赫的官宦世家，官至两广总督，从1907年购园到1929年捐献给广西壮族自治区政府，时长22年[9]。明秀园从1918年为广西提督陆荣廷持有，到1924年转为公有，时长仅有6年。广西陆军中区步兵第一司令吕春琯从1920年到1950年持有谢鲁山庄，时长30年[10]。三个园林持有时长平均为28年。可见仅靠官僚或军阀个人的政治影响力，没有足够的财力支持，持有时间短是必然。两广私家园林持有者的经济来源方式决定了持园时长，广东是家族式的以商持园，广西是个人式的以官持园。

1.3 地理条件对比

广东四大私家园林在地理空间上表现为以群体的形式聚集在直径60公里的区域内，属于"一域多园"的分布特征。园林选址上均在远离喧闹城市的地方建园，清晖园在顺德县东涌都大良堡①，梁园在佛山堡松桂里，余荫山房在番禺县南村，可园在东莞县博厦村，都处于村镇偏僻而幽远的地段，属于村镇郊野地。园林所处之地属于岭南水乡地区，具有众多的江、涌、渠、池，水网密度达到0.85公里/平方公里②。顺德的地貌是河涌成网、鱼塘密布，东莞是河网纵横、沙岗错落，佛山是岭南重要的交通枢纽，水路发达，有11条涌贯穿全镇。园林都与水相邻，清晖园临近大良河，梁园靠近汾河，余荫山房紧邻南村河，可园边上是东江南支流，具有较好的用水条件（图8）。

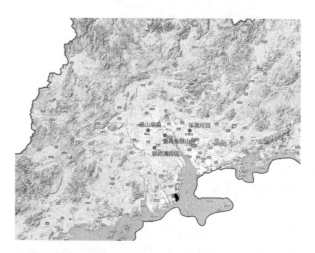

图 8　广东四大私家园林分布图

广西三大私家园林分布在桂北、桂中、桂东南三个区域，雁山园在桂北，明秀园在桂中，谢鲁山庄在桂东南，呈现出"一域一园"的分布特征。园林均位于山地丘陵与平原的交接地区，雁山园位于海洋山与漓江平原的交接处，明秀园位于大明山与宁武平原的交接处，谢鲁山庄位于云开大山与博白平原的交接处。不同地貌的交接地带都有良好的山水条件和景观，所以广西三大私家园林都有得天独厚的山水禀赋。雁山园有乳钟山、方竹山和清罗溪、碧云湖，明秀园三面临水，半岛天成，内有小山岗和西江河，谢鲁山庄有白蚁岭和谢鲁河，均是在天然山水地建园。雁山园在雁山镇大埠雁山下村，距桂林市24公里，

---

① 清代时广东省的"堡"是比"村"高一级别的行政区划单位。
② 广东省地方史志编纂委员会编.《广东省志》总述 [M].广州：广东人民出版社，2004：20.

明秀园距武鸣县城1公里，谢鲁山庄在陆川县南乌石镇谢鲁村，距陆川县城26公里，都是在郊野地建园。可见不同的地理条件导致了园林分布、选址和禀赋的差别（图9、图10）。

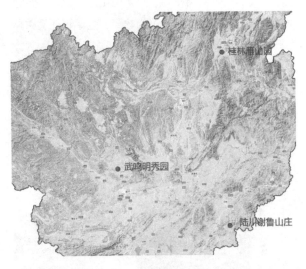

图9　广西三大私家园林分布图

图10　武鸣明秀园山水条件

2　造园理法对比

2.1　园林名字对比

造园首先要明旨、立意和问名。"名"是"旨"和"意"的果。问名是理法的基础，在于言志、托物、点明主题，让园林人格化[11]。广东私家园林的持有者大部分文化层次较高，所以园林的名字具有一定的内涵和寓意，体现出持有者的思想。余荫山房是用建祠堂余下的土地修建的私家园林，为纪念和永泽先祖福荫，取"余荫"二字作为园名，有感恩之意[7]。梁园中无懈怠斋的名字体现出勤勉努力的寓意。清晖园寓意报三春晖，喻父母之恩如日光，和煦照耀，还表现了移山水于园中的追求，取自于著名诗句"山水含清晖"[8]。可园的命名则是缘于园主对仕途与人生的理解，乐知天命，随遇而安，表达出可人舒适之意[6]。广西私家园林的持有者多数是武人出身，文化水平不高[12]，均以地名或人名来命名，是一种简单而朴素的方式。雁山园的和谢鲁山庄是用当地的地名，明秀园是用人名。可见文化层次决定了园名的文化内涵和品位。

2.2　园林规模对比

广东私家园林的用地规模小，清晖园的面积为6600平方米，梁园的群星草堂为2亩，即1234平方米[①]，余荫山房为1590平方米，可园为2204平方米，平均面积仅为2907平方米。广西私家园林用地规模大，雁山园的面积为150000平方米，谢鲁山庄为83000平方米，明秀园为28000平方米，平均面积为87000平方米[12]，远远大于广东的规模。巨大的差距存在两方面的原因。一是持园者的身份与地位。广西私家园林的持有者政治地位高，位高权重，可以花很少的代价买到大园林。唐岳的后人为求得一官半职，将雁山园以四万两纹银的低价转让给岑春煊[9]，陆荣廷买下明秀园仅花费了3000银圆[②]。二是人口密度，同治元年（1862年）广东是中国人口最多的省份之一，人多地少的矛盾日益突出[③]。清道光二十九年（1849年）顺德县的人口密度为1277人／平方公里[④]，清乾隆九年（1744年）佛山市为6857人/平方公里[⑤]，民国21年（1932年）番禺县为482人/平方公里[⑥]，民国35年(1946年)东莞县为 324人/平

① 刘庭风.岭南园林之七——梁园［J］.园林，2003年第7期，第7页.
② 陆川县志编纂委员会编.陆川县志［M］.南宁：广西人民出版社，1993：529.
③ 广东省地方史志编纂委员会编.广东省志人口志［M］.广州：广东人民出版社，1995：39.
④ 顺德市地方志编纂委员会编.顺德县志［M］.北京：中华书局，1996：155.
⑤ 佛山市地方志编纂委员会编.佛山市志上［M］.广州：广东人民出版社，1994：212.
⑥ 广州市地方志编纂委员会.广州市志卷二［M］.广州：广州出版社，1998：422.

方公里①。广西的数据是民国22年（1933年）桂林郊区为101人/平方公里②，民国21年（1932年）武鸣县为46人/平方公里③，民国20年（1931年）陆川县为152人/平方公里④，可见广西的人口密度远低于广东。

2.3 园林类型对比

中国古典园林按照园林基址的选择和开发方式的不同，可分为自然山水园和人工山水园。根据选址和规模的不同，私家园林可分为宅园和别墅园。建置在城镇里面的私家园林，绝大多数是宅园。别墅园是建在郊野山林风景地带的私家园林，供原主人避暑、修养或短期居住之用[1]。广东私家园林建在村镇，适应生活起居要求，以建筑为主，适当地结合一些水、石、花、木，营造出内庭的自然气氛，提高观赏价值，属于庭园。其用地规模小，只能参照真山水的意象，采用叠石造山理水的手法造园，属于人工山水园。广西私家园林均是别墅园，雁山园又名"雁山别墅"，是唐岳的别墅园，他的日常生活之地是唐氏庄园[9]。明秀园别名"明秀花园"，是陆荣廷的别墅园，他的日常生活之地是祖屋宁武故居和宁武庄园[4]。广西私家园林以天然山水为核心，建筑从属于自然环境，属于天然山水园。

2.4 园林功能对比

私家园林发展到清代已经表现出"娱于园"特点，从游憩场所转向多功能的活动中心[1]。另一方面，经世致用的务实精神让岭南私家园林与日常生活联系紧密，更加注重实用、享受与游乐，追求舒适的生活环境[13]。两广私家园林既有相同功能，如居住、读书、休闲、接待、聚会、娱乐等，也有不同的功能。由于空间有限，广东私家园林不具备发展自然性功能，只能挖掘文化性功能。一是雅集，张敬修经常邀请广东著名文人居巢和居廉到可园雅集[6]；二是表演，清晖园的龙氏家族人丁兴旺，组织家族成员成立"七龙剧团"，表演各种节目，自娱自乐；三是展示，梁九图酷爱石头，专门建十二石山斋以展示十二

块黄蜡石，余荫山房也有专门展示孔雀的亭。广西私家园林的山水条件好，主要向自然性功能发展。一是避暑度假，雁山园水多、绿化好、凉快且环境幽雅，唐岳经常到这里避暑度假[9]。二是供奉与健身，雁山园中有花神祠供奉百花仙子，谢鲁山庄可以登白蚁岭览胜，强身健体。三是会议与教育，陆荣廷在明秀园召开过多次重要的军事会议，商议国家大事[4]，谢鲁山庄又名树人书屋，吕芋农希望通过修建书屋，可获乐于兴学之名，并收教化乡民之利[10]。四是军事防御功能，雁山园和明秀园都有供军事练习和阅兵用的场地，修建碉楼以防御外来入侵，表现出武人园的特点[12]（图11）。

图 11 雁山园的碉楼

2.5 园林空间对比

单元形式是两广私家园林在空间上的区别。广东私家园林的空间单元是"庭"。由建筑、水石和绿化构成"庭"，形成小尺度、封闭的空间，几个不同类型的"庭"组合构成庭园。清晖园是水庭、平庭构成的综合式庭园，可园是双平庭错列式庭园，梁园的群星草堂是水、石双庭错列式庭园，余荫山房是双水庭并列式庭园[2]。广西私家园林是以大空间、开放性的"区"为空间单元，由若干个山水分"区"构成。谢鲁山庄分为山前游览区、山中建筑区、山后休闲区。雁山园由原入口区、稻香村区、碧云湖区、方竹山区和乳钟山区构成[9]。明秀园包括入口区、北部建筑

① 东莞市地方志编纂委员会编.东莞市志下 [M].广州：广东人民出版社，1995：1308.
② 桂林市志编纂委员会编.桂林市志上 [M].北京：中华书局，1997：237.
③ 武鸣县志编纂委员会编.武鸣县志 [M].南宁：广西人民出版社，1998：120.
④ 陆川县志编纂委员会编.陆川县志 [M].第122、126页，根据县域人口除县域面积得出。

区、中部山石区和南部游览区。在空间上的另一区别是组织方式。广东私家园林是依托建筑界定和组织空间。余荫山房以廊划分、以榭控制空间，梁园群星草堂以廊串联空间，清晖园以书屋和斋穿插空间，可园以廊环绕空间。广西私家园林是因形就势，依托山水形势组织空间[3]。雁山园是以两山一溪一湖为核心串联空间，明秀园是以河界定、以山划分空间，谢鲁山庄是顺山势逐渐提升空间。可见规模和条件决定了空间上的差别。

2.6　园林建筑对比

气候是影响建筑布局的重要因素。两广气候的最大差别是热带气旋频繁度。广东是全国受热带气旋影响最多的省份，登陆广东的热带气旋次数最多，是广西的6倍多①。针对这种气候的特点，广东私家园林建筑通常采用紧凑式布局——"连房广厦"的方式，通过建筑绕庭，围合成园，有效抵挡台风的侵袭。这导致建筑密度较高，在30%～50%之间。广西私家园林是以自然山水为核心，建筑采用分散式布局，以单体形式点缀山水，建筑密度较低，不到5%。

广东私家园林是在有限的面积内成群成组地布置建筑，必然需要类型多，避免雷同，否则会显得千篇一律。清晖园内有十种园林建筑，包括亭、榭、厅、堂、轩、馆、楼、阁、廊、舫、院。可园内也有十类，包括亭、榭、厅、堂、轩、馆、楼、台、廊、室、院。广西私家园林的类型相应要少一些。雁山园有八种类型，为楼、馆、阁、祠、院、舫、榭、亭。谢鲁山庄有四种，为亭、廊、堂、轩。可见在狭窄的园林空间中建筑类型需要多样化，在开阔空间中可以比较少（图12）。

广东私家园林的建筑装饰具有良好经济条件，拥有较高的绘画及工艺美术水平，以三雕（木雕、石雕、砖雕）两塑（陶塑、灰塑）为代表，表现出多样化的特征。一是装饰图案丰富，充分发挥了各种地方民间工艺，运用彩绘壁画、套色玻璃工艺、铸铁艺等新技术；二是色彩上艳丽与素朴相互映衬，在灰色调的基础上局部用艳丽色彩加以点缀[5]。清晖园用彩色灰塑壁画、木雕工艺、玻璃制品进行装饰，余荫山房南门用颜色鲜艳的《五福临门》灰塑照壁装饰，瑜园

图 12　余荫山房的玲珑水榭

内的庭桥壁面以"中堂式"灰塑浮雕《牡丹湖石》[14]。这些装饰让园林表现出精致的特点。相比之下，由于财力和工艺的缺乏，广西私家园林建筑装饰少且造型简单直白，建筑色彩以灰色和白色为基调，很少用彩色，表现出地方民居的装饰特点。少数运用了装饰的地方有谢鲁山庄折柳亭的红色"双喜"窗、雁山园花仙祠红色的墙、红豆小馆的红窗，表现出朴实的特征。由此可见，用地规模、建园财力决定了建筑装饰程度，小园、富园多装饰。地方工艺水平也很重要，没有匠人和技术的支持，装饰也无法实现（图13）。

图 13　谢鲁山庄的折柳亭

---

① 广东省地方史志编纂委员会编.广东省志总述 [M] .广州: 广东人民出版社, 2004: 25.

2.7 园林植物对比

位置、规模和环境是决定植物生长的关键因素。广西私家园林位于郊野地带，有山有水，利于植物生长，品种比较多。谢鲁山庄共有植物品种150多种[①]，明秀园有121种[4]。广东私家园林的空间有限，植物品种相对少一些。四个园林共有植物133 种。清晖园有61 种，梁园有47种，余荫山房有48种，可园仅有33 种[15]。自然环境对植物年龄也有影响。广东私家园林有很多古树名木，余荫山房有百年古树13株，南洋杉和炮仗花是广州地区同类中最古老的植株[7]，梁园有170多年的芒果，清晖园有160多年的龙眼[16]。相比之下，生长环境更好的广西私家园林的树龄更长。明秀园有"扁桃王"，树龄逾 200多年，谢鲁山庄有300多年的龙鳞松，雁山园更是有树龄长达1800年大樟树，树围11 米，树冠覆盖面积200平方米[17]，独木成林，是私家园林中植物的奇观。广东私家园林的地下水位高、雨水多、易积水，植物不易在地面上生长，在高型的植床内栽花植树的花台是适应环境的种植方式，既美观又实用，又具有独特的造型和功能，在园林中得到广泛应用。位于郊野之地的广西私家园林则采用群植的方式，结合山水种植成林。雁山园有桃林、李林、竹林、梅林和桂花林，明秀园有百年荔枝林，谢鲁山庄有松林（图14、图15）。

图14 雁山园中的香樟树

① 陆川县志编纂委员会编.陆川县志 [M] .第814.

图15 清晖园中的花台

3 园林内涵对比

3.1 造园理念对比

广西私家园林虽然有良好的山水，但造园是围绕山展开，造园理念是"因山制宜"。秀峰独立的雁山园，以方竹山和乳钟山为核心划分景区，展现了桂林独有的喀斯特地形。明秀园是借山冈盘踞之形造园，利用中部的小山冈带来地形起伏，结合竖向设置园路，在山岗制高点布置建筑，达到因势利导的效果。谢鲁山庄是依山而建，建筑层叠向上，形成良好的景观层次。广东私家园林的造园理念是"因水制宜"，采用与水为邻、借水入园、营造水庭、环水布局、房水相伴等理水方式，展现出水乡园林的特点。余荫山房是水体与廊桥、玲珑水榭相互穿插，形成水庭园。清晖园和梁园群星草堂拥有大面积水体，独立成片。可园的水面仅有30平方米，旁边是宽阔的可湖，是借景的手法。

3.2 造园意境对比

广东私家园林的造园特色是"小巧玲珑"。"小"是面积小，缩龙成寸，小中见大，从小范围中营造出大感觉。"巧"是布局巧，园林内部亭、堂、楼、榭与山、石、池、桥搭配自如，巧妙得当，在满足日常生活需求的同时，更让人充分享受人工自然环境。"玲珑"是灵韵、精巧，多样的理水方式让园林具有灵气和韵味，建筑装饰和植物花台做法精巧，具有很强的艺术表现力。"小巧玲珑"展现出一种艺术美，通过艺术的手法营造自然环境，表现出"艺化自然，享受自然"的造园意境。广西私家园林的特色是"大真朴实"。"大"是规模大，与全国其他地区的私家园林对比，广西的平均用地面积最大[12]。"真"是真山水，有得天独厚的禀赋，是不可复制的天然环境，在中国私家园林中是不可多得的条件。"朴实"是质朴笃实，从园名到建筑装饰都表现出质朴，而顺其自然的园林与山水的关系是笃实的。"大真朴实"展现出一种天然美，尊重天然，保持天然，表现出"源于天然，融于天然"的造园意境。

4　结语

园林的产生及其特点的形成很大程度取决于其所处的造园环境因素，地域的自然环境和社会环境等因素。顺应地域和自然环境，是创造自己独特风格的重要方法[13]。在岭南私家园林体系下，不同的政治、经济、文化、环境条件决定了两广私家园林的差异（表1）。广东私家园林处于人口密集地区，造园空间有限，掇山理水、园林建筑都表现出经世致用的务实精神，表现出人工自然的艺术性，是岭南私家园林的精华。广西自然环境条件优越，形成了精心选址、顺应天然、追求融合的传统，虽然属于岭南私家园林，却具有自身鲜明的风格，自成天然山水派。

中国私家园林的发展规律是规模由大而小，由粗放宏观转向精致微观，由写实向写意，由自然化向人工化[1]。广东私家园林小巧玲珑，造园手法精巧，以艺术化的写意为主，属于私家园林发展的后期阶段，表现出很高的艺术底蕴。但由于园林与生活关系紧密，使园林过于务实和世俗化，应当向高雅的方向发展，提升审美品位。广西私家园林直观表现山水，造园手法相对粗放，以写实为主，园林大而不精，属于私家园林发展的前期阶段，缺少深厚的文化底蕴和高超的艺术表现，应向精致化方向发展，做到既有良好的山水格局，又有深厚的文化底蕴，更有丰富的艺术表现，才能成为集山水、文化、艺术为一体的园林精品。

两广私家园林差异表　　　　　表1

层面	要素	广东私家园林	广西私家园林
背景	发展时间	相对早，清中后期	相对晚，清末民国
	发展数量	多，群体现象	少，个别现象
	发展方式	经济繁荣带动	政治人物决定
	持园身份	士商为主	官阀为主
	持园时长	相对长，百年以上	相对短，不足卅年
	持园方式	以商持园，家族式	以官持园，个人式
	分布特征	聚集式，一域多园	分散式，一域一园
	所处地区	三角洲平原水乡地区	山地与平原交接地区
	选址地点	村镇郊野地	山水郊野地
	造园条件	与水为邻	有山有水
理法	园林名字	有内涵和寓意	简单而朴素
	园林规模	小	大
	园林类型	庭园，人工山水园	别墅园，天然山水园
	园林功能	雅集、表演、展示	避暑、度假、供奉、健身、会议、教育、军事、防御
	空间单元	以庭为单位	以区为单位
	空间组织	依托建筑	依托山水
	建筑布局	紧凑式，密度高	点缀式，密度低
	建筑类型	全面	丰富，相对少
	建筑装饰	装饰多、造型丰富、色彩艳丽	装饰少、造型简单、色彩单一
	植物品种	相对少	相对多
	植物年龄	相对短，百年	相对长，百年到千年
内涵	造园理念	因水制宜	因山制宜
	造园特色	小巧玲珑	大真朴实
	造园意境	艺化自然，享受自然	源于天然，融入天然

参考文献

[1] 周维权.中国古典园林史[M].北京：清华大学出版社，1999.

[2] 夏昌世，莫伯治.岭南庭园[M].北京：中国建筑工业出版社，2008.

[3] 刘丹. 桂东南私家造园及地域特色研究[D]. 武汉：华中农业大学，2011.

[4] 康文娟. 广西明秀园造园特色研究[D]. 广州：华南理工大学，2014.

[5] 叶蔚标. 佛山梁园[M].广州：华南理工大学出版社，2011.

[6] 王红星. 东莞可园[M].广州：华南理工大学出版社，2011.

[7] 罗汉强等. 余荫山房[M].广州：华南理工大学出版社，2011.

[8] 舒翔. 顺德清晖园[M].广州：华南理工大学出版社，2011.

[9] 张瑜. 桂林雁山园——岭南历史文化名园[M].桂林：广西师范大学出版社，2017.

[10] 张茹. 广西传统园林谢鲁山庄造园技艺探析[D]. 北京：北京林业大学，2010.

[11] 孟兆祯. 园衍[M].北京：中国建筑工业出版社，2012.

[12] 冯一民.刍议广西私园的特点[C].中国风景园林学会.2016年会论文集.北京：中国建筑工业出版社，2013:154-157.

[13] 陆琦.岭南私家园林[M].北京：清华大学出版社，2013.

[14] 赵金. 以岭南四大名园为例浅析粤中庭园建筑装饰特征[J].艺术与设计：理论，2016 (4) :69-71.

[15] 郭春华等.广东四大古典名园植物调查分析[J].安徽农业科学，2012，40(21):10964 -10967.

[16] 谢晓蓉等. 浅谈岭南晚清四大古典庭园植物景观[J].中国园林，2004(10):67-74.

[17] 唐义等. 桂林雁山园造园艺术解析[J].南方园艺，2009（03）:43-44.

基于明清历史画卷的苏州居住建筑研究
——从仇英《清明上河图》到徐扬《姑苏繁华图》

Research on Residential Buildings in Suzhou based on Ming and Qing Dynasties' Historical Images:
From Riverside Scene at Qingming Festival (Qiu Ying) to Prosperous Suzhou (Xu Yang)

丁玎[1]、郁献军[2]、张丁鑫[3]

作者单位
1 西华大学土木建筑与环境学院（成都，610039）
2 南京师范大学景观雕塑研究所（南京，210000）
3 重庆赛迪工程咨询有限公司（成都，610094）

摘要： 某些历史画卷具有相当的写实性，可用作古代建筑研究的重要资料。基于明代仇英《清明上河图》及清代徐扬《姑苏繁华图》，利用图像建筑史的方法，将从图像中所获得的建筑历史信息进行整理归纳，从中寻找到建筑史的研究线索，并系统分析了明清两代苏州建筑的发展及其历史缘由。

关键词： 历史图像；图像建筑史；清明上河图；姑苏繁华图

Abstract: Some historical images are considerable realistic, so that they can be utilized as significant information to study ancient architecture. Based on the *Riverside Scene at Qingming Festival* created by Qiu Ying in Ming Dynasty and the *Prosperous Suzhou* painted by Xu Yang in Qing Dynasty, using the methodology of pictorial history of architecture, this paper arranged and summarized the historical architecture information, searched the research clue of architectural history, and systemically analyzed the development of architecture features in Suzhou from Ming Dynasty to Qing Dynasty.

Key words: Historical Image; Pictorial History of Architecture; Riverside Scene at Qingming Festival; Prosperous Suzhou

苏州是我国的历史文化古城，其现存的历史建筑仍具有鲜明的明清时代特色。明代仇英所绘的《清明上河图》，描绘了苏州的繁华城市面貌；清代徐扬所绘的《姑苏繁华图》，以逼真、细腻的手法，亦描绘了乾隆时期苏州城内外的建筑与景观的风貌。这两幅历史画卷中呈现出的丰富的建筑及城市特征，对于深入研究苏州建筑史具有重要的史料价值。

1 仇英《清明上河图》中的居住建筑

在中国绘画史上，北宋张择端创作的《清明上河图》是最为杰出和优秀的社会风俗画，历代仿摹本不绝。最为著名的为明代大画家仇英摹《清明上河图》，至今传世也有二三十本之多。这其中最为主要的有四本，即《石渠宝笈续编》乾隆清宫著录本，现藏于辽宁省博物馆，简称辽博本；《石渠宝笈初编》

重华宫著录本，现藏于台北故宫博物院，简称台北本；曾为吴荣光《辛丑销夏记》和裴景福《壮陶阁书画录》著录，现私人收藏的辛丑本；以及现藏于纽约大都会博物馆的藏甲本[1]。这些版本大都采用青绿重彩工笔技法，利用中国画散点透视原理，绘制了男女老幼、士农工商等各色人物，以简练的线条描绘人物动态，并通过对其动作、神态、服饰等方面的详尽描绘表现身份，以此表现了明代苏州城繁华的市井生活和民俗风情。

以辽博本为例，画卷中的城市居住建筑多分布于官宅周围，有比较完整的院落形式，多为一院一户，大户人家则多为深宅大院。一些临街民居与商铺结合，采用前铺后水、前店后宅的形式，充分体现了明代苏州商业与物流的繁荣。画中商业建筑与街道空间联系紧密，商业主体建筑较为固定。画卷中的苏州城内居住建筑全部是瓦房，已不存在草房。小型住宅的平房，一般都用穿斗式结构，大梁呈圆形；大、中型楼房用抬梁式结构，大梁呈扁方形。考虑到苏州雨水较多，屋顶都有较大的坡度。墙壁多用砖砌和木板隔，只起防风挡雨作用，不起结构支承作用。就建筑外形而言，下部用花岗石或青石做房基或勒脚，中间为白墙及栗壳色的门窗，上部是灰黑色的屋面。粉墙黛瓦，造型规则，淡雅优美[2]（图1）。

画中的宅第建筑多为士大夫的居所，都位于城内。靠近陆行门的学士府（图2），门前立有三间四柱五楼的木牌楼，上书"学士"，挂"世登两门"牌匾。

几乎与学士府隔街相望的是街北侧的另一大户（图3）。虽然其房屋高大，但却无重檐脊兽，可见这是一富庶商贾居所。宅门面对南北向大街，进门

便是一方院子。客厅面对前院，后院楼上则是家办的私塾。

另一户官宦世家的深深庭院几乎占满了主要街道的一侧（图4）。宅院主门面对大街，门庭宽达三间。门前设抱鼓石与石狮，不通车马。后门沿河，设栅栏门。主楼为一两层歇山顶建筑，其上悬挂"武陵台榭"匾额。主楼左侧的两层建筑为主宅。大宅有两处花园，一是叠山理水的东花园，二是临湖高台前的后花园。高台上有用金属或竹木支架搭建的纺织物遮阳棚；官员在棚下悠闲饮茶[3]。宅邸内多设廊道，用穿廊连成了日字、工字、王字平面，生活空间丰富。

图 1　大量性城市民居

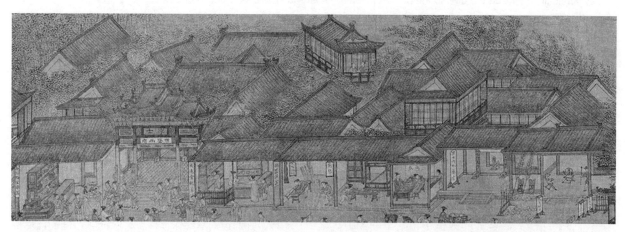

图 2　学士府

图 3　商贾大宅

图4 中街官宅

2 徐扬《姑苏繁华图》中的居住建筑

《姑苏繁华图》，亦称《盛世滋生图》。其中的大部分建筑与《清明上河图》辽博本类似，都是民居和商铺，并且大多为商业与居住混合的业态。这些建筑的屋顶形式有卷棚、悬山、硬山、歇山。其中，硬山的使用最为普遍。硬山顶是明清以后才大量使用的屋顶形式，建筑等级较低。在《姑苏繁华图》中，无论是住宅、商铺还是商住混合建筑都采用了硬山顶。屋面材包多数为黛色的小青瓦，少数位于郊区乡野的数处农舍则采用茅草顶。在城内及城门附近，大部分商铺建筑为两层[4]，有几处建筑还采用了高出屋顶的风火墙，如阊门内、万年桥一带及怀胥桥下的商铺建筑（图5）。临水而建的居住建筑，呈横向联列式布局，多坐北朝南，前门沿街巷，后门临街道[5]。

城外的建筑多数为民居群落。坐落在灵岩山脚下的山前村（图6）就是一处最为典型的民居群落之一。村内有民居农舍十数所，屋瓦粉墙红窗扇，或三两间呈敞开状，或几进数套自成院落，或前后照壁、周遭院墙联袂而排，简朴、自然、整整齐齐。小小一个村落，自成体系，却又不封闭。村边略大的空场旁，分别有杂货店、烟店、小茶棚。再往里走，有致仕官员的退园别墅，有士绅富户的宅邸，更有普通农人的寄身之所。一座院落内，可见数人修葺覆瓦。稍远处，有一座二层且为歇山屋顶的居所。乾隆皇帝有诗《灵岩行宫即景杂咏·其二》："洗涤繁华归净所，合教个下住诗人"。其中，后一句用吴语谓沈德潜住此山下也。这座楼台式的居所，就相传为沈潜德

图5 阊门内的民居商铺

的筑庐潜修之地。

　　另一处民居群落位于越城桥下（图7）。只见一处打铁棚子旁是两位老者吃茶的屋子，后面门板上贴着菱形大红纸头，好像是新婚小夫妻的新房。旁有一

似乎是从五间瓦房内单独分隔出来的一间，围合着一圈小院，并圈进了三棵树。余下四间用竹木杈子围合成圈，形成另一个院落。院房背面，还有一座耸立的木结构敌楼。

图6　山前村

图7　越城桥下群落

3　明清苏州居住建筑的演变

　　由仇英《清明上河图》和徐扬《姑苏繁华图》可以看出，明清两代苏州的居住建筑与城市风貌都发生了一定的演变。与隋唐时期的里坊制相比，中国的城市形态自宋代以来开始逐渐开放，特别是逐渐打破了商业活动在时间与空间上的限制。仇英在《清明上河图》中所绘的明代苏州街巷是开放的，与张择端所绘宋代东京汴梁十分相似。而随着资本主义在中国的传播，徐扬表达的清代苏州则更为开放、繁荣，这也体现了发展为城市带来的活力与包容。

3.1　市井建设

　　明初是典型的自给自足的小农经济社会，太祖朱元璋实行严格的路引政策，以限制人口自由流动，将人们牢牢束缚在土地上。明中期以后，江南商业城市迅速崛起，较丰厚的经济收入和自由的生活状态，吸引了大量破产农民涌入城市，导致城市人口骤增、规模不断扩大[6]。

　　随着时代的发展，清代的商品贸易不再受限于坊市制，而是一步步地向街道化过渡。自《姑苏繁华图》中可以看出，坊市制解体后，人们可以把住宅或店铺的大门都开在相邻的街道两侧。由于市井

的发展，人口繁衍迅速。据史料记载，明代万历六年（1578年），苏州府的人口数为2011985人，每平方公里人口密度为293.72人；到嘉庆十五年（1810年），则分别达到了3198489人和627.15人[7]，成为全国人口密度最高的地区。随着人口数量的增多清代苏州府用地紧张，因而就有很多居民通过增加居住空间层数等方式来解决这一问题[8]。所以，除了明代常见的前店后宅的形式之外，还逐渐形成了下店上宅的布局，丰富了建筑的多样性。为了争取沿街店面，也都是紧密相连，且建筑背部有水运货物的通道。

3.2 郊区建设

清代苏州的城内外虽然有城墙阻隔，但商贸的繁荣使得郊区与市区一体化的趋势加速，各种店铺、会馆汇集，也产生了紧凑的城市化风貌。这一变化，可以明显从苏州东郊与阊门外等地区看出。

从明代一直到清代前期，苏州城东南部一直是比较荒凉的地方。从仇英的《清明上河图》中可以看到，在明代，姑苏东郊鲜有村落；仅有的村庄也尽是卷棚顶的茅草屋，生活与游乐设施简陋。即使在乾隆初年，"素称清静……或有华屋减价求售者，望望然而去"[①]。然仅仅三四十年的时光，到乾隆盛期，这里一变而为"万家烟火"的热闹地区[②]。自徐扬的《姑苏繁华图》可见，此时的苏州东郊即使在群山之中也有大量砖瓦建造的民居建筑，且生活、生产气息浓厚。这从一定程度上说明，清代苏州的建设突破了明代城墙的约束，积极的开拓了城郊用地。

将明嘉靖年间的《清明上河图》与清乾隆年间的《姑苏繁华图》中的阊门区[9]景象进行对照，可以看出，明代阊门外还是建筑疏松、荒草遍地，而在清代则呈现商铺密集、屋宇连构的热闹景象。

4 结语

明代仇英的《清明上河图》与清代徐扬的《姑苏繁华图》都表达了苏州城内外的盛世景象，其共性主要包括苏州城的繁华从城内一直延伸到城外，整体呈现开放的、商业气息浓郁的氛围；民居多与商铺结合

设置；建筑多为木构架支承的土木混合结构；建筑屋顶多为硬山顶；建筑装饰丰富，色彩以粉墙黛瓦为主。

对照两幅不同时期的画卷，也可以看出清代苏州相较于明代的发展，主要包括由于城市人口增多，城市范围扩张且建筑密度加大，建筑向多层发展，并常用带风火墙的硬山屋顶形式审美意趣随着资本主义的发展，开始由简约走向繁复，世俗化审美开始广泛普及；建筑的技艺在结构、材料、细部等方面都有所演进，例如砖石建筑增多，门窗、脊饰更加丰富等。

参考文献

[1] 单国霖 主编. 大明古城：苏州之繁华：仇英《清明上河图》（辛丑本）研究论文集 [M]. 苏州：古吴轩出版社，2017: 序.

[2] 柯继承. 大明苏州：仇英《清明上河图》中的社会风情 [M]. 苏州：古吴轩出版社，2018: 141-142.

[3] 陈正俊，王丹. 仇英《清明上河图》（辛丑本）建筑研究 [M]. 苏州：古吴轩出版社，2017: 332.

[4] 许浩，赵进，崔婧. 论《姑苏繁华图》与苏州景观艺术 [J]. 中国文艺评论，2016 (12): 56-62.

[5] 高媛. 清代苏州城市化进程中坊市风貌的演变及影响——以《姑苏繁华图》为例 [D]. 苏州：苏州大学，2013: 40.

[6] 刘明杉. 仇英《清明上河图》中的商业文化 [J]. 形象史学研究，2014: 113-135.

[7] 王卫平. 明清时期江南城市史研究——以苏州为中心 [M]. 北京：人民出版社，1999: 53-54.

[8] 席田鹿. 传统山水画中的古代建筑形态研究 [D]. 大连：大连理工大学，2016.

[9] 杜泂. 仇英《清明上河图》（辛丑本）中若干地点的考证 [M]. 苏州：古吴轩出版社，2017: 238.

图片来源

图1~图4：仇英《清明上河图》辽博本
图5~图7：徐扬《姑苏繁华图》

---

① 出自清·顾公燮《丹午笔记》。
② 出自清·顾公燮《消夏闲记摘钞》。

文化景观视野下阿拉善地区乡土住宅的演变研究

A Study on Form Evolution of Vernacular Dwellings in Alxa, Inner Mongolia from Cultural Landscape Perspective

梁宇舒、单军

作者单位
清华大学　建筑学院（北京，100000）

摘要： "文化景观"视野强调以动态角度来剖析和解读景观的生成、形态及意义，强调人与自然的互动性。本研究通过对内蒙古自治区阿拉善盟 20 个苏木镇（农牧区）内的 150 个民居样本的田野调查，在历史考据的基础上对阿拉善乡土住宅进行历时性演变研究。通过对社会变迁过程中三个历史时刻（节点）的提出，本文探讨了乡土住宅形式演变与社会变迁的二元互动关系。

关键词： 内蒙古阿拉善地区；乡土住宅；形式演变；文化景观

Abstract: The perspective of "cultural landscape" emphasizes the dynamic analysis and interpretation of the form and meaning of landscape, and the interaction between human and nature. Arising from field surveys of 150 vernacular dwellings in 20 Sumus and towns in Alxa league in Inner Mongolia autonomous region from the perspective of "cultural landscape",this paper offers a diachronic study of ordinary vernacular dwellings by tracing their historical contexts. By proposing three historical moments (nodes) in the process of transformation, this paper discusses the dual interactive relationship between forms and meanings of vernacular dwellings as material cultural landscape in the built environment.

Key words: Alxa Area in Inner Mongolia; Vernacular Dwellings; Spatial Evolution; Cultural Landscape

1　文化景观的研究视野

在乡土建筑的研究中，针对内蒙古的民居和传统住屋，其研究往往大量集中在"蒙古包"这一形式与文化高度合一的游牧文明建筑类型代表上，此外，多集中在清朝时期的蒙古王府及贵族商贾的住宅上。对整体民居脉络缺乏梳理，尤其忽视了大量看似无特色的日常乡土建筑。

阿拉善地区在历史形成上具有其特殊性。阿拉善盟位于内蒙古的最西端，河西走廊以北，自古以来即为北方各民族出没游牧之地。清康熙时，和硕特蒙古驻牧于此。同内蒙古其他部落相似，清朝时的阿拉善蒙古族亦经历了盟旗制度、联姻政策及喇嘛教的大力推广等上层政治的影响，然而其特殊性体现在以下两方面：一方面，中华人民共和国成立后的全国性自然

灾害时期，阿拉善以南的甘肃及河西地区汉族人口大量涌入阿拉善境内，尤以民勤居多，迁入量甚至超过了原有人口数量，自此，彻底改变了阿拉善地区以蒙古族为主体的人口格局。由此带来了其境内乡土建筑的巨大转变，即出现了大量生土住宅并呈现出较强的近地域性[1]的特点。另一方面，阿拉善盟自古以来特殊的气候环境①形成一批较为稳定的世代从事牧业的居住者，至今仍以蒙古族居多，他们呈现出由南向北逐渐增多②且分散的布局状态，并主要依靠沙漠中的盆湖或沙漠边缘的戈壁草原为生。

本研究正是基于对以上特殊状况下存留下来的大量乡土住宅样本的田野考察，并力求涵盖各个时期的乡土住宅样本，以"系统"、"景观"的思路来研究阿拉善的建筑空间整体的趋势。

阿拉善作为一个有着文化共识的地区，本文以

---

① 阿拉善盟地处内陆，降水稀少，地表径流很少，地下水资源量占水资源总量的2/3。水源主要来自：黄河从宁夏石嘴山流经阿拉善盟境内；发源于祁连山的黑河，下游称额济纳河，流至居延海和天鹅湖等沙漠内湖；在广阔的沙漠分布着400多个湖盆地，其水域面积为70多平方千米。

② 笔者在调研中发现，当代阿拉善地区纯牧业散居家庭的分布现状呈现出和水源分布相反的状态。这是因为自古以来牧场茂盛、水源丰富的地区容易聚集人口，从而成为城市的起点，而城市在当代吸引着（另外也受城镇化政策的影响）越来越多的牧民放弃牧场进城居住。因此，至今还保留着祖辈的牧场依靠原始牧业生活的蒙古族则是那些受政策影响较小，或至今依然没有"条件"进城的牧民。

"文化景观"的核心思想为指导，以动态视角来剖析和解读阿拉善乡土住宅的生成、形式及意义[2]。本研究历时性追溯了阿拉善地区游牧社会的变迁过程，提出三个历史节点，明确变迁动因；并以传统的时间传承为主题、以三个历史节点为对应，阐释了农牧区乡土住宅的空间形式与主体认知的二元互动过程，反映了文化景观所强调的人与自然的互动性（动态视角）。

2　阿拉善乡土住宅的取样和阅读

在取样时，首先要做到全面调研，笔者对阿拉善盟境内30个苏木、镇中的20个进行了全面调研，并在其中选取150个乡土住宅样本，其中包括一个纯牧业聚落和一个半农半牧业聚落样本的百分之百取样，同时亦包括对少量满清官式住宅遗产的纳入（图1）。

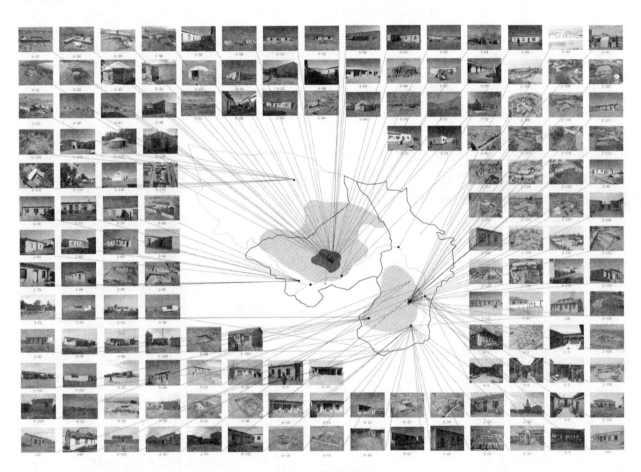

图1　150个样本的位置和实景

3　阿拉善的历史与游牧变迁

阿拉善盟位于内蒙古自治区最西部，河西走廊以北，地处内蒙古高原阿拉善台地，境内沙漠戈壁相间。海拔一般900～1400米。横贯全境的三大沙漠统称阿拉善沙漠，居世界第四位、国内第二位，面积约占全盟总面积的29%。与内蒙古东部及中部水草丰美的牧场不同的是，一望无垠的荒漠型草原是此地发展畜牧业的基础，面积约127169平方公里，占总面积的47%[3]（地理地貌）。

阿拉善盟属于典型的北温带大陆性气候。气候

特点干旱少雨、风大沙多、昼夜温差大。极端最低气温-36.4℃，最高气温41.7℃。年太阳总辐射量147～165千卡/平方厘米。平均风速每秒2.9～5米，年均大风日70天左右，多西北风[3]（极端气候）。在此极端气候下仍然存在的乡土住宅体现了其物质上的高效性和精神上的凝聚力。

本文在空间地理范围上，以今阿拉善盟的阿拉善左旗、阿拉善右旗为基准。这是因为本研究以清代游牧于贺兰山西麓的阿拉善和硕特蒙古族部落为主要研究对象，而清廷所划定的阿拉善和硕特（厄鲁特）旗的空间地理范围即大致包括今内蒙古自治区阿拉善

盟中的阿拉善左旗、阿拉善右旗一带[4]。通过对过去两百年来阿拉善地区历史发展过程的简要回顾，笔者

选取了三个时间节点作为游牧社会向定居社会的转折点，依次论述社会变迁发展的四个阶段（图2）：

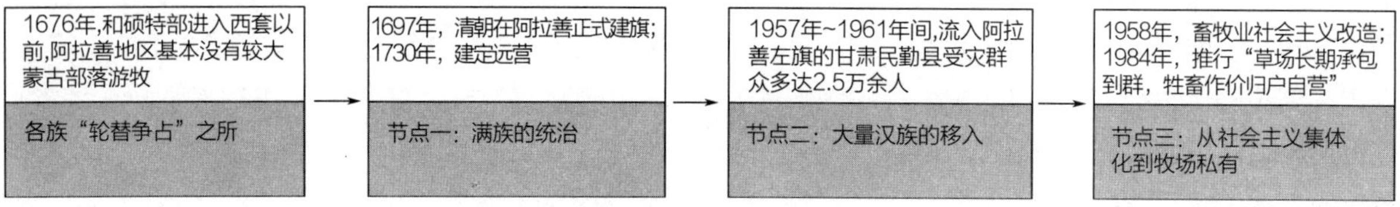

1676年，和硕特部进入西套以前，阿拉善地区基本没有较大蒙古部落游牧	→	1697年，清朝在阿拉善正式建旗；1730年，建定远营	→	1957年~1961年间，流入阿拉善左旗的甘肃民勤县受灾群众多达2.5万余人	→	1958年，畜牧业社会主义改造；1984年，推广"草场长期承包到群，牲畜作价归户自营"
各族"轮替争占"之所		节点一：满族的统治		节点二：大量汉族的移入		节点三：从社会主义集体化到牧场私有

图2 阿拉善游牧社会向定居社会变迁的四个阶段

3.1 游牧部落源起

历史上，"阿拉善"作为一个区域概念，是到清代才出现的①。据《边政公论》记载："阿拉善——本区应为边裔民族游牧射猎之地，其住民飘忽无定，几代有播迁，已不可考，惟知为禹贡雍州之域，春秋属秦，始皇时为北地郡，汉北地武威张掖三郡西北境，晋为前凉张轨后凉吕光北凉沮渠蒙逊等所据，唐属河西节度使，宋景德中入于西夏，元隶甘肃行中书省，明初为今伊盟之鄂尔多斯所居，明末，和硕特族自青海移住，康熙三十一年（1692年），改置为旗，自是阿拉善之名，始渐著于世[5]②。"这里的"和硕特族"，即清代开始固定游牧于阿拉善地区的蒙古族，后逐渐统称为阿拉善蒙古，清朝称为"厄鲁特蒙古"。厄鲁特部出于成吉思汗弟拙赤·合撒儿之后裔[4]。

虽然"阿拉善"的地域概念到清代才出现，但其特殊的地理位置③决定了长久以来作为游牧轮替争占之地的历史。可见，此时的社会仍处于典型的游牧社会。

3.2 满族的统治

邢莉认为，清代是内蒙古区域游牧文化变迁的转型期[7]。一方面是由于自清代开始，如潮水般的汉族向内蒙古地区涌入；另一方面，上层制度文化的变化，例如，清代设立的盟旗制度、满蒙联姻的政策，藏传佛教的传播和内蒙古区域商品贸易的发展均对内

蒙古区域的游牧文化产生了巨大的影响作用。阿拉善的这一历史时刻始于1697年，以清政府在阿拉善地设旗为标志。清康熙三十六年（1697年）清廷在阿拉善编佐设旗，称"厄鲁特旗/部"。其中，由于阿拉善地理位置的偏远（袤延七百余里，至京师五千里），使得来自中原地区的汉族的迁入有一定的滞后性。因此，阿拉善在清代主要体现为受满族统治的影响。

首先，阿拉善旗在清代时直属于清廷理藩部，旗之上不设盟；其次，虽地处偏远，却并没有因为地理的障碍使京城文化的影响受到隔绝，相反，特殊的联姻关系为两地满汉蒙文化的交流开启了窗口。自康熙四十一年（1702年）清廷首次与阿拉善蒙古联姻，直至满族统治者退出历史舞台，其间两百年的岁月，双方互相嫁娶，姻戚关系始终未曾中断。[4]再次，清代藏传佛教的推广亦在当时气候恶劣的阿拉善地区发挥了重要的影响作用。成为当时牧民的强大精神依托。据记载，清乾隆年间，阿拉善地区的喇嘛高达3000名，全旗90%的人都信奉喇嘛教[6]。

另外，贸易通常发生在建在寺庙和蒙古王子的宫殿周围的贸易中心里[8]。阿拉善也不例外，据阿拉善左旗志[9]记录，到了1943年，定远营已成为塞外经济经贸活动中心，商号店铺林立，居民多为汉人，有手工作坊142家，手工业人441人（蒙古人以游牧形式居住在草原地带）。

盟旗制度和联姻政策是清统治者试图将游牧民族原有强大的血缘关系打破，并一部分转化为人地关系

---

① 梁丽霞[4]认为，阿拉善地名形成的标志是阿拉善蒙古人获得固定的游牧地，即"清康熙二十五年（1676年），卫拉特准噶尔部部长噶尔丹击败和硕特部鄂齐尔图汗。顾实汗孙和罗理率和硕特余部，自新疆迁徙，途经青海大草滩，移牧阿拉善地区"这一历史过程发生之后，所形成地理概念。
② 原载《边政公论》第一卷，第三、四期。
③ 参见《卫拉特蒙古史纲》[6]"阿拉善位于我国今内蒙古自治区的西部，其界东至贺兰山，与清时的宁夏府边外接界；南与凉州府、甘州府为邻，西至古尔鼐，以额济纳河为界；北临瀚海。该地自古以来即为北方各民族出没游牧之地。"

的努力。而喇嘛教在普通牧民间的大量推广，也大大削弱了蒙古族叱咤风云的民族性格和英雄崇拜意识[7]。

但由于这种影响是自上而下式传播的，即当时的阿拉善即使在清末时定远营及各寺庙周围形成一定规模的定居点，但除了满蒙贵族、商贾大亨和上层喇嘛外，大量没有身份的牧民仍旧居住在帐篷、毡包中，游牧于牧区。因此，该时期被定义为阿拉善游牧社会向定居社会的偏离期。

3.3 汉族的大量移入

清末以后，国内各处战乱不断，沿边汉人（甘肃、宁夏等地）把贺兰山内的阿拉善旗当成避难所。1957年到1961年期间，阿拉善旗迁入了由于自然灾害导致的来自甘肃民勤①地区的汉族难民约1.6万人[10]，自此，彻底改变了阿拉善地区以蒙古族为主体的人口格局，使蒙古族成为真正的少数民族。

汉族的移入经历了由依附到独立，再到本土化的过程。这些逃难的移民大多都是以参与当地蒙古人生产劳作为起点，以帮助蒙古人放羊、建造房屋等行为分得劳资来维持生活的[11]。这类移民起初主要是处于"想摆脱困境，不求富但求活"的推动型移民。随着迁移周期的延长，先行移民带回的真实信息逐渐改变了内地人对塞外的印象，使更多的人加入到移民的行列[12]。移民开始具有拉动型的特点②，在层级上也比推动型移民要高，自此，汉族移民开始影响到当地蒙古族的核心价值观。因此，该时期被定义为阿拉善从游牧社会向定居社会的"质变"期。

3.4 社会主义集体化到牧场私有

1958年，阿拉善牧区快速地进入了畜牧业的社会主义改造阶段。1956～1958年，开展组织建立农牧高级合作社，后转搞人民公社，阿拉善左旗组成24个人民公社，阿拉善右旗组成11个人民公社，各公社所在地形成较大的集镇，国家和公社投资建立了小学、兽医站、邮电所、粮站、卫生所、供销社、办公室、门市部等公共配套建筑。1984年，阿拉善盟普遍推行"草场长期承包到群，牲畜作价归户自营"

的畜牧业承包责任制。自此开启了牧场私有化的序幕。牲畜只限在自家的草场上吃草，牧民不需要再依据季节的变化而频繁轮换草场，从而走向真正定居的生活状态，并由此进入从游牧社会向定居社会变迁的定型期。

4 阿拉善地区乡土住宅的形式演变及意义

4.1 游牧社会的初始期：蒙古包的居住形式

明长城的修筑以及阿拉善位于当时鞑靼所活跃的"关外"的位置（见明朝陕西行都司的辖区图），说明了阿拉善当时游牧社会的属性（图3）。直到康熙

图3 明朝陕西行都司的辖区图（1368-1644）

---

① 1937年至1942年连续5年的大旱，"田园萧条，与沙漠无异"，导致大量民勤百姓不得不离开家园，寻找新的居所。这一过程中，民勤地区的人口大规模向外迁徙，迁徙的路线"除向毗邻的阿拉善盟迁入外，远去新疆，近走河套"。其中绝大多数人都迁往阿拉善的中部、北部地区。
② 即汉族移民开始主动向阿拉善搬迁，以求得更好的生活环境或更有利的发展空间。

十六年（1677年），顾实汗之孙和罗理率部庐帐万余，由青海大草滩逐水草迁徙，移牧肃州境内，不久迁往阿拉善地区①。自此该地区才有了大规模的游牧民族——蒙古族。"庐帐万余"也反映了当时大规模驻牧的景象。因此，此时的住宅形式主要为可移动式的蒙古包。

张驭寰在《内蒙古古建筑》[13]中就有对阿拉善蒙古包的图像记录（图4）。可以看出，毡包屋面较为平缓，各木椽构建也多呈直线型，立面比例关系也更符合由古代毡帐改良后，由17世纪开始并逐渐盛行至今的俗称"蒙古包"的比例范式[14]。唯一不同的是，阿拉善地区的蒙古包，在冬季入口外侧挂置了花样独特的阿拉善地毯。

图4　阿拉善传统蒙古包

至今，在阿拉善右旗巴丹吉林沙漠腹地及额济纳旗境内仍会发现蒙古包的居住形式，其特点是包的尺寸较小，直径仅为4~6米，套脑、乌尼、哈纳等结构构件均为木质，门的尺寸也较小，门高通常为1~1.2米，宽0.6~0.8米，古老的多为木质门，后期也会出现铁质的门。部分门的上半部分会开一扇小窗，这极大地辅助了蒙古包内部空间的采光。门的表面通常会用天然颜料或油漆着色（多以蓝色呈现），部分门上会施以彩绘，图案多种多样。不少当地牧民回忆，在20世纪90年代全家老少甚至依然在蒙古包里生活②。

4.2　游牧向定居社会的偏离期：由蒙古包到蒙古贵族的合院

满族统治时期，住宅空间的改变体现在：旗的设立使得清廷在阿拉善设立了定远营城，据《阿拉善左旗志》记录，"定远营在城池和王府建筑、市民住宅及街道的布置上，均仿照北京城的式样，突出体现了严格的封建等级制度。总的布局为'主'字形，城池为'主'字的一点：内有王爷府、王府家庙、旗衙门各机构及王公贵族、上层喇嘛的宅院；流经市区的三条河沟为三横；河沟内流水潺潺、树木苍翠、百花吐艳；从南城门引伸的一条南北大街贯通于三条河沟的中部，为一竖。沿街两旁散布着几十家大小商号[9]。"从"皇上的马厩"到"颇似故宫的院落"，该行为（practice）带来了当时来自于权利中心最权威的规划办法和建造形制，必然对这个习惯了游牧骑射的民族以定居化（settlement）的影响（图5、图6）。

联姻政策的实施，也使得自阿宝开始的阿拉善蒙古族部落首领长期居于北京[15]③，通过对北京阿拉善王府和定远营阿拉善王府的空间布局和形式对比，可以看出阿拉善王府在整体布局甚至是寝殿样式上均模仿了北京的形式。

定远营周围的47处民居院落可以说是王爷宫殿、藏传佛教和互市贸易等多重因素塑造下的产物。

图5　1731年前后的定远营

---

① 参见：梁丽霞. 阿拉善蒙古研究. 第57页, 北京：民族出版社, 2009.
② 这里的牧民更换固定住宅的时期相比于内蒙古中部地区较晚，许多牧民家庭后期虽已不游牧却仍旧长期居住在蒙古包中，直到20世纪90年代才逐步更换为土房。
③ 康熙四十八年（1709年），子阿宝袭爵，阿宝幼居北京，为御前侍卫。阿拉善史志资料48页；原载张穆《蒙古游牧记》卷第十一。

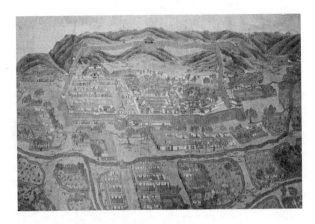

图6　1831年前后的定远营

通过实地考察，笔者认为（图7）：①正房的建造模式与北方"三开间式"民居非常相似，只是屋顶，立面装饰，山墙两侧凸出的墙垛，等细部的做法不同；②宅院布局比例呈窄长形，受山西宅院形式影响较大；其厢房受宁夏宅院中的厢房影响较大；③正房平面布局中，与汉式不同，在中间开间的内侧加设佛堂，这与召庙建筑中佛殿的位置相似；④厢房呈现出与正房甚至是院墙脱离的布局方式，大门等偏向卷棚顶样式（模仿王府建筑）。

另一方面，喇嘛教使得相当一部分蒙古族牧民放弃了牧业生产而充当喇嘛，定居在寺庙周围。这种早期的聚居形式也正是后来形成的苏木、镇的前身，它们呈现出明显的由中心向外扩散的形式。以昭化寺周围现存的17处民居院落为例。它们与定远营内的民居十分相似，只是院落布局更加灵活自由。厢房呈现出受寺庙影响的趋势。

本文将上述清代出现在阿拉善地区的上层民居统称为满清官式住宅。它们是北京（权力）、喇嘛教（宗教）及山西等地（贸易）共同影响下的产物。其作为当时少数的定居中心，对周围仍旧游牧的牧民也具有重要的影响作用。

4.3　游牧向定居社会的质变期：由蒙古包到土坯房

由于大量汉族难民的移入，蒙古族在汉族移入的过程中，本文认为其住宅发生了吸收式演化的过程。吸收式指技术的借鉴多于形式的模仿。在形式本身的演化上更多体现出由单体到嵌套的自我演化的过程。而汉族的住宅由依附期的帮助建造，到

独立期的因陋就简，再到本土化后与蒙古族形成几乎一致的建筑语言，他们放弃了原生地防御式的住宅，仅在建造技术和气候应对技术层面对蒙地有较大影响。

本文将阿拉善地区蒙汉文化融合后期，所形成的几乎一致的乡土住宅语言，称为阿拉善日常乡土住宅，并总结出以下特点（图8）：

在平面上，其与汉地"三开间式"农宅十分相似，但增加了玄关空间，以应对当地多风沙的气候；

更多借鉴了民勤的土坯建造技术和气候应策略等；

一定程度上受到了满清官式住宅（蒙古贵族和宗教）的影响。

4.4　定居社会的定型期：聚落的形成与分化

据《阿拉善左旗四十年》记录，"解放时，全旗基建项目仅限于王公贵族的豪华住宅、庙宇及城乡蒙汉群众的矮小土屋和蒙古包。"中华人民共和国成立后带来的空间实践是，一方面，人民公社等集体化劳作，带来了人口的聚集，使得劳动力成为优势，导致土坯房的大量出现；另一方面，社会主义政体对农业的推崇以及农牧合作社使得农业、半农半牧型聚落大量出现，并多以汉族再聚集而形成；1984年的畜牧业承包责任制，则带来了家庭式牧场的出现，自此蒙古族再次分散于各自的牧场上，只是与游牧时期不同的是，牧场的私有化开始，即栅栏出现了。此时，阿拉善农牧区乡土住宅开始在稳定的共识（即日常乡土住宅形式）的基础/原型上，呈现出平面、结构、组合类型上的各自演绎。

5　结语：乡土住宅形式演变与社会变迁的二元互动

阿拉善乡土住宅的形式演化过程（图9），一方面是通过社会变迁的历史过程进行梳理的；另一方面，其形式转变过程又再次印证了不同时期游牧社会向定居社会变迁的程度。由此引发了笔者对当代语境下内蒙古乡土住宅意义的反思，那些曾经被视为前卫、先进的土坯房如今成为落后、贫困的象

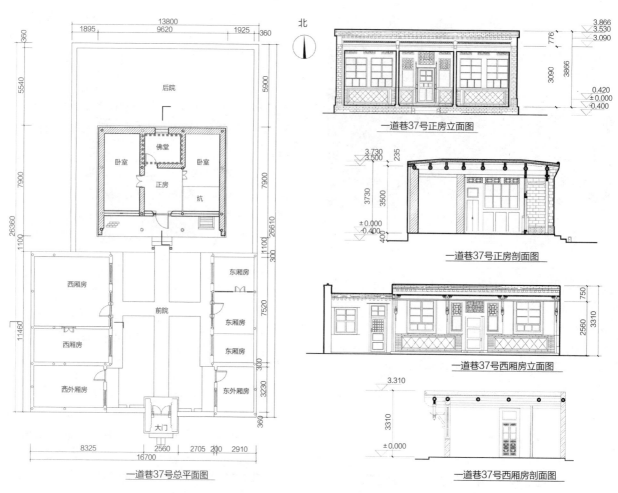

图 7 定远营民居一道巷 37 号院建筑测绘图

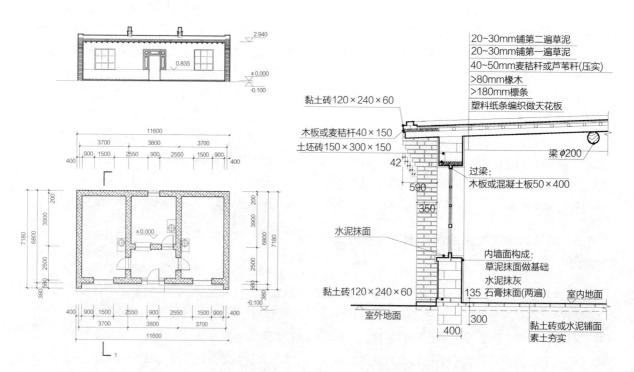

图 8 牧区典型"三开间"式民居样本测绘

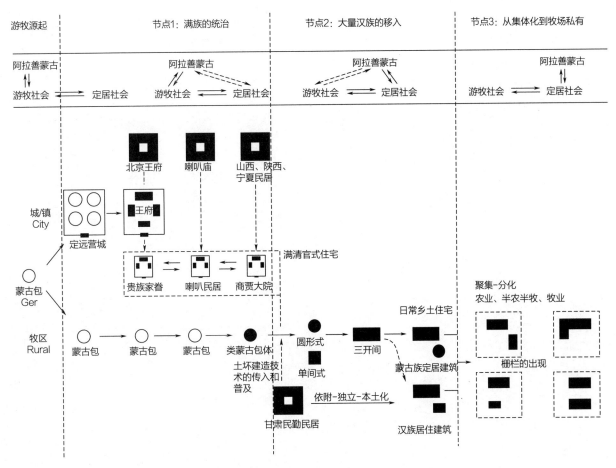

图9 乡土住宅形式演变与社会变迁的二元互动

征，而那些曾经司空见惯的蒙古包如今却成为民族身份的象征，进而提出对普通（日常）乡土住宅的关注。

参考文献

[1] 张鹏举. 内蒙古古建筑[M]. 北京：中国建筑工业出版社，2015.

[2] 韩锋. 世界遗产文化景观及其国际新动向[J]. 中国园林，2007(11): 18-21.

[3] 阿拉善盟地方志编纂委员会. 阿拉善盟志[M]. 北京：方志出版社，1998.

[4] 梁丽霞. 阿拉善蒙古研究[M]. 北京：民族出版社，2009.5

[5] 马大正，边政公论社. 民国边政史料汇编（1-5）边政公论[M]. 影印本. ed.，国家图书馆出版社，2009.

[6] 马大正. 卫拉特蒙古史纲[M]. 北京：人民出版社，2012.

[7] 邢莉. 内蒙古区域游牧文化的变迁[M]. 北京：中国社会科学出版社，2013.

[8] Campi, Alicia. "Modern Mongolia: From Khans to Commissars to Capitalists." The Journal of Asian Studies. Cambridge University Press, August 2007.

[9] 罗巴特尔，阿拉善左旗地方志编纂委员会. 阿拉善左旗志[M]. 呼和浩特：内蒙古教育出版社，2000.

[10] 丁鹏. 内蒙古阿拉善左旗巴彦浩特镇汉族移民文化变迁研究[D]. 兰州：兰州大学，2010.

[11] 胡华征. 生态移民的自愿与非自愿性研究：内蒙古阿拉善盟李井滩调查[D]. 北京：中央民族大学，2004.

[12] 闫天灵. 汉族移民与近代内蒙古社会变迁研究[M]. 北京：民族出版社，2004.

[13] 内蒙古自治区建筑历史编辑委员会. 内蒙古古建筑[M]. 北京：文物出版社，1959.

[14] 阿拉腾熬德. 蒙古族建筑的谱系学与类型学研究［D］. 北京：清华大学，2013.

[15] 张穆. 蒙古游牧记[M]. 商务印书馆，1938.

图片来源

图1、图2：作者自绘

图3：http://www.onegreen.net/maps/HTML/48917.html

图4：内蒙古自治区建筑历史编辑委员会. 内蒙古古建筑[M]. 北京：文物出版社, 1959

图5、图6：阿拉善盟博物馆提供

图7：作者改绘自阿拉善盟文化旅游局提供图纸

图8、图9：作者自绘

晋东南民居类型学分析
——以濩泽古城为例
Southeast Shanxi residential typology analysis：
Take Huoze City for Example

韩晨阳、孙洪涛、景琬淇

作者单位
沈阳建筑大学（沈阳，110168）

摘要：晋东南指山西省东南部，包括长治、晋城两市。晋东南民居在其特定的自然环境，历史文化氛围中长期发展，形成特定的平面布局、立面样式、石雕、砖雕等，具有鲜明的地域性特色。本文以阳城县濩泽古城为例，通过实地调研、类型学分析、归纳综合等方法，发掘晋东南民居地理条件适应性建筑形态，以及蕴含在晋东南传统民居建筑中的文化内涵，以为后续的古城保护工作与当地建筑环境适应性发展提供参考。

关键词：晋东南；类型学；地理条件适应性；民居文化

Abstract: Southeast of Shanxi Province includesChangzhi City and Jincheng City. In the specific natural environment and historical and cultural atmosphere of Southeast Shanxi, the folk dwellings have developed for a long time, forming specific plane layout, elevation style, stone carving, brick carving with distinct regional characteristics and so on .Taking Huoze City in Yangcheng county as an example, through field investigation, the typology analysis and inductive synthesis methods, this paper explored geographical condition adaptability, architectural form in Southeast Shanxi and the cultural connotation contained in Southeast Shanxi traditional local-style dwelling houses building.So as to provide reference for later ancient city protection, and develop adaptive local architectural environment.

Keywords: Southeast Shanxi.;Typology; Geographical Adaptation; Residence Culture

1 引言

　　濩泽古城位于阳城县县域中心，走过将近1600年的历史沧桑，一直以来都是县城的繁华地带。濩泽古城依山势而建，西北高，东南低，宛如凤凰，因此又被叫做"凤凰城"。建筑立于城墙之上，以其独有的"城上城"式格局闻名遐迩。城中建筑多修建于明清时期，保存相对完好，传统民居院落布局具有鲜明的晋东南地区的建筑特点。

2 地理区位与自然环境

　　阳城县濩泽古城于山西省东南端，地处太岳山脉东支，中条山东北，太行山以西，沁河中游的西岸，属暖温带半湿润气候。春夏秋冬，四季分明，冬季寒冷干燥，多北风和西北风，夏季炎热，雨量充沛，气候湿润，多南风和东南风。地势起伏，地形多样以山

图1 濩泽古城位置

地，丘陵为主，平均海拔在600~700米之间。

3 主要院落类型成因分析

　　所谓"类型"，是指某些事物在某一层面上具有某种共同性质与相似特征而形成一个类属[1]。在传统

民居研究中，类型学方法关注的是相似事物中共有的特质，指那些经历岁月的不断洗礼，在特定的环境条件、文化背景下与人们的生活方式相适应的形式。

　　濩泽古城现存传统民居主要有窑洞、楼院两大类，本文主要以楼院为研究对象展开调研，经过分析归纳，提取出三种形式的传统民居院落："回"字形院落、"U"字形院落和较为罕见的两进四合院形制。具体数据如下表：

院落平面类型		"U"字形	"回"字形	两进四合院
类型分布				
数量		10	23	2
院落形态	形制	三合院	四合院	两进四合院
	占地面积（a）	254.9平方米	343.8平方米	417.7平方米
	庭院面积（b）	69.3平方米	69.4平方米	133.5平方米
	a/b	0.272	0.201	0.318
庭院长宽比		1.24	1.18	1.15
庭院形状		方正矩形	方正矩形	方正矩形
建筑层数		2	2	2
是否有檐廊		是	是	是
首层主要房间面积比				

　　古城内民居建筑以"回"字形四合院为主要类型，共有23处，占总数量的2/3以上，院落占地面积平均343.8平方米，庭院面积69.4平方米，对比其他两种类型院落，庭院面积与院落总面积的比值最小，表示可供人们居住的面积占比最大，单位地块面积内建筑密度最高，间接的表明在人口拥挤，土地紧张的濩泽古城内，"回"字形院落土地利用效率最大，因此人们在建造居住场所时更多地采用这种布局形式。此外，濩泽古城属于大面积依托山地修筑建设的城市，古城中的很多建筑都是在崎岖地形上修建的，多进式四合院长轴两端高差跨度较大不利于整个建筑的建造及使用。

　　此外，如上表所示，通过濩泽古城典型院落形状与山西地区其他村落传统民居相对比，濩泽古城与同样位于山地地貌的尧沟村院落典型样式长宽比在1.1～1.2之间接近方形，而位于地形较为平整缓和的盆地地区其他村落典型院落长度和宽度的比值较大，样式为进深方向为长轴的矩形，进一步说明了濩泽古城方正"回"字形院落为山城适应性制。

村落名称	濩泽古城	尧沟村	郭壁村	西黄石村	西社村	新庄村	冶底村	西街村
	濩泽古城典型院落与山西其他地区院落对比							
典型院落								
院落形制	四合院	四合院	四合院	四合院	二进三合院	三合院	四合院	二进三合院
院落长宽比	1.18	1.17	1.39	1.32	1.15	1.49	1.77	1.69
院落形状	方正矩形	方正矩形	竖向矩形	竖向矩形	竖向矩形	竖向矩形	竖向矩形	竖向矩形
地貌类型	山地	山地	盆地	盆地	盆地	盆地	盆地	盆地

4 适应气候的建筑形态分析

在不同的气候环境下，传统民居形制的差异明显，同时建筑构造做法，房屋材料选择，室内空间、室外庭院的组织方式都受到外界环境因素的作用和制约，濩泽古城传统民居适应气候的建筑形态主要表现在冬季的防寒、防风、纳阳，夏季的防潮、隔热、通风等这几个因素上。

4.1 平面形式

阳城地区冬季刮偏北风，有较大的风沙，"回"字形院落，大多按坐北朝南布置，一般由正房、东厢房、西厢房、耳房（又可称为厦房）、倒座五种房间以及院墙围合而成。一般位于北侧的正房，南侧的倒座房，以及两边的东西厢房是人们日常生活的主要使用的建筑，均为三间平面，合称为"四大"。正房由"四梁八柱"结构形式支撑建筑整体，"一明两暗"式格局，中部"明间"设门，两侧间为"暗间"开窗。根据调研表格可知"回"字形院落主要房间面积大小匀称，这也是这一地区方形院落的特点。有的院落在正房和后罩房左右附加建造耳房，称之为"四小"，耳房与邻近厢房山墙面在院落的四角围合出四个抱角天井（又可称之为"厦口"），以上形成了晋东南地区特有的"四大四小四天井"式院落格局。

建筑墙体由砖石砌筑，一般呈浅黄色或青色，较为厚实，从气象数据来看，晋东南地区冬夏温度极差可以达到 37℃左右，黄土烧制的青砖有着较

好的保温隔热的物理性能。考虑到冬季的纳阳，火炕多靠近南窗布置，这样火炕的温暖再加上阳光的照射，人们在严寒的冬季可以获得一个很舒适的环境。

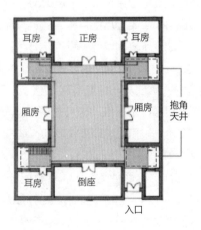

图 2 "回"字形平面

院落建筑多为两层，一层层高较高，供人们日常居住，二层主要用于囤积粮食以及日常生活物品等所以一般修筑的不高，由于濩泽古城地区雨量充沛，地面潮湿，这种功能布局形式可以避免粮食受潮腐败。一般晋东南民居二层出挑出前檐廊，出挑方式有两种，一种为当心间出挑，另一种为当心间和次间一起出挑，这种形式有的与厢房和倒座的前檐廊连为一体而成为跑马廊的形式[2]。

4.2 立面形式

经过调研和归纳，濩泽古城传统民居正房立面有两种类型，如下表所示：

	年代	实地照片	正立面图	剖面图
类型一	明、清民国			
类型二	元、明			

类型一：主要以砖砌墙体围合建筑，立面开窗面积相对较小，显得敦厚沉稳，一层梁出挑，二层廊柱立于一层挑梁之上支撑屋檐，形成挑出的檐廊，增加立面层次，改变了立面单调无趣的外观，二层栏杆被立柱均分成三段，每段有两处元宝形木雕做装饰。

类型二：木柱从一层地面起，穿过二层地面，支撑屋檐，贯通整个屋身。柱间主要以木隔扇进行分隔，由于在木质隔扇上可以开很多窗，室内通风采光较好。

两者对比：这两种类型民居各有所长，"类型一"比较节约木材，造价便宜，但由于墙体限制，不能开大窗；"类型二"虽然建造起来耗费木材，但采光通风好，这种形式年代较为久远，在濩泽古城前者更为常见。

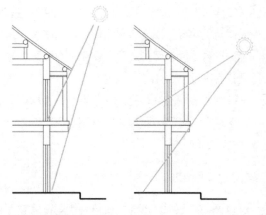

图3　太阳高度角分析

通过观察这两种常见的类型我们发现，这一地区的传统民居建筑有修建檐廊的习惯。檐廊作为灰空间，在室内与室外环境之间形成一处过渡。如图3所示，夏季太阳高度角大，檐廊可以将炽热的阳光隔绝在室外，给室内营造一个凉爽的环境，同时能够减少建筑外墙体的受热，降低受热产生的形变；寒冷的冬季，太阳高度角低，檐廊不会遮挡进入室内的阳光，有些当地居民在冬季夜晚在檐廊上悬挂毡毯，可以缓解室外冷风渗透进入室内；梅雨季节，檐廊可以保护建筑墙体，减少雨水的冲刷侵蚀，人行其下，无需打伞。无论何时，檐廊都为人们提供了一个舒适惬意的场所[3]。

此外，从剖面我们可以看出濩泽古城传统民居后檐墙开有高窗，在山西其他地区，民居建筑一般采用封闭的后墙，造成这一现象的原因可能是晋东南较山西其他地区相比，夏季更为炎热，且湿润多雨，后墙开高窗有利于自然通风，同时能够改善室内的采光。

5　艺术文化价值

晋东南民居历史悠久，有着浓厚的文化底蕴，以其得天独厚的历史文化条件，形成具有浓厚地域特征的传统民居建筑。这些民居体现着独特的文化传统和深厚的人文内涵。山西民居根据当地的实际情况，采用合适的建造方法，因材致用，因境而成，具有较高的艺术文化价值。

5.1 "天人合一"的哲学思想

老子说："人法地，地法天，天法道，道法自然"。宇宙自然是一个包罗万象的大天地，是客体，人则是一个小天地，是主体，中国传统观念认为人和自然在本质上是相通的，是主体融入客体，故一切人事均应遵循自然规律，两者达成统一，达到人与自然相和谐。

"天人合一"的思想反映到建筑上即是人造建筑物遵守客观自然规律，能够适应所处的环境。在漫长的历史文化进程中，生活于濩泽古城的人们积累了丰富的经验，把握当地气候特点，结合地形地貌，采用适宜的"回"字形院落形制，建筑依托山势地形而建，以及诸多适应气候环境特点的构造措施。

此外，"天人合一"的生态思想还体现在建筑材料的选择上。阳城县地区雨水多，草木繁茂，主要的植被有杨、柳、槐等，为木构架民居建筑提供了原材料。濩泽古城东依太行山，天然的山石材料丰富，大量的石材得以在建筑中运用，人们就近开山采石，加工成墙基，柱础等建筑构件。人们用采自本地的黄土青石，制成砖瓦，建筑多为浅黄或青灰色，屋顶一般为悬山或硬山形式，青灰色鱼鳞状瓦片覆盖其上，古朴单一，低调深沉，与外部黄土相协调，这体现了人们对自然的尊重，院内庭院设有花坛，与墙外白杨绿柳交相呼应，反衬出大自然的勃勃生机。

5.2 "礼"制精神与堪舆法则

5.2.1 "礼"制精神

"礼"法制度。从古至今，从帝王到百姓，都一直传承着尊卑、长幼有序，男女、主从有别等伦理秩序，这种礼法在民居建筑中有充分的体现。"礼"在一定程度上能够维护社会稳定，人们之间遵守约定俗成的秩序可以减少摩擦矛盾。濩泽古城传统民居多为四合院形制，院落规整有序，房屋沿中轴线对称布置，家庭成员按家族伦理辈分居住在特定的房间，这一布局方式充分反映了中国传统的家族秩序与宗法等级观念，符合"礼"制的精神。

5.2.2 堪舆伦理

堪舆伦理，是中华民族历史悠久的一门文化，

古人认为堪舆决定着家族的兴旺与衰落，在选址造屋时，应当遵守堪舆理论体系，观地理形势，山水方向，择善佳址。堪舆把握着中国传统住宅的布置准则，这些在濩泽古城传统院落中都有所体现。在住宅基地的选择上考虑"背山面水"原则，这样形成一个半围合的格局，一方面符合人的心里安全感需求；另一方面可以接受充足的光照，同时躲避寒风。在院落内部，不同家庭成员居住的房屋，院门位置，厕所位置等大有讲究。

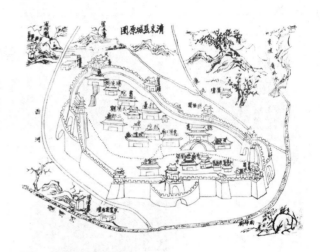

图4 古城周边地势图

此外濩泽古城民居布局方方正正，四平八稳也是中国传统汉字的基本特征，中国汉字最大的特点就是"见形见义"，具有象形性形体丰富的特征，字形方正，结构稳定，字义深邃[4]。汉字文化在濩泽古城民居中也有所体现。俯瞰整个院落，四边建筑围合成一个"口"字，人们生活其中便成了"囚"字，古人认为其对家人不吉利，所以在庭院中布置花坛，栽种草木，以此化解。种植枣树有"早生贵子"的含义，种植石榴有"多子多福"的含义。

此外，若房屋开门无法避免地对着路口，古人认为在门前立石碑，或嵌入墙体，上方刻兽头，下方刻"泰山石敢当"几个字。"石敢当"最早出自西汉黄门令史游的《急就草》，唐颜师古注释说："敢当，所向无敌也"。

5.3 装饰艺术

濩泽古城传统民居院落蕴含着长久以来沉淀下来的古老艺术，是晋东南地区历史文化的载体，具有重大的研究意义和文化价值。

5.3.1 雕刻艺术

雕刻作为一种装饰手段，承载着人们思想意志，是传统民居建筑的重要组成部分。一方面能够体现出建筑主人的身份地位；另一方面表达了人们物质与精神方面的追求。雕刻艺术依附于整个建筑，从局部构件处理，到整体形象体现在方方面面，是技术与艺术的融合，是建筑向艺术层面拓展的桥梁。

受到宗法礼制制约，传统的民居装饰无法在颜色上进行施展，因此大量砖雕、木雕、石雕被应用到建筑上。

在濩泽古城民居建筑中，从院门、厢房、到正房，从台阶、柱础到梁头，都是工匠们的发挥之地，把鲜活的气息赋予原本敦厚稳重的建筑。主人经济条件与社会地位不同，雕刻的样式与细节深度不同。社会地位高的主人会精细雕琢每一线条，花木走兽等纹理层次分明，栩栩如生，惟妙惟肖，在斗栱等重点修饰构件上，使用青色、蓝色等涂料加以点缀，华丽而不失文雅。

主人地位：低—高

   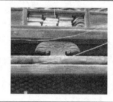 

同一构件纹理层次：浅—深

类型	部位	照片	类型	部位	照片
木雕	梁头		砖雕	影壁	
	栏杆			巷道	
	柱头		石雕	路边	
	门			柱础	
	窗			抱鼓石	

5.3.2 石拱门楼

晋东南民居的院门不仅仅是简单的出入口，从巷道起便修有附带装饰的石栱，穿过巷道走进院落门楼，仿佛是在倾听古城对一段段老故事的诉说。濩泽古城的门楼主要有两种形式：第一种是墙垣式，是指在院墙上做出"门脸"，第二种是屋宇式，门楼与倒座结合，或作为耳房单独开出一间。

门楼通常用砖石或木材雕饰而成，装饰程度视主人的社会地位与财力而定。门楼与街巷相接，是一个家庭的"脸面"，晋南人非常注重对门楼的修饰，宁可院内粗糙一些，也要花费一定的精力和金钱到打理"门面"上。门洞上方有方形的匾额，一般为两到四个字，表达主人的文化修养和生活意趣，有"任礼传芳""淡泊宁静"等，或是直接标明主人名号，如"恩进士"等，行人穿梭于街巷之中，慢慢欣赏辨识，不乏韵味。

巷道石栱	屋宇式门楼	墙垣式门楼	
李甲巷	普通民居入口	官员府邸门	将军府邸门

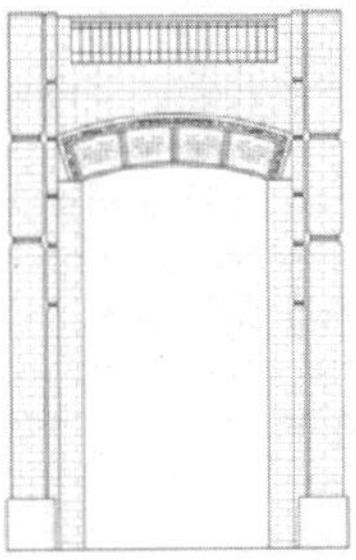	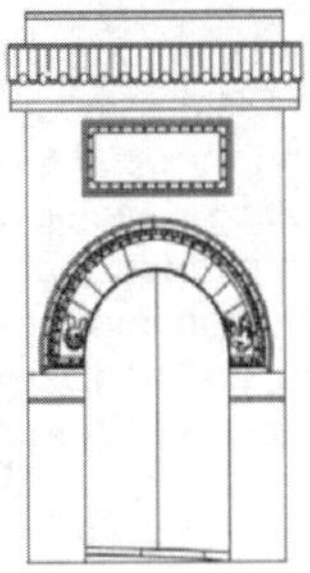		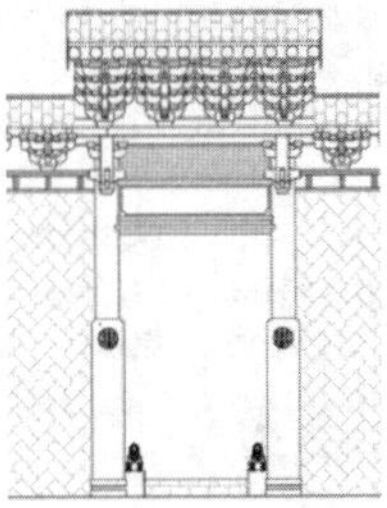

6 结束语

传统民居院落是人们在长期的与自然环境相处过程中不断摸索改进出来的结果，是研究当地环境适应性的最佳样本，同时蕴含丰富的地域性文化，值得我们深入研究思考。本文所分析的濩泽古城传统民居虽然具有一定代表性，但只是众多晋东南民居的个例，缺乏全面的视角，有待进一步研究深入。

参考文献

[1] 姜梅.民居研究方法：从结构主义、类型学到现象学[J].华中建筑，2007（03）：4-7.

[2] 王金平. 山右匠作辑录[M]. 北京：中国建筑工业出版社，2005.

[3] 王策，唐小波.四川传统民居檐廊空间适应性设计浅析——以阆中古城为例[J]. 中外建筑，2016（09）：63-65.

[4] 赵复雄. 乡土建筑中的汉字文化[A]. 湖北省美育研究会.学校艺术教育与素质教育论坛文集[C].湖北省美育研究会：湖北省美育研究会，2004:5.

图片来源

图1：百度地图

图2、图3：作者自绘

图4：《阳城县志》

城市界面的视觉表征与文化密码共时关系探究
——以外滩海派场域文化实证研究 ①

A Probe into the Visual Representation of Urban Interface and the Synchronic Relationship of Cultural Cryptography: A Case Study of the Field Culture of Shanghai

韩贵红

作者单位
上海应用技术大学（上海，200234）
同济大学上海国际设计创新研究院（上海，200092)

摘要： 基于当今上海打造城市文化品牌增强城市身份认知、提升文化自觉的时代背景，在"让建筑可阅读，街道可漫步，城市有温度"的目标引领下，文章聚焦上海外滩历史街区的场域景观意象。运用了凯文·林奇的城市意象、索绪尔的语言符号学、结构主义叙事学，特别是运用共时关系的空间定向研究等方法；通过实证研究，旨在探究城市建筑界面的视觉表征及其反射出的场域文化信息解读的共时关联性。探究城市文化在当代景观意象转译模式与阅读路径，以期对于海派文化的传播、研究，及上海历史街区保护开发与复兴提供积极的理论意义。

关键词： 城市界面；视觉表征；文化符号；海派场域；共时关系

Abstract: Based on the background of building urban culture brand to enhance cultural consciousness in Shanghai today, this paper focuses on the urban landscape image of Shanghai Historic District under the goal of "making buildings readable, streets can stroll and cities have temperature".This paper focuses on the study of the synchronic relationship between the visual expression of the urban interface and the cultural cipher, using Kevenlinch's urban image, Saussure's linguistic semiotics, Structuralism narratology, and the spatial orientation research focusing on the use of synchronic, and through empirical research, The purpose of exploring the visual expression of urban interface and its reflected cultural significance, explaining the cultural gene behind the visual symbol of urban interface, and analyzing the translation mode of urban culture in contemporary landscape image, has positive theoretical significance for the protection, development and revival of historical blocks.

Keywords: Urban Interface;Visual Symbol;Cultural Transmutation; Shanghai Style Region; Synchronic Relationship

1 前言

读过荷马史诗的人,都会深刻感受到故事中映射出来的远古希腊文明,特洛伊文化源远流长,经历了历史的大浪淘沙, "特洛伊木马"作为特定的文化符号,生动地诉说着远古希腊文明的信息。关注城市界面的视觉表征,探讨地域文化的解读与传播,增强城市身份认知,提升文化自觉已然成为我们时代的最强音。

上海作为一种本土孕育,富于强烈地域、文化特征的城市,其文化是复杂和综合的,习称海派文化。海派建筑作为一种自主进行的中国建筑进程,长久以来在业内获得关注,并在一定程度上作为"江南独特

文化元素"的物质、空间载体,承担着彰显地域"海派文化"的时代使命（图1）。

本文着重从上海外滩近代建筑切入,通过对这个相对完整的近代建筑群落的研读,切入关于近代"海派"建筑风格的思索,领略诞生于西方文化一度与东方语境汇合并碰撞出的"海派"建筑,尝试着以通俗化的、交互 共时性视野来聚焦外滩近代"海派"风格所呈现的视觉表征,挖掘城市界面视觉表征背后的文化密码的解读性,探究海派场域景观意象在视觉感知的转译模式与阅读路径。探究城市建筑界面的视觉表征及其反射出的场域文化信息包括文化体验、视觉感知与生活共振的共时关联性,尝试构建场域阅读的共时态模式。以期让上海近代"海派"建筑这一优秀

① 上海市设计学IV类高峰学科资助项目，项目名称：设计战略与理论研究大师工作室，项目批准号DC17021。

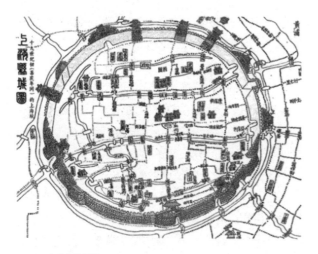

图1　上海县城图

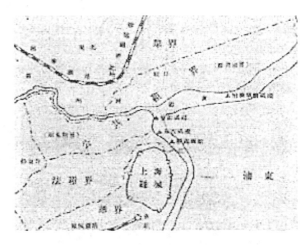

图2　租借分区图

文化遗产走入大众，使大众更加便捷地理解、感知城市意象，感知城市的精神和灵魂，增强对城市的感受和记忆，厚植深层次的人文关怀。

表征性的语汇只有在赋予了内涵性的语义，才构成语言价值。在此借用著名的瑞士语言学家索绪尔提出了语言共时性研究方法，引申到城市空间，关注介于城市意象不同要素之间的内在联系，以及在特定的空间内形成的历史范畴的内涵意义。

2　外滩场域空间的共时关系的意义要素——海派视觉表征、文化密码、视觉感知

场域即是意义场所，是地域环境和人文精神的景观同构，它的每一个要素在整体上都有一个相关性；并且与人的思维和行为方式，与自然和文化生态的背景息息相关。所谓海派场域空间的共时关系基于海派场域空间意义要素的关系链接，即视觉表征、文化密码、视觉感知三大要素。

从视觉表征上看，外滩历史街区作为近代"海派"建筑集合的典型，近代"海派"建筑风格既是每栋建筑的每个装饰细节的"海派"特点，又是外滩近代建筑群落的整体风格链条，更是整个城市普遍而平凡的市井生活。

上海的近代文化是复杂而综合的，表现之一为海派文化，它的最大特征就是海纳百川、兼容并蓄和多元化。外滩在此之外，又表现为强烈的租界文化，具有殖民性和滞后性（图2）。

然而，视觉审美之于外滩建筑多种文化和信仰

的并存，各种要素在整体上总是不停地"转化""生成""再融入"。文化变化过程现出一个较长时间内的"涵化"，促成了海派文化"在地化"深层意义的产生，也形成海派建筑特殊的视觉审美基础。

本文基于海派场域空间，以外滩为例探讨研究上海城市界面，是"让建筑可阅读"的一把有效的钥匙。对于外滩建筑视觉表征绝不单纯表现为某种形式(的物质性)，或是简单的形式配伍关系(建造性)，它作为一种"连续的知觉群印象"(表现性)，内在指向了海派建筑界面这一独特的实体表征。是与文化符号、美学问题有着潜在的共时关联，承担了文化符号的功能意义。场域中的人的行为、思想、感受以及场所的关联交互，搭建了场域空间的意义要素的共时关系的学理途径。

3　构建城市界面视觉表征阅读路径，"共时+"转译模式

3.1　构建语汇识别系统：为"共时＋阅读"城市界面视觉表征的前提

近代"海派"建筑风格是指从19世纪50年代到20世纪50年代中，上海近代城市建筑的整体独特的"海派"地域特色。主要建筑风格特征、建筑形式中西合璧，建筑群落里个体出位而整体自成体系，建筑装饰的浮夸虚饰和建筑设计营造的精明实效之间矛盾并存。基于符号学的解读性，亟待循证共时性的研究方法，并结合数字技术导向逻辑识别系统。

3.1.1 场域区位识别数字化

外滩近代建筑主要是指从现在的金陵东路为界，沿中山东一路外滩(也称北外滩)向北延伸到外白渡桥附近的所有临街近代建筑。所界定的范围具有特别的场域所指，亟待借助GIS等数字技术、开启导航定位等功能，建立区位信息便捷的导向识别系统。

3.1.2 主要建筑造型表征类别可读化

主要建筑风格特征，中西合璧，建筑造型包罗万象，兼收并蓄，主要表征类别如下：

· 殖民地外廊式建筑：流行于19世纪40年代，但最早是源于英国式建筑，它是英国殖民者在亚洲热带地区创造的一种移植形式，如英国领事馆和英商自来水办公楼。

· 古典复兴式建筑：主要法式古典为代表，造型严谨，内部装饰丰富多彩，极力推崇应用古典柱式，如外滩5号的日清大楼(现华夏银行)。

· 西方文艺复兴式近代建筑有：英国文艺复兴式、法国文艺复兴式、受巴洛克影响的西方晚期文艺复兴式建筑等，如27号的怡和洋行(现外贸大楼)整体风格仿英国文艺复兴式，入口处为巴洛克装饰风格

· 西方新古典主义风格的近代建筑有：受折中主义影响的新古典主义，受古希腊、古罗马风格影响的新古典主义如10号、12号汇丰银行大楼(现上海浦东发展银行)。

· 西方哥特复兴式近代建筑有：如18号以文艺复兴为主体折衷主义风格的麦加利银行(现春江大楼)。

· Art Deco风格：风格特征包容性强，多为贵族及特权阶级服务，偏爱使用奢华材料。折线和阶梯状的收分造型，阳刚之气。流线化、亲民性，具有很强的现代主义和未来主义色彩。

3.1.3 细化城市空间地图

首先建筑个体量化序列，基本上是整条北外滩的所有临街建筑进行城市序化，建立有效的城市阅读目录，便于漫步阅读。第二通过链接城市交通及管理系统网络，方向沿以中山东路1号为起点，由南向北顺序排列，如图。谱绘基于GIS的城市空间地图，视觉化查询系统（图3、图4）。

图3 外滩建筑序列目录

图4 外滩城市界面意象

3.2 探究语义上的"共时态"模式，构建海派场域的阅读路径

3.2.1 阅读路径以1：共时+文化背景链接，提升全息文化体验

共时的叙事为式在一定意义上包含了蒙太奇效果，外滩建筑风格多样化而呈现出建筑风格的"世界性"，展现了近代上海历史时间断面的共时叙事特征。呈现出特定时间段落，不同风格特征不断重构、生成、演绎、融合而后相互关联的独特城市意象。

人们在阅读和评价这类作品时，勾连起与西方列强的多元化带来世界范围内的政治、经济、军事、文化的多元化印记；不由得畅想来自梵语的bandh，从最早承担海湾功能而后成为上海地标外滩的"bund"，展现着"上海之眼"的非凡魅力以及来自世界各地的业主与建筑师的价值观、文化痕迹；也会由衷佩服金能亨(1823～1889年)对于外滩的构想和预见力（图5）。

然而一千个观众就有一千个哈姆雷特。外滩建筑承载着难以复制的历史文化积淀，它的世界性经由历时断面式的欣赏，构成大众对于"海派"文化的全息体验。如图在外滩近代建筑中，处于中山东一路29号的光大银行，原为法国东方汇理银行是法国在华银行中势力最强的银行，入口拱门上方有一卷涡状的断山花，流露出法国情调巴洛克式的设计手法，中部是爱奥尼式巨柱，横竖向三段式处理明显。建筑外墙用工整石块贴面，并勾勒水平线条，使建筑显得匀称、雅典。建筑明显呈现法国古典主义风格的代表性特征，以及西方思想渗透和殖民侵略的印迹（图6）。

图5 外滩俯视

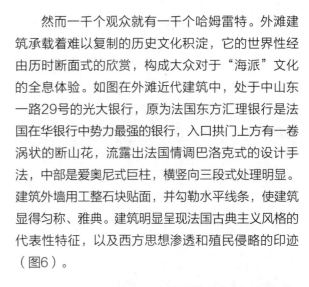

图6 外滩光大银行

城市文脉中这种共时态的、全息式的文化体验，往往成为他们参与融入甚至思考当代生活的一种方式，成为人们与城市场域的内在链接，也有效提升人们文化自觉文化自信的积极纽带。

3.2.2 阅读路径以2：共时+视觉感知链接，强化视觉可达性

对于一个城市长久的整体的记忆，往往基于那座城市的风格、抑或说是界面，直接关乎着城市的性格。西风东渐的渗透是一个文化全息的演进过程，表现在上海近代海派，建筑上，反映出来的是外滩近代建筑立面的不中不洋，自成一派；建筑的西式立面和西方建筑形式包裹着不同程度的变异或中式元素。

共时态海派场域空间普遍呈现出各个风格要素本身呈零散化或片断化，同时，在外滩建筑场域的整体界面上却互为一体，体现出上海城市的空间多元性、复杂性、多样性的海派场域特征。

通过关注于感官与精神的愉悦，调动视觉及其人体各级感官，也是实现场域感知和阅读有效手段，体现着视觉审美的共时性特征（图7）。

图7（a） 五官感知

图7（b） 多维共时态感知

1929年沙逊大厦(和平饭店北楼)是极其著名的外滩建筑（图8），其建筑界面强烈的视觉标识对近代上海的城市面貌、建筑风格产生过深远影响。沙逊大厦是外滩建筑风格转变的一个里程碑，它标志着外滩建筑开始了由新古典主义风格向Art Deco风格的转变；花岗石、金色的雕刻和彩色玻璃装饰的大量运用，令其曾经名噪一时；其端庄典雅的方形塔楼上顶着一个高达19米的、墨绿色金字塔状瓦楞紫铜皮的尖项，成为外滩的亮点。其所呈现的Art Deco风格对全世界建筑设计和社会审美情趣的影响都是不言而喻的，其以兼收并蓄、吐故纳新的作风博得了长期的追捧（图9）。

图 8 沙逊大厦

图 9 Art Deco 建筑立面构图与古典柱式的联系

关联Art Deco视觉集中在几个主要特点：

· 多样化几何造型：纯曲线造型向直线主导的几何化设计艺术的华丽转变。它善于运用直线却又不拘泥于直线，多样的几何化造型在Art Deco风格的建筑中发挥地淋漓尽致。齿轮状的阶梯收分的造型、太阳光的辐射造型、喷泉状的弧形造型，还有圆形、拱形、扇形、闪电形、三角形等丰富的几何化造型。

· 明亮的色彩：色彩是建筑装饰中的重要组成元素，通过色彩的装饰，建筑能很好地融入周围环境，也能够从周围环境中脱颖出来。Art Deco风格的建筑因其结合了工业革命时期的机械美学。建筑局部以炙热的红色、活力的黄色、安全的绿色、沉稳的褐色、冷峻的蓝色、干净的白色等明亮的色彩，造成很大的视觉反差，以突显整栋建筑或其局部的精细装饰，造成华美的视觉印象（图10）。

图 10 明亮的色彩示意

· 精巧的细部装饰：精巧的细部装饰也是Art Deco风格艺术性的一个重要特性。一直以来，细部装饰都是作为建筑的重要组成部分和意境表达的重要媒介。

Art Deco风格的建筑在上海后期的发展过程中也吸收了众多中式建筑的传统元素，如攒尖顶、斗栱、八角窗、漏窗、勾栏、券门、中式浮雕等（如同石雀浮雕、八卦八角窗），上海是继美国纽约之后世界Art Deco风格建筑数量第二多的城市（图11）。

图11 中式建筑传统元素

再看汇丰银行大楼，同样极具识别性；却是采用了严谨的新古典主义立面构图，外观上可以明显看出新古典主义的横纵三分段划分。五层上面的圆形穹顶是铜框架结构，成为该幢大楼的标志（图12）。

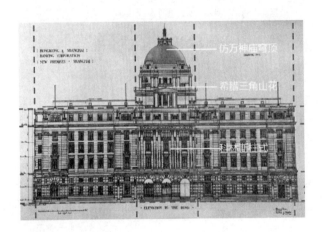

图12

对于外滩建筑的观察过程，透过建筑界面景观意象，经由视觉感知，共时态映射出海派场域文化意象及丰厚的历史信息，给观赏者带来视觉的愉悦感的同时带来文化归属感。同时滋养更高层次的心灵美感，从而达至精神的体悟。

3.2.3 阅读路径以3：共时+行为参与性链接，与市民生活共振

诺伯格·舒尔茨认为，人的存在意义赋予建筑以"场所精神"的特征，这种特征就是融合自然、与社会为友的"综合性气氛"，这亦是文化人类学称之为的"外在的意义空间"。可见人的参与，使场所与市民活动发生共振，才是构成有意义的场域空间的关键。

基于外滩场域，如何让大众走近上海近代"海

派"建筑这一优秀文化遗产，，彰显上海现代国际大都市的深厚社会人文底蕴，对于提升城市身份认知，显得尤为重要。在此提出构建人与场域的共振关联，形成常态化的基于开放视野的交互参与模式（图13）：

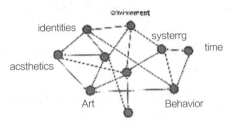

图13 多元交互感知图

· 观摩式参与：涉及未开放的外滩建筑，透过建筑外在表象与视觉表情，城市界面的机体性格与人的情感发生互动关联。目前多数外滩建筑仍然只能够观摩式互动参与，有待提高开放的程度。

· 沉浸式参与：是较为理想的模式，是一种无声的场所精神的浸润。

如外滩33号偌大的英式花园常是举办鸡尾酒会或私人派对的绝佳场地，感受美酒佳肴的同时，迷人的浦江夜色尽收眼底！海派文化与人们的城市生活相共生，同时映射着城市的价值观及海派生活方式（图14）。

图14 浦江夜色

又如常态化经营的中国银行在众多外国银行密集排布的外滩一线，是唯一的由中国人自己主持联合设计、自己建造、具有民族特色的银行大楼，正是中国民族银行业拼搏史的写照，目前已成为多家金融机构的一个集中场所，走入瞬间即刻感受到历时性人文与现实的共时态链接。

交互参与过程基于一个开放的视野，体现着网络结构的功能多元关系的共时态特征。从文化生态进化的角度看，提升场所的内在价值和意义，实现场域文

化的解读性，关键在于城市边界的开放与混合，特别是场域空间整体性和周边要素潜在关联，内容物的融合共振；也是面向生命时代的一种追求，体现着共生的美感。

4 结语

"海派建筑"是近代上海社会生活的历史存在，作为"海派文化"的重要组成部分，不仅是城市文化的外在物化表象，更是浓缩的近代上海的时代经典。是海派场域文化得以重新评估的重要源泉。

文章基于一个开放的视野，探究城市界面视觉表征与文化密码的转译模式，聚焦外滩建筑界面共时态阅读路径的探讨。通过特定历时时间断面的文化全息体验、城市意象视觉感知、与大众生活共鸣等有效阅读途径的构建，有利于传播彰显出上海现代国际大都市的深厚社会人文底蕴，也是体现了深层次的都市人文关怀。为上海历史街区保护开发与复兴有着积极的理论意义，也是在切实践行和回应"让建筑可阅读，街道可漫步，城市有温度"的上海城市文化品牌战略。

参考文献

[1] 陈从周，章明主编《上海近代建筑史稿》1995；G.Lanning&S.Couling,The History of Shanghai,1921；McGill, Li long Housing，A Traditional Settlement Form. www. mcgill. ca／mchg／student／lilong／chapter2／，Aug, 22, 2006.

[2] [清]王韬.瀛儒杂志[M].上海：上海古籍出版社，1989.

[3] [德]索绪尔. 一般语言学教程[J]//徐思益论语言的共时性和历时性，新疆大学学报（哲学人文社会科学版），1980.

[4] 程锡麟，叙事理论的空间转向——叙事空间理论概述[J].江西社会科学，2007(11):24-35.

[5] 李敏泉.蒙太奇思维与城市文脉中的环境设计[J].新建筑，1989(2).

图片来源

图1～图3、图9：陈从周、章明主编《上海近代建筑史稿》

图4：作者自绘

图5、图6、图8：百度图片

图7、图13：明珠美术馆塑世界.数字艺术讲座

图10、图11：沈福煦、黄国新著：《建筑艺术风格鉴赏——上海近代建筑扫描》

图12：百度图片+作者绘图

图14：作者绘图

浅析地域建筑的文化特色
——以蒙古族传统民居为例

Study on Cultural Characteristics of Regional Architecture:A Case of Mongolian Traditional Residence

贾绿媛

作者单位
北京林业大学（北京，100083）

摘要：自 13 世纪以来，成吉思汗建立的蒙古帝国铸就了华夏文明中的游牧文化，蒙古族传统民居的建筑形态与逐水草而居的草原文明，是游牧民族与环境资源相适应的智慧体现。蒙古族传统民居的建筑文化，不仅体现于外观形态，在建造过程、建筑材料与建筑活动等方面，也蕴含着地域建筑的文化特征。本文就蒙古族传统民居为研究对象，通过对建筑语言、建造技法、建筑空间等的分析，浅析建筑文化特色，探求游牧民族建筑空间与自然环境的和谐关系。

关键词：蒙古包；建筑文化；传统民居；地域建筑

Abstract: Since the 13th century, Genghis Khan established the Mongolian Empire, which implied the birth of Nomadic Culture among Chinese civilization. The wisdom of nomadic people adapting to environmental resources were embodied in the architectural form of Mongolian traditional residence as well as the grassland civilization living by water and grass. In addition, the cultural characteristics of regional architecture in Mongolian traditional dwellings not only showed on the appearance but also in those construction process, construction material and construction activities. Therefore, taking Mongolian traditional dwellings as the research object, through the analysis of architectural forms, construction techniques and architectural space, analyzing the characteristics of architectural culture and exploring the harmonious relationship between nomadic architectural space and natural environment.

Keywords: Mongolian Yurts; Architectural Culture; Traditional Residence; Regional Architecture

1　引言

南北朝歌谣"敕勒川，阴山下，天似穹庐，笼盖田野；天苍苍，野茫茫，风吹草低见牛羊"。生动地描绘了一幅中国北疆蓝天绿野、牛羊遍地的草原风光。在这首歌谣中，还可以寻求到蒙古族传统民居——蒙古包，那圆形尖顶状天穹式建筑的建筑形式，不仅体现了蒙古先民对天穹的向往，也展现了当时游牧民族对自然的尊重与敬畏之情。蒙古包建筑的就地取材与便捷搭建的形式，体现了游牧文明的古老智慧，蕴含着人与自然和谐共生的朴素生存观[1]。

而今，蒙古民族渐渐形成固定形式的生活聚居形态，但随着城市化的发展，千城一面的现象日益凸显，内蒙古大地上的建筑景观逐渐失去地域与文化特色。进入21世纪以来，随着全球能源的短缺与环境问题的加剧，建筑设计师们正寻求着一种"人、建筑、自然"三者和谐统一的相互关系[1]。因蒙古包在建筑形式、空间布局、材料选择与搭建工艺等

方面，无不体现着当地地域自然与人文生态系统之间和谐共生的古老智慧；另外，蒙古包以其自重轻、承重强、搭建迅速、拆装搬迁方便、构件模数化等建筑特性[2]，成为游牧文化生态下的理想民居形式。

本文从生态文明发展与民族文化积淀的视角，对蒙古族传统民居的建筑语言、建造技法、建筑空间等方面进行分析，浅析建筑文化特色，探求游牧民族建筑空间与自然环境的和谐关系，以求蒙古包，这种富有文化特色的建筑形式，能够长久地活跃在辽阔的草原之上，在时代发展背景下，得以更好地传承，并为当今建筑的可持续、适地性发展提供参考。

2　蒙古包的起源

在《史记》、《汉书》等汉语典籍中，有"毡包""毡帐"或"穹庐"的描述，后自清代起，满语

中称"家""屋"为"BOO（包）"，才有了今日的"蒙古包"一词。同时，蒙古包这种典型的游牧式建筑，也自匈奴时代起出现并沿用至今，是游牧民族崇尚自然的草原文化的主要载体。

3 蒙古包的建筑技法

3.1 蒙古包的结构组成

蒙古包由架木体系、苫毡体系和绳带体系三大体系组成（表1），包含套瑙、乌尼、哈那、毡墙、门槛五部分[3]（图1）。且三大体系均有一定的搭建尺寸，可进行模数化的加工设计。

蒙古包组件材料及用途　　　表1

体系	部分	材料	作用
架木体系	套瑙	多为柳木（红柳）	连接乌尼，起室内采光、通风、查看时间的功能
	乌尼		形成完整屋顶，并使建筑均匀受力
	哈那		建筑的承重构件，并决定蒙古包的大小
	门槛		内外空间连接，提供通行
苫毡体系	毛毡	绵羊毛、骆驼皮	挡风、雪，保温
	帆布罩	布	
绳带体系	围绳	马的鬃毛或尾巴	围捆哈那
	压绳		维系包顶形状
	捆绳		捆扎相邻哈那，连成整体
	坠绳		防止建筑在强风中被掀翻

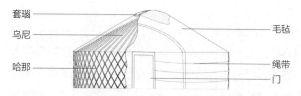

图1　蒙古包组件构成示意图

3.2 蒙古包的搭建过程

1. 原材料的加工

套瑙：将刚采伐的鲜嫩柳条趁湿弯曲，并用木橛对其进行10～30天的形态固定，定型后，刮去木材外皮。后根据套瑙的尺寸大小，锯好下方木材，刨光后，将套瑙的上下两部分木材组合。

哈那条和乌尼杆：将柳木原枝锯到合适的长度，然后进行剥皮、截断、烘烤、整形等加工。

羊毛毡：将剪取的羊毛敲打松散，平铺于地面并洒水打湿，后进行卷压并多次反复制成。

绳索体系：利用马的鬃毛或尾巴编制缠绕而成。

2. 选址

蒙古包的建造通常选址于背风向阳的缓坡处，以最好地抵御多变而恶劣的天气条件。在蒙古包的搭建时，首先应确定建筑内居中的"火撑子"到建筑外围毡包根部之间的距离，进而确定出蒙古包的初步尺寸。

3. 搭建

修整地面，铺好地盘。其后顺序依次为竖立包门、支撑哈那、系内围带、搭建套瑙、安插椽子、铺内毡、围哈那毡、包顶衬毡、覆盖包顶套毡、系外围带、围哈那最底部围毡，后用绳索围紧加固[4]。春、秋季盖两层围毡，夏季炎热时可撩起围毡进行室内通风，冬季寒冷时可加盖三层围毡，并在室内挂帘防风防寒。

4. 扩大毡包

如有需求要进行建筑空间的调整，可通过换掉套瑙，增加乌尼、哈那的方式对毡包进行扩大，反之即可缩小。

4 蒙古包建筑分析

4.1 建筑元素分析

1. 天窗部分

套瑙：一般采用柳木或榆木制成。

顶毡：顶毡为正方形，正方形的边长大小决定顶毡尺寸。顶毡为蒙古包顶部的装饰，同时，也起到调节室内温度与光线的作用，在需要室内通风或加强照明时，可将顶毡拉开，在正方形顶毡的四角设有坠带，防止强风天气将顶毡掀起。

2. 屋顶部分

乌尼(顶杆)：乌尼上连套瑙，下接哈那。其高低可根据建筑尺寸进行调节，但同一蒙古包的乌尼用材长短、粗细均相同，这样使得顶盖上各部所受荷载相同，向下传递的力也相同，保证了建筑的稳定性。

顶棚：顶棚作为蒙古包顶部苫盖顶杆的一部分，

以套瑙中心到哈那头的距离为半径，挖去中间的套瑙部分，形成的一组扇形结构组成的顶棚，通常覆盖由3~4层毛毡。

外罩：外罩为顶棚上的装饰品，同时也象征着建筑的等级。在夏季天气炎热撩起围毡时，外罩还可以起到防止蚊虫进入室内的屏障作用。

3. 围壁部分

哈那(围壁)：哈那的数量通常为偶数（6、8、10、12……），并可根据建筑的需要进行适当的高度调节。如在雨季，蒙古包需搭高防水，则将哈那拉紧，使菱形网眼变窄；在多风的季节，为减弱建筑的受风阻力，可将哈那放松，菱形网眼扩大，使得蒙古包形态变得较为扁圆、近地而稳固。

围毡：围毡一般为4个，呈长方形，围绕哈那展开。

4. 门

传统蒙古包的门由门框、毡帘两部分组成。哈那的高度决定了门框高度，而毡帘则是用3层或4层毡子纳成。

5. 支柱

超过8个哈纳的蒙古包通常在室内设2根或4根支柱。柱子有圆形、方形、六面体形、八面体形等形态。

4.2 内部空间形态分析

通常，在蒙古包平面圆形的正中位置设炉灶，象征家族的旺火。[5]。室内布局也遵从天地的自然方位（东、南、西、北、东南、西南、东北、西北和正中），且每个方位都有着明确的功能和象征意义。因而，蒙古包的门通常朝向南或东南，使得与门相对的贵宾席坐北朝南。另外，根据蒙古族人民传统的生活习俗，形成传统的认知习俗，在蒙古包内，进行明确的男女性区域划分，西或西南侧为男性使用空间，东北侧为儿童位，妇女的空间则位于东侧和东南侧（图2、图3）。

4.3 内部空间采光方式分析

蒙古包室内采光主要来自于包顶的套瑙，在室内光线较暗时，可拉开套瑙的顶毡进行采光（图4）。

4.4 内部空间通风方式分析

蒙古包室内采光主要来自于包顶的套瑙，在室内

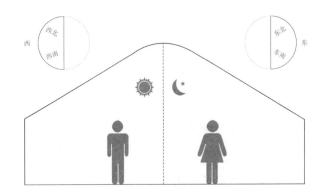

图2 蒙古包建筑内部空间区域划分示意图

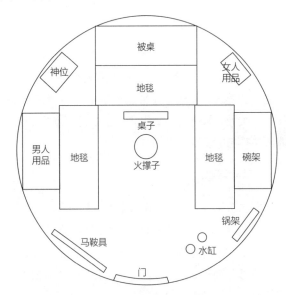

图3 蒙古包内部空间划分及功能示意图

图4 蒙古包采光方式示意

光线较暗时，可拉开套瑙的顶毡进行采光（图5）。

| A两侧通风 | B单侧通风 | C顶部通风 |

图5 蒙古包通风方式示意图

5 蒙古包的文化特色

5.1 形态

蒙古包圆形的建筑造型，不仅体现了蒙古族人"天圆地方"的传统崇拜，也展现出中国审美中"圆"的团圆、美满的寓意。蒙古族人认为人的一生是一个圆圈，最终会回到生命的原点，是当时游牧民族人生观与价值观的建筑体现。

5.2 色彩

蒙古包以白色为主，配以蓝色的祥云图案，这一颜色的选用，同草原的蓝天白云相和谐，展现出蒙古族人民以"白"为尊的色彩信仰。例如白色的哈达代表纯洁与高贵，成吉思汗选用白色的坐骑，蒙古族的传统食物奶酪制成白色等。

5.3 居住形式

因游牧的特性，随着气候、场地资源的变化，蒙古族人民居住空间也在不断变化，蒙古包这种可迁移的建筑形式，是当时蒙古族人民逐水草而居的生活习俗的良好体现，也是当地独特的民居形式。

6 草原居住建筑的生态智慧

6.1 与游牧生活相适应的选址特征

因游牧的迁徙特性，春季风大、畜牧业发展时，选择开阔草场；夏季雨水充沛、地表潮湿，选址在山丘或高地；秋冬季为抵御严寒而选择背风向阳的缓坡。

6.2 搭建材料的地域性与可持续利用

搭建材料易获取，且均为天然、可再生材料，无

有毒有害物质添加，取材便捷，材料广泛，是人类住宅建筑中用材最少、建筑方式对自然破坏性最小的建筑，体现了对环境的保护；并且游牧的特性使得材料循环往复使用，减少了对资源的需求量；产生的废弃垃圾为可自然降解的生物垃圾，垃圾有助于促进牧草再次生长，维护生态平衡（表2）。

蒙古包搭建材料选择与特性分析　　表2

搭建材料	来源	使用原因	特性
木材	柳木（红柳）	蒙古高原季节性温差大，不适宜具有热胀冷缩特性的材料搭建，同时，考虑到经常搬迁的游牧生活，需要重量较轻的建筑材料	木材具有良好的气候适应性、无明显的热胀冷缩，来源广、产量高，易成型，质量轻
毛毡		布料苫盖不能保温隔热，防水性差，遇大风还会鼓起；皮革苫盖经风吹、雨淋、日晒后会干硬收缩；干草苫盖易燃	毛毡隔温性强，抗风，不渗水，富有弹性，易于搬运和储藏
连接绳	马鬃马尾	皮条在多变的环境下会变脆而崩裂；铁丝太过僵硬而会引起木制部件受损	马鬃、马尾编成的绳带柔软而结实，不易变形

6.3 适应气候条件的建筑形式

蒙古包的造型与草原环境及气候特征相适应。圆形平面与锥形屋顶有效地抵御各个方向的风荷载和雪荷载，同时，蒙古包流动的造型，削弱垂直方向的风力作用，减小建筑的受风力度。蒙古包易于组装、运输搬迁便捷等特征，为游牧民族的迁移提供便利。

6.4 实用的建筑结构

哈那可实现蒙古包外形的微调。在雨水充沛的季节，可通过加强哈那的捆扎力度来增加蒙古包的包顶坡度，防止雨水汇集屋顶；在风力较强的季节，减小哈那的捆扎力度，使得蒙古包紧伏于地面，增强建筑的抗风性与稳固性[6]。

蒙古包顶部伞形乌尼与菱形支撑相连接的哈那使得蒙古包整体受力均匀，同时，能够将建筑顶部受力均匀分散地向地面传递。

套瑙在提供建筑自然通风、采光的同时，在风大的环境下，还可以通过调节其开闭，保障建筑室内外的气压平衡，降低建筑的能源消耗。

毛毡外墙可以根据气温的变化进行调节，满足保温隔热的双重需求。在冬季气温过低时，可在建筑内部生火取暖，这时，蒙古包圆形的建筑形式与低矮的屋顶结构，使得建筑内部升温快，保温性强。

6.5　和谐的人地共存

蒙古包建筑平面为圆形，在所有平面几何图形中，在周长相等的情况下，图形所包含的面积最大，而蒙古包的圆形平面，为建筑室内争取了较大的使用空间。在人与自然相互发展的过程中，人们也渐渐意识到自然界植物呈圆柱形生长的特点，因而，建筑下部形态的圆柱形，也是生物进化中的自然形态，体现了人与地域的和谐共生。

7　蒙古包的建筑设计启示

蒙古包简单的圆柱形母体结构，巧妙地缓解了风、雪、雨等恶劣气候环境对建筑的影响，并提升了包内的空间利用率；取材自然的建筑材料，在满足建筑通风、保温、隔热等使用需求的同时，保证了人与自然的可持续发展；简洁的搭建方式与崇尚天穹的造型语言，彰显了民族与自然和谐相处的生态智慧。

在钢筋混凝土等人工合成材料大规模投入建造使用的背景下，建筑师应结合地域与文化特色，因地制宜，就地取材，设计具有乡土气息的"自然生长"建筑，在考虑建筑造型美观的同时，还应注重建筑的使用。挖掘民族特色，设计实用、便捷的功能性建筑，体现人与自然的和谐共生。

参考文献

［1］霍丹.建筑环境的植物构建意义研究[D]. 大连:大连理工大学，2009.

［2］王冬梅.游牧文化生态下的蒙古族传统民居探研[J]. 重庆交通大学学报，2013，13(1).

［3］高宇飞.草原牧歌:草原文化特色与形态[M].北京:现代出版社，2014.

［4］柳逸善.关于蒙古包的审美研究[D].北京：中央民族大学，2005.

［5］兴安.传统蒙古包民俗文化研究[J]. 建筑与文化，2017(2):79-80.

［6］郭沁，钱云.内蒙古草原住居建筑特征解读及适宜性建造策略研究[J]. 城市建筑，2017(21)：118-121

图片来源

图1～图3、图5：作者自绘

图4：作者自摄

清末至民国时期吉林乌拉街镇城市空间变化的特征与成因研究

Study on the Characteristics and Causes of Urban Spatial Changes in Wulajie Town of Jilin Province from the Late Qing Dynasty to the Republic of China

石瑛琦、王飒

作者单位
沈阳建筑大学（沈阳，10153）

摘要：今吉林省吉林市北部的乌拉街镇，坐落在松花江畔。曾是海西女真乌拉部的聚居地。自明代建乌拉古城起距今已有近600年的历史。清代乌拉地区作为直属内务府的最大贡品基地专职打牲采贡，其特殊的社会职能伴随清王朝兴衰近300年。[①]清末民初政权变革，乌拉地区经历了从捕贡基地到乡镇行政区的转型。各项新政的颁发促使乌拉地区衍生新的空间，其衍生过程伴随兼容与扩张，守礼与开拓，与旧空间秩序结合逐渐形成新的空间秩序。另外商业的快速发展成为一种自下而上的力量，与自上而下的政策改革并行，推动着乌拉地区空间发生更复杂的变化。本文旨在分析清末民国这一特殊时期乌拉城市空间变化特征，并梳理其与当时社会背景间的关联，从而系统地看待乌拉地区的发展过程。

关键词：城市空间变迁；政策改革；商业发展

Abstract: Wula Street Town, north of Jilin City, Jilin Province, is located on the banks of the Songhua River.It used to be the settlement of the Haixi Jurchen Ula.It has been nearly 600 years since the Ming Dynasty built the ancient city of Wula.In the Qing Dynasty, the Wula area, as the largest tribute base of the Ministry of Internal Affairs, was dedicated to the tribute, and its special social functions accompanied the Qing Dynasty to nearly 300 years.During the reform of the political power in the late Qing Dynasty and the early Republic of China, the Wula area experienced a transition from the tribute base to the township administrative area.The issuance of various new policies has prompted the creation of new space in the Ula region. Its derivative process is accompanied by compatibility and expansion, courtesy and development, and a new spatial order is gradually formed in combination with the old space order.In addition, the rapid development of commerce has become a bottom-up force, paralleling top-down policy reforms, driving more complex changes in the Ula area.The purpose of this paper is to analyze the spatial characteristics of the Ula city during the special period of the late Qing Dynasty and to sort out the relationship between it and the social background at that time, so as to systematically look at the development process of the Ula region.

Keywords: Urban Space Change;Business Delevopment

1 清末至民国的政策变革引起的乌拉城市空间变化

1.1 巡警制度下的城市空间变化

清代乌拉地区专职为清朝廷打牲，城中向无驻防官兵守卫。雍正十年（1732年），雍正皇帝谕令从打牲丁内"拣其强壮者，挑选一千名，作为精兵，遇有调遣，以便急用。"于是在乌拉新城总管衙门西设立协领衙门，协领衙门兵丁职责是在"无战事征剿

时，遇有采捕之年，兼顾打牲工作，闲暇之时，令其该管官等操演骑射。"[②]协领衙门设立的起因虽是乌拉城向无官兵驻守，然实质上的职能更多是打牲与外出守边，城中驻防仍有空缺。光绪二十六年（1900年）慈禧颁布新政，其中一条军政改革中提及停止武科举，并令各省裁撤绿营防勇，改练常备、续备、巡警等军，操练新式枪炮。光绪三十三年（1907年），吉林省在城市推行巡警制度，同时期命"乌拉城内划分二区，城外划分一区，统分三区足资保卫"。[③]又时逢连年战乱社会动荡匪患严重，设立警

---

① 明清时期乌拉地区空间相关研究已撰写于：王飒,石瑛琦.打牲乌拉城市空间特点及主要建筑布局研究[C].建筑学年会建筑史学分会论文集.2018
② 《打牲乌拉三百年》P23.
③ 《打牲乌拉三百年》P403.

署属局势所驱。

光绪三十四年（1908年）乌拉巡警局长为呈送开办简章事给吉林民政使司的申及章程中提到"乌拉地处行衢人烟繁盛，度其街市之宽阔周围约有十数余里，其区域界限似属天然现拟从简试办先行分划三区，城内係住绅董居民，并无市商业杂拟专设一局。暂足保卫城外商贾杂处地段纷繁，拟亦专设一局以资弹压"。[1]根据图1所绘状况显示，打牲乌拉新城（方形城区，于康熙四十五年建）西侧城区自南向

北纵向分布有第一分局，位于原城中协署厢蓝旗处；巡警总局，位于老十字街中心附近一祖民宅；一局分所，位于原城中协署厢黄旗处。西关城区（打牲乌拉新城西墙外城区）沿十字街分布有第二分局，位于药王庙处，临近西关南头；二局分所，位于财神庙处，临近西关北头。新设立的巡警警署分布位置较规则且分散，从位置上看其保卫功能可以较为有效地辐射到新城内各处及西关区域。

打牲乌拉新城中此时尚存翼领衙门（原为打牲乌拉总管衙门）与协领衙门，两衙门均为清朝廷亲谕建置，其位置位于今旧十字街中心偏东。清王朝兴盛之时，掌管一切打牲事宜的两衙门曾作为行政管理中心存在，带动新城中十字街区的繁荣。三处警署设立位置虽临近十字街，但仅沿十字街西纵向分布，未与两衙门区域交叉。一方面为占据城中重要地段又兼顾守卫职能，另一方面则介于两衙门实权尚在不宜混淆，分布特征如图2所示。西关的街市规模形成时间虽较晚于打牲乌拉新城，且始终未见有政策对其进行规划，但发展到后来西关街市规模却大于打牲乌拉新城。[2]较之新城西关所设警署管理范围更大。之所以仅设两处警署，原因在于自康熙四十五年建打牲乌拉

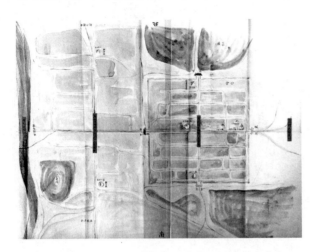

图1 乌拉地区设立巡警警署（取自《打牲乌拉三百年》）

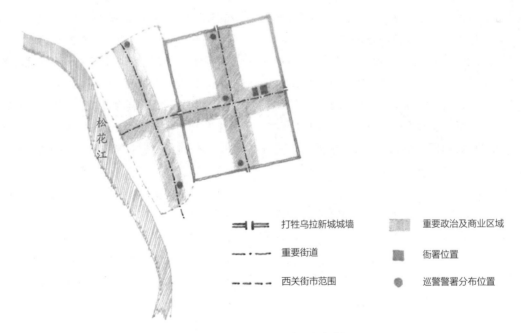

图2 巡警警署位置与乌拉城相对位置示意图（作者自绘）

---

① 《打牲乌拉三百年》P409.
② 图一所示信息"乌拉西关街市周围共九里有余，乌拉城方圆共八里有余"。

新城之初对其城市区间划分严加管束城内为满族八旗居住区，汉民商贾杂居西门外。伴随经济的发展西郊街市虽具有一定规模，但新城仍是政治中心，乌拉地区中心，具有乌拉地区"内城"的表象地位。故警署力量仍着重分布新城中。

1.2 教育改革下的城市空间变化

据记载乌拉新城原设有一官学，"在城中过街牌楼东，设自雍正七年……分设左右翼官学建修前三间为汉学后三间为满学"。[①]。清末前，乌拉地方一私塾教育遍布城乡。[②]光绪二十六年（1900年）新政出台，规定停止一切科举考试，结束了中国自隋唐以来延续一千余年的科举取士制度，各省所有书院于省城者一律改设为大学堂，各府及直隶州均改为中学堂，各州县均改为小学堂，各地设蒙养学堂。光绪三十一年（1905年）起乌拉城乡开办官立学堂。[③]光绪三十二年（1906年），"军署兵司案呈，据全省学务处移开案查……乌属四区前后劝办蒙小学堂共五十四所，均遵私塾改良办法"。（300年）光绪三十四年（1908年）建立高初等小学堂。据光绪三十四年（1908年）下学期吉林省乌拉城官立高初两等小学堂一览表记载"暂借乌拉城里关帝庙两廊暨义学两处，又城外娘娘庙廊房分班占用。建置：现已勘定城外娘娘庙院内建置校舍尚未竣。"其中"娘娘庙在城西北古城内小城高台上于康熙二十九年建修正殿三间前有元（圆）通楼一座，东西两廊各五间，山门三间以上。四庙皆系总署官庙。""关帝庙，一在城西北五里许旧街。于康熙二十四年建修正殿三间，东西两廊各三间。后佛殿三间，东西偏殿各三间。钟鼓楼二座，马殿三间，三门外戏楼三间"。[④]

从图3绘制的信息可见，新建置的官立高初两等小学堂"南北长路十九丈，东西宽三十四丈"。占地面积余6200余平方米。这样规模的学堂显然无法坐落于规划成熟的新城中及居住密度较大的西关街市。故择于新城以北的乌拉古城内建造校舍。两小学堂设施完善，学生活动区包括讲堂、自习室、操场、寝

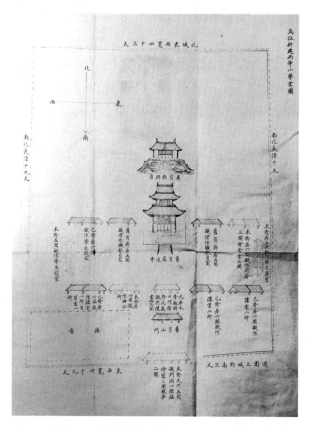

图3 乌拉新建二等小学堂图（取自《打牲乌拉三百年》）

室、食堂。教师办公区包括职教员室、办公所。附属空间包括接待室、号房、大门、山门、礼堂、厨房。从分布上看，学区内各建筑均对称分布。中轴线上的分布有大门、山门、礼堂、旧有圆通楼、旧娘娘庙。娘娘庙位于旧有百花点将台之上视点最高，又在中轴线最末，可看作是学区中的标志性建筑。学堂虽利用乌拉古城中"紫禁城"（即乌拉古城第三道城墙之内）地段，但并未将原有娘娘庙、圆通楼改建，而是加以重视并以此为中心形成中轴，应与两旧有建筑具有重要历史价值有关。讲习区与操场位于学堂场地的前段均匀分布在中轴线两侧，强调学堂的职能属性。教师办公区位于后段中部中轴线两侧，学生后勤区则分布教师办公区东西，显示出尊师重教的礼仪秩序。学堂区域中初旧有圆通楼为二层建筑外，其余均为一层建筑，建筑形式简单且单一。各功能建筑分布状态如图4所示。

---

① 《光绪打牲乌拉乡土志》P560.
② 《打牲乌拉三百年》P316.
③ 《打牲乌拉三百年》P316.
④ 《光绪打牲乌拉乡土志》P535.

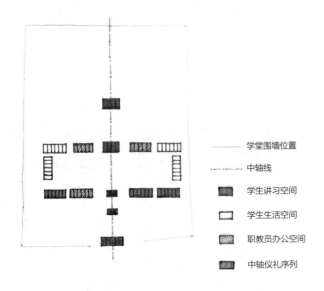

图例：
- 学堂围墙位置
- 中轴线
- 学生讲习空间
- 学生生活空间
- 职教员办公空间
- 中轴仪礼序列

图4　学堂各功能建筑分布状态图（作者自绘）

1.3　打牲乌拉总管衙门改建与裁并

打牲乌拉总管衙门建于康熙四十五年（1706年）是专为皇帝纳奉贡品的衙门，建筑布局和功能较之清代其他衙门存在独特之处。据《打牲乌拉志典全书》记载"有土门三间、仪门一间、川堂三间、大堂五间，内中间上供龙牌川堂后设有五间印务处，左面为银库、更房各三间；右面为松子、细鳞鱼、乾鱼等库房四间；川堂前为左右采珠八旗办事房各三间，办事房中间仪门一座，门前设影壁一座"。①光绪二十四年（1898年），打牲乌拉总管衙门经改建后变为翼领衙门。据光绪二十四年（1898年）办理土木工程事项统计表第四十九记载"重建川堂三间大堂七间印务办事房五间，银库三间，松子鱼库四间，看守衙署银库，更房三间，两翼阿斯房各五间厨房各十间，两鱼办事房各三间，衙署大门三间，二门一间，城门四座，看守四门，惟堆房十二间土城墙周围八里共计八十六间"。宣统二年（1910年）"吉林全省改革旗制，五城副都统改设旗务承办处。旗务处以乌拉翼领衙门与协领衙门'既属同源，自应裁并归一'，呈请改设打牲乌拉旗务承办处。"②"打牲乌

拉翼领协领两衙门裁并，改设定名曰打牲乌拉旗务承办处。应设三科，曰总务曰贡品曰军籍。总务科：专司翼协两署革庶务综核收支款项，收发文牍，保存公务，举办公益，筹画生计，凡不隶他科事件皆属之。贡品科：专司明翼领衙门印务处所管采捕及例行一切事宜。军籍科：专司旧日协领衙门关防处甲兵差操征调承缉及例行一切事宜。"③至此翼领衙门（原总管衙门）与协领衙门裁并，打牲乌拉总管衙门名义上独立性消失。

民国元年（1912年）十月，"都督札开本省旗务处，改为临时旗务筹办处，并入公署。其名城旗务承办处名义亦宜斟酌变更，改为临时旗务筹办分处。"乌拉旗务分处在原总管衙门房屋办公，经修缮后，与乌拉协领公署、翼领公署、八旗一并迁入办公。据民国8年（1919年）乌拉旗务分处告知乌拉协领公署迁移办公处所的公函记载"缘因本处院内东西配房十间，现修完竣分酉动公兹。拟西配房五间，以北四间归作协署八旗办公及其炊室，以南一间为其存储室。其东配房五间，以北两间半归作协署办公及其炊室，以南两间半仍为翼署八旗办公并其炊室。誉出二堂三间统归本处办公并会议室。其炊室仍以大堂东耳房三间，权就办理遗出八旗及本处房室另租得价永作修缮费"。④结合上述几个时期的衙署建筑功能状况变化过程，绘制成图5。

打牲乌拉总管衙门改建为翼领衙门的过程并未见其打牲职能变化，翼领衙门与协领衙门的裁并则有所不同。合并后的原协领衙门改为军籍科，原总管衙门核心职能改为贡品科。由此可见采供衙署的打牲职能有所萎缩，协领守边的职能也与之前不同。再到民国元年成立的旗务筹办分处，则更显示出衙署管理打牲事宜的职能进一步弱化。民国元年11月12日《吉长日报》报"奉省赵都督前月亦同时接到北京内务府移咨覆，谓清廷贡品际此国体更易，百政变更，理宜停止。前已呈请大总统，请援照吉省之例停进，奉复照准，业饬三陵内务府、理股、将解京贡品一律停止，惟奉省永、福、昭三陵祭品系归皇室范围，应照旧谨慎备办。"实际上此时的打牲职能大部

---

① 《吉林省地方志考论，校释与汇辑》中收录的《打牲乌拉地方乡土志》内容P240.
② 《打牲乌拉三百年》P13.
③ 《打牲乌拉三百年》P74.
④ 《打牲乌拉三百年》P53.

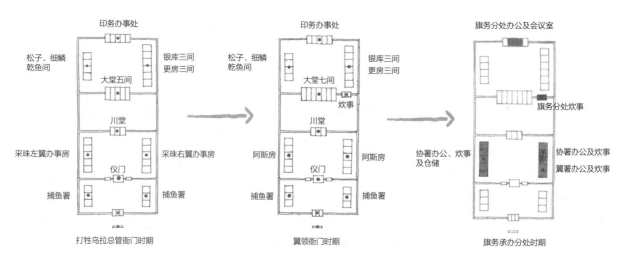

图 5　衙署建筑各时期平面功能变化图（作者自绘）

分已叫停，故打牲衙署的建筑空间也在逐渐萎缩直至瓦解。

2 清末至民国商业发展下的乌拉城市空间变化

2.1 商业发展带来的城市空间变化

自乌拉新城建城时起西关便是商业区，随着经济的发展西关逐渐成为乌拉地区最繁华的商业中心。民国11年（1922年）乌拉街遭土匪劫掠，商业受到巨大冲击经数年恢复又逐渐兴旺起来，并与光绪三十四年（1908年）成立商务分会。该分会的设立旨在"联络同业，启发智识，以开通商智。维持公益，改正行规，调戏纷乱，代讼怨抑，以协和商情。"[1]商业工会性质为商民自发组织，会长在商家中推举产生。光绪年间新政内容中虽有重视商业一则，但乌拉地区并未下发政令整顿商业，实际上乌拉商务分会上是自下而上的发展变革形式。同时也说明此时乌拉镇西关商业以发展至一定水平。

据光绪三十四年（1908年）乌拉商务分会试办章程记载商会设置由"本街旧有财神庙廊庑稍为改修暂作会议公所。"财神庙位于"城外西北隅，于乾隆二十八年建修。正殿三间，东、西两廊五间，山门三间。"[2]民国20年（1931年）药业工会建立，"本

会名称为永吉县乌拉镇药业公会其事务所附设本镇商会院内。"即药业工会设于商务分会之内。据记载财神庙内建有一药王庙[3]，故药业工会或借用药王庙办公。两工会虽是西关商业区的管理部门地位较为重要，但所处地段绝非西关的中心地段，且仍沿用旧有建筑办公。

2.2 西城商业区采取的治安措施

民国年间吉林各地匪患四起，一时间商民恐慌异常。民国11年（1922年）农民起义首领"小傻子"率人攻占乌拉街。抢掠民财店铺，对西关商业区造成严重影响。次年（1923年），"在清代城墙的基础上，向南、向西扩建并加固。扩建的南城墙的东南角在"炮铺"北，今"永吉路"南侧；向西、转西南至江边；西墙基本是沿江挖壕建造的，现仍断断续续可见遗迹，很不规整。此次住城，又开了一个南门，一个北门，一个西门，均位于旧城以西新筑的各段城墙中间，把"乌拉八景"之一的《西门午市》圈入城内。新扩建的城墙亦为土筑，城门砖砌，门楼二层，以南门为壮观，保存亦久，见着颇多"。[4]对于此城墙无过多记载说明其究竟是由官办或由西关商户集资兴建。由此将乌拉新城与新建西关街市城墙与城门关系绘制成图6。通过与日军大同元年（1932年）制造的满洲十万分一图新京十三号图比照发现，图中所绘的乌拉地区新城城墙可见而西

---

① 《打牲乌拉三百年》P195.
② 《吉林省地方志考论，校释与汇辑》收录《打牲乌拉地方乡土志》P228.
③ 《吉林省地方志考论，校释与汇辑》收录《打牲乌拉地方乡土志》P228.
④ 《永吉县文物志》P124.

关已不见墙体痕迹，由此大致估算西关城墙仅存在9年。墙体的迅速消失可能与沿江的地势及此后的修缮管理制度有关。城墙毗邻松花江难免受洪涝影响，逐渐腐蚀。而受损后未及时修缮则加速了消失的速度，但经分析猜想这或许有意为之。围合的空间不适合经济往来，明确的边界也会阻碍街市的扩张，如非特殊时期需要城墙保卫治安，城墙显然不是西关的必要设

施。民国十四年（1925年）吉林省警务处为船户王钟奇的吉乌汽船，拟在省城至乌拉街间往返运输客货事，"商自筹资本购买汽船一艘载连客货"。[①]往来行旅由街路、水路纷至沓来。仅时隔两年，遭遇匪患的西关商业区便重整旗鼓，甚至新增了客货船加强了发展趋势。如此一来城墙急速的消失或许成为必然。

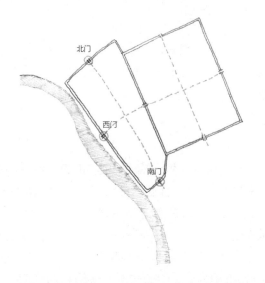

图6 乌拉新城与新建西关街市城墙与城门关系图（作者自绘）

图7 大同元年（1932年）乌拉测绘图（截自民国日军侵华地图满洲十万分一图新京十三号吉林省吉长道吉林县）

3 自上而下的政治改革与自下而上的民生发展共生的城市空间

3.1 官办建筑及民办建筑分布特征

乌拉地区的发展经历不同历史时期，积累下各时期不同的建筑和城市形态。就官办建筑而言，可分为旧官办建筑即清中期建城起建置的建筑，及新官办建筑即清末实行新政以来创办的建筑。从城市空间的划分上看，旧官办建筑包括打牲乌拉总管衙门、协领衙门、乌拉官学、官办寺庙、官家府邸，均分布于打牲乌拉新城中且东侧居多。新官办建筑包括两小学堂、巡警警局，虽为官办但择址显然不再局限于新城之中，甚至有意利用乌拉古城区域。这也证明了乌拉镇在逐渐膨胀，用地需求也更加迫切。就民办建筑而言，分为旧民办建筑与新民办建筑。旧民办建筑主要为民办寺庙，位于新城西

郊与北郊。新民办建筑包括商务分会、药工会，未有新的建筑，仅利用原有民办寺庙空间办公。无论从新旧建筑功能来看还是从安置新功能的方式来看，都足以证明西关街市商业实力与规模的扩张。官办建筑与民办建筑的分布变化简化成图8、图9所示。

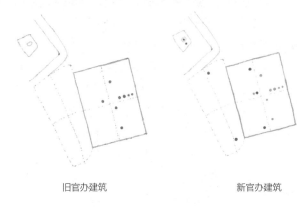

旧官办建筑　　　　　　新官办建筑

图8 旧官办建筑与新官办建筑分布特征图（作者自绘）

---

① 《打牲乌拉三百年》P309.

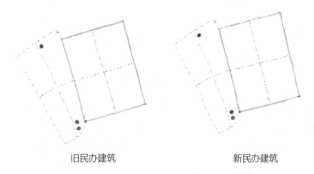

旧民办建筑　　　　　　　新民办建筑

图 9　旧民办建筑与新民办建筑分布特征图（作者自绘）

3.2　行政管理中心与商贸中心的变化特征

城市空间的中心分为行政管理中心与商贸中心。乌拉因其特殊的社会功能而产生了以打牲衙署为主的行政中心，由该中心点带动整个旧十字街成为行政中心区域。在旧十字街沿街分布着官办寺庙、官学、官员宅邸。这种中心直到清末，伴随清王朝的衰败打牲职能的弱化，逐渐虚弱。但历史积累下的重要城市地段的地位始终影响着新的政权对其进行的规划，于是新设立的警署重新强调了旧十字街的政治地位，变化特征简图如图10所示。

衙署建筑位置　　衙署建筑与旧十字街位置　　旧十字街位置

图 10　行政管理中心位置变化示意图（作者自绘）

商贸中心的载体始终在新城西郊。初设城池之时旧有"旗仆占居城里……商贾占据西门外"[①]，西门曾是建立新城以来最早的经济中心。清光绪末年任打牲乌拉总管衙门笔帖式的富森曾为西门午市作诗，并列入乌拉八景之一。[②]随着西门贸易点的发展，贸易的区域也逐渐扩大为十字街区的形式，后被称作新十字街。从日军大同元年（1932年）制造的满洲十万分一图新京十三号图上看，新十字街的南北发展至此已十分通达，紧邻新十字街的居住密度很大，远大于新城内的密度。商贸中心的转移一方面是发展带来的

结果，另一方面也为商业区带来了更大的发展。变化特征图如图11所示。

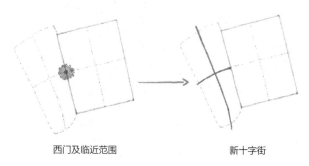

西门及临近范围　　　　　　新十字街

图 11　商贸中心位置变化示意图（作者自绘）

4　总结

自上而下的政治变革是决定乌拉区域城市分布状况的最重要因素，而自下而上的民生发展同样具有改变城市分布状态的力量。自建城时起，两种力量便相辅相成共同发展，从空间上划分成西与东，内与外，从性质上分为官与民，政与商。在多元因素共同作用下形成的乌拉街镇的空间格局一直伴随新时代的发展而延续并影响至今。从图12的一组对比图可见，镇的形态及路网基本延续过去。新十字街依旧是商业聚集区，旧十字街则依旧坐落警局、政府、学校。无论时代如何发展，政权如何更迭，历史的秩序始终潜移默化地影响着乌拉街镇的空间形态。这是历史延续下来的深刻印记，也是启迪乡镇规划方案的肥沃养料。

1970年乌拉街镇卫星图　　　　　2019年乌拉街镇卫星图

图 12　20 世纪 70 年代乌拉街镇与现在乌拉街镇状态对比图

---

① 《吉林省地方志考论，校释与汇辑》收录《打牲乌拉地方乡土志》P237.
② 研究系列丛书之十六《乌拉史略》P248.

参考文献

[1] 吉林市龙潭区档案馆.打牲乌拉三百年[M]. 吉林:吉林省档案馆出版2012.

[2] 打牲乌拉总管衙门纂修. 光绪打牲乌拉乡土志[Z].吉林:打牲乌拉总管衙门纂修（清），清光绪十一年修抄.

[3] 吉林省文物志编委会. 永吉县文物志[M]. 吉林:吉林省文物志编委会，1985.

[4] 李树田.研究系列丛书之十六. 乌拉史略[M].吉林：吉林文史出版社出版，1991.

[5] 金恩晖，梁志忠.吉林省地方志考论，校释与汇辑[M].吉林:中国地方史志学会，1981.

[6] 王飒，石瑛琦. 打牲乌拉城市空间特点及主要建筑布局研究[C]. 建筑学年会建筑史学分会论文集.2018

[7] 李澍田主编. 打牲乌拉志典全书[M]. 长春：吉林文史出版社，1988.

[8] 李毓澍.中国边疆丛书.吉林通志[M].台湾：文海出版社，1965.

[9] 孙乃民. 吉林通史[M].长春：吉林人民出版社，2008.

产权视角下古城传统民居院落空间分异解析及应对策略
——以平遥古城武庙街区为例

Spatial Differentiation Analysis and Replying Strategies of Traditional Residential Courtyards in the Perspective of Property Rights: A Case Study of Wu Miao Street Block in Ping Yao Ancient City

杨光灿

作者单位
华中科技大学　建筑与城市规划学院（武汉，430000）

摘要： 院落空间是构成古城整体风貌的重要原型和基本单元，由于产权关系复杂，传统民居院落在古城保护和发展过程中常因得不到有效保护而产生一种消极衰败的分异现象使古城完整性和历史风貌遭到破坏。对平遥古城武庙街区中的传统民居院落空间分异现象进行研究，用建筑类型学方法识别出街区院落的原型形态和分化出的类型形态，从产权角度解析分异现象产生的原因，并针对不同保护级别的院落提出相应的应对策略。

关键词： 产权；民居院落；空间分异；类型学

Abstract: Courtyard is the prototype and basic unit of Ping Yao ancient city. Residential courtyards cannot be protected efficiently and the integrity of ancient city has been damaged because of the complex property rights of courtyards. Spatial differentiation occurred in many blocks and residential courtyards.Taking the Wu Miao street block In Ping Yao ancient city as the case, using the method of typology to find the original courtyards form and genres, analyzing the reasons of the negative spatial differentiation in the perspective of property rights and offering some strategies from property rights to protect the cultural protection units and traditional residential courtyards.

Keywords: Property Rights;Residential Courtyard;Spatial Differentiation;Method of Typology

1 引言

现代城市处于不断发展变化的过程中，城市功能的多样也导致城市空间的不断分化。而古城与之相反，正是其历史风貌的统一性构成了古城的整体特征，彰显出不同于现代城市的独特价值。平遥古城作为世界文化遗产是闪耀在祖国大地上的璀璨明珠，展现了明清时期的城市风貌。坐落在古城内的数千座明清风格传统民居院落是组成古城风貌的重要细胞，因为历史原因，很多院落产权关系复杂，私自改、扩建逐渐导致院落空间发生变异，呈现出不同于传统四合院的破败杂乱的形态。产权是建筑保护的内在影响因素，产权所有人是对建筑实施保护的主体，理清院落保护中的产权问题，对传统民居院落的保护具有重要实践意义。

2 传统民居院落的产权关系和空间分异现象

2.1 产权制度的变迁

产权指的是财产所有权，"是存在于任何客体之中或者之上的完全权利，包括占有权、使用权、出借权、用尽权、消费权和其他与财产有关的权利"[1]。房屋产权则是房屋所有者对该房屋财产的占有、使用、收益和处分的权利。产权所有者对房屋的处置行为直接决定了房屋的质量和保存状况。产权所有者的缺位更是旧城大规模更新、历史风貌遭破坏的内在诱因[2]。传统民居院落如北京四合院、平遥四合院等建造时都是完整的产权单元，中华人民共和国成立后我国房屋产权制度经过四次较大变化使许多完整的院落单元产权被拆分。1949～1952年解放初期清理敌伪产业，属产权清理登记阶段；1958～1966年社会主义改造基本完成之后对私有房产的社会主义改造阶段[3]，将大量私房变成由国家统一经营租赁维护的"经租房"，收取少量房租；1966～1976十年动荡时期，所有私房都被收归为公房；1983年之后重新落实私房政策，但"经租房"被收归为公产，原房主只能保有原院落中的小部分房屋产权[4]。院落原本是独立的产权单元，部分民居院落在经过多次交易之后被拆分成多个产权单元，导致院落整体性被破坏。

2.2 院落的产权状况

平遥古城是中国两大以完整古城申报的世界文化遗产之一，城内格局完整、街巷纵横，分布着3000多座传统四合院民居，其中有400多处保存完整[5]，完美展现了中国传统北方民居建筑的特色和风貌（图1）。武庙街区位于平遥古城西南部，紧邻南城墙，西侧沙巷街直通小南门。街区东北角为平遥县衙。武庙街区共有全国重点文物保护单位1处、县级文物保护单位2处，以及风貌比较完整的23座保护院落（图2）。

图1 平遥鸟瞰图

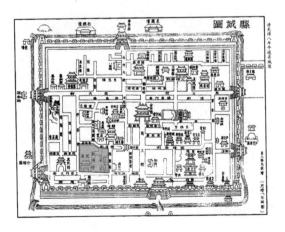

图2 平遥历史地图

古城解放后，政府将城墙、衙署、寺观堂庙、桥楼等文物古迹的产权归公，并将部分私人院落中的出租房进行了社会主义改造成为公房，由房产管理委员会统一管理和经营[6]。经过几十年的发展，武庙街区的部分民居院落产权在经过多次变更之后被拆分，产权的复杂化使得各方权责不清，特别是未纳入文物保护体系的传统民居院落，产权所有者因缺乏维护院落的能力或动力，导致院落保存状况不断恶化[7]。只有部分历史价值较高、风貌完整或已经登记的文物建筑得到了相对妥善的保护。

笔者通过对现场踏勘和走访，结合相关档案记载，将武庙街区中民居院落产权分为私人所有、混合所有两种情况。私人所有院落主要是改革开放后政府转让由私人购买的院落，如县级文物保护单位浑漆斋大院，原为"日升昌"票号掌柜冀玉岗祖宅，于20世纪90年代初由政府拍卖，被平遥漆器艺术家耿保国购买。混合所有院落又可以为公私混合与私人混合。其中公私混合院落以雷履泰故居为代表，故居中院属公产，被划定为全国重点文物保护单位，其他院落则因历史原因出售给私人，未能纳入保护。特别是东院部分在经历社会主义改造后正房、东厢房、西厢房分别属于不同产权人，属于私人产权混合状态。

2.3 民居院落空间分异现象识别

1. 空间分异现象识别方法

考古学中的"标型学"是将同一门类的遗物根据形态特征分成类型，以研究发展序列和相互关系，类型学来源于此，是一种分门别类的研究方法。在建筑领域类型学可以分为功能类型与形式类型两个方面[8]。利用形式类型学方法从建筑形态出发挖掘特定历史时期不同类型建筑的历史原型，对于古城院落的原始形态识别，研究院落空间的演变具有重要作用。罗西根据类型学将建筑原型其定义为"某种经久和复杂的实物，先于形式且构成形式的逻辑原则，存在于所有建筑物中"[9]。何依教授在原型的基础上根据变异程度提出了类型的概念，指内部演化而导致原型发生变化但整体结构不变的变异形态。原型决定类型，类型反作用于原型[10]。武庙街区院落空间基于原型和类型的分类方式能够被清晰识别和分类，以便与产权状况进行比对。

2. 武庙街区民居院落空间分异特征

（1）街区层面院落空间分异特征

平遥古城是"九边重镇"，自古以来乃兵家必争之地。自道光三年（1823年）雷履泰创立全国第一家票号日升昌后，先后成立的票号数量共22家，占全国总体的2/5，成为当时中国最大的金融中心[6]。平遥古城内商贾云集，部分富商大贾将数座多进院落横向连接成为套院，院落内部"各种华丽的影壁、石狮子、垂花门、匾额、神龛、烟囱、拴马柱等比比皆是"，辅以大量工艺精美的木石砖雕（图3~图5），"装饰已超越了其实用意义，而成了一个家庭兴衰荣辱的象征"[6]。出于防御需求，院落外墙在传统北方四合院的基础上有所变化，外墙高大而封闭，戒备森严（图6）。梁思成用"外雄内秀"四个字精确概括了平遥古城中民居院落原型不同于其他地域四合院的独有特征。

图3 民居窗花

图4 石雕

图5 平遥民居内院

图6 平遥民居山墙

武庙街区民居院落的原型是具有平遥地方特色的单体四合院及套院。而经过改扩建之后部分院落空间发生局部变异，使得四合院形态特征不再明显，但院落边界和整体格局基本能够识别的院落被定义为类型四合院。但经过重建或新建出现少量现代建筑如街区东北角一处院落和武庙街区教场巷口原县衙练兵场地块则被归为完全变异的非四合院。使用类型学方法可以识别出街区民居分异形成的三种形态：原型四合院、局部变异的类型四合院、完全变异的非四合院（表1）。

院落形态特征识别分类　表1

分类	原型四合院	类型四合院	非四合院
特征	院落格局完整，四面围合，传统风貌构成要素基本齐全	院落格局部分完整，两到三面围合，传统风貌构成要素部分齐全	院落格局残缺，无围合感，传统风貌构成要素极少

前两种院落形态是以明清时期平遥传统民居院落为原型，经过数百年历史演进，并在此基础上发展和演化出来的原型和类原型建筑，延续了明清时期民居院落的格局和风貌，具有重要保护价值。而第三种则是经历了推倒重建，与四合院建筑完全不同的现代居住建筑形态（图7），虽然体现了城市发展过程中的时代特征，但不纳入传统民居院落空间保护的研究范围。

（2）院落内部空间分异特征

武庙街区内原型四合院在纵向可分为一进院、两进院、三进院三种类型，横向分为单跨院和多跨院，院落形式和面积因主人身家地位的不同有所区别。豪门宅第常采用多进多跨的院落组合形式，如"日升昌"票号创始人雷履泰的宅邸是街区内最为典型的多进多跨院落，始建于道光年间，由东院、中院、东偏院、西偏院四个院落横向并联而成，占地面积3888平方米。中院作为主院是平遥典型的"三脊两院过道厅"格局，气势恢宏，有正房拱券窑洞三间，窑顶有木构楼房，里外院东西厢房三三对应，井然有序；东院是由内宅门分隔的三进院，"里院正窑五间，每截院均有厢房，整体逊于中院"；东西偏院较小，东偏院为车马院，西偏院为雷氏祭祖场所[6]（图8、图9）。

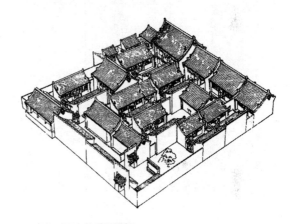

图8　雷履泰故居鸟瞰图

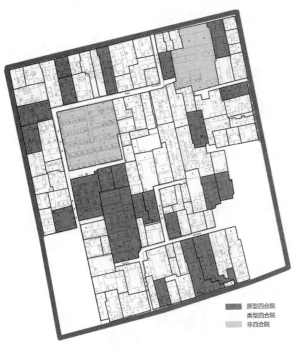

原型四合院
类型四合院
非四合院

图7　街区院落空间分异

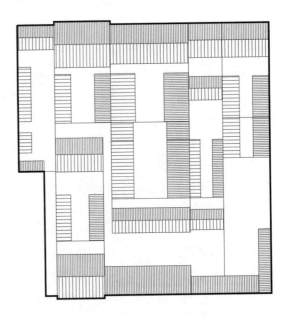

图9　雷履泰故居原型平面

1992年雷履泰故居被列为县级文物保护单位，并由平遥县房地产管理所修缮并开辟为景点对社会开放，在2004年、2013年又相继被列为山西省重点文物保护单位、全国重点文物保护单位。经现场调研发现纳入景点开放并得到良好修缮保护的范围只有中院部分，占院落总面积约30%，东院及东西偏院属于私人产权，仍保持原有居住功能，院落空间内部也分异为三种形态：原型四合院-中院、类型四合院-东院、西偏院、非四合院-东偏院。中院经过修缮后呈现出了平遥传统民居四合院的完整风貌，其他部分则呈现出变异形态，无法明显被识别或不能识别其原始形态，院落的整体性和风貌也受到影响和破坏（图10）。

原型四合院
类型四合院
非四合院

图10 雷履泰故居空间分异

3 产权影响下的民居院落空间分异解析

3.1 院落产权的分割

院落产权分割后复杂的产权关系是影响街区院落群组空间分异的重要动因。特别是中华人民共和国成立以后对古城民居院落的社会主义改造，通过赎买等方式将部分私人院落产权收归国有，20世纪90年代后院落各部分分别出售给个人，出现大量混合产权的院落，导致院落被拆分为独立的小单元。因混合产权院落中正房、厢房、倒座房等分别属于不同主体，户均建筑面积小，在无法满足基本生活需求的情况下，居民破坏原有建筑结构进行改扩建，或占用公共院落空间搭建厨房、厕所等附属用房。院落的原始形态部分或完全变异，导致原有院落形成大杂院这种类型四合院形态，完整的院落空间也就呈现出了一种散乱的

分异现象。

3.2 产权所有者保护动力不足

保护意识的缺乏和经济条件的制约是产权所有者在主客观两方面缺乏保护动力的原因。民居型院落是居民的私人生活空间，单体院落与整个古城之间是部分和整体的关系，不同产权所有人难以从个体角度认识到院落个体在古城整体保护中的作用和意义。通过调研发现居民认为对平遥古城发展旅游带来的巨大经济价值并未有效辐射到街巷内部居民，一些迁居新城的居民对老宅也未采取任何维护措施，居住在古城内的大杂院的居民也同样缺乏维护意识。

建筑维护和修缮需要花费大量资金，我国对于纳入文物保护体系的建筑多是由政府或所属单位出资修缮和维护。对于私人院落来说对产权所有者的经济能力要求较高，如文物建筑浑漆斋大院是平遥漆器艺术家购买后历时二十余年并花费了大量资金修缮至如今状态。对于大部分普通居民来说，一方面其房屋本身是非文物建筑，缺乏制度层面的强制约束，另一方面修缮房屋所需的大量资金也是居民缺乏保护修缮动力的重要影响因素。

4 院落空间分异现象应对策略

4.1 院落产权整合

对于文物建筑中的混合产权院落，通过产权置换或收购方式将院落产权进行整合，以保证院落的完整性。武庙街区中雷履泰故居应由政府将东院和东西偏院的产权收购，将院落整体修缮后严格保护。对于非文物建筑院落中的混合产权院落应充分考虑现状居民的生活状况和经济能力，采用灵活的处理方式进行院落产权整合。首先应加强院落环境的管理和整治，防止院落空间进一步恶化。在强化管理的基础上出台异地安置措施，采用实物安置方式鼓励居民移居新城，并适当提高安置比例，保障大杂院中居民基本生活需求，逐步对古城内院落产权进行整合，解决因历史原因造成的产权和院落空间分割问题。

4.2 引入社会力量

对混合产权院落的整合和修缮涉及大量资金和

人力投入，行动之前必须充分考虑到资金的来源和平衡问题，单纯依靠政府财政和人力投入并不现实，必须适当引入社会资金参与，充分考虑院落产权整合后的利用。先由政府统计居民的搬迁意愿，设置修缮和保护等前置条件引入企业、社会团体或个人对可整合的院落进行购买或租用，开展如手工艺、办公等非居住功能，既能够增强古城的活力，为古城引入就业岗位，延续其生活性，也能够提高社会资金参与的积极性。

对于单一产权的民居院落，加强对违规搭建的管理，对于严重影响古城风貌的违建建筑物和构筑物予以拆除，同时加强历史文化保护知识的推广普及，借助历史文化遗产保护团体的力量，采用线上线下结合的方式逐步使古城内居民建立主人翁意识，使全民参与古城保护。

5　小结

传统民居院落作为古城的重要组成单元，其本身不仅承载着重要的生活功能，还体现了古城的形象和风貌。正是一座座单体院落共同构成平遥古城这一世界文化遗产，对单体院落的保护就是对中华民族传统文化的传承和发扬。历史文化遗产保护是复杂性长期性的工作，从产权这一影响民居院落分异的重要内在影响因素出发，事关人民切身利益，对院落空间的消极分异提出应对策略，也会古城保护工作的可实施性产生积极影响，以逐步实现历史文化遗产保护走向政府引导、全民参与的保护模式。

参考文献

[1] David.M.Walkker. 牛津法律大辞典［M］. 李元双　译. 北京：法律出版社，2007.

[2] 郭湘闽.房屋产权私有化是拯救旧城的灵丹妙药吗?[J]. 城市规划，2007（01）:9-15.

[3] 关于目前城市私有房产基本情况及进行社会主义改造的意见.1956.1.18

[4] 刘立早. 破解四合院产权迷局，推进"微循环"模式创新[A]. 中国城市规划学会、南京市政府. 转型与重构——2011中国城市规划年会论文集[C].中国城市规划学会、南京市政府：中国城市规划学会，2011:10.

[5] 梁家桦.平遥古城的民居建筑特色[J]. 文物世界，2014（01）：42-44.

[6] 晋中市史志研究院.平遥古城志[M].北京：中华书局，2002.

[7] 王军. 北京历史文化名城保护的实践及其争鸣[J]. 北京规划建设，2004（05）:53-55.

[8] 魏春雨.建筑类型学研究[J].华中建筑，1990（02）：81-96.

[9] 阿尔多.罗西[意]. 城市建筑学[M]. 北京:中国建筑工业出版社，2006.

[10] 何依，邓巍. 太原市南华门历史街区肌理的原型、演化与类型识别[J]. 城市规划学刊，2014（03）：97-103.

图片来源

图1、图2：平遥古城志

图3~图6：作者自摄

图7、图9、图10：作者自绘

图8：平遥古城志

现代施工工艺影响下的传统建筑修复保护
——以南京甘熙故居、愚园修复工程为例

Traditional Building Repair Protection Under the Influence of Modern Construction Technology: Taking Nanjing Ganxi's Former Residence and Yuyuan Garden Restoration Project as an Example

高琛

作者单位
东南大学建筑设计研究院有限公司、建筑遗产保护规划与设计研究院（南京，210096）

摘要： 传统建筑的施工技术，不仅是历史积淀的古老技艺，也是仍在应用的鲜活技术，有着独特的延传性和持久的使用性。然而，在现代的传统建筑施工过程中，经济技术条件已经发生了很大变化：电动机械工具逐渐代替手工工具，新型建筑材料的选用，古建筑施工企业对于传统建筑工艺认识的局限性，诸如此类必然给传统建筑的修缮保护带来一定影响。对于大量遗存的民居类建筑，经济性、适用性是其营造修缮的原则和基础，寻找新的适合当代古建筑维修的适用性技术，成为抢救和保存古建筑的迫切需要，对这些技术进行适用性研究也成为当前保护研究的课题之一。以南京城南甘熙故居、愚园（胡家花园）修复工程[①]为例，发现"不改变原状"的保护原则在实际工程措施中的不同体现，研究传统建筑施工如何对工具、材料、技术做出最优选择，在呼吁留住历史建筑传统工艺的同时，理性面对现代技术对建造业的冲击，在施工应用中有效地将传统技术与当代适用性技术相结合。

关键词： 传统建筑；现代施工技术

Abstract: Traditional building construction technology, not only is the ancient art history, also is still fresh in the application of the technology, has a unique delay spread and persistence of usability. However, in the tradition of the modern construction process, the economic and technological conditions have changed a lot: electric machine tools gradually instead of hand tools, the selection of new building materials, ancient building construction enterprise to recognize the limitations of traditional construction process, such as these will inevitably bring certain influence to traditional architectural renovation to protect. For a large number of remains of local-style dwelling houses building, economy, applicability is the basis and the principle of its construction, the applicability of the find new suitable for contemporary architectural maintenance technology, rescue and become the urgent needs of the preserved ancient building, the technology suitability study has become one of the topics of the current research protection.Nanjing Former Residence of Gan Xi, and Yuyuan Garden ,for example, found that "the protection principle does not change the original state " in the actual engineering measures, research how traditional construction tools, materials, and technology to make Yuyuan Garden (HU home garden) maintenance andoptimal choice, at the same time appeal to retain the traditional craft of historic buildings, rational face of the impact of modern technology on the construction industry, in construction applications effective traditional techniques and the contemporary applicability technology combined.

Keywords: Traditional Architecture; Modern Construction Techniques

传统建筑的施工技术，不仅是历史积淀的古老技艺，也是仍在应用的鲜活技术，有着独特的延传性和持久的使用性。然而，技术本身具有功利的属性，讲求实用和有效，强调技术在建造中的实际操作意义，传统建筑技术亦是如此。在现代的传统建筑施工过程中，经济技术条件已经发生了很大变化，施工技术虽然因地区、因人而异，然而其价值取向都是以实际工程措施的有效性为归宿，而此必然给传统建筑的修缮保护带来一定影响。对于大量遗存的民居类建筑，经济性、适用性是其营造修缮的原则和基础，寻找新的适合当代古建筑维修的适用性技术，成为抢救和保存古建筑的迫切需要，对这些技术进行适用性研究也成为当前保护研究的课题之一。

技术本身具有功利的属性，讲求实用和有效，强调技术在建造中的实际操作意义。传统建筑技术亦是如此，在经济技术条件发生很大变化的今天，在现代的传

---

① 曾获奖项：2017-2018建筑设计奖建筑创作·银奖、2017年度全国优秀工程勘察设计行业奖优秀建筑工程设计二等奖、2017年江苏省城乡建设系统优秀勘察设计一等奖。

统建筑施工过程中，施工技术虽然因地区因人而异，然而其价值取向都是以实际工程措施的有效性为归宿。

本文以南京城南甘熙故居、愚园（胡家花园）修复工程为例，发现"不改变原状"的保护原则在实际工程措施中的不同体现，从操作技术层面探讨传统建筑修复在施工操作中如何解决传统建筑形制与现代规范的冲突，以及如何对材料、工具、工艺做出最优选择。

1 传统形制与现代规范

1.1 结构安全

保存传统建筑的真实性，首先要保存其原有建筑形制。建筑结构是决定传统木构建筑形制的内在因素，它也是建筑科学价值进程的标志。苏南地区传统民居多为硬山式砖木结构，抬梁或穿斗构架承重，空斗墙或实砌墙维护及分隔空间。在甘熙故居修缮工程中，需要抬升建筑地坪，基于最大限度保存历史信息的修缮原则，方案选择了整体提升屋架而不是解体落架（图1~图4）。

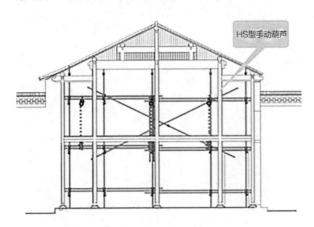

图1 提升设备准备就绪（图片来源：自绘）

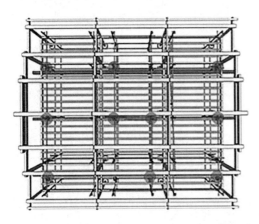

图2 从平面上看10个手动葫芦所在位置（图片来源：自绘）

图3 屋架和木楼板是一个整体，提升后柱子脱离地面（图片来源：自绘）

图4 屋架提升过程（图片来源：自摄）

然而，由于科技水平的制约，传统建筑的结构构造措施一定程度上存在着"先天不足"，多数结构布置更多地考虑了竖向荷载对构件的作用，而缺乏对房屋整体抗力的综合考虑。例如苏南地区常见的空斗墙整体性非常差，砖混结构普遍缺少必要的构造柱和圈梁。

作为建设工程，必须确保房屋的使用安全，因此以现代规范为参照系，甘熙故居和愚园两处案例都进行了如下结构加固设计：

墙体加固：重新砌筑空斗墙，空斗墙内填实混合砂浆，埋设钢筋混凝土圈梁与构造柱（图5~图7）。

基础加固：将上部结构体的荷载直接传递到地基上的直接基础，做钢筋混凝土独立基脚基础和连续基础（图8、图9）。

图5 传统砖砌山墙与配置钢筋混凝土梁柱的山墙（图片来源：自摄）

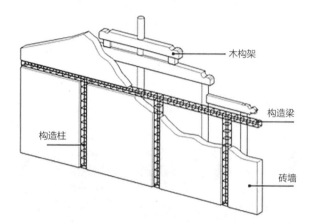

图6 砖砌山墙内的钢筋混凝土构梁柱示意（图片来源：自绘）

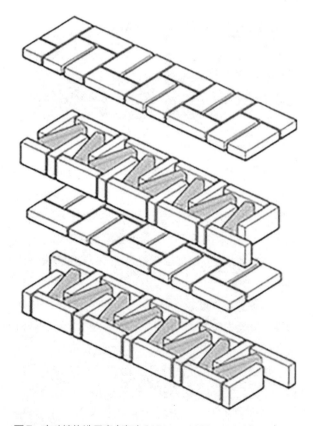

图7 空斗墙构造示意（青砖 215 mm×100 mm×40mm）（图片来源：自绘）

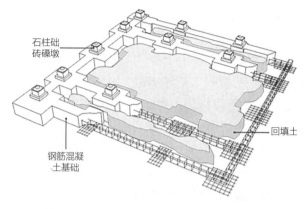

图8 基础结构示意（图片来源：自绘）

图9 基础施工过程（图片来源：自摄）

1.2 防火

传统建筑火灾危险因素复杂，火灾危险性高，消防问题无疑成了设计师的心头大患。与甘熙故居的传统草顶屋面不同（图10），南京愚园案例综合考虑适用于文保历史建筑的消防技术措施，对于如何使得保护原真性和保障消防安全两者兼顾，进行了一定的探索（图11）。

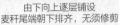
由下向上逐层铺设　　　　在草顶上工作时需站在绳索
麦秆尾端朝下排齐，无须修剪　悬吊的木板上以防滑

完成草顶

图 10　甘熙故居草顶施工（图片来源：自摄）

图 11　愚园仿制草顶（图片来源：自摄）

传统民居建筑群密度高，有利于火势的蔓延和扩大，因此我们从建筑布局上引用现代防火分区的划分概念，利用建筑群原有封火山墙，形成天然的防火屏障。考虑到木质构件油饰效果，并未对木材做阻燃处

理，却是园中一处草顶建筑，使用了金属仿制茅草，尽管效果不尽如人意，但仍为改进传统材料耐火性能提供了一种思路。此外，设计完善了消防设施，设置室内消火栓、消防水箱、消防水池，并考虑单独设置消防站，提高了消防保护能力。

2　材料选择

2.1　新材料的使用不是替换原材料，而是为了补强或加固原材料、原结构

传统建筑由于年久失修，柱子受干湿影响往往有劈裂、糟朽现象。尤其是包在墙内的柱子和直接接触柱础的柱跟部位，由于缺乏防潮措施，更容易腐朽，丧失了承载能力。根据维修规范，对于尚可保留木构的部分尽量利用，采用墩接、拼帮挖补的措施，仅替换部分木料。墩接处榫卯的做法有多种，甘熙故居工程采用了巴掌榫，即刻半墩接（图12）。把所要接在一起的两截木柱，都刻去柱子直径的1/2，搭接长度至少应为40厘米。在两截木柱的断面上分别刻阴阳十字榫，使其咬合更紧密。由于柱径较小，可以直接用长钉钉牢。拼接后，若两段木柱直径有出入，以原有柱为基准，先用斧粗略砍削，再用电刨刨圆。传统做法还会再以两道铁箍加固，此次工程中采用的是环氧树脂粘结碳素纤维布加固（图13）。

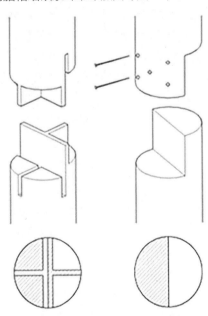

图 12　刻半墩接示意（左：阴阳十字榫，右：巴掌榫）（图片来源：自绘）

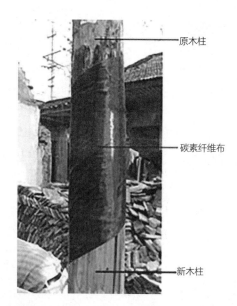

图 13　碳素纤维布加固墩接的木柱（图片来源：自摄）

图 14　墩接木柱施工过程（图片来源：自摄）

2.2　替换部分缺损的原材料

传统建筑维修过程中，往往从老旧建筑中仅能清理出少部分尚能继续使用的建筑材料。尤其砖砌体和屋面，如损毁严重，常须整体拆砌，这就出现老旧材料数量不够的问题。这种情况下，通常从美学角度考虑，会将旧材料用在重要位置，如清水砖墙外立面、主要厅堂明间的地面、屋面等，其余位置尽量采用同规格的材料补缺。例如南京愚园铭泽堂沿街立面，是有南京地方特色的清水空斗砖墙砌法，施工中进行了砌筑试验，将老砖和新砖混合使用，老砖作"表皮"，新砖填实墙心，这种做法也是为了最大限度地存留老建筑的历史信息（图15）。

近年来传统建筑修缮施工中也常直接使用购买的旧材料，这两处工程中部分需要更换的柱、檩、椽、枋等木构件均采购于苏州市横泾旧木市场，甚至石柱础、阶沿石等构件也可以直接采购规格相近的旧

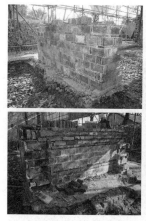

图 15　愚园新老砖混合砌筑清水砖墙（图片来源：自摄）

料。旧材料的使用为施工带来了便利，也一定程度满足人们崇尚"古朴"的修缮效果的需求，然而，这种"拆东墙补西墙"的做法还是有它的弊端：一方面，这些直接使用的旧构件规格形制毕竟不可能完全符合原状，混淆了历史信息；另一方面，某些旧料存在一些外观难以勘测的损伤，削弱了材料性能，埋下安全隐患。

2.3　隐蔽位置的新材料

传统建筑和现代建筑一样，都要满足遮风避雨的使用功能，诸如屋面防水、地面和墙面防潮，在材料性能无法达到要求的古代，工匠们通过构造设计弥补了这些弱点，如屋面举折、加大出檐、地面架空等。极端气候频增和使用标准的提升，令工匠们为求"一劳永逸"，在防水防潮层的处理上格外谨慎，做到构造、材料防水"双保险"，这甚至也成了当下古建筑施工的"传统做法"。

甘熙故居的屋面做法采用南方地区常有的不做苫背，直接在望砖上坐底瓦、盖瓦，这种做法对布瓦的工艺要求较高，否则难免会有渗漏。而愚园屋面则在望砖层上加铺了防水卷材，减少渗漏也就可以减少木构的腐朽，所以从有利于传统建筑保护的角度看，这种新材料并非不可接受（图16～图18）。

愚园铭泽堂后楼施工中，地面挖开后发现了架空地面的陶罐（图19），然而施工单位仍按原方案夯实地坪后浇混凝土垫层，尽管是隐蔽部位，但没能留下这一有特色的传统民居防潮构造做法，成为遗憾。

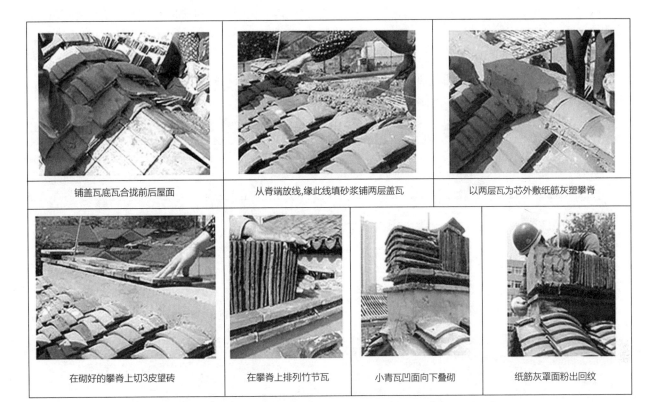

| 铺盖瓦底瓦合拢前后屋面 | 从脊端放线，缘此线填砂浆铺两层盖瓦 | 以两层瓦为芯外敷纸筋灰塑攀脊 |

| 在砌好的攀脊上切3皮望砖 | 在攀脊上排列竹节瓦 | 小青瓦凹面向下叠砌 | 纸筋灰罩面粉出回纹 |

图 16　甘熙故居传统屋面布瓦过程（图片来源：自摄）

图 17　愚园屋面铺设防水卷材（图片来源：自摄）

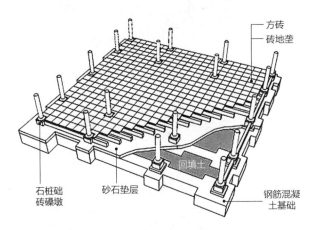

图 18　甘熙故居传统地面做法示意（图片来源：自绘）

图 19　愚园陶罐架空地面（图片来源：自摄）

2.4 新材料的加入为了降低造价

传统的油饰工艺采用的材料是我国特有的天然涂饰材料"油"和"漆"。油，指的是干性植物油，如桐油、蓖麻油；漆，指的是天然大漆，即生漆。化学工业的发展使清油、各种调和漆、人造树脂漆逐渐替代以传统方式熬制的光油和广漆；这些成品漆大多是可以直接涂刷的成品涂料，而不须另行配制或调色，价格也与生漆有数十倍的差别（表1）。

南捕厅修缮工程油漆做法分类表　　　表1

油漆做法分类		各层做法				特性	施用对象
		底层（底漆）	中间层（地仗层）	面层			
广漆明光做法	单批灰地仗	生漆、（铁红粉）	生漆、石膏粉、（瓦灰），刮批3~4遍	糙漆	生漆、铁红粉、松香水	漆膜坚固耐用，光亮长久，耐酸耐腐蚀，有毒，干燥慢，操作复杂，成本高，使用寿命5年以上	门窗
				光漆	生漆、桐油、铁红粉、（松香水）		
	麻（布）灰地仗	生漆、（铁红粉）	生漆、石膏粉、(瓦灰)、麻布，刮批4~5遍	糙漆	生漆、铁红粉、松香水		柱、室外木板墙、门心板、板门
				光漆	生漆、桐油、铁红粉、（松香水）		
油性漆做法	单批灰地仗	色调和漆	色调和漆、水、石膏粉，刮批2~3遍	色调和漆、酚醛清漆、固化剂、稀释剂、聚酯漆		干燥快、易操作、成本低，使用寿命2年以下	梁、檩、枋、椽
	麻（布）灰地仗	色调和漆	色调和漆、水、石膏粉、白乳胶、麻布，刮批2~3遍	色调和漆、酚醛清漆、固化剂、稀释剂、聚酯漆			长廊柱

在甘熙故居维修中，工匠在柱、室外裙板等易受光照雨淋的位置使用的是传统的披麻作灰的广漆明光做法，而梁架等室内位置，则使用了化学成品油性漆。虽然这一定程度上受工程造价的制约，但这种"节约"是要以古建筑使用寿命的缩短为代价。

3 工艺更替

3.1 工具更新

技术的发展和社会实践的需要，迫使工具进行革新和改进。在现代的古建筑施工中，切割、打磨、穿剔工具早已被机械工具所代替（表2），木作、砖细、石作皆可依靠机械工具完成材料的主要切割、打磨等粗加工，之后再进行手工雕刻等精细加工。现代化工具的使用省工省时，并能提高工艺精度，但随之而来的则是传统手工工具的逐渐淘汰，掌握传统手艺的老工匠变得凤毛麟角，生硬的机械痕迹取代了生动的手工工艺，因此对于传统建筑工程质量的评定标准应增加美学价值这一要素，鼓励工匠使用传统手工工具，传承手工技艺。

机械、手工木工工具对照表　　表2

机械工具	手工工具
解木工具 电链锯（3000W）	框锯
电圆锯（1300W）	板锯
带锯机（3000W）	弓锯
平木工具 电刨（600W）	平底刨

续表

	机械工具	手工工具
平木工具		
	两用木工铣床（2200W）	线脚刨
穿剔工具		
	电木铣（1600W）	手工刻刀
		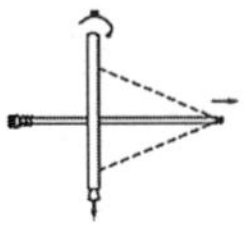
	手电钻（350W）	牵钻

（图片来源：自摄、自绘）

运输和提升工作，完全可以借助现代化的运输工具，起重机具等的应用，减轻劳动强度，加快工程进度，应当视条件广泛加以采用。

3.2　工艺传承

工艺是工匠运用工具对材料进行加工、装配的过程，而传统工艺是世代相传、有着完整工艺流程和地方特色的技艺。现代施工中由于工匠对于工艺认识的局限性，希望通过简化的操作而得到相类似的美学效果。

现代建筑技术的工种划分多以是否掌握特殊机械操作、特种材料加工以及特定设施安装为标准，与其相比，传统建筑技术的工种划分更注重手工操作中艺术价值的高下之分。在现代建筑工程追求效率的发展过程中，有较高艺术与技术含量的传统建筑手艺人变得凤毛麟角，在一般的传统建筑营建中，木雕、砖雕都以机器预制加工（图20、图21）。

使用角磨机加工砖细(切割、刨削、打磨)

图20　甘熙故居砖雕施工过程（图片来源：自摄）

绘稿　打坯　修光上药

图21　手工砖雕施工过程（图片来源：自摄）

现代的工程要求是对于传统建筑工艺而言是现实的、经济上的问题。现代工程技术讲求速度与效率，这与传统建筑工艺繁缛的工序、工作效率相对较低是相冲突的；一些艺术含量较高的手工技艺，由于缺乏前人的指点与严格的训练，加之物质社会对工匠的冲击，工匠的创作热情退化，“照猫画虎”，成果缺乏艺术价值。

4　结语

传统建筑施工涉及多学科、多工种的知识与技术，对个案的剖析使我们有机会将理论与操作层次的研究结合起来，科学地认识传统建筑保护原则。长期以来，我们对传统建筑注重的是文人意趣的形式的建造，而忽略了现代的建造技术和规律。事实上，伴随着形而下技术手段的转变，形而上的艺术形式也在潜移默化。如果脱离具体工程措施依据而空泛谈论保护原则，只注重形式的推广而非技术的推广，往往会背离原则的初衷。

结合两处案例可以看出，传统建筑修复保护的理论原则，与实际的保护实践总是有着一定的差距，在实践中需要平衡把握保护原则的运用尺度：

首先，工程实践中根据功能需要采取合理有效的技术措施，以现代建筑规范为参照系，确保建筑的使用安全,包括结构安全和消防系统的完善。结构加固措施的选择依据要从“可逆性”和“最小干预原则”两方面入手，也就是尽量选择体系内①的结构加固措施，使结构的更新保持在合理的最小限度。传统建筑消防条件与现行规范相比存在先天不足，应通过根据建筑具体情况合理、实用的设置消防设施、构建预防体系来弥补。

其次，管理使用者考虑资金承受能力和使用的方便程度，对于材料的使用会加以选择，包括改造天

① 体系内修缮意味着不改变原有建筑的受力体系，增大材料截面积或增加补强木构件等方法进行修缮，这种修缮不在意原构件的保存。体系外修缮是采用其他的受力体系对原有体系进行补强。

然材料及采用人工合成材料。这其中，有利于保护的材料可以使用，但具有特殊价值的传统材料必须保留[1]；允许使用补强材料，更换残损构件，增添的现代材料应尽量处于隐蔽位置；不建议采用"做旧"材料，因其可能导致历史信息丧失或混乱。

第三，现代施工追求简化操作、节省劳动力：例如以机械工具代替手工工具进行木雕、砖雕与石雕的粗加工；通过简化的技术手段达到一定的美学效果，例如通过预制装饰构件简化操作。实际的工程实践中，需要提高劳动效率和技术精度，并不排除使用现代化的科研、测绘、施工和运输工具；但对于那些承载历史信息、体现艺术价值的技艺，工具和技术的革新会导致传统技艺退化和遗失，对此类情况，在修复工程中仍应坚持选用传统技术。同时，调动匠人传承技术的积极性，总结整理传统建筑工艺档案资料，培养新的技术人才，也对传统建筑营建行业的发展有着重要意义。

---

① 《中国文物古迹保护准则》。

东南沿海潮湿环境下木构文物建筑开裂与腐朽剥落病害的表征研究

Characteristics of Cracking and Decaying on Wooden Relic Buildings in the Southeast China

程鹏[1]、刘松茯[1]、牛胜男[2]

作者单位
1. 哈尔滨工业大学建筑学院，寒地城乡人居环境科学与技术工业和信息化部重点实验室（哈尔滨，150001）
2. 山东大学土建与水利学院建筑系（济南，250061）

摘要： 病害信息资源的田野调查是文物建筑保护流程中的基础工作，是掌握、了解文物建筑各方面情况、获取原始资料的重要手段。本文实地调研东南沿海地区 8 个文物集中、气候典型的城市，记录 305 份文物建筑样本的破损状况并客观进行归类整编，并加以分析其开裂与腐朽剥落病害的表现规律，从而为木构文物建筑病害机理的获得提供坚实的数据支持。从根源上研究病害的环境属性、形态特征和表现规律，为我国文物保护工作提供坚实基础。

关键词： 东南沿海；开裂；腐朽剥落；环境属性；形态特征；表现规律

Abstract: Field investigation of disease information resources is the basic work in the process of heritage building protection, and is an important means to grasp and understand various aspects and obtain original data of heritage buildings. In this paper, the damage status of 305 cultural relics samples in 8 cities with concentrated relics and typical climates in the southeast coastal area were recorded and classified objectively, and the performance rules of cracking, decay and spalling disease were analyzed, so as to support the acquisition of disease mechanism. The fundamental study of the environmental attributes, morphological characteristics and manifestation law will provide a solid foundation for the protection of cultural relics in Southeast China.

Keywords: Southeast; Crack; Decay; Weather; Shape; Performance Rules

我国有着漫长的木构建筑发展历史，遗留下了大量的木构文物建筑，在时间的流逝中受到了严重的破坏。特别是由于我国地理条件复杂，不同地区形成了多样的气候条件，复杂的物理环境造成了不同地区建筑病害的形态呈现出巨大的差别。通过对于我国范围内大量建筑的实地调研，在全国大部分地区木构建筑成为当地受环境影响最严重的类型，且由于中国传统木构建筑在世界范围内的特殊性，带来了相关病害及修复的难度。为了能够了解我国木构建筑的具体分布状况和综合物理环境分区中最易影响木构建筑留存的具体区域，从而从根源上研究分析这些区域的物理环境的基本属性、木构文物建筑的形态属性和病害的表征状态，成为本课题研究当中的重要基础工作。

1 东南沿海地区的气候特征

城市气候资源是造成木构文物建筑病害的主要因素。城市的气候资源主要包括地理位置、地质地貌、气候、水土资源、植被、环境污染等。通过解析调研城市的相关气候资源数据，能够直观地区分不同地区、不同气候区划下，城市气候的明显不同，从而增进对于木构文物建筑病害特点差异性的理解，有利于相关区域及城市有针对性地进行木构建筑的预防性保护。

对东南沿海地区调研的代表性城市——杭州、温州、福州、厦门、广州和汕头的累年各月相关气候数据进行统计，更加清晰而直观地显示出东南地区各城市气候特征的相似性和差异性。东南地区城市在累年各月平均气温（图1）、累年各月平均相对湿度（图2）和累年各月日照时数（图3）的波动曲线呈现出较为明显的相似性。而仅有累年各月平均风速（图4）呈现出各城市之间相对明显的差异性，而风速对于建筑病害的生成起辅助作用，且东南沿海城市风速随着城市距海岸线距离的增加而减弱。因此可知东南沿海地区各城市的气候特征具有更大意义上的相似性，也从侧面表明本文对于东南沿海地区木构文物建筑的病害统计在建筑物理环境上应该具有很大的规律性和可操作性。

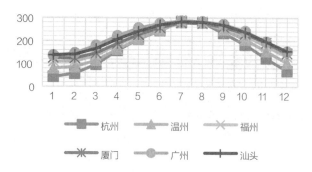

图 1　累年各月平均气温（0.1℃）

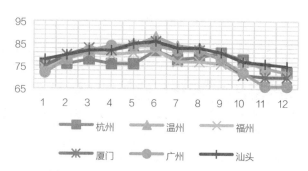

图 2　累年各月平均相对湿度（1%）

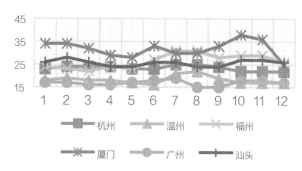

图 3　累年各月平均风速（0.1m/s）

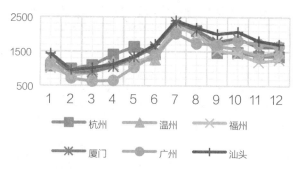

图 4　累年各月日照时数（0.1h）

2　开裂与腐朽剥落的基本形态

　　开裂与腐朽剥落是木构文物建筑的严重病害形态（表1）。木材在外防护层严重受损或缺少必要防护手段下，由于长期处于风光湿耦合环境复杂综合作用，从而材料结构稳定性受损而开裂，部分结构受风力侵蚀逐渐脱落，并滋生苔藓植物，造成材料质量损失。且这样的问题往往会造成湿气侵入古建筑木构件内部，从而造成木材力学性能的整体下降，影响建筑的稳定性。

开裂与腐朽剥落的病害表征　　　　　　　　　　表1

形态	开裂现状		腐朽现状		剥落现状	
类型	零散式开裂	集中式开裂	糟朽	植物侵蚀	风蚀剥落	生物剥落
照片						
编号	FZ-C-EMSW-2	FZ-C-EMSW-1	GZ-B-GXS-1	FZ-C-EMSW-4	GZ-B-RWZM-3	FZ-C-EMSW-3
特征	严重零散开裂	严重纵向裂缝	挑檐檩头腐朽	木结构装饰发霉	门槛部位剥落	柱脚白蚁蛀蚀剥落
照片						
编号	SX-A-LXZJ-2	GZ-C-FSZM-1	FZ-A-EMSW-7	FZ-A-EMSW-5	FZ-C-EMSW-4	FZ-C-EMSW-3
特征	严重零散开裂	结构交接处开裂	梁祝交接处糟朽	木结构裂缝生物生长	柱子下部轻微剥落	柱脚白蚁蛀蚀剥落
照片						
编号	GZ-B-RWZM-2	FZ-C-EMSW-2	FZ-C-EMSW-3	FZ-A-SFQX-4	FZ-A-EMSW-5	FZ-A-EMSW-6
特征	轻微零散开裂	严重裂缝	木节处糟朽	门板下部发霉	柱子下部严重剥落	柱脚白蚁蛀蚀严重剥落

（1）开裂

历史建筑中的木梁构件在长期干湿交替作用下，干缩开裂现象更是严重。[1]东南沿海地区，气候相对潮湿，木材干缩作用相对较弱，对于防护层完整的文物建筑，严重的开裂现象发生概率较小，而部分缺少外防护层的建筑，则普遍出现了明显的开裂现象，但开裂情况相较于北方干燥地区较轻微。常见开裂形态主要有零散式开裂和集中式开裂两种。

零散式开裂是木构件开裂现象的一种初期表现。主要是文物建筑裂缝尺寸在5毫米以下呈行列式分布于木结构表面，且开裂深度小于25毫米。其表现形态严重程度与构件所处位置有关。承重性构件开裂情况较严重，裂缝数量相对较少，但裂口大、深度深；非承重构件裂缝更为密集，但深度和裂口小，对材料损伤程度相对较低。

集中式开裂则是开裂现象的严重表现，承重性构件是此类病害的主要承受者。文物建筑木构件的裂缝宽度超过5毫米且深度达到25毫米以上，多集中于木构件重点承力位置，且裂缝随时间的推移愈发严重，造成整体木构框架受力性能减弱。

（2）腐朽

温度和湿度是决定木材腐朽程度的重要因素，温度和湿度较高时，木材腐朽速度较快。[2]腐朽是较为严重的潮湿病害现象，东南沿海地区，全年降水丰沛、空气湿度大，且伴随大风极端天气，木结构建筑面临严峻的防潮任务。腐朽会导致木构件材料性能退化。[3]刚度和力学性能下降，建筑防潮欠缺的木构文物建筑较易出现腐朽病害，且常伴随有泛碱和泛潮现象，沿木结构表面纤维生长方向呈现丝条状或片状附着，严重影响结构刚度。木构文物建筑腐朽形态多见为糟朽和植物侵蚀两种。

糟朽现象常见于文物建筑木结构。遭受腐朽侵扰的木构件，防护层的防护功能完全丧失，外来的潮湿空气、降水、酸碱物质等直接与木材接触，致使开裂现象进一步加重、加深且更加密集，并且沿木材纤维生长方向及木节、缺损部位集中受害，出现明显的潮湿水线和孔洞糟朽，并且伴随有一定的泛碱现象。

植物侵蚀现象较易出现在砖石结构上，出现在木质结构的现象较少。调研过程中发现的植物侵蚀现象，多发生于表面伴有复杂装饰、形成凹凸花纹的部位，苔藓生长于结构的凹槽处。较为常见的是苔藓植物和小型高植物于建筑与地面交界位置附生，并向上延伸，极少数严重的建筑发现了高达70~80厘米的大面积苔藓植物生长。

（3）剥落

木构件的剥落现象是调研过程中各对象发生的一种严重的病害形态，发生概率在所有的病害类型中最低，但对木结构稳定性造成的伤害最为严重。片状结构的分离和剥落带来了表面结构的凹涡处，成为外力作用持续进攻的部位，木材表面变得疏松纤维化。调研中发现的剥落形态主要有风蚀剥落和生物剥落两种。

风蚀现象常出现于土遗址，是由于风力作用于结构表层，形成接近表面的风蚀漩涡，疏松的表面物质经风吹蚀和磨蚀被吹扬或搬运的过程。[4]东南沿海地区处于强风力区，经年的大风不断吹拂木建筑表层，造成表面防护层剥落、木材表皮鳞片状剥落和沟壑型剥落。

生物剥落则是潮湿地区常见的病害形态，潮湿环境下木构文物建筑饱受白蚁侵蚀，大量白蚁在木结构中繁殖，并沿着柱子向上发展，使木构件内部形成纵横交错的虫道，并在表皮留下孔隙，加上白蚁分泌物的共同作用，造成木结构疏松，进而出现严重的剥落现象，形态更加不规则，随白蚁家族的不断壮大，剥落情况越发严重。

3 开裂与腐朽剥落的病害规律

通过对85个木构文物建筑样本进行统计，得出表2的统计数据，表明木构文物建筑发生开裂、腐朽和剥落的建筑数量较少，东南地区重要木构文物建筑保护相对较好。木构文物建筑的特殊构造做法，在一定程度上，减轻了这些病害发生的可能性。但是，在调研中可以发现，发生开裂现象的木构建筑数量更多，腐朽和剥落现象的建筑较少，且出现这些病害的建筑更多地集中在缺少外防护层的文物建筑上。

开裂与腐朽剥落病害的建筑数量统计 表2

部位	檐部	额枋	梁架	柱子	门窗	非主体构件
开裂	13	9	27	37	27	11
腐朽	23	6	9	12	9	9
剥落	4	3	1	27	3	2

相对于砖石结构的建筑，中国传统木构建筑形成了以榫卯结构为基础的构件连接方式，以复杂的形态和合理的结构形成了力学上的稳定，成为"墙倒屋不塌"的典范。然而，木材作为有机材料在受力性能和结构强度等方面还是明显弱于砖石结构，在受力集中的部位、受潮的部位和接近地表的部位，容易产生开裂、腐朽和剥落的现象。样本统计结构表明，开裂现象的发生率高达56%，腐朽现象为28%，剥落现象则为16%。且调研结果也显示出不同病害在表现部位上呈现出了明显的差异性。

由数据整理可知，木构文物建筑开裂与腐朽剥落病害的发生部位在木构文物建筑的主要木构件上均有分布，但不同部位产生的病害类型有明显的差异性。在调研选取的85个研究样本中，柱子更容易发生了开裂与腐朽现象，发生病害的文物建筑超过总研究样本的50%，檐部、梁架、墙体和门窗等位置的病害发生率居中，占总研究样本30%~40%左右，其他非主体构件的病害样本占比最小，病害发生率低于20%（图5）。

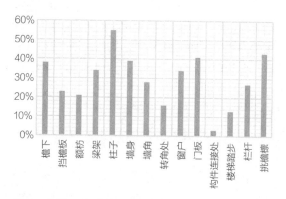

图5 皲裂与面层脱落发生率

通过对85个木构文物建筑样本进行统计，得出图6的统计数据，表明木构文物建筑发生开裂、腐朽和剥落的建筑数量较少，东南地区重要木构文物建筑保护相对较好。木构文物建筑的特殊构造做法，在一定程度上，减轻了这些病害发生的可能性。但是，在缺少外防护层的文物建筑上，发生病害现象的木构建筑占比较高。

在木结构的梁架、柱子等受力部位和门窗等由小木构件拼接的构件，发生开裂现象的建筑数量更多。且在木构架的集中受力构件主要发生集中性开裂，在其他围护性构件和装饰构件则更多分布有分散性开

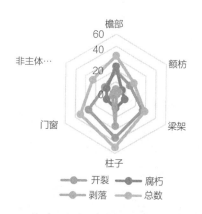

图6 开裂与腐朽剥落的位置关系

裂。腐朽现象的表现形态主要包括由于水环境长期浸润而造成的糟朽和由于植物侵蚀而造成的腐朽。腐朽现象发生较多的部位是文物建筑的挑檐、柱脚、梁端、榫卯连接处和木结构与地面的交界处。剥落现象的主要成因是由于酥碱和腐朽造成的木结构强度弱化进而受到外界风力作用而形成的风蚀剥落；由于东南地区白蚁普遍生长，而造成建筑靠近地面的部分，如柱子、门、木质墙体等受到白蚁啃噬而形成内部结构空洞，从而造成剥落现象。

4 结论

由上文可知，开裂与腐朽剥落是东南沿海地区木构文物建筑面临的严重病害，发生此类病害，建筑的稳定性和材料强度收到严重影响。特别是对于承重构件，随着时间的推移，病情越发明显严重。本次调研中，在89个建筑样本中，共有21栋木构文物建筑发病，占总样本量的23.6%。不同的病害现象分布情况各异，对木结构造成的破坏各有不同。经过大量样本整理，挖掘此类病害的发病特征、症状表现和发生规律，有助于加深对木构文物建筑严重病害的理解，从而更有针对性且高效地开展保护修复工作。

开裂与腐朽剥落是对木构文物建筑结构强度和使用寿命造成严重影响的病害类型，因其相对处于病害影响的后期阶段，病害发生需要更为严苛的条件和持续性的作用时间，因此相较于酥碱与斑痕变色和皲裂与面层脱落，开裂与腐朽剥落现象在东南沿海地区调研过程中的发生频率相对较低。且此类病害在全国重点文物建筑保护单位的各构成建筑上，发生的概率相较于其他保护等级的建筑更低，可见我国文物建筑保

护力度和强度在不断加强。且带有外防护层的文物建筑的病害情况明显好于无防护层建筑，也突显出中国传统木构营造技术的智慧。

参考文献

[1] 陈孔阳，邱洪兴，朱忠漫. 干缩裂缝对木梁承载力的影响[J]. 土木建筑与环境工程，2018，40（01）：39-47.

[2] 马星霞，蒋明亮，王洁瑛. 气候变暖对中国木材腐朽及白蚁危害区域边界的影响[J]. 林业科学，2015，51（11）：83-90.

[3] 赵柔，邱洪兴，陈孔阳. 木构件腐朽程度的试验研究[J]. 苏州科技大学学报（工程技术版），2018，31（02）：34-39.

[4] 严耿升，张虎元，王旭东，张艳军. 古代生土建筑风蚀的主要影响因素分析[J]. 敦煌研究，2007（05）：78-82.

图片来源

图1~图4：数据来自中国气象数据网：http://data.cma.cn/

表1：作者自绘

图5、图6：作者自绘

专题三　城市设计与乡村建设

空间自愈视角下城市公共空间的弹性设计研究 [1]

Research on the Resilient Design of Urban Public Space from the Perspective of Space Self-Healing

罗丹

作者单位
昆明理工大学 建筑与城市规划学院（昆明，650500）

摘要： 随着城市社会、经济、环境危机成为一种常态现象并呈现出一种不可逆的趋势，其脆弱性源自于城市空间的自生乏力与弹性设计缺位，在应对常态危机时应变力和自愈力不足，并致使消极空间的大量涌现。本文以城市公共空间为载体，通过空间自愈视角下城市公共空间的弹性设计研究，从城市公共空间的可塑性、包容性、互动性以及生长性几个方面，探索了常态危机下城市公共空间的自愈能力与生长模式。

关键词： 城市公共空间；常态危机；空间自愈；弹性设计；生长模式

Abstract: With the crisis of social, economic and environmental in cities becoming a normal phenomenon and showed an irreversible trend, which vulnerability stems from the weakness of self-growth and absence of resilient design of urban space, as well as the insufficient of resilience and self-healing ability to response the normal crisis, and also caused a large number of negative Spaces. This paper takes urban public space as the carrier,by studying the resilient design of urban public space from the perspective of space self-healing to explore the self-healing ability and growth pattern of urban public space under the normal crisis from the aspects of plasticity, inclusiveness, interaction and growth of the urban public space.

Keywords: Urban Public Space; Normal Crisis; Space Self-Healing; Resilient Design; Growth Pattern

1 引言

当下中国处于社会转型时期，社会的复杂性和诸多矛盾及其危机给城市发展带来了巨大的冲击。相似于自然生态系统的自我演进和发展制衡，人类社会系统也具有类似的平衡与规律。如果说生物种群的"自然生态链"具有其特定的法则实现生态平衡，那么人类的"社会生态链"也具有其特定的连接纽带或方式，反映出相应的社会约定基础[1]。城市、社会、环境之间总保持着一种动态平衡的稳定关系，自然生态系统的存在主要依托于自然环境，而社会生态系统则主要依托于城市空间。因此，城市空间与外部环境的相互适应性，制约和影响着城市社会的发展演进。

城市公共空间作为媒介，已经超越了物质空间和美学的范畴，体现出了空间的"社会属性"，具有引导公众生活方式和价值取向的能力。作为人的诉求与社会行为之间的载体，在组织公共活动、社会交往、承载精神生活和集体记忆等方面起到了重要作用。然而随着城市公共空间的常态危机带来的影响呈现出一种不可逆的趋势，公共空间不仅没有发挥其价值引领的正向作用，反而在危机面前显露出其脆弱性的一面。埃佐·曼奇尼指出当代社会是脆弱的，这种脆弱性的成因各不相同，但主要在于社会内部缺乏凝聚力，或是由于社会弹性能力低下[2]。现阶段我国大多数城市公共空间缺乏有效的弹性设计，导致在应对常态危机时应变和自愈能力不足，如何运用弹性设计方法，让城市公共空间在具有良好自愈和生长能力的同时，发挥其正向作用以缓解当下社会危机和构筑可持续发展的未来。

[1] 基金课题：昆明理工大学2018年学生课外学术科技创新基金课题（基金项目编号：2018YC240）。

2　城市公共空间的"常态危机"形式表现及其缘由

2.1　"常态危机"的形式表现

不同于自然或人为灾害等"突发性危机"，城市公共空间的"常态危机"（Normal Crisis）指的是城市公共空间在其发展过程中自身存在和外界影响综合作用导致供求关系失衡，其自身及运作模式不能适应社会需求而随时间发展呈现出下坡趋势，并最终难逃被淘汰和弃置的适应性危机。在当前社会中，公共空间的"常态危机"主要表现在以下几个方面：

社会性，表现在社会的个体化与疏离导致实体空间被忽视与冷落。作为社会交往的发生器，却在当今电子媒体主流社交方式下，公共空间的部分社会交往功能开始有所转移。面对面的亲密关系，公共生活的体验方式，人际关系逐渐被疏离和个体化等后果是社会的封闭性，也导致了社会制度的日益脆弱。

文化性，表现在公共空间因过分强调文化主题性而脱离市民的日常生活。城市公共空间的精神文化是根植于普通百姓的世俗民情的，然而现如今很多公共空间的设施和景观小品等都过于突出主题性而忽略了城市居民的真正诉求和生活习惯，致使公共空间缺乏活力和吸引力。

地域性，表现在城市社会空间类聚引发的"空间领域意识"。城市公共空间使用人群大多来自于周边的居住地人群，其经济水平、价值取向、兴趣爱好等往往决定了公共空间使用的整体属性。造成了不同公共空间的特定社会人群对其他非同质人群排斥的现象，导致公共空间的专属性和社会隔离，长此以往阻碍了公共空间自身的良性发展。

适应性，表现在城市公共空间在发展过程中，其自身及运作模式无法适应新的社会需求，导致其使用率下降并涌现出一系列消极空间，其"生命周期"过早衰老，甚至被弃置和淘汰。

2.2　"常态危机"的生成缘由

公共空间常态危机的出现是偶然性与必然性综合影响的结果，需要置其于我国城市发展历史进程的宏大时代背景和公共空间自身属性缺位双重角度考量。作为发展中大国和世界最大经济体之一，我国发展过程中社会、环境压力超重等常态现象与城市承受能力、自我调节能力有限之间的矛盾重重，一旦超出城市的承受能力和自我调节能力承受极限，往往危及城市自身。可以说，公共空间常态危机与城市化发展一路相伴且是我国城市化发展中的必然现象，其中充满着不确定性、非时段性、不可逆性特征：公共空间设计的初衷及功能承载也会在社会发展进步中逐步出现与人群诉求不匹配、功能主题单一化等都是城市发展进程与公共空间停滞矛盾情景下"常态危机"出现的必然结果。公共空间的"常态危机"也是偶然的，公共空间与人群行为模式及其附属空间密切相关，其危机现象也随人群行为活动的暂时性、不确定性、机变性、时段性等呈现出各异现象，如公共空间的临时商业行为、早高峰人群集聚、外力介入、偶然性功能植入或转换等。

3　空间自愈的城市公共空间弹性设计方法

空间自愈（Space Self-Healing）指的是城市空间在面对社会、环境、经济危机或遭受一定破坏时，因空间自身具有恢复弹性和自我生长性使其具备一定的恢复和自愈且通过弹性的自我调整恢复至相对稳定状态的能力。弹性（Resilience）概念初源自于生态学，在城市规划领域其最初运用于防灾，随着近几年弹性概念的拓展，其范围扩展到社会生态系统吸收或承受干扰和其他压力因素的能力，这种能力能够使系统保持在同一制度内，基本上保持其结构和功能，体现了系统能够自我组织、自我学习和适应的程度[3]。把弹性设计理念介入城市空间中以提高公共空间在应对当前常态危机时的抵御性、恢复力和自愈能力是维持公共空间"生命周期"良性发展的可行路径。基于空间自愈视角，认为在当前的常态危机下，需要从可塑性、包容性、互动性、生长性几个方面开展：

3.1　可塑性设计

一旦在经济萧条和规划失效的危机下，城市公共空间的可塑性将会成为一种短暂和流动的新常态。盖里·哈克在《城市演变》一文中质疑了强调景观秩序和恒久性城的城市设计的主导地位，他认为"城市中最有趣的地方恰恰与其相反：无序、不可预测、快速变化"[4]。充满创意的机动、暂时的空间设计更加具备可塑性和弹性,具有可塑性的弹性公共空间设计,实际上是设计一种处于流动状态的、短暂、临时的公共空间。

近年来,自东亚城市兴起的"都市游击"(Temporary Urbanism)现象,成了临时性城市空间使用的途径正在被重新发现和重视。在人口稠密的东亚城市,暂时性的使用是一种应对空间资源稀缺和法规僵硬的日常生存策略[2]。例如台北同一条街道在一天不同时段可能发生着不同类型的活动,从清晨早餐售卖到夜幕下的都市夜生活,吸引着各个年龄段的人群;云南历史文化街区"昆明老街"周末的跳蚤市场每周末早上9点到下午6点开市沿街布置着一百多个临时摊位,一反平日里作为交通巷道的冷清,为城市街道空间增添了活力(图1)。这些临时的公共空间功能的局部置换,即功能微介入,不仅满足了城市居民的日常需求,也激发了城市里重要的经济与社会活动。

图1 "昆明老街"跳蚤市场(图片来源:自摄)

临时性的公共空间设计,优势在于其强大的生命力和应变能力。设计者可以根据同一地点,不同时段流动人群的不同需求和属性进行临时性功能微介入,

从而产生多样化的活动类型。这一临时性的改变会为城市公共空间带来活力和吸引力,增加社会接触,使城市公共空间从一元走向多元,以应对当下脆弱的社会交往。可持续的状态并非是一成不变,而是在变化和更新中实现自我进化的、持续性的健康发展。这些临时性的功能微介入,通过弹性的处理方式,对"当下"未能解决的现状问题做出尝试性的改变和积极的回应,以摆脱典型规划手段下的利益冲突和僵局。

3.2 包容性设计

城市公共空间的包容性设计一方面体现在人性化。公共空间作为人性场所,在带给市民基本的舒适感和安全感的同时,也应该充分考虑市民的社交、体验和主动参与。在公共空间设计过程中,其使用对象不应局限于某一区域的特定人群,而应该以更加包容和接纳的态度,从人的生理、心理、社会、精神等需求层面为不同年龄、阶层的人营造人性化的共享空间。同时,包容性公共空间在设计中也需要多方(政府、本地居民、建筑师、投资方)参与的姿态:设计者是否怀有一种对弱势群体(如儿童、老年人甚至残障者)的关怀;政府是否抱有开放的态度,尽可能将设计的自由和权利交给当地居民和建筑师;公众是否抱有主人翁意识,主动参与设计、提出群体性建议和想法,共建共治共享,真正做到以人为本,打破社会隔离,共同创造更美好的空间环境。

包容性设计的另一个方面是市民化,体现在文化融合。市民化的公共空间对于城市居民具有重要意义,尤其是长期在此生活的居民,那些城市公共空间已经成为他们日常生活中不可替代的组成部分,是生活功能内容的载体,也是社会网络、记忆等精神生活的载体[5]。通过将公共空间与当地文化、日常生活相融合,最大限度地将市民生活与公共空间使用结合起来,引导居民参与到公共设施、环境和服务中,扭转漠视和抗拒的局面。具有市井文化的公共空间作为一种地方特色和地方气质,更加贴近老百姓的日常生活,体现出市民在城市公共空间中的主导地位,有利于地域身份认同感的建立。

具有人文关怀和地方气质的包容性公共空间,是具有社会凝聚力的,而社会凝聚力正是城市公共空间自愈和生长的内在驱动力。理查德·罗杰斯说过"公共领域是都市文化的剧场，它是市民权发挥作用的地方，它是城市社会的粘合剂"[6]。空间的包容性是建立在承认和关怀城市群体差异性的基础上的，会带来社会的平等和多样性，在共享的交往空间中打破社会的冷漠和隔离，不仅有利于社会关系的重组和社会秩序的建构，也有利于公共空间的自我演进，以应对当下的常态危机。

3.3 互动性设计

空间与行为具有相互作用的辩证关系，空间激发行为的同时，行为也创造了空间。具有互动性的公共空间相比于传统开放空间，更加强调公众在城市公共空间中的互动行为和参与作用。一定程度上发挥了参与者的主观能动性，以多元的物质、精神、体验作为纽带，构筑起人和建成环境的交流对话，提供更多的接触机会。设计具有互动性的弹性公共空间，本质上是设计一种以用户体验为中心的情境体验空间，激发使用者去主动参与、主导和互动。通过空间叙事、场所营造、体验设计和共同创作等设计方法，制造有趣的、吸引人的、具有特定情节的交往空间，从心理和情绪上对使用者带来积极的影响。例如一些商场会在休闲、等候区的一侧墙面上设置"乐高墙"，利用游客堆积的乐高积木图案装饰墙面，创造了一个大人和小孩都可以参与的体验式空间（图2）。经过的游客随时可以根据自己的喜好和想象去改变拼凑的形状和图案，增添了公共空间的吸引力和趣味性，满足了人们娱乐、创作的精神需求的同时也能够激发更多的社会接触。

公众对传统公共空间态度的日益冷漠正是源自于

图1 "昆明老街"跳蚤市场（图片来源：自摄）

个体孤立、公众意识淡薄和社会关系断裂。互动性空间的介入，作为一个结点，连接修复了社会的裂痕，建立起人与人、人与空间、人与社会的对话，将人从孤立的个体中抽离出来，建立起社会联系，是一个从单向设计到全社会共同参与的主动过程，一个由点及面缝合社会关系的过程，提高公众意识、建立起公众信心。

3.4 生长性设计

1867年E·沙里宁提出"城市有机体"理论，揭示了城市发展的规律和生物发展规律有诸多共性和相似之处，城市的内部运作、受外界刺激的反应等现象，都可以在生命理论中找到合理的解释。公共空间作为城市空间的重要组成部分，同样也可以具备自我发展的"生命力"，弹性空间生长性的本质就是空间的自我进化和演进。而与生物体的自我生命延续不同，公共空间的生命力在于公众的参与和需要，没有人的公共空间是不具备活力和自我进化能力的。空间与人之间的互动（Interaction）是一个多因子共同作用、相互关联、相互作用的过程。人作为城市公共空间生命力的主体，为公共空间带来源源不断活力的同时，也为其带来了空间的自我进化和演进的内在驱动力，即居民对场所的归属感和认同感，其背后是社会凝聚力。

设计过程中，一方面，城市公共空间应当充分考虑建立当地居民认可感和依赖感，增强居民的主人翁意识。由此，在面对危机的时候，居民才会自发成为社会行动者，积极去应对和克服逆境，创造新的使用方式，延续空间活力。另一方面，公共空间应以人的需求为转移，接受更多市民的反馈意见和新的改变。在公共空间的"生命周期"中尝试持续不断的自我修正，使人的需求与空间环境之间的关系不断进行调和，以寻求更好地去适应公众的新需求，建立起公众的信心。这样的城市空间就具有了自发性和随机性特征，呈现出一种后现代主义的"修修补补的渐进主义"（Disjointed Incrementalism）构成特点[7]。正是人的行为活动建立起了时间、空间的联系，使公共空间具有了时间连续性及对外部环境的适应性与生长性，呈现出螺旋式发展态势和触发其自我进化，从而塑造具备自愈力和应变力的空间弹性，走出常态危机的困境。

4 结语

正如曼奇尼所述，"以多样性、冗余、反馈意见和不断试验为特征的弹性系统，让公共空间的活力更加明显和有形"[8]。同样娄永琪在谈到中国转型和"发展中"的机遇时，也提到"设计需要以更积极的方式介入经济和社会的变革，更加直接地面对真实世界的问题，寻求解决策略"[2]。城市公共空间的生命力在于人的参与和创造，着力于可塑性、包容性、互动性、生长性的弹性空间设计策略，建立起人与人、人与场所、人与社会的联系，增强社会凝聚力，修复并愈合社会的裂痕，促进空间自愈和实现公共空间的可持续生长，缓解当下的常态危机并构筑一个弹性的、可持续发展的未来。

参考文献

[1] 杨贵庆."社会生态链"与城市空间多样性的规划策略[J].同济大学学报(社会科学版)，2013，24（04）：47-55.

[2] 倪旻卿，朱明洁. 开放营造：为弹性城市而设计[M]. 上海：同济大学出版社，2017.

[3] Gunderson,L.H.and C.S.Holling，eds. 2002. Panarchy: Understanding Transformations in Systems of Humans and Nature. Washington DC: Island Press. And:Scheffer,M.,S.Carpenter,J.A.Foley,C.Follke, and B.Walker.2001. Catastrophic shifts in ecosystems. Nature 413:591-596.

[4] Hack,Gary."Urban Flux."In Companion to Urban Design, edited by Tridib Banerjee and Anastasia Loukaitou-Sideris. London:Routledge, 2013.

[5] 杨贵庆.城市公共空间的社会属性与规划思考[J]. 上海城市规划，2013(06):28-35.

[6]（英）理查德·罗杰斯，菲利普·古姆齐德简. 小小地球上的城市[M]. 仲德崑 译.北京:中国建筑工业出版，2004.

[7] 朱勍. 从生命特征视角认识城市及其演进规律的研究[D]. 上海：同济大学，2007.

[8] Manzini,E., Till,J.(eds). Cultures of resilience:Ideas. London:Hato Press，2015:9.

从水系恢复迈向北京老城的复兴
——前门三里河及周边城市设计
From River Systems Restoration to the Renaissance of Old Beijing
:Urban Design of Qianmen Sanlihe Area

吴晨、郑天、李想

作者单位
北京市城市设计与城市复兴工程技术研究中心、北京市建筑设计研究院有限公司（北京，100045）

摘要： 河湖水系自北京城诞生以来就与北京城密不可分，前门三里河以水系恢复为契机，提出"城市修补、生态修复、文脉传承"的理念，主要以河道与周边建筑的融合，形成开放型河道和开放型院落，用生活气息将水系与周边建筑融为一体。前门三里河逐步恢复老城护城河水系以及其他消失的历史河道，构建城市森林，恢复历史水系格局，构建区域联通的生态系统，再现北京老城的魅力，提供了借鉴。

关键词： 城市复兴；城市双修；前门三里河；北京老城

Abstract: Water systems have inseparable relationship with Beijing City since the birth of Beijing.The role of Beijing water systems in the cityscape is still not striking. Urban design of Qianmen Sanlihe Area proposed the concept of "City Bettement, Ecological Restoration, and Cultural Inheritance". It mainly integrates water and surrounding buildings, open rivers and open courtyards, and integrates the water system with surrounding buildings with life atmosphere. Under permissible conditions, gradually recovering the old water systems and other disappearing historical rivers, establishing urban forests are in view. Restored the historical water system structure, build an ecosystem of regional connectivity, and reproduced the charm of old Beijing.

Keywords: restoration to the renaissance；City Bettement, Ecological Restoration；Qianmen Sanlihe Area；Beijing City

1 城市发展呼唤城市复兴

1.1 水系恢复与北京老城保护

北京老城聚集了各类历史特色资源，呈现出不同的历史价值、科学价值、艺术价值、社会价值和精神价值。挖掘北京老城水系文化带和历史文化内涵尤为重要，保护沿线各类历史资源，修缮、整治和展示各类有价值的文物点迫在眉睫，遵循京津冀三地协同发展的指导思想，以疏解非首都核心功能、解决北京"大城市病"为基本出发点，将城市布局和空间结构进行优化调整，积极营造城市传统风貌、塑造城市景观特色、提升城市生态环境。《北京总体规划》中提到：构建区域联通的生态系统，包括恢复西板桥水系、织女河水系、玉河（南北河沿段）以及前三门护城河水系。前门三里河景观水系的恢复，为老城水系的恢复作出指导性的尝试[1]（图1）。

图1 前门三里河实景

1.2 老胡同新生活

前门地区是北京老城重要历史片区，是北京千年古都深厚文化底蕴的重要体现。习近平总书记近期视察前门地区时，对北京开展老城保护整治的思路和做法表示肯定。他强调，一个城市的历史遗迹、文化古迹、人文底蕴，是城市生命的一部分。文化底蕴毁掉了，城市建得再新再好，也是缺乏生命力的。要把老城区改造提升同保护历史遗迹、保存历史文脉统一起来，既要改善人居环境，又要保护历史文化底蕴，让历史文化和现代生活融为一体。让城市留住记忆，让人们记住乡愁。[2]

三里河水系作为前门三里河地区整体城市设计先期实施区域，于2017年5月正式完工，这是北京近年来第一个重新挖通河道、恢复古都历史风貌的尝试。重修的三里河将近千米，附近灰墙灰瓦的民居、沿着岸边和胡同的走势铺开，"老胡同，新生活"的国际一流宜居社区初步形成（图2）。

图2　前门三里河冰雪儿童乐园实景

三里河西南侧的大江胡同，原本是老旧的平房区，经过更新后，重新进行了城市修补，前门东侧路沿街的建筑尺度、风格等各方面街道两侧相呼应，环境比之前有了很大提升。

前门三里河"正阳观水"[3]被评为北京"新十六景"之首。三里河的每一处恢复都饱含深意，苏叔阳撰写的《重修三里记》设置在草厂三条入口处，在他看来，这片景观最大的特色是与前门大街"动静呼应"。其中提到的芒种一日，自芦草园入，过得丰东巷，进长巷头条至鲜鱼口出，逶迤约二里许。有道是，巷不在深，有水则灵。一路行来，石径与清流相绕相牵，始终为伴。但见白云悠悠，河水潺潺；草坪铺地，老树擎天；岸上牵牛曳粉鼠尾摇红，水中睡莲初绽芦苇葱茏；胡同青石漫地，居民灰瓦灰墙；更有凉亭敞轩亲水，辘轳老井汲凉。那十余座石桥、木栈在清流之上，或五十步一涉，或百余步一渡，水中之踏步石亦让您随性左右梭巡信步凌波。真是个路转桥迴，步移景换是也[4]（图3）！

图3　前门三里河实景

三里河的每处景点都还原了地区特有的文化，湖心岛保留了树龄较长的一颗老椿树，清澈的浅流从树下流过。三里河南侧原为"芦草园"，追根溯源恢复地区芦苇繁盛的景象还设置了水榭，配合奇石与牡丹花圃，打造开阔的景观节点。以藤架、花台配合小桥流水，展现长巷头条胡同的生活气息。河道北侧入口，荷塘小亭夕照，配合保留建筑，展现三里河地区民居文化。

2　城市历史积淀城市文化

2.1　北京城"水文化"

近年来在北京，水与百姓的距离越来越远，如果能够恢复北京的水系，让潺潺的水声回到现代的人生活中，会让城市更加宜居。

在世界上很多著名城市，水系都是其中一个最璀璨的闪光点，相对北京的河湖水系在城市风貌中的作用仍然不够突出。未来应当结合北京老城功能、人口疏解、环境整治工程和整体城市设计，尽快研究和分阶段实施北京老城已消失的河道恢复的可能性。在条件允许的情况下，逐步恢复老城护城河水系（如外城护城河、内城护城河、皇城护城河、宫城护城河）以及其他消失的历史河道，重现北京老城魅力。

三里河项目位于前门东区地区内，北至西打磨厂街和长巷二条、西至前门东路、南至茶食街、东至长巷头条和正义路，总占地面积约18公顷。恢复三里河项目于2016年开工建设，至2017年完成了一期建设，主要是鲜鱼口以南的500米河道景观修复工程，成为群众喝茶、散步、观花、唱戏、遛鸟等游乐休憩的重要场所之一。

2.2　前门外"八字街"

北京城市规划具有以宫城为中心左右对称的特点，这个对称轴成为中轴线。前门地区以前门大街为核心中心轴、东西两侧片区共同组成（图4）。

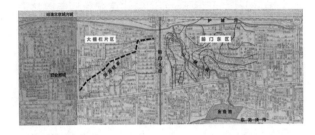

图4　前门地区八字街

前门地区原有的胡同随弯就曲的文脉肌理清晰可见，灰砖青瓦的老四合院密实的、均匀的分布着，中间夹杂着历史文物遗存，是完整的融合历史文化遗产和现代文明为一体的北京老城风貌。片区保留有北京历史延续最长（从元、明、清、民国至当代，约730年）的城市肌理和清末至20世纪40年代的街巷格局。

前门地区由于历史原因形成的特色街巷肌理，西侧大栅栏片区是新旧都城贸易往来的结果，元大都初建立时，金都旧址中有街市，两城之间人货往来，增建铺面，自发形成了如今的大栅栏斜街格局。东侧前门东区顺应地势河流自然形成（图5）。

图5　前门地区八字街

2.3　三里河"古文化"

在历史上，三里河原本没有水源。明《河渠志》载："城南三里河旧无河源，正统间修城壕，恐雨水多溢，乃穿正阳桥东南洼下地开壕口以泄之，始有三里河名"[5]。到了清代初期，三里河大部分河道被夷为平地，附近居民便沿河道故址建房，逐渐形成多条街巷，其名称多与三里河有关。清末时，三里河南段

尚遗存部分狭窄的河道，进入民国以后，只留下一条很窄的水道，上面架有简易木桥，两侧逐渐成了垃圾场，最后变成一条只有两三米宽的臭水沟。当时有很多逃荒逃难来的穷人聚居于此，两岸垃圾成堆，污水横流。民国政府为整治龙须沟，改砌暗沟，但只完成了西段，而东段从天桥东经金鱼池、红桥折向东南这条沟仍为明沟，垃圾遍地。新中国成立后，为改善城市卫生环境，北京市政府决定根治龙须沟，将原有沟身填平，改明沟为暗沟，并修建马路，安装路灯，开通公交车，由此使三里河尚遗存的部分河道完全消失。只有北京地图上标注的打磨厂、长巷头条、芦草园、北桥湾、南桥湾、金鱼池、红桥等古老的街巷名称，大致勾勒出古三里河的基本走向，而河道遗存物已很少见了。[6]

三里河绿化景观项目的复建，依据的是历史上河道位置和走向，北起西打磨厂街，南至茶食街；西起前门东路，东至长巷二条、正义路南延，总长约900米，占地约1.3万平方米。目前，河道范围内480户居民已经告别了原本的破旧平房得以搬迁。工程已经完成了河道主体、景观、市政管线改移、乔木种植、水处理系统及路灯安装施工。同时，完成了三里河沿线长巷头条等9条胡同市政改造、架空线入地和胡同景观整治。38棵在这里"土生土长"的国槐、香椿、榆树、旱柳都得以保留，5棵参天的国槐也在项目基本完成后进行了回植。

3　城市设计引领城市复兴

前门三里河地区城市设计基于城市复兴理念综合考虑保护与发展，上承前门东区多项规划与研究，下承重点片区的景观设计，按照控规实现景观绿地，结合文化恢复景观水系，成为北京老城核心区以城市设计为引领的城市双修新探索、城市复兴新模式。

3.1　文脉传承奠定城市历史

北京前门三里河经过改造，脏乱差的胡同已经消失，蜿蜒的景观长廊，点缀多处亭台水榭，周边的胡同也安装了古色古香的指示牌，河上十多个小桥，犹如置身江南水乡，但又不失老北京的端庄大气。

顺着河岸有长巷二条、三条、四条、五条等胡同。汇集了泾县、南昌、江右、丰城等诸多会馆。由

于有很多文物与原有河道重叠。在对三里河进行复原时，斟酌对文物的影响与保护，将河道走向进行了调整，尽可能避让文物，保护历史（图6）。

图6 前门三里河水系与文物关系

3.2 城市修补解决城市问题

随着城市生活进入高效时代，老城也迎来了一个更新与再营造的过程，我们既要保留老北京的文化，又要赋予其新的活力。所以，城市空间的多元化将是未来城市发展的一个新趋势。

设计中提出城市修补的理念，不仅对地区原有肌理进行最大限度的保护，又不断突破寻找有机更新的方式，将两个巧妙结合，解决严峻的大城市病危机，提高城市治理的能力，以及城市发展建设（图7）。

图7 前门三里河实景

古三里河对前门地区肌理格局影响重大，决定了草厂和长巷胡同的走向，形成了北京极少见的有规律的扇形街巷，使前门区域成为北京斜街最多、最复杂的地方。针对前门地区特有的地区肌理，保持街巷尺度与形态，提出城市织补的方式，在不同的片区进行自我更新而又不失整体，使得城市更新过程变得像

一个生命体进行新陈代谢的过程。原有四合院建筑与自然环境巧妙结合，让老建筑焕发新生机，将新与旧有机的结合在一起，从而完成更全面的城市发展（图10）。

3.3 生态修复协调城市共生

前门三里河景观改造项目注重恢复河床自然形态，依据四合院落的平面走向，原汁原味还原了自然水系，避免新建设性破坏，保留了原先大杂院、四合院里的香椿、国槐、榆树、旱柳等老树38棵，还种植了数百棵苗木以及上万平方米的地种植被、花卉和水生植物等，并运用雨洪调蓄系统构建绿色生态环境。

改造项目依据历史上河道位置和走向，以生态景观建设为主，突出了历史、人文、生态、艺术特点，将胡同街区、四合院建筑与自然环境渗透融合，形成特有的自然肌理与清新朴素的风格。通过水系治理和生态修复，重塑了三里河河道景观，并注重修补完善街区功能设施，修缮居民房屋，延续历史文脉，提升街区活力。

近年来城市环境成为首要关注问题，将传统风貌与自然水系相结合，恢复北京老城景观水系，贯穿老街巷，焕发地区活力。目前三里河河道已成为北京老城城市重要通风廊道，加强城市空气的流动性、缓解热岛效应和改善人体舒适度，为城市引入新鲜湿润空气。采用自循环的模式，保证水质水流，形成景观河（图11）[7]。

三里河的恢复不仅提升了前门地区的景观环境，还焕发了北京老城的新活力，传承古老的东方智慧，延续自然的影城理水，再创首都辉煌！

参考文献

[1]《北京城市总体规划（2016年-2035年）》于2017年9月29日公开发布.

[2] 2019年2月1日，习近平总书记春节前夕在北京看望慰问基层干部群众.

[3] 杨滨. 王金辉. 高颖.《北京晚报》. 北京.（2017-06-21）http://bjwb.bjd.com.cn/html/2017-06/21/node_113.htm

[4] 苏叔阳撰写的《重修三里河记》.

[5] 张玉书，王鸿绪，张廷玉. 明史. 河渠志[M]. 1739.

[6] 吴晨，郑天，李想. 北京前门三里河水系重现与老城复兴的探索及实践[J]. 北京规划建设，2017(05):127-132.

[7] 吴晨，郑天，李想. 城市设计引领下的老城复杂地区城市双修——以北京前门三里河及周边为例[J]. 北京土木建筑学会. 2018:016-018.

图片来源

图1～图3：作者实景拍摄

图4～图6：作者自绘

图7：作者实景拍摄

哈尔滨市果戈里大街空间结构研究

Research on the Spatial Structure of the Gogol Street in Harbin.

朱莹[1,2]、何孟霖[1]、武帅航[1]

作者单位

1. 哈尔滨工业大学建筑学院（哈尔滨，150006）
2. 寒地城乡人居环境科学与技术工业和信息化部重点实验室（哈尔滨，150006）

摘要：果戈里大街位于哈尔滨市南岗区，南岗、道里、道外同为哈尔滨建城时的原始街区。如今，道里区中央大街门庭若市，道外区靖宇大街焕然一新，果戈里大街作为南岗区商圈、哈尔滨最初的商业中心却冷冷清清。基于此，本文将以自组织理论为基础，以空间句法软件的参数化分析为依据，从经济、社会、环境三个层面，对果戈里大街在建成期、发展期、停滞期街区的功能性质、空间结构、演化脉络进行解析。目的是挖掘空间生长因子、提炼空间优化要素、找寻空间失活的根本原因，结合当下的政策环境和数据化时代背景，为激活街区活力并延续街区文脉提供理论依据。

关键词：空间结构；功能性质；演化脉络；空间句法

Abstract: Gogol Street is located in Nangang District of Harbin. Nangang District, Daoli District and Daowai District are the original blocks of Harbin during the period of city construction. Nowadays, the Central Avenue of Daoli District is bustling,Jingyu Street of Daowai District has taken on an altogether new aspect. Gogol Street, as the business circle of Nangang District and the original commercial center of Harbin, is desolate. Based on this, this paper will be based on the self-organization theory and the parameterize analysis of space syntax. From the three levels of economy, society and environment, the function and nature, structure of space and evolution of Gogol Street in the period of construction, development and stagnation are analyzed. The purpose is to excavate the growth factors of space, refine the optimization elements of space, and find the root causes of space inactivation. Combining with the current policy environment and the background of datamation era, it provides a theoretical basis for activating the vitality of the block and continuing the context of the block.

Keywords: Space Structure; Functional Properties; Evolution Skeleton;Space Syntax

　　1898年由于中东铁路的修建，俄国对哈尔滨进行新城规划，以地势最高处秦家岗岗顶作为城市中轴线（今大直街）。果戈里大街建成初期以马家沟河为界，以南命名"果戈里街"，以北称"新商务街"。1902年秋林公司迁至大直街与果戈里大街交汇处，以此为发展契机，商号、药店、影院、银行、教堂甚至领事馆也纷纷落户在这条街上。1926年有轨电车在这里通过，1958年两条街合并为奋斗路。经济的快速发展提高人类的活动频率，各类建筑和城市景观应运而生，阿列克谢耶夫教堂、俄罗斯河园、东清铁路中央医院、敖连特电影院（现和平电影院）、秋林公司、花园小学校等都是存留至今的重要节点，也是遗留百年、不可多得的历史文化遗产。

　　百年后的今天，这些优势被掩盖、资源被淡忘，街区经济低迷、人口流失，如何整合资源、发挥优势、丰富人类的经济活动？如何改善空间结构、挖掘空间价值？如何使历史的光辉再次重现？本文将依据以下三个历史时期的不同生长模式，进行不同角度、不同类别、不同方向的解析研究。

1　建成期——自上而下的产生

　　果戈里大街始建于1901年，是由俄国规划师设计建造的，属于城市二级道路。由于新城区的整体区域性质为中东铁路附属地职工住宅，而秋林公司的搬迁确立了其城市性质为商业区，因此果戈里大街的街区功能以商业和居住为主。在建成期，商业作为街区发展的核心与居住功能带来的人流和物质资源帮助进行了相互置换和相互协同的生长作用。

1.1　商业业态的"核"作用

　　微观上，细胞学中的"核"指具体而系统的遗传物质，即衍生的基础，将街区的发展比作细胞分裂分化的过程，商业业态的发展即是果戈里大街的核心。

果戈里大街的街区发展始于秋林公司的搬迁，因此在建成期的街区性质为商业街区。一时间，果戈里大街人潮涌动，一片繁荣。宏观上，以城市原型理论的角度，秋林公司形成了人流聚集的街区空间形态，社会地位不断增强，从而产生向心力、社会秩序和社会等级等一系列空间差异。因此，以秋林公司为核心的街区形态逐渐形成。

随后，由中心单元核向外分裂与之相匹配的、更加完善人居生活的次级核物质。哈尔滨敖连特电影院是我国现存的建立最早的影院，旧址位于今南岗区果戈里大街387号。1900年俄国在今颐园街37号建立中东铁路中央医院，是黑龙江最早的西医医院之一。1903年俄国财政部在哈尔滨设立俄国邮局，攫取我国邮政权，后迁址至现南岗区民益街100号，改称吉黑邮务管理局（图1）。这些建筑散落在果戈里大街的周围，不断充实着这条街区的内核动力。

图1　1902年哈尔滨新城区平面规划图

整体来说，果戈里大街以秋林公司为中心核，以医院、电影院、邮局为次级核的状态分布，每一个核心又各自形成其特有的商业辐射圈，最终形成了在建成期果戈里大街整体的商业街区形态（图2）。商业业态在街区发展中的作用主要分为两种：中心核——城市发展中自上而下的干预作用，次级核——中心核衍生运动过程中的辐射作用。

1.2　居住组团的"质"作用

居住组团的"质"作用体现在两个方面，一个是其本身作为整体为商业业态的发展提供交互的流量和动力；另一个是在自上而下的规划体系下形成的、供

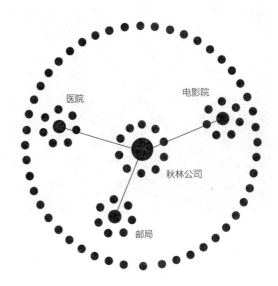

图2　建成期果戈里大街商业形态示意图

需循环体系所产生的核质交互作用。

微观细胞学说中的质指的是为细胞核的生长提供物质和能量的部分，包括细胞分裂分化过程中所需要的动力、空间、其他物质等需求。在宏观实际情况下，即中心区的周边地带要为中心区的发展提供人流、场所和吸引点等。果戈里大街位于新城区内，而新城区的城市性质为中东铁路附属地、职工住宅以及行政管理办公区，管理办公区主要位于大直街临街两侧，向南北方向延伸为不同等级、不同类型的职工住宅。这种自上而下的居住组团布局为商业业态发展提供了流量支撑和经营保障。

果戈里大街的路网模式为规整的网格式，街区单元的划分也都是沿地块单元临街一侧布置，向内设置庭院（图3），这样的布局模式形成了临街商业构成的微型商业辐射圈（图4），在一定程度上为生活提供了便利。

通过以上研究分析可知，建成期的果戈里大街是以人口居住为基础、以商业发展为动力、以二者间的供需关系为平衡而逐渐发展的街区，而以上两点是影响空间结构、限制空间活力、决定空间品质的重要因素。

2　发展期——自下而上的生长

1931年九·一八事变后，日军猖獗东北沦陷，一度被各国到访者评为"东方小巴黎"的哈尔滨到达

街区肌理模式   单元肌理模式

图3　果戈里大街肌理模式

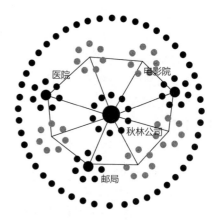

图4　果戈里大街微型商圈示意图

其城市发展的最后高潮。回顾三十年的昌盛繁荣，果戈里大街的经济贸易、文化特色、居住人口，甚至范围尺度等各方面都有大幅度的提升，这不仅得益于建成期高瞻远瞩的规划设计，三十年中的社会环境发展、人口供需平衡和不断的实践检验也是必不可少的调剂因素。如下，生长和演化将分别从正反两方面对街区空间结构进行详细分析。

2.1　街区空间结构生长分析

哲学中，生长指的是事物上升，从无序变有序的不可逆过程。生物学中，生长也是指从细胞到组织再到个体的有向性运动过程。本节将自下而上，由点及面的对果戈里大街的空间结构生长进行解析。

点——商业街区的生长点和活力点。自建成期初设的秋林公司、电影院等商业节点，为满足人居需求并丰富社会氛围，截至1928年，果戈里大街新增了各类节点，如教堂、图书馆、领事馆等（图5）。以各节点为中心还构成了新的商业圈、文化圈和行政圈，丰富了街区功能，完善了街区形态和面貌。但南侧的开发力度和业态发展程度远不如北侧，需要均衡南北业态分布。

线——道路线和电车线。从1928年的平面图中可以看出果戈里大街穿过马家沟河延伸至哈尔滨老城区（香坊区），并在老城区进行了新的路网模式和街区规划。通过果戈里大街将两个区域进行连接，一方面引入人流和商业业态，另一方面加强区域间的沟通和联系。为此，在埠头区（今道里区）、傅家甸（今道外区）和新城区内均布置电车线路（图5），线路

图5　1928年果戈里大街节点分布图

的始末站分别为中央大街、八区货场、穿过城市中心圣尼古拉大教堂沿果戈里大街至老城区。这样的线形布局不仅仅使该街区结构更加紧凑，还深化了与其他区域的渗透和延伸。

面——街区面与区域面。从街区的角度看，果戈里大街被马家沟河分为南北两部分，为保持街区肌理的连贯性和文脉的延续，南侧的街区肌理依旧采用网格式。从区域间发展看，网格状的单元分布与香坊区规划的放射状路网不完全吻合（图6），且没有设置良好的缓冲区，这为区域间的未来发展埋下隐患。

通过以上分析可知，街区空间结构生长的点状要素提供了活力和新的生长点但分布不均易造成发展不平衡，线状要素扩大了街区范围并丰富了出行方式，面状要素变化甚微且没有处理好缓冲区的衔接问题。

图6 1928年果戈里大街与香坊区交界肌理模式

2.2 街区空间结构演化分析

哲学中，演化指的是事件之和，包括从无序变有序，也包括有序变无序，是一种运动中的平衡前进状态。因此，需要有宏观全面的视角、包含各个层面的考量，即鸟瞰街区整体的结构脉络。空间句法中，将街区脉络简化为拓扑关系，将结构通过可视化的形式表现出来。

为基于空间句法软件的1928年哈尔滨新城区选择度分析，主要是基于拓扑原理，简化路网结构，用于分析道路的被穿过性、使用频率。可知果戈里大街在南北打通后对马家沟河两岸区域的连接起重要作用，也凸显了该街道的重要地理区位（图7）。为整合度分析，即分析区域内的中心地块和重要节点。可知果戈里大街有两个较为重要的部分秋林公司商圈和马家沟河畔。显示了其作为商业中心、人流聚集中心的区域地位以及需要面临的交通压力（图8）。为全局深度分析，即体现街区路网密度，侧面体现交通状况和人流的可达性。果戈里大街虽为商业中心但通行性较强，得益于其网格状的道路规划，南侧与香坊区衔接的缓冲区颜色逐渐变暖，说明深度逐渐增加，可达性降低（图9）。

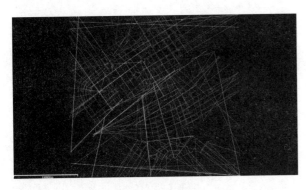

图7 1928年哈尔滨新城区选择度分析

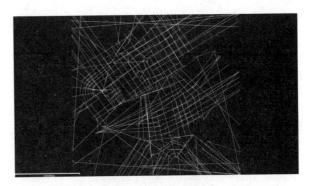

图8 1928年哈尔滨新城区整合度分析

图9 1928年哈尔滨新城区全局深度分析

通过以上分析可知，果戈里大街在新城区内区位重要性较高，需要良性的引导和规划。整体的空间结构良好，但在与其他干路交汇时易造成交通拥堵，在与边界区域衔接时处理不当会造成隐患。

总体来说，发展期的街区空间结构整体趋势是上升的，但在过程中不免出现发展不均衡、区域不协调、人口激增导致交通压力大等细微问题。而我们从中了解到的是，果戈里大街基础结构完善，街区活力尚存，区域地位重要，这些将是今后我们挖掘历史街区内涵的重要部分和需要尽力保护的地方。

3 停滞期——"稳定状态"的循环

从诞生到发展，果戈里大街的魅力不可否认，但今天，即使在经历了改造和整治后依旧一蹶不振，原因何在？面对文脉流失、城市断层我们又应该如何应对？

3.1 动力丧失的内循环

1. 点动力集聚

经2003年的果戈里大街改造后，街区的节点进行了重新的梳理和归纳，包括圣阿列克谢耶夫教堂、东清铁路中央医院、亚细亚电影院、秋林公司和花园小学校以及俄罗斯河园、不同区段的风情街等景观带（图10），整体以马家沟河为分界点呈南少北多的分布状态。果戈里大街为城市三级道路，以车行为主，与其交叉的大直街为城市一级道路，因此以秋林公司为圆心的商业圈的交通压力势必很大，而大直街以北的部分节点要素多且发挥了良好的城市作用，所以我们将重点放在大直街以南的部分。

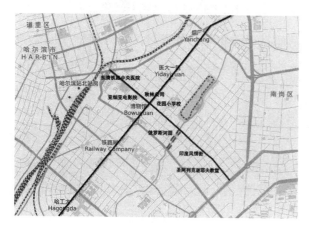

图 10　果戈里大街现状节点分布图

南侧街区两侧的建筑以学校、银行、写字楼居多，向东西方向延伸为住宅区，为解决节点散乱不成体系的问题，我们将俄罗斯河园向东延伸，使得果戈里大街两侧的居民可以安全便捷的观赏和休憩。同时连接原有河园和印度风情街节点在光芒街做步行街副街，一方面架构街区空间结构，另一方面挖掘欧洲文化的脉络，提高各节点的经济效益，同时也激发人们对历史街区的兴趣，修旧如新，集聚街区空间吸引点，形成新的循环体系（图11）。

2. 线动力连接

通过前文分析可知街区内的两个重要线状要素为：1926年的电车线路和俄罗斯河园的步行系统。

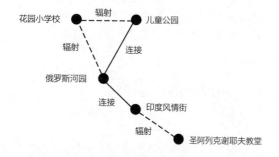

图 11　节点循环体系示意图

一类是历史文脉，一类是现代景观。如今文脉遗存丧失、景观环境恶劣，电车痕迹早已不见踪影，河园景观小品老旧、生态环境恶化。相互垂直的道路和河园本该成为街区重要的骨架，支撑区域连接节点，但至今收效甚微。

为此，我们可以在街区内分距离布置老电车的站点和示意牌，让穿行于街区的人们意识并感受历史的重量，即是街区文化的一种体现，也是线性引导街区人流的一种方式。对于俄罗斯河园，则应扩大规模和长度，线性延伸至各个居住区、街区等，使之连接区域空间、成为城市特色。最重要的是对马家沟河水的治理，为观赏和游玩提供良好的视觉和氛围体验。

3. 面动力循环

在节点集聚、线性连接后，街区结构形成一个整体的面状区域，其内部有生产者、消费者、分解者等一系列各司其职的街区功能，是他们之间的相互作用，循环往复促使街区缓慢稳步向前发展。居住者是原动力，随着商业发展、景观优化、配套设施等其他因素的不断进步而吸引更多的人流到此，点要素和线要素的紧紧结合也使得空间密度逐渐加大，空间结构更加紧凑（图12）。

图 12　面状循环体系示意图

3.2　连接断层的外循环

外部循环虽为作用于街区的外力作用，但其自上而下的影响力巨大，如果追根溯源，也与内循环联系紧密，在实际情况中多为街区定位、行政管理、政府管制等他组织要素，因此不容小觑。

首先是文脉连接方面断层现象较为严重，众所周知，中央大街特色鲜明、人潮涌动、老道外独具中西文化特色，因此二者无论是文化旅游还是商业旅游都不乏魅力。但是果戈里大街的定位为商业街区，这就大大减弱了其文化传承的影响力，人们仅仅在秋林商圈短暂停留后离开而没有被深入吸引。其次是交通连接方面，果戈里大街北端为道里区、道外区和南岗区交界处，连接十分顺畅。南端为文昌街高架桥且直对居住小区，危险系数较高且不易穿行。根据实际调研，果戈里大街街宽14~25米，步行环境和尺度都不如其他两个著名街区，观赏和驻足体验较差。最后是基础设施的断层，包括商圈的范围等级、适用人群的断层和景观设施的断层。一方面只注重秋林公司的商圈发展，而不考虑服务于街区南侧和周边人群的商服设施。另一方面刻意打造特色景观而不加以治理和优化也是造成人员流失、活力匮乏的表现。

4　结语

文章通过对果戈里大街建成期"核质"要素的挖掘、发展期空间结构生长和演化的解析、停滞期循环体系的内外分析，找到了街区在经济、文化、环境三个层级的点要素、线发展、面衔接方面的问题。力求为协调城市区域发展，激活街区自身活力，提高街区居民生活提供帮助，为城市的可持续发展，文化的可持续传承提出建议。

参考文献

[1] 邵龙，赵晓龙，姜乃煊. 城市街道日记——重塑哈尔滨市果戈里大街历史特色[J]. 华中建筑，2006(12):99-103.

[2] 徐森. 空间句法在历史文化街区中的运用研究——以南京夫子庙历史文化街区的空间结构分析为例[A]. 中国城市规划学会、东莞市人民政府. 持续发展理性规划——2017中国城市规划年会论.

图片来源

图1~图6、图10~图12：作者自绘

图7~图9：基于depthmap自绘

新地域主义视角下城市空间形态控制方法探索与实践
——以辽东湾新区城市设计为例

Exploration and Practice of Control Method for Urban Spatial Morphology from the Perspective of New Regionalism :Taking the Urban Design of Liaodong Bay New Area as an Example

陈石、刘洪彬、安天一

作者单位

沈阳建筑大学（沈阳，110168）

摘要： 城市设计是控制城市空间形态的重要手段，辽东湾新区从战略规划与总体规划阶段开始，即开展了空间形态控制方法的探索。文章构建了覆盖总体城市设计与重点地区城市设计的全过程、系统化的空间形态控制体系，从新地域主义视角出发，提取辽东湾地域特征基因，提出针对总体空间格局、空间单元肌理与关键节点空间的地域化空间形态控制要点，为空间形态定量控制研究积累了实践经验。

关键词： 城市设计；空间形态控制；新地域主义；辽东湾新区；城市设计

Abstract: Urban design is an important means to control the urban space form. Liaodong Bay New Area starts the research and exploration of the control method of space form from the strategic planning and the master planning. this paper constructs the whole process and systematic control system covering the master urban design and the urban design of the key areas. From the perspective of the new regionalism, it extracts the geographical features of the Liaodong Bay, and puts forward the regional key points for the overall space structure, space unit texture and key space node. The research accumulates practical experience for quantitative control of space form.

Keywords: Space Form Control; New-Regionalism; Liaodong Bay New Area; Urban Design

我国城镇化已进入了生态文明建设阶段。城市价值观与认同感从趋同的全球化逐渐转向了个性化和地域化；城市发展的核心任务从土地资源开发利用逐步转变为城市特色空间环境的塑造。为了应对新时期新问题，城市科学研究的重心也从关注二维空间布局的城市规划转移到至重视三维空间形态的城市设计。如何通过城市设计引导空间特色化发展成为了学科研究的重要命题。研究团队在辽东湾新区十年的城市设计实践中，尝试在新地域主义视角下进行城市设计与空间形态控制方法研究，有效指导新区地域化、特色化发展建设，为城市设计走向系统化、法定化发展积累了实践经验。

1 新地域主义与城市设计空间形态控制

新地域主义思想是地域化本土化意识在新时期的思想回归，以批判的地域主义思想为代表，源自于建筑师对地域性建筑的辩证思考。从15世纪古典主义文艺复兴到L·芒福德（1940）对全球化引发城市问题的反思，再到K·弗兰姆普顿（1985）等对

理论体系的系统研究，新地域主义思想逐渐得到城市设计者的认可与重视。其思想根源在于强调地域要素与本地文化的同时，重视现代科学技术的运用，体现出开放性、批判性与综合性特征。我国在城市发展实践中，"与时俱进"、"因地制宜"、"山水城市"等城市价值观也反映出新地域主义的思想印记。城市空间形态是指城市物质空间环境构成要素的形体及组合形式，空间形态控制研究是探讨如何利用图形、条文、参数等语言，将感性的设计准确地转译与表达，是推进城市设计方案完整落实建设的必要手段。辽东湾新区城市设计实践中，以新地域主义思想为引导，将地域要素融入城市空间形态控制的全过程。

2 空间形态控制体系的研究过程

2.1 空间形态控制机制的全过程衔接

为实现对城市空间形态系统化、法定化的控制与引导，辽东湾新区在总体城市设计阶段即开展了空间

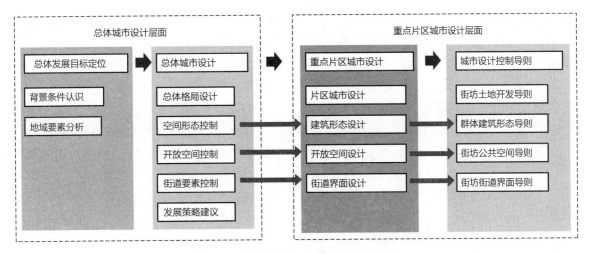

图 1　辽东湾新区城市设计导控体系框架

形态控制机制的研究与讨论（图1）。从现阶段辽东湾新区城市发展核心任务出发，构建了以城市设计为引导的形态控制体系。控制体系由两个层次构组成：一是依托总体城市设计对城市结构与空间肌理提出宏观的控制与引导，组成形态设计准则与城市总体（分区）规划相衔接；二是依托重点地区城市设计对具体片区空间进行精确的形态控制，组成城市设计导则与控制性详细规划相衔接。形态控制体系作为桥梁与纽带，建立了城市设计与法定规划的联动机制，可有效引导下一层次的规划设计，实现了城市设计引导的空间形态研究逐层贯彻至法定规划的全过程。

2.2　形态控制内容全尺度覆盖

辽东湾空间形态控制包括"城市空间格局形态控制"、"空间单元肌理形态控制"及"关键节点空间形态控制"三个部分。首先，从地区地形地貌、自然环境、景观风貌、发展演进等空间关系出发，构建城市总体空间格局，通过图形解析提出空间格局形态控制要点；第二，在空间格局基础上划分城市空间单元，根据各空间单元区位与角色选取合适的空间肌理类型，通过对空间肌理构成要素（建筑形体、组合关系、街道界面、滨水及开敞空间等）的参数化解析，提出空间单元肌理形态控制要点；最后，选择城市重要片区、轴线廊道、标志节点等作为关键节点进行空间意向方案的设计，在空间（建筑群体空间、开敞空间、街道及绿地景观空间等）方案设计的基础上进行空间组构的解析，提出关键节点空间形态的控制要点。控制内容形成"城市-片区-节点"逐层递进的

逻辑关系，体现全域控制与重点控制在内容深度上的平衡。

2.3　城市特征基因提取与植入

"城市基因"决定空间形态的"性状"，也影响城市"性格"的形成，可从气候条件、地形地貌、自然环境、历史文脉、社会文化等诸多要素中提取与挖掘。伴随对城市地域特色的不断深入理解与认知，决定空间形态地域性"特征基因"将被逐步筛选与精确标定，作为空间形态地域性控制的重要内容与评判标准。辽东湾新区"特征基因"分析提取经历了从"现象"到"本质"认知过程。在现场调研与网络关联词汇词频分析的基础上，筛选得出20余项地域特征要素并进行分类（表1），在空间形态上体现出"以水育人"、"有机疏散"的"性状"特征，在意识形态上形成了"顺应自然"、"与时俱进"的"性格"特征。在后续空间形态控制内容研究中充分植入地域特征要素，在空间格局、肌理类型、控制要点、标

辽东湾新区地域特征要素分类表　　表1

要素分类		要素关键词
自然要素	气候气象	寒冷地区、海陆季风、
	地形地貌	退海平原、滩涂
	江湖水系	渤海岸线、大辽河、红海滩湿地、苇田湿地
	土壤植被	芦苇、碱蓬草、水稻
人文要素	历史文化	鱼雁文化、农垦文化、油田文化
	产业资源	港口、石油产业链、农业
	民族构成	汉族、朝鲜族、满族

准及控制指标阈值确定等方面体现辽东湾新区空间形态的"特征基因",实现城市特色空间形态的管控与塑造。

3 总体城市设计层面的形态控制

3.1 原生性空间格局的保护

辽东湾总体城市格局的构建是在保护原生性空间格局基础上展开的(图2)。一是保留原有的水网系统骨架:辽东湾长期以来开垦种植苇田与水稻,形成了密集的灌溉水网和平原水库。水系资源的保护与利用是本地印迹体现的首要任务。城市设计基于

水网廊道

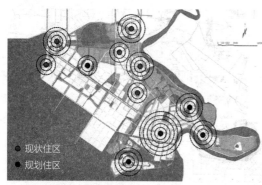

● 现状住区
● 规划住区

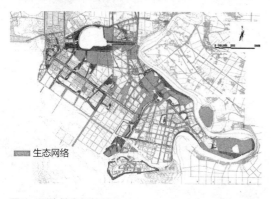

生态网络

图2　原生性空间格局

水文分析,梳理出结构性的水系网络体系。二是延续组团化的用地布局:辽东湾原住人口以石油工人、苇场工人、农民及渔民为主。多样的工作生活方式自然形成了特色鲜明的亚文化聚集区,渔村、工人社区、农耕村屯组成了分散式的居住空间分布。城市空间模式的选择上,延续分散式组团化的布局模式,在保留原有住区组团的同时,控制了新增建设用地的选址、形态、规模。三是维持本土生态基底:辽东湾存在完整的生态循环系统,新区发展必将影响原有的循环过程。为了将不利影响降至最低,设计在生态容量与生态安全分析的基础上,保留了绿肺湿地与生态廊道,为本地动植物留有足够的生存空间,提高生态系统的抗压弹性与自恢复能力。

3.2 空间肌理的类型化设定

在总体空间格局的基础上,辽东湾将全域城市空间划分为265个空间单元(图3)。根据空间单元所处区位及承担的角色选取理想的空间肌理类型,标注相应的类型代码。空间肌理类型包括开发强度、功能类型、控制级别及特征要素四项属性构成。其中,强度(Strength)类型属性包括6个类型分类(S0:零强度自然类型;S1:低强度乡村类型;S2:中强度市郊类型;S3:低强度市区类型;S4:中强度市区类型;S5:高强度核心区类型);功能(Function)类型属性包括5个类型分类(F0:混合类型;F1:居住类型;F2:公共与商业服务类型;F3:开敞空间类型;F4:工业类型);控制级别(Level)属性包括2个类型(L0:弹性控制区,区域内可在要求的控制内容基础上有所突破和调整,适用于关键节点地区;L1:一般控制区,区域内要求较为严格的按照控制内容进行设计,利于片区形成相对统一的空间肌理);特色要素属性是附加属性,根据辽东湾地域要素提出的补充类型(W:滨水区;N:民俗区等),可提供地域性的形态控制指引。将类型化的空间肌理形态控制内容对应到每个空间单元,实现了总体城市设计尺度对城市肌理的全域控制,提高了宏观尺度进行城市空间形态设计的工作效率(图4)。

3.3 地域性肌理参数的解析

辽东湾在空间形态类型的研究中,开展了多项规划模拟技术的应用尝试。在对大量空间肌理的类型

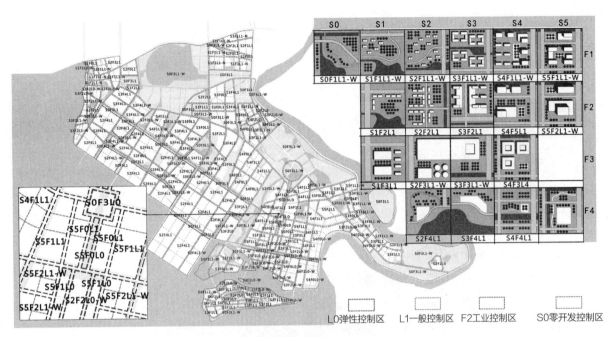

图3 空间单元肌理控制过程

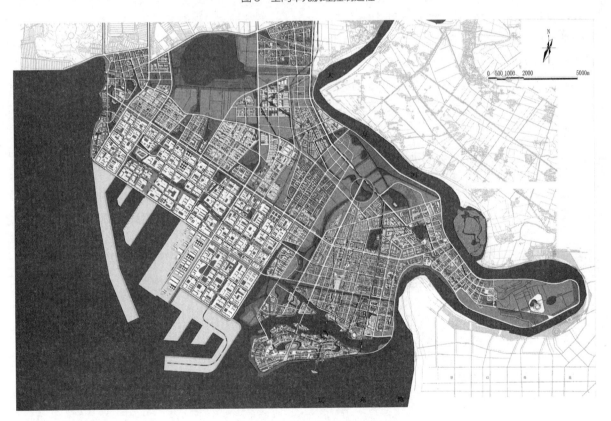

图4 辽东湾新区总体城市设计

化研究基础上，整理出符合辽东湾空间单元控制要求的空间肌理模型，建立空间肌理模型库。根据辽东湾气象气候（季风、温度、日照等）条件，利用微气候模拟、能耗模拟分析软件对模型库中的肌理模型进行分析筛选，选取气候适宜性的肌理模型进行空间参数

化解析。通过对现有研究和解析数据的分析，确定了20余项可量化的形态控制指标，主要包括描述建筑体量的体形系数、单体建筑基底面积、建筑高度、建筑高宽比、最佳界面朝向等；描述建筑群体关系的建筑密度、建筑间距、贴线率、迎风面空隙率、有效光

照面积率、天空开阔度等。各类空间肌理对应不同的建议指标阈值，并转化为空间肌理形态的控制要点对下一层次设计进行控制引导。

4 重点地区城市设计层面的形态控制

4.1 关键节点空间形态的设计深化

辽东湾总体城市设计划定了需要进行深化城市设计的关键节点，并在空间肌理形态控制中作为弹性控制区进行控制。关键节点的类型包括单独的点状标志物（入城口景观节点、樱花海公园等）、连续的线状沿街界面与轴线廊道（城市中轴线，向海大道沿街界面等）以及多点辐射形成的面状区域（公共文化服务核心区，海岛生态住区等）。在肌理形态弹性控制的基础上，对关键节点区域进行详细规划层面的城市设计，提升城市空间的特色化形象表达，同时也进行了大量的新地域主义建筑方案设计实践。从地域特色角度在微观空间尺度传达的城市的文化与精神。通过方案设计提取"简洁形体"、"空中花园"、"自然材质"、"观海平台"、"暖灰色系"作为辽东湾新地域主义建筑五要素。

4.2 设计方案引导的精细化导则控制

以城市设计和建筑设计方案为基础，节点空间的形态控制可提出精细化的控制要求。以临街界面控制为例，经过城市设计方案对临街空间及界面的推敲探讨，根据车行速度和人行可达性制定不同的比选方案（图5），精确控制临街空间的比例、尺度及临街界面要素的尺寸和组合方式，并将结论作为城市设计导则的重要控制内容。此外，针对建筑形体、群体关系、开敞空间、滨水景观等内容的精细化控制，同样通过设计方案组构解析实现。辽东湾的空间设计从多个角度体现了新地域主义思想，由此产生的形态控制要点也反映出地域性空间特征基因。辽东湾形态控制研究经历了"特色空间深化设计"到"控制内容抽象提炼"过程，是城市设计迈出精细化控制、精明化管理的必要尝试。

5 结语

辽东湾新区以建设地域特色鲜明的新型城镇为目标，在新地域主义思想引导下开展了多项不同层次的城市设计工作。为了提高城市设计法定地位与可实施性，在实践过程中开展了空间形态控制方法的研究，探讨了空间形态控制体系框架机制、控制内容、过程与方法。尝试将地域要素融入形态控制内容之中，实现空间形态的地域特色塑造。研究得出控制要点作为形态设计准则和城市设计导则的重要组成，实现了城市设计对法定规划的全过程引导。研究过程批判性的引入地域要素，反映出新地域主义城市观的思想内涵。

城市设计与管理已从容量控制时代走向了形态控

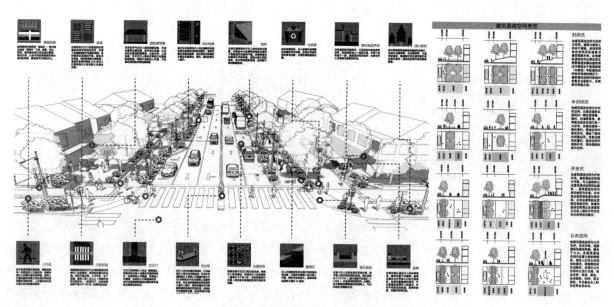

图5 精细化的街道空间要素控制

制时代。对空间形态控制和管理的研究具有较大的研究空间，本研究仅从实践的角度进行探索与尝试，在后续的研究中将继续完善控制机制与框架，重点开展地域适宜性空间肌理类型与空间形态参数化表达的研究。辽东湾新区现已完成总体格局的建设，各类城市空间逐渐形成，项目组全程参与设计设施也为地域化的空间形态控制研究积累了实践经验。

参考文献

[1] 宛素春等. 城市空间形态解析[M]. 北京：科学出版社，2004.

[2] 沈克宁. 建筑类型学与城市形态学[M]. 北京：中国建筑工业出版社，2010.

[3] Daniel G.Parolek, Paul C.Crawford. Form-Based Codes: A Guide for Planners, Urban Designers,Municipalities and Developers[M]. 香港理工大学出版社，2013.

[4] A·楚尼斯，L·勒费夫尔著. 王丙辰，汤阳译. 批判性地域主义——全球化世界中的建筑及其特性[M]. 北京：中国建筑工业出版社，2007.07.

[5] 金俊. 中国紧凑城市的形态理论与空间测度[M]. 南京：东南大学出版社，2018.

[6] 黄爱朋. 尊重与传承新地域主义对新城规划建设的启示[J]. 建设科技，2018, (2): 70-71.

[7] 王晓川. 精明准则——美国新都市主义下城市形态设计准则模式解析[J]. 国际城市规划，2013（6）：82-88.

[8] 叶宇，庄宇. 城市形态学中量化分析方法的涌现[J].城市设计，2016(04): 56-65.

[9] 黄蔚欣，徐卫国. 基于参数化设计方法的城市形态生成[J]. 新建筑，2012（02）：10-15.

图片来源

图1～图3、图5、表1：作者自绘
图4：天作建筑研究院

从场所行为到文化价值
——上海杨浦滨江示范段公共空间更新设计的原点解析

From Place Behavior to Cultural Value
:Original Analysis of Renewal Design of Public Space in Yangpu Riverside Demonstration Section of Shanghai

刘智伟 [1、2]、邢同和 [3]

作者单位
1. 同济大学建筑与城市规划学院（上海，200070）
2. 华建集团华东都市建筑设计总院（上海，200070）
3. 上海现代建筑设计（集团）有限公司（上海，200070）

摘要： 上海杨浦滨江示范段公共空间更新改造，是依托工业遗存价值激活城市滨水空间的成功案例。文章以场所行为和文化价值为对象，首先在基地维度上重点讨论儿童、健身者、休憩者三类体验者空间使用感受，再从城市层面更大维度上解读场所的时间和空间的拟人对话内涵，并通过与上海十六铺滨江区域的改造案例对比，阐述示范段场所相关的更新策略是以对场所行为模式设定与良好反馈为目标展开的。最后文章从城市管理者、场所受众和建筑师三个参与者维度解析挖掘空间更新的文化价值原点。

关键词： 杨浦滨江；场所行为；文化价值；原点；解析

Abstract: The renovation and transformation of public space in Yangpu Riverside Demonstration Section of Shanghai is a successful case of activating urban waterfront space relying on the value of industrial heritage. Taking place behavior and cultural value as the object of study, this paper first focuses on three types of using experience on space: children, fitness practitioners and recreationists in the base dimension, and then interprets the connotation of personification dialogue of place from the perspective of time and space in a larger dimension of the urban level. By comparing with the renovation case of Shiliupu Riverside District in Shanghai, this paper expounds that the renewal strategy of place in the demonstration section is targeting in Site behavior pattern setting and well feedback. Finally, the article analyses the original cultural value of spatial renewal from three dimensions of urban managers, audiences and architects.

Keywords: Yangpu Riverside; Place Behavior;Cultural Value;Origin;Analysis

1 概况和综述

杨浦滨江位于黄浦江岸线东端，被称为上海滨水"东大门"，其滨江岸线是黄浦江沿岸五个区中最长段。杨浦滨江岸线主要分为南、中、北三段，南段从秦皇岛路到定海路，中段从定海路至翔殷路，北段从翔殷路至闸北电厂。

杨浦滨江见证了上海工业的百年发展历程，是中国近代工业的发祥地，被联合国教科文组织专家称为"世界仅存的最大滨江工业带"。[①] 区内有中国最早的钢筋混凝土结构的厂房（怡和纱厂废纺车间锯齿屋顶，1911年）、中国最早的钢结构多层厂房（江边电站1号锅炉间，1913年）、近代最高的钢结构厂房等。

本文研究的重点是同济大学章明教授团队设计的杨浦滨江示范段，位于丹东路和怀德路之间沿滨江区域，全长共约550米（图1），场地内遗留丰富的工业遗存（图2）。

关于上海滨江的相关研究，王玲的《历史滨水工业区的保护更新策略研究——以上海市杨浦滨江（南段）控制性详细规划修编为例》，章明的《锚固与游离——上海杨浦滨江公共空间一期》，张强的《滨水工业遗产街区城市更新策略研究——以上海杨浦滨江地区为例》等。上述的文献都是基于工业遗产利用为视角，重点研究了城市空间、功能或者景观发展与更新。本文基于人的感知和体验为视角，依托扬·盖尔的《交往与空间》的若干理论，解析上海杨浦滨江示范段改造在场所行为和空间维度上的文化原点。

---

① https://baijiahao.baidu.com/s?id=1606197582507933836&wfr=spider&for=pc.

图1　基地区位

图2　丰富的工业遗存

2　活动多样性——可描述的场所行为

根据杨·盖尔对公共空间的活动划分，分别为必要性活动、自发性活动和社会性的活动。每一种活动对于物质环境的要求都大不相同。杨浦滨江一期示范段的场所活动情况，从现场实际的调研分析，场所承载杨·盖尔所定义的三种活动类型。从人群动作特点的视角进行观察，可以分为以下三类：小朋友好玩的游玩、健身者的舒适的健步、休憩者的愉悦的游走。

小朋友好玩的游玩

场所对小朋友类型的体验者来说，最喜欢的江水出于安全原因是无法接触的。根据"运动兴趣"[①]作

为参与体育活动的动力因素之一，影响人参与到运动行为的指向、强度和实践。设计师针对杨浦滨江公共区域为小朋友为对象的运动设置，也针对性地表达在"有趣"的主题和形式，可以是一段可以攀爬的钢制栓船桩，或者是一段可以上下走动的楼梯，或者是一处可以躲猫猫的芦苇丛等。这些建筑师构筑的场景对小朋友有无限的吸引力，在考察期间，一群小朋友一直玩着"占桩和爬桩"的游戏。

健身者舒适的健步

对健步者来说，新建滨江岸线的是最佳的健身区域，两侧景致丰富，远离城市车流的喧嚣和干扰，在考察期间，虽然是中午时段，但是跑步者众多，沿着

---

① 傅建. 运动兴趣的研究取向[J]. 体育与科学，2015，36（06）：97.

岸线步道往南北两个步道健步或者慢跑。我们再来看滨江段的场地平面情况，经过建筑师局部地面修补，保留的原码头肌理的混凝土地面；还有联系局部断裂带的增加的微拱起钢质连桥，桥面局部金属格栅镂空；最南端为室外防腐木的地面及护栏。建筑师在行为路径周边构筑丰富表皮变化，同时间或在地面上嵌镶金属线性导轨，建构了体验者在场景移动时丰富的质感体验。

休憩者愉悦的游走

在杨浦滨江公共区域休息瞭望是最多的一类人群。其中包含小朋友的陪伴家长，当小朋友流连在有趣的运动场所中，家长要不参与其中、要不就是在边上等待和聊天。设计师在对滨江区域将要发生的自发性活动有着很好的预判和针对性设计。如杨·盖尔所描述的"空间利用频率是一回事，更重要的是如何使用它"。我们可以针对性来分析场所中的游走形式。

步行、驻足停留、小坐、观看、聆听、交谈等（图3），多样性的活动形式是滨江公共区域的每天必要性、自发性和社会性活动的常态，只要天气合适，每天周而复始。设计师设置了大量的木质表皮

健步 嬉戏

奔跑 小坐

图3 四种的常见活动行为模式

的休息设施，沿江边的可以依靠眺望的围栏。人群游走的速度较慢，或者间或的停顿下对着浦东的某个景致拍照，或者对某个构件、雕塑、植物或者小品有

兴趣，就停步交谈，观望，阅读文字，三三两两群聚，但总是沿江依靠眺望浦东人群为最多。这也符合爱德华·T·霍尔在《隐秘的尺度》所阐述的边界效应。杨·盖尔也描述"边界区域之所以受到青睐，显然是因为处于空间的边缘为观察空间提供了最佳的条件"。

3 拟人的空间与时间的对话——空间遥望与时空叠合

对杨浦滨江示范区空间的研究，还需要把空间尺度上放大到沿黄浦江两岸的上海城市空间区。从更远的视点和视角来分析空间的趣味性，挖掘广义的空间场所精神。

空间遥望

从浦西遥望浦东，有两个场景不可或缺，分别是浦东城市空间季的主休建筑谷仓和陆家嘴的高层建筑群。谷仓建筑是传统建筑更新再生，蕴含着厚重城市历史印记，可回望过去。而陆家嘴的城市场景与建筑群，则是如破茧而出的新事物，干净利索，与城市的历史不存在拖泥带水的犹豫勾连，可以看见城市的勇往直前。从设计师特意构筑的芦苇丛后面遥望，更是加强了这种空间对望的戏剧性。两种场景，映衬着相对应场所的空间精神，从传统新生后奔向未来。而杨浦滨江段空间的更新，也是呼应场所从传统走向新生的主题（图4）。

时空叠合

"在场所中，时间总是被隐匿的层面叠合覆盖起来。我们所能做的只不过剥离出时间的剖断面"，滨江改造的建筑师章明老师曾经这样描述过，"用锚固的概念，是无法脱离场地上的各种物质遗存来发掘场所的潜在的价值和精神。"[①] 而改造后表现出来的场所精神的叠合，则可以解读为正向和反向两个维度。正向维度是曾经场地承载的大工业文明优越感、富足的城市生活和市民的属地自豪感小家情怀。在这光鲜之后，其实场所也叠合着反向维度的精神反馈，那就是失落和反思。工业的衰落带来的工人失业和场所的

---

① 章明，张姿，秦曙. 锚固与游离. 上海杨浦滨江公共空间一期[J]. 时代建筑，2017（1）:110.

图4　荒原与城市的对话

荒芜，衰败后对工人个体及家庭的影响；曾经场地对周边居民的封闭和不友好性，所反应当时、在地存在的社会不平等，所隐含的社会矛盾等。这些更深层次的精神历程，其所带来的反思和促进，也同样随时间叠合在场所之中。项目改建后的场所的每一个细节，都是叠合的正向和方向维度的精神反馈。建筑师通过"锚固和游离"的对策及其对应的建筑介质，抹平场所中这种正反向的鸿沟，延续传统与当代的对话，改建后的场所成为当下时间维度上正向的典型。

4　杨浦滨江与南外滩十六铺码头区域的改造原点比较

为了更好地挖掘杨浦滨江改造特色，本文将其与南外滩十六铺码头一期区域的改造做针对性对比。"十六铺地区综合改造一期"项目地块西至中山东路，东临黄浦江，南至东门路，北至新开河路。据相关文献记载，起于十六铺的沙船业特别发达，江面时常"鳞次栉比，帆樯比栉"，上海因此成为"江海之

两处滨江岸线设计点比较　　　　　　　　　　　　　　　　　　　　　　　　表1

项目	杨浦滨江一期	南外滩十六铺码头一期
长度	5.5公里，示范段550米	700米
开放时间	2016年7月	2010年
靠近道路	杨树浦路	中山东路
原有的功能	工厂区	码头区
周边城市	杨浦水厂、渔人码头	外滩金融区、豫园
商业价值	低	高
人文价值	高	高
设计团队	同济原作工作室	西班牙马西亚事务所+华建集团
设计手法	"锚固与游离"注重场所谨慎的保护与传承	还江于民，还绿于民，打造外滩风景带的南延伸段
主要功能	休闲公共广场	购物、码头、休闲带
人流特征	周边居民、上海市民	游客、商业消费顾客
场所的行为特征	休闲、健身	观光、购物
地面表征	水泥\木质\钢板等	石材\绿化等
亲水的处理	无	阶梯式的亲水界面
场地遗存	最大限度的保护与更新利用	较少保护和再利用
地表构筑物表征	小品和城市家具，无建筑物	异型景观玻璃天棚和小体量的建筑
与城市的接入方式	多形式的衔接（平接、景观连接、坡道），接入感顺畅	大高差的防汛墙，楼梯或者坡道接入，接入感停顿感强烈
停车方式	周边商业地下停车	工程地下直接停车
全天候条件	不具备	具备，有连续的遮雨构架
轮渡	示范段的北侧丹东路渡口	十六铺码头保留
介入形式	保留与更新	新建

通津，东南之都会"。

从表1和示意图片可以看出，两者在不同层面均有较大的差异。南外滩十六铺码头区域新建受城市周边外滩风景带、豫园商圈和复兴东路商圈等影响，考量是商业价值的挖掘和码头文化的复兴。其通过新建的建筑、构筑物和地景，展现为北外滩风格延续的商业和旅游为属性的文化风景带。而杨浦滨江的改造却是对在地文化属性的最大保留、挖掘和展示，基本摒弃了商业，定位是服务居民活动和交往的一个开放公共场所。两者对空间细节的处理差异，杨浦滨江在地面材质多样性、城市雕塑的丰富性、对人的关怀等各方面较十六铺码头改造有很大提升。这也反映城市发展和进步（图5、图6）。

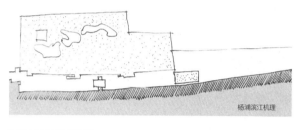

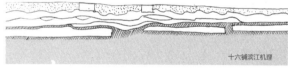

图5 复原和线性改建－滨江地面肌理对比

图6 空旷与繁复——滨江空间的对比

将两个滨江段放到整体规划的黄浦江滨江岸线的整体贯通的维度上，也可以看出各自的定位差异。杨浦滨江强调的是工业文明向文化的转型，南外滩十六铺码头区域强调是曾经繁华码头商业的再次复兴。

5 可以学习的经验——从多维发散到文化价值归原

总结杨浦滨江的更新改造成功案例，需要将自身定位于城市管理者、一般体验群众和设计师三类人群的维度来思考。

尊重文化：在城市管理者的角度来审视改造的过程，对市民需求的满足和对设计团队的尊重，才会有总设计师章明教授描述的：其接入设计后，若干挽救工程遗存紧张的时刻。正是管理者开放、包容、学习、创新的态度才会让设计师所要创新实现的工业遗存再利用得以实现。

参与文化：从周边市民的视角来看杨浦滨江的改造，其从工程的局外人，变成可以参与的实践者，表达自我的主张，属地的自豪感。从章明老师描述的"2016年6月的傍晚，在和施工方紧张协商时，热心的杨浦市民也自发地参与到讨论之中，不同语境下的沟通居然显得相当热切融洽"。

创新文化：从设计师维度出发，是基于场所文化价值原点所催生适用于工业遗存改造的内在驱动。

1. 尊重场所内在精神价值

杨浦滨江的改建的出发点是对场所的尊重，就是对场所曾经的身份的足够尊重。在改建中毫不掩饰过去的工业遗存展示、保护和修复。让场所的文化和精神价值一直伴随着改建而不会被掩盖和流失，使之超越新的，或者是特意构筑的实体景观，而成为场所中最动人的一个要素。回忆过去，展望未来。

2. 构建当下生活场景的"诗意"价值

杨浦滨江的改建中始终贯穿着一条设计师刻意植入的"诗意"的主线，塑造"各方面宜人的场所"（扬·盖尔）。在喧嚣、紧张的都市生活中，杨浦滨江就是"诗意"的眼前，所以有芦苇丛、水管灯、钢构的楼梯、斑驳的锚栓桩和镂空的地面等，这些"诗意"的城市田园画面就是都市人最好的心灵之所，不用去远方。我爱杨浦，滨江区域就是可以寄情的精神属地（图7）。

图7 场所精神的表征——我爱杨浦

参考文献

[1] 扬·盖尔. 交往与空间[M]. 何人可 译. 北京：中国建筑工业出版社，2012.

[2] 章明，张姿，秦曙. 锚固与游离——上海杨浦滨江公共空间一期[J]. 时代建筑，2017(1):108-115.

[3] 王玲. 历史滨水工业区的保护更新策略研究——以上海市杨浦滨江(南段)控制性详细规划修编为例[J]. 规划师，2015(s1):103-106.

[4] 张强，谭柳. 滨水工业遗产街区城市更新策略研究——以上海杨浦滨江地区为例[C]// 工业建筑增刊，2015.

[5] 傅建. 运动兴趣的研究取向[J].体育与科学，2015，36(06):97-100.

图片及表格来源
图1～图4、图6、图7：作者摄
图5、表1：作者绘

"自治"与"他治"
——乡建"建筑师"对地域性表达的差异认知

Autonomy and Otherness: The Different Cognition of Rural Construction"Architects"on Regional Expression

袁朝晖、杨焰宇、胡飞

作者单位
湖南大学　建筑学院（长沙，410000）

摘要： 乡村振兴战略背景下，乡村营建成为热点话题，乡村的地域性特质也逐渐被人们关注，并成为现今乡村营建活动中一种活跃的表达方式。本文在参与乡村营建活动建筑师与当地居民两种不同主体对于地域性的差异化认知下展开，试图思考在这两种主体在影响地域性因素中的理性因素和非理性因素认知差异，并探索影响乡建地域性表达的新的模式导向。

关键词： 乡村营建；自治与他治；乡建"建筑师"；地域性表达

Abstract: Under the background of the rural revitalization strategy, rural construction has become a hot topic, and the regional characteristics of rural areas have gradually attracted people's attention, and become an active way of expression in the current rural construction activities. This paper, based on the differentiated cognition of regionalism of architects and local residents who participate in rural construction activities, tries to think about the cognitive differences of rational factors and irrational factors between these two subjects in influencing regional factors, and explores the new mode orientation of influencing regional expression of rural construction.

Keywords: Rural Construction；Autonomy and Otherness；Rural Architects；Regional Expression

1　缘起

1.1　乡建背景之地域性

"地域"是建筑生存的环境，是建筑"在地性"的直接表现。建筑应当根植于所处的环境，同时受到环境因素的制约，但又不会被具体的环境所禁锢。弗兰姆普敦在《当代建筑的各种主义》一文中指出："地方性（地域性）这词并非就是指由于当地气候、文化、技术等相互影响而自发形成的乡土特点……地方主义的主要动机是对抗集中统一的情绪——对某种文化、经济和政治独立的目标明确的向往。"

1.2　当下国内乡建现状

党的十八大以后，农村土地政策的调整引发了新一轮的乡村建设热潮；2018年《中共中央国务院关于实施乡村振兴战略的意见》，国家政策对于乡村地区建设和发展的引导与支持，建筑学界对乡土营建的话题讨论和关注日益增加，政府、社会或者民间人士都对乡村建设投入了极大热情。[1]乡村建设席卷整个中国。

一波一波的中国建筑师被中国当下建设模式唤醒，他们怀揣着抱负与建筑理想，将业务深入到乡村，在另一个战场上实现自己的建筑理念。然而，相当一部分看似"接地气"的表现方式却演变成建筑师个人情怀的自我彰显，光鲜的外表下使我们忽视了对"乡建真实"的关注。

1.3　乡建的挑战

清华大学周榕教授在《乡建"三"题》中说道："中国当代的城市化进程至少还有若干舶来的蓝图可以借鉴的话，那么中国当代乡村建设则因其复杂性和特殊性而绝无统一的范本以供因循。"[2]值得思量的是："一些急功近利的乡建运动带来了突出的问题：城市化背景下的地域文化失语，快速建造下的生态环境退化、外力控制下的主体意识缺位，观念驱动下的空间形态无根、时代更替下人与土地的伦理丧失，乡村社会结构的解体与空心化等，使我们丧失了许多乡建的本质需求。"[3]

2　研究的角色与视角

2.1　概念与转译

1. 乡建"建筑师"的概念外延

"建筑师"是西方建筑史的产物，虽然在当下代指整个建筑设计服务行业，但在乡村环境中从事房屋建造的设计人员仍然按照中国民间传统的职业方式被称为"工匠"，而非"建筑师"。

本文中研究的"建筑师"是当下参与乡村建设过程中的设计人员，既包括建造房屋的村民主体、乡村建设队，又包括职业规划师、建筑师及政府行政人员的一系列介入参与到乡村建设中的主体。

2. "自治"与"他治"的内涵和外延

目前从乡村建设的模式分析，可以分为两种，"自治"及"他治"，即按照建设力量可以分为内部力量（内生力量型）和外部力量（政府主导型和建筑师推动型）两种。又叫"自发性"或者"自组织"建造的过程和"被组织"建造过程。[4]

（1）"自治"（自组织）

"自治"（自组织）实际是一种自下而上的自组织建造过程。该建造过程是在没有职业规划者、建筑师或者政府人员参与下，由村民自己的力量，在"此时此地"由无序向有序的建造演化过程。

自组织建造过程是村民直接与工匠讨论、交流，同时自主决定相关建造事宜：在工匠经验的指导建议及民风民俗的约定下，按照自己明确的或者潜在的需求，建造紧贴日常生活的房屋用以解决基本的生活需求。村民能够最大化地自主参与并决策建造全过程，并要解决营建中遇到的所有实际问题，比如房屋格局、风格、建造材料，屋面的形式、排水方式等一系列的切实问题。

（2）"他治"（被组织）

"他治"（被组织）是指职业规划者、建筑师或者政府人员参与，是一种自上而下的过程。乡建过程在专业规划设计人员参与指导下，根据村民的要求及当地设计环境的限制，在建筑师主导的建造模式中，建筑师通过调研踏勘，主观地对当地的自然地理气候、民俗习惯、建筑文化的理解，再根据专业知识及经验和法律法规的转译，最终将这些抽象因素反映到建筑物中。建筑设计成为建筑师主观思维的产物，施工人员依据建筑师设计的蓝图机建造。

2.2　"建筑师"对影响地域性因素的差异视角

传统乡建建造历程中，生于斯长于斯的村民，为了自己的生计，村民各自以家庭为基本单位营造房屋。这样就形成了以家庭单位为细胞的大规模形制类似、材料相近、风格趋同、契合自然环境，同时符合当地人生活习惯、风俗伦理的建筑群落组成的乡村建设组团。这样的乡建细胞单元，经过无形的排列组合会形成一种"序"，这种"序"即作为"地域性"的基础。当然，影响这样"地域性"形成的因素中除了与自然、地理气候，人文风俗、经济技术等理性因素紧密相关，同时，营造过程中包含着偶然性和随机性，这些偶然性与随机性也影响着建造主体对建造过程的导向，即所谓的非理性因素。

1. 理性因素

（1）自然地理

原著村民为了自我的生产生活便利，在有限的条件下，经过当地文化浸染和长期试错的经验积淀，建立传统乡土建筑体系。他们更加关注被动式、低技术的气候适应性策略。[1]当代职业师亦将低技术、被动式的原理进行适当的转换和运用，再通过材料和构造措施的辅助表达，达到科学意义上的改善居住条件的舒适性和耐候性。

（2）家族血缘与风俗习惯

我国传统聚落中的住宅大多是按照血缘关系布局的。如徽州地区的乡村，多数以宗族祠堂为核心，于其周围建设同姓族人的住宅并逐渐向外圈发展。这些住宅的朝向虽然尽量保持与祠堂一致，但限于不规则的用地以及测量误差等，会发生偏转；另外，当地流传的道路不交叉、门不对路口等风俗习惯，也会使后建住宅在布局上与老房子相互避让。这些细小的变动，使得传统聚落建筑布局方式呈现出一种有机状态。

（3）建造经济技术体系

自组织的建造模式下所形成的传统乡土建筑结构体系，经过长期实践积累，逐渐发展演变成稳定的、适合当地的气候、地形、自然资源、社会生活与生产需求等建造条件，具有地方适宜性的传统建造技艺。并靠师徒关系稳定传承，是当地乡土社会不可分割的组成部分。

被组织的模式下，建筑师与当地工匠合作，适当引入现代工业化结构体系以提高建造效率和标准化建造；并因地制宜地组织当地技术、人力资源，调整、优化建筑设计策略，更好更快更整体地回应乡土营建的建造需要。

2. 非理性因素

非理性要素的偶然性和随机性更能激发乡村建造的生命力和创造力，它可能是乡村建造丰富性和多样性的源泉，是乡村建造技术进步的主要推动力。然而这些容易被设计者忽略的非理性因素在"自治"和"他治"的主体视角下依然留存差异，这种差异性对乡建地域性表达有更直接更明显的导向。

（1）文化教育背景与社会阶层

在我们探讨建筑文化时，我们不能忽略传统建筑文化的真正缔造者——人民群众。任何一个民族地区的传统建筑文化都是生于斯长于斯的劳动人民、匠人积累和创造出来的。经过百年千年的积淀形成富有地域特色的建筑文化内涵。对于建筑地域性的阐释，他们是有说话权的。

当代的职业建筑师，是近代以来的舶来词汇，是经过建筑学系统教育，科班出身的建筑设计者。多数建筑师由于没有真正的生活体验，对乡土建筑的设计严重缺乏想象力。尽管我们费尽心机地进行学术讨

论，费尽心思地寻找传统建筑中所谓的符号，最多可能只是主观的为了乡建而乡建。[5]当面对乡村传统结构受到挑战的当下，在传统文化习俗受到城市化挑战的当下，大规模的乡村需要保护、更新，此时，乡建建筑师的专业能力或许也会被质疑。

（2）获取知识信息的途径差异

在进行房屋建设时，营造个体的主观意识中会形成一个雏形印象，即房屋蓝本，"自治"与"他治"形成的两种营造模式主体对此蓝本生成过程并非完全一致：以村民、乡村建设队形成的"自组织"模式，由于他们因受教育程度的限制，缺少建造信息来源，对房屋蓝本的理解大多数同生活范围周边的建筑形制、样式、材料表达等因素关系密切，他们不受外来因素的干扰，再某种程度上是相对封闭的状态。也就是传统的"匠人"师徒模式，师傅带徒弟的过程。

以职业规划者、建筑师、政府人员介入到乡村建设中，他们受到过专业的高等教育，思想眼界开阔，科班式的教育能够使建筑师们接触到建筑前沿的大师，能够鉴赏高层次、富有建筑哲学思想内涵的建筑作品。这既是"他治"主体建筑师的优势，也是他们在乡村营造中的弱点：舶来的蓝图式思维，"类设计"的模仿的学习方法，可能对他们深入了解乡建特点、乡村文化背景有一定的劣势，他们的乡建作品获得乡村邻里的认可，也会有一定的障碍和阻力。

教育背景及经验模式视角下的比较　　　　　　　　　　　　　　　　表1

	"自治"主体	"他治"主体
教育背景	劳动人民的实践，实践中学习建造的知识，逐步形成固有的风格和模式	接受科班式教育，学习高层次的专业建筑知识
传授经验模式	师徒模式，师傅带徒弟。实践过程中传授用以解决实际问题	科班式教育，学习和模仿。从理论方面学习，乌托邦式的构想

（3）地域性演绎的手段差异

当"建筑师"在谈论到乡村的地域特色时候，总会伴随有一系列意向符号或是场景，这些符号或是场景是对于特定区域建筑形态或营建方式相似性的概括性总结。而这种建造意向则是乡村营建中特定要素与人类经验不断积累叠加的过程，是一种自发形成的结果。通过模仿的设计手段求得同周边建筑环境融合，量变产生质变，从而形成一定的"序"。[4]

然而，当下建筑行业内为求得快速的推进项目，简单的模仿、拼贴，甚至蓝图式的照搬组合，这样

"类设计"的乡愁并不能还原历史文脉，反而是剥离了民俗文化和生活习惯，失去精神内核。

（4）营造主体的心态差异

"自治"主体的当地村民在营造房子的时候，与其说对村落整体性的思考，倒不如说他们更关注于邻里关系、邻里比较攀比的心思上。各自为单位的自建房在相互模仿攀比的"暗斗"中来彰显自己的虚荣心和尊严，"他们只是直白地表达自己对于吉祥欢乐、幸福美好生活的向往与追求。这种表达甚至是稚拙的，粗俗的，往往被文人们瞧不起，但谁也不能否

认它们的质朴"[6]，这种就是被称为老百姓的"俗文化"心态。

作为科班出身的建筑师，代表着知识阶层。他们对于乡村建设缺乏思考和想象力，绝大多数从小在城市里长大的建筑师，表象上热衷于乡村建造，他们大部分可能只是希望自己的建筑设计和城市中喧嚣的商

业氛围截然不同的脱俗感和出世感，能够间接地表现出自我清高、批判现实的"士文化"心态。

而作为行政主导的政府人员代表的是官方阶层。他们对于乡村建设的规划统筹可能同自身的业绩相关联，单方面的力量并不能将乡村建设有的放矢的拉到专业轨道上，直接地表达出"官文化"的心态。

地域性演绎的手段差异比较　　　　　　　　　　　　　　　表2

	"自治"主体	"他治"主体
符号的模仿	村民无意识的模仿及类设计模式无形中是对建筑地域性的发展，产生更加丰富性的建筑群落	当今相当多的职业规划师、建筑师快速的复制滥用符号，蓝图式批量引用的方式造成乡建貌合神离式的现象
符号来源	关注邻里，参考临近建筑单元风格，向其学习并攀比，最终传播得以大家的广泛认可。此过程符号可能会变异，但形式基本一致，这也是民间匠人推动地域性发展的方式	建筑师以其敏感的专业角度对文化符号的凝练提取，然后以匠人的心态将其付诸实践才是真正为乡村负责的建筑师。然而相当一部分的建筑师的创作过程只是符号的堆砌，频频用大手笔，可以的为了乡建而乡建
"序"	以单个家庭建筑单位为细胞的有机组合形式。最终形成符合地理自然环境的自发性的营造格局。是"自下而上"式的过程	建筑单体的营造是在统筹规划控制下的"自上而下"的模式
案例	（作者自摄）	（作者自摄）

营造主体的心态差异比较　　　　　　　　　　　　　　　表3

	"自治"主体	职业规划师、建筑师	政府行政部门
心态类型	"俗文化"心态	"士文化"心态	"官文化"心态
具体表现	邻里攀比，彰显自家的优越性和虚荣心	相当一部分怀着完成任务式的心态，彰显自我清高和出世心态	"自上而下"模式的初始端，行政业绩可能占据的更重要的因素

3　批判的乡建

3.1　整体性原则

在地域主义背景下的乡土建造，应当把建筑放置到原初状态，放置到地域背景的传统村落中去讨论。乡建"建筑师"应从更广泛、更专业的角度看待问题，从更广义的角度思考和追溯乡建问题的原点和发

展历程，不能简单地将乡建问题归结为建筑符号、建筑形式、建筑色彩等浅层次的具象表达，而应该追溯乡村营建背后的文化。

3.2　角色转换原则

中国当代乡村建设则因其复杂性和特殊性而绝无统一的范本以供因循[2]，这就决定了在城市化进程中的乡村建设不是一个角色，一个部门所能解决

的。此过程应当是动态的开放过程，各领域的动态互动过程。

建筑师不要只停留在理论上研究传统建筑文化，还要深入到民间，引导民间匠人对传统文化加以保护和发扬，相较于建筑师扮演着主导设计的角色，建筑师应当以建筑顾问或者指导者的身份介入，专业的引导和影响村民，才能挖掘出建筑文化内涵。村民也应该在建造过程中诉诸实际的需求和潜在的要求，并根据自己的经济资金、家族血缘的因素，尝试主导建筑设计的走向。

3.3 乡建真实性原则

不论是专业建筑师或是当地村民业主或者是乡村匠人，都应该在乡建过程中保持乡建的真实性、建筑材料的原真性、建构技术的真实性、功能风格的合理性。在避免资本浪费同时，营造真实版本的乡愁氛围，保证传统村落的原汁原味。

4 总结与导向

中国当代乡村，既非一个独立于城市之外的乌托邦，也非寄托即逝传统的文化羁留之地，而是一份嘈杂混乱、新旧兼容、颓废与活力同在的现代语境[2]。"自治"与"共治"的主体，在乡建过程中都暴露出自己的优势和弊端，在地域性营造为大背景的前提下，从更广义的角度切入到乡建问题，无论是对于职业建筑师还是对于乡村村民及工匠都应该保有为乡村实际而设计的态度。

作为乡建"建筑师"的主体也应当为中国的乡村振兴战略做出及时做出反应。笔者提出"自治"与"共治"的结合，形成一定范围内的"共治"。在城镇化过程中，其角色参与的乡建过程也要求他们互动，互相影响，理性应对乡村资源结构的再造与重新组合。

参考文献

[1] 于晓彤. 当代建筑师的中国乡土营建实践研究[D]. 南京：南京大学，2017.

[2] 周榕. 乡建三题[J]. 世界建筑，2015（02）：10-12.

[3] 王竹，傅嘉言，钱振澜，徐丹华，郑媛.走近乡建真实——从建造本体走向营建本体[J]. 时代建筑，2019（01）.

[4] 卢建松. 自发性建造视野下建筑的地域性[D]. 北京：清华大学，2009（06）.

[5] 周畅. 对地方传统建筑文化的再认识[J]. 建筑学报，2000（01）.

[6] 柳肃. 营建的文明——中国传统文化与传统建筑[M]. 北京：清华大学出版社，2014.

乡村营建作为当代中国建筑文化传播的阵地
——第16届威尼斯国际建筑双年展中国国家馆评述 ①

Rural Construction as the Front for Contemporary Chinese Architectural Culture's Propagation : Review of the Chinese Pavilion in 16th Venice International Architecture Biennale

张子岳、李翔宁

作者单位
同济大学　建筑与城市规划学院（上海，200092）

摘要： "乡建"在成为被热议的社会话题同时，在建筑学科内部的讨论在近些年来高调地回归到主流视野中，乡村营建成为讨论当代中国建筑实践及文化无法回避的领域。通过对第16届威尼斯国际建筑双年展中国国家馆——"我们的乡村"的评述，结合对乡建热点事件与重要项目的观察，认为乡村营建不仅是当代中国建筑实践的重要领域，也是传播当代中国建筑文化的重要阵地。中国乡村营建的经验与丰富可能，可以为其他地区发展提供有力的参照。

关键词： 乡村营建；当代中国建筑；威尼斯国际建筑双年展；建筑文化传播；自由空间

Abstract: While "rural construction" has become a hot topic of discussion, within the profession it has returned to the mainstream vision in recent years which cannot be avoided when talk about contemporary architecture practice and culture in China. Through the review of the 16th Venice International Architecture Biennale Chinese Pavilion - "Building a Future Countryside" - combined with the research on hotspots and important projects and literatures in rural areas, it is believed that rural construction is not only a China's contemporary architecture practice field but also an important frontin spreading contemporary Chinese architectural culture. The experience and possibilities of rural construction in China can provide a powerful reference for the development of other regions around the world.

Keywords: Rural Construction; China's Contemporary Architecture; Venice Architecture Biennale; Architectural Culture Propagation; Free Space

2018年5月26日，第16届威尼斯国际建筑双年展正式开幕。本届中国国家馆由同济大学李翔宁教授作为策展人，确定了以"我们的乡村"为主题的展览内容，以回应本届双年展提出的"自由空间"主旨。中国馆的展览以六大版块为线索，集中展示了在乡村营建过程中最具代表性的当代中国建筑作品，并以面向未来的姿态，诠释了中国乡村发展的诸多可能。本文将通过以下三个方面，对此次威尼斯建筑双年展中国国家馆的展览及策展策略进行评述。

1 "乡建"作为中国建筑实践与话语的焦点

随着国家层面对于乡村振兴在政策上的持续性关注，以及建筑创作范围的不断延伸，在两种力量的作用下，中国乡村地区在近些年涌现出了大量的建筑作品。2010年后，以艺术介入乡建的几个事件率先将公众的视野再次拉回乡村，"碧山计划"、"许村艺术节"再到产业模式的探索，如"太阳公社"等，都在乡村空间和网络媒体上产生了一定的影响。伴随两次地震灾害的灾后重建工程与全国范围的美丽乡村建设和乡村振兴计划，建筑师们开始以各种方式介入这一有别于城市化建设的领域。农村住宅、旅游民宿以及农村基础设施建设是其中重点被关注的部分，分别例如谢英俊一系列的灾后家屋重建项目（图1）、莫干山旅游民宿开发模式和一系列诸如马岔村活动中心（图2）、陆口格莱珉乡村银行（图3）、昂洞卫生院（图4）等辅助设施建筑作品。在各自的领域中，关于建筑设计与建造，建筑师们都在实践层面给出了丰富的答案。仅以之前提到的项目为例就可以看出，谢英俊在汶川地震与雅安地震的重建工作中，持续性地演化了属于自身的、具有广泛适应性的轻钢体系[1]；莫干山的民宿开发模式不仅带来了很多

① 基金项目批准号：51878451。

图 1 谢英俊在汶川地震后完成的杨柳村重建项目，结构全部采用轻型钢结构建造（图片来源：谢英俊建筑师事务所）

图 2 土上建筑设计的马岔村村民活动中心，建筑使用了夯土作为主要材料（图片来源：土上建筑工作室）

图 3 陆口村格莱珉银行，采用了轻钢骨架与填充板材形成的复合结构（图片来源：朱竞翔工作室）

图 4 Rural Urban Framework 设计的昂洞卫生院，空间由坡道组织，并设计了独特的立面材料（图片来源：Rural Urban Framework）

优秀的建筑作品，更为农村宅基地利用提供了全面的参考；马岔村活动中心由土上建筑工作室设计，是其长期研究生土建造技术的成果，具有很高的完成度和适应性[2]；朱竞翔设计的陆口格莱珉乡村银行则是其轻型复合系统的又一次实践，并在抗震、建造周期和舒适度上达到了更高的水准[3]；建筑事务所Rural Urban Framework设计的保靖县昂洞卫生院，是其对于空间模式和建筑材料在乡村地区使用的一次成功探索[4]。建筑师们在各自的项目中，也经历了身份的转换，乡村地区某些特殊的因素致使建筑师总要扮演设计者之外的角色，系统和产品的研发者、新材料与当地工艺融合的开拓者、开发商与设计师的双重身份等，都无一例外地挑战了传统建筑师的角色以及建筑教育带来的思维框架。乡村营建也远不仅获得项目完成设计那样简单，在城市化过程中被高度分工专业化的建筑师们，在特定时间的中国乡村地区，开始了某种真正意义上的建筑"营建"活动。而从经济数据和建设面积来看，数量巨大的资本正在涌入乡村，乡村已经成为中国当代空间建造的新热土[5]。

在建筑实践作品层出不穷的同时，"乡建"也成了专业期刊和互联网上关注的焦点。作为一个跨领域的话题，在建筑学专业内获得持续性关注超过十年的情况并不多见。以建筑学报和时代建筑为主的建筑学专业期刊多次设置乡建专辑来集中探讨不同时期的乡村建筑发展，相互交叉的话题，使得风土、地域、城乡等问题被反复提及，已逐渐建立起了一套较为成熟的批评体系。而建筑师王澍在杭州富阳区桥洞镇文村的实践更是受到了国际范围的关注，在2016年的威尼斯双年展上，王澍就以文村改造作为参展作品，将改造所使用的真实材料放置在军械库展区，也以此回应了当届的"来自前线的报道"主题。与此同时，大众媒体的关注也开始增多，乡村营建的话语土壤被扩大。诸如《梦想改造家》等改造类电视节目中，明星建筑师参与的乡村地区建筑改造成为了重要的组成部分。娱乐综艺节目《可爱的客栈》将取景地选在泸沽湖畔的一处民宿，同样是明星建筑师打造的作品，在大众媒体的宣传下获得了广泛的关注，也增加了原住民的经济收入。而著名时尚设计类杂志《Wallpaper

图5　近年来专业期刊对于乡村营建的报道封面（图片来源：中国知网 http://www.cnki.net/）

卷宗》几乎每期都会在其建筑板块介绍发生在中国乡村的当代建筑作品，乡村营建不仅在内容深度上得到了挖掘，在受众广度上也获得了扩大。优秀作品与媒体关注之间形成了一种相互作用，对于乡村地区而言也产生了机制上的变革，建筑师徐甜甜在松阳的区域性实践也正在发生在别处。单体建筑之外，乡村营建正在走向一种系统性的建设，并会持续成为实践和话语的焦点。

2　从"乡村营建"到"自由空间"

正是因为这样一个焦点的存在，使本次中国国家馆的策展团队将主题"自由空间"进行了延伸。在中文语境下，乡村甚至在字面意义上，就可以给人自由的想象。这种潜意识的"自由空间"，存在于实际的中国乡土世界中。它由中国文化中"归园田居"的愿景和当下城市发展中的强烈对比差异组成，与地域、文化等因素交织在一起，深刻地影像了乡村地区的建成环境。为了能够清晰地展现当代中国建筑在乡村营建中的成就，双年展中国馆以六大版块对参展建筑项目进行了分类。所选择的项目则在各自领域内阐释了乡村营建的多种可能。

在这样的判断下，我们需要更为深入地理解这种"自由"的成因。农村土地使用权集体所有的实际操作，是将居住和农耕、村办企业等用地依照村人口组成情况进行划分和调整。以居住建筑为例，在得到划分后的土地时，名义上土地仍为国家所有，但在实际操作的层面上，原住民对于这块土地有着相当大的控制权。地上自家住宅的设计与建造权也完全属于村民自己，一些村镇会对其进行统一规划和设计，但在大部分乡村地区，村民遵循着既有的模式和建造技术，或大踏步地淘汰传统建造体系，使用现代建材建造自己选择的建筑样式。这种住宅样式的丰富性创造早已超越传统学院派的建筑设计，摄影师欧阳世忠的"豪宅"系列就将珠三角城镇化过程中诞生出的建筑审美

特征记录了下来，在摄影师的镜头中，住宅成为另一种"宫殿"。

在策展人对"自由空间"的定义中，机遇、想象和未来是重要的关键词，而乡村地区生产与分工相对模糊和灵活的现状为这种机遇带了可能。建筑师在此，也灵活扮演起不同的角色。参展项目中，Rural Urban Framework的装置作品"一座新的旧房子——乡村再循环"（图6），将一座旧房子的木结构拆下，并将它们在云南昭通重新建造了一座观景台。谢英俊的参展项目"杨柳村重建"则使用了建筑师设计、生产的轻钢结构作为骨骼，剩余的部分则放

图6　Rural Urban Framework在中国馆内的巨型木构装置，参观者可以拾级而上俯瞰整个场馆（图片来源：高长军拍摄）

手给村民，通过当地工匠使用本地材料协力造屋完成农民住宅的建设。建筑师不仅设计建筑，还需要扮演事件的谋划者，并与政府、原住民以及公益组织密切合作。设计工作和设计之外的工作，都不存在严格的规定步骤（一些建造的地方仪式除外），方式方法可以随时进行调整变通。这为建筑师的工作带来了一定的不确定性，因此我们经常看到，为了完成优质的项目，建筑师们需要用高于以往的频率关照现场施工的进度和情况。有一些建筑师会将事务所内的员工直接派到工地上做驻场建筑师，以保证可以进行随时的沟通和调整。更加直接的，就是将工作和生活地点直接迁至乡村地区，并从事周边的建筑设计工作，例如参展建筑师赵扬（居住在云南大理）、谢英俊（居住在台湾日月潭）以及生活在沙溪的建筑师黄印武。在项目建设时，他们保持了高度的配合状态。当面对变更和突发状况时，乡村地区生产建造的自由度允许建筑师将这些情况通过自身进行统筹，而免于一系列的行政与施工上的限制，这是在城市建筑项目中无法完成的。在大理一带走访时，在金梭岛看到了建筑师赵扬的作品。这个被取名为"双子宅"的民宿项目，曾被赵扬在公开场合发表及展览。印象里木结构与石墙之间的碰撞仍在，也就是说，在几年后的今天，它仍然保持了一个最初的结构体的样子。几经打听，据说是资金等问题导致了停工，让人颇为遗憾。由于在乡村地区进行实践，很多建筑的建设，并非建筑师画完图签字了事就算完成任务。城市建筑建设的分工系统，在乡村地区被模糊。村民自建的房屋，由一个大致的构想到建设完成，是可以转换地十分直接的。建筑师在乡村的设计工作，逻辑上讲，是在这个流程上的一个增项。且往往因为经济投入的问题，建筑师需要在一开始就介入策划工作。非民宿类的一些改造，也同样需要建筑师从其他途径获得入口，尤其涉及未来的网络媒体传播的项目，建筑师在乡村盖一个房子，贡献度上讲是难以磨灭的。可模糊的分工是值得庆祝的吗？乍一看，和精细分工相对立。合适的说法应该是，模糊分工获得了精细分工所无法达到的"自由"，也作出了分工模糊带来的牺牲。如今乡建的火热，是社会运动机制高速运转的表象，其对效率的追求会逐渐增加。建筑师在介入乡建时，所把握的资源与所做的工作一旦发生不对应的状况，结果就很难令人满意了。人们欣喜地看到明星建筑师对整个村落进

行设计，其控制下的立面材料搭配与做法彰显了某种先入为主的乡土情怀。设计师在这里跃升为裁判者是轻而易举就可以完成的动作，而这样的判断下，乡村未来的命运就变得悬而未决。乡村在某种意义上是否恰好映射了城市人的需求而被整体买断，都是"自由空间"在未来无法回避的疑问。

原本城市中生产建设的制度，在乡村的一些项目里，成为并不存在的形式，建筑师脑海中仍残存这些流程所带来的工作方式，它们在其乡村建筑实践的过程中发生了自由的转化。在威尼斯双年展上，中国馆不仅为世界呈现了一个未来乡村营建的图景，也将中国当代建筑师多重复杂的身份展示了出来。

3 "乡村营建"与建筑文化传播

"乡村营建"俨然已成为当代中国建筑的重要话题，又与"自由空间"产生了多层面的联系，如何将它展示出来，又是摆在策展团队面前的难题。当代中国建筑走出国门参与海外展览要追溯到1996年，张永和的非常建筑首次以独立身份参与美国旧金山的建筑群展，开始了当代中国建筑文化的海外转播之路。独立建筑师的海外展览在2000年后进入了增长期，MAD、标准营造、马达思班等建筑事务所在海外展览中频繁亮相。2001年的"土木——中国青年建筑师作品展"，中国当代青年建筑师迎来了一次集体亮相[6]。随后的威尼斯双年展，以及近年来的各类海外群展，中国建筑师群体愈发壮大。而此时对于建筑文化传播而言，展览的受众自始至终都将目光锁定在建筑师个体上。柏林Aedes建筑画廊举办过多个中国建筑师的个展，其主体自不必赘述，所展示的是个人或个体组织的建筑实践成果。而群展中，更多的情况是优先选择足够具有代表性的建筑师，再去选择其具有代表性的作品。当代中国建筑师在海外的展览长年被"个体—群体"的模式所支配，可能的原因是：是否有足够充裕的、优质的建筑作品；其次，是否存在一个经验丰富的策展人来打破这样的模式。本届双年展的中国馆用一种主题式的策略，将大量详实的案例整理铺开，进行无差别化的展示。这其中有相当一部分建筑师是首次参展，本届中国馆也是入选建筑项目和建筑师最多的一届。

第16届威尼斯国际建筑双年展上的中国馆，没

有选择倾向以往的艺术展传播策略，而是回归到建筑展本身的初衷，即展示建筑和建筑师的经验遭遇。同时，即便在框定建筑项目类型和各项要求后，我们仍能挖掘出大量优秀的作品。与此同时，尽可能全面地覆盖各种受众，避免过于晦涩导致的解读困难。中国加入双年展的游戏比较晚，从场馆选址就能看得出。我们没有双年展花园中那种独栋的国家馆，双年展花园已经太满了，能够拿下军械库意大利馆隔壁的厂房已经是最后的机会了。几经协商，拆除了厂房中大部分的设备，只保留了出口处的一个油罐，这便是中国馆了，在军械库的最尽头，一个长方形于油罐组成的大厂房，面积可谓奢侈。但由于使用意大利既有的保护建筑做展馆，限制就变得非常大。展览不可以对建筑产生任何破坏，空间虽然大了，却很难利用。为了突出六个版块各自的差异，策展人选择了六个主题装置，围绕主体装置的是相关版块的建筑项目，使用统一制作印刷的图板与模型，简要准确地传达了每个项目的背景与建筑设计策略（图7）。

图7 中国馆全貌（图片来源：高长军拍摄）

本届双年展，各个国家与主展区的参展建筑师们都使用了大尺度的装置呈现自己对于"自由空间"的理解。中国馆也不例外，前文提到的Rural Urban Framework的"一座新的旧房子——乡村再循环"，位于中国馆的中央，最高处接近6米，可以俯瞰整个场馆。在中国馆室外处女花园，袁烽设计的凉亭"云市"是其迄今为止完成的最大的3D打印装置（图8）。新媒体时代，人们对于影像的接受更为迅速，展览现场多个影像装置，生动地将乡村营建背后的点滴展示给参观者。中国馆翔实的信息与扎实的内容获得了媒体的好评，被意大利设计媒体Domus

图8 中国馆室外，袁烽团队设计的"云市"（图片来源：高长军拍摄）

及《名利场》意大利版选为必看的五大国家馆之一。《Architecture China》创刊号也以本届中国馆为主题同时发布，读者可以通过这样一本英文期刊全面地了解中国馆的内容和背后的故事。

中国乡村如今正在经历前所未有的巨变，"上山下乡"的重提意味着这将是一场长期有效的社会运动。正如策展人所说，"面对城市化带来的千篇一律的乡村住宅，建筑师试图在传统与现代之间探索一条中间道路，诉诸现代化的技术而寻求与乡土的联系"。无论如何，姿态是面向未来而非怀旧的[7]，这也是为何中国馆的主题"我们的乡村"最终被翻译为"Building a Future Countryside"。中国的乡村营建所描绘出的发展趋势和自由格局，不仅是中国特有的，它同样可以被其他区域所参考和借鉴[8]。乡村营建不仅仅是建筑师到乡村地区去盖一些漂亮的房子，"而是希望回到这个文化的发源之地，去寻找被遗忘的价值和被忽视的可能性"。这将会是一条强有力的传播脉络，伴随着威尼斯双年展的闭幕，中国馆与"我们的乡村"即将踏上国际巡展之路。乡村营建将在其他国家和地区激起怎样的回应，让我们拭目以待。

参考文献

[1] 李墨, 小孔. "巴顿的纽扣"——谢英俊的开放体系及其适应性问题[J]. 新建筑, 2014(01):10-14.

[2] 蒋蔚, 李强强. 关乎情感以及生活本身——马岔村村民活

动中心设计[J]. 建筑学报，2016(04):23-25.

[3] 韩国日，夏珩，朱竞翔. 尤努斯中国中心陆口格莱珉乡村银行[J]. 世界建筑，2017(03):94-97.

[4] 林君翰，约书亚·伯尔乔夫.昂洞卫生院[J]. 世界建筑，2015(03):109.

[5] 张晓春，李翔宁. 我们的乡村——关于2018威尼斯建筑双年展中国国家馆的思考[J]. 时代建筑，2018(05):68-75.

[6] Eduard Kogel, UIF Meyer. Positions far from the architectural crowd[M]//Tu Mu: Young Architecture of China. Berlin: Aedes, 2001.

[7] 李翔宁，姚伟伟. 何不再问"自由空间"——第16届威尼斯国际建筑双年展中国国家馆策展记录与思考[J]. 世界建筑，2018(08):120-123+128.

[8] 支文军，杨暄冰."自由空间"——2018威尼斯建筑双年展观察[J]. 时代建筑，2018(05):60-67.

图片来源

图1：谢英俊建筑师事务所

图2：土上建筑工作室

图3：朱竞翔工作室

图4：Rural Urban Framework

图5：中国知网（www.cnki.net）

图6～图8：高长军拍摄

田园综合体模式下宜业乡村的思路要点和规划实践
Key Points and Planning Practice of Yiye Village Under the Pattern of Rural Complex

李罗娜[1]、徐煜辉[2]

作者单位
1. 重庆大学建筑城规学院（重庆，400000）
2. 山地城镇建设与新技术教育部重点实验室（重庆，400000）

摘要： 自2017年，田园综合体作为乡村振兴、产业发展的亮点措施被提出以来，乡村规划的重点逐渐从"宜居"拓展到"宜业"。文章在梳理田园综合体、宜业乡村内涵及二者关系的基础上，通过文献查阅、案例分析、实地调研等方法从生产、生活、生态三大层面探讨了宜业乡村的思路要点与规划实践。研究表明宜业乡村是乡村振兴的新型目标，是田园综合体衍生后的新思路，有利于推动乡村产业体系创新、社区活力再造、生态环境建设。

关键词： 田园综合体；宜业乡村；乡村产业；田园社区

Abstract: Since the introduction of the rural complex as a highlight of rural revitalization and industrial development in 2017, the focus of rural planning has gradually expanded from "livable" to "Yiye". On the basis of combing the rural complex, the Yiye Village and the relationship between the two, the article explores the main points of the Yiye countryside from the three aspects of production, life and ecology. The research shows that the Yiye village is a new rural revitalizationanda new idea of therural complex, which is conducive to the innovation of the rural industrial system, the improvement of the community vitality and the improvement of the ecological environment.

Keywords: Rural Complex; Yiye Village; Rural Industry; Rural Community

1 引言

改革开放以来我国乡村建设取得了一定成就，农村面貌得到改善、农民收入不断提高，基本实现了宜居目标，但是农业现代化进程仍旧缓慢，人口流失问题仍未解决，如何培育乡村内在的发展动力，提高乡村的"宜业性"成为当务之急。据统计，长三角城镇群在2005～2015年间宜业和生态宜居变化趋势发现，地区间宜业与宜居评价值的差异将会随着时间趋近于0[1]，这说明地区的宜业水平与宜居水平息息相关，并互相影响制约。2018年中央一号文件明确提出，乡村振兴，产业兴旺是重点；2019年中央一号文件也强调要加快乡村特色产业发展，促进农村劳动力转移就业，支持乡村创新创业，乡村的产业发展、就业创业成为当前关注重点。而2017年首次被写入中央一号文件的 "田园综合体"，从发展重点上看，是以农业产业发展为核心，强调乡村产业综合开发；从措施手段上看，建设田园综合体有利于农村业态多样化，推动农村资产综合化利用；从最终目的上看，田园综合体是为了培育农业农村发展新动能，创

新农民就业选择。这都体现了田园综合体内在的"宜业性"，因此笔者认为可以把田园综合体建设和宜业乡村发展有效结合起来，从生产、生活、生态层面系统性地解读宜业乡村，从而推动新时代乡村的健康发展。

2 田园综合体与宜业乡村

2.1 田园综合体

田园综合体作为现代乡村发展模式，集循环农业、创意农业和农事体验于一体，是实现中国乡村现代化、新型城镇化的重要途径[2]。笔者认为从生产、生活、生态三个层面来看，田园综合体包含经济价值、人群需要、田园风光三个内在维度：①生产层面——创造更大的经济价值，即保证农业主体地位不变，利用农业的多重功能性优势推动相关产业的融合发展，创造更大的经济总量；②生活层面——满足人群的多种需求，即对内满足农民对多样就业选择、良好社区环境、亲近邻里氛围的实际需求，对外对接城

市外溢的消费需求；③生态层面——焕活乡村的田园风光，保留乡村原有生态景观的同时，将景观环境和休闲农业结合来创造出具有经济价值的乡土景观。

2.2 宜业乡村

学术界目前对"宜业"的相关研究主要包括以下三个方面。一是对宜业与宜居关系的研究，李莎认为宜业是宜居的重要内容，是实现宜居的前提与基础，要宜居必须先宜业[3]，袁江认为只有适时转移乡村建设的重点，从宜居到宜业，培育乡村自主发展能力，才能扭转农民的过度流动趋势，建设全面发展的新型乡村[4]。二是对宜业内容的研究，陈欣等人认为良好的生态环境、浓郁的文化氛围和高水平的公共服务供给将大大提升地区"宜业"水平[3]，秦梦迪等人认为便捷的区域交通和宜居的空间品质，有利于促进区域就业平衡[5]。三是对乡村"宜业性"的研究，徐文辉等人认为"宜业"要求乡村依托自身资源优势并按照市场需求发展主导产业[6]，李曼提出将伍家台村围绕茶产业支柱发展多元业态，创新宜业田园的新模式[7]。

但是学术界对宜业乡村还并没有统一、严格的定义。笔者将本文提到的"宜业乡村"定义为乡村产业发展水平较高能提供相对多样的就业创业选择，乡村生活环境较好能够维持良好的生产就业空间，并且能够促进乡村流失人口回归以及吸引外来消费的村落。由此，我们不难理解，宜业乡村中的"宜业"并不单指"适宜就业"和"适宜产业发展"，还包括空间环境的打造，毕竟良好的生态环境、体面的工作环境和舒适的生活环境都有利于提升乡村的"宜业"水平。因此，"宜业乡村"建设要兼顾生产、生活、生态领域的共同推进。

2.3 田园综合体与宜业乡村

田园综合体和宜业乡村的最高诉求都是实现农村生产、生活、生态功能的统一融合，都是为了村容净美、村产兴旺、村民富裕而奋斗。从生产层面上来讲，宜业乡村的首要要求就是提高乡村产业发展水平，周敏等人认为田园综合体建设要突出"融合性"，通过三产融合发挥产业链价值[8]，杨世选等人认为"宜业"要结合本地区独有资源发展相关配套产业，为当地居民的创业就业拓展渠道[9]，二者都支持

农村产业融合发展，只是后者加强了对跨区域联动发展的重视。从生活层面上来讲，乡村生活环境品质是"宜业乡村"建设必须兼顾的重要内容，李莎等人认为生活环境影响居住的舒适度，间接影响地区宜业性[3]。徐文辉等人认为宜业性是提高乡村居民生活水准的基础[6]，而田园社区作为乡村田园综合体的生活单元，其社区环境、邻里氛围的塑造都影响着乡村的宜业水平。从生态层面上来讲，良好的生态环境可以反哺宜业乡村的发展，卢贵敏认为生态是田园综合体的根本立足点[10]，郑芷月认为乡村生态景观正在由生产性景观演变为多元"宜业"型景观[11]，可见二者都需要以良好的生态环境作为支撑，不仅要重视生态环境的保育，也要善于化生态效益为经济价值。

3 田园综合体模式下宜业乡村的思路要点

3.1 生产层面：推动产业融合，创造村落集群

田园综合体的核心是产业融合，其跨越化利用农村资产的思维模式在提醒着我们用综合化、集群化的视角来看待乡村的产业前途。党的十九大关于乡村振兴战略的总要求将"生产发展"升级为"产业兴旺"，对农村产业发展提出了更高的要求[12]，宜业乡村顺应这一趋势，在保留农业产业特色的基础上，利用农业的多重功能性优势来推动农业和非涉农性产业的融合发展（图1），例如湖北省恩施州伍家台村依托生态茶园优势，以茶旅融合、茶道养生为主题，衍生了茶艺表演、采茶制茶、贡茶寻踪等一系列相关

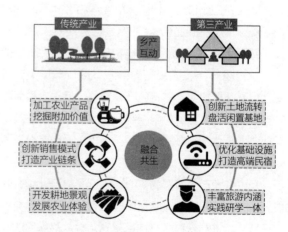

图 1 乡村产业互动模式简图

图2　湖北省恩施州伍家台村

产业（图2）；四川省青神县利用当地的竹作物，打造含种竹、食住、赏竹、制竹、画竹为一体的田园竹乡，这都体现了农业的功能拓展与业态复合。此外，宜业乡村突破了乡村产业内部融合的思维惯性，以"乡村群"为载体将临近村落的产业布局和产业联系进行统筹考虑，例如湖南省桂阳县槐江村，利用自身中心村的优势与周边鉴湖书院、雁鸣湖等景点进行联动开发，同时注重与乌冲、小田、枫溪等村的产业互补[13]；黑龙江长安镇永胜村也提倡全域发展，与周边洪州村的湿地公园、工农新村的生态园林组成了特色活动线路。宜业乡村能够从全域角度出发，通过不同村落间的产业联动互补来建立地域经济综合体，有效地避免了相邻村落产业的同质化竞争，有利于提升和稳固农村的经济收益。

3.2　生活层面：重塑田园社区，满足就业诉求

　　田园社区是田园综合体的重要内容，社区内吸引核的创造更是有助于乡村经济发展和邻里交流，而宜业乡村的核心思路之一也促进乡村的经济发展和城乡交流互动，通过社区营造来完善乡村生活空间环境是我们的重点方向。乡村空间本身就具有复合性，村落中居民的宅基地融入了住宿、餐饮、休闲等功能，就像我们所熟知的"共享庭院""田园社区"（图3），社区内村民和消费者的通过供需交换来增进社区活力，例如无锡阳山县田园东方就打造了"田园生活示范区"，结合当地居民质朴自然的宅基地打

造了原乡民宿、小农夫文化市集等，将生活空间转化为了别样的交流空间、旅居空间；浙江省宁波市柴桥街道秉承共享社区的理念，通过完善村内的资源配置和公服设施，来打造10分钟服务圈和12小时服务体系，为当地村民的日常生活提供了便利[14]。其次，丰富的社区活动和多层次的社区空间有利于村民进行更多样的创业就业，例如台湾南投县桃米村，地震后以青蛙为主题元素来引导社区再造，有的村民在社区内开设门店来售卖自制青蛙手办，有的村民做起了趣味"蛙民宿"的主人，这些举措都有利于焕活农村的剩余劳动力，真正实现农村全民就业。

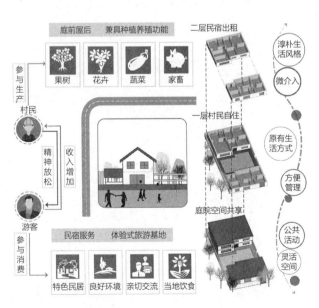

图3　共享庭院模式图

3.3　生态层面：构筑生态商业，建立乡约条例

田园综合体强调循环农业的发展和生态环境的建设，生态环境友好也是田园综合体立项的基础条件之一。早在1993年美国著名经济学家穆尔就提出了"商业生态系统"[15]，认为商业必须生态化、持续化，能够利用生态手段获得商业价值。在宜业乡村语境下，农业不再只是传统的种植业和养殖业，它还是农村赖以生存的生态本底，是农村有机景观的活态载体。因此，宜业乡村不仅要保护村落原有的生态元素，更要通过建立大地景观、有机农业、生态湿地等手段来提高乡村的生态环境品质，而这些生态商业项目的落成也势必会增加区域的生态系统服务价值，从而吸引刺激更多的外来投资和消费。例如黑龙江长安镇永胜村以稻田绿野为基，通过稻草王国、植物迷宫、海稻船等一系列生态景观改造，将生态优势转化为经济活动；无锡阳山县田园东方以花园农场理念为核心，通过万亩桃林、生态农林、拾房桃溪等农业景观建设，创造出了健康自然的田园旅居和产业园区，实现了农业从生产向生态功能的拓展。与此同时，宜业乡村也需要创立相关的乡约条例，通过政府管理、村民自治、外来团体参与来保护生态环境（图4），例如吉林省雁鸣湖镇小山村就制定了三字经形式的村俗民约，成立了生态协会组织通过定期开放田园课堂和张贴社区环境友好排行表，来引导社区内农户的互相监督。

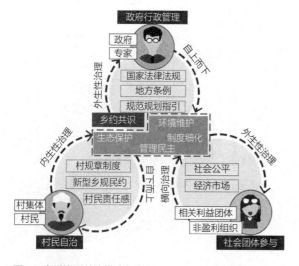

图4　乡村协同共治模式示意图

4　田园综合体模式下宜业乡村的规划实践

4.1　浙江省天台县张思村概况

浙江省乡村规划一直走在全国前列，而浙江省天台县张思村作为经农业部审核通过的2018年中国美丽休闲乡村，其宜业乡村的建设对于我国未来乡村发展具有重要的借鉴意义。张思村位于浙江省天台县平桥镇，历史文化底蕴深厚，距今已有700余年历史。2011年张思村被评为浙江省历史文化村落保护利用重点村；2013年张思村被住建部列入全国传统村落名录；2017年被评为国家级AAA级景区、浙江省民俗文化村、浙江省AAA景区村庄[16]。

张思村所在的天台县处于上海两小时交通圈覆盖范围内，张思村距离平桥镇区的车程不足10分钟，到天台中心城区也仅需半小时，村中主要机动车道以混凝土为主，拥有着便利的区位条件（图5）。村庄北邻湖井村，南靠天台县的母亲河——始丰溪，东侧与石桥村相邻，西侧与溪头蒋村接壤，地处天台县静雅生活片区中，生活、生态条件优异。张思村村域面积约2350亩，全村968户，总人口3000多人，是天台县西部省级农业综合区的入口，现主要种植桃树、水稻、油菜等经济作物，同时政府注重打好"古韵张思"这张牌，依托古村文化发展休闲产业，农家乐、公共服务设施等已初具规模（图6），截止2018年，张思村已具备民宿20余家，可同时接待300人住宿及上千人用餐。

4.2　田园综合体模式下的张思村宜业乡村规划实践

在乡村振兴的号召下，全国各省的特色乡村纷纷崛起，仅仅靠"吃老本"已无法在乡村发展的洪流中占据一席之地。近年来，张思村投资建设的旅游集散中心、千米滨江长廊、悬索桥等都是在为张思村的未来发展蓄力，挖掘和活化张思村内在的"宜业要素"、建设真正的宜业乡村是村落未来发展的突破所在。

1. 强调产业互动，注重区域联动

产业发展作为宜业乡村的核心，产业的布局、类别与特色都关系着宜业乡村建设的成功与否。据相关资料统计，2007~2017年间，张思村每年旅游

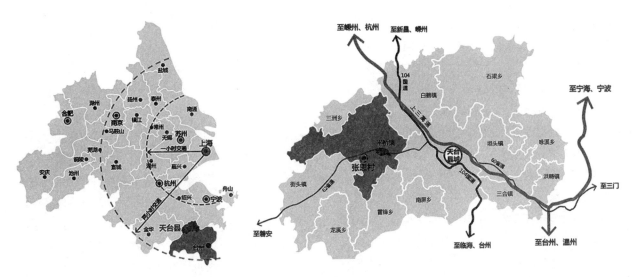

图5　张思村区位分析图

图6　张思村现状展示图

总收入、接待游客量均呈上升趋势，尤其是2014年花海节开办后，张思村接待游客超18万人次，同比增长410%，带动餐饮、民宿及农副产品销售等收入超300万元。如今张思村南侧仍有大片桃花林存在，除了开办花海节、果园采摘等常规项目外，可以打造花饮、桃花妆、桃花拍摄基地等配套特色产业，这些项目并非城市中充满人工智慧的高端产业，却正因为它们的原汁原味和就地取材更具有乡村魅力和可操作

性。其次，张思村是《洪崖山房图》的作者陈宗渊的故乡，文学家徐霞客也曾两次到访游历，据此可以设立"宗渊杯"书画大赛、国学讲堂等活动来丰富张思村的旅游业态。最后，应该注重发挥"船队效应"，跨境电商、O2O平台的兴起都为张思村跨区合作提供了可能，沿始丰溪的千米滨水长廊更是将邻近村落连成一线，未来我们要充分发挥张思村的中心优势（图7），利用好始丰溪这一天然流线，与周边湖井村的壶穴奇观、茅洋村的竹木景观进行联动开发，打造村域范围内的特色活动流线，促进周边村落的共同繁荣。

2. 打造社区文化，营造活动空间

社区文化是田园社区建设的重要内容，要避免

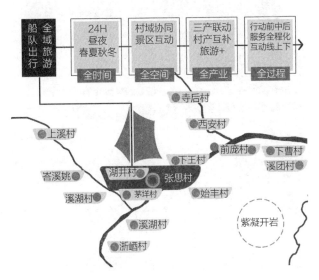

图7　张思村全域发展示意图

由于产业植入、游客激增等原因而带来的外来文化对乡村社区文化的"压制"和村民文化自豪感的"剥离"。首先，要善于挖掘张思村深厚的文化底蕴，村中家训广场石碑上书写的《十劝十戒》，曾出三代博士的老屋——博士堂，以及由齐康院士主持建设的宗渊书院，都彰显着张思村立身处世、尊师重教的乡风文明，这正是独属于张思的书香文化（图8）。在这一背景下，可以提出"终身学习社区"、"田园书香社区"等社区模式，并辅以亲子民宿、乡教研学旅游等活动来进行品牌营造，这不仅有利于提高村民的社区凝聚力和文化认同感，而且有利于推动社区空间品质的建设与提升。其次，社区的核心是人，为村民提供丰富的活动空间、多样的就业选择有利于维系社区的活力度和稳定性，发挥陈氏宗祠、上新屋里等省重点文保单位的口碑效力，把传统民居进行功能置换，比如将陈氏宗祠改造为民俗大院并增设越剧表演、福气手作、煮茶埋酒等项目，由此创造出的公共活动空间又将成为张思村的社区吸引核，而村民可以通过创立古屋民宿、教授竹编技艺、承担民俗表演等方式来获得劳动报酬，在社区内部实现与消费者的供需交换，从而有效推动村民的回归就业、就近就业。

3. 挖掘生态价值，设立管理协会

良好的生态环境是宜业乡村发展的基础，树立"商业生态"理念，通过挖掘和活化乡村生态景观的经济价值，实现生态效益与经济效益的共赢。张思"四水环绕"的空间格局由泉湖砩、榨树砩与始丰溪共同构成，沿始丰溪建立的千米滨水步道不仅扩大了亲水观赏面而且将临近村落连成一线，吸引了更多的外来消费者，这正是生态商业的价值所在。而村内的双砩更是发挥了其最大的生态效用，既改善当地的微气候又灌溉了村中的农林田野，同时在小溪旁设置红鱼清塘、野鸭戏水池、拾级小筑等空间节点来增加溪流的趣味性和游览性。其次，张思村还拥有着七星井、千年樟树、船地遗迹等多种景观要素，村庄原始地形近似船形，村内千年古枫犹如桅杆，村中还有按照北斗七星位置排列的古井七处，史称"七星井"。古井排布似勺，勺中有水，水能载船，三者天地合一、浑然天成的空间关系构成了张思"以井为点、以水为线、以船作面"的特色景观结构（图9），由此吸引而来的消费群体也将为乡村带来更为可观的经济收入。同时为了维护村庄的生态环境，张思村也可以依托现有的村民管理委员会，建立村民小组来监督片区的生态环境，同时挂钩优秀社区评选来督促人们自觉维护乡村生态环境。

图8 张思村历史文化展示图

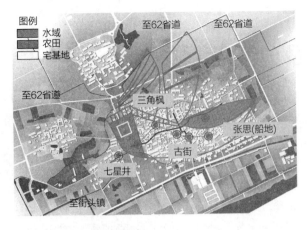

图9 张思村特色景观结构图

5 结语

我国正处于乡村振兴的关键时期,宜业乡村作为乡村发展的新目标,其规划实践与田园综合体建设联系紧密。在宜业乡村的实践过程中,要强调农业产业的主体地位,通过产业的深层次融合推动农村的经济发展;要推动乡村田园社区的建设,通过社区的生活品质提升来助推乡村的宜业水平;要注重农村生态环境的调控,通过景观的多维生态效用来创造良好的经济效益。在2019年中央一号文件标定三农硬任务的当下,要紧紧围绕"三产融合、三位一体、三生同步"的发展要求,借助宜业乡村的实践建设,来实现产业创新与就业选择的无缝对接、社区建设与人文环境的协同推进、生态环境与经济价值的良性互补,最终探索出真正适合我国的特色乡村发展之路。

参考文献

[1] 张欢,汤尚颖,耿志润. 长三角城市群宜业与生态宜居融合协同发展水平、动态轨迹及其收敛性[J]. 数量经济技术经济研究,2019,36(02):3-23.

[2] 连寒露. 浙江省田园综合体理论研究与规划实践[D]. 杭州:浙江农林大学,2018.

[3] 李莎,陈欣. 没有"宜业",何来"宜居"?——成都建设宜居生活城市探析[J]. 成都大学学报(社会科学版),2017(06):39-45.

[4] 袁江,陈一星. 新农村建设的重心应转移:由宜居到宜业[J]. 理论探讨,2015(02):82-85.

[5] 秦梦迪,李京生. 德国慕尼黑大都市区小城镇就业空间关系研究[J]. 国际城市规划,2018,33(06):27-35.

[6] 徐文辉,唐立舟. 美丽乡村规划建设"四宜"策略研究[J]. 中国园林,2016,32(09):20-23.

[7] 李曼. 积极探索推进农村一二三产业融合发展的多种业态打造——以武陵山伍家台村创建休闲健身宜业田园为例[J]. 农民科技培训,2018(06):15-17.

[8] 周敏. 新型城乡关系下田园综合体价值内涵与运行机制[J]. 规划师,2018,34(08):5-11.

[9] 杨世选,郭小娟,孙华东,杨红娟. "四宜"策略下美丽乡村的建设研究——以关东地区为例[J]. 才智,2017(27):241.

[10] 卢贵敏. 田园综合体试点:理念、模式与推进思路[J]. 地方财政研究,2017(07):8-13.

[11] 郑芷月. 基于美丽乡村"宜业"策略的乡村绿道设计途径[D]. 杭州:浙江农林大学,2018.

[12] 刘宪明. 新农村的美丽蝶变,乡村振兴恰逢其时[N]. 现代电商与物流研究院,2018-07-30.

[13] 曾正茂,傅立德. 湖南省桂阳县槐江村:规划引领构建宜居宜业的文化名村[J]. 城乡建设,2009(06):49-51.

[14] 索向鲁,金旭孟,张杨. 柴桥:打造宜居宜业的生态新农村[J]. 宁波通信,2014(14):58-61.

[15] 张洁,王银芹. 当前乡村旅游开发的误区及对策[J]. 湖北工程学院学报,2017,37(04):125-128.

[16] 2018年中国美丽休闲乡村——张思村[EB/OL]. http://www.sohu.com/a/258900987222542.2018-10-11.

图片来源

图1、图3～图5:作者自绘

图2:网络

图6、图8:作者拍摄

图7、图9:作者自绘

白马藏族传统村落空间构成及分布特征解析

The Spatial Composition and Distribution Characteristics of Baima Tibetan Traditional Village

刘鹏[1]、张群[1]、魏友漫[2]

作者单位
1. 西安建筑科技大学（西安，710055）
2. 西安市城乡建设委员会（西安，710055）

摘要： 白马藏族是一个人口数量稀少、分布区域集中的典型少数民族小族群。为了研究其传统村落空间构成及分布特征，选取四川省平武县白马藏族乡伊瓦岱惹村这一典型村落为研究对象。通过对其生存地理环境及居民活动方式调研，从居住生活空间、生产作业空间、公共交往空间、宗教祭祀空间四个方面对村落空间构成进行解析，归纳总结多功能复合状态下的村落空间特征及与民族文化之间的内在联系，从而对白马藏族传统村落的保存及发展研究提供必要的基础资料。

关键词： 白马藏族；传统村落；空间构成及分布；功能复合空间

Abstract: The Baima Tibetans are a typical minority ethnic group with a small population and concentrated distribution. In order to study the spatial composition and distribution characteristics of its traditional villages, the typical village of Ivazhaya Village in Baima Tibetan Township, Pingwu County, Sichuan Province is selected as The research object is to analyze the composition of the village space from four aspects: living space, production work space, public communication space and religious ritual space, and summarize the villages under the multi-functional complex state. The spatial characteristics and the internal relationship with the national culture; thus providing the necessary basic information for the preservation and development of the traditional villages of Baima Tibetans.

Keywords: Baima Tibetan; Traditional Village; Spatial Composition and Distribution; Functional Composite Space.

1 前言

白马藏族在早期独立、封闭的生活状态下形成了极具特色的民族文化及村落、建筑风貌，被认为是汉藏边缘地带保留下来的一个珍贵的民族"活化石"[1]。目前，其分布区域内被纳入中国传统村落名录的村寨有9个[①]，其特殊、多样的村落形态逐渐引起了人们的重视。在新时期产业转型及乡村建设的推动下，这种小族群及其传统文化正日益成为现代社会的稀缺资源而倍受旅游业青睐[2]，由此而带来的产业结构调整及经济方式变化对原有村落形态造成了巨大的冲击，导致空间重构，并外显为空间形态的改变。

追溯其演进历程，早期虽有几次村落迁移，但多缘于政治、安全等因素，其村落空间营建仍以利于生产生活的便捷、民族文化的传承及人地关系的动态平衡[3]为基本原则，以反映居民行为特征为构成准则。而通过对白马藏族居住区的村落建设现状走访后发现：由于经济主导发展战略、前期规划导向模糊等原

因，该区域已迁移及新建村落的空间布局、室内功能及生活方式都与之前有较大改变，村落空间形态的趋同性日益严重，村落空间格局及文化习俗都存在消弱迹象。

关于白马藏族的研究最早可追溯至20世纪70年代人类学家组织的一次实地考察研究[4]，按照时间顺序，对其关注点经历了种族归属问题研究[5]、生态文化研究[6]、社会变迁研究[7]、建筑特点研究[8]、聚落更新发展研究[2]等一系列过程，但对其条理性、根源性的空间构成及解析研究还稍显薄弱，这也是目前白马藏族村落发展遭遇困境的主要原因。空间研究对于理解原有居民的社会结构、亲属关系、生活劳作、营造思想等都具有重大意义，其是一个不断变化的过程，具有历时性的特征，也是人类生存策略的重要体现。因此，对于白马藏族传统村落的保存与发展而言，梳理其村落空间构成、明晰其空间特征及内在构建原则这一工作的重要性是显而易见的。

---

① 统计数据源自中国传统村落网 http://www.chuantongcunluo.com.

2　白马藏族及村落发展基本概况

2.1　白马藏族民族起源与发展

白马藏族的发展历史目前仍未记录完整，其族属归属问题至今也仍存在争议[9]。在早期编写的《"白马藏人"调查资料辑录》中，四川省民委调查组认为它不是藏族分支，而是古代白马氏族的后裔，目前针对白马人族属问题的争议及相关研究的观点大致归纳为三种，即"氐人说"[5]、"羌人说"[10]、[11]和"藏族分支说"[12]、[13]；出于发展需求及管理方便的原因，在20世纪50年代将其暂时列入藏族，暂称其为"白马藏族"，这一区域统称为"白马地区"。

据已有的文献资料显示，白马藏族最早源于西汉时期陇南地区仇池国的氐族，但其真实性仍待考证；后来由于战争因素逐步南移，开始出于安全、自卫考虑，村寨选址逐渐向秦岭山脉的高山峡谷中偏移，且多分布于山顶、山腰及山谷的平坦之地；之后经历了唐、魏晋南北朝、明、清等时期，在此过程中，其活动范围也发展缓慢变化，由于国家战争、村寨迁移及外族侵入等原因，其范围不断缩小、村寨数量开始减少，生存空间也不断收缩（表1）。

白马藏族生存区域变迁情况（根据文献资料整理）　　表1

汉代时期	最早记录氐族分布的文献是《史记·西南夷列传》(卷116)："自嶲（gui）以东北，君长以什数，徙、筰（zuo）都最大；自筰以东北，君长以什数冄（ran）駹（mang）最大。其俗或土著，或移徙，在蜀之西。自冄駹以东北，君长以什数，白马最大，皆氐类也"[14]。也就是分布在四川西南、甸氐道（今文县铁楼乡）和刚氐道（今绵阳平武），包括岷江上游、涪江上游和白龙江上游的广大地区
唐代时期	唐李泰《括地志》卷四《成州·上禄县》对白马氏的分布地作了具体说明，曰："陇右成州，武州皆白马氐，其豪族杨氏居成州仇池山上"[15]。这说明西汉武帝以前，氐人活动地区当在今天甘肃南部与四川北部相邻的武都一带
魏晋南北朝时期	两晋十六国时期，为历史上各民族大融合时期，氐人经过了这次大融合以后，史书记载氐人的活动逐渐少了，如《续资治通鉴》卷四十六庆历三年(公元1043年)十月记：在今甘肃庄浪南水洛镇一带，"杂氐十余落，无所役属"[16]
明清期间	《文县志·番俗》记载：在雍正八年改土归流之时，白马土司王受印所辖番地，计有杀番沟等二十二寨；另一白马土司马起远所辖番地，计有英坡山等三十寨；主要分布在涪江上游
解放初期	文县境内白马村寨已减少至14个；平武境内，据1950年10月28日平武县藏族自治区委员会调查统计的数据，白马村寨已由36个减少至20个[17]
改革开放后	政治、经济及社会等因素导致产业结构变化；大量外来人口及产业发展冲击原有居民，引起人口结构、空间结构重构；最终生存空间产生同步变化

现今，白马藏族主要分布于四川省平武县、九寨沟县和甘肃省文县三处（图1），总人口约2万余人（2015年统计），该地区位于"藏彝走廊"最东端的藏汉两大文化交汇处，历来是小群体、多民族的活动和衍生之地，至今仍有汉、藏、回、羌等11个民族在该区域生活劳作，是一个典型的文化交融地带。与其他种族相比，白马藏族在民族文化、生活习俗、建筑形式、服饰及语言等方面都存在差异[18]，文化的互相渗透使其在形态表达上呈现出一种多向趋势的现象，"逐步成为一个在西部人文地理版图中地位独特而又具有代表性的文化种群"[7]，极具认定和考证研究价值。

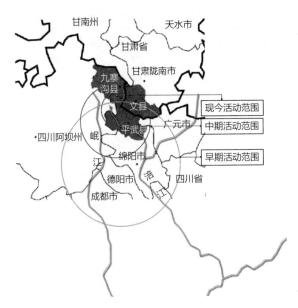

图1　白马藏人活动范围变迁示意

2.2　白马地区地理位置分析

白马地区在地理位置上处于中国多条地理分界线

的交界处（表2、图3），而且其位于自然生态相对脆弱的青藏高原与四川盆地过渡地带，山高沟深，地形复杂；由于该区域处于"武都-马边"地震带（龙门山地震带），地质灾害较为频繁。这种极其特殊的地理位置也是其村落空间分布现状的主要因素，其地理位置的特殊性可从两点体现：

文化生态环境特殊：白马地区附近居住着较多藏族、嘉绒藏族、羌族、汉族等（图2），周边民族文化丰富多样，在多民族文化的融合和碰撞下，经过两千多年逐渐发展成为藏族特殊的一支，形成了特有的建筑与生态文化体系。

村落分布形态特殊：白马地区发育着大量的高山、中山及河谷，平均海拔2000米左右，白马人居住在高寒山区河谷地带，由于地势起伏突出，村寨分布高低悬殊，随着海拔的变化，形成了山腰缓坡型、

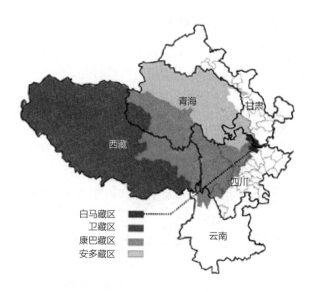

图2　白马藏区与三大藏区的地理位置关系

白马地区地理位置划分　　　　　　　　　　　　　　　　　　　　　表2

生态自然资源划分	白马地区位于岷山山系的腹心地区，处在全球生物多样性的核心地区之一的喜马拉雅一横断山区，生态系统完整，动植物资源丰富
地势阶梯界线划分	此区域位于秦岭东西构造带西段南缘的摩天岭两侧[19]，处在我国地势的第一和第二阶梯的过渡带
农业活动界线划分	其处于农牧交界地带
人口分布界线划分	其处于胡焕庸线（Hu Line）[20]分界线上，即中国地理学家胡焕庸（1901-1998年）在1935年提出的划分我国人口密度的对比线
自然区界线划分	该区域内低山河谷地带属北亚带山地湿润性季风气候，低中山地带属山地温暖带气候，中山地带属寒温带气候，高山地带属亚寒带气候，极高山地带属寒带气候
农业活动界线划分	其处于农牧交界地带
干湿地区分界线划分	其处于年降水量在400毫米分界线至800毫米分界线之间的半湿润区

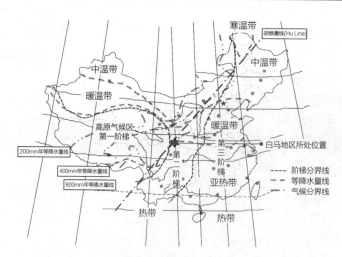

图3　白马地区与地理分界线的位置关系示意图

山间台地型、山麓河谷型的多形态村落空间。

山区在中国的整体发展中占据着主体地位，面积占到国土面积的2/3以上，其中四川山区面积超过90%。白马地区山地形态与气候环境的特殊性，对白马藏族村落空间的发展既有限制也有引导，而伊瓦岱惹村正是在这种对立矛盾下对人地关系高度理解的典型代表。

3　白马藏族传统村落空间构成解析

本次调研的村落位于四川省平武县西北部的白马藏族乡。平武县下辖伊瓦岱惹、厄里、稿史脑、亚者造祖四个行政村，15个寨子，沿着夺补河逐一分布（图4），是白马藏族的主要聚集地，自西汉氏杨所建距今已有2200多年的历史。该地区的白马藏族村寨文化生态、空间格局及建筑特征保存较为完整，能够还原早期居民的生存状态及行为特征。而伊瓦岱惹村是白马藏族传统村落的典型代表，包括上壳子寨、下壳子村寨两个组团（图5），分布于河谷两侧的山腰处，隔河谷相对。海拔处于2300～2600米之间，是白马藏族聚集区最高的山寨，被称为"云端上的部落"。上壳子寨人口由中华人民共和国成立前的约400人、50户减少至2004年的约84人、18户，自2005年实施高山移民政策搬迁后，目前只剩下3户5人，而下壳子早已无人居住。村寨内部虽大多已荒废，但其空间格局仍依稀可见，村落空间作为人类在适应自然环境过程中所形成的社会关系和文化传统的外在表现，对于补充村落演进历程的研究意义重大。通过前期调研及分析，可从居住生活空间、生产作业空间、公共交往空间、宗教祭祀空间四个方面对其展开分析。

3.1　居住生活空间

白马藏族的传统居住建筑俗称"杉板房"，成书于清道光年间《龙安府志》一书中记载："番民所居房屋，四围筑土墙，高三丈，上竖小柱，覆以松木板，中分二、三层，下层开一门圈牛羊，中上住人，伏天则移居顶层"；《汉书·地理志》中记载"天水、陇西山多林木，民以板为室屋"；《南齐书》描述到："氐于上平地立宫室果园仓库，无贵贱皆为板屋土墙，所治处名洛谷。"[21] 由此可见，板屋土墙的房屋形制早已定型，很早就已经形成固有空间格局，总结其特点：以块石为基、夯土为墙和杉板做顶为房屋形制的建筑。

根据以上描述及现场调研，早期白马藏族的居

图4　平武县白马藏族分布区域概况

图5　伊瓦岱惹村上壳子寨和下壳子寨选址隔谷相对

住建筑多为三层，在垂直功能划分上：一层为牲口圈养空间，二层为主要居住场所，三层为粮食储备空间（图7）。与平原地带民居建筑不同，由于材料的短缺和地形的限制，其并没有院落等过渡空间的概念，房屋的边界与耕作空间紧密相接，且整个村寨的房屋并无等级之分，室内功能布局大致相同，各家房屋形制大小也基本接近。

居住生活空间特征可以归纳为以下几点：

平面布局方面：以"火塘"①为空间中心，既是室内祭祀空间，同时也是家庭成员议事、活动的中心区域。

竖向划分方面：首层结合坡地形成不完整的架空空间，是猪圈、牛圈等牲口圈养场所；中间层为家庭成员居住空间，分为火塘空间和卧室空间；顶层为储存空间，用于存放粮食，杂物等。

材料划分方面：地基用当地常见的大石块砌成。

图 6　处于高海拔山地环境下废弃的下壳子寨

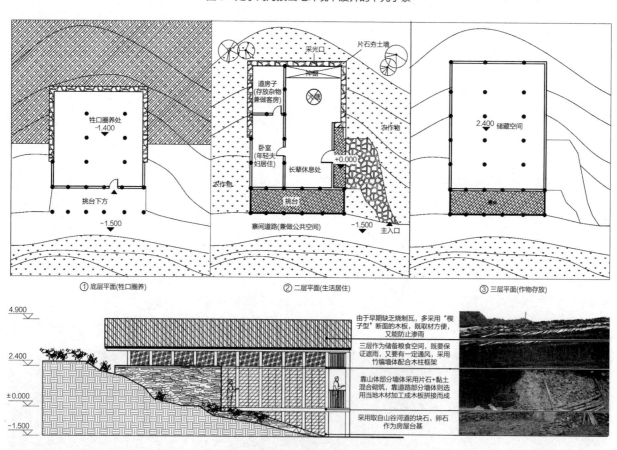

图 7　④房屋立面及对应材质变化

① "火塘"——白马藏语为"郭拉"，通常在室内地上挖小坑，周边垒上石块，并围以木板，坑上空置一铁三角架，用于满足生火取暖、做饭等基本生活功能，后来衍生为特定空间的概念，结合"神柜"，形成了家庭的重要集会、沟通、生活场所。

一层和二层的靠山体一侧为掺入片石的夯土墙，非常厚重，靠近道路一侧则为约30厘米宽的木板拼接成墙体；厚厚的夯土墙可以阻隔山体的潮气及抵抗土应力，保证房屋室内干燥及结构的稳定；第三层以木板为墙，透气通风，易于粮食的储藏；板屋土墙的木材、泥土、石块等建筑材料也全部取自当地（图7）。

家庭礼制方面："重火塘、轻卧室"，与较为灵活、自由的室外空间不同，在室内空间则存在这严格的等级划分及长幼秩序；火塘结合老人起居室统一设置，处于中心地位，卧室一般按照长幼而非男女分开设置，强调家庭集体主义观念，忽略个人隐私。

3.2 生产作业空间

在早期，白马藏族是采用半农半牧的生产方式以满足其正常的粮食需求，村落内有限的平坦耕地难以维持其温饱，只能选用耕地和肥沃的草场共同作为其生产作业场所，其生计方式主要以农耕种植为主，畜牧为辅。耕地空间多处于自家房屋的周边，而房屋采用垂直于等高线的布置方式同样也是为了在建筑之间争取更多的耕地空间，以获取最大的粮食产量。高山及山谷是白马藏族的次要生产空间，当地的主要牲畜有牛、羊、马等。由于交通不便、山路险要，寨民需每天早晨前往更高海拔的山上大草甸放牧，在草场休养一晚后于第二天返回。

其生活资料的索取也是通过扩展活动半径的方式来达成（图8），生活资源的分布状态决定了当地居民的活动半径、每天的作息时间等，这种行为习惯又在一定程度上决定了村落建设的延伸方向，影响了村落空间的边界形态，而当生产方式发生变化时，其索取的生产资料也发生改变，最终又会导致其村落空间发生改变（图9）。随着时间的推移，已迁移或新建村落的生产方式正逐步发生变化（表3），其生产空

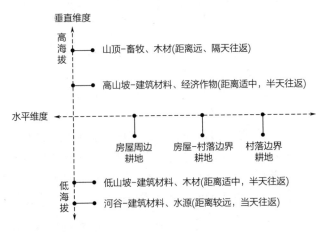

图8 白马藏族生产方式演变历程

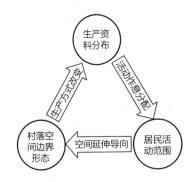

图9 白马藏族生产方式演变历程

白马藏族生产方式演变历程 表3

时期	生产方式	生产作业空间变化
1980年以前	以第一产业农业为主，畜牧、打猎为辅	形成一种以村落边界为横向范围，以山体海拔为纵向范围的立体生产作业空间
1980年～2000年初	当地生产资源的匮乏及生存条件的限制导致村民离开村落，开始外出务工	纵向作业空间衰退，横向作业空间部分保留
2000年至今	随旅游业的发展及村落的迁移，其生产方式发生根本性转变，第三产业占据主导地位	生产作业空间由高山转向邻村道路旁

间也相应发生转移。

3.3 公共交往空间

在可建设用地局限的情况下，生活公共空间只需要满足基本的行走、交往功能即可，比如门前道路、道路交叉口、公共广场等都可作为村落的公共交往空间。距村落的入口不远处，有一处被称作"咔路"的晒场及晾架，这里是村寨日常及节日聚集频率最多的地方。在整个村落空间结构中，在村落的中心一般有一处公共广场来满足村寨节日及祭祀的活动空间。从其总平面图中也可看出（图10、图11），道路布局非常灵活，并无主次之分，道路宽窄大致相同，以便

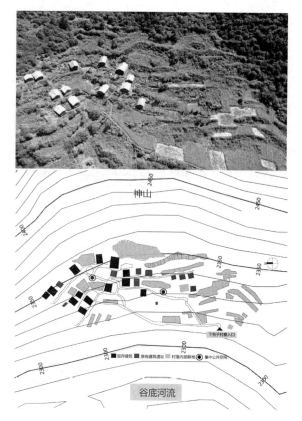

图10 下壳子寨实景及村落空间总平面简图

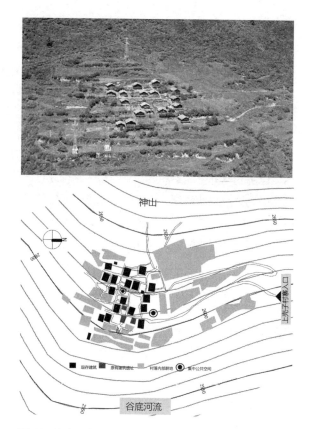

图11 上壳子寨实景及村落空间总平面简图

捷性、通达性为首要原则。

白马藏族的宗教祭祀空间需求非常强烈，因此，在村落内部选取较为平坦开阔的地方设置广场，但其位置却并不固定，例如上壳子寨的公共广场位于村落中心，而下壳子寨却选择在入口处及中间位置都设置。因此，其公共交往空间设置是灵活且不固定的，是与道路交通、生产生活空间相互叠加的。

3.4 宗教祭祀空间

白马藏族的宗教祭祀活动形式多样、种类繁多且极具特色。宗教公共空间其实也属于生活公共空间的一种，毕竟宗教和居民的生活是分不开的，但由于宗教活动的特殊，因此将其单独归为一类。但由于山地条件的限制，村落内部难以提供足够宽敞的平坦场地用于宗教祭祀活动，因此，为了满足其祭祀需求，多数祭祀活动采用与其他公共空间结合设置的方式，而这种祭祀空间则体现出一种具有延伸性的不同尺度空间，按照距离的远近分为小尺度、中尺度、大尺度祭祀空间。

小尺度祭祀空间——在居住空间内中心设置的"火塘"及靠墙正中位置上面摆放神龛的"神柜"（图12）是家庭的祭祀空间。当地居民认为"火塘"是火神的栖息之地，而火神即"火菩萨"是家庭的守护神，因此火塘内的火终年不息，家庭礼制也是围绕火塘按照固有秩序建立的。

中尺度祭祀空间——每逢当地特有节日及居民的生老病死，都会采用祭祀活动来获得精神慰藉，而山地可建设用地稀缺，因此，其公共祭祀活动就会与公共空间、生产空间结合进行，而这种多功能复合空间在高海拔地域的白马藏族村落较为常见，而已迁移的村落，由于地形限制消失及建设技术提高，其功能空间设置开始细化并呈现出唯一性和确定性。

大尺度祭祀空间——白马藏族居民在房屋建设及村落布置时，其主要采光的房屋正面山墙均朝向山神所处方向，且在二三层均设置可上人跳台，采用"遥望空间"这一更为特殊的方式来祭奠山神，在村落和"神山"之间建立感情连接，用来完成其日常的"心理祭祀"。

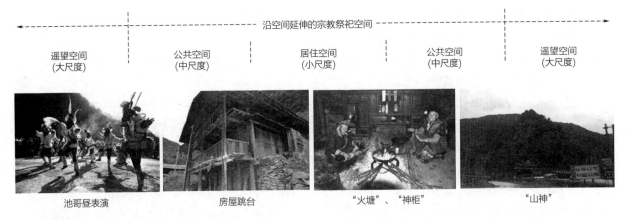

图 12　宗教祭祀空间渗透表达方式

4　白马藏族传统村落空间形态总结

由此可见，白马藏族村落空间的层次划分是比较清晰的，以居住空间为中心，层层向外扩展，在纵向维度和横向维度依次设置相应功能空间，上至高山草甸，下至坡地河谷，左右至村落边界，依靠多样的山地自然资源及生产资料，使其整体系统运行呈现出自给自足的状态（图13）。结合前文内容的描述，白马藏族乡伊瓦岱惹村空间形态特征可总结为以下几点：

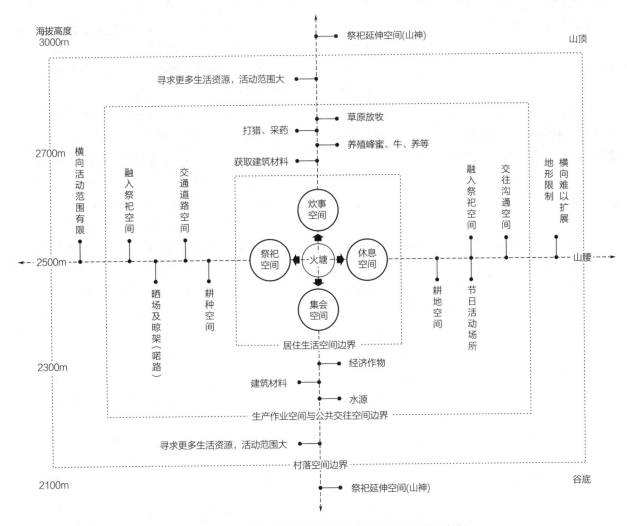

图 13　白马藏族传统村落内部功能空间复合及内在逻辑关系框架

（1）在可利用空间及资源有限的山地环境中，采用高度复合的立体式功能空间形式来满足其生理和心理的多种需求，这也是白马藏族对"自然-生态-文化"三者互相妥协和高度理解的一种体现；

（2）村落在选址时早期出于防御、安全等因素，形态分布遵照着"山齐梁"、"水齐沟"的准则，即背靠和面向神山，山梁为界，水为逢中，在大尺度空间范围内呈现出环抱之势；

（3）居住空间的等级礼制划分更为严谨，呈现出一种"内敛"的表达方式；

（4）村落空间呈现出"内紧外松"的生存状态，即从村落外部空间形态看，整体聚心性并没有很强烈，村落分布大致均衡，并无等级地位划分；但若从其宗教祭祀礼节的角度来看，其各层级空间内部和相互的逻辑关系则较为清晰；

（5）村落边界呈现出动态变化的过程，由于环境条件的限定及活动行为方式的灵活等多方面因素，其空间边界的弹性变化很大。

经过实地走访白马地区的多个村落，发现不同海拔高度环境下，村落空间分布、功能构成差异较大，而早期建成的山地村落废弃现象较为严重。在复杂的山地环境下，既要满足原有居民基本的生存需求，同时还要给予其文化、宗教信仰外显表达的空间，其所遵循的则是一套严谨、清晰的内在秩序。

5 结语

不同于一般农村居住环境，高海拔山地型传统村落在缺乏设备系统及先进建造技术的背景下，通过生产方式与村民行为的共同参与，以应对低温高寒的山地环境和弥补土地缺乏带来的空间不足，其功能空间、人的行为及自然环境三者之间的结合度远高于现代建筑，其空间营造理念对于现今复杂建筑环境下的指导意义是重大的。因此，对于白马藏族传统村落的保护和发展应立足于其自身生态文化空间及生存活动空间内在秩序的基础之上，结合其各层级空间的动态发展变化，实现传统村落的可持续发展。

参考文献

[1] 石硕. 汉藏边缘一白马藏人的历史文化[C]. 白马藏族文化与旅游发展研讨会论文集，2003.

[2] 王挺之，李林. 旅游开发对小族群传统文化的影响——对四川平武白马藏族的个案研究[J]西南民族大学学报（人文社科版），2009, 30(05):152-157.

[3] 徐象平. 试析历史地理学在人地关系研究中的时间特征[J]. 人文地理，2005(06):115-118.

[4] 平武县白马人族属研究会编. 白马人族属研究文集 (2)[C]. 绵阳：内刊本，1987: 146-148.

[5] 黄英. "白马藏人"族源探析[J].兰州大学学报，2002(04):62-69.

[6] 王欣. 四川平武白马藏族的生态文化空间[J]. 西藏民族学院学报(哲学社会科学版)，2011 (06):59-68.

[7] 连玉銮. 现代化进程中白马藏族的社会变迁研究[D]. 重庆：四川大学，2005.

[8] 余永红. 陇南白马藏族民居建筑的地域文化特色[J]. 民族艺术研究，2011, (05):90-93.

[9] 费孝通. 关于我国民族的识别问题[J]. 中国社会科学，1980(01):147-162.

[10] 金丹，张兴华，宇克莉等. 白马人与羌族围度特征的分析[J]. 解剖学杂志，2016 39(06):712-716.

[11] 李绍明. 羌族与白马藏人文化比较研究[J]. 思想战线，2000(05):39-41+57.

[12] 拉先. 辨析白马藏人的族属及其文化特征[J]. 中国藏学，2009(02):111-116.

[13] 毛尔盖·桑木丹. 毛尔盖·桑木丹论文集[M]. 成都：四川民族出版社，1993:135-145.

[14]（汉）司马迁. 史记[M]. 北京：中华书局，1982.

[15]（唐）李泰等. 括地志辑校[M]. 北京：中华书局，1980.

[16]（清）毕沅. 续资治通鉴[M]. 北京：中华书局，1957.

[17] 曾维益. 白马藏族研究文集[M]. 成都：四川民族研究所，2002:558-560.

[18] 徐明波. 论白马藏族传统文化的保护与发展[J]. 绵阳师

范学院学报，2014 33(01):28-31.

[19] 杨全社，古元章等. 陇南白马人民俗文化图录[M]. 兰州: 甘肃人民出版社，2013(01):1-415.

[20] 胡焕庸. 中国人口之分布——附统计表与密度图[J]. 地理学报，1935(02).

[21] 刘志扬. 居住空间的文化建构: 白马藏族房屋变迁的个案分析[J]. 民族研究，2011(3).

图表来源

表1～表3：相关数据来自文献资料整理

图2：引自文献资料

其余图表均由作者实地拍摄及根据研究基础绘制

都市郊区的乡村聚居与建造技术研究
——以上海奉贤区为例

Rural Settlements and Construction Technologies in the Suburbs of Metropolis: A Case Study of Fengxian District in Shanghai

周伊利 [1、2]、王海松 [3]、莫弘之 [3]

作者单位
1 同济大学 建筑与城市规划学院（上海，200092）
2 高密度人居环境生态与节能教育部重点实验室（上海，200092）
3 上海大学 建筑系（上海，200436）

摘要： 都市郊区的乡村人居环境具有自身特点和发展规律。上海作为国际化大都市，其中心城区都市化特征明显，而郊区乡村呈现发展水平偏低、布局零散、分化严重等特点。本文以奉贤区百余个乡村调研案例为基础，尝试分析组团形态与水网系统、建筑形态与家庭宅基、响应空间与气候特征、营建模式与技术演进等四个关联组，从不同维度剖析都市郊区的乡村聚居形态、营建技术及演变特点，旨在揭示该地区乡村营建的地域特点和内生机制，将促进乡村住区"在地性"的规划和设计。

关键词： 乡村聚居；建造技术；乡村住宅；都市郊区；在地性

Abstract: There are distinct characteristics and growth patterns of rural settlements in the suburbs of metropolis.Shanghai is one of the largest cities in China, and the urbanization features are obvious in the central city. The rural areas in the suburbs present the development characteristics of low level of modernization, scattered layout and serious differentiation. Based on the investigation of over one hundred villages cases, a series of correlations were analyzed between water network and residential groups, building form and family homestead,space layout and climate response, construction technology and building model, to explain the rural settlement form, construction technology and evolution of urban suburbs from different dimensions.It was aimed to reveal the regional features and endogenous mechanisms of rural construction, which would be helpful to foster rural planning and design based on locality.

Keywords: Rural Settlements; Construction Technologies; Rural Housing; Suburbs of Metropolis; Locality

1 引言：都市郊区的乡村

作为国际大都市，上海中心城区的范围在逐渐扩大，郊区大多处于中心城区向外1小时通勤圈范围内，在经济、人口、资源等方面与中心城区的联系比较紧密。与空间紧凑、人口密集、功能复合的中心城区相比，上海郊区的乡村发展水平低、空间布局零散、差异分化明显，与中心城区的都市化形态形成鲜明的对比。中心城区都市化的过程必然伴随郊区乡村人口的流入，而郊区乡村人口进城具有"离土不离籍"体制优势，乡村居民在城乡之间频繁流动带动城市生活方式的传播和人居理念的更新，引发新的空间需求；房地产开发的兴起、繁荣和资本扩散有效带动了乡村建造模式的转变和技术体系的革新，为新的空间需求提供了技术支撑和实现可能。在此背景下，郊区乡村的聚居形态和建造技术都发生了变化。

2 水体网络与乡村形态

密集的水体网络是江南地区重要的地景特征，与"粉墙黛瓦"一道构成广大江南水乡意象的组成部分。在不同社会形态下，水体网络对乡村形态的影响作用差异较大。

2.1 水体网络与传统水乡形态

上海郊区的乡村水网密布，乡村依水而建，具有江南地区村镇共有的特点。在江南地区，河流构成乡村发展的主要脉络。20世纪80年代之前，河流一直就是江南广大地区"城—镇—村"之间交通要道，船只在居民出行中占据较大比重。"在正常天里，从乡村出发半天能来回的聚集点就是集镇，一天内能来回的往往能形成建制镇，到大点的城里通常就需要过夜了"[①]，可见，船程曾经是江南传统"城—镇—村"

---
① 昆山市周庄镇前镇长庄春地于2018年12月15日在同济大学特色小（城）镇专题研修班上的讲话。

结构和距离的重要尺度。

为了适应河流纵横密布特点和种植稻米的需求，乡村大多采用沿河发展，并注重分散的布局[1]。沿河布置也有利于生活便捷，人们通常将居住空间尽量靠近河流，并面向河流：在沿河两侧依河筑屋，河流两侧开基建宅或在河流法线方向的土地上扩展，构成江南乡村"面街枕河"和"向河沿街"的主要形态特征。江南地区契合水体的乡村基本形态可分为"一"字形、"丁"字形、"十"字和"井"字形，这四种基本形态通过组合可以涵盖传统乡村的主要类型，如奉贤庄行老街的"水—街"形态为两个"丁"字形和"十"字形的组合（图1），而青村老街的"水—街"形态为三个"丁"字形的串联（图2）。

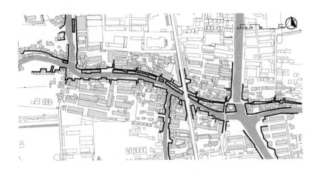

图1　奉贤庄行老街的水–街形态

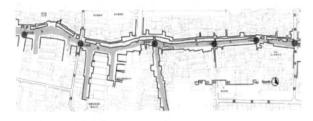

图2　奉贤青村老街的水–街形态

水体网络是江南乡村形成过程中重要资源和引导要素，在乡村形态构成中具有先导性作用。江南传统乡村以自然水体网络为发展脉络，造就了各具特色的总体结构和空间形态。河道两侧的绝大多数建筑都"面向水体"，即建筑的主要开口或多数的日常活动都布置在临近河道一侧。在乡村的营建中，主要河流形态通过沿河两侧建筑与街巷延伸逐层传递到其他部分，屋随河转，使乡村与自然水体构成有机整体，传统住区则"蜿蜒"在水体网络之中。

2.2　水体网络与当代乡村形态

20世纪80年代以后，以汽车为代表的现代交通工具在江南乡村逐渐盛行，以快速、平稳为特征的汽车逐渐进入乡村住户，许多船只退出了交通序列；适合行车的架桥逐渐取代了方便行船的拱桥、石梁桥。随着城市化的进程，越来越多的乡村居民不再以农业为生，逐渐摆脱了对土地的依赖，以前行船赶集、进城的日常生活消失不见。以给排水为代表的现代市政设施在郊区乡村的建设延伸削弱了水体在日常生活中作用。水体更多的是成为一种地域性景观要素，环境调控的作用开始显现，原先水体网络的意义已经发生了重大转变。

从奉贤区调研乡村来看，乡村形态可以分为两类：面向水体和侧向水体。尽管出行已经不依赖于河道，面向水体的形态与传统乡村类似，这类河道主要为东西流向，沿河的建筑采取南北向，能获得充足的日照和通风条件（图3）。而侧向水体的形态通常出现在南北向水体周边，南北向布置的建筑将次要的侧面朝向河道（图4）。传统乡村南北向水体沿岸的建

图3　奉贤区金汇镇梁典村（面向水体）

图4　奉贤区金汇镇东星村（侧向水体）

筑通常为东西向，而现代乡村住区依照日照要求采用南北朝向，这也反映出传统水乡与现代水乡在布局方面的重大差异。以效率为优先的道路系统往往不顾乡村地脉、水网，以横平竖直的方格网形态"侵入"乡村，而基于这些道路网的乡村营建，大多使乡村建筑面向道路或侧向道路，形成与城镇住区相类似的行列式空间形态，对乡村面貌有重大影响。

3　家庭宅基与建筑形态

宅基地制度是我国乡村特有的土地使用制度，宅基地是指乡村的农户或个人用作住宅基地而占有、利用本集体所有的土地。每个省市会依照《中华人民共和国土地管理法》，结合当地的实际情况，制定出相应控制细则，针对省市范围内不同的区域、不同的家庭规模、用地类型等因素形成不同的宅基地面积指标。每个乡村家庭只能拥有一处宅基地，居民可以在宅基地上建造符合规定的住宅。宅基地制度将土地所有权和使用权分离，根本上改变了传统社会通过买卖获得宅基地所有权的状况，避免了传统社会中宅基地兼并现象的发生。

由于家庭宅基地"唯一性"管控要求，每家都只能获得一处符合标准的宅基地。乡村家庭规模趋于小型化，传统乡村合院建筑已然丧失存在的土壤，那些

《上海市农村个人住房建设管理办法》对宅基地面积的控制细则　表1

	4人以下户（含4人）	5人户	6人户	6人以上户
蔬菜区	不得超过150㎡，建筑占地面积不得超过80㎡	不得超过150㎡，建筑占地不得超过80㎡，可增加建筑面积	不得超过160㎡，建筑占地不得超过90㎡	不得超过160㎡，建筑占地不得超过90㎡，可增加建筑面积
粮棉区	不得超过180㎡，建筑占地面积不得超过90㎡	不得超过180㎡，建筑占地不得超过90㎡，可增加建筑面积	不得超过200㎡，建筑占地面积不得超过100㎡	不得超过200㎡，建筑占地不得超过100㎡，可增加建筑面积
集镇	建筑占地面积不得超过44㎡	建筑占地面积不得超过44㎡，可增加建筑面积		

原先聚居于传统民居内的居民只能拆除传统民居或部分就地新建住宅，直接导致了传统民居被有组织成批量的合法拆除。

宅基地上的建筑面宽分为单开间、双开间和三开间，极少有超过三开间的；住宅层数在1~4层，集中分布于2~3层，约占3/4；可分为联排式、单元式、双拼式和独立式，建筑面积在40~400平方米不等，60%住宅面积分在120~300平方米区间。住宅建造是每个乡村家庭重要事件，反映一个家庭的财力和在乡村的地位。近些年奉贤乡村涌现的两、三开间欧式独立住宅也算是这种现象的延续。这类风格的建筑的出现加剧了郊区乡村建筑风格的混杂程度。有些乡村尝试在村集体建设用地上打造江南特色的民居，用作后续建设的示范，但这类规划设计更接近于城市低层居住区，以少数几个标准户型来容纳如此多样化的乡村家庭势必不能完全达到目的，乡村呈现的面貌也有趋于"匀质、雷同"的可能。

4　气候特征与空间响应

上海气候特征为夏季湿热、冬季湿冷。夏季太阳辐射强烈，空气温度较高，相对湿度75%以上，人体感觉闷热；夜间静风率高，使建筑散热不充分、不及时，使得室内壁面辐射温度也居高不下，人体热舒适度较差。而在冬季，太阳辐射强度减弱，时间也短，空气相对湿度较大，使得乡村住宅室内普遍感觉阴冷。

4.1　乡村传统民居被动式响应

江南乡村传统民居临近水体布置，利用河流中水的升温惰性形成地形风，加强通风散热；建筑密集紧凑分布，通过相互遮阳减少建筑夏季得热；建筑采用较低的层高，利于遮蔽，以减少室内空间太阳直接辐射时间。江南传统民居在朝向上灵活可变，通过建筑布局的变化以适应乡村整体的肌理和朝向，传统民居多样的院落形式及其变化组合可以适应多样的基地，以满足基本的纳阳通风等需求。坡屋顶空间能很好应对雨天排水的，阁楼空间还具有空间隔热的作用。在建筑主要立面上采取楼层出挑、屋顶深挑檐的方法，减缓过多太阳辐射、雨水对室内居住空间的影响。传统民居的木质围护结构和门窗构件由于日晒雨淋难以持久的，因此通常采用"避让"策略，即通过垂直方

向自我遮蔽规避不利的气候要素，实现建筑体系的自我保护。从立面上看，传统建筑的室内空间及开口往往掩隐于自身出挑结构之内（图5）。某种程度上说，这种形态是传统营建中缺乏足够耐久的材料抵抗气候要素而被动适应的体现。传统乡村建筑中坡顶瓦屋面的广泛使用也可能是类似被动适应的原因，传统营建中的确缺乏大面积足够量又容易获取的防水材料，对于雨水只能利用重力向下的原理让其顺延小块材料构成的流淌面自然而快速排离屋面，要知道雨水一旦在建筑顶部稍作积聚就有渗漏的可能，长期实践中烧熟的黏土青瓦成为传统民居最实用的屋面材料。

图5 庄行东街（晚清）

4.2 乡村新建住宅的响应形态

尽管基于同样的地域气候特征，现代新建住宅响应气候的方式和程度与传统民居却是大相径庭。新建住宅多采取坐北朝南，以日照时间作为住区布局的重要衡量指标，以南北向作为住区的首要取向。由于新建住宅的高度普遍提高，前后之间的距离也大幅增加，新建住区的总体布局不如传统住区紧凑。较为松散的室外空间为居住空间获得足够的日照和通风创造了条件，但在炎热夏天却增加了建筑的太阳辐射得热。

为应对多雨、日晒强烈，新建住宅还往往在底层入口处设置凹空间或连续的挑板柱廊，以方便底层空间的日常活动。新建住宅还在二层以上部分设置宽大的开放阳台、露台或半露台，既做日常生活晾晒之用，也是很好的气候缓冲空间。阳台对夏天过多的太

阳辐射有一定的遮挡作用，而部分封闭型阳台在冬天可以收集太阳辐射热量，起到暖房的作用，在夏季也有一定的隔热作用，以稳定室内空间热环境。阳台还具有较好的导风作用，在春、秋过度季节通过自然通风增加室内的空气流通，提升热舒适性和空气的新鲜程度。宽大阳台、露台或半露台在20世纪80年代建成的住宅中较为常见（图6），而在之后新建的住宅中有所减少、尺寸也普遍有所减小。笔者认为主要原因有三：一是传统柱廊、檐廊空间形式在初期的新建住宅中得到延续，后来新建的住宅对于类似空间的需求有所降低；二是初期新建住宅的外立面开口处还沿用传统木质门窗或其他材质密封性不好的门窗，无法长期直接承受日晒雨淋，而后期由于门窗材料和围护结构材料的发展，在其寿命期内足以抵抗太阳辐射和雨水冲刷，没必要采用"避让"的策略；三是宅基地控制细则对建筑的面宽和进深都有较为严格的要求，客观上提升了居民们对室内空间的数量追求，而降低了对缓冲空间的需求。

图6 金汇镇梁典村某宅（分别建于1982年、1985年）

5 营建模式与技术演进

5.1 营建模式的转变

乡村营建模式主要可分为自建模式和代建模式。自建模式并非指全靠居民自己建造住宅，通常情况下，建宅户主需要邀请一两位大木作师傅或泥水师傅带领户主请来的帮工建宅，户主除负责备料外，自己也参与建造过程。住宅的规模和体量根据户主的经济承受能力。在20世纪80年代之前，乡村的大部分住宅的建造都属于自建模式。在自建模式中，住宅主要采用传统木结构和简单的砖混结构，建造者专业分工不细，建筑完成的精细度较低，主要完成住宅结构体

系和围护结构，满足基本的空间围合功能。住宅形态塑造需要依靠师傅以往建造经验的积累。

代建模式是指户主将建宅任务委托给有资质和经验的乡建施工队，施工队根据户主提供施工图纸进场施工，而建筑方案往往来自于委托设计师或直接复制邻近同类住宅。初级阶段的代建模式以家庭为单位，以完成建筑主体结构、围护结构和外立面装饰为代建节点；高级阶段的代建模式以组团或住区为单位，由居民代表或村集体经过专业机构的规划设计，委托给有资质的施工企业统一施工建造。这类代建的乡村住区一般采用少数几个户型，三层以上，以双拼式、单元式、叠拼式较为常见，建筑风格趋于相同，契合了现代高效的批量建造方式和都市中心区房地产带动的剩余的建造力输出，却不可避免导致了乡村住区同质化和雷同性。郊区乡村的居住点要相对集中，似乎已成共识，代建模式势必盛行，契合江南乡村"地脉"的住区规划显得尤为迫切。

5.2　片段式演进的建造技术

乡村地区的建造技术演变与营建模式的变化、城镇建筑市场的发达程度等具有较密切的关系。相比城镇地区，乡村社会具有先天的保守倾向以及新兴建造技术传播的滞后性，上海郊区乡村地区建造技术的进步和变化呈现明显的片段式演进而非整体性蜕变的特点。

奉贤郊区乡村的传统民居木构架以穿斗式为主，在20世纪30、40年代仍有传承建造，但存留至今较少。如柘林镇胡桥老街68号民宅，虽仍为传统木架构，传统符号已经大大简化（图7）。20世纪50年代

之后，传统木结构逐渐被新建的砖石、砖木及砖混等结构所取代，多数建筑楼板采用在砖墙上架梁、梁上铺木楼板的做法，屋顶仍然采用与传统民居中常见的先架檩条椽子、再铺望砖和青瓦的坡顶做法。在20世纪80年代之后，大批的传统木结构建筑被拆除，新建住宅以砖混结构为主，以预制式水平构件结合砖砌垂直构件；这类住宅的面宽受到统一生产的预制空心板尺寸的限制，空心板尺寸3.3~3.6米；底层多设置柱廊空间，外立面以砂浆、马赛克或石英颗粒为装饰面层，立面开口仍以木质门窗为主（图8）。这时期建造的住宅屋顶部分大部分仍延续了前一阶段的做法。

20世纪90年代末，城镇地区房地产市场的开启带来了建筑材料市场快速发展。上海郊区的乡村建设也多受惠于此，水泥、砂、钢筋、新型门窗等材料源源不断地进入乡村。2000年之后新建的部分乡村住宅尽管仍然采用黏土砖墙垂直承重，但水平方向开始采用现浇梁板，并设构造柱和圈梁加强建筑整体刚度。由于现浇结构梁板的盛行，可以实现较为深远悬挑结构，原先柱廊空间转变挑廊空间。现浇平顶屋面出现，传统木质门窗基本淘汰，采用了气密性更好、耐久性更强的塑钢、塑铝等材料。近些年小跨度框架结构的兴起，实心黏土砖失去了承重的用途，多孔砖、空心砖、混凝土砌块成为填充墙的主要材料；屋顶以现浇的钢筋混凝土板为主。

6　结语

本文以都市化进程中的郊区乡村为背景，以上海市奉贤区乡村调研为基础，尝试从四个角度探讨了乡

图7　奉贤柘林镇胡桥老街68号民宅及细部（建于1942年）

图8　奉贤金汇镇南陈村某宅（建于1982年）

村聚居形态、建造技术及其演进特点。

　　传统乡村以水体网络为主要发展脉络形态，水系形态对传统乡村的形态及发展具有先导作用；而当代乡村不再依赖水体网络，更加倚重横平竖直的道路系统，水体成为日常生活中非必要性的景观要素。乡村的宅基地制度对建筑形态具有重要影响，主要体现在：①限制家庭宅基地规模，杜绝了传统合院式住宅的产生；②乡村家庭规模的小型化，引发宅基地分配规模的小型化；③家庭宅基地的唯一性，导致拆旧建新的必然性，不利于对传统建筑的存留，促进了居住空间垂直化发展。传统民居形态基于建筑本身的耐久性和人体最基本的舒适性需求考虑和材料耐久性限制，多以"避让"的空间姿态被动地适应江南地域气候；建筑材料的发展大大提升了当代乡村住宅本身抵抗气候不利影响的性能，形成建筑空间"直面"外部环境的形态。乡村地区的建造模式与技术演进有密切的关系，乡村住宅的建造技术的演进呈现片段式进步而非整体式蜕变的特点。

参考文献

　　[1]　刘其兴，郦光炎. 上海地区农村住宅规划及建筑设计[J]. 建筑学报，1964, 03:13-15.

图片来源

　　图1、图2：作者自绘

　　图3：袁君瑶拍摄

　　图4：冯鑫拍摄

　　图5～图8：作者自摄

淮盐文化视角下的滨水乡村聚落空间形态特征研究
——以江苏盐城市草堰镇为例 [①]

Study on Spatial Morphological Characteristics of Traditional Waterside Settlements Using the Perspective of Huai Salt Culture
:A Case Study of Caoyan Town in Yancheng, Jiangsu Province

吴廷金、赵琳、李芙蓉

作者单位
青岛理工大学 建筑与城乡规划学院（青岛，266033）

摘要： 江苏沿海地区的先民们在海盐的生产过程中，形成了以淮盐为特色的地域文化，并沿海岸线营建出一系列独具苏北水乡特色的盐场聚落。以江苏盐城市草堰镇为例，解析滨水聚落空间结构、功能、秩序和文脉等方面与淮盐文化的紧密关系和建构策略。结合草堰聚落的空间现状，基于场所理论的视角，探索淮盐文化在当代乡村空间语境中的重构策略，彰显滨水聚落空间的地域特色，以期对淮盐文化区域内滨水空间的文化传承与特色延续提供借鉴。

关键词： 淮盐文化；乡村，滨水聚落；场所理论；草堰镇

Abstract: In the process of sea salt production, the ancestors of Jiangsu coastal areas gradually formed the regional culture characterized by Huai Salt, and built a series of salt farm settlements with unique characteristics of northern Jiangsu coastal waters. Taking Caoyan Town in Yancheng City, Jiangsu Province as an example, this paper analyses the influence of Huai Salt Culture on the spatial structure, function, order and context of waterfront settlements and its value and significance in contemporary development. Combining with the spatial status of Caoyan Town and based on the perspective of place theory, this paper explores the construction strategy of Huai Salt Culture in the contemporary rural spatial context, and highlights the regional characteristics of traditional waterside settlement space, with a view to providing reference for the cultural inheritance and continuation of urban waterfront space in Huai Salt Cultural Area.

Keywords: Huai Salt Culture;Rural Area;Traditional Waterside Settlements; Place Theory;Caoyan Town

1 引言

江苏东部沿海地区因其得天独厚的自然地理资源，成为中国古代海盐生产最重要的产地，鼎盛时期其盐产量约占全国产盐总量的70%，在国家财政收入的地位显赫，有"两淮盐税甲天下"之说。千百年来，先民们将海盐生产、生活与海洋环境紧密结合，沿海岸线营建了一系列富有苏北水乡特色的滨水聚落，形成了独特的江苏沿海"淮盐文化"。乡村聚落是长期生活、聚居、繁衍在一个固定区域的农民所组成的空间单元，具有与土地密不可分、与生存息息相关的乡土文化特性[1]。淮盐文化滨水乡村聚落是由古代淮盐场治演变而来，江苏盐城市串场河沿线的滨水乡村聚落中最著名的一处为"草堰[②]"，是江苏省古

盐运集散地保护区。

本文以草堰为研究对象，通过对聚落形态的现状调研，分析其在聚落分布、空间形态、营造方式等方面与淮盐的生产、运输、销售的密切关系和建构策略，提炼出淮盐文化在空间形态方面的特征要素，并以此来探索其在当代乡村空间语境中的重构。

2 淮盐文化滨水乡村聚落变迁

2.1 聚落与串场河、范公堤缘起（春秋一元）

我国"煮海为盐"的历史可以追溯至五千多年前的炎帝时期。战国时期赵国史书《世本》有记载："夙沙氏煮海为盐[2]"。江苏沿海地区第一次海盐

---

① 淮盐文化影响下的乡村聚落主要有原盐场治所在地的聚落和原从事淮盐生产的盐灶聚落，本文研究的滨水聚落指的是原淮盐场治所在地的乡村聚落。
② 2014年，草堰镇草堰村（原淮盐草堰场治所在地）入选中国第三批传统村落名录。

生产的高潮出现在西汉初年，"彭城以东，东海、吴广陵，此东楚也……有海盐之饶[3]"，盐民聚居的小规模团状聚落在这里出现。唐朝是海盐生产全面发展的时期，生产技术由汉代的直接煮海水为盐逐步发展成为"煎煮"法，大大提高了生产效率[4]，同时为保护盐灶和农田开始修筑捍海堰，使得两淮盐场成为我国当时盐产量最大的盐区。至此，形成了"监场–生产场–亭灶"沿着海岸线分布的三级聚落体系[5]，淮南盐场聚落空间格局的雏形也得到初步构建（图1）。

图1　淮南盐城境内盐场分布图

海岸线是海盐生产的命脉，为保障淮盐场的繁荣，北宋时期范仲淹重修捍海堰（后称"范公堤"）。利用范公堤修筑时挖土形成的复堆河，改造成连通各大盐场的"串场河"。为了适应海盐的运输与集散，串场河沿聚落西侧呈弧形穿场而过，盐场的盐务管理机关（盐课司公署、都察院等）等主要建筑位于范公堤西侧，形成"治所居中、西河东堤"的产业聚落空间格局（图2）。至宋元，范公堤、串场河成为盐场聚落生产运输的重要基础设施，串联各场治聚落空间格局的结构性因素，奠定了淮南盐场聚落的整体空间和内部空间形态格局的基本特征。

2.2　滨水乡村聚落的发展与转型（明—清）

淮盐生产聚落一般以"团"、"总"、"灶"、"锅"命名。明孝宗弘治八年（1495年）全面夺淮入海的黄河使得海岸线迅速东移，盐团、盐灶不得

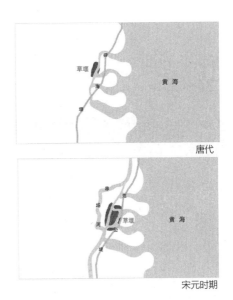

唐代

宋元时期

图2　唐—元代草堰聚落形态演变

陆续东迁至范公堤以东的沿海地区。盐场治聚落稳定在范公堤沿线保持不变，与盐团、灶间发生了空间分离（图3）。从场治聚落附近的串场河开凿向海边延伸的灶河，成为组织各团灶等生产性聚落空间的结构性主轴，为其淮盐的运输和生产服务。在海岸线东移的影响下，"水堤环绕、西河东堤、跨堤而居"成为此后聚落的空间布局特征（图4）。淮盐生产的基础设施（如串场河、灶河、运盐河等）成为淮南盐场治（图5）和团灶聚落空间组织的主要影响因素，滨水特性是淮盐场治聚落的重要特征之一。

随着明代盐法制度的进一步改革，盐场职权范围的进一步完善，聚落的功能由起初的盐业生产、交换

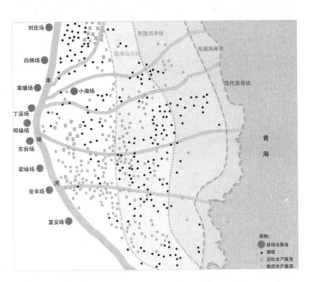

图3　盐场治聚落与盐团灶生产聚落分布图

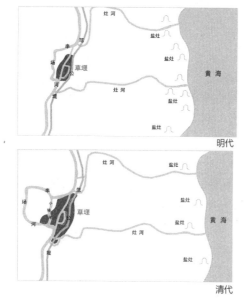

图4 明一清时期草堰聚落形态演变

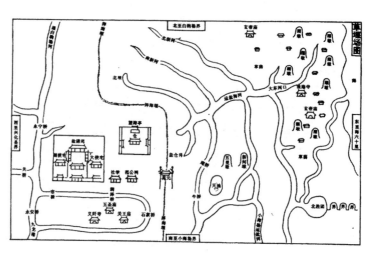

图5 明嘉靖三十年（1551年）草堰场图

管理中心向区域中心城镇转变，实现了全面的市镇商业化。清末，随着海岸线东扩速度的加剧和废灶兴垦的兴起，草堰、丁溪等淮盐场治聚落开始向普通市镇转型发展。

3 淮盐文化的聚落空间场景演绎

草堰位于盐城市大丰区西南部，秦汉时期有先民从事渔盐业活动。宋代设立的竹溪场，与元代设立的小海场、丁溪场，形成"品"字状分布于范公堤沿线，其间相距不足6公里，分布密度之高，草堰已是当时淮盐生产运销的核心区域（图6）。随着盐场的

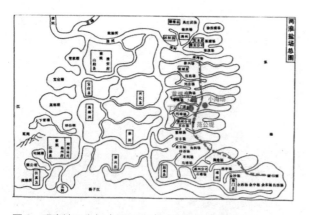

图6 明嘉靖三十年（1551年）《两淮盐场总图》

多次撤并，至民国20年（1931年），草堰成为该地区最后的淮盐生产管理和集散中心[6]。

3.1 淮盐聚落外围空间防御体系：护场河、串场河与范公堤、潮（烽）墩

草堰聚落的空间形态与淮盐的生产、运输、销售有着密切关系，因盐业发展而河网密布。淮盐聚落的防御目的主要是抵御海潮、洪水等自然灾害，因而在聚落防御体系构建有其独特的一面。一般盐场不设城池，但聚落内外水系发达。草堰场治聚落最初有环绕的玉带河，护场水系成为边界元素，形成封闭内向的滨水聚落空间，成为聚落的第一道防御体系。串场河在草堰西侧绕场而过，东侧有范公堤，串场河—范公堤可看作盐场的第二道防御体系。聚落东侧临海处为避洪避潮而筑砌的高土台"潮墩"[①]与范公堤西侧"烽墩"形成多道防御壁垒[7]，至此，聚落的第三道防御体系已形成（图7）。淮盐聚落的外围防御体系与传统出于军事防御目的的城镇聚落有所不同，以"水"为主题体现其为淮盐生产服务的产业特点，保障淮盐产业的稳定发展。

---

① 陈饶在《江淮东部城镇发展历史研究》一文中，对"烽墩"的解释为：墩高1~2丈，周长6~15丈，墩上置烽火台和祠庙。笔者认为这是淮盐产业与沿海聚落海防系统结合而来的产物。

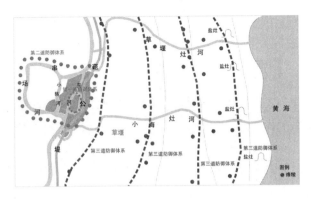

图7 草堰聚落外围空间防御体系示意图

3.2 淮盐聚落空间格局的发展

1. 聚落的街巷空间与滨水空间

（1）淮盐产业与聚落空间场景

海盐从临海的盐灶、盐团等生产性聚落通过盐场聚落东侧的运盐灶河运往草堰场、丁溪场。进入盐场之前，先经过东侧运盐灶河与西侧串场河的交汇处的闸坝（控制海盐送缴和外运的盐关），接着海盐进入草堰盐场的夹河（盐场内部运盐河），夹河上的桥梁一般多为拱桥，方便海盐运输之需。最后到达码头后搬运至暂时储藏的盐仓，等待下一步的分配销售。待有外运任务，海盐可以经串场河便利运出，向北经射阳河入京杭大运河可达北京，向南经泰州入长江可运往全国各地。一般以闸坝、桥梁、码头构建聚落空间的核心"点"，以串场河、夹河等河流为"线"组织聚落空间形态布局，与围合度和聚居度均较高的盐场治聚落这一"面"形成多维度的淮盐滨水乡村聚落产业空间形态（图8）。

（2）聚落的生活空间场景：街巷空间与滨水空间

古草堰盐场聚落的生产与生活基本围绕"水"这一主题展开，临水而居、商业街市临水设置、海盐的水路运输等。在长期聚居和淮盐产业发展的过程中，聚落形成了"水堤环绕"的空间形态和较为完善的水路盐运系统。

草堰聚落夹河两侧是发轫于唐朝的龙溪古街（又称跑马街），沿街设商业店铺，约800米，地面由青石板或砖石铺砌。"厦屋渠渠，开典当者七家，富庶

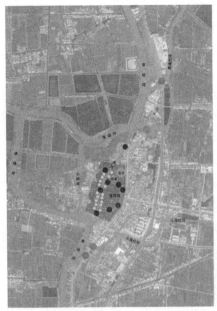

图8 明清草堰聚落空间格局推测图（以现代地形图为底图）

甲于诸场[8]"，商业街市与滨水空间互相作用成为聚落的滨水商业空间的主轴。聚落的常驻居民主要为盐场大使及其僚属、水乡灶户[①]和外来流寓人口[5]，居住在靠海从事盐业生产的盐民只有在上缴盐斤、采购生活必需品等情况下进入聚落活动。聚落以永宁桥为

图9 草堰聚落滨水街巷空间示意图

---

① 水乡灶户制度始于明初，由于元末灶户逃绝，故编金部分州县民户入灶，准免一死，故富民争买灶籍，他们必须负担盐课，但因"远居亭场，不谙煎晒"，只能在场治附近从事农桑、手工业或商业，纳银充当"折色盐课"。外来流寓人口最初没有灶籍，包括在场候支盐斤而久居盐场的商人，以及其他来此谋生者，他们既获煎盐之利，又不在灶籍，所以明代后期也以仓盐折价银的形式交纳赋税。

节点，形成跑马街、新街为骨架的"十"字形方格网街巷空间格局，鼎盛时期"两岸人家尽枕河"，临水建生活码头、古井。滨水空间与街巷空间功能的多样性为聚落活力发展奠定了基础。明清时期外地盐商^①的到来为聚落所处的水文环境赋予了新的意义。草堰迅速成为淮盐水路交通运输中的一个重要节点，而正是不断重新塑造的区位关系也促使草堰的聚落空间发生了相应的改变。通过现存街巷和已知历史建筑的信息，可推测街巷空间大致呈现沿古盐运夹河向两侧呈鱼骨状发展，以向东往范公堤方向扩张为主，并在明代出现了大规模的增长。明代是草堰街巷空间格局的定型期，绝大多数的公共建筑和市政设施也始建于并成熟在此期间。

2. 聚落的功能空间秩序

盐场治聚落的功能空间布局具有淮盐产业特点，与城镇空间具有相似性，形成行政、教育、仓储、宗教、居住等空间。场署、盐课司等行政功能空间位于聚落的核心区，周边环绕护场水系。盐仓等仓储空间通常位于聚落的南或北部，社学、察院、养济院等教育建筑的布局较为灵活。由于自然气候等条件对淮盐产量有较大影响，聚落内部宗教建筑空间（如关王庙、五圣庙、侯宫庙等）也比较突出。清中期以前，聚落以盐业管理与商品交换为主要功能，并未出现大规模的居住空间（图10）。清中后期，场治聚落的部分功能开始向范公堤东侧逐层发展，串场河以西出现舍、垛等居住组团空间^[7]（图11）。外来人口的流动也带动了聚落空间的多向发展，盐场治聚落开始兼具管理

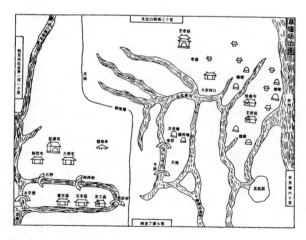

图 10 清康熙十二年（1673 年）草堰场图

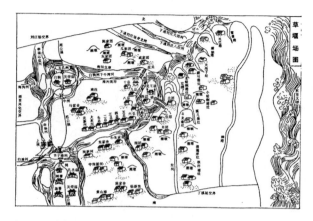

图 11 清嘉庆十一年（1806 年）草堰场

和居住多重功能，是聚落空间发展的繁荣时期。

4 淮盐文化视角下的滨水乡村聚落空间营造策略探索

随着陆路交通的引入和城镇的经济发展，原有的聚落水系受到了威胁，但基本保留了原有水系的主要骨架体系和聚落空间形态的主要特征。草堰街巷空间格局保存较为完整，但街巷内现存的明清时期的建筑由于年久失修，结构和设施已经超过其使用年限，并没有得到恰当的维护，结构构件破损腐朽，破坏严重，街巷活力也逐渐消失（图12～图15）。其主要表现在①草堰聚落水系污染以及沿岸的乱建、荒废等破坏了关于淮盐运输几千年的文化记忆，导致场所记忆出现断层，忽视了人们原本与水在生活场景中的情感交流。②人们自发的无规划控制的维修及建设，造成新旧建筑空间形态混乱与冲突，与传统历史风貌不协调。原有的传统特色逐渐消退，目前以单一的居住功能为主，沿街有少量商铺，但商业氛围欠佳。③生活空间品质的低下造成大量本地人外迁，部分老人出于邻里乡情等原因继续留在这里，这也导致人口结构的不合理，人口老龄化现象严重，同时这也加速了聚落活力的丧失，进一步导致了物质空间环境的衰退。

草堰聚落作为一个场所，表现为一种受自然因素和人为因素共同作用而不断发生变化的物质结果。诺伯舒兹（Christian Norberg-Schulz）认为，场所是具有清晰性的空间，是生活发生的地方，是由具有物质的本质、形态、质感及颜色的具体的物所组成的

图 12 草堰聚落街巷空间现状图

图 13 草堰历史桥梁现状图

图 14 草堰聚落滨水空间现状图

图 15 草堰部分明清时期民居破损严重

一个整体[9]。进一步挖掘场所的文化内涵，重构场所的历史空间，营造出有情感、有记忆的场所，提升聚落空间的场所文化形象。

4.1 以"水"为主题定位聚落空间发展模式，提高活力氛围

经济因素是主导乡村聚落形态演变的根本因素[10]。新的产业形态的引进可为聚落发展提供新活力，并促进聚落空间品质的提升。在保护与更新的过程中，应结合淮盐聚落特有的自然地理资源与场所文化特征等因素来制定适宜的更新模式。在外部空间环境上，从淮盐文化聚落的滨水特性出发，重新整合聚落现状肌理，以河流水系为线索，对沿河建筑、桥梁、古闸等进行保护整治，沿河增加绿化空间和开放空间，打造成为聚落空间活力提

升的重要节点。

4.2 尊重淮盐文化下的建筑肌理与特征，适应乡村当代生活方式

如今的乡村聚落已不可能也不应是古朴与安生的传统村落，更不是对城市盲目粗劣的效仿[11]。深入理解淮盐文化影响下的乡村聚落的传统建筑、民居风格及空间形态特征，具体到建筑的构建尺度、材料、色彩、装饰等方面都体现地方特色，并延续着淮盐历史文化文脉。对草堰聚落部分建筑实现部分功能置换，增加聚落功能的公共性，引入公共性功能空间，如文教展览、传统产业等。同时居住空间品质的提升是留住本地居民的一个重要因素，增强本地居民对聚落场所的归属感，构建聚落合理的社会人口结构体系。

4.3 传承淮盐文化，营造场所精神与归属感，积极构建文化价值认同

在乡村聚落的更新中要重视和维护传统文化活动的承载空间，并利用这种空间作为加强聚落空间的有机性的重要节点以及展示聚落特色的窗口[12]。通过保护聚落中承载淮盐文化的场所空间，重新构建淮盐文化的价值认同，也有利于在当代建立更为和谐的人际交往空间。在实施保护与开发的过程中，提高居民的保护意识，让他们真正认识到自己居住空间环境的历史文化价值，并能积极投身乡村聚落的保护与更新实践中去。加强对本地居民参与聚落保护更新的方式与途径的研究，提高对草堰的文化价值认同与文化自信。

5 结语

淮盐文化滨水乡村聚落传承着地区文化的历史记忆和特色。对乡村聚落的保护与更新，不只是对其外部物质空间的重构，更是要从场所记忆的视角，让人们在这里感受到历史的场所氛围，也能够让人们在当时触摸到聚落空间的历史记忆。结合草堰聚落的空间现状，解析滨水聚落空间结构、功能、秩序和文脉等方面与淮盐文化的紧密关系和建构策略，并探索淮盐文化在当代乡村空间语境中的重构策略，彰显滨水聚落空间的地域特色，以期对淮盐文化背景下滨水乡村聚落的文化建设提供思路借鉴。

参考文献

[1] 黄筱蔚，汤朝晖."梯田文化"背景下的湖南新化习溪河沿岸村落研究[J]. 华中建筑，2018，36(12):106-109.

[2] 宋忠，孙冯冀. 世本[M]. 北京：中华书局，1985.

[3] 司马迁. 史记吴王·济列传[M]. 北京：中华书局，1959.

[4] 郭正忠. 中国盐业史（古代编）[M]. 北京：人民出版社，1999.

[5] 李岚，李新建. 江苏沿海淮盐场治聚落变迁初探[J]. 现代城市研究，2017(12):96-105.

[6] 夏春晖，黄明慧. 大丰草堰古盐运集散地再认识[J]. 盐城工学院学报(社会科学版)，2006(01):6-11.

[7] 陈饶. 江淮东部城镇发展历史研究[D]. 南京：东南大学，2016.

[8] [清]林正青. 小海场新志[Z]中国地方志集成乡镇志专辑（17）影印本[M]. 上海：上海书店，1992.

[9] 诺伯舒兹著，施植明译. 场所精神——迈向建筑现象学[M]. 武汉：华中科技大学出版社. 2019.

[10] 郭晓东. 乡村聚落发展与演变——陇中黄土丘陵区乡村聚落发展研究[M]. 北京：科学出版社.2013.

[11] 王路. 村落的未来景象——传统村落的经验与当代聚落规划[J]. 建筑学报，2000(11):16-22.

[12] 温亚，张顾，王志刚. 乡村聚落空间形态演变模式研究——以井冈山地区为例[J]. 新建筑，2018(02):118-122.

[13] 卓晓岚. 潮汕地区乡村聚落形态现代演变研究[D]. 广州：华南理工大学，2015.

[14] 雷冬雪，鲁安东. 基于"场所"工具的滨水乡村聚落分析与设计研究——以里下河地区沙沟镇为例[J]. 时代建筑，2017(04):66-79.

[15] 鲍俊林. 明清江苏沿海盐作地理与人地关系变迁[D]. 上海：复旦大学，2014.

[16] 江苏省大丰市盐务管理局. 大丰盐政志[M]. 北京：方志出版社. 1999.

[17] 陈栋，阎欣，丁成呈. 淮盐文化传统村落保护与可持续发展的地域化路径——以江苏盐城市草堰村为例[J]. 规划师，2017，33(04):89-94.

图 片 来 源

图2、图4：根据参考文献[15](P89-94)改绘

图3：根据参考文献[17](P95)改绘

图5、图6、图10、图11：来源于参考文献[16]《大丰盐政志》

其余均由作者绘制或拍摄

基于民宿发展的传统村落振兴
——以婺源县思口镇延村乡村营建为例

Revitalization of Traditional Villages Based on the Development of Residence: A Case Study of Yancun Village Construction in Sikou Town, Wuyuan County

马　凯、朱玉荣

作者单位
南昌大学　建筑工程学院建筑系（南昌，330031）

摘要： 婺源县思口镇延村是中国历史文化名村和中国传统村落，也是婺源县建设最美乡村的典范。本文以延村民宿产业的发展为研究对象，通过实地调研、类比分析、SWOT分析等方法，找寻延村民宿产业发展的路径及方法。同时经过政府合理引导规划，民宿品牌打造，民宿营销创新，使得延村成为一个对内村民回流创业、对外游客旅游休闲的聚集地。从而推动延村各项其他产业发展，使得村民增产增收，实现乡村振兴。

关键词： 延村；民宿；乡村营建；传统村落；振兴

Abstract: Yan Village, Sikou Town, Wuyuan County, is a famous historical and cultural village and a traditional Chinese village. It is also a model of the most beautiful rural construction in Wuyuan County. This paper takes the development of residential industry in Yancun as the research object, through field research, analogy analysis and SWOT analysis, to find the way and method of the development of residential industry in Yancun. At the same time, through the government's reasonable guidance and planning, brand building and marketing innovation, Yancun has become a gathering place for returning villagers to start businesses and foreign tourists to travel and leisure. So as to promote the development of other industries in Yancun, increase the output and income of villagers, and realize the rural revitalization.

Keywords: Yan Village; Residence; Rural Construction; Traditional Villages; Revitalization

2012年十六届五中全会提出建设社会主义新农村的历史重大任务，拉开了推进生态文明和美丽中国乡村的建设活动的序幕。江西省婺源县凭借本地独具特色的田园风光和厚重悠久的历史底蕴，成为江西省唯一一个入选的美丽乡村县镇。2018年1月2日，又颁布了《中共中央国务院关于实施乡村振兴战略的意见》，婺源县也追寻着乡村振兴的脚步，各个乡村都依托自己的特色加大力度进行乡村旅游的开发，例如篁岭、江湾、理坑等多以本地自然风光和民俗特色吸引游客的关注。其中思口镇的延村因为是徽商的发祥地，村中又保留了大量做工精美的古建筑，当地政府及村民想借此发展民宿产业，打造"婺源民宿第一村"。在提升村落知名度、发展乡村旅游业的同时，也带动村里传统的种植业及其他产业的发展（图1）。

1 延村简介

据《婺源县地名志》及《延川金氏宗谱》记载，

延村始建于北宋元丰年间（1078~1085年），至今已有九百余年的历史。因先祖期望子孙绵延百世，且村南有思溪河川流不息，故得名"延川"，后变为"延村"。最早该村由查、吴、程、吕等姓氏的族人组成聚落，明朝正德年间（1506~1521年），延川金氏先祖发现此处山清水秀，人杰地灵，由婺源县北乡的沱川迁入，发展壮大。目前村落以金姓为主，共121户，567人。

延村地处赣东北，是皖、浙、赣三省交界处，交通十分便利，北出虹关至徽州府，东经玉山至衢州府，水路城南往饶州府。便捷的交通使延村的商人在明清时期，逐渐成为古徽商队伍中的劲旅，他们把本地盛产的茶叶和木材运销外地，清初婺源的徽商几乎垄断了中国的茶叶和木材生意。至嘉庆年间延村达到了历史上的鼎盛时期，据记载，婺源"十户之内，经商者有三"，而这一时期延村人几乎都出门经商。随着商业上取得极大成功，延村人经商致富后不惜重金在家乡修祠堂建楼院，建筑形式和规模相对周边其他

图 1　延村鸟瞰图

村落呈现少见的富贵之气。延村背山面水，村内祠堂楼院多坐北朝南，整体布局为排形，体现了中国古代"天人合一"的堪舆理论及哲学思想（图2）。

　　随着八国联军入侵，中国半殖民地半封建社会的形成，外来经济入侵加剧，民族资本遭受打压，在大的政治背景下，延村徽商亦不能幸免，延村也随之衰落。但大量古建建筑还是幸运地被保留了下来，有官

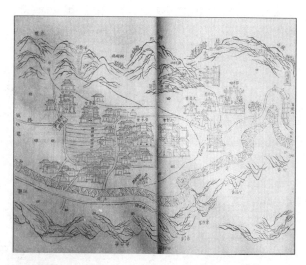

图2　延村村图（来源：延川金氏宗谱）

第、商宅、民居、店铺等各式类型，为下一步的民宿发展打下基础。近些年来，政府也高度重视这些优秀的传统资源，出台了《婺源县民宿产业扶持暂行办法》，每年安排2000万资金支持民宿产业发展。在合理的规划和指引下，经过制定民宿标准，规范经营行为，提升民宿品质等一系列措施下，古建筑在即将凋敝时候被保护。延村村民通过自我修复及外部引资，将一幢幢饱受岁月侵蚀的古民居打造成风格迥异的精品民宿。民宿产业的兴盛带动各项产业复兴，并吸引外出务工人员返乡就业，成功推动了延村的发展繁荣。

2　延村民宿产业的 SWOT 分析

　　优势：延村先后入选"中国历史文化名村"和"中国传统村落"，同时也是婺源县建设最美乡村的典范。延村内古建筑保存较多，整体良好，目前共留有73栋明、清时期的具有徽州特色的民居，其中被列为县级以上文物保护单位的就有11处之多。

　　劣势：延村目前主要的产业是旅游业和种植业，但因为种植业的不景气以及旅游业没有完全合理的开

发，村子整体经济不景气，越来越多的年轻劳动力都离开家乡外出打工，成为"空巢村"。村庄基础设施仍旧比较落后，缺乏公共设施，无法满足游客旅游需求。

机遇：在国家大力鼓励建设美丽乡村的大背景下，进行民宿产业发展的同时可对延村这一传统村落进行乡村营建，实现一举两得。

挑战：村内经济不景气，村内人口逐渐流失，大部分建筑因为年久失修或无人管理都面临坍圮。同时婺源县内其他村落也存在不同规模的民宿产业，存在竞争关系。延村作为保留大量完好精美古民居的传统村落，需要在国家大力推进乡村振兴的背景下，走一条平衡古村落风貌保护和乡村营建之间关系、以民宿产业为主体带动多种附属产业共同发展的乡村振兴道路。

3 民宿发展策略

3.1 政府合理指引

在延村选择通过兴办民宿来振兴乡村经济这条道路之后，当地政府也借此吸引大批投资商，吸收全国其他各地经营民宿产业经验后指出延村民宿两个运营模式：外部商业入驻与本地村民合作和本地村民个体经营（表1）。

同时政府在摸索民宿经营模式的同时，也在进行合理规划，为协调保护各类文物保护单位、历史建筑、传统风貌建筑及周围环境，保护古村整体风貌做了大量的工作。对古村整体保护设定了保护区、建设控制区及环境风貌协调区三个层次。三个层次所划定的界线，由内至外保护强度逐渐递减，实现古村到新村的过渡。在新村的建筑营造上也提出了层数、风格、样式、色彩、做法等要求，这些都得到了村民们的同意和认可。

3.2 民宿改造方式

各民宿经营者为增加知名度吸引游客，又在民宿打造与创新上下足功夫。有以"天净沙"为代表的传统建筑改造，"新老结合"，基于原有建筑功能运用新材料创造中式空间。"儒意堂"是中国城市规划教育奠基人之一——金经昌先生的旧宅，基本保持原有建筑面貌及肌理，内部进行翻修改造，做到"旧宅整合"。"婺花堂"虽为新建，也是遵循保护规划的要求，按照传统样式进行建设，天井院落砖木结构，"新建如旧"。西南侧的新村中，因资金原因，无法像老村一样做成精品民宿。为搭上民宿发展的顺风车，也建设一批农家乐。如"又见炊烟"，虽为砖混建筑，也按徽派风格，与古村协调（图3）。

1. "新老结合"

此类型民宿多维持原有建筑外观肌理，利用新材

延村主要民宿信息表 表1

编号	民宿	建筑面积（m²）	占地面积（m²）	经营方式
1	又见炊烟	1463	523	村民个体经营
2	雅膳居	953	422	村民个体经营
3	沐锦秋	1542	521	村民个体经营
4	延村田园	1536	524	村民个体经营
5	在客栈	1753	621	村民个体经营
6	延村农家乐	1632	547	村民个体经营
7	延村小木屋	1662	566	村民个体经营
8	婺源思溪徽商客栈	1863	623	村民个体经营
9	明训书堂	1225	630	村民个体经营
10	明训别院	1032	630	外部商业入驻
11	保鉴山房	1256	620	外部商业入驻
12	天净沙	1432	986	外部商业入驻
13	儒意堂	1542	621	外部商业入驻
14	将军府	1264	653	外部商业入驻

编号	民宿	建筑面积（m²）	占地面积（m²）	经营方式
15	归去来兮乡居	1432	986	外部商业入驻
16	聪听堂	742	380	外部商业入驻
17	余庆堂	734	365	外部商业入驻
18	笃经堂	2976	1530	外部商业入驻

图3 延村民宿类型分布图

料在室内进行结构加固并整合内部空间，打破原有单一的"天井式"，以激活古建筑内部功能，创造出更为现代、开放、吸引游客的"新"民宿，例如"天净沙"和"归去来兮"。

作为延村的一家网红民宿，"天净沙"是一对跨国夫妇苦心经营的结晶。该建筑原主人是村内最大户，屋中木雕士农工商、俸禄诸侯等都极为考究。新设计在保留这些中国传统文化元素的前提下，又加入了主人注入的英国文化元素内建一酒吧，兼具展示功能。在室内也将各个房间进行重新分割，以之前的房间内饰为基础，分割出14个不同的客房，又因为每个客房掺入了不同文化的符号，又组成了14个不同的主题。除了功能方面，主人在竖向和横向空间上也进行了扩展。竖向空间上，原本建筑内部在屋顶处屋架部分有各种木构架的存在使得空间全被浪费，店人于是将屋顶进行了竖向的拓展，将部分高度进行适当抬高，新增一个能够供人交流、观景的空间，同时周围维护结构也从古朴的白墙换为窗户，使得原来的主体部分屋顶增添了新的虚实变化，作为一个能够欣赏周围风景的制高点的同时也作为游客交流、学习、娱乐的场所。关于横向空间的创新，原来的空旷且功能单一的室外场地现在加建了一个玻璃幕墙的三面透亮的咖啡馆，作为游客的交流空间，让游客能在交流

的同时感受天净沙外部的田园风光，也正是这样一个"透明块"成为室内室外的过渡空间（图4）。

除此之外，另一栋民宿"归去来兮"取名来自于陶渊明的《归去来兮辞》，主人采取的是在建筑主体结构风格不变的情况下，选择在原有开阔的后院进行功能的激活，通过新建三个兼具观赏、交流、休息功能的亭子，使得古建筑焕发新的活力，成为新的吸引点（图5）。

2. "旧宅整合"

此类型民宿不仅维持原有建筑外观肌理，室内

图4 天净沙民宿

图5 归去来兮民宿

也基本修旧如旧。空间上保留"天井式"及以进为单元的纵向分布，对原有缺失残破构件进行修补。同时利用宅院及披屋改建为附属用房，弥补旧宅的功能不足，例如"儒意堂"和"聪听堂"。

"儒意堂"是金经昌先生的老宅，因为年久失修，环境潮湿，以及白蚁入侵，原先栩栩如生的木雕逐渐失去原貌，周围新建的房屋也将古宅周围布局打乱。在新主人的到来后，对这些美学精品进行修复，周围建筑进行整治清理以恢复它原始的样貌。"儒意堂"的主人似乎倾向于恢复保留建筑的原始样貌。因此在进行建筑修复的过程中，主人选择的是本地的原木材料，对室内铺地材质的选择也是遵循了保存建筑古风古貌的思想从而选择厚重的青石板。结构上只是进行了加固，在原有的柱网和功能基础上进行客房的分割与分配，整个客房部分都是围绕着建筑的天井进行布置的，旧式的靠背栏杆为客人提供休憩场所的同时也拉近人们与古代建筑的距离。天井的采光和排水功能也被完整地恢复（图6）。

村内的"聪听堂"民宿，因为古宅被原主人很好地保存下来，只是在一些关键承重结构上进行了加固，其他原有的木雕都作为装饰来烘托古宅的古色古香。

"老—老"的民宿发展方式体现的更多是对精美的古建筑的尊重，在不改变本身结构、立面形式的前提下，尽可能恢复原先建筑的使用状态，与上一种形式不相同的是它并没有在民宿内在平面上出现新的布局，没有呈现出现代建筑更注重的开放交流的空间，而是给游客提供的是一种较为原始、自居的精神享受，感受古人怡然自得的生活状态（图7）。

图6　儒意堂民宿

图7　聪听堂民宿

3. "新建如旧"

除以上两种民宿发展方式，延村内还有一类民宿是将之前坍圮的危房进行拆除，在原址上新建。虽功能样式并不与之前完全一致，却很好地融入整个延村的大环境中。如婺花堂，虽在立面设计上不再是村内原有的白墙黛瓦，改成青砖砌筑，木纹铝合金平开窗，竟也不会显得与周围建筑格格不入（图8）。

图8　婺花堂民宿

4. "农家乐"

以上三种多需大量资金的投入，因此本地大多数村民在东侧新宅通过改造自有住房、建农家乐的方式分一杯民宿产业的羹。此外民宿多为三层砖混结构，但外观上进行了立面整治，白墙黛瓦，马头山墙，木制栏杆窗套，与延村大多数古宅也能做到相融。这些农家乐的主人都为本地村民，他们更加热情好客，在此居住能体验到当地村民的乡间生活，别有一番趣味。

4 经济振兴与村民增收

早在延村大力发展民宿业之前,延村产值较高的产业是旅游业和农业,但因为传统农业的效益较低,旅游业没有特色,同质化严重,因此村中年轻劳动力选择离开家乡外出打工谋生,使得延村成为"空巢村"。在确定以民宿为延村主导产业和发展方向后,一方面外来投资者在经营民宿的同时需要对本村情况熟悉的村民帮助其进行民宿的管理与配套服务;另一方面村民也看到了经济效益和商机,或自己开民宿,或参与周边相关的产业发展。例如传统民俗的恢复、民间技艺的展示、特色农产品的制作等。原先以水稻为主的传统农业也改为观光农业、体验采摘、定点供应等多元模式,让村民尝到在家门口创业增收的甜头。越来越多的中年轻也愿意回到村中谋求发展,村中一片生机勃勃的景象(表2)。

延村人口分布比较　　　　　表2

延村2003年村内人口　　　延村2018年村内人口
分布情况　　　　　　　　分布情况

·本地中青年 ·本地老年人 · 外来经商者　　·本地中青年 ·本地老年人 · 外来经商者
外来游客　　·其他　　　　　外来游客　　·其他

5 结语

在实施乡村振兴的背景下,婺源县思口镇延村通过利用众多优秀的传统建筑及乡村特色风貌,经过政府的合理规划引导,按照"品牌化、规模化、差异化、规范化"的思路大力发展民宿产业,吸引村民返乡创业,凝聚人气。在保证了民宿产业兴旺的同时又带动其他产业的发展,并推动延村的生态文明建设。随着延村基础设施的完善,村民生活水平的提高,延村开启了乡村振兴的新篇章。

参考文献

[1] [清]延川金氏宗谱[M].

[2] 詹永达　严新华. 江西省婺源县地名志[M]. 婺源:婺源县地名委员会办公室, 1985.

[3] 张菁. 创造性破环视角下的传统村落空间商业化变迁研究[J]. 南方建筑, 2017, 1: 55-62.

[4] 游上　史策. 发展民宿旅游助力乡村振兴[J]. 人民论坛, 2018, 13: 96-97.

[5] 翟健　王竹. 精品乡村民宿的生态系统营建研究[J]. 建筑与文化, 2016, 8: 77-79.

[6] 侯凤娅. 江南古镇周庄民宿业的发展策略研究[D]. 南京:东南大学, 2015.

[7] 王轶楠. 基于村落传统民居保护利用的民宿改造设计策略研究[D]. 重庆: 重庆大学, 2017.

[8] 陶虹佼. 乡村振兴战略背景下发展民宿业的路径研究——以江西省为例[J]. 企业经济, 2018, 10: 158-162.

[9] 闵忠荣　洪亮. 民宿开发:婺源县西冲传统村落的保护发展规划策略[J]. 规划师, 2017, 4: 77-79.

图片来源

图1、图2:马凯摄

图3:朱玉荣摄

图4~图8:马凯摄

当代中国乡村实践的"匿名性"呈现
——以贵州省"雨补鲁村寨"的活化与更新建设为例

Anonymity Representation of Rural Practice in the Contemporary of China:
Activation and Renewal Construction in the Yibulu Village of Guizhou

曾巧巧

作者单位
昆明理工大学 建筑与城市规划学院

摘要： 当代中国城市化进程正在引发一场关于建筑应基于传统还是面向未来的讨论。本文立足当代中国乡村振兴的时代背景，聚焦当代中国乡村话语与实践。尤其是那些散落在乡土大地上、大量存在并缺乏鲜明"特色"的"非典型性"村落或者乡村遗产。本文选取了贵州雨补鲁古村为代表，尤其关注其呈现出的"匿名性"（Anonymity)、日常性（Everyday-ness）价值，并通过中央美院吕品晶教授的在地实践，探讨当代乡村建设的介入模式与活化更新的方式方法。挖掘乡村异质混合状态下的建筑基因，关注乡村建筑"原型"在当代的演变进程，探讨当代中国非典型乡村空间和建筑在未来的更新、利用中可以操作的实践途径。

关键词： 当代中国乡村实践；"乡愁"&"日常性"；城乡&"匿名性"；"原型"&"演变"；"普通乡村"活化与更新建设；贵州省雨补鲁村

Abstract: The urbanization process in contemporary China is triggering a debate about whether architecture should be based on tradition or oriented toward the future. This paper focuses on the contemporary Chinese rural discourse and practice based on the background of the contemporary Chinese rural revitalization. In particular, those "atypical" villages or rural heritage that are scattered on the the countryside, exist in large quantities and lack distinct "characteristics". This paper, as represented by Yubulugu village in Guizhou, focuses on its present value of "Anonymity" and "Everyday-ness". In addition, through the local practice of professor Lv Pinjing from the central academy of art, this paper discusses the intervening mode and methods of activation and renewal of contemporary rural construction. To explore the architecture genes in the mixed state of rural heterogeneity, search for the "prototype" of rural architecture, and explore the practical approaches that these atypical rural Spaces and buildings can be operated in the future renewal and utilization.

Keywords: Rural Practice in the Contemporary of China; Nostalgia&Everyday-ness; Rural-Urban&Anonymity; Prototype&Evolution; Generic Village's Activation and Renewal Construction; the Yibulu Village of Guizhou Province

1 进入乡建的"乡愁"观念

1.1 "乡村振兴"战略的提出

随着中国经济发展战略目标逐渐向广大乡村地区转移，以乡村为对象的建设活动已成为我国国民经济和社会发展的重点。尤其是近十年来中国城市化进程中，当代乡村社会已经突破传统意义上"都市-村庄"的界限，乡村社会里正在引发一场关于建筑应"基于传统还是面向未来"的讨论。我们通过解读和研究国家乡建的话语可以发现，自2017年开始中共中央正式提出"乡村振兴"战略，这与以往对"三农"问题、"新农村"建设、"美丽乡村"建设等工作部署在观念上有了较大转变，尤其是自中共中央国务院印发《乡村振兴战略规划（2018~2022年）》①开始，中央在乡村问题政策上开始全方位地回应新时代所面临的"发展不充分不均衡的核心矛盾"等现实问题，并就此重点提出乡村实践的公共参与性和社会联动性等诸多策略。并积极部署了诸如"生态修复"、"文化复兴"、"乡村农业现代化"、"乡建制度创新"、"精准扶贫"、"一村一品"、"乡村重构"等多方面的实现路径和乡建的重点议题。然而，当这些政策措施持续不断地汇聚并充盈着当代中国乡村实践活动的同时，乡土社会长期以来形成的

---

① "乡村振兴"是习近平总书记2017年10月18日在党的十九大报告中提出的战略部署。2018年2月4日，中央一号文件公布了《中共中央国务院关于实施乡村振兴战略的意见》。同年3月5日，国务院总理李克强在"两会"政府工作报告中提出将大力实施乡村振兴战略。

"集体无意识"（Spontaneous）观念下，村民自发地建造习俗和城镇现代化进程的激烈对撞下，当下中国乡村的建造活动很大程度上对乡土传统文化的记录与传承均造成不可逆的损坏；同时，迅速、简单、粗暴的拆建活动下，传统的地方匠作系统也在遭遇城市建筑学、城市资本的全面介入甚至是颠覆性干预，大量的乡土智慧和营造观念正在濒临传承失控的危机。在此特殊的时代语境下，从建筑学科甚至更为宽泛的社会学语境视角反思乡村实践的经验和方法具有重要的现实意义。

1.2 "乡愁"与消费

在当代中国建筑学话语图景中"建筑实践在乡村"正作为一个社会性事件被广泛关注和讨论。尤其是近年来，建筑学专业媒体或社会媒体蜂拥地将视线聚焦乡村以及城乡建成环境，在建筑实践和话语生产过程中强调当代中国语境下乡建的公民性、社会性、伦理、人道主义等人文社会学科向度。与此同时，在建筑学专业媒体的叙述中，乡村实践的社会学维度空前高涨，而对于其作为建筑学科中乡村实践本质问题的研究和应用性探索则相对缺席。尤其是伴随脆弱的中国乡村建成环境以及频繁突发的自然灾害状况下，以"灾后重建"（Post-disaster Restoration）迅速反应的"乡村+建筑工作室"作为一种积极有效介入乡村实践的工作模式被广泛认同和推广；同时，越来越多的建筑师以不同的目的参与到多种形式的乡村实践中，诸如近几年来，"乡村更新"（Rural Updating）、"都市与村庄的联结和对话"（Urban-Rural:Connection, Communication）等模式被提出并实践且收效显著。①

然而，乡村建设议题目前在中国是一个复杂的话语系统，当代乡建也更多地基于"前建筑学形式"（pre-modern architecture forms）的现有状态以及原生乡土的演变进程中。而"乡愁"作为一个被普遍关注的乡建内容，正在以各种形式回应社会的诉求（图1）。显而易见，当下"我们的乡村"不再只是

图1 "土生土长"的原生性村落：以贵州黔西南地区的"楼上"村呈现出的"前建筑学形式"（作者拍摄）

传统意义上那些"土生土长"、无序建造起来的原生性乡土空间，愈发地成为了当代中国变革的试验场和建筑学科发展的前沿阵地。这些以实验性来探索乡建"模式"的建筑实践体系，大多数实践在今天看来已经逐渐脱离解决乡村问题的初衷，其被泛化和不断拓宽的社会学语义以及建筑媒体集体聚焦"乡村实践"的报道正在诱导"乡村"作为一个美学范畴的概念被过度消费，而建筑学也在不自觉地鼓舞和积极参与这场消费的盛宴。"乡村实践"更像一场对"乡愁"的祭奠，而非真正地反思乡村究竟是什么？"乡村"究竟是谁的"乡村"？本文立足当代中国"乡村振兴"的时代背景，聚焦当代中国乡村话语与实践。尤其关注那些散落在乡土大地上、大量存在并缺乏鲜明"特色"的"非典型性"（Atypical）村落或者乡村遗产（图2）。基于此，选取了"乡愁"&"日常性"、

图2 "异化的自觉"：缺乏鲜明"特色"地"非典型性"乡村演变现状（作者拍摄）

① 在此前提下当代中国乡建中常见的几种介入形式中，"灾后重建"大多建立在民间组织的慈善项目（Charity project）、可回收体系（Recycle system）、预制结构（Pre-fabricate construction）和模数化（Modularization）的策略上。而整体性的"乡村更新"项目上，建筑师更加着力于从中国乡土建筑传统中找到更有智慧的建造方式。此外，在"都市与村庄的联结和对话"（Urban-Rural: Connection, Communication）形式下，建筑师更多地关注现代建筑构造和材料在乡村建造的不断尝试和探新，并就乡村的现状，探讨适宜技术的在地运用。

城乡&"匿名性"、"原型"&"演变"这三对看似对立的话语作为解读当代中国乡建的关键词，并在文章中结合当下建筑师参与乡建的状况进行逐步解析。

2　"乡关何处"——以贵州省雨补鲁村乡村活化与更新建设为例

本章节选取了中央美术学院建筑学院院长吕品晶在2016年开始进行的"雨补鲁村村落保护"项目展开。该项目由贵州省黔西南州人民政府和中央美术学院联合主办，以"关于乡村复兴与乡建模式推广的研讨会"为议题，于2016年4月7日在贵州省黔西南州兴义市富康国际会议中心举办。研讨会借此探讨了"一村一大师"、"送大师下乡"的乡建模式可行性。在对吕品晶教授的数次交流与访谈中，吕教授谦逊地提出他的看法，在他看来，雨补鲁的改造工作实事上就是一次"现场设计"，并没有以普遍的图纸形式展开改造设计，而是直接进驻现场，对改造的每一户对象进行深入交流，根据其需求并结合实际现状展开在地设计。在设计过程中，他们也对当地工匠进行了现场培训和交流，很大程度上控制住了雨补鲁建筑改造的完整性。在谈及这次改造的动机时，吕品晶教授说道："贵州兴义清水河政府邀请我去给他们工业小镇做形象提升设计，在那过程中，他们有一个镇村联动的计划，也希望我帮他们做做，去看了现场后，觉得村子基础不错，与镇里的规划设计会是一个对比的做法，蛮有意思，就接受了……"。

2.1　当代中国"匿名性"乡村的话语与实践

雨补鲁村位于贵州省黔西南布依族苗族自治州兴义市清水河镇，但却是汉族聚居地，这是一个以陈氏家族为主的宗族村落，村内汉族人占人口总数的80%以上，另有布依族、苗族、彝族和壮族等少数民族近百人。雨补鲁村地处一自然天坑中，天坑底部平坦，下窄上宽，高差600多米。从地质学角度看，天坑发育非常成熟，是典型的喀斯特负地形（图3）。除此之外，雨补鲁并没有诸如中国传统特色村落普遍具有的民俗文化或者建筑形式等特质，在广袤的贵州乡土大地上，雨补鲁这样村落的"匿名性"特征尤为显著。也正是如此，本文旨在借此项目来探讨

图3　贵州省雨补鲁村村落基本形态

大量的、散落在祖国河川之上的普通村庄，也试图通过对该项目的追踪，进一步反思普通乡村的发展和更新策略。

在实施项目前，吕教授及其团队亲赴雨补鲁村调研了一月有余，在到达后，立即开始展开现状调查和记录，对村子每一户的人口情况、建筑使用状况都进行列表登记和文献记录。这些前期工作的细致开展为后期施工过程中尽可能保护原有风貌起了很大的作用。在吕教授看来，因为村庄的改造要配合贵州小城镇建设观摩会的要求，作为镇村联动的一部分，所以工期紧，任务重，改造的整体设计是在建设过程中逐步完成的。在此过程中，有些村民并不是很理解，私自拆、损毁的事情经常发生，很多信息就会在改造过程中遗失。其次，在调查过程中，他们对现村落现状进行合理分析，旨在发掘雨补鲁村中最原始、最朴实的地方民居及其乡土景观要素。并在后期的修复、改建过程中，始终遵循当地传统建造的形式和做法。"我觉得我们所做的工作不是去设计新东西，而是去发现村子形成的规律，按照这个规律推演下去就好了"。在现场设计过程中，吕教授如此提到（图4、图5）。

众所周知，当代中国乡建远不止是建筑学以建筑设计的形式参与期间，在设计过程中反复遇到村民和地方基层的质问或阻碍。在此相互博弈的过程中，吕教授对这些基于"私人领域财产与公共空间发生冲突"的分歧和阻力，他也秉持一种角色转换的姿态去回应这些质疑。吕教授对媒体的访谈中如此回应："对于村落的建设和保护，村民主要还是看对自己有

图 4 村落农民房改造前

图 5 村落农民房改造后

什么益处。开始时，当地政府也不是很清晰，他们希望为老百姓做事情，发展旅游，准备建设一条公路穿村而过，与几公里外的清水河峡谷景区相连。我去考察现场的时候，工程也开工了。当时发现这种情况，我立即与镇、市领导沟通，建议他们取消修公路的计划，因为那样，整个村落的结构、形态、风貌和宁静都会因为道路的拓宽、大量过境的交通而破坏，最后他们非常理解，取消了修路的计划，这为村庄的保护起了决定性的影响。由此，各级领导也逐渐把改造的思路由新农村建设转到了传统村落保护上了，我们和市镇领导在改造理念上的统一，是后来实施过程的思想观念上的保证"。他进一步提到，在他们还没有进驻现场前，改造领导小组曾经考虑过为了推进改造速度，便于做村民工作，同意村民加层的愿望，他一开始没有觉得是很严重的事情，但是，随着在现场时间越久，越觉得加层对村庄风貌影响太大，尤其是村民普遍有攀比心理，如果允许一家加层，就意味着对整个村庄失去控制。在考虑到整体村落风貌的保护，尤其是核心区的村貌保护和活化等问题上，他们将整个村子划分为核心区、过渡区、协调区三个区域，对乡村整体风貌控制也采取不同的应对措施。诸如在核心区严格控制中确有发展需要的，由政府安排新的宅基地建设等（图6、图7）。

图 6 活化更新的示范——雨补鲁村落"天坑"装置

图 7 活化更新的示范——雨补鲁村落祠堂及周边景观改造后

在此过程中，吕教授也发现了很多意料之外的问题，比如在改造过程中，镇政府通过各方面行政渠道筹集资金，组织施工招标，派驻监理人员，负责群众思想工作，可以说全程深度介入。因而，在改造过程中，村民反而很被动，养成一切依赖政府的习惯。在其看来，对于雨补鲁这样具有一定历史和人文意义的村落，保护好就是最好的发展。这反而会在文化旅游方面带来更多的商机，不能把城市或风景区里的做法简单套用到这样的传统村落发展中，要结合具体情况寻找发展方向。乡建最主要的工作是发掘属于当地的生产生活形态，并以物质和非物质的的方法去彰显。

2.2 乡村建设的产业定位与介入模式探析

在当代中国建筑师的在地实践中，越来越多的中青年建筑师参与到设计中来，其中，CAFA的何崴老师就其乡建经历提出了"乡村建筑学"或者更为具体的"乡村弱建筑设计"（Vague Architectural Design in Rural Area）观念的提出，旨在打破基于大工业生产的现代主义建筑学的固有界限，将建筑学"回归"到前工业文明时期的模糊、混沌的状态，弱化建筑设计与其他专业和设计工作的界线，使它们彼此融合，互相渗透。以此引发城乡互动和乡村内生动力，实现"多功能乡村"空间节点和系统升级等策略。在此背景下，当代中国乡村也引发国内外学界的广泛关注和参与，比如库哈斯作为当代建筑学术前沿的重要学者，他也开始关注中国乡村建设，并以"普通乡村"（Generic Village）作为切入点，聚焦中国当代乡建的普适性问题。

3 "下乡运动"2.0版本——"普通乡村"何处去

3.1 "下乡运动"2.0版本

随着我国本土建筑的实践探索和建筑师职业教育的日益完善，中国建筑师尤其是相对独立于体制之外的建筑师（事务所）和以高校为背景的建筑学专业研究团体（机构）作为一股新兴力量逐日成长起来。他们普遍有着开阔的专业视野和开放姿态，这也同样体现在实践作品里；他们对当代中国建筑的理解逐步走出对西方设计理念的模仿和消极的跟随市场化运作，尤其是近十年来，这些中国建筑师（事务所）和研究团队（机构）尝试走出北、上、广、深、港等一线城市，走进城乡，甚至将他们的作品置入了偏僻乡村地区（尤其是以云南为前沿阵地的在地实践），他们的作品通过对建筑空间、材料的操作呈现出对中国自己建筑话语的探索。简单回顾当代中国乡村实践图景，大致呈现出两个主要阶段的实践活动。自2000年以来，各大高校及设计团队就以慈善、NGO等形式介入了乡建。比如在"无止桥团队"、大理沙溪的黄印武及其研究机构，提倡"协力造屋"并在云南滇东北及主要震区进行轻型钢结构住屋推广的谢英俊及"常民团队"，还有出在元阳阿者科的"小红米计划"、以"伴城伴乡"为出发点激活地方乡建的朱胜萱及其城乡互动研究中心团队等。另外，以独立建筑师及其事务所在云南展开的乡建活动也是本课题主要研究对

象：诸如朱竞翔在云南乡村的轻型结构建造研究，李晓东工作室在滇西部的乡建项目，华黎&TAO 迹建筑事务所的乡村公建及其建成使用现状引发的反思，还有赵扬工作室在大理乡建中运用地方建材进行的营建活动等。总之，新生代建筑师在他们的项目实践中探索着各自的设计方法，寻找自己的乡建模式和建构自身的建造语言。

如果说2017年中央提出"乡村复兴"观念之前的诸多乡村实践我们称其为当代中国"乡建1.0版本"，那么，2017年以来在国家颁发了一系列乡村复兴的政策以来，中国的乡村建设取得了前所未有的巨大成就，虽然这些过程和策略仍需进一步反思和修正，但相对于此前摸索前进的状态，这几年的乡村实践已经有了巨大的进步和理性思考，对此，我们笼统将其称为"乡建2.0版本"。当然，我们也相信在接下来的乡建摸索中，还将陆续呈现出更加适宜乡村现状的建设模式。总的来看，诸如近几年涌现出大量新生代的乡村实践，进一步充盈了中国当代建筑学的乡村实践话语。比如近期获得一致好评的"RUF"（Rural Urban Framework）"城村框架"在国内广大乡村的建造活动、"松阳乡村实践"（以平田农耕博物馆和樟溪红糖工坊为例）、福建省建宁县溪源乡上坪古村的复兴计划、华黎"回归本体的建造"的武夷山竹筏育制场设计以及云南潞西咖啡种植基地的设计、张雷"莪山实践"（桐庐莪山畲族乡先锋云夕图书馆）、中央美院吕品晶"见人见物见生活的乡村改造实践"雨补鲁村传统村落保护实践等，均呈现出新阶段的中国乡建新趋向。

与此同时，我们也关注媒体与话语生产的相互关系，比如2018年威尼斯建筑双年展中国国家馆"我们的乡村"对中国乡村问题的再现以及2019年所罗门·R·古根海姆博物馆拟将一个被命名为"乡村：未来的世界"的研究项目，与库哈斯的OMA合作来探索广阔的非都市之地：乡村的巨变，项目研究成果将会于2019年秋在纽约展出，展出内容从乡村收集来的各种数据，涵盖各种各样人类学和工艺方面的课题，包括人工智能、自动化操作、基因工程、政治激进化、各种规模的移民问题、大面积的国土规划、人类和动物的生态系统，以及电子科技对现实世界的影响，并用以预测乡村未来的发展。诸如此类的展览正在以全新的方式再现当代乡村的过去、现在和未来。

3.2 "普通乡村"何处去

在一片欣欣向荣的乡建现实面前，我们也通过大量的会议论坛和展览等媒介对当代中国乡建问题进行了积极的反思和总结经验教训。比如，与政府和村民之间的观念博弈过程中，我们发现"建筑学"远不是中国当代乡村问题的最佳"解药"。自发地还是自上而下的精准扶贫过程中，无不存在重重的阻碍和难以逾越地观念鸿沟。在面对4万多个自然村的建设中，很难找到一种非常适用的模式去应对，因此，我们需要对普遍性问题进行规定性措施的设置，对特殊性问题采取规避性的态度来处理。而这也意味着我们仍需要更多的经验和大量的实践去反复验证，尤其是针对那些散落在乡土大地上、大量存在并缺乏鲜明"特色"的"非典型性"村落或者乡村遗产。简言之，就当下中国乡村建成环境来看，大多数传统村落并不具备有效的产业支撑和打造全域旅游的基础，换句话说，乡村不都是值得保留的"遗产"、乡村不都需要成为"全域旅游"覆盖下的载体、乡村也不是"一村一专"，甚至在乡村振兴过程中，4万多个村子也将意味着必要的兼并甚至是"消失……乡村的发展之道，还需要不断地实践甚至是试错"。正如库哈斯（Rem Koolhaas）所言，"This is China, One big contradiction which refuss to be placed in a box."①

参考文献

[1] 周榕. 乡建"三"题[J]. 世界建筑，2015(02) .

[2] 李翔宁. 从乡土原型到日常生活：评张雷的奉贤南宋村老宋家建筑 [J]. 时代建筑，2019（1）.

[3] 李凯生. 乡村空间的清正[J]. 时代建筑，2007（4）.

[4] 王冬. 乡村:作为一种批判和思想的力量[J]. 建筑师. 2017(06) .

[5] 贺龙. 乡村自主建造模式的现代重构[D]. 天津：天津大学，2017.

[6] 谢锡淡. 乡村建设模式探究[D]. 南京:南京大学，2017.

[7] 何崴. 乡村弱建筑设计[J]. 新建筑，2016（4）.

[8] 徐好好. 坝上风景再造：华黎在云南新寨咖啡庄园的学习式介入 [J]. 时代建筑，2019（1）.

[9] 何崴、李星露. 一种不限于建筑学的乡建实验：以福建上坪古村复兴计划为例 [J]. 时代建筑.

[10] 张子岳,曾巧巧. 注意事项[J].住区，2015(05) .

[11] 郑小东.建构语境下当代中国建筑中传统材料的使用策略研究[D].北京：清华大学，2012.

[12] 王维仁，冯立. 界首空间叙事：点线·针灸·触媒的乡建策略 [J]. 时代建筑，2019（1）.

[13] 范东阳. 法国农宅协会——多层面构建的乡土建筑保护与更新 [J]. 生态城市与绿色建筑，2017（28）：38-41.

---

① 这也正好应对了库哈斯对中国特质的观点，他说："我觉得中国的性格并不像你想象的那么与众不同、那么独特。中国并不是唯一一个以不可思议的速度发展的国家……实际上阿拉伯国家、东欧也有这种非常深刻的激进改革和变革。比如，柏林的城市中心已经完全改变了。跟北京一样，好像一夜之间就改变了。如果你让我讲讲中国的特质、中国的性格，实际上是速度、市场经济、现代化、原生文化之间的角力"。

专题四　绿色建筑与建筑技术

奇观的支撑物
——库哈斯四个作品的结构形式选择 ①

Structure of Spectacle: 4 Projects Structure Pattern Design of Rem Koolhaas

丘兆达 [1]、董思维 [2]

作者单位
1. 同济大学 建筑与城市规划学院（上海，100000）
2. 上海西南工程学校（上海，100000）

摘要： 埃森曼引用"奇观"来形容那种策动新奇而赢得瞩目的现代建筑，它们被要求产生看似"奇异"的形象以供消费。库哈斯被认为是推崇"奇观"建筑的先锋，其早期文论《癫狂的纽约》就引介妄想症批判法，此种思考方式不仅贯穿其整个城市建筑理论领域。本文希望通过分析库哈斯的四个早期建筑作品的结构形式选择，揭示他设计领域也使用妄想症批判法来进行思考，并试图在设计、评论界之间建立了一种二元的境遇主义处世手段。

关键词： 奇观社会；狂想批判法；结构形式；库哈斯

Abstract: Eisenman cites the "society spectacle" of Gay Debord to describe modern architecture who has inspired abnormal ideas that are demanding paradoxical "weird" scenes for consumption. Koolhaas is considered as a pioneer in terms of "spectacle". "Delirious New York" introduced Dali's Paranoid-Critical Method. The way of thinking runs everywhere in Rem Koolhaas' urban and architectural theory. This article shows the structure system of the four early Rem Koolhaas's works, analyzes the manifestation or hiddenness in his design strategy, and reveals that Paranoid-Critical Method remains in architectural design. The article alert that Koolhaas was trying to establish a dual approach to the situation between the design and critics.

Keywords: Society Spectacle; Paranoid-Critical Method; Structure Patterns; Rem Koolhaas

"奇观，是现代被动文化帝国中永不衰落的太阳。" ②——盖·德波(Gay Debord)

1 呕吐物的支撑物——妄想症批判法

库哈斯在《癫狂的纽约》中提出的妄想症批判法（以下简称PCM），也就是著名的呕吐物模型（图1），即一个鼠灰色的液体状"呕吐物"由预应力铁件支撑。呕吐物初见时延展柔软，但其支撑方式按照最严厉的牛顿力学理性得出。经过PCM思考后却好像石头一样坚硬。库哈斯曾对于PCM内在机制进行解析：看似无法证实的推测，通过刻意地妄想思考的过程来模拟内外部的关联，操作步骤有二。第一步，用偏执的眼光表象的世界进行模仿复制，从中获得大量未曾臆想的结果；第二步，将这些似是而非的思辨进行压缩，并达到一种具有事实浓度的批判性程度。最终，将妄想式"游历"所收集的"纪念品"和

图 1　呕吐物及其支撑，PCM 模型

① 奇观借用了Gay Debord对现代奇观社会的定义，在此特指供商业社会消费的当代建筑。"早在1967年，法国社会学家盖·德波(Gay Debord)便宣称：伴随新型图像工业(摄影、电影、电视、广告)的兴起，西方社会开始进入一个"奇观的社会"。这是一个通过图像定义现实，视"外观"优于"存在"，视"看起来"优于"是什么"的社会。"支撑物"于此有三层指代：其一是指呕吐物的丫权状的支撑物，其二是指文中分析的建筑的结构体系，其三是指本文主角库哈斯在当代社会、建筑环境下的建筑输出的动力支持。
② Peter Eisenmen，《对'奇观'文化的质疑（Contro Lo spettacolo）》，时代建筑Vol.91（Sept 2006）；p61。

具体证据进行客观建构，并进而将其中的"发现"反馈到整个过程中，表象与现实的关联就如同抓拍照片既显著又不可否认①。

PCM的方法是基于看似"光怪陆离"的结果，进行反向的苏格拉底催产法的一种思考操作。其机制存在有非常主观的判断痕迹，而非声称的理性建构②，过程往往是思考者努力建构的"秘密部分"。库哈斯理论连同他的子弟的写作切入方式经常使用PCM方法，即描述一个堪称"奇观"文化的图景，然后分析生成的看似不置可否的政治经济文化原因。只有客观的表面化差异越大，最终所得分析产生的张力就越大，这种方法经常被新闻学以及广告传媒使用。如果表象荒诞和理性间的张力缩小了，策略就是主观的夸大这种外在表象，保持现实的内在理性的"活力和新鲜感"，逐渐成为直接通过夸大对象的怪诞表现手法，即塑造"奇观"。

笔者认为PCM模型同样作用在库哈斯的建筑设计思想中和批评话语的操作中。

2 "奇观"的结构体系——四个建筑案例

建筑的结构表达着建筑与地心引力之间建立的关系，惯常的结构经验都传达着牛顿力学中概念的预设，一旦这一预设被打破，地心引力的关系得不到视觉习惯的确认，那么对重力的摆脱感就产生了。库哈斯与其早期的结构合作伙伴巴尔蒙德就是要利用这样的预设和固有观念，隐藏或者混淆力学结构。

2.1 鹿特丹美术馆（Kunsthal, Rotterdam, the Netherlands，1987）

这个项目中，库哈斯与巴尔蒙德不满足于横平竖直的梁柱体系，声称要"诚实"地表达结构理性，提出了"斜撑、滑动、框架、并置"的结构处理方案③。然而这种滑动、斜撑从一开始就不是理性

主导出发的，至少在造价上极度不理性。

鹿特丹美术馆临时展厅的立柱方式特殊④。结构师让两排柱列在平面上相互"滑动"并相互交错，打破了传统正交体系的对称格局。库哈斯却希望报告厅的柱子是随着斜的，计算发现扭转作用力对这部分建筑的桩基施加了向下的压力，倾斜会解除它与报告厅之间的侧向推力，使得建筑会有侧向倾覆的趋势，只能是把斜柱、报告厅的斜楼板、顶部水平楼板作为整体框架来处理（图2a），这个已经完全不是原先合理性可以解释的。这个由柱子和"楼板-阶梯"组成的混凝土大框架还出现在了库哈斯波尔图音乐厅（Porto Concert Hall)的大阶梯厅（图2b）中。

美术馆的主入口（图3b）由材料、形式各不相同的四颗柱子组成，一颗方形混凝土柱和两颗截面形式完全不同的钢柱（工字梁断面钢梁另一根是空腹钢梁）以及一颗类似柏林美术馆外廊的柱子。它们没有采用等距的布置方式，更没有因为对简洁效果的追求而把三个点的荷载转移到让一颗柱子来承受，把相互冲突的受力关系掩饰于视线之外。这明显针对密

a. 鹿特丹美术馆东侧外立面"大框架"

b. 波尔图音乐厅公共阶梯厅的整体结构

图2

---

① Rem Koolhaas,《Delirious New York》，p.238, The Monacelii Press，1994。
② 首先，第一步中"新的眼光"不是基于妄想狂的世界观的，而是先是一种主观进入，再是一种类比复制，接着推演出结果，最后跳出"旅行"。思考者并不是直接面对一个"荒唐的存在"，他的身份是第三方的介于Sanity与Paranoid之间的，所以库哈斯称之为旅游者，其狂野旅游（妄想思考）得出的结果自然就是所说的"旅游纪念品"。第二，对于"似是而非的思辨进行压缩的过程"是怎样被"压缩"到一个"具有批判性程度"的过程，是一个非常主观而有意识的过程。
③ 塞西尔·巴尔蒙德，《异规》（2008年4月）李寒松译，p72。
④ "如果立柱正交排列，空间就被明显地划分为中心和外围两个区域，和整个艺术中心其他空间的倾斜、跳跃甚至不稳定的形态相比，这种对称感显得不合时宜。"赵扬，《'非·常形'西塞尔贝尔蒙德的思想和实践》，清华大学硕士学位论文。2005年6月。

斯·凡德罗在柏林新国家美术馆①——美学趣味掩盖了结构的真实的需求状态，得到了一个完全匀质的屋顶结构（图3a）。

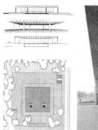

a. 柏林美术馆和古巴圣地亚哥的巴卡迪办公楼中承重梁的界面区别　b. 鹿特丹美术馆入口三根不同的柱子并立　c. 柏林国家美术馆新馆立柱

图3

一个空腹梁表现作用远远高于承重要求。入口三根柱子所支撑部分的重量完全可以由后方黑色圆柱改变位置完成，但黑色圆柱的粗壮与笨重显然缺乏前三者的表现性，故库哈斯并没有让它来完成此使命，只是涂成黑色并隐藏在后方而已②。在屋面设计的吊顶隐匿了内部梁结构。看似"真实"的表现结构的意图，实际用来批评密斯的隐匿。这种有针对性的、带有反讽意味的批评手法，在库哈斯的建筑作品中并非只此一例。

2.2　波尔多住宅（Bordeaux Villa, France, 1994）

"人们总是希望建筑物能够变得更轻，形成好似重力消失的纯粹境界"③。九十年前，普瓦西的萨伏伊别墅（图4a），犹如"一个充满光线的白盒子"，位于隆起的制高点上。波尔多住宅的业主也希望可以在山野俯瞰城市，于是库哈斯决定让建筑体量升起并漂浮空中（图4b）。

柯布在萨伏伊使用底层架空，但作为支撑结构

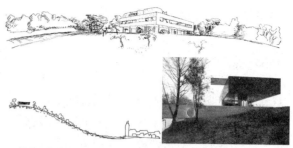

a. 普瓦西的萨伏伊别墅　b. 波尔多郊区山地上漂浮的盒子　c. 波尔多住宅的圆筒柱和细杆

图4

的首层柱子不能完全消解，某种程度上仍旧制约了"漂浮"的表达。库哈斯要求针对这种"最后的支撑物"④加以遏制。首先在别墅的底层隐藏了最粗壮的结构筒，并在其外包裹一层反射玻璃，巨大的圆筒柱很巧妙地隐形了（图4c）。被迫消失的柱子诱导人们会去寻找支撑逻辑的存在，于是库哈斯将其尽端的细钢杆抓来作为"替罪羊"。这跟钢杆实际是一根受拉杆件，在原来的结构草图中可以清晰地看见结构师希望其不稳定地悬空挂着一个重物（图5a）。如此一来，另一头承重结构的缺席，人们就跌入了一个PCM式的预设理解中了——受拉受压的关系模糊了起来，一根细杆完成了对这个盒子的支撑（图5b），盒子本生已经漂浮了起来。库哈斯利用这个"奇异"的支撑造就成一个不置可否的"奇景"。

2.3　荷兰大使馆（Netherlands Embassy in Berlin，Germany，2003）

在荷兰大使馆中，库哈斯尝试向阿道夫·路斯的穆勒住宅回应。穆勒住宅依照不同标高和层高的房间，所有房间组合在一起但又不使其相互连接。这座建筑是路斯按照他所提出的Raum Plan理论而设计的。路斯声称，"我不是在设计平面，而是在设计空

---

① 1968年密斯设计的柏林国家美术馆新馆(Neue Nationalgalerie. Berlin)：建筑由一个巨大的空间框架屋顶结构覆盖，这个平面呈正方形的屋顶由八颗避开建筑角部位置的十字形截面的钢柱支撑。整个建筑承重柱子的排布十分规整。柏林美术馆方案其实是从之前巴卡迪办公楼方案进化而来的，平、立面形式几乎与后者一模一样。不同之处在于巴卡迪的混凝土框架梁的高度根据受力需要而改变，框架的边界处尺寸最小，越到跨中，梁高越大。柏林新国家美术馆中，密斯采用了台金成分不同的钢材，用材料的力学性能的差异平衡了钢梁尺寸的差异。
② Rem Koolhaas，《S,M,L,XL》，The Monacelli Press, p471~473。
③ W. 博奥席耶，《勒·柯布西耶全集》，第一卷·1910~1929年，中国建筑工业出版社，2005年4月。
④ 策略一：把支撑物移出被支撑物之外——门式刚架(Shelfbeam)的几何中心与建筑的荷载重心相偏移。这一做法暗示着承载物与被承载物的滑移——不再像萨伏伊那样均质与稳定。策略二：在立面上其支撑形式翻转(Flip)，一个点从上部悬挂，另一个点从底部固定，偏离被支撑物几何重心的楼梯间以杠杆原理起作用的屋顶梁架与拉索的平衡。楼梯间对视觉重力中心线的偏移暗示着不稳定和倾覆。而对抗这一倾覆的拉索对平衡的贡献却无法在视觉上直接感知。

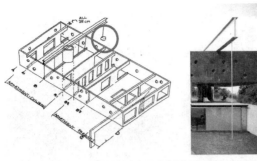

a. 波尔多住宅结构示意草图，细杆原本为悬挂的石头　b. 营造出细杆件受压的"奇观"

图5

间，我不会紧盯楼板、平面、立面或者剖面，我只会酝酿空间。[①]"他强调并置差异和整体，联系室外和室内的空间设计理念。路斯在穆勒住宅中使用开放式循环的空间、开放式楼梯间和大平台、起居空间中的壁炉和凸窗、走廊中的开放式画廊、屋顶平台等在不同的标高、不同空间被路径串联叠合（图6a）。

　　库哈斯在荷兰大使馆的创作中，先安排所有使用空间及其顺序，再将之串联（图6b），在完成这样有序流线之后，将这条流线蜿蜒而上的排列在方

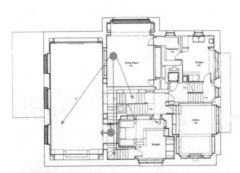

a. 穆勒住宅平面流线与内外空间对应分析图

b. 荷兰大使馆最初的概念模型

图6

体中（图7）。在路斯的建筑中墙面还没有完全解放[②]，就意味着在墙上犹如镜框般的窗洞和隔断墙（图8a）需要精心设计来配合蜿蜒而上的流线。路斯时代敦厚的外墙体被钢材和玻璃替代，钢混结构使不规则的层高不再成为难题（图8b），必要时走廊可以悬挑出去主体之外，这些都是在路斯的时代很难办到的。

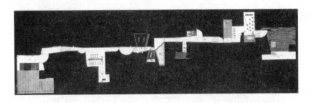

图7　荷兰大使馆由路径串联起来的各个功能空间

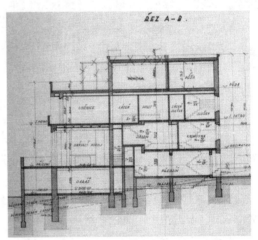

a. 穆勒住宅剖面图

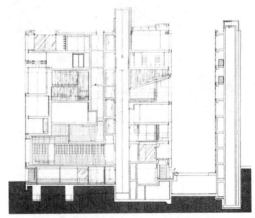

b. 柏林荷兰大使馆剖面图

图8

---

① http://www.mullerovavila.cz/english/raum-e.html, 2009-6-17.
② 路斯在此栋建筑中还未使用全框架结构，仍旧保持墙承重的做法，所以墙上开窗洞不多并且墙身厚重。

由此，库哈斯得以挑战画境园林①（Picturesque）般的内部空间，与Arup的协作换来了2005年的密斯凡德罗奖。同样完成这样蜿蜒画境的内部空间，库哈斯时代的技术优势从另一个层面上掩盖了设计的焦虑，负载于空间本体建造原则的考虑。这有悖于他一贯的实用主义色彩，算是对东海岸"后卫建筑"精英们发起建构质问的回答。

2.4 中央电视台新楼（CCTV Headquarters, Beijing, China, 2008）

中央电视台新楼可以说是库哈斯所做过面积最大、设计最复杂的工程项目。方案初期，库哈斯与其御用结构师巴尔蒙德声称整个立面结构斜撑柱所组成的图案，可以很好地反应结构所受的弯矩（图9），弯矩大的地方斜撑钢柱就多，反之则少。这个看似大胆新颖的想法背后有着诸多疑点：首先，要表达受弯矩的不同也可以通过改变斜撑杆件的粗细大小来表现②；其次，对于CCTV的奇特造型产生的力平衡而言，斜撑疏密根本微不足道。

为了塑造CCTV的双塔连接的效果，两座塔楼倾斜6度，底部支撑构造深埋入地下所需的钢筋混凝土用量原本相当于一座深圳地王大厦③，后虽改进减少，但是仍然巨大。完成立面网格所表现弯矩图是贴在立

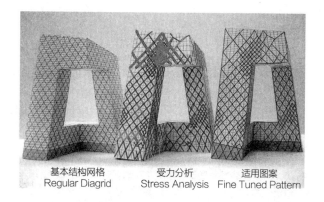

| 基本结构网格
Regular Diagrid | 受力分析
Stress Analysis | 适用图案
Fine Tuned Pattern |

图9 央视表皮的生成逻辑——从基本结构网络到最终使用图案

面上的图景，结构却需要而产生的用量巨大的构造被深埋在地中，这难道就是所谓的结构理性的表现？

对比之前悉尼歌剧院与CCTV一样由于耗资巨大饱受争议④。伍重的八个壳体屋盖由肋拱和预制盖板共同扣结而成耗费了巨大的造价。在饰面砖上，针对面砖装配的设计十分细致，面砖之间的接缝处理成为粗糙无光的效果，选用赫拉奈斯面砖来创造富有编制肌理的效果（图10c），几乎每块的位置与形状都不相同，由于高空贴面施工的难度过高，最终做法是将面砖和预制混凝土壳体浇注在一起，然后再将壳盖与肋架结构固定在一起（图10b）。项目完工后，此建筑仍可在内部欣赏到这一壮观结构支撑体（图10a）。

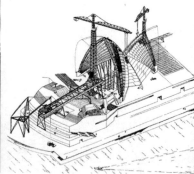
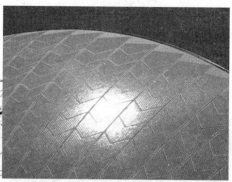

a. 悉尼歌剧院壳体内部　　　　　b. 建造过程中的复杂壳体　　　　　　c. 精致的外部饰面砖

图10

---

① 画境园林，即Picturesque的观点引用源自于David Leatherbarrow的文章《the Law of meander》（蜿蜒的法则），其中对于路斯的穆勒住宅的评述就包括将画境园林的蜿蜒上升介入了室内空间的排布上。作为国家形象的大使馆项目，库哈斯收起了一贯反讽作风，连一直被人诟病的细部竟也精致了起来。

② 其实库哈斯是考虑过这个问题的，从OMA所做的众多结构受力模型中可以看到有位置均质而粗细变化的模型，然而这里的选择多半是美学上的考虑。参考照片《CCTV by OMA》，A+U中文版第四期，2005年7月，p73。

③ 深圳地王大厦，是一座摩天大楼。公众称之为地王大厦。大厦高69层，总高度383.95米，建成时是亚洲第一高楼，现在是深圳第一高楼，也是全国第一个钢结构高层建筑。

④ 悉尼建造历时14年，伍重因拒绝压缩方案而辞职因此再未踏上澳洲大陆；同样的境遇却没有发生在库哈斯身上，尽管质疑预算的压力也很高，但压力莫名的全部由政府埋单，政府的支持让这项工程很快完成，而库哈斯在中国名声大振，在西方评论眼中也获得了引以为傲的设计项目的大量输出。

库哈斯作品在表象上，几乎是夸张的非匀称的表现，这成为奇观的外部图像化描述。内容上，针对前人的做法进行推演批判或再次阐释，这是PCM模式处理的依据。方法上，根据项目从不稳定的操作手段和态度，表现出境遇主义色彩。大众崇拜新奇的心理指引着设计师考虑"即刻、虚拟、顺利"[1]的图像画的外表，甚至"渲染出来的结构"也可以被炒作成为图像化外表的重要部分。

3　PCM 的支撑物——批判话语的再思考

库哈斯作为欧洲顶尖的知识分子之一，理解世界上权力和痛苦的不平等，但是在行动上却似乎与它们无关，琼·奥科曼对"Yes Man"的定义发人深省。似乎只要在认为处境适合的时候，总能把所有道德判断都悬置在一边，成为一个可以对所有业主都说"是"（yes）的人，所用的道具就是营造"奇观"并辅以逻辑支撑。

3.1　妄想批判模型（PCM）的再思考

面对"奇观"建筑，须重新思考库式的PCM的操作[2]，即为了寻求客观怪诞的现实，而有意识地寻找片面的实证并借此拉大与常态距离。在被倒置的PCM中"旅游"的模式甚至可以省去，变成直接构想结果再到现实中寻找例证。朱涛博士认为这种范式"是西方现代批判传统的一个延续，以挑战传统观念，开阔建筑学（或城市、文化研究）的视野——这毋宁说是一种西方现当代理论界的一种特定写作方式"[3]。讽刺的是，此类范式或者范式化的宣言本身是库哈斯在《癫狂的纽约》之初就摒弃的。

在早期的库哈斯的文论中还都没有主观夸大客观差异，或者有意识选择"纪念品"。同时产生了诸

多供学界讨论的关键词——拥挤文化、超常速度、前所未有的大、消费、享乐把人们推向癫狂之境等。而从"1995年的新加坡和2000年的珠江三角洲开始更像是支持其理论所找到和构筑的'现实'依据"[4]。《癫狂的纽约》之后的写作少有新的真正"理性支撑物"出现（图11），不幸成为一种新的写作方式，于是每一次的怪诞新鲜感在降低。库哈斯和他的朋党们只能"有意识地选择"拉大客观现实的距离以产生"惊讶"，这种"惊讶"可能在西方非本土视野下能够成立，反而在本地建筑师看来，感到"惊讶"的不仅是距离化的陌生感，而是库哈斯编辑"客观"图像和图解（diagram）的片面性[5]。辅以前文所述的作品分析，揭示了库哈斯营造奇景的同时，采用了弱化、隐藏、替换支撑结构以拉大奇景表象与内在逻辑

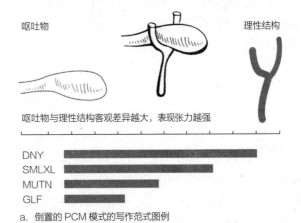

呕吐物　　　　　　　　　　　　　　　　　理性结构

呕吐物与理性结构客观差异越大，表现张力越强

DNY
SMLXL
MUTN
GLF

a. 倒置的 PCM 模式的写作范式图例

b. 1978 年以来库哈斯的主要著作（从左至右依次为：《癫狂的纽约》1978（1994 英文版）、《小、中、大、特大》1995、《转变》2001、《普拉达计划第一章》2001、《大跃进》2002、《哈佛购物指南》2002[6]）

图 11

---

[1]　Peter Eisenmen，《对'奇观'文化的质疑（Contro Lo spettacolo）》，时代建筑Vol.91（Sept 2006）；p61.
[2]　呕吐物被投射为"奇观"的存在，又状物体成为逻辑理性支撑体系。用理性模式来还原一种近似于"误读"的感官欺骗，第一步，将已成熟建筑思想以妄想狂的方式模仿复制推演，最终呈现出建筑"奇观"的表象。第二步，将这些不清晰的模仿与针对性批判加以收集处理（或隐藏或表现），并比照已有的建构原则和思维，并承认结果是在理性体系内生成的。
[3]　朱涛，《近期西方"批评"之争与当代中国建筑状况——"批评的演化——中国与西方的交流"引发的思考》，《时代建筑》2006年第5期，p.72.
[4]　李华. "批评"的延伸[J]. 时代建筑，2006年第5期：79.
[5]　朱涛，《近期西方"批评"之争与当代中国建筑状况——"批评的演化——中国与西方的交流"引发的思考》，《时代建筑》2006年第5期，p.79.
[6]　表象与背后逻辑张力逐级下降，只有不断在表面图像化差异上主观拉大距离以产生"新鲜感"。库哈斯在2014年威尼斯双年展"ELEMENTS"视点虽然回到了欧洲和建筑学本体的内容，但与他最擅长的意识形态批判巧妙的擦肩而过，又一次避开了正面同批评交锋战斗。之后他所说的构筑"法拉第之笼"和在中国乡村的关注都没有提供实质性的突破点。库氏也许没有能找到新"呕吐物"从而转化成为切入点。

图 12　库氏 OMA/OMA 的"项目输出——话语权套现"的二元操作

差异的张力。最近10年来新建成的项目包括合伙人欧雷·舍人在韩国的将建项目，表明这样的做法有扩大化的趋势。

3.2　妄想批判法的支撑物

面对21世纪的当下社会和东西方建筑现状，库哈斯从90年代开始一直在寻求AMO-OMA的输出模式，并找到了自己舒适的位置。

库哈斯在亚洲和中国的"激烈的实践和实用主义中充当了媒介（图12），向西方的后批评主义发展提供了一定的推动[①]。"这个过程中库哈斯是站在第三方位置上操作的，即AMO（库氏的智库研究机构）在东方得到"现实例证"（现象的奇异），由库哈斯转化加固其理论本身再有OMA（项目设计公司）进行外化建筑实践（奇观建筑），在西方获得的建筑评论界的话语权后回到东方。从而循环往复的运作造成了今日的OMA/AMO帝国。

笔者对于奇观支撑的话语争夺并非他单方面作为造成的。库哈斯主观夸大"奇观"的确是他的一种手段，在这种差异认识中，西方态度基本认可此类做法是为了"修正《癫狂的纽约》所建立的都市理论"，其目的在于把外在与西方的第二视野返回西方的第一视野[②]，对差异本身的夸张和内在因素分析的深入并不关心。而作为夸大化差异的描述本体的东方，却主观上认同了库哈斯的片面性描述，这种认同其中也不乏本地评论界失真的导向和吹捧，这种主动寻找"奇观"支撑物的做法，便可视为库哈斯获得话语权的主要来由。

面对改革开放40年以来我国的建成成就和全球

商业大潮的冲击现实，学界已经有能力提出独立的思考甚至是挑战性质疑，不要让理论沦为替实践辩护的工具。今日"奇观"的产生几乎无可避免，"支撑物"是一种诱导下的理性认同。笔者在此并非要通盘否定其作用和意义，更不愿否定库哈斯理论和作品地位，文章旨在提醒西方提供了切入问题的视角和解析问题的方法，但系统的批评阵地和评价话语体系并不是十分适合中国，中国有众多城市学、大型建造、乡土建构文化等领域的问题是西方完全不熟悉的，难道硬要套用他们的词语和评判标准，还帮助西方加固夯实这种二分的异化？待竖起了堵堵高墙之后发现自己身后一片真空，一堵建筑评论的柏林墙被自己砌筑起来压迫自己，这种文化意识上的大出逃是不允许上演的。

参考文献

[1] 朱剑飞. 批评的演化——中国与西方的交流[J]. 时代建筑，2006, 5:58.

[2] 朱涛. 近期西方"批评"之争与当代中国建筑状况——"批评的演化——中国与西方的交流"引发的思考[J]. 时代建筑，2006, 5:72.

[3] 李华. "批评"的延伸[J]. 时代建筑，2006, 5:79.

[4] 彭怒. 建筑设计的批评性与建筑批评[J]. 时代建筑，2006, 5:81.

[5] 琼·奥科曼. YES 人[J]. 时代建筑，2006,5:42.

[6] 崔凯. 零距离与X距离，时代建筑，2006, 5:46.

[7] Peter Eisenmen. 对'奇观'文化的质疑（Contro Lo

---

① 朱剑飞. 批评的演化——中国与西方的交流[J]. 时代建筑，2006年第5期：58.
② 彭怒. 建筑设计的批评性与建筑批评[J]. 时代建筑，2006年第5期：81.

spettacolo）[J]. 时代建筑2006,5:61.

[8] W. 博奥席耶. 勒·柯布西耶全集第一卷·1910~1929年[M]. 北京：中国建筑工业出版社，2005.

[9] Rem Koolhaas. Delirious New York [M]. The Monacelii Press，1994.

[10] Rem Koolhaas.《S,M,L,XL》[M]. The Monacelli Press，1998.

[11] 塞西尔·巴尔蒙德.《异规》[M]. 北京：中国建筑工业出版社，2008.

[12] 赵扬. "非·常形"西塞尔贝尔蒙德的思想和实践[D]. 北京：清华大学，2005年6月.

图片来源

图1：Rem Koolhaas.《Delirious New York》，The Monacelii Press，1994

图2：塞西尔·巴尔蒙德.《异规》[M]，北京：中国建筑工业出版社，2008

图3：左图出自K.Frampton.《建构文化研究》[M]，北京：中国建筑工业出版社，2007;右图出处同图2

图4：出自参考文献[12]

图5：塞西尔·巴尔蒙德.《异规》[M]，北京：中国建筑工业出版社，2008

图6：http://www.mullerovavila.cz/english/raum-e. html，2009-6-17； OMA REM KOOLHAAS， EL croquis 131

图7：同6

图8：http://www.mullerovavila.cz/english/raum-e. html，2009-6-17

图9：OMA REM KOOLHAAS， EL croquis 132

图10左：https://pxhere.com/en/photo/1042048； K.Frampton.《建构文化研究》[M]，北京：中国建筑工业出版社，2007;https://www.smithsonianmag.com/photocontest/detail/travel/inside-the-sydney-opera-house-australia/

图11、图12：自绘

国外校园生态规划设计策略研究及其对本土的启示

A Study on the Design Strategy of Foreign Ecological Campus Planning and Its Enlightenment

付豪

作者单位
天津大学（天津，300072）

摘要： 随着生态理念的普及，如何在校园规划建设以及运行的全生命周期内实现生态，创造人与自然和谐为本的生态校园环境，成为各界关注的热点。通过对诺丁汉大学朱比丽校区、北卡罗来纳大学校园更新和杜克大学西区校园改造三个校园生态规划设计实例的研究，分析其中可借鉴的规划设计策略。总结出我国校园生态规划设计应回归校园生活本质，构建校园生态系统集成的启示，提出关注智慧生态校园，面向规划实施管理的制度设计和顶层设计的展望。

关键词： 大学校园；生态规划设计；生态技术

Abstract: With the popularization of the ecological concept, how to realize the ecology in the whole life cycle of campus planning and construction, and create an ecological campus environment that is harmonious with people and nature has become a hot spot of concern. This paper analyzes the more successful ecological planning and design strategies through the study of three campus ecological planning design examples such as the Jubilee Campus of the University of Nottingham, the campus renewal of the University of North Carolina and the renovation of the Duke University West Campus. Through the comparison and commentary of the strategy, it is concluded that the campus ecological planning in China should pay attention to the return of planning and design to the essence of campus life and the inspiration of building campus ecosystem integration. Finally, this paper proposes to focus on the construction of smart ecological campus, and to look forward to the institutional design and top-level design of planning implementation and management.

Keywords: University Campus; Ecological Planning and Design; Ecological Technology

1 背景及意义

近年来，生态校园的相关研究和规划设计实践广泛受到国内外学者的关注。建设生态化的校园，首要目的是在校园建设与环境协调发展的前提下，改善校园环境，构建有利于学生成长、师生交流的环境。但是，随着我国高校招生规模扩大，加之城市用地紧张，越来越多的大学选择建设新校区或者改建、扩建既有校园。在建设过程中，虽然出现了很多尊重自然环境的规划和地标式的设计，但是忽略人工建设对生态环境影响等过度设计的案例仍然屡见不鲜。

目前国内校园规划建设问题主要集中在如下几个方面：①追求终极蓝图式的规划建设。新校区的建设或老校区的改造过于追求建设的效率，急于在短时间内形成终极效果，忽视了校园空间的时间维度作用，容易导致校园空间被极端功能化，造成校园空间活力丧失。忽视自然过程，导致校园生态用地破碎。②追求图案效果和文案效果。有些校园规划过于追求轴线效果，过多考虑形势与构图，而忽视校园作为一个生

态系统的整体性，且容易导致校园空间形态夸张、尺度失控。有些规划对当地生态环境分析不足，追求表面的生态设计，形成了"伪生态"规划。③公共空间对人性关怀不足。校园空间营造的本质是创造师生交往的活动场所，但目前国内老旧校园公共空间形式老旧，无法适应当代学生的户外交往活动。部分新建校园对交往空间认识不足，公共空间整齐美观但不实用。④生态化改造滞后且破碎。校园改造仍以建筑改造为主，众多新校区建设仍以地标式建筑为主，少有对公共空间、公共绿地的生态化改造。更少有对校园绿地系统、开放空间系统的规划设计。

校园生态规划是运用生态学的基本原理与方法，实现各系统中人与自然关系的和谐，营造物质、能量、信息高效利用且对环境友好的人工生态系统，构建集生态、安全、科技、艺术、人文功能于一体的校园社区环境。校园生态规划是既有校园改造以及新校区规划建设所需要的。本文通过对三个校园生态规划设计实例的解读，比较总结出相应的规划设计策略，并分析其对本土规划设计的启示与未来的发展方向。

2　国外校园生态规划设计实例研究

2.1　诺丁汉大学朱比丽校区规划与建设

1.　项目概述

诺丁汉大学朱比丽校区距主校园约有1.6千米，通过自行车和公交可以很方便地进入到诺丁汉城市中心。整个新校园建于约12公顷的基地上（图1），基地原为废弃的自行车生产厂（图2）。霍普金斯建筑师事务所（Michael Hopkins & Partners）于1996年中标此方案，1997年规划的新校园，约41000平方米的建筑面积，可供2500个学生使用。

图1　朱比丽校区改造后平面图

图2　改造前后对比

2.　生态规划设计策略

（1）人工、自然环境相互渗透的场地策略

规划方案重点考虑场地环境的整体组织。Hopkins的规划采取柔化界面、缓冲地块的方式，协调建筑微环境与场地大环境的协调关系。建造1.3万平方米沿基地自然弯曲的水体，从而起到软化边界和缓冲的作用。校园的主要建筑体块也因此沿一线展开，并由一架空廊道贯穿；建筑群体的背面则由一林荫道连接，并与基地的两个出入口连通。大面积水体与绿地，将新建筑与郊区住宅连接起来，对于整个城市则成为一处新的"绿肺"。通过沿湖廊道的设置，自然地将人工环境与自然环境衔接起来，互相渗透。

（2）风源、日照主导的建筑群布局策略

规划方案将建筑放在海拔相对高的北边，大面积水体绿地放在南边。在考虑建筑群优化朝向与视野的基础上，建筑群主立面最大程度获得西南向主导风源和南向日照。建筑群与水体的布局对调节室内空气流动提供便利，夏季盛行风经过绿地水体冷却后送入建筑内部；冬季，靠近住宅区的树林则成为有效的挡风屏障。

（3）低影响开发策略、建筑低能耗策略综合应用

在校园场地设计中应用低影响开发技术，建筑边缘的水渠对雨水进行自然回收利用；人工湖边缘培植水生动植物带动水体的生态循环，从而减少人工保养。

建筑设计广泛应用低能耗技术，形成建筑采光、室内通风、室内空气循环的系统运作。除此之外，校园建筑还应用了多种蓄热性良好的建筑材料。

3.　效果与局限

朱比丽校区投入使用后，校园成立了节能监测平台，根据监测结果校方认为与主校区相比朱比丽校区达到了60%的节能效果。此外，校园也面临新的场地问题。例如规划时疏于考虑人工湖对于雨水的存蓄能力，曾发生暴雨季节水体外溢。

2.2　北卡罗来纳大学校园更新

1.　项目概述

北卡罗来纳大学2005年开始评估校园特色风貌及校园遗产，希望通过控制人工建设干预，建立校园自然遗产和文化遗产管理策略，强化北卡校园生态作用和文化影响。规划团队重点评估了校园中五个最具代表性的区域，分析这五个区域在一定时间内的物质空间、文化空间的变化，并提出了相应的改造更新策略文案。校园更新计划草案于2010年公布，包含五条校园更新指导原则，其核心思想是将北卡校园的文

化、自然、风景融入物质空间决策与运营中。

2. 生态规划设计策略

（1）基于自然与遗产的调查评估

规划团队组织了多种专业群体，对校园内五个重点地区进行全面评估，涵盖土壤、雨水管理、环境规划、景观遗产、动植物多样性等方面。这是该地区第一份以共享价值视角整合历史文献、遗产、自然环境的分析报告。

（2）修复培育校园历史林地

基于分析报告，规划团队对五个典型区域分别作出了改进策略。校园更新以重要历史文化场所为中心，修复附近林地、绿地土壤。拟定造林策略，持续维护并改良从而强化历史林地空间特征，增强校园户外场所的文化特征。

（3）校园林地系统的文化传播

学校借助基金会及社会力量资助校园遗产计划，委员会配合校园绿地更新，向社会推出了北卡校园步行游览指南。借助重新培育的校园林地系统，向到访北卡校园的社会人士介绍自18世纪建校以来保存完好的自然景观遗产和文化遗产。校方以校园古树名木培育养护为基础开发了众多林学、土壤研究和宣传项目，在北卡大学图书馆进行阶段性展示，并接受来自校内外不同群体的群众建议。

2.3 杜克大学西区校园改造

1. 项目概述

随着学生对校园活动空间需求的增加，杜克大学2007年开始改造西区校园。在2007年至2017年这十年中，建筑师团队通过五个节点项目的改造提升，将杜克大学西区校园改造成了一个具有网络化，融合现代与历史元素，颇具年轻人活力的校园。这五个独立项目分别是西区新学生中心、Abele历史绿地修复、Union大道整治提升、Crown公地改造、Perkins图书馆外部空间改造（图3）。这五个项目整合了杜克大学标志性历史景观、学生用餐、图书阅览、事务办理、生活起居等功能。

2. 生态规划设计策略

（1）为当代学生生活而设计的公共空间网络

规划设计团队希望在古老校园中创造属于当代学生校园生活的空间。设计师强化和扩展学生中心附近的历史广场，为学生设计多层次的公共交往空间，形成连续的公共空间序列。新学生中心建成于历史建筑群中，开辟较大面积公共室外区域，配置多层次植物以及青砖广场。学生中心的玻璃幕墙面向广场，增强室内外视线交流。一系列高架的平台整合多级绿地，完成了学生日常生活建筑的无障碍衔接。高架平台可供骑行，配有停车设施和休息空间。

（2）为不同学生群体而设计的活动空间

在西区校园改造中，设计师着重笔墨于营造公共性较强的空间，形成校园各类人群集会场所，并配合多层次照明设计，打造全时段的焦点空间。在一些私密性较强的小型公共空间，设计师将其开辟为学生户外教学、科研休憩场地、生活区交往空间等，供相应人群使用。

（3）公共空间生态化改造

园艺技术团队首先修复历史绿地土壤。土壤翻整置换，改善土地的渗透能力和补给能力。增强土壤肥力，使校园中的古老橡树换新面貌。构建雨洪管理系统（图4）。保护缓冲低洼绿地不会受到附近高地侵蚀和沉积，通过引导屋顶和广场、平台上的雨水，通过排水管引入雨水花园。经过雨水渗透过滤处理后，流入地下蓄水池临时储存，水位较高时通过暗管流入附近低洼地区，缓解高峰流量。

（4）学生参与后期维护

规划设计团队完成试点工程的设计实施。其他地区的土地修复实验、绿地改造、开放空间雨水管理实验等，由学校生态学、农学研究室，或者校园营造学生社团负责研究。学生组织将承担既有生态技术系统

Union大道

Perkins图书馆

Abele历史绿地

新建学生中心

图3　杜克大学西区校园改造子项目

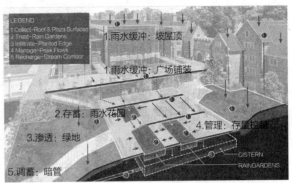

图4　校园绿地雨洪管理系统原理

的运营、维修和改造，用以降低校园管理维护成本。

3　策略评述及其本土的启示与展望

3.1　策略对比与评述

（1）空间系统的整体考虑

校园建设与改造过程中，将校园作为一个整体生态系统，以开放空间系统、绿地系统为基础进行规划建设。诺丁汉大学朱比丽校区的建筑群和绿地水体布局，将生态过程融入人工生态系统中，充分考量了校园作为一个生态系统的完整性以及和周边城市环境的

生态作用。北卡罗来纳大学和杜克大学西区校园在改造前都经过系统的场地评估，后续改造基于评估结果完成。北卡大学校园更新以绿地系统为基底，统筹生态技术、土地修复、空间设计等子系统；杜克大学西区校园则着眼于开放空间系统，整合雨洪管理、植物设计、空间营造、运营管理等子系统。

（2）从尊重自然生态到构建自然-文化-社会生态复合系统

三个校园规划设计实例在构建校园生态系统时有着不同层次的考虑（图5）。诺丁汉大学朱比丽校区将工业废弃地改建为校园，规划方案主要探讨建筑微环境与场地大环境的关系，重点考虑建筑空间与自

案例生态规划设计策略对比（作者自绘）　　　　　　　　　　　　　　　　　表1

	诺丁汉大学朱比利校区	北卡罗来纳大学校园更新	杜克大学西区校园改造
建设年代	1996-1997年	2005-2010年	2007-2017年
基地状况	废弃自行车生产厂改建校园	既有校园绿地更新	既有校园改造、更新
建筑空间规划	建筑布局在地势较高的北部地区；沿人工湖分布，形成滨水廊道		新学生中心，在原有历史建筑的基础上植入玻璃盒子；与历史建筑形成虚实对比，是校园开放空间核心
绿地（系统）规划	水体绿地柔化建筑边界；与周边社区和工业用地形成渗透与隔离；调节建筑空间微气候	校园历史林地整合校园文化遗产；强化校园林地系统的生态作用和文化影响；作为校园文化输出载体	修复历史绿地；多级绿地配合开放空间网络
公共空间规划	沿人工湖半室外空间	突出校园历史风貌与文化的公共空间设计；作为校园林地系统的子系统	回归学生校园生活的规划设计；连续、多层次的公共空间系统；公共空间的规划设计延续校园历史风貌
社群营造与校园管理		集中运营管理；部分封闭式培育	为校园不同群体的交流融合提供不同类型开放空间；学校董事会发起，规划设计师做试点工程，学生组织后期维护、设计
生态技术的应用	建筑低能耗技术，低影响开发技术（效果不佳）	雨水管理，土壤修复	雨水管理，土壤修复，绿色照明

然生态环境的交融。北卡罗来纳大学校园更新着重于校园历史文化遗产与校园林地（绿地）系统的拟合，将校园生态系统拓展至自然生态与文化生态的共同繁荣。杜克大学西区的校园改造，则在历史风貌建筑、生态绿地改造的基础上，强调设计回归学生生活，回归校园不同群体的活动，试图构建校园内自然-文化-社会复合生态系统。

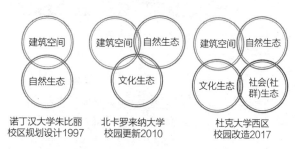

图5　生态系统构建模式对比

3.2　国外案例对本土规划设计的启示

（1）设计回归校园生活本质

大学校园从物质环境层面表达了校园精神，校园精神又是学校师生在教育、科研、学习、生活中表现出的精神面貌，校园空间的本质即为师生创造多样交往空间。所以我国在规划建设新校区或改造既有校园时，规划设计理念应当回归校园空间本身，回归为学生而设计的层面。创造人性尺度的交往空间，处理好人工环境与自然环境的融合与共生，尊重校园内部及所处区域的自然过程。

城市设计并非设计建筑。同理，校园生态规划也应避免以建筑设计为主导地标式规划设计，营造人性尺度的开放空间系统和校园绿地系统，并以此为基础统筹生态技术、空间设计、运营管理等系统。

（2）构建校园生态系统集成

校园生态规划需要处理好校园生态系统的物质流、能量流、信息流的交叉贯通与协调发展。校园生态系统还要保持人与建筑、环境、社会之间，通过能量流动、物质循环和信息传递，达到高度适应、协调和统一的平衡状态。所以在校园生态规划中，仅营造良好的自然环境或者单纯应用生态技术，是无法达成生态校园的目标的。校园生态规划应当构建复合系统的集成，建筑空间宜人、自然生态系统和谐只是其中不可或缺的系统，系统集成中还存在社会生态和文化生态等系统。各系统协调平衡，最终形成良性循环、平稳运行的校园生态系统集成（图6）。

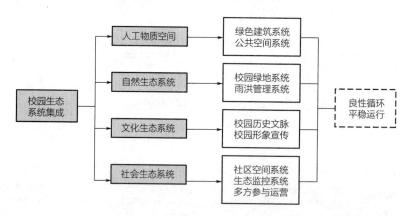

图6　校园生态系统集成示意图

3.3　校园生态规划设计展望

（1）从生态校园到智慧生态校园

在新时期，规划建设更为高效、智慧、生态、人文可持续的校园将会成为重要的任务。有统计显示，截至2013年底，中国校园总能耗达到了2895万标准煤，占全国耗能总量的0.84%，占全国建筑总能耗的4.21%。目前中国高校师生平均能耗和单位建筑面积能耗高于全国人均水平和全国居民单位面积建筑能耗。

所以在未来的校园规划建设与改造中，仅停留在生态校园，运用生态学理论处理好人地关系与自然过程是远远不够的。生态校园在未来需要更为智慧的核心，以及智慧化的校园工作、学习和生活一体化环境。智慧生态校园，将以信息化、物联网为基础，统筹校园的学生活动、建筑空间、基础设施系统等众多方面。

（2）从空间设计到顶层设计

有学者认为我国绿色校园建设已经从节约型校园发展到绿色生态校园，但是建设深度还不到位。未来校园规划设计会有更为系统的生态环境数据平台、建筑能耗数据系统以及更为完善的生态技术。作为规划设计师，在未来校园规划设计中应该从以往单纯关注空间设计的层面，拓展为对校园空间运营管理的制度设计以及智慧校园的顶层设计。从规划实施与管理的层面确保规划设计的完整性，而非以往追求效率的规划建设方式。

4　结语

在校园生态规划中，完整的生态系统是最核心的基底，是保证校园生态基础设施建设的必要条件。生态校园是城市中的教育型社区单元，是城市发展建设的基本元素，校园生态规划对城市生态基础设施规划建设有着普适性。本文通过对诺丁汉大学朱比丽校区、北卡罗来纳大学校园更新和杜克大学西区校园改造等三个校园生态规划设计实例的研究，分析了各自案例的生态规划设计策略，并进行了策略对比与评述。本文认为我国校园生态规划应该注意规划设计回归校园生活本质，关注师生交往空间及其体系的构建；应当构建校园生态系统集成，统筹自然生态、人文生态、社会生态等子系统。此外，本文还提出了我国未来校园生态规划应该关注智慧生态校园建设，规划设计师应从单纯的空间设计拓展为面向规划实施与管理的制度设计和顶层设计。

随着我国教育事业的不断发展，需要更为成熟的生态校园规划，在城市中创造人与自然和谐为本，展示当代学生风貌与城市特色的生态校园，需要我们不断探索。

参考文献

[1] https://www.asla.org/2018awards/455263-Legacy_And_Community.html.

[2] https://www.asla.org/2011awards/485.html.

[3] http://www.unc.edu/interactive-tour/.

[4] 谢沁. 台湾生态校园规划方法探析[A]. 中国城市规划学会、杭州市人民政府.共享与品质——2018中国城市规划年会论文集（08城市生态规划）[C]. 中国城市规划学会、杭州市人民政府:中国城市规划学会，2018:11.

[5] 吴放，祝捷，刘宇，闫静静，程嗣闲，顾志宏. 以生态理念为导向的绿色校园规划设计案例剖析[J]. 绿色建筑，2018, 10(03):79-82.

[6] 窦强.生态校园——英国诺丁汉大学朱比丽分校[J]. 世界建筑，2004(8):64-69.

[7] 瞿巾苑. 基于系统集成的生态校园规划研究——以中国环境管理干部学院新校区为例[A]. 中国风景园林学会. 中国风景园林学会2014年会论文集（上册）[C].中国风景园林学会:中国风景园林学会，2014:6.

[8] 王超. 以适宜生态设计策略为指导的大学校园规划[D]. 济南：山东建筑大学，2010.

[9] 崔萌. 生态校园的指标体系、评价方法及环境教育的研究[D]. 天津：天津大学，2007.

图片来源

图1：作者根据网络图片改绘

图2：源自https://www.hopkins.co.uk/projects/8/183/

图3：源自https://www.asla.org/2018awards/455263-Legacy_And_Community.html

图4：作者根据网络图片改绘

图5：作者自绘

图6：作者根据参考文献[7]改绘

学校居住环境的亚健康型空间构成与作用机理分析
——运用健康地图结合计算机模拟的质性与量化统合技术

Analysis on the Sub-healthy Space Features and Mechanism for the School Dormitory
:Using the Health Map and Computer Simulation as the Qualitative and Quantitative Integration Techniques

马福敬、雷祖康、王紫

作者单位
华中科技大学　建筑与城市规划学院（武汉，430074）

摘要： 如何运用现场调查的环境质量现象结合量化分析技术，综合评估健康居住环境质量与解析环境缺陷特性是目前的研究热点。本文选取武汉高校的一栋宿舍楼，现场调研后用图层层析法绘制健康地图，利用图层叠加方式认识环境因素作用机理，同时利用 Sware 模拟环境气候因素，结合质性与量化技术分析形成宿舍居住环境亚健康特性的作用机理。研究结论为建筑结构的合理性是保证通风性能好的关键。如果居住空间通风性能好，足够的通风量可以将病菌排出居住空间，利于居住者的健康。

关键词： 宿舍居住环境；亚健康特性；图层层析法；图层叠加法；环境气候因素模拟；质性与量化技术分析

Abstract: It is one of the current research hotspots that how to use the environmental quality phenomena of on-site investigations combined with quantitative analysis technologies to comprehensively evaluate the quality of a healthy living environment and analyze the characteristics of environmental defects. This paper selects a university dormitoryin Wuhan. After the site investigation, health maps are brought by layer chromatography. Layer superposition methods are utilized to understand the mechanism of environmental factors. At the same time, Sware is used to simulate ecological climate factors, combined with qualitative and quantitative techniques. The mechanism of sub-health characteristics for dormitory living environments. The conclusions of the study are as follows: the rationality of the building structure is the key to ensure effective ventilation performance. If the living space is properly ventilated, then sufficient ventilation can discharge the germs into the living space, which is favorable to the health of the occupants.

Keywords: Dormitory Living Environment; Sub-health Characteristics; Layer Chromatography; Layer Superposition Method; Environmental Climate Factor Simulation; Qualitative and Quantitative Technical Analysis

1 引言

现代人生活和工作的主要场所是室内空间，据有关研究说明，人们80%的时间是处于室内空间[1]，由此可知居住建筑室内环境对居住者身体健康有长期且显著的影响。随着人们对健康的重视，国内外学者对建筑室内居住环境对人体健康的影响研究逐步增多，但学校居住环境对学生身体健康的影响研究仍处于不足的状况。

学校居住环境与一般的家庭居住环境不同，我国大多数高校的居住空间狭小，人群密度高，功能单一，只能满足基本的住宿需要[2]。武汉高校众多，大量学生长期居住在高密度宿舍楼，且部分宿舍楼老旧，居住空间环境较差，因此应当对宿舍楼室内环境因素展开具体分析，探究长期居住于高密度宿舍楼对于学生健康有何影响。

本文是以华中科技大学紫菘公寓中的一栋宿舍楼为研究对象，对学校居住环境中可能对居住者身体健康有影响的因素进行解析，以一种普遍存在又定期爆发传播的疾病——感冒作为评判是否健康的依据，在对居住者身体健康状况进行定期统计后，利用图层层析法绘制健康地图，同时利用图层叠加方式认识在不同因素混合后的因素作用机理，运用现场调查的环境质量现象结合量化分析技术，综合评估健康居住环境质量与解析环境缺陷特性。通过上述研究知学校居住环境为亚健康型空间构成，为探究宿舍居住环境亚健康特性的作用机理，研究中利用Sver Arch模拟环境气候作用因素，共同结合质性与量化技术对其进行分析。

2　学校居住环境的研究背景

2.1　气候环境特征

华中科技大学紫菘学生公寓楼，地处夏热冬冷型潮湿气候区，夏季多雨酷热、冬季潮湿寒冷。武汉的春秋过渡季时间很短，夏季时间极长，且因地处内陆及城市热岛效应，常见闷热天气[3]。武汉冬季时间也较长，长期阴雨导致空气湿度大，冬季气温多在0℃附近，长期潮湿低温不见阳光的气候状况导致整个室内外环境都较为潮湿。

2.2　建筑与室内环境状况

紫菘公寓位于中国湖北省武汉市华中科技大学西区，整个公寓范围内包含有14栋宿舍楼，本文研究对象是紫菘公寓2栋的居住环境（图1）。紫菘公寓2栋位于紫菘公寓的入口处，周边环境较复杂，北侧有一个面积很大的废弃工地，有数个水质较差的水池，距离约50米处有两个学生餐厅以及一条饮食街，靠近后勤位置，餐厨产生的气体在公寓楼的上风向，宿舍空间很容易受到厨房废气的影响，宿舍楼入口处是数个较大的垃圾桶。因与厨餐及垃圾桶距离较近，且这两者卫生状况不佳，均是严重的病菌来源，在气流影响下利于病菌的传播。

对室内环境的调研中发现，即使在白天，走廊依旧黑暗不见阳光，内部空间多数门窗阳台密闭，通风效果不佳，在墙面上以及屋顶上可以明显看到受潮现象及发霉现象。加上居住空间狭小、居住密度大、室内拥挤凌乱、杂物堆积、卫生间洗手池较脏，排风扇更是堆积灰尘，这些现象更是说明了学校居住空间现有的室内环境状况较差。

3　学校居住环境的研究方法

3.1　现场观察记录访谈与问卷

自2017年12月至2018年5月，对选定的学校居住空间进行多次实地调研，一层至三层的宿舍逐个记录人口密度、卫生状况、潮湿状况、发霉状况等基本环境信息，用因素解析法将这些可能对学生健康有不良影响的环境因素进行解析，绘制出宿舍环境状况说明图，利用图层解析技术将因素进行图像分析。

对居住者定期访谈记录口述内容，以及采取问卷调查并行的方式获取每个阶段宿舍成员健康情况，发放问卷226份，回收到192份有效问卷，有效问卷率为85.0%。依据问卷数据绘制"健康地图"，从"健康地图"中可看出处于亚健康状态的人群密度分布，从而得知所调查的学校居住环境中居住者的健康状况。

华中科技大学紫菘学生公寓区
Huazhong University of Science and Technology Ziyan Student Apartment District

华中科技大学紫菘学生公寓2栋
Huazhong University of Science and Technology Ziyan Student Apartment Building 2

场地范围Area of Site：

　华中科技大学紫菘学生公寓2栋

Huazhong University of Science and Technology Ziyan Student Aprtment Building 2

图1　紫菘公寓地理位置

3.2 量测学校居住环境的温湿度状况

对学校居住环境的温湿度数据进行持续测量，量测时间为2017年12月至2018年3月初，通过使用温湿度自记仪，记录温湿度变化，后期分析与健康状况调研相匹配的时间段内的温湿度数据，即2018年1月下旬与2018年3月中旬的数据，探究温湿度变化状况对居住者健康的影响。测试点为紫荪2栋215宿舍（南向居住空间）、216宿舍（北向居住空间）、一层楼梯过道、三层楼梯过道。

3.3 利用 Sware Arch 模拟环境气候作用因素及室内环境因素

武汉气候主要分为夏季和冬季，春秋季极短，本文利用Sware模拟夏至日和冬至日的环境气候作用下的学校居住空间的环境气候作用因素，选取该宿舍楼所在经纬度及朝向信息，根据气候特征调整参数模拟出宿舍楼的内外风场，得到建筑室内外门窗的风压，再根据调研得到的信息，设置参数模拟出室内的空气龄云图及日照分析图，将计算机模拟的通风、采光及日照情况和现场调研进行比对分析，两者图层叠加结合质性与量化技术分析形成宿舍居住环境亚健康特性的作用机理。

4 学校居住环境的因素分析

居住环境健康中的"健康"是指广义健康，其包括疾病预防、生理舒适、环境效率和心理健康[4]。本文主要依据调研汇总的信息，对学校居住环境的相关因素进行分析，包括卫生、温度、湿度、发霉状况，并对居住者的健康状况进行统计绘制健康地图，用因素解析法分析学校居住环境环境中对人体健康不利的因素（图2、图3）。

健康地图数据为根据现场田野调查的观察与问卷方法所获，选择数次调研中，环境状况为健康和病态两种环境下的调研数据进行作图，调研时间分别为2018年1月下旬和2018年3月中旬，按照感冒发生处区位，次数频率等分析参数核算，绘制健康地图反映感冒发生频率（图4）。

对宿舍居住空间的温湿度的记录得知，北向宿舍的温度始终低于南向宿舍，且湿度高于南向宿舍，也

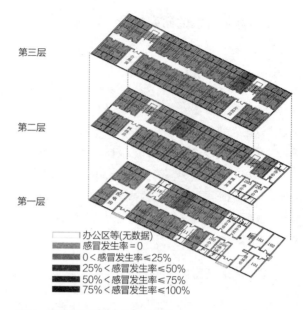

图2 健康环境状况中的健康地图

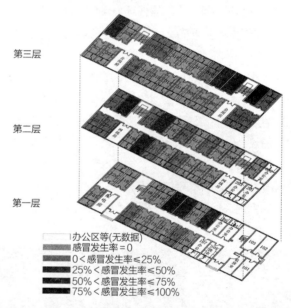

图3 病态环境状况中的健康地图

说明了北向宿舍感冒概率较高的原因，长期处于一种温度较低，湿度较高，温湿度变化剧烈的环境中，对身体健康是有不利影响的。

由图对比可知，环境对于健康状况的影响较大，温湿度变化剧烈的病态环境中公寓楼尽头两端的感冒人数较高，在楼梯间附近的居住空间处健康状况较差；整体来看，北向宿舍的感冒人数多于南向宿舍，即北向居住空间中的居住者更容易生病。

对宿舍的潮湿状况用潮湿、湿度适宜和干燥三个阶层来划分，蓝色越深表示潮湿程度越严重，明显

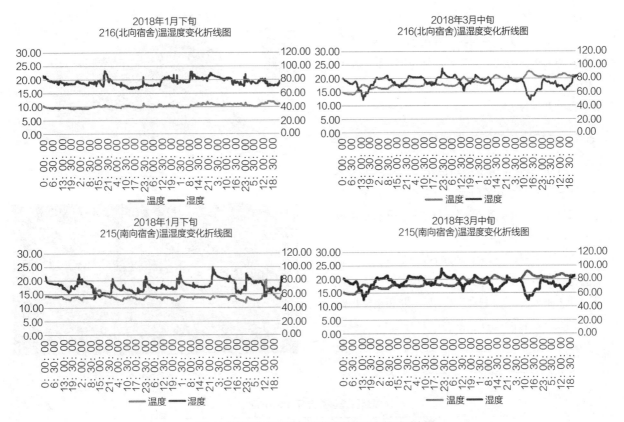

图4　健康环境和病态环境的温湿度变化状况对比图

看出，全部学校居住空间都处于湿度较大的状况，较为潮湿。对宿舍的发霉状况分为两个阶层，肉眼所见发霉痕迹是否明显，褐色越深表示发霉痕迹越严重。由图知，多数宿舍具有发霉痕迹，其中南向宿舍中发霉痕迹的程度低于北向宿舍。对宿舍的卫生状况用整洁、一般和脏乱三个阶层来划分，红色越深表示脏乱程度越严重，因卫生状况对于细菌的滋生和传播有重要影响，在此对每个居住空间的卫生状况用图示说明（图5）。

通过对宿舍居住空间的环境因素分析和感冒分布状况分析得知，学校居住环境的空间构成为亚健康

型，其中宿舍空间的相对密闭导致通风效果较差，武汉气候导致的潮湿情况也严重，随通风不良和长期潮湿带来的发霉现象也会滋生更多病菌对居住者的身体健康产生不良影响。

5　学校居住环境因素的模拟分析

本文对现场调研的环境因素分析后认为，会影响健康的物理环境特征有通风状况、温湿度状况、采光状况、日照状况及卫生状况（上述为按照对健康的重要程度排序）。为了探究全年度物理环境对居住空间

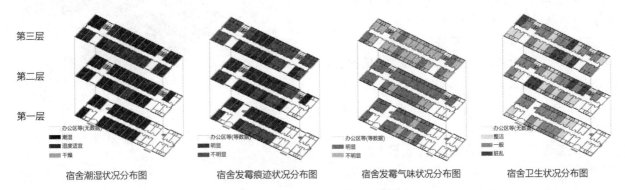

图5　学校居住空间环境因素分析图

健康的影响，下面将利用计算机进行全年物理环境的模拟。因温湿度状况已经用温湿度自记仪记录，卫生状况为人为因素，因此下面主要对学校居住空间进行通风模拟、采光模拟、日照模拟，后文再对调研结果与模拟结果进行对比分析。

5.1 学校居住空间的通风模拟

利用Sware分别模拟夏至日和冬至日环境气候作用下的学校居住空间通风状况，其模拟分析条件设定为武汉当地的经纬度，夏至日和冬至日的主导风向、风速及地面粗糙指数。

1. 夏至日学校居住空间的通风模拟

夏至日建筑外部环境设置为：夏季工况的入口边界风速为2.30m/s，主导风向ENE，地面粗糙指数0.28，南北向居住空间都设置为窗扇开启1/2。通过模拟计算（CFD）得出室外风场分布、风速大小及门窗风压信息，结果整理如下（图6、图7、表1）：

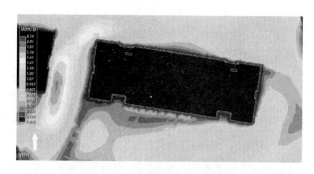

图6 室外风场夏至日风速云图

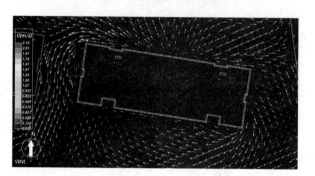

图7 室外风场夏至日风速矢量图

夏至日建筑外部环境风压表 表1

区域	迎风面窗平均风压(Pa)	背风面窗平均风压(Pa)	迎背风面窗平均风压差(Pa)
1层	0.33	−1.04	1.37
2层	0.26	−1.08	1.34
3层	0.28	−1.10	1.38

按上述方法，通过模拟计算出夏至日学校居住空间室内风场分布、风速、空气龄云图及风速云图，整理如下（图8、图9）：

由图得知，夏至日北向居住空间较南向居住空间空气流通情况好，空气停滞时间短，走廊尽端房间空气停滞时间长，西侧及东南侧房间该情况尤为严重，空气不流通，空气龄数据较大。由于武汉夏季主导风向为ENE，在不考虑实际生活中通风状况时，模拟结果显示北向居住空间的空气龄较小。

2. 冬至日学校居住空间的通风模拟

利用Vent对学生宿舍室外风场和室内风场进行模拟计算，室外通风需建立室外总图模型，确定计算域，再给定该地区冬至日主导风向、风速，作为边界条件进行室外风环境分析[5]。

冬至日建筑外部环境设置为：冬至日工况的入口边界风速为3.00m/s，主导风向NE，地面粗糙指数0.28，北向居住空间的宿舍单元窗扇不开启，楼

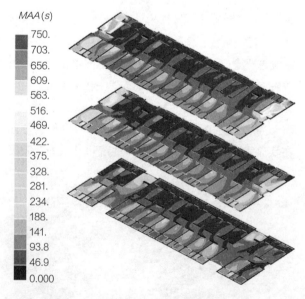

图8 夏至日 1-3 层学校居住空间空气龄云图

梯间窗扇开启1/4，南向居住空间的宿舍单元窗扇开启1/4，楼梯间窗扇开启1/4（依据2017年12月至

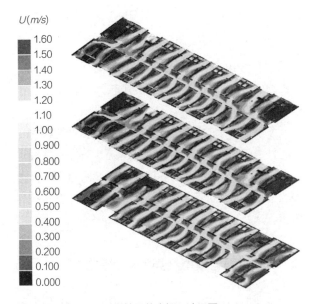

图 9 夏至日 1-3 层学校居住空间风速云图

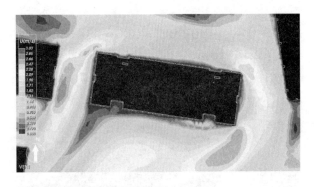

图 10 室外风场冬至日风速云图

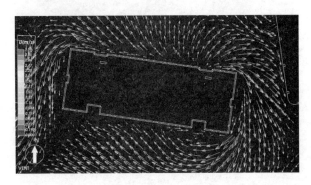

图 11 室外风场冬至日风速矢量图

2018年3月现场调研所获信息设置）。通过模拟计算（CFD）得出室外风场分布、风速大小及门窗风压信息，结果整理如下（图10、图11、表2）：

冬至日建筑外部环境风压信息　　　　　　　　　　　　表2

区域	迎风面窗平均风压(Pa)	背风面窗平均风压(Pa)	迎背风面窗平均风压差(Pa)
1层	1.36	-3.39	4.75
2层	0.42	-3.71	4.13
3层	0.35	-3.49	3.84

　　对学校居住空间室内风场进行计算，提取冬至日室外风场计算风压结果至门窗，由门窗开口位置、开口大小作为边界条件，分析室内自然通风的效果。模拟计算出学校居住空间室内风场分布、风速、空气龄云图及风速云图，整理如下（图12、图13）：

　　依据居住空间空气龄云图模拟结果得知，冬至日北向居住空间空气龄较大，较南向房间空气流通情况较差，北向走廊尽端房间空气停滞时间长，流通状况差，空气龄数据较大。对比两次调研绘制的健康地图，可以看出，空气龄较大的角落里的居住空间及楼梯间附近的居住空间，生病概率也较大。

　　由居住空间风速云图知，北向房间空气流通情况较差，角落的居住空间通风效果不佳，楼梯间通风量大。因冬季武汉的主导风向为NE，风主要从北方吹来，但是因冬季寒冷，北向居住空间长期不见阳光，阴暗寒冷，所以居住者开窗通风时长远远小于南向居

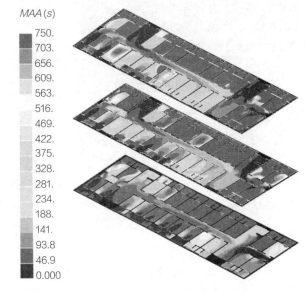

图 12 冬至日 1-3 层学校居住空间空气龄云图

住空间的通风时长。所以实际中通风状况较好的南向居住空间的生病概率也较小。

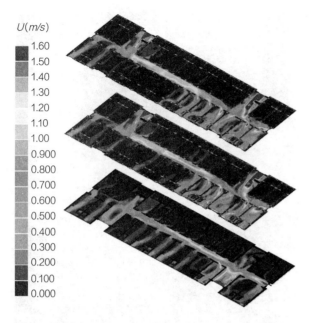

图 13　冬至日 1~3 层学校居住空间风速云图

5.2　采光模拟

对于建筑采光分析，通过 DALI，选择武汉所属光气候 IV 区，饰面材料为黄绿色瓷釉面砖（反射比为 0.62），采光引擎使用模拟法，调用计算工具 Radiance 进行采光模拟计算。室内采光情况如图 14 所示。

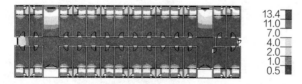

图 14　学校居住空间采光系数分布图

因高校宿舍楼空间每层均类似，在此只以一层作为主要说明。由图所示，自然采光对室内的影响较小，走廊狭长，走廊内采光系数仅为 0.68%，仅生活阳台部分能接收到足够的自然光照，宿舍房间内采光系数在 0.5% 以下。

5.3　日照模拟

选取夏至日、大寒日早 8:00 至下午 16:00 为模拟日照累计时间，设置武汉经度 114 度 17 分，纬度 30 度 35 分，以窗台中点为采样点，设定日光光线与含窗体的墙面之间的最小水平投影方向夹角为 0，选定遮挡建筑，累计全部有效日照，如表 3 单体窗照分

析知：

夏季宿舍南向日照时间均在 5~6 小时，北向日照时长为 1~2 小时的占比为 5%，日照时长为 2~3 小时的占比 95%，因夏季太阳高度角较大，北向宿舍可以接收到有效时长较大。

冬季宿舍南向日照时间均大于 6~7 小时，其中日照时长为 6~7 小时的占比为 14%，日照时长为 7~8h 的占比 86%；北向日照时间为 0，因调研的这栋宿舍楼的位置原因及武汉冬季气候特点，北面冬季几乎无日照。

6　调研结果与模拟结果的对比分析

在对学校居住空间的通风、采光和日照状况进行计算机模拟后，对比健康地图和学校居住空间环境因素分析图，认为由于武汉气候特点和宿舍楼居住空间的特殊性，采光和日照并不是导致亚健康的关键因素。因此，将着重分析冬季通风模拟与冬季调研的亚健康型居住空间环境因素及健康地图的关系。

6.1　学校居住空间的物理环境因素分析

1.　学校居住环境的亚健康型空间构成

"亚健康状态"[6]是指人身体状况处于健康和生病之间，目前已有的研究对亚健康型空间还没有明确的定义。本文暂且认为亚健康型空间是居住空间不能达到环境健康的标准，对居住者的身体健康有不良影响的一类居住空间。本文对所选学校居住空间的相关环境因素包括卫生、温度、湿度、发霉状况进行分析后认为，气候及建筑室内空间通风状况不良，易引发病菌的滋生传播，发霉现象也说明霉菌的存在，这些均对居住者身体健康有不良影响，因此学校居住环境的空间构成为亚健康型。

2.　亚健康型空间作用机理分析

空气龄云图反映空气在居住空间内的滞留时长，说明居住空间内的空气质量状况，可以综合衡量居住空间的通风状况是否良好[7]。学校居住空间的通风状况模拟表明，宿舍楼整体较为封闭，通风量较小。具体分析室内空间，北向室内空间较南向室内空间空气流通情况好，走廊尽端室内空间空气滞留时间长，西侧尤为严重，空气流通状况较差，空气龄数据较大，这些数据也印证了调研得到的结论。将健康地图与模

南北向居住空间有效日照时长说明 表3

有效日照（h）		夏季			冬季	
	1~2	2~3	5~6	0	6~7	7~8
南向	0	0	100%	0	14%	86%
北向	5%	95%	0	100%	0	0

拟分析的通风状况对比知，通风模拟状况较差的角落的宿舍空间对应的生病较频繁。通风模拟状况较好的居住空间，生病较少。

通风状况对于健康的影响尤为重要，导致居住者生病的病菌有三种流动路线：如果通风状况不佳，通风量较小，病菌容易从生病者所在的室内传播到健康居住者的居住空间；如果通风状况很好，通风量足够，病菌可以从生病者所在的室内排到宿舍楼外环境中；风向及通风，同时也会导致宿舍楼外环境中的病菌进入居住空间中。因此建筑应有足够大面积的可开关的窗户，顺应建筑所在地区的高频风向，保证室内足够的通风量，从而可以迅速将被污染的空气排出，减少对居住者身体健康的不良影响。

6.2 学校居住空间的建筑结构分析

由调研绘制的健康地图可以直观看出，在角落或者楼梯间附近宿舍中的居住者更容易生病。它反映出宿舍楼建筑结构设计存在不合理因素，走廊狭长导致的通风效果不佳，病菌和污染物容易堆积在角落空间；楼梯间附近的居住空间较为封闭，通风量不足。

宿舍楼多为老旧建筑，大部分高校宿舍楼的保温隔热性能不够，导致室内外温湿度差距较大，居住者在两个温湿度环境中切换，也容易对健康有不良影响。宿舍怎样设计才能够可以更加合理利用自然通风与阳光直射，保证室内通风与干燥。在设计过程和施工过程都要对建筑本体的构造和性能[8]。

6.3 学校居住空间的人为因素分析

相较于欧美国家而言，中国高校的学校居住空间人口密度很大。国外学校居住空间密度约为20平方米／人，而我国仅为5平方米／人。在这样人群高度密集的场所，如果通风量不够，病菌会很容易在居住空间内传播[9]。其中个人生活习惯导致的不良卫生状况、不规律的作息习惯以及缺少运动等都会是导致居

住者身体处于亚健康状态。因此，长期居住于高校宿舍楼中的学生更应养成良好的生活习惯，常开门窗通风[10]，保持室内整洁，并加强自身锻炼。

7 结论

7.1 研究结论

（1）学校居住环境的亚健康型空间构成主要为：通风效果不佳导致病菌不能及时排除居住空间，同时气候原因导致的潮湿使得室内发霉现象严重，而学校居住空间的封闭加剧了发霉现象，随发霉现象出现的霉菌也对居住者的身体健康产生不良影响。足够的通风可以更换掉已经被污染的空气[11]，降低生病率；居住空间的通风性能对于居住者的健康影响较大。

（2）在设计过程和施工过程都要对建筑本体的构造和性能。学校居住空间要合理利用自然通风，保证室内通风与干燥[12]。走廊狭长，过道较窄，房间进深大等建筑结构的问题，都会导致居住空间的通风状况不佳。

（3）居住者自身应经常开门窗通风，保持室内整洁，营造一个健康的居住环境。

7.2 研究的重要方法与论点提出

通过此次研究，运用现场调查的环境质量现象结合量化分析技术，综合评估健康居住环境质量与解析环境缺陷特性[13]。

现场调研后运用图层层析法绘制感冒地图，利用图层叠加方式认识在不同因素混合后的因素作用机理，同时利用计算机模拟冬季学校居住空间的室内外通风量、空气龄云图等环境气候作用因素，将模拟结果与调研部分相结合，共同结合质性与量化技术分析形成宿舍居住环境亚健康特性的作用机理。

7.3　研究的不足与展望

本文只是对华中科技大学宿舍居住环境亚健康特性的作用机理进行了分析，未来的研究方向可以延伸进行分析武汉地区高校居住环境的亚健康型空间构成与作用机理分析。

参考文献

[1] 石根，刘丽杰. 室内环境污染现状及环境监测措施分析[J]. 现代装饰（理论），2013(09):51.

[2] 唐飚，陆细军，黄春华. 我国高校学生宿舍模式探讨[J]. 青岛建筑工程学院学报，2003(03):37-40.

[3] 方孙鞞. 武汉地区高校学生宿舍夏季自然通风优化设计研究[D]. 武汉：华中科技大学，2012.

[4] Bass B, Economou V, Lee C K K, et al. The Interaction Between Physical and Social-Psychological Factors in Indoor Environmental Health[J]. Environmental Monitoring & Assessment, 2003.

[5] 王宏伟，鲁小松，王宝令，等. 基于室外风场环境数值模拟的建筑设计分析[J]. 建筑技术，2014(S1):114-117.

[6] Xu X, Zeng Q, Ding H, et al. Correlation between women's sub-health and reproductive diseases with pregnancies and labors[J]. Journal of Traditional Chinese Medicine, 2014, 34(4):465-469.

[7] 杨金凤. 一个中型会议室空气龄和舒适度的数值模拟研究[A]. 中国建筑学会暖通空调分会、中国制冷学会空调热泵专业委员会、全国暖通空调制冷2008年学术年会资料集[C].中国建筑学会暖通空调分会、中国制冷学会空调热泵专业委员会:中国制冷学会，2008:1.

[8] 荣琪. 浅析自然通风在成都高校宿舍设计中的应用[J]. 城市地理，2015(4).

[9] 李可群，马晓晨，滕仁明，沈壮. 2005~2006年北京市突发公共卫生事件报告资料分析[J]. 首都公共卫生，2008(04):182-184.

[10] 都冠群，刘美玲，樊轩辉，等. 通风窗送风量对冬季室内热环境的影响研究[J]. 建筑热能通风空调，2017, 36(6):30-34.

[11] 王萍. 通风换气能减少病菌[J]. 四川环境，2003, 22(1):61.

[12] 杨仕超，李庆祥，许伟，et al. 居住区风环境与室内自然通风关键技术研究[J]. 建设科技，2011(23).

[13] 张智. 居住区环境质量评价方法及管理系统研究[D]. 重庆：重庆大学，2003.

图片来源

图1~图5：作者自绘

图6~图14：作者软件模拟出图

表1~表3：作者自制

城市规划中水景观围合度与微气候耦合关系探究

王长鹏

作者单位
同圆设计集团（济南，250101）

摘要： 城市化背景下，气候与人类活动的关联是当前气候变化研究的重点领域。水景观作为城市下垫面组成部分，对微气候具有重要的影响作用，目前国内外对水景观与微气候相关性研究较多，但有关水景观围合度热耦合研究较少。因此立足城市规划学科空间本体角度，利用 CFD 软件[①] 模拟了水面率分别为 4%、8%、12%、16%、20%、24% 条件下不同围合度的水景观微气候效应能力。结果表明，随着水面率的提高，不同围合度水景观微气候效应能力均不断增强，就温度影响范围而言，环形水景观微气候效应效果整体优于线性水景观。最后利用济南古城片区控制性详细规划尺度下的城市空间模型进行实证探究，得出适宜该片区水景观优化设计的温度与温度影响范围修正系数分别为 -1.34 和 -0.22。同时研究发现，基于人体温度阈值[②]和最优热效应综合评价得出的水景观分散度的优化设计应保证水面率指标在 4% ~ 16% 之间。这为水景观改善人居环境提供科学依据，对日后济南城市水景观规划与保护利用有指导作用，同时对济南特色水生态文明的建设与泉水成功申遗具有极为重要的意义。

关键词： 城市规划；水景观围合度；微气候；耦合关系；CFD 软件

Study on the Coupling Relationship between Water Circumference and Microclimate in Urban Planning

Abstract: Under the background of urbanization, the relationship between climate and human activities is the focus of current climate change research. As a part of the city's underlying surface, the water landscpe has an important influence on the microclimate. At present, there are many studies on the correlation between water and microclimate both at home and abroad, but there are few studies on the thermal coupling of water body. Therefore, based on the spatial ontology of urban planning disciplines, CFD software was used to simulate the microclimate effects of water circumference with different confluence degrees of 4%, 8%, 12%, 16%, 20% and 24% respectively. The results show that with the increase of surface water rate, the microclimatic effect ability of different water landscape is continuously increasing. As far as the temperature is concerned,, the cooling effect of annular water landscape is better than that of linear water . Finally, using the urban spatial model under the control detailed planning scale of the ancient city area of Ji'nan, we can get a conclusion that the the correction coefficient of the temperature and temperature range of the area is -1.34 and -0.22. At the same time, it is found that the optimal design of water landscape dispersivity based on the synthetic evaluation of the temperature threshold and the optimal heat effect should ensure the water surface index between 4%~16%. It provides a scientific basis for spring water to improve the living environment, and plays a guiding role in Jinan urban water planning and the protection and utilization of spring water in the future. At the same time, it is of great significance for the construction of Jinan characteristic aquatic civilization and the successful application of spring water.

Keywords: Urban Planning; Water Circumference; Microclimate; Coupling Relationship; CFD Software

1 引言

自霍华德于1833年发现"热岛效应"[③]现象以来，有关城市热环境的研究一直备受关注。尤其是近年来随着全球城市化的推进所导致的夏季高温问题，一直困扰着居民正常生产生活。诚如城市热环境研究是一种问题导向型科学，依据具体问题进行具体分析是其重要的特征之一，加之城市设计重点研究的外部空间同样也是城市热环境所直接影响的区域，且对于两者研究的终极目标都是为人类创造舒适和谐的居住环境，因此在随着科学技术的发展，尤其是Phoenics、Envi-Met等软件、灵敏仪器的出现之

---

① CFD软件简称 Computational Fluid Dynamics Software（计算流体动力学软件），是模拟仿真实际流体流动情况的软件统称，目前常用的有 Phoencis、Fluent、Envi-Met等软件。

② 35℃是人体温觉阈值临界点，即当温度超过该值时，会打破机体原有的均衡而引起人体出现不适症状。

③ 热岛效应是城市气候中最显著的特征之一，人类很早就发现大气环境在城市与乡村及山区具有差异性。1833年霍华德第一次对伦敦热岛效应现象进行文字记载。目前普遍认为，热岛效应是城市发展到一定规模之后，由于城市下垫面性质的改变、大气污染以及人工废热的排放等使城市温度明显高于郊区，形成类似高温孤岛的现象。

后，与城市空间息息相关的广义建筑学也拉开了对热环境研究的帷幕。

就目前而言，热环境相关研究分类较广，从尺度上可分为宏观、中观、微观；从对象上大体可分为城市热环境整体性研究、路网交通对城市热环境影响研究、建筑空间形态与热环境耦合关系研究、城市下垫面与城市热环境关系研究等方面；从研究方法上可分为遥感—地表反演法、数理模型建构、地面观测、软件数字技术模拟等（图1）。对于物理学、气象学、生态学等学科而言，热环境研究早已进行并各自发展出适合本专业的理论方法与技术手段，其中有G·曼塔基对城市水景观与微气候相关性进行了综述，得出目前研究在量化评估方面的欠缺，尤其是白天和夜间的水景观影响差异，以及如何通过水景观规划设计来调控城市微气候效应的结论[1]；尼·萨费依为找出最优城市水景观设计方案，在日本崎玉市室外城市尺度模型内进行了实验研究，通过改变水池的物理性质（方向、水温），来观测空气温度的变化，进而得出冷水池对周边热环境的缓解作用优于常温水池的结论[2]；Meiya Wang等利用遥感反演的方式提取了福州市1989年、1996年、2006年和2014年的地表水景观信息，回归分析研究了水和LST之间的定量关系，得出地表水景观减少加剧了热岛现象发生的结论[3]；Lei Wang等以长春市1993和2005年间TM影像作为数据源，利用单窗算法定量分析了水景观密度、斑块大小与地表温度的空间关系，得出小面积水景观对城市热

环境影响不大，而通过改变水景观的形状复杂度可有效缓解热岛效应的结论[4]；任侠、王咏薇、张圳等将CLM4-LISSS浅水湖泊陆面过程参数化方案耦合进入WRF中的Noah陆面过程模型，采用太湖湖上平台及岸边陆上测站观测的数据，评估了CLM4-LISSS浅水湖泊过程方案对太湖区域近地层气象条件的模拟性能，结果发现，湖风能够破坏无锡地区的热岛环流结构，改变近地面热量和水汽的分布，抑制城市热岛的垂直发展[5]；王可睿利用实地观测与ENVI-MET模拟软件研究居住小区内静态水景观的布置方式和尺寸等要素对热环境的影响，得出静态水景观对热环境的改善程度与天空角系数（SVF）、风速风向、水景观尺寸以及水景观与建筑的相对距离密切相关的结论[6]；对于广义建筑学而言，其对热环境的研究重点主要是空间问题，即利用适宜本领域的技术手段研究城市空间形态对热环境的影响。就水景观对热环境的影响而言，陈淑芬、张建华等人以中国北方泉水聚落为对象，通过对水面率与聚落气温响应关系的量化分析与计算，初步得出了北方泉水聚落的合理水面率[7]；Haiyan Miao利用CFD软件建立了耦合模型来研究建筑布局、绿地和水景观对行人风和热环境的影响，得出水景观微气候效应影响取决于建筑物的距离的结论[8]；富永佳秀等利用CFD软件从微观角度模拟了城市水提蒸发冷却过程，并结合CFD和辐射换热分析了居住区池塘热环境进，得出水面引起的最大温降约2℃的结论[9]。尽管目前相关研究成果颇丰，但仍

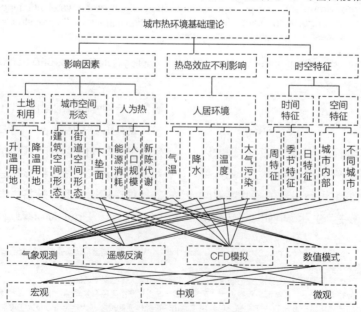

图1 城市热环境研究谱系（作者自绘）

未从水景观围合度方面深入系统分析与微气候耦合关系机理。据此，以济南古城片区为研究对象，从水景观围合度层面出发，利用CFD模拟软件量化水景观能力，进而得出适用于该区域的水景观优化设计指标，为今后城市规划及水生态文明建设提供技术指导。

2 研究区与研究方法

2.1 研究区概况

济南古城片区位于城市中心地带，地理优越性十分显著，这使得城市在不断向外延展扩张时，古城区始终作为经济繁荣地带与人口密集区域而存在。自1992年以来大规模的城市更新改造极大地改变了以往城市的机理与空间特色[10]，同时在政府缺乏管理、资金链条断裂等多重因素影响下，历史建筑、文物古迹以及空间环境都遭受到了不同程度的破坏，水景观所处情况也令人担忧[11]。济南水文环境的破坏直接导致了城市生态问题的恶化，水景观微气候调节作用衰退加剧了济南城市夏季高温问题，市民正常生活受到影响，城市的持续健康发展受到阻碍。为了实现历史遗产及其环境保护的可持续性，实际上在2005年初济南就已经开始启动对城市的控制性详细规划的制定工作，在保证原有空间格局完整性的前提下，注重济南古城片区的生态绿色视廊空间的通透性，积极维护"人水相伴而生"的高质量聚居环境。控制性详细规划的实施与泉水申遗及生态文明城市的延续运行挂钩，同时重视整体保护的生态理念，将以往强制规划转变为理性引导，进而落实规划的可实施性。

2.2 研究方法

1. 理想数学模型构建

水景观围合度是指其形态围合程度。按围合度划分，点状水景观、面状水景观以及线性水景观实际上都可以归为不围合水景观，而环形水景观由于其自身高度的围合性，故将其归类为围合性水景观，并规定围合度$c=1$时是围合性水景观，围合度$c=0$时为不围合水景观。介于水景观相关指标是在控制性详细规划层面进行的，因此确定热环境研究尺度为中观尺度（3km）。

（1）理想条件下围合度$c=0$的水景观模型建构

不围合水景观可分为完全不围合水景观与半围合水景观两种情况，如图2所示理想状态下不围合线性水景观面积$S_{线性1}$与水景观边长a、b之间的关系方程为：

$$S_{线性1}=a \cdot b \tag{1}$$

$$b=a \cdot n, \ n>1 \tag{2}$$

取$n=4$时联立公式，得出：

$$a=\frac{\sqrt{S_{实} \cdot \delta}}{2} \tag{3}$$

$$b=2\sqrt{S_{实} \cdot \delta} \tag{4}$$

同理，取$n=8$时，得出：

$$a=\frac{\sqrt{2S_{实} \cdot \delta}}{4} \tag{5}$$

$$b=2\sqrt{2S_{实} \cdot \delta} \tag{6}$$

规定理想网格中每个单元网格为一个单位，则此时当$n=4$水面率处于4%、8%、12%、16%、20%、24%六种情况时，理想水景观具体布置如图3所示。

同样，当$n=8$且水面率处于4%、8%、12%、16%、20%、24%六种情况时（其中受本身形态影响，水面率为16%、20%、24%时水景观为半围合状态），此时理想水景观具体布置如图4所示。

（2）理想条件下围合度$c=1$的水景观模型建构

假设围合式水景观为同心正方环形水景观，内环边长为a，外环边长为b，如图5所示：

则水面率δ、$S_{外环}$、$S_{内环}$之间的关系为：

$$S_{外环}=b^2, \ b\in（0, +\infty） \tag{7}$$

$$S_{内环}=a^2, \ a\in（0, +\infty） \tag{8}$$

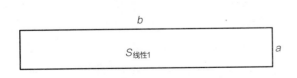

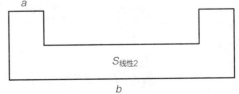

图2 不围合水体数学模型（作者自绘）

 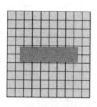 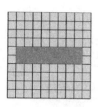 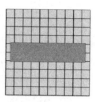

□ 城市下垫面
■ 城市水体

理想状态下城市纯线性水体实验布局图

图3 理想状态下边长比为 1:4 的不围合水景观布局图（作者自绘）

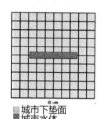 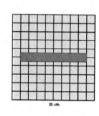 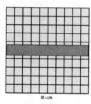 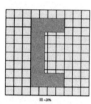

□ 城市下垫面
■ 城市水体

理想状态下城市纯线性及半围合水体实验布局图

图4 理想状态下边长比为 1:8 的不围合水景观布局图（作者自绘）

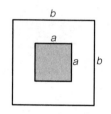

图5 围合式水景观数学模型（作者自绘）

$$S_{外环}=N \cdot S_{内环}，N>1 \qquad （9）$$

$$\delta =\frac{S_{外环}-S_{内环}}{S_{实}} \qquad （10）$$

取N=1.5，此时联立可得：

$$a=\sqrt{2\delta \cdot S_{实}} \qquad （11）$$

$$b=\sqrt{3\delta \cdot S_{实}} \qquad （12）$$

且水面率处于4%、8%、12%、16%、20%、24%六种情况时，实验具体布置图如图6。

同理，取N=2时，联立可得：

$$a=\sqrt{\delta \cdot S_{实}} \qquad （13）$$

$$b=\sqrt{2\delta \cdot S_{实}} \qquad （14）$$

且水面率处于4%、8%、12%、16%、20%、24%六种情况时，实验具体布置图如图7所示。

2．CFD软件耦合模拟

（1）理想状态下单一指标耦合（图8）

采用phoenics软件模拟的济南城市地理纬度设置为36.65°，城市中心区域范围为3000米×3000米，网格的间距划分为30米×30米模拟时间为2017年7月14日下午14:00[①]，此时室外环境温度设置为

□ 城市下垫面
■ 城市水体

理想状态下城市环形性水体实验布局图

图6 理想状态下内外面积之比为 1:1.5 的围合式水景观布局图（作者自绘）

□ 城市下垫面
■ 城市水体

理想状态下城市环形水体实验布局图

图7 理想状态下内外环面积之比为 1:2 的围合式水景观布局图（作者自绘）

---

① 由于气象学中通常将日平均温度取8:00、14:00,、20:00、2:00四个时刻温度的平均值，其中14:00室外温度最高。

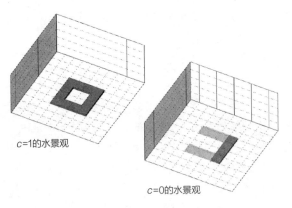

c=1的水景观

c=0的水景观

图8 理想状态单一指标模型（作者自绘）

35℃，近地面1.5米处的风速为3.1m/s，风向为东南向，漫辐射与直射辐射分别为243W/m²和218W/m²。漫辐射与直射辐射分别为243W/m²和218W/m²。

（2）控规尺度仿真环境耦合模型适应

济南古城片区最典型的环形水景观是护城河水域，因此基于水景观围合度优化设计的策略主要针对护城河进行（图9）。通过对护城河的内外环面积比进行调整优化，使内外环面积比值控制在0.5左右。其中济南古城片区控制性详细规划中护城河水域优化设计水面率指标为20.58%。

运用Phoencis软件针对济南古城片区护城河水域优化设计方案进行夏季热环境的模拟，实验模拟域内尺度为2650米×2650米×60米，并将实验网格划分为600米×600米×60米，复合的边界结构为"建筑体块-绿地-沥青道路-水景观"模型，选择2017年7月14日下午14:00作为实验的模拟时间，同时增加护城河景观优化设计方案对照组两组，其中一组为原始组，水面率为14.06%，另一组围合度优化对照方案水面率为17.11%。此时，室外环境温度设置为35℃，近地面1.5m处的风速为3.1m/s，风向为东南向，此时漫辐射与直射辐射分别为243W/m²和218W/m²。

3. 线性回归分析

对CFD软件模拟得到的结果进行读图识别，矢量化提取流场模拟云图的温度信息（温度值和温度范围），以极端温度作为评价因子进行温度层级数据捕捉与统计，进而绘制水面率与温度、温度影响范围之间的关系表。将得到的关系图表导入SPSS数学工具中进行数据回归分析，进一步得到适应某一区域的基于围合度优化设计的水景观空间形态设计公式，再与真实化模拟后得到的公式进行匹配，求出修正系数，得到科学的空间形态指标。

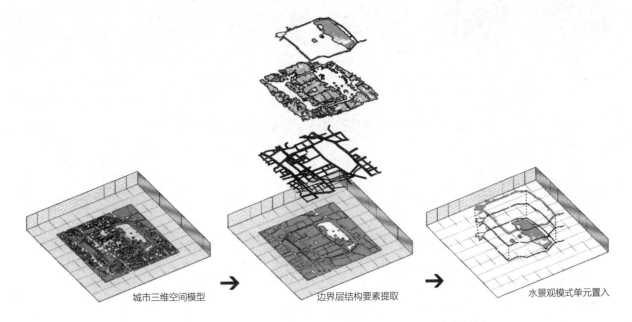

城市三维空间模型 ➡ 边界层结构要素提取 ➡ 水景观模式单元置入

图9 基于水景观围合度优化的城市三维仿真模型边界修正图（作者自绘）

3 模拟结果分析

3.1 理想化耦合模拟分析

1. 围合度c=0的水景观热环境模拟

（1）边长比为1:4的不围合水景观模拟结果分析:

模拟得到理想状态下区域环境温度流场云图（图10），将图10所包含的温度信息进行矢量化处理，得到高温区（红色下同）、中温区（橙黄色下同）、低温区（黄色下同）三个等级的温度覆盖域，其中以极端温度（＞35℃）作为有效信息域，统计集中式水景观与分散式水景观在4%、8%、12%、16%、20%、24%六种不同水面率下的高温区域所占比例，并利用SPSS数学统计软件进行归纳整理，得到表1。

利用数学统计工具将表1数据进行整理后得到图11。由左图明显看出，当水面率在4%～24%区间内时，边长之比为1:4的纯线性水景观水面率与平均温度之间大致呈线性反比关系，即随着分散式水景观水面率由4%扩大到24%之间，平均温度不断呈降低。

因此在4%～24%区间内时，边长之比为1:4的纯线性水景观水面率与平均温度之间的关系函数为:

$$y=-0.9357x+33.773, \quad x \in [4\%, 24\%] \quad （15）$$

由右图看出当水面率在4%~24%区间内时，水面率与高温区影响范围关系近似可以看作线性反比关系，即随着水景观水面率提高时，高温区影响范围在呈线性缩小。因此在4%～24%区间内时，边长之比为1:4的纯线性水景观水面率与高温区影响范围之间的关系函数为:

$$y=-1.2399x+0.7276, \quad x \in [4\%, 24\%] \quad （16）$$

（2）边长比为1:8的不围合水景观模拟结果分析:

矢量化提取模拟得到的区域环境温度流场云图（图12），利用SPSS工具统计三个温度层次信息，得到表2。

利用数学统计工具将表2数据进行整理后得到图13，由左图明显看出，当边长之比为1:8时，水面率与平均温度之间的大致呈线性反比关系，即在4%～24%区间内，随着边长之比为1:8的线性水景观水面率不断增大，平均温度不断降低。且此时水面

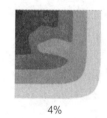  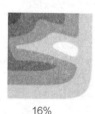  

| 4% | 8% | 12% | 16% | 20% | 24% |

图10 b=4a 的不围合水景观模拟流场图（Phoencis 模拟结果）

b=4a的不围合水景观水面率与平均温度、温度影响范围关系（作者整理） 　　　　　表1

水面率	4%	8%	12%	16%	20%	24%
平均温度	33.74℃	33.70℃	33.65℃	33.62℃	33.59℃	33.55℃
温度影响范围	67.44%	64.01%	57.37%	52.34%	47.79%	43.46%

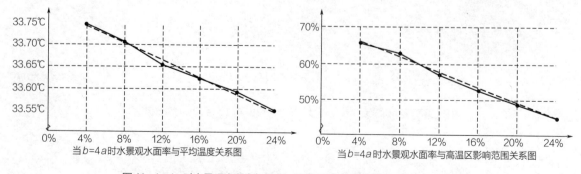

当b=4a时水景观水面率与平均温度关系图　　　　　当b=4a时水景观水面率与高温区影响范围关系图

图11 b=4a 时水景观水面率与温度、高温区影响范围关系图（作者自绘）

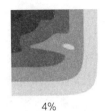 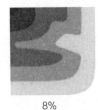  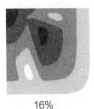 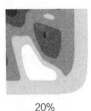 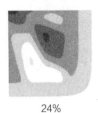

4%　　　　8%　　　　12%　　　　16%　　　　20%　　　　24%

图12 $b=8a$ 的不围合水景观模拟流场图（Phoencis 软件模拟结果）

当$b=8a$时水景观水面率与平均温度、温度影响范围关系表（作者整理）　　　　　　表2

水面率	4%	8%	12%	16%	20%	24%
平均温度	33.74℃	33.70℃	33.66℃	33.63℃	33.57℃	33.54℃
温度影响范围	66.85%	63.71%	59.34%	57.89%	47.79%	42.66%

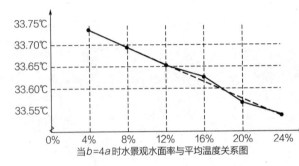

当$b=4a$时水景观水面率与平均温度关系图

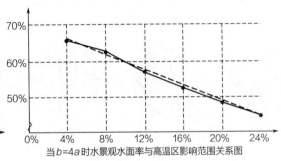

当$b=4a$时水景观水面率与高温区影响范围关系图

图13 $b=8a$ 时水景观水面率与温度、高温区影响范围关系图（作者自绘）

率与平均温度之间的关系式可表示为：

$$y=-1.0143x+33.782, x \in [4\%, 24\%] \qquad (17)$$

由右图看出，边长之比为1:8的线性水景观在水面率处于4%~24%之间时，水面率与高温区影响范围之间呈线性负相关关系。即随着水面率由4%增加到24%时，高温区在不断降低，此时两者之间的线性回归关系方程为：

$$y=-1.2154x+0.7339, x \in [4\%, 24\%] \qquad (18)$$

由图14可知，随着水面率由4%增加到24%时，两组水景观所在的实验域平均温度均降低，且水面率在4%~16%范围内边长之比为1:8的线性水景观微气

候效应作用更为明显，但当水面率大于16%时边长之比为1:4的线性水景观微气候效应作用明显超过边长之比1:8的水景观。经过线性回归分析得出，边长之比为1:8的线性水景观在微气候效应作用上效果更为明显。

而水面率由4%提高到24%时，两组水景观所在的实验域内高温区影响范围近似呈线性降低，且在4%~20%范围内边长之比为1:8的线性水景观高温区影响程度在降低。经过线性回归分析得出，边长之比为1:8的线性水景观微气候效应范围更明显。综合上述，可推知在给定范围内，线性水景观边长之比越

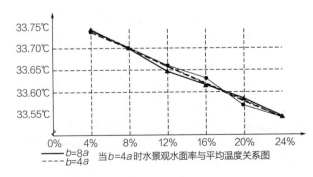

—— $b=8a$
—— $b=4a$
当$b=4a$时水景观水面率与平均温度关系图

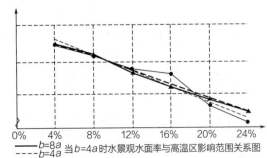

—— $b=8a$
—— $b=4a$
当$b=4a$时水景观水面率与高温区影响范围关系图

图14 $b=4a$、$b=8a$ 时水景观水面率与温度、高温区影响范围关系图（作者自绘）

大，微气候效应效果就越明显。

2. 围合度c=1的水景观热环境模拟

（1）内外环比为1:1.5的环形水景观模拟结果分析：

对区域环境温度流场云图（图15）进行提取，并利用SPSS工具统计区域环境温度层次信息，得到表3。

利用数学统计工具将表3中数据进行整理后得出图16，由左图明显看出，当内外环之比为1:1.5时，环形水景观水面率与平均温度之间大致呈线性反比关系，即在4%～24%区间内，随着内外环之比为1:1.5的环形水景观水面率不断增大，实验域内平均温度不断降低。且此时水面率与平均温度之间的关系式可表

示为：

$$y=-1.0571x+33.781，x\in[4\%，24\%] \quad （19）$$

由右图看出，当内外环之比为1:1.5时，环形水景观水面率为4%时与高温区影响范围之间不存在明显关系。而水面率在8%～24%之间时与高温区影响范围之间大致呈线性反比关系。环形水景观水面率与高温区影响范围之间的函数关系式为：

$$\begin{cases} y=67.34，x\in[4，28) \\ y=-1.9886x+0.7984，x\in[8，24] \end{cases} \quad （20）$$

（2）内外环比为1:2的环形水景观模拟结果分析：

对温度模拟云图（图17）温度信息进行提取，利用SPSS工具统计区域环境温度信息，得到表4。

| 4% | 8% | 12% | 16% | 20% | 24% |

图15　内外环之比为1:1.5的水景观热环境模拟图（Phoencis 软件模拟结果）

内外环面积比为1:1.5水景观水面率与平均温度、温度影响范围关系表（作者自绘）　　表3

水面率	4%	8%	12%	16%	20%	24%
平均温度	33.74℃	33.70℃	33.65℃	33.61℃	33.57℃	33.53℃
温度影响范围	67.39%	67.29%	58.53%	48.93%	39.69%	30.19%

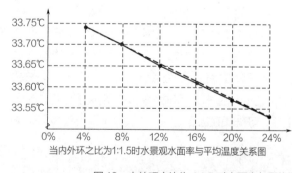 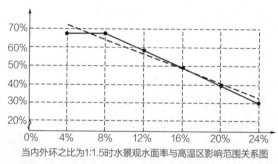

当内外环之比为1:1.5时水面率与平均温度关系图　　　当内外环之比为1:1.5时水面率与高温区影响范围关系图

图16　内外环之比为1:1.5时水面率与平均温度、高温区影响范围关系图（作者自绘）

| 4% | 8% | 12% | 16% | 20% | 24% |

图17　内外环之比为1:2的水景观热环境模拟图（Phoencis 软件模拟结果）

内外环面积比为1:2的水面率与平均温度、温度影响范围关系图表（作者整理）						表4
水面率	4%	8%	12%	16%	20%	24%
平均温度	33.74℃	33.70℃	33.65℃	33.62℃	33.57℃	33.54℃
温度影响范围	68.99%	67.89%	59.34%	51.74%	40.91%	33.49%

利用数学统计工具将表4中水面率与平均温度数据整理得到图18，从左图中看出，当内外环之比为1:2时，随着水面率由4%增加到24%，水面率与实验域内平均温度大致呈线性反比关系。处理后的水面率与平均温度之间的函数可以表示为：

$$y=-1.0143x+33.779, x\in[4\%, 24\%]\quad(21)$$

由右图可知，当水面率由4%～8%时，水面率与高温区影响范围之间不存在明显关系，当水面率继续由8%增加到24%时，水面率与高温区影响范围之间存在明显线性相关反比关系。水面率与高温区影响范围之间的关系可表示为：

$$\left.\begin{array}{l}y=68.44, x\in[4\%, 8\%]\\y=-1.9003x+0.8033, x\in[8\%, 24\%]\end{array}\right\}\quad(22)$$

将图16图18合并得到图19，由此可知水面率提高的同时，平均温度均大致呈线性降低，但水面率与平均温度之间不受环形水景观内外面积比的影响，即在水面率一定的情况下，环形水景观微气候效应作用不受其本身形态影响。

同时随着环形水景观水面率提高，高温区影响范围均有所降低，且内外环之比越大，实验域内高温区影响范围越小。综上所述，在相同条件下，环形水景观内外环之比越大，水景观微气候效应越明显。

3. 理想条件下不同围合度水景观微气候效应比较

将图14与图19复合叠加得到图20，通过曲线图可知，不围合水景观与围合式水景观在温度调节方面效应相近，但相比不围合式水景观而言，相同条件下围合式水景观降低的温度幅度更大。

同时，相同条件下围合式水景观降低的温度范围要比不围合式水景观大得多。总的来说，相同条件下环形水景观微气候效应比线性水景观更明显，微气候效应效果更加显著。另外根据温觉阈值[12]作为最优水面率选择指标发现，若使平均温度降到35℃以下的水面率δ=4%，这与陈淑芬等人[7]基于温度阈值的北方泉水聚落水面率研究得出的结论基本一致。

3.2 城市三维仿真模型耦合模拟分析

根据下午14点时行人1.5米高度处的室外大气温

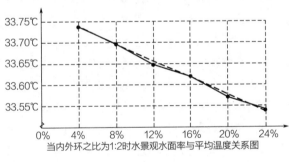

当内外环之比为1:2时水景观水面率与平均温度关系图

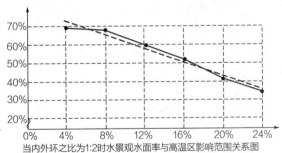

当内外环之比为1:2时水景观水面率与高温区影响范围关系图

图18 内外环之比为1:2时水面率与平均温度、高温区影响范围关系图（作者自绘）

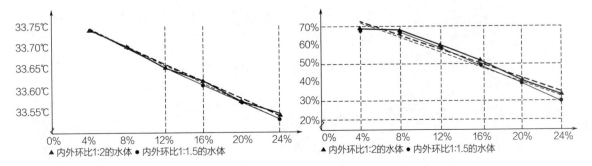

▲ 内外环比1:2的水体 ● 内外环比1:1.5的水体   ▲ 内外环比1:2的水体 ● 内外环比1:1.5的水体

图19 内外环比为1:1.5、1:2的水面率与平均温度、高温区影响范围关系图（作者自绘）

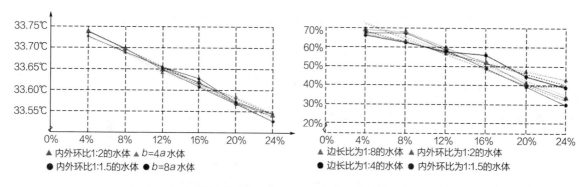

▲ 内外环比1:2的水体　▲ b=4a水体
● 内外环比1:1.5的水体　● b=8a水体

▲ 边长比为1:8的水体　▲ 内外环比为1:2的水体
● 边长比为1:4的水体　● 内外环比为1:1.5的水体

图20　不同围合度水景观水面率与平均温度关系图（作者自绘）

度模拟结果（图21）所示，原始组实验域平均温度为32.28℃，高温区影响范围为28.95%；当对济南古城片区护城河水域优化设计方案进行模拟时，实验域内平均温度降低明显，为32.25℃，高温区影响范围也降低到了21.94%；而优化设计方案对照组（水面率为17.11%）的热环境模拟结果显示，实验域内平均温度为32.27℃，高温区影响范围为25.38%。

根据表5中数据对公式进行修正，得出了水面率与平均温度关系公式的修正系数R_1=-1.34，进而得到基于围合度优化设计的济南古城片区控制性详细规划的水面率与平均温度之间的关系函数：

$$y=-1.0143x+32.439, x\in[4\%, 24\%] \quad (23)$$

实验组水面率与平均温度、温度影响范围关系表（作者整理）　表5

	原始组	方案组	方案对照组
水面率 δ	14.06%	20.58%	17.11%
平均温度 T	32.28℃	32.25℃	32.27℃
高温影响范围 S	28.95%	21.94%	25.38%

同样根据表5中数据对公式进行修正，得出水面率与高温区影响范围关系公式的修正系数R_1'=-0.22，进而得到基于围合度优化设计的济南古城片

区控制性详细规划的水面率与高温区影响范围之间的关系函数：

$$y=-1.9003x+0.5833, x\in[8\%, 24\%] \quad (24)$$

优化设计方案与其他两对照组相比，护城河水域附近环境温度明显更低于周边区域，且夏季主导方向附近环境温度降低也更为明显。大面积的沥青马路与建筑密集区域是高温集中区域，比如恒隆广场与世贸广场，以及古城中心附近的明湖小区，但护城河与周边绿地则通过自身特性释放了大量的潜藏热能，对周边热环境起到了调节作用。

4　结论

通过对理想状态下不同围合度水景观进行热环境模拟可以发现，随着水面率不断增加，计算域内高温区温度均有降低，尤其是当水面率大于8%时水景观微气候效应效果更为明显。由上述模拟实验可知，水景观的确具有微气候调节作用，且忽略水景观形态、布局条件下的水面率与实验域内平均温度、高温区影响范围均呈线性相关关系。在对济南古城片区进行热环境模拟之后，可以看出理想化水景观微气候效应模拟与基于真实三维城市边界适应的微气候模拟

控制性详细规划方案温度流场　　　控制性详细规划方案对照组温度流场　　　原始模型环境温度流场

图21　基于水景观围合度优化的济南古城片区热环境模拟（作者自绘）

之间的结果存在差异性，这种差异性的大小与实验模型精细程度关联很大，当然也包括外部环境诸如建筑物之间的遮挡、沥青、混凝土等材质的蓄热放热等，但在方案阶段或是实验模拟阶段利用修正系数已经可以获取相对科学的水景观围合度指标。当然，在水景观围合度与微气候相关性后续研究中，可以借助实地观测或遥感反演方式进行互证，进而得到更为真实的量化指标。在济南古城片区热环境模拟中可以发现，建筑物密集区往往也是高温密布地区，由于通风条件较差，因此这一范围内水景观并不能产生较大的微气候效应作用，因此在保证通风条件良好的基础上进行水景观设计，进而营造良好的区域微气候是值得推广的。

芦原义信[13]与让·盖尔[14]在关注城市的外部空间时提到，城市的广场、街道、公园等外部空间是人们活动、交往的重要场所，也是城市设计的重要研究对象。但随着城市化进程的加速，全球变暖、热岛效应、雾霾等气候问题日益尖锐，这导致了城市外部空间受到影响，尤其对于以泉水水系闻名的济南而言，延续实施创建国家级水生态文明城市、构建健康的水生态体系、发挥水景观微气候效应对于强化济南古城人文景观有着极为重要的意义。

参考文献

[1] MANTEGHI G, MOHAMAD S, OSSEN D. Water Bodies an Urban Microclimate: A Review [M]. 2015.

[2] IMAM SYAFII N. Urban Water Pond Cooling Effect and Related Microclimate Parameter: a Scale Model Study [M]. 2017.

[3] MEIYA WANG H X, WEI FU, ZHONGLI LIN, XIA LI, BOBO ZHANG, FEI TANG. Spatiotemporal Variation of Urban Surface Water and Its Influence on Urban Thermal Environment[J]. SCIENTIA GEOGRAPHICA SINICA, 2016, 36(7): 1099-1105.

[4] WANG L, YAO Y, ZHANG S. A quantitative analysis of urban water landscape pattern changes and their impacts on surface temperatures [M]. 2016.

[5] 任侠，王咏薇，张圳等. 太湖对周边城市热环境影响的模拟[J]. 气象学报，2017，（04）：645-660.

[6] 王可睿. 景观水景观对居住小区室外热环境影响研究[D]. 广州：华南理工大学，2016.

[7] 陈淑芬，张建华，刘建军. 基于温觉阈值气温调节的北方泉水聚落合理水面率研究[J]. 中国人口资源与环境，2014，（S2）：323-327.

[8] MIAO H, GOPALAN H, WANG B, et al. Effects of Building Arrangement, Greenery and Water Body on Pedestrian Wind and Thermal Environment around Buildings [M]. 2016.

[9] TOMINAGA Y, SATO Y, SADOHARA S. CFD simulations of the effect of evaporative cooling from water bodies in a micro-scale urban environment: Validation and application studies [M]. 2015.

[10] 陆地. 城市更新与旧城保护中的辩证思维 浅析济南古城片区控制性详细规划[A]. 中国城市规划学会. 多元与包容——2012中国城市规划年会论文集（12.城市文化）[C]. 中国城市规划学会:中国城市规划学会，2012:11.

[11] 王新文，牛长春，张中堃等."积极保护"理念与济南老城保护规划[J]. 规划师，2012，（08）：84-87.

[12] 黄富表，陈彤红，奈良进弘. 20例正常人上肢不同部位的温度觉阈值的初步报告[A]. 中国康复研究中心.第三届中日康复医学学术研讨会暨中国康复专业人才培养项目成果报告会论文集[C]. 中国康复研究中心:《中国康复理论与实践》，2006:4.

[13] （日）芦原义信著；尹培桐译. 街道的美学[M]. 天津：百花文艺出版社，2006.

[14] （丹）扬·盖尔著；何人可译. 交往与空间[M]. 北京：中国建筑工业出版社，2002.

地理设计视角下严寒地区小城镇数字化城市设计
——以范家屯镇硅谷大街沿线街区为例

Digital Urban Design of Small Town in Cold Region Under Geodesign Perspective: A Case Study of Street Blocks of Fanjiatun Town Guigu Street

孙玥、赵天宇、程文

作者单位
哈尔滨工业大学　建筑学院、黑龙江省寒地城乡人居环境科学重点实验室（哈尔滨，150001）

摘要：立足地理设计视角，融合多元数据与地理信息系统（GIS）技术，提高小城镇城市设计的科学性和适用性。首先分解地理设计核心任务，构建数字化设计应用框架。以范家屯镇硅谷大街沿线街区为例，借助 ArcGIS 和 CityEngine 平台，数字化转译设计要素，参数化表征严寒地区建筑特征，通过前期规划导引评价、中期信息模型构建、后期设计方案评估，实现全周期的数字化城市设计与反馈调整。旨在完善严寒地区小城镇城市设计方法，并为规划设计提供科学决策。

关键词：地理设计；城市设计；数字化；严寒地区

Abstract: The paper based on geodesign insight, integrated multivariate data and geographic information system to improve the scientific and applicability of urban design in small towns. This study decomposed the core tasks of geodesign, built the digital design application framework. Taking street blocks of fanjiatun town guigu street for instance, taking ArcGIS and CityEngine as software platform, digitally translated design elements, parametrically represented architectural features in cold region, through planning guidance and evaluation, the construction of information model, and design assessment to realized the whole cycle digital urban design and feedback adjustment. It aims to improve the urban design method of small towns in cold regions and provide scientific decision-making for planning and design.

Keywords: Geodesign; Urban Design; Digitalization; Cold Region

1 引言

在传统城乡规划向空间规划转型背景下，城市设计作为规划工作中的重要环节，也应由关注空间尺度关系，转向注重与地理环境的结合，将自然资源、经济社会相关因素融入城市设计中。近些年地理设计已在规划设计和风景园林领域得到一定关注[1]、[2]，但在理论、实践和技术方面仍存在挑战[3]。

Steinitz C.提出了"四类人、六环节、三循环"的地理设计框架[4]，四类人指本地居民、地理科学家、设计人员、信息技术人员，六环节指表达环节、运作环节、评估环节、变化环节、影响环节、决策环节[5]。三循环指以通过对六环节的三次迭代，不断修正子环节中出现的问题，以保证整个地理设计过程达到理想状态[6]。通过引入地理设计视角，能有效解决上位规划难落实、蓝图信息有缺失、长效管理难实现[7]的问题，从而提高城市设计的科学性和可持续性。

2 核心任务分解与应用框架构建

地理设计是一种以地理信息系统（GIS）为基础，将规划设计和地理空间技术相结合的方法，符合未来城市设计转型方向，同时地理设计注重将计算机辅助、空间分析等技术融入设计各环节，顺应智慧城市建设、智能规划技术的发展趋势。地理设计核心任务包括建立空间形态信息模型、定性分析和定量评价集成数据与信息、方案全周期动态反馈与评估三项[7]。

空间形态信息模型以GIS为数据与信息集成平台，常用的软件系统有CAD、GIS、BIM等[9]，其中与地理设计过程匹配度较高的应用软件是Esri公司的ArcGIS和CityEngine，ArcGIS拥有强大的二维空间数据处理分析能力[10]，CityEngine能通过制定对象设计规则和属性，结合建筑自动布局算法，自动批量生成三维模型并实时调整[11]，契合了地理设计中方案全周期动态反馈的核心任务。空间形态信息模型包括空间布局、建筑形态、景观组织三个子模型[11]，涉及总体层面、片区层面、地段层面的结构性要素和空间性要素，按照面状空间、线状空间、点状空间方式进行数字化转译[7]。在此基础上，城市设计应落实上位规划，利用发展战略规划、总体规划、控制性详细规划的相关要素对城市设计导控[12]。

大量地理数据是地理设计中定量评价和定性分析的基础，大数据时代下，城市设计可实现由传统的面板数据、文献史料、实地调研数据，扩展至MODIS和Landsat等遥感数据、DEM数据、夜间灯光检测数据LiDAR、全球定位系统GPS等多元数据[9]，数据类型包括矢量、栅格、文本、影像等[8]。定量分析，可从视觉、认知、社会、功能、形态和时间6个维度梳理出60余种定量指标和40余种常用方法[13]，定性分析方法包括分析和综合、比较与分类、归纳和

演绎等[8]。

方案全周期动态反馈与评估是体现地理设计有别于传统城市设计的重要环节，设计前期落实上位规划导控，并利用充足的地理数据，因地制宜对设计场地进行评价。设计中期迎合当地需求，将公众意愿融入设计，突出地方特色。设计后期实行方案评估、监管反馈，参考专家、领导、公众多方意见，做到方案实时调整。

基于以上核心任务分解，构建地理设计视角下数字化应用框架（表1）。设计过程分为上位规划导引、现状评价、数字化方案设计、方案评估、反馈调整五个层次，依据各层次规划设计要点提取参数指标，通过要素类型确定指标数字化转译方式，涉及文本、矢量、数值、栅格、影像五种数据类型。

地理设计视角下数字化应用框架　　　　　　表1

设计阶段	设计环节		参数指标	要素类型	数据类型
前期设计	上位规划导引	发展战略规划	城镇定位、空间发展、分期建设	—	文本
		总体规划	功能分区、用地性质	面	矢量、文本
			主要发展轴线、道路等级、道路红线	线	矢量、文本
			主要空间节点、重要设施布局	点	矢量、文本
		控制性详细规划	用地性质、用地面积、容积率、建筑密度、建筑限高、绿地率、建筑后退、建筑间距	面	文本、数值
			交通组织、用地边界	线	矢量、数值
			设施配置	点	矢量、文本
	现状评价	建设适宜性分析生态敏感性分析	高程、坡度、坡向、土地利用类型、基本农田范围	面	矢量、文本栅格、影像
			距道路距离、距河流距离	线	矢量
中期设计	数字化方案设计	空间布局	平面分区、公共空间	面	矢量、文本
			道路断面、轴线视廊、连续界面、特色界面	线	矢量、文本栅格、数值
			交通渠化、标识节点	点	矢量、文本栅格
		建筑形态	建筑类型、建筑组群布局、建筑风格	面	矢量、文本
			天际线、沿街立面	线	矢量
			建筑细部	点	矢量
		景观绿化	广场、公园、块状绿地、植物配植	面	矢量、文本
			慢行系统、带状绿地	线	矢量、文本
			景观小品、景观标识、休息设施	点	矢量、文本栅格
后期设计	方案评估	交通可达性分析土地价格评估开发强度评定设施优化布局等	交通调查、道路和用地方案、土地价格调查、房地产统计数据、土地价值、公交便捷度、交通和用地布局方案…	—	矢量、数值
	反馈调整	多方研讨落实成果	相关专家、政府领导、设计人员、公众居民	—	矢量、文本栅格、数值

3　前期导引评价与设计规则

以ArcGIS和CityEngine为平台，利用现状土地利用类型数据、90M分辨率DEM数据、AutoCAD生成的线性城市设计边界矢量数据叠加形成地形沙盘，以此作为设计的基础模型。后续对各个要素数字化转译，逐步叠加至地形沙盘中，形成三维信息模型。利用CityEngine的规则设计，按照评估结果和反馈意见，对信息模型快速调整，最终完成所有设计环节。

3.1　设计地块现状概况

范家屯镇位于公主岭市东北部，松辽平原东部，东距长春市15公里，西距公主岭市30公里，历年平均气温5.9℃，最高气温39.4℃，最低气温-35.9℃，是典型的严寒地区小城镇。硅谷大街沿东西向贯穿范家屯镇区，东连长春，西至公主岭，是范家屯镇最为重要的干道之一。硅谷大街沿线街区设计范围约7平方公里（图1），设计范围内硅谷大街长度约9.6公里，道路规划红线宽度100米（不含路肩），道路横断面为四幅路形式。

图1　硅谷大街沿线街区设计范围

3.2　上位规划导引

1. 发展战略层面城镇定位约束

发展战略规划将范家屯镇定位为宜居休闲城镇、创新创业生态新区、长春同城化合作区，硅谷大街沿线街区作为城镇示范区域，应植入绿色居住示范、休闲商业、健康养老、综合办公新区、商贸服务中心、

创意文化产业等项目。空间发展上，以硅谷大街为空间发展主轴线，由西至东形成了老城更新区、康养度假区、综合服务区三大重点规划片区（图2）。

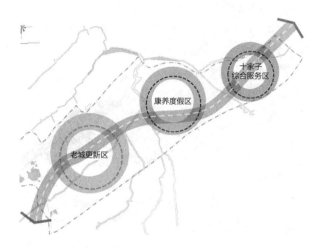

图2　空间发展重点规划片区

2. 总规与控规层面的指标约束

从范家屯镇总体规划和控制性详细规划的AutoCAD方案中提取城市设计范围内的带有用地性质属性的面状地块矢量数据、线性用地红线矢量数据、线性道路网矢量数据、点状重要设施矢量数据，叠加至地形沙盘。根据总体规划的镇区空间布局结构，对面状地块矢量要素附对应功能性质的功能区划属性，给代表硅谷大街等线性矢量要素附相应的轴线等级、道路等级、道路红线宽度、道路断面形式等属性，重要设施补充设施类型属性，手动创建代表主要空间节点的点状矢量要素。根据控规在用地性质面状要素中添加"容积率"、"建筑密度"、"建筑限高"、"绿地率"、"人口容量"等控制性指标字段，在属性表内输入相应的数值。通过容积率、建筑密度、建筑高度约束各类型地块的开发强度，居住用地容积率控制在1.2～2.2，建筑密度控制在25%～35%，沿街区域可适当高强度开发，滨水区域低容积率、低密度开发。公共管理与公共服务用地容积率控制在1.0～1.5，建筑密度控制在30%～40%。商业服务业设施用地容积率控制在1.0～2.2，建筑密度控制在30%～45%。公共交通场站用地容积率控制在1.0，建筑密度控制在30%。公用设施用地容积率控制在1.0，建筑密度控制在30%。通过建筑限高将设计区域划分为高层区、中高层区、中层区、多层区。高层区控制在

55~65米，中高层区控制在37~54米，中层区控制在25~36米，多层区控制在24米以下。

3. 公共参与层面居民需求约束

对范家屯镇镇区内居民意愿调查显示，基础设施和公共服务设施的要求最为普遍，包括环境卫生、交通出行、饮用水质量、垃圾处理，以及商业服务、养老设施、医疗设施、文化与教育设施等多方面的配置及质量提高需求。此外，由于严寒地区的季节性和时间特征，居民对文化娱乐、休闲交往等活动设施也有较高的要求需求。通过对方案进行设施可达性分析，以居民需求约束为目标导向，调整设计方案，以达到居民需求。

3.3 现状用地建设适宜性评价

对设计范围进行建设适宜性评价，选取土地利用、坡向、坡度、高程、道路距离、河流距离六个因子。借助ArcGIS进行设计范围内的高程分析、坡度分析、坡向分析。高程分析将镇区范围内的高程分为≤50米、50.1~100米、100.1~150米、150.1~200米、200.1~250米、250.1~300米、>300米七个区段，分析结果显示，设计范围内的高程集中在150.1~200米、200.1~250米两个区段。坡度分析将镇区范围内的坡度分为≤5、5.1~10、10.1~15、15.1~20、20.1~25、>25共六个区段，分析结果显示，设计范围内的坡度集中在≤5、5.1~10两个区段。坡向分析将设计范围内的坡向分为平面、北、东北、东、东南、南、西南、西、西北、北共十种类型。加权叠加高程分析、坡度分析、坡向分析，得到设计范围内现状用地的建设适宜性值，根据值的大小将设计范围内用地分为不可建设用地、不宜建设用地、可建设用地、较适宜建设用地和适宜建设用地五类（图3）。由图可见设计范围内除各类水域空间外，大部分适于开发建设。

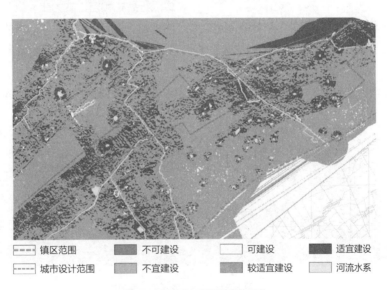

图3 镇区用地建设适宜性评价

4 中期信息模型设计

4.1 空间布局设计

1. 平面功能分区细化

在总体规划的功能组团基础上，结合发展战略中提出的应植入的目标项目，将设计区域细分为老城综合服务中心、老城生态宜居区、文体休闲核心区、文化康体宜居区、生态康体宜居区，东部综合服务中心、休闲宜居特色区七个功能区，并将功能名称添加到地块功能属性中。

2. 道路交通优化

优化已叠加的线性道路网要素，设计范围内共10条主干路、8条次干路、21条支路，根据各等级道路交通流量的基本需求、人车分离、减少行人对机动车辆的干扰、降低空气污染、噪声污染等，设计了5种主干路断面形式、2种次干路断面形式、5种支路断面形式。针对硅谷大街沿线两侧的路网结构，对次干路及次干路以上交叉口进行设计，为满足平面交叉口处车辆的转弯需求，在用地容许的条件下，设置路口拓宽式信号交叉口。普通信号控制交叉口因地制宜设置（图4）。

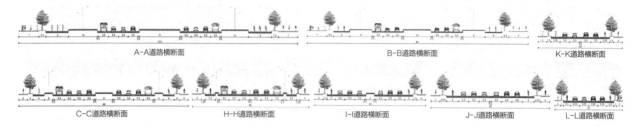

A-A道路横断面　　　　　　　　　　　　　　B-B道路横断面　　　　　　　K-K道路横断面

C-C道路横断面　　　　　H-H道路横断面　　　　　I-I道路横断面　　　　　J-J道路横断面　　　L-L道路横断面

图4　道路断面形式

3. 线性界面与面状开放空间设计

沿硅谷大街及其他交通干道以界面连续性为优先原则，其他道路两侧公共界面预留了公共廊道，形成连续丰富的开放界面，各个通廊相互串联，强化开放空间体系，突出沿线街区的整体感。靠近新凯河和杨柳河的滨水带型界面采用开放式，形成通透的滨水界面，通过沿岸绿化与公共空间向腹地的引入，增加了滨水界面的层次感。

根据严寒地区小城镇地方特色塑造公共空间系统，最大限度地融合了7个功能区域，将设计区域通过街道、绿地、广场、水面相衔接融合，并考虑当地居民对开放空间的需求，设计了能够提供生活、游憩的公共空间。

4.2　建筑形态设计

1. 建筑群体组合方式

首先根据前期控规设定的建筑退后线、容积率、建筑密度等各项参数，划定出建筑布局可行域。综合考虑严寒地区气候特点与当地建设需求，建筑布局方式以行列式和自由式为主，沿硅谷大街等干道区域采用行列式布局方式，滨水区域的高质量住宅采用自由式布局（图5）。建筑间距满足《城市居住区规划设计标准》（GB 50180-2018）及《建筑设计防火规范》等对第Ⅰ类建筑气候区的要求。

图5　硅谷大街沿线街区建筑群体组合

2. 单体建筑设计

根据采暖度日数HDD18和空调度日数CDD26范围，范家屯镇属严寒C区子气候区，通过建筑自动布局，构建包含层数、户型单元属性的单体建筑。在此基础上，借助外部建模软件[11]，制定单体建筑设计规则，设置的参数指标有窗台、阳台、门、外墙等（图6）。单体建筑布局选择将卧室、客厅等主要居住功能的房间布置于南向，以争取充分日照，厨房、厕所、储藏室等附属功能空间置于北侧。

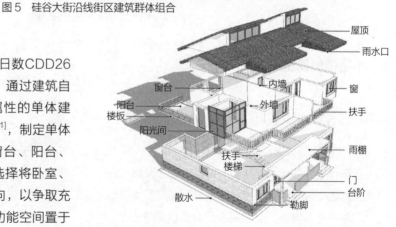

图6　单体建筑设计参数指标

3. 建筑细部

建筑细部主要考虑了门窗、屋顶、立面外墙等建筑围护结构的设计，此类建筑细部用于抵御夏季降雨、冬季降雪、太阳辐射、气温变化，并遵循了适用性原则，采用简约的造型要素。由于严寒地区窗户对冬季供暖的热损耗影响较大，门窗通过辐射和对流传热，热通过门窗由室内传向室外，因此通过减少门窗表面换热阻以减少热流失。屋顶以坡屋顶为主，能有效解决严寒气候带来的变形，避免屋面积水鸡血，同时增加了室内可用空间。墙体以砖混结构、砖木结构、钢筋混凝土结构为主（图7）。

上悬窗	推拉窗	平开窗
落地式门	阳台门	推拉门

图7 建筑细部设计——门窗开启形式

4.3 景观绿化组织

1. 公园、广场设计

根据北方寒冷地区的特点，选择了适宜范家屯镇生长的树种，重要的公园绿地除当地天然树种外，移栽了其他适应当地生长的绿化树种，以加强城镇绿化景观。公园区域选择与植物配置匹配的贴图，广场区域选择与当地风貌相协调的地面铺装贴图，利用纹理映射，在信息模型中模拟公园和广场形态。

2. 景观小品

各类小品设施根据每一功能分区需要进行了合理布局，设置了围栏、靠椅坐凳等休息设施、花坛花钵、果皮箱、停车场路标等信息设施，以点状矢量要素手动叠加到信息模型中。

5 后期道路网适应性评估

方案设计完成后需要进行后期评估。考虑到硅谷大街是范家屯镇的重要干道，道路网规划是否满足交通需求对其未来发展有重要影响，因此关注道路交通

层面，选择道路网适应性评价对设计方案进行评估。道路网适应性评价分为近期、远期两个阶段评价。将近期预测的交通需求量在近期路网方案中进行分配，根据分配结果发现拥堵路段，然后再调整近期路网方案，这个过程反复进行，最终得到近期预测交通需求量在近期路网最终方案上的分配结果。对远期交通需求进行预测，应用仿真软件将远期交通需求分配到近期规划路网上，结果表明近期路网依然能满足远期要求（图8）。

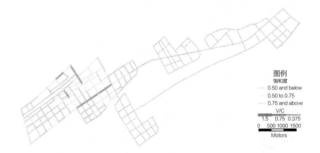

图8 远期道路网适应性评价结果

6 结语

引入地理设计视角，以ArcGIS和CityEngine为平台，对硅谷大街沿线街区进行了全周期数字化城市设计，采用参数化方式对各指标进行约束，构建了匹配严寒地区气候特征与地方需求的数字化模型，以期为同地区小城镇城市设计提供指导，使城市设计更具科学性和适用性。

参考文献

[1] Moreno Marimbaldo F, Manso-Callejo M, Alcarria R. A Methodological Approach to Using Geodesign in Transmission Line Projects[J]. Sustainability, 2018, 10(8): 2757.

[2] Slotterback C S, Runck B, Pitt D G, et al. Collaborative Geodesign to advance multifunctional landscapes[J]. Landscape and Urban Planning, 2016, 156: 71-80.

[3] Gu Y, Deal B, Larsen L. Geodesign Processes and Ecological Systems Thinking in a Coupled Human-

Environment Context: An Integrated Framework for Landscape Architecture[J]. Sustainability, 2018, 10(9): 3306.

[4] Steinitz C. A Framework for Geodesign: Changing Geography by Design[M]. Redlands: CA: Esri Express, 2012.

[5] 马劲武. 地理设计简述：概念、框架及实例[J]. 风景园林，2013（01）：26-32.

[6] 牛强，黄建中，胡刚钰，等. 源自地理设计的城市规划设计量化分析框架初探——以多巴新城控规为例[J]. 城市规划学刊，2015（05）：91-98.

[7] 杨俊宴，程洋，邵典. 从静态蓝图到动态智能规则：城市设计数字化管理平台理论初探[J]. 城市规划学刊，2018（02）：65-74.

[8] 李志学，周松林，肖敏. 基于地理设计理念的生态红线划定研究[J]. 城市学刊，2017，38（06）：64-68.

[9] Ervin S M. Technology in geodesign[J]. Landscape and Urban Planning, 2016, 156: 12-16.

[10] 薛梅，邱月，唐相桢. 基于地理设计的城市三维空间形态设计方法[J]. 规划师，2015，31（05）：49-54.

[11] 邱月，唐相桢，薛梅，等. 基于地理设计的三维建筑规划方案设计[J]. 地理信息世界，2015，22（05）：54-59.

[12] 董博. 城市总规层面城市设计导控要素识别及导控方法——以《宜昌市城市总体规划（2011—2030年）》修改为例[J]. 规划师，2018，34（03）：113-118.

[13] 牛强，鄢金明，夏源. 城市设计定量分析方法研究概述[J]. 国际城市规划，2017，32（06）：61-68.

图片来源

图1～图8：作者自绘

基于结构选型模拟的历史保护建筑更新设计
——以黑龙江省博物馆改扩建设计为例①

Renovation Design of Historically Protected Buildings　Based on Structural Model Selection: Taking the Design of Reconstruction and Expansion of Heilongjiang Provincial Museum as an Example

史立刚、杨朝静、崔玉

作者单位
哈尔滨工业大学　建筑学院
寒地城乡人居环境科学与技术工业和信息化部重点实验室（哈尔滨，150001）

摘要： 传统建筑设计手法与当前复杂建筑功能形式及对性能化需求之间矛盾日趋尖锐。历史保护建筑更新则面临更复杂的限制条件和发展可能。如何将历史保护建筑更新设计突出时代性、地域性、文化性是建筑师不可回避的重要问题。而数字技术的介入为当前建筑设计深化提供了一种建设性选择。本文以黑龙江省博物馆（下文简称：黑省博）改扩建设计为例，基于历史地段保护更新的需求，空间互动性强、关联度高的室内中庭成为空间发展的必然选择。尝试借助建筑模拟实验进行方案设计和结构选型，以期提出基于性能优化的建筑设计方法，为同类历史保护建筑的改造设计提供新思路。

关键词： 数字技术；建筑模拟；历史保护建筑；屋盖

Abstract: The contradiction between the traditional architectural design methods and the current complex functional forms of buildings and the demand for performance has become increasingly acute. The renewal of historically protected buildings is facing more complex constraints and development possibilities. How to highlight the epochal, regional and cultural nature of the renewal design of historically protected buildings is an important issue that architects can not avoid. The intervention of digital technology provides a constructive choice for the deepening of current architectural design.This paper takes Heilongjiang Museum as an example, based on the need of protection and renewal of historical sites, the indoor atrium with strong spatial interaction and high correlation has become an inevitable choice for space development. This paper attempts to design the scheme and select the structure by means of building simulation experiment, in order to put forward the method of architectural design based on performance optimization, and provide new ideas for the renovation design of similar historic preservation buildings.

Keywords: Digital Technology；Building Simulation；Historically Protected Building；Roof

在当前信息型社会、消费型社会语境下，建筑已不再是简单的供人类居住生活的围护结构，更多的是一个地区甚至一个国家文化历史和时代发展的印记。传统设计方法既不能满足使用者对于复杂线性及弧形建筑的需求，也不能为建筑设计者提供建筑全生命周期内的方案设计和方案优化的手段。因此需要更为科学理性的方案来深入推进建筑设计向更高层级发展，由此数字化建筑设计方法应运而生。这种设计手段不仅可以提高建筑设计的效率和质量，还可对建筑资源进行优化配置，节约资源。本文拟以黑省博的改扩建设计为例尝试探讨基于建筑数字模拟技术的方案设计、评价、深化方法。

1 提出问题

黑龙江省博物馆（下文简称：黑省博）位于哈尔滨市南岗区满洲里街与红军街交汇处，始建于1906年，是原俄罗斯商场旧址，为国家一级历史保护建筑。期间曾变换了多种功能，体现了地域性、日常性建筑遗产的价值。如今已然进入消费型社会，伴随着消费范围、消费形式、消费主体以及消费活动文化内涵的转变，博物馆建筑作为文化建筑的重要一员，其必然承担起促进文化消费的责任。目前博物馆仍在运营，但作为省级博物馆，其在当前信息化消费经济背景下面临的矛盾问题愈发突出。在功能需求急需改善的同时，使用者对空间体验的需求也应满足。因此对这栋建筑遗产进行保护更新

① 国家自然科学基金面上项目资助（编号：51878200）。

设计可以让历史保护建筑保持持久生命力（图1）。

图1 黑龙江省博物馆更新后鸟瞰图

1.1 规模与场地需求方面

黑龙江省博物馆建筑面积为11685平方米，地上两层、地下一层。由于建造初期以商业作为主要功能，考虑其服务半径、使用人群数量以及消费水平的制约，其面积相对较小。其作为省级别博物馆面积相对局促（图2），黑省博进行改扩建为专项博物馆的潜力较大。

黑龙江省博物平面为梯形，由三个标准段和两个转角连接体构成。由于建造时功能定位为临街商业建筑，因此建筑整体呈线形，以前广场为中心对称沿街布置。其传统线性空间形式与其作为省级专项博物馆的功能空间需求不相适应。

1.2 使用者需求方面

在当前"文化消费"的特殊语境下，博物馆作为文化消费的重要场所，使用者对其功能的需求中体验消费的比例增多，空间形式的需求中多元趣味的呈现、开放语义的构建和人文情感的重塑占据重大比例。在对博物馆进行实地调研和问卷调查后，笔者对博物馆的功能和空间形式进行了归纳总结。功能

方面：①黑龙江省博物馆只提供了展陈、售卖功能；②报告厅功能长期处于关闭状态，较少利用；③儿童娱乐空间未单独设置，设施较少且基本处于停滞状态；④休息座椅设置在展览路线中，作为观赏展品的设施存在，缺乏专门的休息空间。空间方面：建筑内部为线性均质空间，只有入口处有一通高门厅。黑省博在目前使用者多元化、信息化以及休闲娱乐化的功能需求以及对空间丰富性、动态性、灵活性的需求方面表现较差。

1.3 地域气候方面需求

哈尔滨地处亚欧大陆东部腹地，四季分明，气候差异显著，是严寒地区的典型代表。年平均气温只有3.3℃，变化范围在1.5～4.9℃之间，冬夏季温差高达74.4℃，温度在10℃以下的天数多达200天。近50年平均日照时数为2555.7h。建筑围护结构作为隔绝外部恶劣气候的主要手段，建筑围护界面的调节功能需求更为突出，特别是中心内庭空间的气候缓冲界面。

2 分析可能

2.1 回应新旧建筑结合关系

以建筑原真性与场所精神理论为价值观基础，提出"差异并置"的改扩建方向。差异并置强调不同结构样式的构成元素组合成新的结构样式的整体，通过新旧两种不同结构样式的对比形成视觉矛盾和冲击，但同时也保证统一整合。在规模与场地需求的基础上，通过把新旧建筑之间围合出的空间室内化来增加建筑规模和空间的在地性，达到视觉的延续并彰显时代特色，同时衬托旧建筑独有的历史价值和场所气质。

	占地面积(m²)	建筑面积(m²)	展厅面积(m²)		占地面积(m²)	建筑面积(m²)	展厅面积(m²)
黑龙江省博物馆		7 000	3 000	自贡恐龙博物馆	66 000	6 000	
甘肃省博物馆	21 000	13 000		大连自然博物馆		15 000	10 000
山东省博物馆	34 000	21 000					
吉林省博物馆		32 000		香港历史博物馆	7 000	17 500	8 000
四川博物馆	58 000	32 026	12 635				
江西省博物馆	40 000	35 000	13 000	北京自然博物馆	15 000	21 000	10 000
广西壮族自治区博物馆	40 000	35 000	13 000	浙江自然博物馆		26 000	11 500
上海博物馆	11 000	39 200	2 800				
安徽省博物院	62 000	41 000	16 000	重庆自然博物馆	144 000	30 842	16.252
湖北省博物馆	81 909	49 611	13 427	天津自然博物馆	50 000	35 000	14.000
山西博物院	11 200	51 000	10 000				

图2 其他省级别博物馆的面积和专项博物馆面积的统计

2.2 拓展完善空间功能形式与氛围

中心内庭的构建，不仅丰富了建筑功能，还对建筑空间形式进行了有益的补充。中心内庭的主要功能为体验式消费，设置的功能有临时表演舞台、老建筑一层面向舞台的商业、休息座椅、临展等，增加博物馆在城市中的吸引力。中心内庭的主要空间形式为大屋盖下的通高空间，具有整体性、流动性和统一性。通过给中心内庭顶部增设动态感的透明屋盖来增加建筑空间的丰富性。透过中心内庭顶棚交织的网格结构投下的直射光，不仅具有明确的方向性，而且可以在室内形成强烈的明暗对比以及丰富的光影变化效果，呈现一种美好欢愉的氛围。顶棚的网格在保护建筑内部立面上留下了清晰的光影，成为空间围合界面纯自然的装饰。透明中庭在寒地环境中复归自然的意义颇为重大。玻璃屋盖不仅可以控制空间的封闭程度，更重要的是控制人的心理感受。玻璃屋盖让天然采光进入室内，可使室内空间在视觉感受上增大，人们在透明中庭中，不仅能感受室内空间的感觉，还可感受室外空间的感觉，这便是透明中庭的特殊性能。

2.3 关照地域气候

哈尔滨市属于严寒气候区，属于中温带大陆性季风气候，具有明显的季风特征。应重视在寒冷的冬季如何最大限度地接受最多的阳光直射来减轻寒风的影响。作为气候缓冲层，透明中庭屋盖可灵活应对哈尔滨冬季漫长的恶劣气候，提高室内空间的光热舒适度。室内中庭作为室内外空间的过渡，对环境起到了缓冲和补充的作用，能够从整体的角度调节空间的热环境、风环境、光环境等，通过室内中庭的调节，营造舒适的室内公共活动空间，还可减少部分建筑能耗。

3 解决策略

基于上文对于规模需求、功能需求和心理需求的探讨，无柱大空间透明中庭对于改善上述问题具有一定的作用。如何建设中庭成为完善建筑设计的重中之重。本文基于数字化模拟的方法优化引导至结构骨架的设计，首先对屋盖的大致形体进行选择，然后借助数字化软件对三角形、四边形和五边形网格的屋盖进行模拟，从结构稳定性、结构重量、结构普遍性、地域性、文化性以及施工可操作性等评价优选网格形式。

3.1 支撑结构位置选择

旧建筑更新不同于一般建筑设计的地方在于，旧建筑具有新建建筑没有的人文气质和历史烙印，因此在更新的过程中需要满足特定的条件与环境——根植于历史，需要建筑师慎重加以处理。在此大前提下，黑省博的更新宜充分尊重旧建筑的原真性——真实性和原始性。在支撑结构位置的选择上也充分考虑旧建筑保护更新过程的原真性，需要尽量少得遮挡旧建筑的内侧立面，因此将中心内庭的大屋盖的支撑结构放置在新建建筑一侧，将旧建筑内立面作为展品的一部分进行展览。

3.2 屋盖形态选择优化

中庭空间采用钢和节能玻璃的组合，在方案形成初期经历了不同结构形式的探讨。在满足体型系数以及传热系数的前提下，选择CFD作为模拟软件，以ANSYS FLUENT 12.1.2为实验平台，前处理器为ICEM CFD12.1来模拟不同屋盖形式的物理风环境。哈尔滨自1960年以来，年平均最大风速为3.9m/s，综合考虑建筑所在基地的周边环境，本实验选择4m/s作为入口风速，输出1.8米高度处的平面风场云图。根据实验结果，综合考虑功能需求、结构需求和物理环境，分析其优缺点并确定最终形态为方案四（表1）。

3.3 网格的细化推敲

中庭屋盖大致形态确定后，需要对屋盖结构的网格进行进一步的细化推敲（表2）。中庭屋盖南北跨度为68.9米，东西跨度为45.9米。网架结构采用ABAQUS建立有限元数值模型。共计三种区格的网架，均采用B31剪切梁单元模拟混凝土柱和钢管。其中混凝土柱截面尺寸为800毫米×800毫米，钢管选用120毫米×25毫米圆管。混凝土材料为C30混凝土，钢管为Q345钢材，材料参数如表3所示，假定混凝土柱不发生破坏，为弹性材料，仅考察网架强度与刚度，钢材假定为理想弹塑性。两种材料均为各向同性材料。结构的自重方向为Z轴负向，模型长

不同结构形式屋盖的静压速度幅度对比

表1

		方案一	方案二	方案三	方案四
屋顶形式		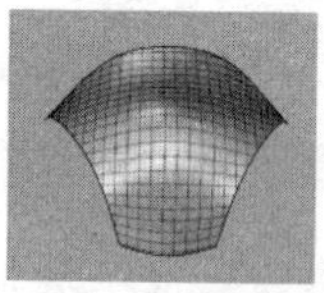 图3	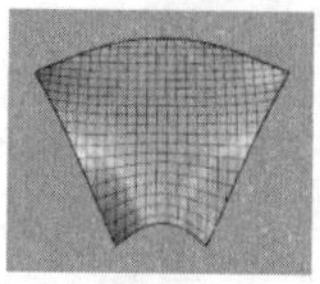 图4	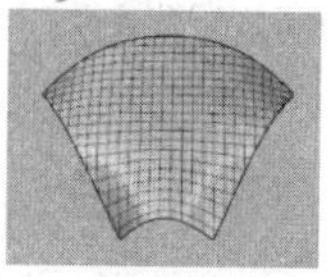 图5	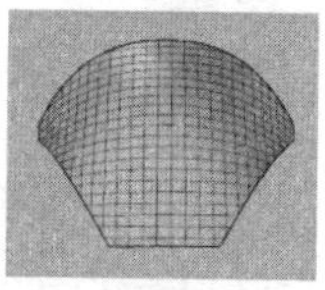 图6
		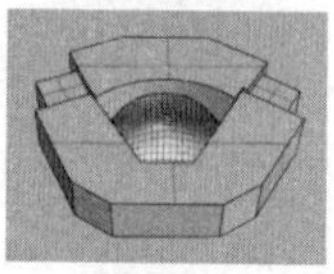 图7	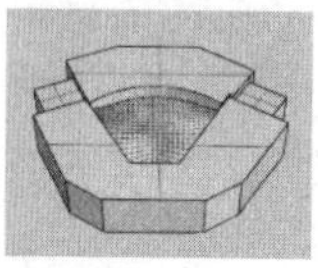 图8	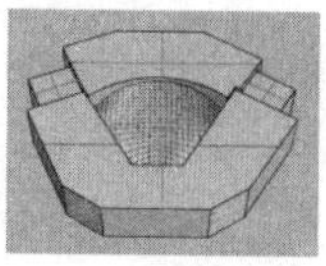 图9	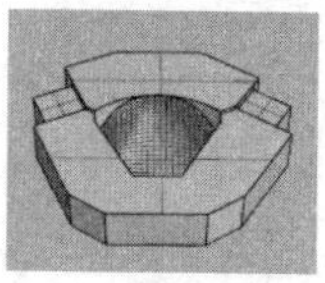 图10
新旧建筑结合方式		树状结构临近老建筑	树状结构临近老建筑	树状结构临近新建筑	树状结构临近新建筑
结构类型		空间网格	空间网格	空间网格	空间网格
风环境模拟	风速 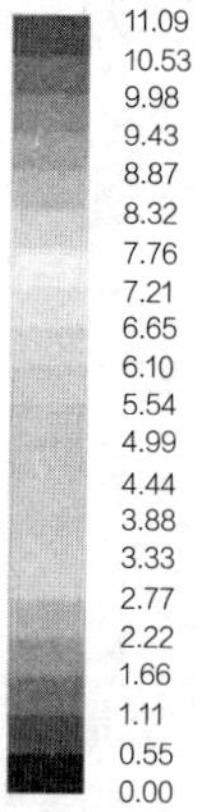 11.09 10.53 9.98 9.43 8.87 8.32 7.76 7.21 6.65 6.10 5.54 4.99 4.44 3.88 3.33 2.77 2.22 1.66 1.11 0.55 0.00 图11	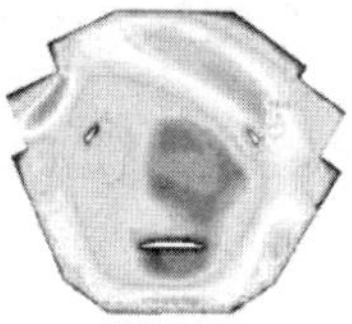 图13	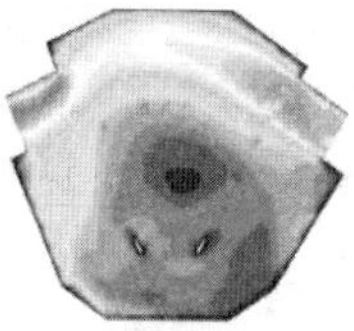 图14	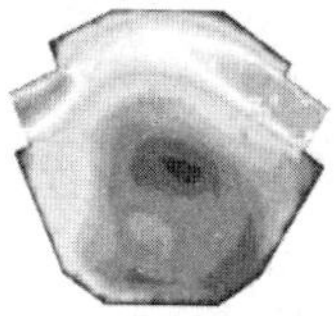 图15	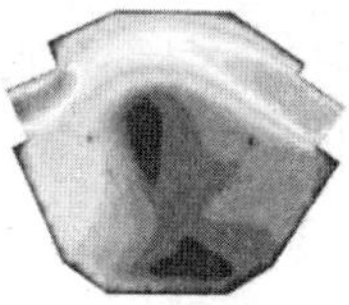 图16
	风压 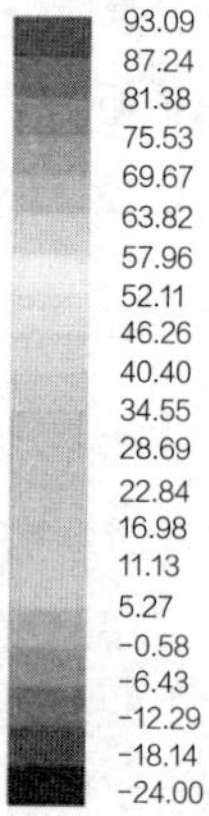 93.09 87.24 81.38 75.53 69.67 63.82 57.96 52.11 46.26 40.40 34.55 28.69 22.84 16.98 11.13 5.27 -0.58 -6.43 -12.29 -18.14 -24.00 图12	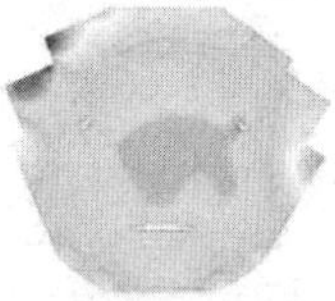 图17	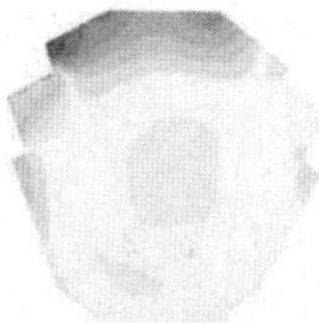 图18	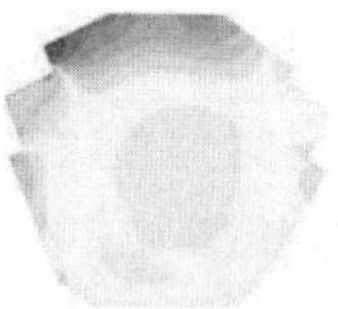 图19	图20
优缺点		树状结构对老建筑造成遮挡，上部起拱过高，在立面上破坏了老建筑的完整性；透明屋盖处风速风压都不均匀	树状结构对老建筑造成遮挡，两翼曲率过高，难以与老建筑搭接；风速最大处于透明屋盖中心，给中心舞台造成一定的影响	树状结构对老建筑造成遮挡，起拱部分的曲率降低，不会在立面上破坏老建筑；风速最大处于透明屋盖中心，给中心舞台造成一定的影响	树状结构临近老建筑，避免了对老建筑的遮挡，树状结构与新建筑结合，形成大量灰空间；风速最大处于透明屋盖一侧，风速较低，且风压处于稳定状态，满足观展和娱乐休闲的需求
是否采用		采用过	未采用过	采用过	最终采用

模型1-3   表2

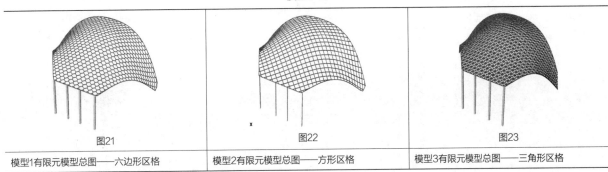

图21	图22	图23
模型1有限元模型总图——六边形区格	模型2有限元模型总图——方形区格	模型3有限元模型总图——三角形区格

度尺寸单位为毫米。各模型钢结构部分重量罗列于表4。

受力模拟分析的数据来自《建筑结构荷载规范》GB50009-2012（表5）。选用的是近100年平均雪压0.50（kN/m²），用于得出在建筑使用年限内最常见雪压状态下的受力分析。

材料参数   表3

材料名称	密度（t/mm³）	弹性模量（GPa）	泊松比	屈服强度（MPa）
C30混凝土	2.5e-9	30	0.25	无
Q345钢材	7.85e-9	210	0.3	345

结构自重   表4

模型编号	钢材重量（t）
1	334.933
2	314.731
3	756.644

哈尔滨市雪压、风压和基本气温   表5

省市名	城市名	海拔高度（m）	基本气温		风压（kN/m²）			雪压（kN/m²）			雪荷载准永久值系数分区
			月平均最低气温	月平均最高气温	10	50	100	10	50	100	
黑龙江省	哈尔滨	142.3	-22.9	28.3	0.35	0.55	0.70	0.30	0.45	0.50	I

有限元模型的边界条件规定如下：混凝土柱底刚接；网壳的落地节点处刚接。边界条件如图24所示（仅以模型1为例）。结构的荷载包括均布雪荷载和自重。其中雪荷载设计值取值为0.5kN/m²。雪荷载根据区格面积转换为均布线荷载施加于梁单元。三种模型根据各自区域的区格面积换算后取平均值，线荷载列于表6所示。施加荷载后的模型如图25所示（仅以模型1为例）。

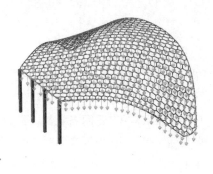

图25 结构荷载条件

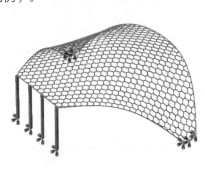

图24 结构边界条件

不同网格形式荷载受力分析   表6

模型编号	换算线荷载（kN/m）
1	0.47
2	0.56
3	0.375

不同网格形式荷载受力分析 表7

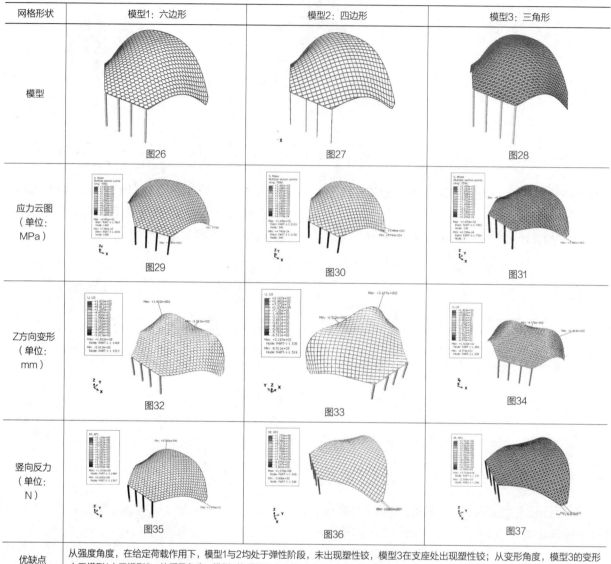

网格形状	模型1：六边形	模型2：四边形	模型3：三角形
模型	图26	图27	图28
应力云图（单位：MPa）	图29	图30	图31
Z方向变形（单位：mm）	图32	图33	图34
竖向反力（单位：N）	图35	图36	图37
优缺点	从强度角度，在给定荷载作用下，模型1与2均处于弹性阶段，未出现塑性铰，模型3在支座处出现塑性铰；从变形角度，模型3的变形小于模型1小于模型2；从质量角度，模型3的质量远大于模型1与2，模型2质量最小		

由结果看出，六边形网格强度、质量和刚度最优且造型简洁。作为新旧建筑结合的探讨型案例，相比于三角形、四边形网格的屋盖三角形网格屋盖适应能力更强，且具有极大的发展潜力。推进优化建筑设计的流程是一种新的尝试，对于建筑形态设计方法更新的意义巨大。

4 总结设计方法

4.1 在传统方案设计的基础上进行优化分析

传统方案设计一般包含前期分析，概念提出、方案生成、方案分析四个步骤。在信息技术快速发展的今天，这样传统的设计手法已不能满足建筑师的需求。黑省博更新方案采用基于问题导向和数字化找形"前置式"的交互设计，将建筑更新后的物理环境和结构性能进行模拟，在不断优化结构和使用性能的基础上进行方案设计。这样可避免建筑更新设计后不满足使用人群需求或结构失稳等一系列问题的出现，在理想化推敲的基础上进行感性化设计，形成一种模拟复合设计的建筑设计方法。

4.2 基于性能化模拟的评价方法

数字化建筑设计以其整体性、全局性、易于调整的优势在当今社会得到了迅猛发展。但建筑师不能沉迷于其夸张的外型而忽视结构的安全性。因此基于性能化模拟的评价方法可为建筑师提供一种手段来验证方案的美观性与安全性，此方法更有效率，科学性更强，使数字建筑设计更加深化，帮助建筑师更好地进行建筑设计。

5 结语

数字模拟技术的出现为结构选型提供了一种新的思路，建筑师摆脱了经验化设计的弊端，以一种安全高效的方式在满足使用功能和物理性能的基础上注入自己的设计理念，使得建筑设计的初期、中期、后期都有相应的技术手段进行辅助设计，大大提高了建筑师的工作效率，也有助于先进设计理念的实现。建筑设计与数字模拟技术的融合，能够帮助理性评价建筑设计方案，减少主观臆断，为设计方案的落成奠定可靠的基础。

参考文献

[1] 伊戈尔. 大跨玻璃屋盖结构形态优化设计研究[D]. 黑龙江：哈尔滨工业大学，2014：12.

[2] 姚裕昌. 玻璃采光顶在大跨度屋盖中应用的实践与探索[A]. 中国土木工程学会桥梁及结构工程分会空间结构委员会. 第十届空间结构学术会议论文集[C]. 中国土木工程学会桥梁及结构工程分会空间结构委员会：中国土木工程学会桥梁及结构工程分会空间结构委员会，2002:9.

[3] 杨舒，焦体静. 基于参数化BIM建筑设计的特点及其应用分析[J]. 智能建筑与智慧城市，2019（01）：61-62.

[4] 张莹. 建筑光环境的环境行为学研究[D]. 石家庄：河北工业大学，2006.

[5] 何雅俊，高裕江. 浅析现代建筑中庭"光"空间的有机营造[J]. 建筑与文化，2015（06）：143-144.

[6] 吕明. 新时期建筑设计创新方法研究[J]. 门窗，2017（11）：134.

[7] 魏力恺，张颀，张备，许蓁，张昕楠. Architable：基于案例设计与新原型[J]. 天津大学学报（社会科学版），2015，17（06）：556-561.

[8] 刘松茯. 哈尔滨城市风貌的保护与近代建筑的合理开发[J]. 哈尔滨建筑大学学报，2001（04）：91-94.

[9] 陈辉. 哈尔滨历史建筑保护的艺术性与原真性[A]. 中国建筑学会建筑史学分会. 建筑历史与理论第九辑（2008年学术研讨会论文选辑）[C]. 中国建筑学会建筑史学分会：中国建筑学会建筑史学分会，2008:9.

[10] 李默. 基于SD法的博物馆室内休闲空间适宜性设计研究[D]. 黑龙江：哈尔滨工业大学，2015.

[11] 刘丽群. 基于使用者特殊需求的旧建筑改造优化设计研究[D]. 济南：山东建筑大学，2016.

[12] 张聪. 旧建筑改造更新中差异并置手法策略研究[D]. 广州：华南理工大学，2017.

[13] 魏力恺，弗兰克·彼佐尔德，张颀. 形式追随性能——欧洲建筑数字技术研究启示[J]. 建筑学报，2014（08）：6-13.

[14] 江涛. 基于场所精神的博览建筑路径空间设计研究[D]. 长沙：湖南大学，2017.

[15] 鞠叶辛. 文化消费与当代博物馆建筑设计理念研究[D]. 黑龙江：哈尔滨工业大学，2010.

[16] 白龙. 大跨度屋盖结构的几种选型对比和改进[D]. 大连：大连理工大学，2014.

[17] 李飚. 建筑模型提炼与程序算法实现[J]. 新建筑，2015（05）：15-18.

[18] 潘召辉，宋延勇，孙娜. 异形大跨度屋盖结构选型[J]. 工程建设与设计，2016（07）：23-25+28.

[19] 孙岩，雍本. 基于数字技术的成都博物馆精细化设计研究[J]. 四川建材，2018，44（09）：1-3.

[20] 郭睿. 大跨度屋盖结构的设计选型及方案研究[D]. 北京：北京交通大学，2017.

[21]刘佳宁，黄琼，张颀. 基于建筑能耗模拟的建筑立面被动设计研究——以天津泰达一大街展览馆为例[J]. 建筑节能，2018，46（12）：14-20+31.

图片来源

图1～图37：作者自绘

严寒地区建筑玻璃幕墙室内空间冬季热环境研究

Investigation on Thermal Environment of Glass Curtain Wall Indoor Space in Severe Cold Region

刘晓宇 [1]、展长虹 [1, 2]、张东杰 [1]、文哲琳 [1]

作者单位
1 哈尔滨工业大学 建筑学院（哈尔滨，150000）
2 寒地城乡人居环境科学与技术工业和信息化部重点实验室（哈尔滨，150000）

摘要： 玻璃幕墙在严寒地区的使用一直存在争议。为研究严寒地区建筑玻璃幕墙室内空间冬季热环境情况，本文选取哈尔滨市某教学楼为研究对象，在冬季供暖期对其进行现场测试及主观问卷调查，并用 Energy plus 软件模拟分析供暖能耗。结果表明在现有供暖条件下，玻璃幕墙房间室内平均温度比普通窗口房间低 1.7℃，幕墙玻璃室内壁面平均温度比普通窗玻璃壁面低 4.7℃；玻璃幕墙房间室内人体整体热感偏冷，局部热感差异明显，肢体末端对玻璃幕墙冷辐射敏感度较高，但仍保持较高的接受度和满意度；玻璃幕墙房间比普通窗口房间供暖能耗大 29.9%。

关键词： 玻璃幕墙；热环境；玻璃表面温度；供暖能耗

Abstract: The use of glass curtain wall in cold areas has always been controversial. In order to study the thermal environment of glass curtain wall indoor space in winter in severe cold region. In this paper, a teaching building in Harbin City was selected as the research object. During the winter heating period, the object of study was measured objectively on the spot and questionnaires were conducted subjectively, and the heating energy consumption was simulated and analyzed by Energyplus software. The results show that under the existing heating conditions, the average indoor temperature of glass curtain wall room is 1.7 C lower than that of ordinary window room, and the average temperature of glass wall room is 4.7 C lower than that of glass curtain wall room; the overall thermal sensation of human body in glass curtain wall room is cold, and the difference of local thermal sensation of human body is obvious; the end of human body is sensitive to the cold radiation of glass curtain wall, but it still maintains a high degree of satisfaction; the heating energy consumption of glass curtain wall room is larger than that of ordinary room.

Keywords: Glass Curtain Wall; Thermal Environment; Glass Surface Temperature; Heating Energy Consumption

玻璃作为一种具有特殊的美学与艺术效果的围护结构被广泛用于公共建筑中。从热环境质量和供暖能耗的角度，玻璃幕墙在严寒地区的使用一直存在争议。但是对典型严寒地区城市哈尔滨的调研发现，玻璃幕墙仍被大量用于商业、教育、办公等公共建筑中。一些研究人员已经分别研究了玻璃窗或玻璃幕墙对室内热舒适和能耗的影响，宋冰、白鲁建研究西安某办公建筑室内热环境及人体热感发现，受阳光照射时落地窗的房间室内温度波动大，全天高温持续时间长，临窗办公人员更易获得热感[1]。王昭俊团队从人体生理和心理的角度研究不对称辐射热环境中人体热反应及热响应发现，随着受试者与外窗距离的增大，其皮肤温度、热感觉和热舒适投票均会提高[2]、[3]。杨慧媛、高甫生用EnergyPlus软件和自编的热舒适计算程序对玻璃幕墙建筑室内不同位置PMV值的计算结果表明，人体与玻璃幕墙的相对位置对热舒适影响

较大，并通过分析玻璃幕墙朝向、玻璃类型和玻璃夹层的填充气体类型等因素对玻璃幕墙建筑能耗的影响发现合理的玻璃性能组合是玻璃幕墙建筑节能的有效措施[4]、[5]。G. Kiran Kumar应用Design builder和Enegy plus软件对五个不同气候分区的建筑窗结构进行模拟分析，得到了不同气候分区的最优玻璃材料节能组合[6]。

现有研究有关玻璃幕墙室内不均匀热环境与人体热感觉的研究主要采用实验室测试的方法，且综合严寒地区实际供暖情况的玻璃幕墙室内热环境及能耗研究成果较少。笔者在冬季供暖期对严寒气候典型城市哈尔滨应用玻璃幕墙的某建筑室内热环境及人体热感觉进行现场测试及问卷调查，通过实际测试结果分析在冬季实际供暖情况下严寒地区建筑玻璃幕墙对室内热环境及人体热感的影响，并对实测建筑进行能耗模拟分析，为进一步改善建筑室内热环境提供了科学依据。

1　研究方法

1.1　研究对象及时间

本文选取了典型严寒气候城市哈尔滨某高校教学楼作为研究对象，由于建筑平面较大，仅截取如图1测试部分平面图，建筑围护结构参数如表1所示。该建筑为10层框架剪力墙结构并设计有大面积玻璃幕墙，室内由热水散热器供暖。位于标准层五楼的508房间、510房间和五层休息厅被选作测试对象，508房间东北向为玻璃幕墙，510房间东北向为普通窗户，休息厅西北向为玻璃幕墙。508房间和休息厅窗墙面积比均为1，510房间窗墙面积比为0.2。每个房间的测点位置为：靠近玻璃幕墙或外窗、房间中心及靠近内墙。

测试时间为2019年1月1日～6日，室内外平均温湿度和玻璃壁面温度采用连续监测，室内不同位置温湿度采用现场测试方式。室内现场测试时间为8:30～17:30，客观测试及主观问卷同时进行，测试过程受访人群为本科生、硕士生及博士生，年龄分布在18～28岁之间。

1.2　客观参数测试及主观问卷调查

客观参数测试包括室内外空气温湿度、玻璃幕墙和普通玻璃窗室内外壁面温度，测试记录时间间隔为1min。其中部分环境参数由测试者随主观问卷的进行同时读取数据并填入主观问卷中，测试现场如图2所示。测试采用的仪器有：BES-AB壁面温度巡检仪、BES-02温湿度采集记录器、JT-IAQ室内热环境测试仪，采样间隔为10min，测试仪器的精度和响应时间均满足ASHRAE22-2017和ISO-7730-2002的标准要求。

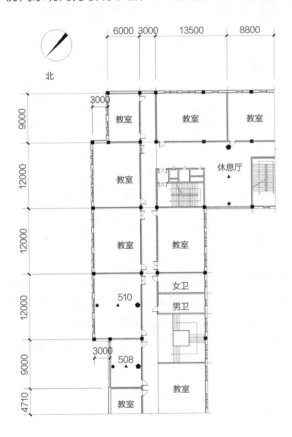

- ● 测点A　　▲ 测点B　　⬠ 测点C

图1　实测建筑部分平面图（作者自绘）

实测建筑围护结构参数　　表1

外窗	6白玻+12空气层+6白玻+12空气层+6白玻
玻璃幕墙	6LOW-E玻璃+12空气层+6白玻
外墙	20厚水泥砂浆+80厚聚苯板+300厚钢砼+20厚混合砂浆
内墙	20厚混合砂浆+300厚陶粒混凝土砌块+20厚混合砂浆
屋顶	20厚水泥砂浆+150厚钢砼+100厚聚氨酯挤塑板+20厚混合砂浆
楼板	20厚水泥砂浆+100厚钢砼+20厚混合砂浆

图2　实测现场照片（2019.1拍摄）

热反应投票标度　　表2

投票项	热感觉	热接受度	热满意度	冷辐射感受
-3	冷	完全不接受	非常不满意	非常明显
-2	凉	不能接受	不满意	比较明显
-1	微凉	一般	一般	一般
0	适中	可以接受	满意	几乎没有
1	微暖	完全能接受	很满意	完全没有
2	暖			
3	热			

主观问卷调查内容主要包括三个部分：①受访者性别、年龄及衣着情况；②受访者对室内热环境整体热感、身体各部位热感、热接受度及热满意度，其中人体热感采用ASHRAE的7点连续标尺[7]；③受访者对冷辐射的敏感度。投票使用的标度如表2所示。

2 客观调查结果分析

2.1 室内外温湿度测试结果分析

连续测试期间室外平均空气温度为−11.5℃，平均相对湿度为55%。508、510和休息厅室内平均空气温度为21.3℃、23.1℃和21.5℃，平均相对湿度为12.8%、13.1%和15.4%，玻璃幕墙房间室内平均温度比普通窗口房间低1.7℃。

表3显示了现场测试各房间不同位置处室内空气温湿度结果，同一房间靠近玻璃幕墙或外窗、房间中心点和靠近内墙位置室内空气温湿度差别较小。在玻璃幕墙或外窗和热水散热器共同作用下，508和休息厅靠近玻璃幕墙位置空气温度略低于房间中心点和靠近内墙位置空气温度，510房间靠近外窗位置空气温度略高于房间中心点和靠近内墙位置空气温度。相对于靠近外窗位置，靠近玻璃幕墙位置温度受到冷辐射影响较大。两种工况房间对比，玻璃幕墙房间室内各测点温度变化较大，普通窗口房间室内热环境相对稳定。

现场测试室内空气温湿度　　　　　　　表3

		508房间			510房间			休息厅		
		测点A	测点B	测点C	测点A	测点B	测点C	测点A	测点B	测点C
空气温度/℃	平均值	21.6	21.8	22.1	23.9	23.5	23.3	21.8	22.6	22.2
	最大值	23.2	23.5	23.9	24.8	24.2	24.4	23.7	23.3	22.9
	最小值	18.9	19.8	20.7	22.6	22	21.3	20.4	21	21.9
相对湿度/%	平均值	18.9	17.1	18.5	19.6	19.5	20.3	18.7	18.3	19.1
	最大值	22.6	21.5	21.1	24.7	23	25.8	23.3	22.2	22.5
	最小值	15.4	14.1	14.3	16.3	15.1	15.9	16.4	15.3	15.2

2.2 玻璃内外壁面温度

表4显示了BES-AB壁面温度巡检仪连续测试508、510和休息厅玻璃幕墙和玻璃窗室内外壁面温度结果。由表4可知，508幕墙玻璃外壁面平均温度为−3.6℃，内壁面平均温度为8.4℃，内外壁面平均温度差值为12℃；510窗玻璃外壁面平均温度为−5.9℃，内壁面平均温度为13.1℃，内外壁面平均温度差值为19℃；休息厅幕墙玻璃外壁面平均温度为−3.5℃，内壁面平均温度为9.5℃，内外壁面平均温度差值为13℃；玻璃窗内外壁面温差明显大于玻璃幕墙，可见玻璃窗结构保温性能明显优于玻璃幕墙结构。休息厅内外壁面温度均略高于508房间，经分析两房间幕墙玻璃壁面温差主要是由于玻璃幕墙朝向不同导致。

3 主观问卷统计分析

调查共回收有效问卷386份，其中男性问卷251份，女性问卷135份，平均年龄为20.6岁。

3.1 受试者的热感觉

图3显示了受试者与玻璃幕墙或外窗相对位置不同时的三个房间整体热感MTS投票分布。508、510和休息厅投票值为0的百分比分别是48.9%、58.5%和46.7%，普通窗口房间整体热感优于玻璃幕墙房间。508、510和休息厅投票值＞2的分别为2.7%、14.9%和6.7%，普通窗口房间虽然整体热感较好，

室内外玻璃壁面温度　　　表4

		508房间	510房间	休息厅
玻璃外壁面温度/℃	平均值	−3.6	−5.9	−3.5
	最大值	0.1	−1.1	0.3
	最小值	−6.0	−12.0	−9.4
玻璃内壁面温度/℃	平均值	8.4	13.1	9.5
	最大值	11.6	15.4	11.9
	最小值	4.9	10.4	6.5

但存在内过热情况，较普通窗口受试者冷感明显。靠近玻璃幕墙或外窗与靠近内墙位置整体热感变化明显，室内温度整体偏高，投票值偏高，但是由于玻璃幕墙冷风渗透和冷辐射的作用，使得靠近玻璃幕墙位置热感优于靠近内墙位置，普通窗口房间热感投票正好相反，靠近内墙位置热感较好。图4显示了受试者与玻璃幕墙或外窗相对位置不同时的三个房间整体热感与局部热感平均投票值。508受试者靠近玻璃幕墙位置相对于靠近内墙位置整体热感偏高，而局部热感差异明显，头、胸、背、臂和脚与整体热感趋势相同，手和腿与整体热感正好相反。510受试者靠近玻璃幕墙位置相对于靠近内墙位置整体热感偏低，局部热感与整体热感趋势相同。肢体末端对玻璃幕墙和外窗冷辐射敏感度较高，脚的热感投票值最接近于整体热感投票值，胸部最易获得热感。由于休息厅为开放休息空间，测点C处被测者为在走廊行走中的同学，因此整体热感与局部热感投票值均明显高于坐在靠近玻璃幕墙位置的同学。

投票分布，玻璃幕墙房间温度低于普通窗口房间。由于受试者自身热适应性，各房间受试者的热接受度均较高，靠近玻璃幕墙或外窗位置与靠近内墙位置热接受度无明显差别。508靠近幕墙位置和靠近内墙位置投票值≥0的百分比分别为81.2%和83.3%，510靠近外窗位置和靠近内墙位置投票值≥0的百分比分别为85.1%和80.8%，休息厅靠近幕墙位置和靠近内墙位置投票值≥0的百分比分别为78.8%和86.3%。靠近玻璃幕墙位置受试者的热接受度相对较低，相对于封闭式玻璃幕墙房间，开放式休息厅玻璃幕墙对热接受度的影响更明显且受试者对偏热的环境比偏冷的环境接受度高。虽然三个房间受试者对室内热环境均保持较高的热接受度，但是受试者对室内热环境满意度投票值均下降很多。一部分受试者对室内热环境可接受但是满意度较低，休息厅靠近幕墙位置热满意度比热接受度投票值为-1的百分比明显上升，可见开放式休息厅玻璃幕墙会显著影响靠近幕墙受试者的热满意度。

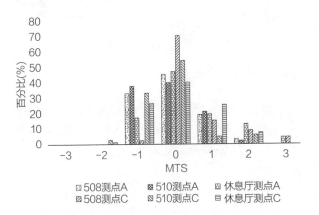

图3 整体热感觉投票分布

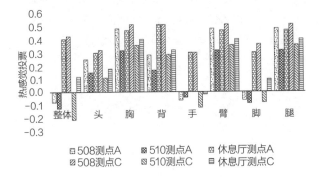

图4 整体热感觉与局部热感觉平均投票值

3.2 受试者的热可接受度及满意度

如图5和图6显示了受试者热接受度及热满意度

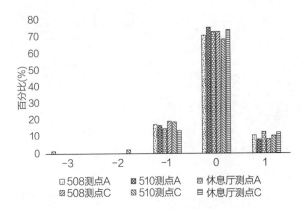

图5 热接受度投票分布

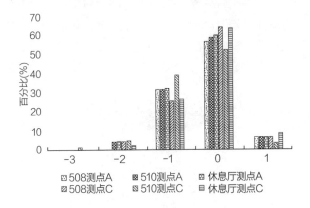

图6 热满意度投票分布

3.3 受试者对冷辐射的敏感度

图7显示了受试者对玻璃幕墙和外窗冷辐射感知投票分布，由图可知，受试者对于玻璃幕墙和外窗的冷辐射保持着较低的敏感度。508靠近玻璃幕墙位置和内墙位置投票值≤-2的百分比分别为17.2%和6.3%，510靠近外窗位置和内墙位置投票值≤-2的百分比分别为10.6%和2.1%，508靠近玻璃幕墙位置和内墙位置投票值≤-2分别为11.7%和8.2%。受试者对冷辐射的敏感性与距玻璃幕墙和外窗的相对位置有关，靠近玻璃幕墙或外窗位置的受试者对冷辐射敏感性较高，相对于普通窗口，受试者对玻璃幕墙的冷辐射敏感度更高。

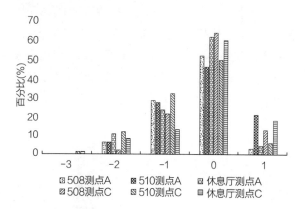

图7 冷辐射感知投票分布

4 能耗模拟分析

4.1 模型建立

采用能耗模拟软件EnergyPlus对实测建筑进行供暖能耗模拟，由于建筑体量过于庞大复杂，仅截取图1所示建筑平面图进行模型建立及供暖能耗模拟，模拟模型如图8。为对比分析玻璃幕墙与普通窗口两

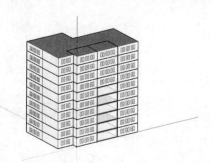

图8 模拟模型

种工况房间冬季供暖能耗情况，仅模拟508和510两房间，考虑房间面积会影响总供暖能耗，模型将两房间面积均设为108平方米。各围护结构参数根据其建筑设计详图选取见表1所示。

4.2 模拟结果

由于文章篇幅有限，本文仅对实测中508和510两房间的供暖能耗进行分析。根据民用建筑热工设计规范设置室内设计温度T=18℃[8]。图9显示了各房间供暖能耗模拟结果，两房间供暖能耗与室外平均温度有关，随着室外平均温度的降低，供暖能耗呈上升趋势。508和510两房间年总供暖能耗分别为27.3GJ和20.5GJ，玻璃幕墙房间比普通窗口房间供暖能耗大24.9%。

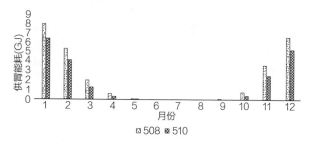

图9 T=18℃各房间供暖能耗

图10显示两房间供暖能耗W与设计温度T线性相关，随着设计温度T逐渐增大，两房间供暖能耗均增大。模拟得到两房间年供暖能耗与设计温度的回归方程如下：

508：W=7.7065T-112.95（R²=0.9916）
510：W=3.4505T-42.04（R²=0.9968）

式中：W为供暖能耗（GJ），T为设计温度（℃），R为相关系数。508房间回归方程的斜率大于510房间，说明玻璃幕墙房间供暖能耗受设计温

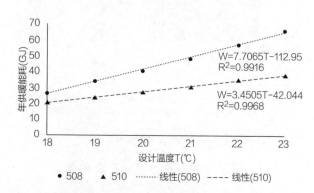

图10 各房间年供暖能耗与设计温度线性拟合

度的影响较大。当W=0时，求解T=16.7℃，说明当设计温度T为16.7℃时，两种工况房间年总供暖能耗相同。

图11和图12分别显示了不同设计温度工况下，508和510房间相对于设计温度T=18℃时月供暖能耗增长率分布。可见随着室外气温的升高月供暖能耗增长率逐渐增大。1月～4月、11月和12月，玻璃幕墙房间供暖能耗增长率均高于普通窗口房间，5月和10月玻璃幕墙房间供暖能耗增长率低于普通窗口房间。

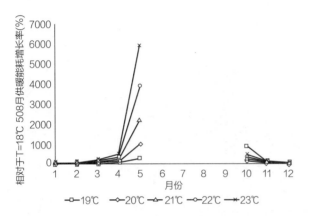

图11 相对于设计温度 T=18℃，508 房间月供暖能耗增长率

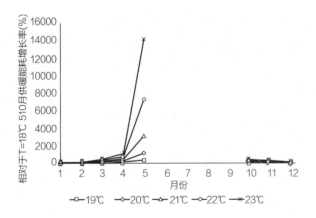

图12 相对于 T=18℃，510 房间月供暖能耗增长率

5 结论

通过对建筑不同工况房间室内热环境测试、主观问卷调查及能耗模拟分析得到以下结论：

（1）在严寒地区冬季供暖条件下，实测建筑普通窗口房间室内平均温度为23.1℃，室温偏高接近于ASHRE55-2013中冬季热舒适温度上限值。玻璃幕墙房间比普通窗口房间平均室温低1.8℃，玻璃幕墙对室内平均温度影响较大，靠近玻璃幕墙或外窗、房间中心点和靠近内墙温度无明显变化。幕墙玻璃室内外壁面温差比普通窗玻璃室内外壁面温差小7.8℃。

（2）在玻璃幕墙冷辐射和热水散热器供暖共同作用下靠近玻璃幕墙和外窗位置的空气温度与同一房间靠近内墙位置的空气温度差别很小，但受试者热感投票差别明显。靠近玻璃幕墙位置受试者热感优于靠近内墙位置，普通窗口房间受试者热感投票正好相反，靠近内墙位置热感较好。玻璃幕墙房间受试者手和脚的热感投票值接近于整体热感投票值，胸部相对来说最易获得热感。严寒地区冬季室内温度较高，整体热感偏热，受试者对偏热的环境比偏冷的环境接受度更高。相对于封闭式玻璃幕墙房间，开放式休息厅幕墙玻璃对受试者热接受度的影响更明显。受试者对玻璃的冷辐射敏感度为开放式玻璃幕墙附近位置＞封闭式玻璃幕墙附近位置＞封闭式普通外窗附近位置。

（3）在设计温度T为18℃时，508和510房间年总供暖能耗分别为27.3GJ和20.5GJ，玻璃幕墙房间比普通窗口房间供暖能耗大24.9%，房间供暖能耗W与设计温度T线性相关。当设计温度为16.7℃时，两房间年供暖能耗相同，因此，玻璃幕墙适用于严寒地区室内温度要求较低的辅助用房外墙设计。

参考文献

[1] 宋冰，白鲁建，杨柳. 办公建筑中落地窗对人体热舒适及建筑能耗产生的影响[J]. 建筑技术. 2015：46.

[2] 王昭俊，何亚男，侯娟. 冷辐射不均匀环境中人体热响应的心理学实验[J]. 哈尔滨工业大学学报，2013（45）：59-64.

[3] 王昭俊，侯娟. 不对称辐射热环境中[J]. 暖通空调. 2015：46.

[4] 杨慧媛，高甫生. 玻璃类型对玻璃幕墙建筑室内热环境的影响分析[J]. 暖通空调. 2005（35）：10.

[5]杨慧媛，高甫生. 玻璃幕墙建筑节能措施探讨[J] 节能技术 2006（24）：135.

[6] Kumar, G.K., S. Saboor and T.P.A. Babu.Study of Various Glass Window and Building Wall Materials

in Different Climatic Zones of India for Energy Efficient Building Construction[J]. Energy Procedia, 2017（138）: 580-585.

[7] ASHRAE.ASHRAE Standard55-2013 Thermal Environmental Condition For Human Occupancy[s]. ASHRAE Stabdards Committee,2013.

[8] 民用建筑热工设计规范[S].GB50176-2016.

从理性到知觉
——解析现代建筑材料真实性与物质性两个议题
From Rational to Perception: Analysis of Two Topics of the Truth to Material and Materiality in Modern Architecture

黄瑜

作者单位
华南理工大学建筑设计研究院有限公司（广州）

摘要： 材料真实性与物质性是现代建筑关注材料表现的两个中心议题。通过分析议题产生的历史脉络，解读材料真实性与物质性两个议题的核心内容。材料真实性议题注重从理性角度，以抽象的方式表现材料的力学支撑以及反映结构的装饰原则。物质性议题则回归到与人相关联的视角，关注材料表现的文化内涵以及感官体验。从现代建筑早期的材料真实性议题到当下的物质性议题，总体呈现出从着重材料理性表现到着重材料知觉体验的演变。

关键词： 材料真实性；物质性；抽象理性；知觉体验

Abstract: The truth to material and materiality are the two central issues of modern western architecture which focus on the representation of material. Through the analysis of the historical context of the issue, the core content of the two topics of the truth to material and materiality can be interpret. The issue of the truth to material focuses on expressing the mechanical support of materials and the decorative principles of structures in an abstract way from a rational point of view. Materiality issues return to the perspective associated with people, focusing on the cultural connotation of material expression and sensory experience. From the early issue of the truth to material to the current issue of materiality, the overall evolution from the focus on material rational performance to the focus on material perceptual experience.

Keywords: The Truth to Material; Materiality; Abstract Rational; Perceptual Experience

1　现代建筑的两个材料议题

在研究西方现代建筑材料观念演变历史过程中发现，有两个中心议题：从现代建筑伊始至20世纪上半叶的"材料真实性"与从20世纪下半叶（80年代前后）至今的"物质性"。议题的产生与当时的现代建筑语境（社会发展、科学等）密切相关，解读这两个议题有助于理解材料策略的中心内容。上述的时期划分是从议题得以产生并兴起的角度设定的，建筑理论的发展经常会出现对历史的反刍或者对未来的预知，比如20世纪末期兴起的建构文化研究中对第一个议题再次进行了解读，而物质性也能在现代建筑早期寻找到它的痕迹。缕清其中的关系，将对这两个议题的解读提供基本的语境设定。

2　材料真实性

2.1　"材料真实性"议题产生背景

"材料真实性"议题的产生背景总体上说来与以下几个方面相关联。

首先，回归到理性批判、科学与自由主义的现代性特征（基于启蒙运动精神）来追寻议题产生的文化根源。在现代性的纲领性概念中："现代性由一种在科学、艺术与伦理世界中不可逆转的自主性的趋向所赋予，因而它必须'依照其内在的逻辑'来发展"[1]。在现代理性批判的激发下，17世纪初温琴佐·斯卡莫齐（Vincenzo Scamozzi）主张在"理性"的法则下"所有的部件都是产生于合理的用途"，提倡充分考虑所使用材料的特性[2]。17世纪中的洛伦佐修士（Fray Lorenzo de San Nicolás）将此议题的最早提出者归之为斯卡莫齐，并在他的《建筑的应用与艺术》一书中明确提出材料真实性的概念[3]。约翰·拉斯金（John Ruskin，1819-1900年）在《建筑的七盏明灯》则将材料真实性提高到伦理的层面，明确反对三种"建筑的谎言"：①结构的谎言，显示为结构元素的构件而不是真实的结构支撑本身；②表面的谎言，建筑表面上油漆去表现其他材料（如在木头上画上大理石）或者骗人的浮雕装饰；③使用任何铸造或机制的装饰物[4]。拉斯金宣称材料的使用应依托于它的本性。

其次，从科学发展与材料及其建造技术层面来看。17~18世纪的实验与计算科学促进了材料科学的发展，第一本材料力学性能的书出版于18世纪末。另一方面，18~19世纪现代建筑材料的快速发展，新材料与旧形式之间的问题矛盾重重。其中，铁作为新型建筑材料的运用最为突出。自18世纪初英国可以加工大型铁产品之后，18世纪70年代开始应用于建筑。随着熟铁与滚轧钢技术的成熟，19世纪钢铁开始在建筑中大量使用。一方面受限于钢材耐火强度低易于生锈的性能（随着耐火涂层的出现之后得以外露），另一方面某种程度上局限于传统建筑形式（在文化建筑类型中表现明显），形成了新的结构材料外加上非结构层的建造方式(图1)。与此同时，器械化的建造方式颠覆了传统建筑从下向上的建造逻辑，金属构件及其制成的装饰悬挂粘贴在建筑表面。结构与装饰构件的建造分层使得"材料真实性"的议题更为突出，在19世纪中叶新材料开始用于模仿旧形式（图2）。随着新材料及其建造技术的成熟（19世纪末），新材料的发展促进了新形式、新风格的探索。

图1 巴黎法兰西剧院

图2 牛津大学自然史博物馆

然后，查看现代建筑学学科的研究。曼弗雷多·塔夫里（Manfredo Tafuri，1935-1994年）以历史方法论来检验先锋派的"历史性"，将现代运动中的反历史主义追溯到15世纪的伯鲁乃列斯基（Filippo Brunelleschi，1377-1446年）。塔夫里认为伯鲁乃列斯基的成就在于他的非历史化，即历史价值现实化——以古典建筑的片断作为词汇基础[5]。在经历长达几个世纪的对古典历史素材的编排与拼贴之后，18世纪建筑考古研究的成果（原存于古典书籍上的案例有了现实参照）引发了建筑风格的争论，海因里希·胡必施（Heinrich Hübsch，1795-1863年）发表了《我们应以何种风格来建造？》。在寻找建筑风格的研究中，18~19世纪的众多学者不约而同地都将视线投向材料，材料被作为抵抗古典样式风格争论的策略。其中，勒·迪克（Eugène-Emmanuel Viollet-le-Duc）延续了法兰西的希腊—哥特理想，关注材料的支撑作用——结构的理性（支撑的表现），戈特弗里德·森佩尔（Gottfried Semper）则继承了德语系的装饰讨论，从人类学的视角研究材料的原始动因。

2.2 "材料真实性"的定义

"材料真实性"如何定义？

在《建筑的七盏明灯》中关于真理的论述可以用来解析建筑的真实，拉斯金反对结构、表面以及装饰的欺骗，与之相对的则是它们的诚实，拉斯金提倡材料使用需依据材料的本性。结构真实、表面及装饰的真实（反映结构）与材料的本性，"材料真实性"正是在这些讨论中获得它的意义。

"材料真实性"存在于结构的真实。

材料的力学性能在结构形态与支撑构件中体现，材料的真实存在于表现真实的结构支撑方式。古希腊神庙纯粹的石构建筑与哥特式清晰表达受力的结构形态，成为建筑结构理性讨论的中心。综合弗莱芒、科尔德穆瓦以及洛吉耶原始棚屋的思考之后，苏夫洛的圣热内维也夫教堂完成了希腊—哥特理想的愿景：拱顶结构与横梁结构的结合以及清晰明了的独立柱，创造了新的空间统一体（图3）。这种结构展露继而在普金的哥特复兴建筑（图4）与拉布鲁斯特的铁钩结构（图5）中得以表现，辛克尔的弗里德利希河心岛教堂则在内部的天花中刻意表现出其为装饰性面层而非虚假的结构（图6）。

从结构的理性思考中衍生出尊重材料受力特性来使用，材料的使用决定相应的建筑结构形式，材料与形式、风格关联起来。勒·迪克的铁石同构的三千人大厅设计、贝尔拉格的阿姆斯特丹交易所、柯布西耶的多米诺、福斯特的香港汇丰银行、康的理查德医学研究中心以及工程学上的结构形式探索等都是材料通过结构的真实得以表现的典型案例。

"材料真实性"存在于表面与装饰的真实。

基于材料真实性视角论及其装饰是围绕着结构的如实表达展开的，正如上述弗里德利希河心岛教堂，装饰清晰表达了非结构的关系（避免了结构的欺骗）。拉斯金赞誉为"最完美杰作"的威尼斯总督府，在勒·迪克描述建筑装饰的篇章中被作为真实的典型案例。勒·迪克认为总督府所有的装饰效果归结于对结构真实而有力的表达，其中分为上下两个部

分：首二层柱廊清晰表达的结构支撑方式与角部的微妙处理，显示强有力的支撑体系；柱廊上部支撑着的公寓则用小块面的红白石块拼砌成菱形图案饰面，像轻盈的带有大窗的盒子（图7）。在辛克尔的柏林建筑学院大楼中，外立面的檐口装饰与建筑内部屋顶的檐子成对位的关系（图8），而佩雷在巴黎富兰克林25号公寓的外立面中有意识地显示框架结构（图9）。这些表面装饰与结构体系的对应关系既反映了勒·迪克视装饰与结构为"肌肉"与"骨骼"的关系，也与森佩尔饰面中的结构象征主义一致。在巴黎市政建设博物馆，佩雷用钢筋混凝土整体浇捣而成的带有几何纹理装饰的柱子，则将19世纪因结构与装饰因建造分层而产生的问题得到了解答（图10、图11）。

"材料真实性"基于材料的本性。材料的含义首先是包含了原料与工艺，两者缺一不可，这两者都囊括在材料的本性之中。森佩尔延伸了材料本性的定义，从人类学角度的研究材料的原始动因，将材料的本性与历史文化因素结合在一起。虽然在19世纪中无论是拉斯金、勒·迪克还是森佩尔都将解答建筑风格的问题归之于材料。他们大声宣称"让材料显示自身之美吧"[6]，但是均困囿在结构与装饰之间的关系。

图3 巴黎圣热内维也夫教堂

图4 拉姆斯盖特圣奥古斯丁教堂

图5 巴黎国家图书馆

图6 弗里德利希河心岛教堂

图7 威尼斯总爵府

图8 柏林建筑学院大楼

图9 巴黎富兰克林25号公寓

图10 巴黎市政建设博物馆1

图11 巴黎市政建设博物馆2

19世纪末的路斯受到森佩尔饰面理论的影响，更进一步的是剥去多余的装饰而采用材料本身作为饰面，比如在路斯大厦里的花岗石外饰面（图12），这是对拉斯金关于表面的诚实最好的说明，而密斯的巴塞罗那展馆有着同样的材料表现。

随着19世纪末新材料的成熟也促进了与新材料相应的建筑形式思考。佩雷市政建设博物馆的混凝土柱头充分展示了混凝土的本性，既是由它自身的可塑性决定也是模板所赋予的。赖特在统一教堂（图13）同样展露了这一点，他后期以流畅曲线构筑的古根海姆博物馆（图14）则充分体现了混凝土的塑性。埃菲尔铁塔展示了锻铁的材料之美（图15），钢与玻璃的生产则直接使得芝加哥高层建筑得以实现（图16）。除了新的材料，传统材料同样获得了关注。其中，砖在康、阿尔托或者西格德·莱韦伦茨（Sigurd Lewerentz）的手里都获得了新的表达方式，这种与文化关联的材料表现暗含了"物质性"的特点（图17~图21）。

图12 路斯大夏　图13 统一教堂　　　　图14 古根海姆博　图15 埃菲尔铁塔　　图16 芝加哥联
　　　　　　　　　　　　　　　　　　　物馆　　　　　　　　　　　　　　邦中心

图17 菲利普学院图书　图18 贝克学生公寓　　图19 韦斯屈莱大学庆典礼堂　图20 克利帕圣　图21 克利帕圣彼
馆　　　　　　　　　　　　　　　　　　　　　　　　　　　　　　彼得教堂与圣马可　得教堂与圣马可教
　　　　　　　　　　　　　　　　　　　　　　　　　　　　　　教堂1　　　　　堂2

3 物质性

3.1 "物质性"议题产生背景

"物质性"议题的产生同样是源自社会文化、科学技术以及建筑学科研究的发展。

在1968年反资产阶级运动的喧嚣中，让·鲍德里亚（Jean Baudrillard，1929-2007年）出版了他的《物体系》。鲍德里亚将物体系分为两种：功能体系与象征体系。其中，前者无疑是与20世纪前后强调功能的现代建筑纲领相关联。在功能化的物质体系中，每一个物都是总体功能（物的体系本身也是一个功能体系）中的一个要素，物被抽象的功能性（这里的抽象是指物与人的割裂）所标签。物化是"被商品逻辑支配着的工业和社会生活的普遍化模式"[7](资本主义经济的典型症候)，鲍德里亚严厉批判了功能体系对人的漠视以及与之相对的消费文化，提倡与人紧密关联（使用、情感记忆等）的物的象征体系。暂且不提在20世纪70~80年代"布景术"式[8]的后现代主义建筑，物回归到与人的互动关系中来思考，成为20世纪下半叶至今的社会文化特征。物质文化研究是当代西方文化研究的新兴领域，物体现了文化："特定的物品或事物，既是政治、经济、文化、生态乃至思维模式交互作用的成果，而是建构日常生活方式、社会形态及其历史进程的重要载体"。[9]

当代物质文化始于世界第三次科技革命，材料

及其建造技术的发展深受其他领域的技术激发。比如
广泛应用在造船和航空的胶合板，在20世纪50年代
才成为建筑的主流材料（采用相对廉价的材料与二
战后的社会经济相关）。原本用在修建桥梁的耐候
钢板，1964年首次大量运用在建筑的是埃罗·沙里
宁（Eero Saarinen，1910-1960年）的约翰·迪瑞
（John Deere）公司总部大楼。从20世纪20年代铝
箔作为防水构造，首次成为建筑材料。直到1950年
铝板外贴面才开始出现在建筑的外立面[10]，因此有了
汉斯·霍莱茵（Hans Hollein，1934-2014年）在
1965年在设计的维也纳Retti蜡烛店。弗兰克·盖里
（Frank Owen Gehry）在古根海姆博物馆使用了
钛板，而丹尼尔·李伯斯金（Daniel Libeskind）用
镀锌板作为覆面层的犹太人纪念馆以及赫佐格与德梅
隆的德扬博物馆中的冲压穿孔铜板，这些当代金属材
料得到充分表现。另外，人工合成材料等新型材料的
发展使得建筑材料的发展更多元化。从上述简单的材
料发展中可以看到，在第三次科技革命中的材料是丰
富多样的。与上一轮的工业革命相比，材料不再简单
地成为某种工艺技术进步的象征。

在建造技术上，除了框架结构的革新使得表皮
独立于结构，防水涂层这个看起来微不足道的材料发
展，对当代建筑材料的表现产生巨大影响。防水涂层
使得多层建筑构造得以取代单层结构。19世纪晚期
多层建筑构造才真正出现，正如奥托·瓦格纳（Otto
Koloman Wagner，1841-1918年）指出的，它主
要为建筑表现服务[11]。现代幕墙建造体系在20世纪下
半叶得到了更充分发展，20世纪末"表皮建筑学"
正是从这种独立于结构外部的独立的幕墙体系中获得
了建造技术上的支撑，或者说这种技术也促进了对建
筑表皮的关注。电子计算机技术的发展对材料的工艺
产生了巨大的影响，比如混凝土塑性在无定形建筑中
表现突出。

回到建筑学科的研究可以发现，在20世纪
70~80年代"布景式"建筑中再次出现了拉斯金所
说的结构或表皮、装饰的欺骗。20世纪80年代批判
的地域主义将视野转向了场所，它与90年代的建构
研究一起将建筑学科回归到现代建筑早期就关注的建
筑自主性问题，20世纪末实用主义与现象学作为此
次回归的推手，材料的表现再次成为策略。韦斯顿对
此有着详细的描述："客观地讲，建筑成为它想要成

为的，而不是别的什么，就是自80年代以来建筑理
论与实践创作的核心议题。弗兰普顿对批判地域主义
和最近建构表现的拥护，贝尼迪克特简短的精彩宣
言——为了建筑的真实性——借此呼吁基于'真实性
的直接美学体验'的'超现实主义'的主张，现象学
中对场所之类的主题感兴趣的文学萌芽，它们均以自
己独特的方式强调着建筑是一种基于场所、结构、和
材料等特殊条件的物质实践。"[12]

3.2 "物质性"的定义

"物质性"如何定义？
材料的表现在"材料真实性"议题中与结构与表
面、装饰（如实表现结构特征）相关，强调材料的本
性。当代物质文化观念则将材料从抽象的功能体系中
抽离出来，"物质性"以人为主体，与文化关联并强
调"氛围"。"物质性"同样关注材料的真实表现，
但是集中在材料自身，并且有非物质化的倾向，比如
对轻盈的追求。材料的"物质性"存在于实用主义中
多样化材料的使用。

材料是文化的物质载体，材料的"物质性"有
戏剧性特征。传统材料首先成为文化最直接的物质
载体。相对康在菲利普学院图书馆追求砖的结构理
性表达，在论及材料"物质性"时更关注砖的情感
因素。莫尼奥（Monoe）在梅里达罗马遗址上博
物馆（图22）采用了简洁化的拱形与砖表面，传统
工艺与文化得到传承。格沃克·哈图通（Gevork
Hartoonian）在评论王澍在宁波博物馆（图23）表
皮采用传统砖材料时，认为在这个建筑之中"戏剧性
的建构方式使材料获得'物质性'"。甚至更进一步
指出王澍将"物质性"转为一种批判的历史重写，正
如本雅明曾想我们做的那样，主要目的在于挽救历史
的根本潜力[13]。新的建筑材料也在寻找表达文化的方
式，在安藤的小筱邸住宅（图24）中，由专业木匠
制作的混凝土木模板采用日本传统的榻榻米草垫的尺
寸。最具戏剧性的是在2017年一场活动装置中，采
用金属丝网构筑的"古典"建筑碎片（图25），轻
盈材料与古典形式的结合，古典文化得到了戏剧性的
体验，这似乎指向材料"物质性"未来的趋势。而森
佩尔从人类文化视角查看材料的艺术"动因"，这明
显带有"物质性"特征。

"物质性"同样基于材料的真实表现，但是与

图22 梅里达国立罗马艺术博物馆　　图23 宁波博物馆　　　　　　图24 小筱邸住宅　图25 金属丝网结构

理性时期的材料的抽象表现不同，材料本身以及人的体验得到了最大的关注。伍重在巴斯瓦尔德教堂采用了波浪起伏的混凝土天花，一方面混凝土作为构筑实体对抗当时盛行的虚假天花，另一方面混凝土从粗野厚重的质感中跳脱出来，获得了"轻盈"的姿态（图26）。在20世纪下半叶，"轻"的混凝土表现在东德建筑师尤里奇·米瑟（Ulrich Müther）建于1973年的柏林Ahornblatt餐厅中得到了充分体现（图27）。哈图通在解答"物质性的物"时解析了哈迪德·扎哈（Hadid Zaha，1950-2016年）的斯特拉斯堡汽车终点站，他认为哈迪德继承了森佩尔的建构精神，根植于场地的建筑构筑（屋面与场地的连接）获得的材料的"物质性"，继而提出哈迪德对"物质性"的理解不再局限在材料的本性，而是包含旨在将

稳定性与运动的表达并置的设计策略[14]（图28）。这种非物质化的"轻盈"似乎在当代建筑愈演愈烈，其中伊东丰雄的多摩艺术大学图书馆是典型案例（图29）。哈图通将非物质化的趋势，与卡尔·马克思（Karl Max，1818-1883年）对消费文化的物质批判相关联："正如马克思所宣称的所有坚固，包括材料真实性，将消融于空气。"[15]

另外在材料本身表现的"物质性"讨论中，不得不提到瑞士建筑师们在20世纪90年代开始，出现了精彩纷呈富含材料表现的建筑实践（图30~图33）。而诺曼·福斯特（Norman Foster）与让·努维尔（Jean Nouvel）自巴黎蓬皮杜艺术中心至今，孜孜不倦地对材料进行主动的表现，比如努维尔在玻璃的艺术表现上颇有建树（图34）。与此同

图26 巴斯瓦尔德教堂　　　图27 柏林Ahornblatt餐厅　　　图28 斯特拉斯堡汽车终　图29 多摩艺术大学图书馆
　　　　　　　　　　　　　　　　　　　　　　　　　　　　　点站

图30 法国米卢斯利乐欧　图31 巴塞尔沃尔夫　图32 布雷根茨　图33 布鲁德·克蒙斯　图34 巴黎卡地亚基金会
洲厂房　　　　　　　　信号楼　　　　　　艺术博物馆　　教堂

时，透明性或半透明性的思辨讨论丰富了材料表现的含义。

20世纪90年代中，由库哈斯掀起的实用主义致力于新材料、新肌理，许多工业化的"廉价"材料被运用到建筑中。这些以前曾被忽视的材料在建筑中寻找到自身的表现方式，某种程度上来说它得以实现的基础不仅仅在于它的适用，而是给予人们一种新的体验。库哈斯在鹿特丹现代艺术博物馆中，钢结构构件的表现方式看似向密斯致敬，与密斯注重材料的精细而优雅质感不同，波纹状的聚碳酸酯板被大量运用在博物馆中。库哈斯在里尔会议展示中心项目中，工业金属网、透明玻璃与混凝土一起在建筑形体灵活空间复杂多样的建筑中，形成一个工业产品拼贴式的建

筑体验。MVRDV在荷兰海牙住宅设计中采用了一种材料设计策略：每个独栋的小坡顶房子由同一种材料覆盖，即屋顶和墙面的一体化，形成非常抽象的建筑体量[16]。为了控制建设成本，每一个小屋由一种单一的绿色或蓝色的聚氯酯板、异型铝板、木制的鱼鳞板或者赤色陶瓦包裹。同一体量但因为不同的面层材料及色彩，每个住户因此而获得了辨识度与独特性，其中五栋蓝色小屋是整个住宅片区最受欢迎的类型。法国国家图书馆中可被转动的木百叶则赋予了建筑表面一种灵活、不确定的特性，它需要通过与人的交互作用而成。材料"物质性"在与人的互动过程中得以实现。

图35 鹿特丹现代艺术博物馆　图36 里尔会议展示中心

图37 荷兰海牙住宅　图38 法国国家图书馆

4 结语

从"材料真实性"到材料的"物质性"议题，均源自对建筑自主性的思考，都基于材料的本性而着重于材料的表现。"材料真实性"注重从理性角度，抽象地表现材料的力学支撑以及反映结构的装饰原则。而"物质性"则回归到与人相关联的视角，关注材料表现的文化、感官以及互动体验，可归结为从理性到知觉。

材料真实性与物质性两个议题有着紧密的延续关系，既相互渗透也有部分含义相互包含，简单的一刀切会带来更多困惑。但是，从各自产生的语境出发，解析各自的形成背景与特性有助于理解各自的相通与迥异。在面对纷呈多样的当代建筑设计中的材料表现时，以此得以从历史的视角理解当代建筑材料表现的设计现象。

参考文献

[1]（比利时）希尔德·海嫩（Hilde Heynen）. 建筑与现代性：批判[M]. 卢永毅，周鸣浩 译. 北京：商务出版社，2015：19.

[2]（德）汉诺-沃尔特·克鲁夫特（Hanno-Walter Kruft）. 建筑理论——从维特鲁威到现在[M]. 王贵详 译. 北京：中国建筑工业出版社，2005：68.

[3] 同上：87.

[4]（英）约翰·拉斯金（John Ruskin）. 建筑的七盏明灯[M]. 张璘 译. 济南：山东画报出版社，2006：27.

[5]（意）曼弗雷多·塔夫里（Manfredo Tafuri）. 建筑学的理论和历史[M]. 郑时龄 译. 北京：中国建筑工业出版社，2010（意大利文版本初版于1968年，翻译根据1986年第四版）详见第一章节：现代建筑与历史的隐没，笔者整理.

[6]（德）戈特弗里德·森佩尔（Gottfried Semper）. 建筑四要素[M]. 罗德胤，赵雯雯，包志禹 译. 北京：中国建筑工业出版社，2014：47.

[7]（法）让·鲍德里亚（Jean Baudrillard）. 消费文化[M]. 刘成富，全志刚译. 南京：南京大学出版社，2006：160（让·鲍德里亚（Jean Baudrillard），法国作家、哲学家、社会学家。他在对于"消费社会理论"和"后现代性的命运"的研究方面卓有建树，发表了《物体系》、《消费社会》、《符号政治经济学批判》等著作，源自百度百科。）

[8]（美）肯尼斯·弗兰姆普顿（Kenneth Frampton）. 现代建筑：一部批判的历史[M]. 张钦南等 译. 北京：生活·读书·新知三联书店，2012：346（内部实质与外部形式完全分裂，以面具的方式野蛮对待建筑形式与风格，材料没有成为表现建筑品质的手段）

[9] 徐敏 汪民安主编.物质文化与当代日常生活变迁[M].北京：北京大学出版社，2018：13（截取李武装《"物"的问题与"物质文化"阐释——文化哲学的视角》。

[10]（英）理查德·韦斯顿（Richard Weston）. 材料、形式和建筑[M]. 范肃宁 陈佳良译. 北京：中国水利水电出版社，知识产权出版社，2005：27.

[11] 同上：194.

[12] 同上：184.

[13] Edited by Sandra Karina Löschke. Materiality and Architecture[M]. New York: Routledge, 2016: 72.

[14] 同上：69 截取Gevork Hartoonian撰写的《Materiality Matters-If only for the look of it！》

[15] Edited by Sandra Karina Löschke. Materiality and Architecture[M].New York: Routledge, 2016: 61.

[16] 同上：234.

图片来源

图1：（英）罗宾·米德尔顿（Meddldton,R.），（英）戴维·沃特金（Watkin,D.）. 新古典主义与19世纪建筑[M]. 邹晓玲 等译. 北京；中国建筑工业出版社，2000：122.

图2：来源：Wikipedia

图3：《现代建筑：一部批判的历史》P1

图4：《建构文化研究》P42

图5：《建构文化研究》P50

图6：《建构文化研究》P78

图7：勒·迪克《建筑学讲义》P514

图8：《建构文化研究》P72

图9：《建构文化研究》P128

图10、图11：《建构文化研究》P150

图12、图13、图15～图21：《材料，形式与建筑》

图14：自摄

图22：https://www.archdaily.com

图23：https://www.archdaily.com

图24：https://www.archdaily.com

图25：https://www.gooood.cn/artwork-design-in-abu-dhabi-by-edoardo-tresoldi.htm

图26：自摄

图27：Rahel Lämmler and Michael Wagner. Ulrich Muther Shell Structure[M]. Niggli，Zürich，2010：11

图28：www.zaha-hadid.com

图29：https://www.archdaily.com

图30：https://www.archdaily.com

图31：https://www.archdaily.com

图32：https://www.archdaily.com

图33：https://www.archdaily.com

图34：https://www.archdaily.com

图35～图37：《材料、形式与建筑》

图38：自摄

专题五　建筑教育

诗性、感知、自我
——罗德岛设计学院的建筑教育对国内建筑界的启示

Poetics, Perception, Ego: Inspirations from Architectural Education of Rhode Island School of Design

沈梦岑

作者单位
小大建筑设计事务所（上海，200000）

摘要： 本文简述了当代中国建筑实践与建筑教育存在的问题，引用美国罗德岛设计学院建筑系的三个课程——"建筑分析"、"想象"工作室与毕业创作，详细阐述 RISD 建筑的教学思想、方法与学生成果，希望以此给国内建筑创作一些启示。

关键词： 罗德岛设计学院；建筑教育；诗性；感知；自我

Abstract: Corresponding to the problems of Chinese architectural practice and education, this paper takes three courses of Architecture Department of Rhode Island School of Design as reference: Architectural Analysis, Imagination studio and Thesis, elaborating educational philosophy, approaches and students' work, as inspirations for Chinese architecture.

Keywords: Rhode Island School of Design; Architectural Education; Poetics; Perception; Ego

本文的写作背景为笔者从美国罗德岛设计学院（Rhode Island School of Design，以下简称 RISD）毕业后，面对国内的建筑创作与建造环境，感受到强烈的地域差异与认知脱节。一方面，RISD 的建筑教育深刻地影响着我以独特的视野与价值判断来评析当前的对象；另一方面，中国的建筑创作呈现出一番极具反差的图景。分析这种差异的原因并思索如何打破认识上的壁垒、拓宽中国建筑创作的局面从而使中国的建筑领域无论是对建筑学的研究还是建筑的实体性建造都能在广度和深度上有所突破。

1 中国建筑问题

1.1 建筑实践

当下的中国建筑实践与生产呈现出欣欣向荣的景致：独立事务所如雨后春笋般地迅速生长；建筑实践范围从都市文化综合体、废弃空间改造到度假村开发、乡野民宿；传播媒介从正统的学术期刊、国内外大流量网站到娱乐新闻、时尚杂志。行业竞争激烈，高产。看似热火朝天的场景实则问题层见叠出。

1. 结构与理性、视觉化、同质化

法国哲学家亨利·列菲弗尔指出："资本主义的抽象空间具有'几何-视觉-男根'三位一体的逻辑"[①]。"'几何'意味着所有的自然空间及社会空间被简化为同质的欧几里得的几何空间，三维现实被简化为二维现实"；"'视觉'意味着视觉性占据了主导地位，从而排斥了所有其他感觉"；"'男根'则隐喻了权力的在场与可见性"[②]，放到当代中国建筑界同样成立。为主流建筑学界认可的建筑逐渐显现出关注结构逻辑的倾向（图1）。立足结构、逻辑的好处为由结构生成的几何形体与空间秩序是抽象的存在。这种抽象性使建筑无论坐落何处都呈现出自足的状态——在自我体系内陈述、演绎并完成自我评价而脱离于也不需要周遭环境的介入与支撑。以结构为本的建筑外形通常为规整几何形体。这种外部封闭而寻求内部变化的处理手法也正是建筑拒绝与客观条件对话而树立自我体系的表现。"理性"开始成为建筑师思维的切入点，同时也是崇尚的宣言与论证自己合理性的依据，使其无可辩驳的佐证。但大部分"理性"

---

① 朱羽. 现代性的空间与美学阐释——以列菲弗尔空间理论为中心[J]. 外国美学，第十九辑：243.
② 朱羽. 现代性的空间与美学阐释——以列菲弗尔空间理论为中心[J]. 外国美学，第十九辑：244. 转引自Henri Lefebvre. The Production of Space[M]. p285.

图1　（来源：网络）

图2　（来源：网络）

的建筑并非真理性。相反，它们只是利用秩序的外形、抽象几何的表现语言使建筑从视觉上看起来具有"理性"气质而已。而真正对于形式产生的原因、逻辑推演的严谨度，一步步是否环环紧扣、无懈可击？恐怕就很难服众了。再者，相当一部分"结构型"建筑也并不遵循真结构。结构与材料密切相关，它是材料最基本物理性质的形态转换的结果，既得益于材料特性又受制于材料特性。而当前一些结构做法却与材料的内在属性无关甚至相违背。与其说建筑师崇尚逻辑理性而寻求结构的合理性表达，不如说他们利用结构来模拟他们心中对大尺度空间的宏大叙事的幻想进而流露出对权力与控制的渴望。

对形式的热衷自然导致了对建筑的阅读方式被简化为视觉行为。尤其在媒体发达的网络化时代，跨越空间距离来接触建筑的方式也只有读图了。建筑多维度的生命特征被压缩为构图与色彩组合。局部出彩取代了建筑整体性能否成立的哲学思考。

建筑作品的同质化倾向一方面源于建筑教育提供的设计方法与思维的同质性，另一方面也归咎于建筑学视野的局限与理论根基的不足。不同地域、时代的建筑师反复运用相同的语言（图2）。是人们内心的辞库穷尽了，还是与真实世界的距离太遥远？

　　2．建筑成为产品

列菲弗尔的空间哲学把空间定义为一种社会产品。他认为空间是"政治经济的产物，是被生产之物"①。"城市、设施、土地、地底、空中，甚至光线，都被纳入生产力和产品之中"。空间一旦成为"生产剩余价值的中介和手段"，人们就会"通过生产空间来逐利"，"空间就成为利益争夺的焦点"②。如果说列菲弗尔的空间产品还只是从理论层面分析空间的社会属性的话，那么中国当代的建筑产业已经切实地把建筑学意义上的创造性活动拉入了生产–消费的社会浪潮中。开发商把建筑打造为颇具卖点的产品，搭建文化的平台吸引目光、扩大知名度，从而达到销售与牟利的目的。在此过程中，建筑师与开发商双赢互利。开发商获取收入，建筑师通过赢得建造机会而增加社会影响力和成功指数。当然，建筑产品化是经济发展和建筑生产到一定阶段的产物，是必然结果。建筑的产品化也标志着建筑相关产业的发展日趋成熟。这是从社会与经济的宏观层面上来说。而本文的着眼点在于作为承担推动中国建筑领域进步的使命的建筑师们如何在商业化环境下依然保持创作的独立性、追求的纯粹性以及不安于现状的探索精神，是需要被思考的事。

1.2　建筑教育

1．本科生教育

中国建筑学本科教育重方法而轻思维，重功能

①　汪民安. 空间生产的政治经济学[J]. 国外理论动态，2006（1），46.
②　汪民安. 空间生产的政治经济学[J]. 国外理论动态，2006（1），47.

技术而轻认知感受，重说理而轻思辨，重结果而轻过程。中国的本科设计课程开始之初便已明确最后要什么，学生的探索之路只是在既定大方向下寻求实现目标的途径而已。建筑与人的关系更是主客体之间的对立关系。人作为建筑的研究者、规划者、问题的解决者，而建筑是人执行一系列操作的对象。人与建筑保持一定距离，这种距离不是物理上的尺寸距离，而是意识上的存在者之间的相互关系，即建筑与人分离的状态。在中国的建筑教育体系内，有一条隐形的线索与规则。学生于潜在的牵引下走向相对统一的答案。他们更关注建筑学个体，而并未将视野投射到更广泛的人文科学领域。

2．研究生教育

中国研究生教育的显著特点是以理论研究为主。通过对建筑学研究生理论成果的检索，笔者梳理了数据以示中国建筑学研究生的主要研究方向与内容（图3）。基于对东南、同济、清华、天大四所学校建筑设计与理论方向一千多篇硕、博士学位论文的调查得出：约60%的论文针对某一功能属性的建筑展开研究。其中研究具体功能类型的文章占大多数，例如校园建筑是大家普遍最关注的话题。对城市问题的研究也比重较大，其中城市公共空间与住宅设计是焦点。而本应是重

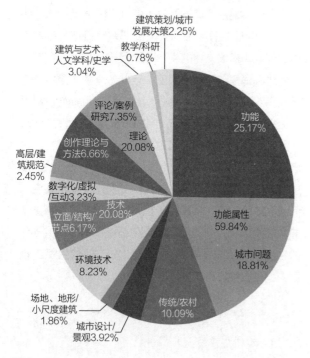

图3

点的理论性研究却只占论文总数的1/5。其中真正探索根本性的建筑学的创作理论与方法的文献不足7%。

建筑学的整体研究方向以功能性、现实性为主导，纯粹理论研究极为匮乏。而在仅有的理论研究文献中，有深度且提出创造性的理论和方法的文章更是凤毛麟角，寥若晨星。中国建筑学研究生的学位论文的理论高度也几乎反映了整个中国建筑界的理论研究高度。缺乏理论研究的氛围，没有热爱思想的精神和传统是一个影响深远的问题。

2 RISD 建筑教学掠影

与中国的建筑教育迥然不同，RISD的建筑教学有几个根本特质，这也是迄今为止RISD在数字化、形式主义、功能理性占主导的建筑学界仍然独树一帜地成为一股清流的原因：对手操作的执着追求，对不同领域的欣赏与崇尚以及对人的天性的挖掘与尊重。本文选择RISD建筑系三个有代表性的课程，分别对应三个阶段，反应在学生不同时期RISD建筑教学呈现的状态。"建筑分析"设置于第一学年下半学期；"想象"为中高年级学生修完前两年的基础必修课后可选择的工作室课程；"毕业创作"为毕业班课程，历时一年。

2.1 "建筑分析"——对历史的态度

1．课程概述

"建筑分析"是一年级核心设计课程以外的辅助设计课。它与另一节"建筑投影"为系列课程，分别位于第一学年的春季与秋季学期。"建筑投影"面对刚进入建筑系的学生，使学生从现实生活中的现成品入手，开始带有建筑思维地观察与制作。"建筑分析"作为"建筑投影"的进阶课，将学生直接抛入真实世界的汪洋大海。学生第一次正式面对历史中存在的一座经典建筑，去剖析并拆解它。"分析可以被理解为'拆分'的意思。任何建筑师最重要的能力之一就是通过这样一种分析的方法去理解物质世界。这同样也可以被理解为一种反向的创作过程，在此过程中人造物或建筑在开始之初便被知晓，而分析的结果却提供了新的同时也是不曾预料的洞察力。"① 另外，

---

① "建筑分析"教学大纲[B]. 罗德岛设计学院建筑系，2016年春季学期.

对手绘的坚持和偏爱也在这门课上被体现地淋漓尽致，它也几乎奠定了RISD建筑教学风格的基调。

2. 课程设计与学生作品

课程历时12周，共分三大项目。课程伊始，每位学生以抽签的方式被分配一栋现代建筑。他们利用图书馆资源搜集所有建筑的图纸信息与图片资料。整个课程的内容都围绕这栋建筑而展开。

（1）项目1：X射线图

"根据被分配的建筑，确定一个关键的平面或剖面图，在大约22x34英寸的纸上以合适的建筑比例用铅笔重画这张图。不可描图，不可把这张图作为底图。"①第一步任务要求学生用科学的测量方法获取现有建筑平面或剖面的数据，再利用测量数据来重新构建自己的图纸。其中包含了获取数据以及将数据图像化两个过程。测量与绘图过程学生需要用到直尺、平行尺、比例尺、三角板、圆规、铅笔、橡皮等一系列制图工具。而图面上也会因测量留下许多参考线。这些参考线被视为图纸的一部分，它们既体现了学生的思维方式也反映了绘图的逻辑与方法。一周的平、剖面图绘制完毕后，第二项任务是基于自己的平面或剖面图，生成一个同比例的三维正交轴测图。关键点是整栋建筑要如同X射线下的显示模式，所有组成部分与细节均可见，必须被一五一十地呈现出来。而由于数据缺乏，某些细节可能无法获悉资料，学生就需要通过其他图像或文字说明进行合理推测，尽可能全面完整地呈现建筑的真实面貌。此任务历时两周。

项目1的整个过程中，精确性与严苛是学生要追求的目标。在如今这个机械化与数字技术高度发达的时代，人们还如何利用双手与思维的合力配合传统的与人的身体密切合作的工具做到科学制图的准确无误，是这一阶段任务带给学生的挑战也是引发人们思考的问题。而最后的结果却令人惊喜：手绘的方式不仅可以尽可能地向精确靠拢，同时展现了一种充满温度的智慧——人思考的痕迹不像数字处理一般被机械地擦除，而是被时间性地记录下来；笔触的轻重缓急疏密、色调的轻微变化都如实地镌刻了作者落笔时的心理与微妙情绪——判断和取舍、坚定或犹豫。同样科学的制图却比机器制图平添了人类特有的专属语言。而这些关乎心理与情感的气息，也正是同样作为

人类的阅读者在面对图纸时所能获得的心理共振。由于信息缺乏而导致不能100%再现建筑的遗憾被转化为有选择性地表达。学生依据自己的理解重新梳理建筑的结构体系、建造逻辑，从而使重点被更突出而次者被弱化。再现的建筑成为一种带有个人印记的再创造，是不同时代、不同文化背景的个体在对建筑的理解上碰撞产生的火花（图4~图7）。

（2）项目2：模型：部分的集合

第二阶段从对手的运用转向电脑媒介。媒体的改变带来的是思维方式的变化。首先，学生被要求用犀牛软件建立一个完整的建筑模型，然后将建筑炸开，形成一张爆炸图。其中暗含两个要求：其一，建筑的任何细部都要被正确地建立起来，因为被炸开后的所有组件将被显露无遗；其二，考虑建筑被炸开的逻辑，学生需要有自主的判断和意识来决定不同组件被分离的方式，这要求他们用个人独特的理解和观察的视角来进一步解析建筑。不同的分离方式暗示了学生

图4　Church of the Three Crosses（来自 Hua Gao）

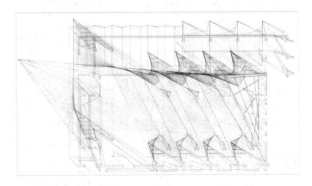

图5　Church of La Virgen Milagrosa（来自 Joseph Echavarría）

---

① "建筑分析"项目1任务书[B]. 罗德岛设计学院建筑系，2016年春季学期.

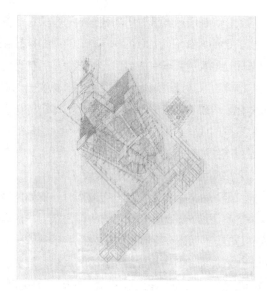

图6 St. John's Abbey（来自 Layna Chen）

图7 仙台媒体中心（来自 Ann Motonaga）

分析建筑的切入点，而这一立足点也将影响下一阶段的任务。

如果说手绘轴测图是训练学生心手合一、用身体建立与客观世界的关系的能力，那么软件制图则是将因身体局限而难于完成的任务转交给更高效的工具来完成。此外，形体被导入软件后，学生面临的对象逐渐从物质世界被抽离而成为数据和抽象的形状。当人们脱离了建筑的物质属性后，对建筑的认知就可以被扩大到更自由和天马行空的领域。但这是一把双刃剑。在利用不同媒介时，如何确立主体与工具之间的平衡关系是一个长期的话题。而这一课程任务也是

RISD建筑系唯一提出以软件作为媒介的项目，是在顺应技术更迭的当代环境下做出的有节制的调整（图8~图10）。

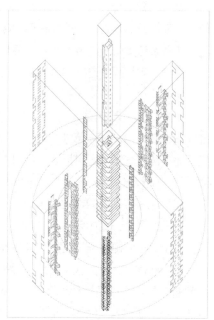

图8 Kanchanjunga Apartments（来自 Anthony Azanon）　　图9 Kanchanjunga Apartments（来自 Yaodan Wu）

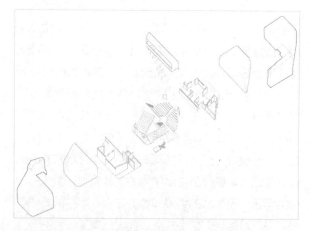

图10 Church Sainte-Bernadette du Banlay（来自 Gabriel Schmid）

（3）项目3：操作

在经过前两个阶段的"临摹"和"解剖"后，课程最后使学生回归自我。如果说项目1通过对建筑的观测和再现是认识建筑的过程，项目2是打破原有格局的解体过程，那么项目3则是发现和建立自我语言的过程。首先了解对象，再破，后立。这一阶段学生

根据自己的理解和兴趣，选择建筑的任何元素、任何内容，做任何形式的转换或再创造。

　　Kelly对柯伦巴艺术博物馆的分析一直聚焦于建筑外立面作为包裹新旧空间的表皮如何造就一种独立的语言（图11）。作者在爆炸图时就已有意识地将外墙与内部空间分离，而后用剥离的表皮制造各种脱离于建筑原有形状的姿态，更进一步将立面抽象为图案重组，从而探究建筑立面与室内空间的实质性关系——忠实地反应内部空间还是作为一种独立的存在。E1027别墅的方案（图12），Cotton关注的是空间组件之间的序列关系以及人穿行其间的路径。他将这栋建筑理解为一个漏斗或过滤器，而将人穿越建筑的路径视觉化为一系列空间切片上的白色平面。通过平面随着时间线的排列，空间体验既被拉伸成一维的时间感知（通过动画），同时也产生了一种新的空间形式使人们来重新认识E1027别墅的几何性。Schmid强化了Sainte-Bernadette du Banlay教堂的实体性（图13），将建筑的室外空间物化为承装教堂的盒子，而使原本实体感极强的教堂反而成为容器中的内容。Jiang分析了Mill Owners' Association Building中光的状态，并模拟光线的流动性（图14）。当不同层的流动光线被原位叠加时，一些新的建筑概念仿佛随之浮出水面。

　　"建筑分析"可被视为RISD建筑教学的一个缩影。它既体现了建筑教育对严谨、科学态度的要求，又反映了RISD建筑系对建筑的定位：是对客观世界

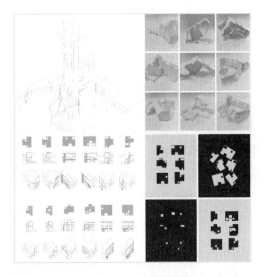

图11　Kolumba Museum（来自 Andrea Kelly）

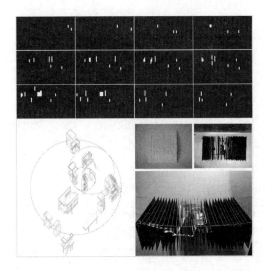

图12　E1027（来自 Charlie Cotton）

图13　Church Sainte-Bernadette du Banlay（来自 Gabriel Schmid）

图14　Mill Owners' Association Building（来自 Yuhao Jiang）

有清晰认识的基础上的超越性的创造。学生从忠于现实的观察开始，经过无数次转换，从经典中凝练出一点小小的发现。而这些发现或许是原来的建筑师不曾思考过的，也或许是阅读过建筑的众人从未触碰过的，但它们是历史延续的方式，也是推动新的历史的起点。"建筑分析"反映了RISD建筑对客观世界的欣赏与尊重，同时也暗含了建筑师作为一个创造性的个体应面临的方向与责任。

2.2 高级工作室："想象"——对当下的态度

"想象"工作室是克里斯·巴特（Chris Bardt）教授2015年春季首先在中国美术学院建筑艺术学院实验的一门课程。在RISD的课是在中国美院建筑系课程的基础上进化而来的。

1. 教学纲要

"……存在物质的图像，直接的物质图像。一种充满活力的欢愉触动它们，揉捏它们，使它们变得更轻。人们切实地梦想这些物质的图像，并且拒绝形式——易逝的形式和虚幻的图像，以及表面的形成。它们具有重量，它们是一颗心。"[①]摘自加斯东·巴什拉的一段话暗示了这堂课的气质。

事实上，此课在2015年秋季学期教授时，并没有提供学生教学大纲，也没有规划好课程内容。下一步的做法永远未知，所有内容都顺势发展。下一阶段的任务依据前一阶段的成果而口述提出，这也是巴特教授想要实验的一部分。而由于本文的写作，应笔者要求巴特教授事后整理了一份课程概要给我。

"这个工作室关注物质、空间和想象"。建筑的词汇表在这里被强调提出。它被认为是建筑师感性发展的重要部分，也是创造性的活动尤其是实现更大的设想需要依赖的媒介与方法。那么，"如何发展一个特殊的词汇表呢？想象就需要被激发。加斯东·巴什拉区分了形式的想象与材料的想象，前者由视觉驱动而后者则来源于记忆与感觉经验。这个工作室会在这两种想象之间摇摆并加入第三者——就梅洛庞蒂曾经描述过的视觉不可测量的部分，对深度的想象。"[①]

2. 课程设计与学生作品

课程从拓印开始，学生寻找现实生活中的任何东西进行拓印。随后，他们开始有意识地思考：确定一个什么方向，或导向什么结果。于是他们对之前的成果重新整理、编辑从而完成一件更大的单体作品（图15～图17）。

图15

图16 拓印（来自 Rebecca McGee）

对客观世界的拓印可视为信息收集与寻找感觉的过程。在此基础上，二维描摹转入三维制作。以拓印为蓝本，学生做一个216in³的体量。体量中包含两种相互交织的材料。接着，他们被要求用同样两种材料将原来的体量变为两倍，216in³实体加上216in³空间，两者依然相互交织（图18、图19）。

---

① 克里斯·巴特."想象"工作室教学大纲[B]. 罗德岛设计学院建筑系，2015年秋季学期.

图17　对意识的拓印（来自 Yin Lyu）

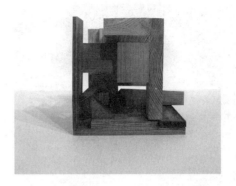

图19　两种材料：实体 + 空间（来自 Rebecca McGee）

图20　史诗画（来自 Yin Lyu）

图18　两种材料：实体 + 空间（来自 Mengcen Shen）

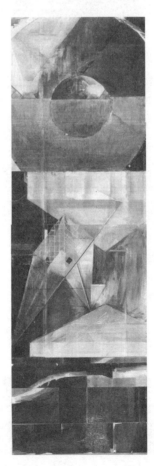

图21　史诗画（来自 Rebecca McGee）

第三步，三维又切换至二维。学生被要求创作一幅想象空间与结构的"史诗画"。顾名思义，它需要巨大的尺寸、透视的角度、对空间深度的表达使人可以栖居其间（图20～图22）。同时，每人用一段文字叙述自己想象的空间使人们可以听到或阅读到它。

图22

"想象"工作室的进程在学生的主体意识下蜿蜒前行，而教授是途中的哨兵，在每处转折点为你导向。学生的成果给教授启迪，而教授的任务也推动学生的进展。双方在相互观察、相互发现的过程中摸索创作的途径。其间，大家探讨文字、句法和结构，阅读诗歌，用哲学的辩证法来理解"想象"的作用。在一系列交流碰撞和实验中发展自己的语汇，也就是最初提到的"vocabulary"。所以，每个人的语言是在自己反复的、不完善的尝试中跌跌撞撞地建立起来的。虽不完美，却独特而不可复制。正是这种语言和思维意识的独特性最终成为作品坚实有力的核心。

课程的后半段向"建筑"的主题靠拢。学生们利用做模型或在"史诗画"的基础上继续绘画的方式发展一个建筑项目（图23～图25）。但最后结果是未知的、不确定的。提交内容也没有任何形式限制。整个课程与其说是一个教学过程，不如说是一段探索的旅途。学生们永远在发现的道路上凭借好奇心和求知欲一点一滴建立和塑造自己。建筑不是终点，而是其中的一站。或者说建筑更是整个过程中人们经历的所有：是行为——发现、采集、编辑、转换、打破、重塑、回顾、创新……；是对象——自然、路径、材料、光影、时间、情感、人、社会……；是方式——逻辑、感知、语法、意识、冲突、融合、疏离、对抗；是结果——文字、声音、图像、形体、故事、诗、居所、哲言。

教与学是相互成就的过程。很难说这个工作室结束时，是学生获得更多还是教授汲取更多。相信好的教育应该是领路人与被带领者之间相互激发、共同探索人生的过程。大家在一个同样的出发点，只是探索的过程各有滋味。"想象"工作室是RISD核心价值观的化身。它从不把建筑只局限于建筑本体来看，而是将建筑放大到整个艺术、人文乃至社会和人类历史的视野下。当我们从更宏观的视角俯视宇宙、星球、人类文明以及社会变迁，会发现建筑只是其中闪烁的星点。也正因为这些微小的星点与更博大的时空、意识、人情冷暖联系在一起，才拥有了更深远和绵延不绝的生命力。

图23 （来自 Mengcen Shen）

图24 （来自 Rebecca McGee）

图25 （来自 Rebecca McGee）

2.3　Thesis"毕业创作"——对未来的态度

与传统意义上的毕业设计不同，RISD建筑系的thesis更接近艺术学院的毕业创作。作为若干年学术成果的集大成者，在RISD它真正做到了追随内心，回归本我。如果说，第一年的"建筑分析"是在规矩地教授学生认识建筑、进入建筑的方法，中高年级的"想象"工作室是引导学生建立创造性语言的途径，那么毕业创作就是放下一切包袱，回归自我、呈现自我的表演。在RISD，所有想法和初衷都被极度尊重。导师的任务是保护你的构想并为之推波助澜。

Hua Gao的创作题为"在空间叙事中雕刻时光"，借用了反映俄罗斯著名导演安德烈·塔可夫斯基电影创作历程与观念的纪录片《雕刻时光》之名，作品聚焦建筑创作中对时间的感知（图26）。"很

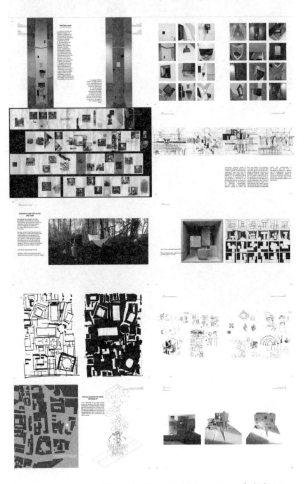

图26　Sculpting Time in Spatial Narrative（来自 Hua Gao）

多时候我们忘记了曾经所见，但我们的身体依然记得。建造的艺术或放缓、暂停或逆转、加速我们对时间的感知。"[①]首先，作者从绘画和文学作品——马赛尔·普鲁斯特的《追忆似水年华》开始，编织自己的时间认知，随后在真实世界中测量检验自己感知时间的方法。接着，作者在塔可夫斯基的电影《乡愁》中解构时间，走进"乡愁"的世界。最后，在一个虚拟场所，作者结合自身记忆拼凑了一个时空马赛克，呈现一半在无家可归的"乡愁"，一半扎根于现实的状态。作品前后经历了多次形式语言和研究方式的转换：从绘画到制作物体、软件建模，再到绘画、拼贴、实体测量、制作工具，到最后建立一个建筑形式。所有媒介与形式研究都跟随作者的思路演变。作品呈现的内容并没有精妙完善的图纸，也没有严密、按部就班的计划。相较于一个拥有宏大、清晰主题的建筑设计项目，这样的作品显得细碎、凌乱而让人难以捉摸。但这种"意识流"式的创作方式却客观真实地反映了作者的思维过程以及作品诞生的前因后果，让观众更多地透过琳琅满目的物件洞悉到作者的内心与诉求。与其说最后的建筑是作品的归宿，不如说所有的研究和制作构成了这件作品。

如果说Gao的创作还是围绕建筑的主题展开的话，那么Yu Cao的实验则完全将建筑抛至九霄云外（图27）。作品通篇是自言自语的绘画，斑斓的色彩、充满想象的形式，是心灵与白日梦的书写。很多人要质疑这样的作品与建筑有何关系？

首先，因为建筑师长期沉浸于冷峻、理智的功能空间创造，或许早已忘记人类还有天真烂漫、五彩纷呈的情感世界可以表达。而不可控的、层次丰富的感性是人类智慧中与理性比肩、不可或缺的另一半。但由于情感难以描摹，而秩序、结构易于捕捉，所以人们往往选择更易于把握的去实践。长此便形成了无色、清晰、理性的潮流风尚。事实上，对感性的排斥正反映了建筑师对感知驾驭的无能。而自传式绘画正是回归感性的起点。再者，即使Cao的绘画与建筑真无法建立起任何联系，那么就建筑系毕业创作可产生一件纯绘画作品这事件本身来说，也值得建筑教育界深思。无独有偶，在RISD建筑系的毕业答辩现场，有人完成了一本小说，有人进行了一场表演，有人拍

① Hua Gao，Sculpting Time in Spatial Narrative[DB/OL]. https://digitalcommons.RISD.edu/architecture_masterstheses/

图 27　Openness（来自 Yu Cao）

图 28　（来自 RISD 建筑系）

图 29　（来自 RISD 建筑系）

图 30　（来自 RISD 建筑系）

摄了一部电影……没有"建筑"的建筑thesis轰轰烈烈。人们又要疑问如果所有的建筑系学生都产出这样的成果，那么建筑教育该如何自处？值得欣慰的是，RISD的建筑形态是多样的（图28~图30）。既有学生海阔天空地追随自我意识，也有学生忠实于建造与技能。毕业生在大型设计公司与独立创作型事务所均有立足之处。因此，RISD提供的是一个生态，不同物种和环境于此共生，相互论证，互相尊重。而中国建筑教育界更像一个训练营，制定规则和评价标准，指导学生实现目标。

RISD建筑系的毕业创作是一个自我发现、自我演绎的救赎之路，是一种自我宣言。每个人是成熟而独立的个体，毕业创作是他们宣扬自己的立场和态度的舞台抑或战场。这里没有绝对的对错，每个人有自己的体系和标准。你也可能遇到价值观的挑战，因为任何一个独立、自由且善于思考的灵魂都可能因为冲击固有观念而遭遇对抗。但大家拥有一个共性和一致的前提，那就是对建筑发自内心的热爱——用每个人独特的语言来传达。因为没有更多束缚与教条，大家更清楚自己要什么，未来适合做什么。或许这也正是中国建筑教育界应致力于的方向：不是告诉学生应该做什么，而是提供他们所有可能性，将现实世界的真实与丰富毫无保留地摆在他们面前，让他们选择属于自己的未来。

3　对未来的期待

3.1　宏观的视野

视野决定人的高度。如今人们欠缺的不是信息交换的数量，却是深入、踏实地研习深刻理论的耐力，是从其他更本源的领域——自然科学、哲学、艺术触类旁通的领悟力。人们每天被大量信息淹没，没有空间和心力来面对真正对建筑有启迪的学科和事件。建筑师大多被现实的节奏驱赶，很少有人能跳脱繁复的现实，站在更高的视角俯瞰大地，审视建筑。

相信仅仅依靠建筑自身的运动是很难冲破苑囿，寻找到更广阔的天地。事实上，任何学科在达到一定高度时都能够互相借鉴，融会贯通。而只有对学科的深度认识不够时才会被厚重的壁垒阻碍方向。建筑领域的实践者们首先要将自我打开，放入更鲜活、更灵动、更丰富和宽广的世界。用科学的态度规范自己，用哲学的思维批判自己，用艺术的感知点燃自己。当人们对社会矛盾、经济动向、政治策略、人类历史、语言演化、科学创新、哲学流派、艺术思潮都有了更深入的洞悉后，或许建筑的道路也就越发宽广了。

3.2　微观的自我

与宏观的视野和世界观相对应，建筑创作应该落实到微观的自我。即对世界的认识应该宏观而完整，而对建筑的表达要源于自我，是对自我的挖掘和外化。而当代中国建筑界的情况恰相反。人们对世界的认识片面而狭隘，但建筑创作却空洞、抽象而统一，原因正是自我的丧失。人们更多沉湎于一种集体概念，因为这样简单讨巧又安全。没有人勇于袒露内在，久而久之便成为内在的集体缺失。因此才会出现不同人、不同项目反复挪用同样的元素的现象。人们担心自我、个人化的语言不具有普遍性，无法为公众接受。但事实上，"个人化"才更能与世界相通。越个人的语言越具有普遍性；越客观的语言越不具有可读性。越个人化的事物越能对抗时间；越社会化的事物才越受困于时间。个人化的事物物质性时间短而精神性时间长；社会化的事物物质性时间长而精神性时间短。原因是人的基本属性在历史的发展中是延续的、长久的，而社会属性随时代而改变。人的需求、欲望、依赖本质上并没有变化，而社会职能却更新迭代。因此，越脱离于社会属性的创作、越个人化的表达，才越能长久存在，持续地与文明撞击产生回响。

同时，追随自我也是建筑师正视自己、保持真实的作法。当前充斥着"虚假"建筑。人们用捏造的、不属于自己的语言堆砌辞藻，空虚无为。回到自我，要求建筑师真正建立自己的信仰、价值观，用真实的自己面对学科、面对世界，在清晰地审视自己的基础上实现建筑与人合一。

3.3　使命感

无论是建筑教育还是建筑实践，人们都忙于生产和实现，越来越少地提问"建筑是什么？"、"建筑能成为什么？"在中国建筑界，建筑更多是从无到有的制造过程，人们更关注应该如何做、怎么做。而在RISD，建筑追问的是从无到有的这个"有"是什么？前者创造了世界的面貌，而后者是世界被搭建起来的思想和根基。希望中国建筑界每一位致力于改变世界的人能将当代的建筑创作放到古往今来的历史维度，去询问："我们位于何处？""要追寻什么？"，能将个人诉求与建筑史的演进结合在一起，用每个个体的创造点燃推动历史的火种。

致谢

特此感谢罗德岛设计学院建筑系克里斯·巴特教授的支持，提供"建筑分析"与"想象"工作室的诸多教学资料与档案，使本文的写作可以顺利进行。同时，感谢罗德岛设计学院建筑系的校友们：吕茵、Rebecca McGee、高华等提供自己的作品与想法，使文章的案例能够更丰富，内容更充实。

参考文献

[1] 朱羽. 现代性的空间与美学阐释——以列菲弗尔空间理论为中心[J]. 外国美术，第十九辑.

[2] 汪民安. 空间伸展的政治经济学[J]. 国外理论动态，2006（1）.

[3] 王澍. 教学琐记[J]. 建筑学报，2017（12）.

[4] 顾大庆. 美院、工学院和大学——从建筑学的渊源谈建筑教育的特色[J]. 城市建筑，2015（6）.

[5]"建筑分析"教学大纲[B]. 罗德岛设计学院建筑系，2016年春季学期.

[6]"建筑分析"项目1、2、3任务书[B]. 罗德岛设计学院建筑系，2016年春季学期.

[7] 克里斯·巴特."想象"工作室教学大纲[B]. 罗德岛设计学院建筑系，2015年秋季学期.

社区研究与设计教学
——哈尔滨工业大学建筑系开放式研究型设计课程探索与实践 ①

薛名辉[1]、吴桐[1]、唐康硕[2]、张淼[2]

作者单位
1. 哈尔滨工业大学 建筑学院
2. MAT Office 事务所

摘要： 开放式研究型设计课程是哈尔滨工业大学建筑学专业的核心特色课程之一，具有开放性与研究型的特点，契合高等建筑教育目前的发展趋势。本文以2016～2018年该课程中"社区研究"教学组的教学为例，阐释了如何在教学环节与设计内容方面，通过开放性与研究型两大特色的深层次"彰显"，将社区研究与设计教学紧密结合。其意义在提倡一种以社区为载体的研究型设计教学方式。

关键词： 社区研究；设计教学；开放性；研究型

Abstract: Open research-oriented design course is one of the core typical courses of architecture major in Harbin Institute of Technology. It has the characteristics of openness and research-oriented, and fits the current development trend of higher architectural education. Taking the teaching of "community research" teaching group in this course from 2016 to 2018 as an example, this paper explains how to closely combine community research with design teaching in terms of teaching links and design content through the deep "highlighting" of openness and research-oriented characteristics. Its significance is to advocate a kind of research-oriented design teaching method with community as the carrier.

Keywords: Community Research; Design Teaching; Openness; Research-oriented

面向国家创新发展战略和"双一流"建设的新要求，建立拔尖创新人才培养的有效机制，是当前高等教育改革的迫切要求。当今时代，建筑学科的内涵与外延发生了深刻的变化，对专业毕业生的素质和能力提出了更高的要求，开放、多元、创新、共享成为建筑学科发展和专业教育改革的重要特征。

基于这样的特征，哈尔滨工业大学建筑学专业以新工科理念为指引，创新产学研融合的建筑学专业教育新理念，提出了建筑学专业"双主体"拔尖创新人才协同培育模式，其中关键的一环就是建构"实践"与"创新"双核心能力互动的人才培养体系，而如何打造一套设计类核心课程集群便成为了新一轮教学改革的重要任务。

相对于传统的、经典的建筑学专业教学体系，并没有在延续多年的传统核心设计课程中夹杂过多的内容，而是在其之外建构一条与其并行、互为补充、相辅相成的另一类新形式的设计课程，包括国际暑期学校、国际联合设计、开放式研究型设计课程和联合毕业设计等（图1）。在这类课程中，力求围绕设计核心能力与扩展能力塑造，突出学科前沿研究性和学科间交叉融合，多维度开放教学内容与方法，并积极拓展教学主体，形成以"开放共享、多元评价、学研互动、管理协同"为特征的教学模式。而在这其中，最为典型的便是2012年推出、迄今已顺利运行8年（包括2019年春）的开放式研究型设计课程。

1 开放式研究型设计课程

开放式研究型设计课程的构想起源于2011年，当时的课程定位是"基于项目的学习"，建设一门国际化和本土化相结合的课程。2012年春季学期试运行后，效果良好；目前已经成为建筑学专业的专业核

---

① 教育部新工科研究与实践项目，"建筑学专业'双主体'拔尖创新人才协同培养模式"。

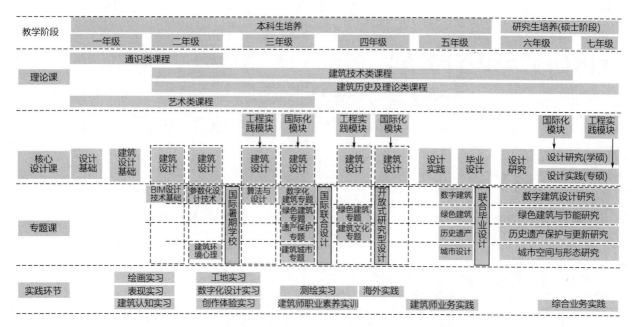

图 1 哈尔滨工业大学建筑学专业课程体系图（2016 版培养方案）

心课程之一，固定在四年级春季学期的 1~4 周进行。8 年来，课程在运行模式、选课人数、学生出境率、课程选题、合作机构等方面都有着变化，但两个主要特点却一直坚持了下来，即教学环节的开放性与设计内容的研究性。

1.1 教学环节的开放性

（1）教学内容开放。全系教师均可根据自己的研究方向，自主确定设计课程的题目，并设计教学内容，自由申报，由学院组织领导小组审核。

（2）向海外、设计机构和相关专业开放。每个课程小组，必须在海外联合指导、与设计机构联合指导、与其他高校联合指导以及与本校其他专业联合指导中选择一项作为本组的特色；其中，与海外联合指导的小组数量一般不超过总数的 50%。

（3）学生选择开放。打破班级界限，学生可根据个人兴趣选择指导教师与设计小组，每组学生数与教师数按 1:8 配置。

1.2 设计内容的研究性

在设计内容上，鼓励教师从自己的科研和设计实践项目出发，通过对社会热点问题的研究与关注，培养学生的创新精神与实践能力。而从另外的角度来看，教师组利用本课程带领学生对热点问题进行持续性研究，也反过来促进科研能力的提升（表 1）。

2012~2018 年开放式研究型设计课程分组选题一览表（部分）　　　表1

开课单位	中国建筑史与遗产保护研究所	建筑数字化设计与技术研究所	大空间建筑研究所	公共建筑与环境研究所	地域建筑与现代木结构研究所
教学关键词	历史街区工业遗产保护、复兴	参数化建筑生成数字建构	大跨度建筑建筑与结构结构创新	城市更新社区营造参与式设计	木建筑木结构木装置
2012题目	哈尔滨历史街区的保护与复兴	数字媒体图书中心	大跨度建筑与结构综合创新研究		
2013题目	哈尔滨历史街区的保护与复兴	冰雪文化展览馆	大跨度建筑与结构联合创新研究	愈夜愈美丽中原夜市空间设计研究	
2014题目	哈尔滨历史街区的保护与复兴	冰雪文化展览馆		校园之上市井之间大学与夜市间空间研究	木装置设计与建造

续表

开课单位	中国建筑史与遗产保护研究所	建筑数字化设计与技术研究所	大空间建筑研究所	公共建筑与环境研究所	地域建筑与现代木结构研究所
教学关键词	历史街区 工业遗产 保护、复兴	参数化 建筑生成 数字建构	大跨度建筑 建筑与结构 结构创新	城市更新 社区营造 参与式设计	木建筑 木结构 木装置
2015题目	哈尔滨工业遗产再利用设计研究		结构成就 建筑之美 大跨度建筑与结构协同创新设计	面向生活场域的参与式设计研究	木结构 建筑设计与建造
2016题目	哈尔滨工业遗产再利用设计研究			社区引力波1.0 后城市时代的社区设计	演变中的木材在建筑中应用创作
2017题目	哈尔滨工业遗产再利用设计研究			社区引力波2.0 开源社区学校	木建筑技术与表现——绿色游客中心建筑设计
2018题目		数字建构与设计创新		社区引力波3.0社区文化空间	材料的生态化建构可能性探索与设计实践

2　以社区为载体的开放式研究型设计课程单元

从表1中能够清晰看出，自2013年到2018年，有一条以社区为载体，以城市更新、社区营造和参与式设计为教学关键词的特色课程单元。

2.1　课程缘起

课程缘起于2013年与台湾中原大学的设计合作。中原大学是台湾地区"建筑老六校"之一，多年来，在"全人教育"的理念指引下，在社区营造与参与式设计方面取得了突出的成绩。于是，在第一次开放式研究型设计课程的合作中，本着充分交流与学习的态度，由哈工大拟定设计课题框架为"平民文化下的参与式设计研究"，中原大学设计学院拟定具体设计题目"愈夜愈美丽——中原夜市空间设计研究"（图2），引导学生关注校园周边区域与夜市里的人群；到了2014年，延续之前的主题，具体设计题目为"校园之上、市井之间——大学与夜市间空间研究"（图3），继续对校园周边地区进行关注；2015年，合作的第三个年头，整合并提升之前的成果，并以"时空、人群、故事性——面向生活场域的参与式设计研究"为题撰写了完整的教案，建立了一条以生活场域为关注线索，以"参与调查—项目策划—自拟任务—拓展设计—故事性表达"的全链条设计教学路径（图4）[1]。

图2　愈夜愈美丽课程海报

2016年，在与台湾中原大学合作三年之后，课程组决定把教学中取得的阶段性研究成果在大陆的社区更新中加以应用，于是便把课程从中原大学所在的桃园市换到了社区更新快速发展的大城市——北京。这一次的主要合作机构是北京新锐的建筑师事务所

图3 校园之上市井之间海报

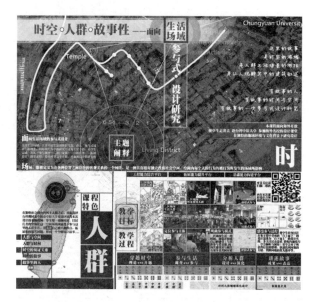

图4 教案局部：面向生活场域的参与式设计研究

"MAT超级建筑"，共同商定以"设计研究与设计教学"为框架，每年选择北京市的一个"中年"社区，作为社区更新中的设计团队方进驻社区，进行社区实地调研、社群与场所分析、类型空间建构，最终形成社区公共空间更新策略与具体设计案。

2.2 教学设计

相对于2013、2014、2015年的设计教学探索，

这一次的教学实践旨在更具针对性，具体体现在课程的教学设计上：

1. 教学目标与设计操作的统一

在设计关注点的设置上，延续之前教案中对"人群"的关注，并进一步锁定范围为"社群"，从空间场所属性与社群行为的互动性分析角度出发，架构设计操作的逻辑，并将这种逻辑与研究型教学的教学目标进行统一。主要为2016年以社区空间研究为主要线索，通过调研发现现存空间的不足，重置空间以提升社区品质；2017年，以社群行为研究为主要线索，将某一特定行为作为设计切入点，以开源的方式探索该行为空间在社区内的开源建造方式；2018年，以空间与行为的互动为主要线索，探讨在社区特定空间内的建筑植入方式（表2）。

社区研究与设计教学实践一览　　　　　　　　　　　　　　　　　表2

时间	研究型设计题目	设计逻辑	研究关注点	社区名称	区位
2016年春	社区引力波1.0：后城市时代的社区设计	空间重置	既存社区空间状况	慧忠里社区	朝阳区北辰东路与慧忠北路
2017年春	社区引力波2.0：开源社区学校	开源建造	社群行为模式	延静里社区	朝阳区延静里中街
2018年春	社区引力波3.0：社区文化空间	建筑植入	社区空间与社群行为的关系	新源西里社区	朝阳区新东路

2. 更为多元的合作机构，增强教学环节开放性

以往的开放式研究型设计课程一般以1+1合作模式居多，即一组设计题目选择一个合作机构合作；但在社区研究的课题中，因为设计对象"社区"的社会性和复杂性，有意识地拓展合作机构范围，使得研究主体更为多元化，进一步增强教学环节的开放性。

除主合作单位MAT超级建筑事务所之外，在三年的教学实践中，还加入了建筑研究室（LCD设计研究室）、政府规划部门（北京市朝阳区规划分局规划科）、社区管理部门（北京市朝阳区大屯街道办事

处以及慧忠里第一社区居委会、北京市左家庄街道新源西里社区中心）、社会公益部门（恩派公益组织发展中心）等机构。学生在4个月的设计周期内，与这些机构共同工作，在拓宽视野的同时，也增进了与不同团队的沟通与协同工作能力。

3．以类型学方法串联社区研究与设计教学的互动，增强教学过程研究性

在具体设计教学中采用的研究方法上，对应着从"具象"到"抽象"并衍生到新的"具象"的设计思维，为学生指定了一条"原型—类型—型式"的研究路径（图5）。这是因为社区研究所面对的均为丰富多彩的社区生活空间，从空间的"原型"出发，可以充分摒弃空间认知中的干扰因素，发现生活背后的空间问题；而从"原型"到"类型"，则体现了对空间问题的分析与总结；而最终让"类型"走向"型式"化，也不失为一条解决社区空间问题，重塑社区生活品质的有效途径。这种源自新理性主义的类型学方法的介入，有利于引导学生把握设计脉络，追根溯源；也有助他们在设计过程中进一步关注社区空间，厘清设计逻辑，理性的进行设计创新。

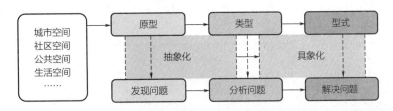

图5　社区设计教学中的研究路径

2.3　教学实践

教学实践共持续了3年，每年的教学周期为春季学期伊始的一个月，一个月之内完成"社区参与式调查—空间类型分析—中期评图—设计深化—成果展览"的全过程。整个课程教学活动起名为"社区引力波"，也是希望这样的对社区的关注能够像引力波一样传递到更远的地方。

1．社区空间重置——社区边缘空间界入

北京市朝阳区大屯街道慧忠里社区，位于北京北四环外，北辰东路东侧，与奥林匹克公园及鸟巢等仅一路之隔。主体的第一社区建成于20世纪90年代，占地面积约1.9万平方米，共有居民楼27栋。该社区是北京城市化进程中"中年"社区的一个典型，处于复杂而多变的城市环境中，社区空间"亚健康"状态明显，亟待进行一次全面的"诊治"与更新。于是，教学中以"社区空间重置"为主要研究框架，将学生分成六个小组，分别以"提升"、"整合"、"创新"为关键策略，形成了六组风格各异、创意十足的设计方案（表3、图6）。

"重置"策略下的慧忠里社区空间更新设计案　　　　　　　　　　表3

编号	1	2	3	4	5	6
主题	界入	圈地运动	散落的七巧板	社区拼图	MAKET+	社区森林
区域	社区边缘空间	宅前空间	儿童活动空间	宅间小广场	菜市场	自行车棚
策略	创新	整合	提升	整合	提升	创新

图6　"重置"策略下的慧忠里社区空间更新设计模型

其中的第一组设计"界入"，便是在社区"诊治"的过程中关注到了社区与城市间衰落但充满机遇的边缘空间。慧忠里社区的特殊性之一便是与奥林匹克公园一道之隔。这本应是社区特色彰显的良好机遇，但却因面向道路的一堵围墙而一直被忽视。随着时间的延展，围墙早已失去了当年预想的封闭社区的作用，被人为的为了出行方便打开了多个豁口，且因为处于社区边缘，很多墙下的犄角旮旯脏乱不整，

无人问津（图7）。如果能够加以合理利用，重置边缘地带，可带动城市与社区之间的互动，转变社区内向、衰落的姿态，为社区增添活力，实现城市与社区之间的共鸣。

设计的主要思路是针对调研中发现的多种类型的边缘空间，将其整合为六种从城市到社区内部的横断剖面空间。根据六种剖面的空间类型，创新性地建构了六种剖面中的生活场景模式，以及由剖面延伸出的未来的预期发展。通过对现有围墙空间的重构，完成健身、游戏、阅读等基本社区活动功能的植入，并以此向社区内部扩散，引入一系列新的社区功能。希望后续会由因居民的逐渐参与而生成最终的结果，形成连续的空间界面，面向城市，关联社区，展示着城市的美好形象，也承载着社区发展的潜力（图8）。

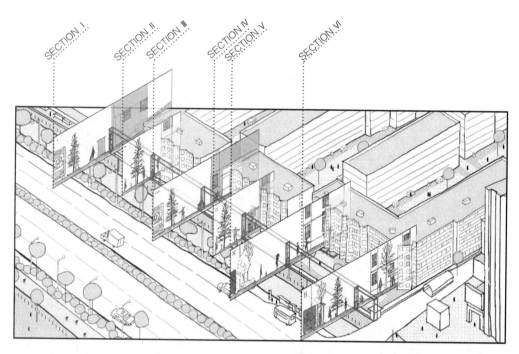

图 7　边缘空间剖面类型分析

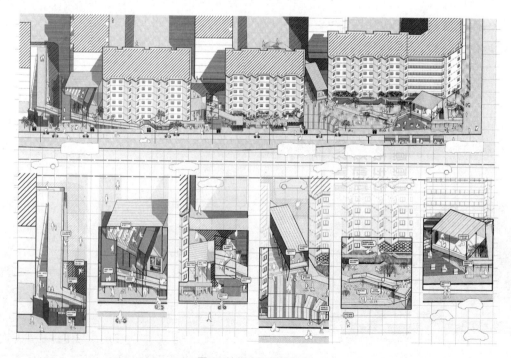

图 8　边缘空间重置意向

2．社区空间开源——顶之下的学习空间

2017年的课程面对的是另外一个规模更大的社区"延静里"。这一次的空间设计操作有别于之前从社区现存问题出发提出更新策略的方式，而是在课程开始便将"学习"作为社区更新的切入点，要求以"开源"的方式，创造可满足公共参与、设计决策、甚至自行建造的社区学习空间体系。"学习"的内容可以从互动娱乐、知识传授、亲子教育、生活分享等一系列与社区居民日常生活有关的话题中展开。

基于这样的设计题目设置，一组学生从路易斯·康的名言"第一所学校始于一棵大树下，几个人听另外一个人说话，说的人没有意识到自己是老师，听的人也没有意识到自己是学生"出发，敏锐观察到在社区中，人们习惯于聚集在有顶的空间下，交换着家长里短的生活信息，而这也可看作一种社区学习模式。于是，他们抽象建构出了三种不同的顶界面空间原型：伞状空间、折板式空间、框架式空间，并描述了空间原型分别对应的不同的社区学习模式。当三种空间原型具备协调一致的模数时，便可以根据使用者的需求自由组合，形成适应不同的社区公共空间环境

的"开源社区学校"（图9）。

3．社区空间植入——梯间美术馆

相较于"空间重置"的常规社区更新思路，探求一种"开源"的设计模式，的确为社区更新提供了新的手段，但这样的研究偏重于对社区空间普遍性的探索，并不是很适合真实的特定社区。于是，在2018年，面对另外一个特色鲜明的社区——新源西里，课题组拟定了"微型社区文化空间"的题目，探索一种从社区公共空间与社群行为对应性角度出发，以"微介入"方式进行"空间植入式"更新的模式；同时也锁定文化空间的范围，即社区微中心、社区图书馆、社区美术馆、社区体验馆和社区小剧场，学生在选定了空间类型后，要在社区内自行选择最为适合的用地。

为了响应空间植入的需求，规定微型社区文化空间的范围为3米×9米×6米的长条形空间，且必须有可以依附的界面。一组学生在调查中发现现有的新源西里社区幼儿园的无窗山墙正面对着社区的主干道路，在"你站在桥上看风景，看风景的人在楼上看你"诗句的启发下，他们决定把选址锁定在这里。

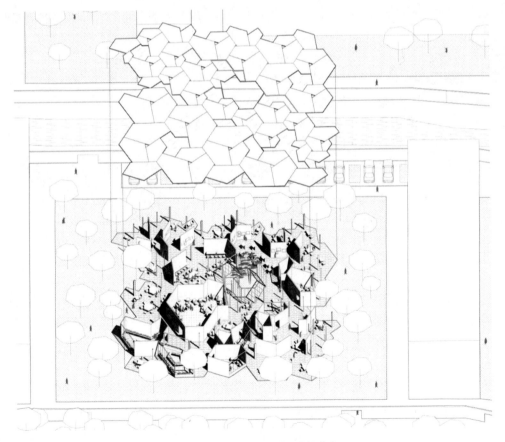

图9　开源的社区顶下学习空间意向

采用了"楼梯"作为美术馆的主要空间要素,打破原本主要作为交通通道的单纯步行空间,在有限的空间内创作出转折、上升的趣味路径,使居民在街边与美术馆相遇,在曲折路径中欣赏社区艺术作品。而曲折路径之余所形成的社区空间,则为社区居民提供了在自由活动之余回望社区街道上熙来攘往、生活百态的场所,从生活图景上拓展了社区美术馆的意义(图10)。

图10　梯间美术馆空间意向

3　结语与展望

从空间重置到空间开源建造,再到建筑植入,三次以社区为载体的教学过程,从社区研究角度来看,其意义在于不仅仅是给社区做空间提升,而是要挖掘并设计能够承载社区活动与事件的新型活力空间。而在设计教学层面上,除充分体现着"开放性"与"研究性"的课程特色之外,还通过对社会性的关注积极践行着高校教育中对于社会责任感的养成与塑造,多元复合的社区也成为了人才协同培养的另一种老师、另一个主体。

当开放式研究型设计课程遇上了"社区"模块,便将社区研究与设计教学有机结合在了一起,而当更多的要素加入时,便会产生更多的教学可能性。积极构建以"开放+研究+n"的教学模式,让一门持续8年的课程能够永葆青春。

参考文献

[1] 薛名辉,李佳,白小鹏. 生活场域线索下的建筑学专业参与式教学研究[J]. 建筑学报,2016,6:82-86.

关于适老化住宅设计的教学实验及研究

Teaching Experiment on Housing Design for Elderly People

周静敏、伍曼琳

作者单位
同济大学　建筑与城市规划学院（上海，200092）

摘要： 人口老龄化是当前我国社会面临的重大问题，以适老化作为设计课的主题，不仅对适老化住区设计进行了探讨，同时引导学生深入思索社会问题，也储备了相关设计人才。本文从无障碍设计、全生命周期的通用设计等方面，展示了同济大学适老化住宅设计八年来的教学实验，探讨了适老化的解决路径，并通过设计研究的教学方法论，培养学生自主思考社会问题、有根据地展开研究和完成设计的能力。

关键词： 适老化住宅；设计教学实验；无障碍设计；全生命周期的通用设计

Abstract: This paper demonstrates the teaching experiment on housing design for elderly people　in Tongji University from two aspects: accessible design, and universal design of life cycle. Through the teaching methodology of design research, students will develop their own ability to think about social issues, conduct research and complete design in an informed manner, and reserve relevant talents for aging.

Keywords: Aging-suitable Community; Teaching Experiment on Design; Accessible Design; Universal Design of Life Cycle

1 概述

人口老龄化是当前我国社会面临的重大问题，适老化住宅设计研究有深刻的现实意义，也是当前的迫切需要；另一方面，适老化建筑的建设需求正在逐步扩大，亟需培养此方面的专业技术人才。所以，以适老化作为设计课的主题，不仅对适老化住宅设计进行了探讨，同时引导学生深入思索社会问题，也储备了相关设计人才。

笔者自2010年开始，在同济大学开展了住宅团队的研究生设计课的实验，期间一直将住宅的适老化设计作为重要的授课方向之一。设计课的主旨是在教学中培养学生掌握设计的研究方法论。经过八年的探索，教学实验逐步达到了预期的目标，取得了较的成果。

2 设计研究的教学方法论

教学实验的首要目标是让学生通过完整的设计，经历"找到问题点—分析问题—提出概念假设—概念落地和技术支撑"的完整过程，从而掌握设计的研究方法论。所以在教学环节的设置和具体实施上，注重过程的逐步引导。教学过程可以分为以下几个阶段。

2.1 思维转变阶段

开始设计之前，最为重要的是改变学生做设计时仅仅从基地、功能和"拍脑袋"得出概念的旧有思维，引导学生走到发现问题、开展研究的道路上来，展开有根有据的设计。为此需要引导学生进行思维的转变，在具体措施上，主要采用了以下三种方式：

首先，要求学生进行住区和住宅的调研。学生的生活经验普遍不足，对老年人的生活状态、生活需求不甚了解，而实态调研是深入现场了解现实情况并获得一手资料的方式，为学生提出概念和展开研究打下基础。

其次，要求学生在调研的基础上进行自主研究，学习相关的知识，并组织学生就学习的心得体会展开交流和讨论。与此同时，根据设计课的主题，还会邀请相关的专家进行专题讲座，加深学生对相关知识和背景的理解。

最后，在课程要求上，老师只限定方向性、原则性内容，而具体的场地、规模、针对性人群等内容则由学生自主界定，要求学生结合以上两个方面的内容，进行一定程度的"自命题"，在此基础上提出设计概念。自命题不仅给了学生提出概念的更为广泛的空间，同时也锻炼了学生寻找问题点的能力。

思维转变阶段的目的是引导学生发现问题点，找到着手研究的问题。住宅和住区的调研相当于研究中的一手资料收集；讲座和自主研究是设计中的"文献综述"，学习知识、寻找问题；自选题要求学生寻找问题点，提出概念和假设，是在背景、需求和发展状况中找到自己的立足点。从几年的教学实践来看，前期思维的转变通常要经历3～4周的时间，较一般设计课的前期阶段要长，但是从实践效果来讲，经过这一过程，大多数的设计小组都能够提出自己原创性的设计概念，为下一阶段的具体设计建立至关重要的"出发点"。

2.2 设计过程阶段

在设计的深化过程中，采取每个设计小组成员每周轮流汇报的方式，汇报完毕后，学生可以自由提出问题进行讨论，老师每周点评并选最优组。汇报并不仅仅是方案的展示，重点在于为什么要采取这种设计，引导学生"讲故事"。只有自圆其说，才能产生信服力，每周汇报的方式可以形成组与组之间的互相学习和交流，所以也是学生进行思路整理的过程。同时要求建议小组成员每周记录周记，对设计的过程进行梳理。

设计过程阶段中，经常出现的问题是学生在将概念进行推进和深化的过程中，难以辨别主要矛盾，产生过于追求"形式感"而忽视设计的合理性和可行性的现象，这时需要提醒学生回忆思维转变过程中的现实状况和思考，将概念落到实处。

2.3 成果展示阶段

经过6～8周的设计推进和两周的集中作图，最终将进行集中评图，进行设计成果的展示。学生的成果要求采用模型和图纸的形式，由小组成员进行汇报。汇报是一个学期的设计成果的展现，也是让学生借此梳理完整的研究过程。

评图过程邀请校内外专家，与授课老师共同进行互动点评，最终结果采用投票的方式，由于在每周汇报中各个小组之间也进行了较为充分的讨论，对彼此的设计有了较为充分的了解，所以各个小组也具有投票权。最终的"优胜组"将由校内外专家老师、授课老师、各小组、助教共同评选得出。

经过设计课方法论的完整的训练，学生们针对"适老化"这一较为不熟悉的议题，从不同的角度，如无障碍设计方面、社区营造和生活方面的对应方面、全生命周期的通用设计方面等，均给出了自己的思考。

3 无障碍设计

对于老年人来说，住宅室内与日常生活的便利度息息相关，无障碍设计是设计课教学中的基础性内容。

在本部分的教学中，经常遇到的问题是学生对老年人的行为和需求并没有深刻的理解，仅凭书本知识在现有的设计中增设相关内容，在授课中，为了杜绝"照本宣科"的现象，使学生通过这个设计深刻了解老年人的需求，在前期的调研中，让学生们通过问卷和访谈，对老年人的需求进行实地了解，然后针对需求进行设计。

如黄杰组以"生长的家"为题，模拟了对住宅进行适老化改造的过程，对老年人的生活方式进行模拟，将原有的户型进行功能调整，进行一定的功能改造，通过视线分析和回转半径分析，确保房间的功能性。采用适老化设计、应用适老化部品（图1）。

具体设计中，采用模块化讨论的处理方式，分成了厨房模块、卫生间模块、卧室模块、客厅模块和玄关模块五个组成部分，根据各个部分的功能要求和特点进行改造应对（图2）。

无障碍设计是住宅适老化设计中最为基础的内容，但如何避免对照资料和教科书照搬，是此部分的难点内容。通过调研，各设计小组深入实地了解老年人面临的问题和需求，做到了不仅知其然，也知其所以然。

4 全生命周期的通用设计

要解决老龄化这一复杂的社会问题，不仅要从适老化设计入手，也需要总体的解决方案。全生命周期是适老化住宅的一种解决思路，是从变化发展的角度入手，强调住宅的适应性，可以通过简单地改造满足不同家庭的多样的和变化的需求。在教学实验中，

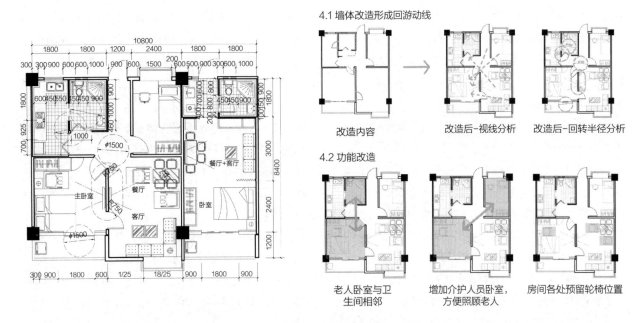

图1 适老化改造（黄杰组）

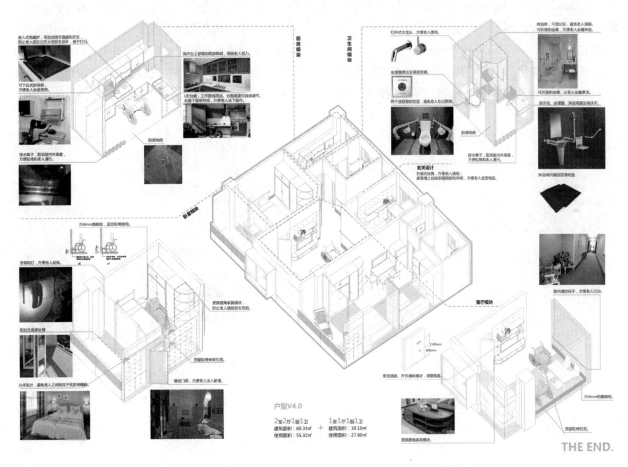

图2 适老化改造重点部位（黄杰组）

对此方面的内容也进行了尝试。如2016年让同学们从开放建筑理论的住宅工业化入手，提出老龄化解决方案。

开放建筑理论提倡把住宅和人居环境分成城市肌理-支撑体-填充体的不同层级，对于集合住宅，支撑体包括结构和管道井等公共服务部分，由住户共同所有，寿命较长；填充体为住宅内装部分，包括套内专用管线设备和隔墙地板等，由住户家庭决定，可以隔一段时间即进行更新和改造。开放建筑理论的核心是建立灵活的住宅体系，可以通过简单的改造满足时代发展的需要和住户的需求，这为住宅适老化提出了新的思路，即建造全生命周期的通用住宅。

由于开放建筑理论对于学生来讲属于较新的概念，所以前期的研究和理论内核的把握花费的时间较长，同时与适老化如何结合，也是各个小组普遍遇到的瓶颈之一。针对这种状况，在授课中增加了讲座的比例，并延长了思维转变阶段的课时。

以张路阳组为例，前期调研的阶段，张路阳组选取了50年代建造的工人新村凤城三村进行入户调研，对住户的灵活性需求和老年人的居住意愿进行了调查。根据调研结果，提出在凤城三村选取三栋临近道路交叉口的住宅楼进行拆除，建造两栋具有可变框架的支撑体，并在两栋楼之间设计可变场地。

可变支撑体采用框架结构，净尺寸可以容纳一个60平方米的居住单元为基础，采用工业化可拆卸楼板，可以进行居住单元垂直方向的扩展。采用集中管道井，方便进行检修，且与居住单元内部脱离，不影响未来住户对户内自由的布置。除了模块化立面以外，围护体还采用了公共空间轻质外挂模块，如走廊外窗、花盆植被、储物间、阳台楼梯等（图3）。填充体采用工业化装配式体系，按照模数化原则将内装拆解成基本构件，再在一个模数网格中将所有的构件进行组合拼装。由于采用了灵活的住宅体系，在同一栋支撑体中可以实现丰富的多样性可变性（图4）。

住宅采用了模数化的建造方式，可以根据需要在满足空间扩展的条件时每次以30平方米为单位，在水平和垂直两个方面进行扩充，可以满足使用者在不同阶段对面积的需求，具有较高的可变性与持续性。

在具体的户型设计中，采用剧本编写的方式，结合调研中了解的需求（图5）。对合租-单独居住-夫妻（新婚期）-核心（养育期）-核心（满巢期）-夫妻（空巢期）对整个家庭生命周期的过程进行模拟（表1、图6）。

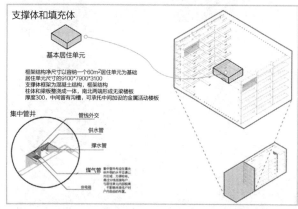

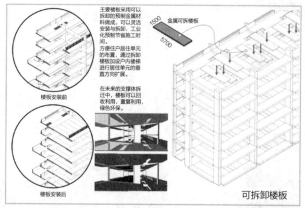

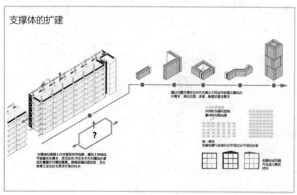

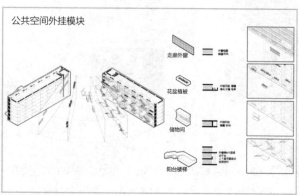

图3 支撑体设计要点（张路阳组）

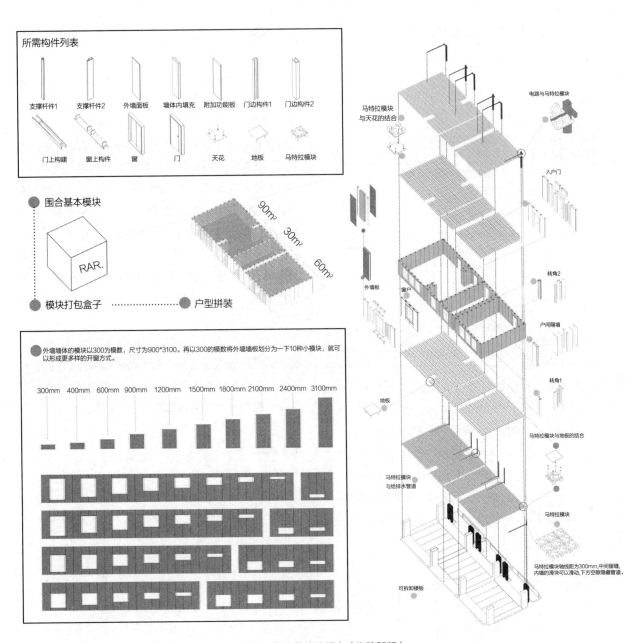

图 4　填充体设计要点（张路阳组）

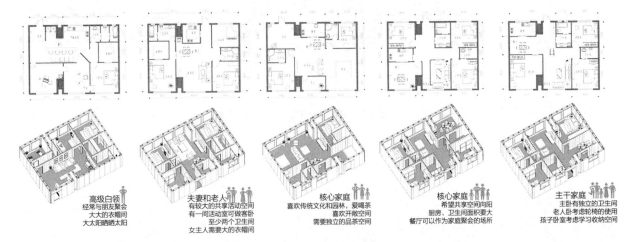

图 5　户型的多样性（张路阳组）

各类家庭生命周期的过程模拟　　　表1

合租	刚踏上工作岗位，离开父母独立生活的青年人 经济收入有限，有需要相对独立的生活空间
单身贵族	单独居住 对居室有个性化的追求 讲求生活品质
夫妻 （新婚期）	婚后无子女，生活习惯仍带有一些单身的特点 对居室有个性化需求
核心 （养育期）	儿童年幼，尚与父母共居一室 需提供老人或保姆的暂住空间 抚养期间杂物较多，需要在主卧室、厨房等空间增加 各类婴幼儿用品的储藏收纳空间
核心 （满巢期）	孩子处于学习成长期，需要独立安静的居室空间 孩子卧室需要增加书柜等学习收纳空间 孩子与父母之间的交流和指导功课的空间
夫妻 （空巢期）	老年人分房或分床寝居的情况较多 提供保姆或子女暂住空间 卫生间要靠近老人卧室 老人通常有收集、保存物品的习惯，增加各类杂物的 储物空间 考虑老人行动不便，卧室增加阳台

以开放建筑为出发点，从全局的观点考虑住宅的适老化问题，不仅是针对老年人本身，也是从住宅建设方式转型升级的角度对我国住宅问题的回应，从教学的结果来看，各小组达到了预设的教学目的，不仅仅从设计层面本身考虑问题，并且考虑了住宅的供给方式、建造方式和全过程的使用方式，是从建立住宅新体系的角度进行研究和给出自己解答的过程。

5 小结

人口老龄化是一个复杂的社会问题，相应的，适老化设计需要从不同的方向进行探讨。本文以教学实验为依据，探讨了其中几个不同层级的方面：无障碍设计关切到老年人的日常生活，是最为基础和迫切的需要，无论从功能尺度，还是部品材料等方面，都需要从新的时代背景下老人的切实需求入手，不断适应发展变化的需求；全生命周期住宅，则是考虑个人和家庭的成长与需求的变化，考虑老年人身体机能老化存在一个发展变化的过程这一角度，从住宅体系的角度，引入新的住宅建设方式，建设可以随着需求自由更新改造的住宅，应对不断发展变化的老龄化社会的需求。

总之，在适老化住宅设计的教学实验中，贯彻了设计研究方法论的培养，同时根据历年学生作业，对适老化住宅设计的适老化相关理论和解决方案进行了探讨，也是一个师生共同进行研究的过程。

图表来源

表1：作者自绘

图1~图2：由黄杰组绘制

图3~图6：由张路阳组绘制

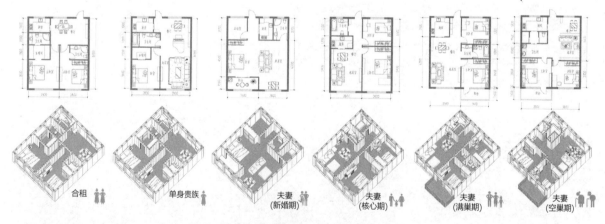

图6　符合全生命周期的住宅可变性（张路阳组）

建筑行业女性教育与执业现状的探讨及反思

杨潇、宋祎琳

作者单位
天津大学 建筑学院（天津，300072）

摘要：以华北地区为例，探讨女性在建筑教育及国内实践领域的现状。通过对接受专业训练、职业选择及发展路径等不同阶段的性别相关数据进行统计分析，发现近二十年来建筑学专业女性录取比例逐渐提高，女建筑师专业能力与男建筑师相比无显著性差异而晋升机会存在显著性差异，同时选择其他就业去向比例较高。因此，建议在传统建筑教育和行业性别文化两方面作出审视和反思，针对女性建筑教育及职业规划制订具体改进措施。

关键词：女性；性别差异；建筑教育

Abstract: This article takes studies in North China as an example to explore the status quo of women in architectural education and domestic architectural practice. Through statistical analysis of gender-related data at different stages: the amounts and the ratios of different genders when receiving the professional training, choosing the career path, and getting promotion, the authors find that the proportion of women in architecture schools has gradually increased in the past two decades; no statistical significances are found between the professional ability of female architects and male architects; differences in the promotion opportunities between the two genders are statistical significant; and female architects have a higher percentage of choosing other career destinations. Both traditional architectural education and gender culture of architecture industry are suggested to be reviewed and reflected, following with specific improvements and advocacy for women in architecture.

Keywords: Feminine; Gender Differences; Architectural Education

1 研究背景

1870年代女性权利倡导者Julia Ward Howe在伦敦的一次公开演讲中首先抛出了"为什么没有女建筑师"的问题[1]，此后的一百多年里，尽管建筑学领域的性别差异问题在觉醒、挑战、倒挫、反复中得到一定改善，但更多性别偏见仍在复制和延续。1960年代西方女性主义运动掀起了轰动世界的浪潮，却没有在建筑界得到足够响应。对此，1973年2月《纽约时报》聚焦女建筑师的专文中称她们为"女性运动中的迟到者"[2]，1977年3月《纽约时报》刊文称建筑行业为"最后一个由女性解放的职业"[3]。如今第三次女性主义浪潮①本应给建筑学带来更多新的思考空间，但行业性别秩序对性别差异的尊重和追求平等的意识仍较迟钝、落后，如何应对、反思并改善现状是当代建筑界亟需正视和面对的问题。

1950年代，高福利的美国社会正严重加剧着本质主义的性别分工，导致女性价值低微，甚至被排除在公共社会之外。而当时的中国，鼓励着社会主义建设中"妇女能顶半边天"，并在法律层面上规定了同工同酬。但如今的中国女性，却同样面临兼顾事业与家庭责任的社会预期，仍难以摆脱"女性身份"与"家庭照料"的僵化绑定。据北京师范大学劳动力市场中心组织撰写的《2016中国劳动力市场发展报告》[4]，目前中国女性劳动参与率约为64%，相对世界平均水平50.3%较高。而世界经济论坛最新发布的《2018年全球性别差距报告》中，中国在149个国家中仅列103名，"高等教育入学率"与"专业和技术工作者"两项数据均继续保持全球第一的排名②，同时"立法者、高级官员和管理层"却排名122名，正体现了中国女性所面临的职场困境。

1980年中国就签署了联合国《消除对妇女一切

---

① 通常认为始于1990年代，并延续至今。详见《女性主义运动的第三次浪潮》：http://www.cssn.cn/ddzg/ddzg_ldjs/ddzg_zz/201310/t20131030_790826.shtml
② 《2018年全球性别差距报告》中国"中等教育入学率"排名130名。

形式歧视公约》，近年来一些成功维权案例表明，在条款落实的压力之下，有关部门也在作出政策改变，进一步完善法律法规。例如就高校招生性别区别对待问题，《教育部关于做好2016届全国普通高等学校毕业生就业创业工作的通知》中，第一次明确规定："凡校园招聘活动严禁发布含有限定院校、性别、民族等歧视性信息。"[①]2019年2月21日人力资源社会保障部、教育部等九部门发布通知，要求在招聘时，不得以性别为由限制妇女求职就业、拒绝录用妇女，不得询问妇女婚育情况，不得将限制生育作为录用条件等。[②]

基于上述背景，本文选择以华北地区为例，探讨女性在建筑教育及国内实践领域的现状。国内建筑界关于女建筑师的已有研究多集中在对女建筑师建筑作品的介绍和创作风格的提炼[5]~[10]，部分通过调查问卷或行业数据对女建筑师的职业现状进行分析并探讨应对方式[11]、[12]。本文则尝试通过从接受专业教育到职业成长的过程中的定量数据进行统计分析，更完整、准确地呈现女性在接受专业训练、职业选择及发

展路径等不同阶段的状态，发现性别差异问题明显的阶段，以更有针对性地提出具体改进措施。

2 现状分析

2.1 专业教育

1923年苏州工业专门学校设建筑科，1927年并入中央大学，设建筑系，是为中国建筑教育的开端。1950年代全国建筑系调整集中至八所学校，华北地区为清华大学和天津大学；在全国第四轮学科评估中，均属建筑学专业A类院系[③]。以1946~2017年清华大学、1995~2017年天津大学建筑学专业本科录取情况为例[④]，两校建筑系女生录取人数整体呈缓慢上升趋势，清华大学自1984年起基本稳定在30%以上，自2000年以来一直在40%以上，2013年开始连续五年超过50%；天津大学自2010年起稳定在40%以上，特别是2015年达到两校最高值60%（图1）。

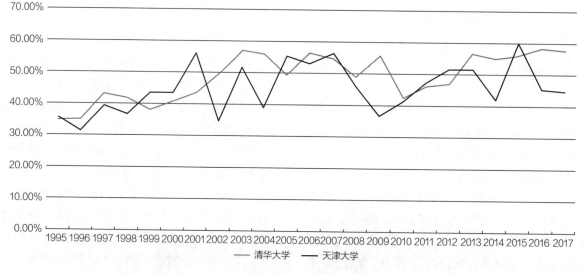

图1　清华大学、天津大学建筑学专业本科女生录取比例（1995～2017年）

2.2 职业选择

2018年有方空间对国内部分建筑院系硕士、本

科应届毕业生的毕业去向进行调查。结果显示，在选择就业的本科毕业生中，继续从事建筑行业（事务所、设计院、甲方）的约占62%。而应届硕士毕业

① 《推动学术界性别平等：我们可以做些什么》，https://mp.weixin.qq.com/s/Ml1JAfSvZ0ach1U5jUEVsA；教育部网站：http://www.moe.edu.cn/srcsite/A15/s3265/201512/t20151208_223786.html
② http://www.mohrss.gov.cn/SYrlzyhshbzb/jiuye/zcwj/201902/t20190221_310707.html
③ http://www.cdgdc.edu.cn/xwyyjsjyxx/xkpgjg/
④ 数据来源：清华大学建筑学院1946~2017级学生名录（THU建筑学院校友会），天津大学建筑学院1995~2018级学生名录。
⑤ 《712位建筑学硕士就业去向：毕业生去哪了？》https://mp.weixin.qq.com/s/7xgi2Akwg7d6v7u2h0jI9Q，《清华、同济、东南建筑系的本科生都去哪儿了？》https://mp.weixin.qq.com/s/qmki_k6PxIlzUPoYnq9KIg

生就业数据分析得出63.6%的毕业生选择了大小设计院或设计事务所，23.6%选择房地产行业，此外继续深造（7.4%）或前往高校及科研机构（3.5%）也仍然围绕专业所学⑤，总体流失并不严重。

2010～2017年，RCC评选了年度"中国十大建筑设计院"，连续八年入围的6家单位有中国建筑设计研究院有限公司、北京市建筑设计研究院有限公司等①。本文选择以上两所位于北京的设计院进行数据统计，以分析女建筑师在实践领域的现状。

北京市建筑设计研究院2004年女建筑师占全体建筑师人数的44.6%[11]，2018年这一数据更新为46.56%②，基本持平。2018年中国建筑设计研究院女建筑师人数占比为43.14%（表1），与北京市建筑设计研究院比例较为接近。结合上文建筑学专业录取数据1997年后基本达到女生占比40%以上以及目前设计院任职人员的年龄区间，该比例在合理范围内。

中国建筑设计研究院、北京市建筑设计研究院建筑专业性别构成③ 表1

单位	中国建筑设计研究院				北京市建筑设计研究院			
分类	总人数	男性	女性	女性占比	总人数	男性	女性	女性占比
建筑专业	846	481	365	43.14%	1235	660	575	46.56%
一级注册建筑师	184	104	80	43.48%	298	163	135	45.30%
一注考试通过率	21.75%	21.62%	21.92%	p=0.9176	24.13%	24.70%	23.48%	p=0.6176

如将全国一级注册建筑师资格考试（以下简称一注考试）作为衡量建筑师专业素质的标准化检验方式，中国建筑设计研究院、北京市建筑设计研究院两院男、女建筑师通过一注考试比例均介于20%～25%之间，经卡方检验并无性别差异，p值分别为0.9176和0.6176（表1）。而针对1995年至2004年十年间入学的清华大学、天津大学两校建筑学专业毕业生，男性、女性通过一注考试的平均时间④分别为8.71与8.80年，通过率为39.44%与34.86%，尽管女性在通过时间与比例上略占下风，但经t检验均无统计学差异（p=0.6955、0.3751）。

2.3 发展路径

尽管专业能力并无明显性别差异，然而国内建筑设计行业的管理、领导层长期以来仍由男性主导。仍以中国建筑设计研究院与北京市建筑设计研究院为例，前者建筑设计⑤团队（院、所、工作室、部门）领导层中女性占比20%，后者则为21%。而在人员更为精简的专家顾问层级，中国建筑设计研究院"专家团队"⑥共有总建筑师9人、总规划师1人、总工程师14人，其中4名女性，或为设备工程师，或从事文化遗产保护规划工作，而总建筑师则均为男性；北京市建筑设计研究院"正总顾问"⑦也呈现相近的局面，11名（顾问）总建筑师与9名（顾问）总工程师中，仅有2名设备工程师为女性（图2）。作为参照，在有方空间三年发布的共30家北京年轻事务所56位合伙人中也仅有7名女性（12.5%），同样处于弱势地位。⑧

如果将目光转向建筑院系，显然在沿学术职业金字塔向上发展的过程中，女性的流失情况远高于男性。以清华大学建筑学院建筑系建筑设计研究所"教师队伍"⑨、天津大学建筑学院建筑系"师资队伍"⑩数据进行统计：讲师、副教授、教授群体中女

---

① 另有华东建筑设计研究院有限公司、天津市建筑设计院、同济大学建筑设计研究院（集团）有限公司、中国建筑西南设计研究院有限公司。
② 数据来源：北京市建筑设计研究院人力资源部提供。
③ 数据来源：中国建筑设计研究院人力资源部提供。
④ 此处一注考试通过时间指一级注册建筑师注册年份与毕业年份相差时间。
⑤ 数据统计中未纳入结构、设备、城市规划、室内设计、景观设计、建筑造价等设计与研究团队。
⑥ 数据来源：http://www.cadri.cn/cn/expert.
⑦ 数据来源：http://www.biad.com/cn/renwu.php?cid=2.
⑧ 2016-2018年，有方空间连续三年发布了北京部分年轻事务所的年度回顾。见《10家北京年轻事务所的2016年代表作》https://mp.weixin.qq.com/s/XAr2v3f__zY4ck_vVkWWEw，《14家北京年轻事务所的2017年》https://mp.weixin.qq.com/s/3SXdZvkxHCYba-JGa1KKWA，《请回答2018，14家北京年轻事务所的年终报告》https://mp.weixin.qq.com/s/bVKsWTjH1bdLoXbYc7V1bQ。
⑨ 数据来源：http://www.arch.tsinghua.edu.cn/chs/data/shizi/.
⑩ 数据来源：http://arch.tju.edu.cn/.

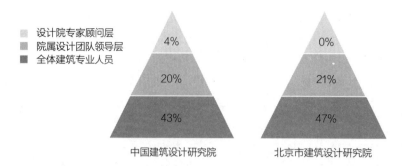

图 2 中国建筑设计研究院、北京市建筑设计研究院建筑专业职业发展路径性别构成

性占比分别为58.82%、41.18%、23.68%，呈递减趋势。将教授群体中男教授占比76%，副教授及讲师群体中男性占比53%的数据与2016年《女性学者严重流失：国内学术机构性别问题调查报告》①提供的数据（图3）比较可得知，建筑院系初级教职群体（讲师、副教授）中女性比例高于国内学科平均水平，而高级教职中的女性比例与国内人文社科类院系持平。如进行职务统计，全体教师中女教师占37.08%，而院系领导层中女性仅占19.05%，晋升机会同样存在性别差异。

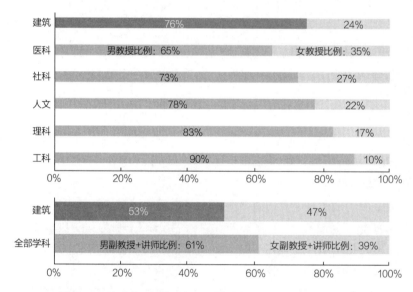

图 3 不同专业中，精英研究者群体普遍存在性别不平衡的现象 ②

行业协会方面，2016年选举产生的中国建筑学会第十三届理事会共有理事178名③，工作单位涵盖了全国各地的建筑设计机构、建筑科研机构及建筑院校，其中女性理事14名，仅占7.87%。在75名常务理事中这一比例可能④继续降低，而1名理事长与15名副理事长组成的领导团队中则没有女性。

如果说中国女性在高端和决策岗位的占比较低是普遍存在的社会现象，任何行业都难以避免，那么建筑设计奖项应该更可以体现对建筑师专业能力的直接肯定，成为其职业发展的鼓励与助力。同样，建筑教育奖也应基于教师群体的日常建筑教学开展评估，以推动其发展。

中国建筑学会近三次评选的第十届（2014）、2016（原第十一届）及2017～2018年度青年建筑师奖，获奖女建筑师占总获奖人数的比例分别为：10/62（16.13%）、8/60（13.33%）、4/29

① 该报告抽样调查的学术机构包括国内七所不同地域的大学（北京大学、武汉大学、上海交大、厦门大学、四川大学、兰州大学和吉林大学）中理、工、医、人文、社科等专业方向三十多个不同院系的教职工性别比例（不限于华北地区）。
② https://mp.weixin.qq.com/s/SyfnZXP-V9YGlZYoU2rAYw
③ 数据来源：http://www.chinaasc.org/news/115185.html
④ 因作者暂未获得第十三届理事会相关数据，得出这一猜测参考了2011年选举产生的中国建筑学会第十二届理事会常务理事名单（http://www.chinaasc.org/news/69240.html），56名常务理事中女性理事仅1名，占比1.79%。

（13.79%）。此前第七届（2008）①、第八届（2010）②中国建筑学会青年建筑师奖因在获奖名单公示中包括了性别一项，可统计得女建筑师分别仅占2/30（6.67%）与1/36（2.78%）。而梁思成建筑奖历届共21名获奖者中女性仅张锦秋院士一人。中国建筑学会建筑教育奖近三次评选分别是第六届（2014）、2016（原第七届）及2017～2018年度，获奖女性所占比例分别为1/11（9.09%）、1/17（5.88%）、0/10。

3 讨论反思

以上实证数据表明，近二十年来建筑学专业女性录取比例逐渐提高，专业能力并无显著性别差异而晋升机会存在明显的不平衡，"金字塔"普遍存在于设计单位、建筑院系与行业协会。所以我们应该促生哪些教学研究和制度改革，在建筑教育与职业实践中更加鼓励女性的成长？

3.1 建筑教育审视与反思

建筑教育中的隐性歧视主要体现在女性榜样的缺席，学生们很少接触到建筑界（包括历史上）著名的女性从业者。而从1970年代至今的三十多年里，关于建筑界女性的研究或写作迅速发展起来。

1985年，保加利亚女建筑师和建筑历史学家Milka Bliznakov在弗吉尼亚理工大学创立国际建筑行业女性档案馆（International Archive for Women in Architecture (IAWA)），致力于这一领域女性相关历史档案的保存。瑞典皇家理工学院于2007年成立女性主义建筑教学与研究团队FATALE，女性主义建筑理论，性别差异。加拿大麦吉尔大学建筑历史学家Annmarie Adams关注性别差异空间，曾于2010～2011年任职该校性别、性态与女性主义研究所主任。澳大利亚Naomi Stead团队于2011～2014年完成研究课题"澳大利亚建筑行业的公平和多样性：女性、工作与领导层"，其后团队中的Justine Clark继续运营Parlour：Women，Equity，Architecture网络出版平台。

除上述对职业历史与当代局面的关心，相关研究还多从女性主义角度批判性探讨建筑设计与城市规划问题③，1990年代初，性别建筑学理论兴起④。迄今这些研究已经形成了相当的规模，但却因没有机会进入建筑院校的课程体系之中而影响力受限。在1980和1990年代，北美与欧洲院校的人文社科类课程经历了一次彻底的变革，如今在世界艺术史与文化理论等概论课中如果没有女性出现足以让人诧异，而在建筑院校的历史与理论课中这一空缺却仍司空见惯，相关实证研究仅被束之高阁[13]、[14]。

与此同时，建筑院系的学术讨论与经验分享活动中，也较少邀请女性演讲嘉宾。仅有的女性演讲者，也很难提及女建筑师在实际工作中的真实焦虑，尽管如今的社交平台充斥着许多负面情绪，但女建筑师在建立公共关系的过程中往往对此表示沉默。

我们应当意识到以上问题的存在，在教学内容和活动组织方面从微观环境作出改变。此外，建筑院系中女性教师已占相当比例，可以在设计课程中引导学生对女性空间的关注、研究，如近年美国已有建筑设计学院开设主题为针对家庭暴力受害者的住宅课程设计[15]。

3.2 行业性别秩序反思

建筑师通常被视为一个需要毫无保留地投入时间与精力的职业，在当前文化观念和社会规范的预期下，女建筑师很难绕过兼顾家庭与工作的"双重负担"。"家庭照料"的确被视为主要阻力[16]，"如果家庭责任是获得成功的唯一障碍，没有孩子的女建筑

---

① 数据来源：http://www.chinaasc.org/news/69189.html.
② 数据来源：http://www.chinaasc.org/news/98515.html.
③ Matrix, *Making Space: Women and Man-Made Environment* (London: Pluto, 1984); Leslie Kanes Weisman, *Discrimination by Design: A Feminist Critique of the Man-Made Environment* (Urbana: University of Illinois Press, 1992); Clara H. Greed, *Women and Planning: Creating Gendered Realities* (London: Routledge,1994); Anthony, *Designing for Diversity*; Despina Stratigakos, *A Women's Berlin* (Minneapolis: University of Minnesota Press,2008).
④ Beatriz Colomina, ed., *Sexuality and Space* (New York: Princeton Architectural Press,1992); Diana Agrest, *Architecture from Without: Theoretical Framings for a Critical Practice* (Cambridge, MA: MIT Press, 1993); Jennifer Bloomer, ed., *Architecture and the Feminine: Mop-Up Work*, special issue, Any, January/ February 1994. Karen Burns, "A Girls' Own Adventure: Gender in Contemporary Architectural Theory Anthology," *Journal of Architectural Education* 65, no.2(2012):125-134.

师应该会事业顺利。"[17]但现实并非如此,显然还存在其他局限,其中之一:女建筑师难以被委任一些颇受瞩目、有利于个人发展前景的重要建筑项目,比起男建筑师她们更缺少证明自己能力的机会。如年轻女建筑师常被分配施工图细化工作,被认为缺乏男建筑师全盘考虑问题的方案能力。但这常被归咎于女建筑师自身的问题:她们缺乏争取大项目的进取心或不愿意付出应有的长期努力,在这样的行业文化中,女建筑师也倾向于在面临职场的沮丧时认为自己能力存在欠缺[18]。

另外行业前辈的指导与帮助也非常重要,职业发展不仅需要进取心和奉献精神,也需要有人指明合适的发展路径、建立人际关系网、在有重要发展机会时予以提携。目前建筑界资历较深的男建筑师居多,少数的女建筑师给予同性晚辈的建议通常是不要过于"汲汲营营",应该专注于提高自身能力,自然会得到相应的机会[15]。这也体现在女建筑师善于内省,更专注于自我提升。这一现象的背后矛盾是,长期由男性精英垄断或主导的建筑领域,资源、晋升名额与社会关系较少向女建筑师开放,提升领导层女性从业者的比例,客观上也是让一部分男性精英让渡他们的特权①。

如何更好地设计行业制度?首先,面对性别观念等综合、复杂的社会问题,社会层面和机构层面也都要有所作为,在制度建设方面更加系统化,如借鉴西方国家对性别友善的生育福利政策,考虑女性特殊成长规律而改变退休政策等。

更为迫切、有效的措施,是行业对性别差异问题的关注、发声。以美国为例:创建于1857年的美国建筑师学会(AIA)曾于1974年展开调查,评估女建筑师的从业情况②。1970年代,The Organization of Women Architects (OWA), Chicago Women in Architecture, the Alliance of Women in Architecture (AWA)也纷纷成立③。2015年在亚特兰大举行的AIA全国会议上终于通过了一项解决建筑界平等问题的决议,呼吁"男性和女性一同实现建筑实践中性别平等的目标,以留住人才,推动行业进步,向社会传播设计的价值"并声明"平等是每个人都要面对的议题",同时要求学会(AIA)制订行业数据评估方案与行动计划,持续跟进并汇报结果[19]。此时距离1973年旧金山会议已有40多年,而女建筑师推动的变革还在继续。其次,作为传统上男性从事的职业,医生和律师行业中女性掌握平等话语权的进程更为顺利,而将建筑行业和其他领域进行比较研究需要全面、长期的行业数据支持,同样需要行业协会采取主动。在团体、个体层面,1970年代以Ellen Perry Berkeley"Women in Architecture"一文为代表,诸多写作着力于"女建筑师"职业的历史与她们在当代实践中面临的困境[20]。2002年美国女建筑师Beverly Willis创立了非盈利全国性研究、教育组织Beverly Willis Architecture Foundation(BWAF),促使建筑设计行业女性的工作得到更多承认、尊重与价值认可④。中国第一个女建筑师协会——北京市女建筑师协会成立于1986年,存在一定制度基础。基于当下行业性别秩序,推动相关组织关注性别平等、多针对性别问题发声是必要的。我们也呼吁女建筑师开诚布公地传递经验,在发现性别歧视现象时直言不讳地指出问题。

当前业内女性榜样的缺乏也是影响女建筑师成长的关键,是从学校、设计单位到行业协会的普遍状态。榜样力量有助于增强自信、提高动力,培养在这一领域内的身份认同感,也让我们思考设计奖项的设置除带给获奖者个人发展的利益,还可以给行业本身带来什么?如同2014普里兹克奖授予日本建筑师坂茂体现评委会向人道主义的转向,近年来世界各地接连不断地创立关注女建筑师与性别平等问题的设计奖

---

① 有调查显示,(科研机构中男教授)不承认性别歧视存在的群体和不支持采取措施推进性别平等的群体高度重合。更偏向于保持惯性的习惯性忽视也许可以这样解释:社会学家查尔斯·梯利在其名著《持续性的不平等》中,分析性别、种族、阶层不平等为何很难消除,其中他提到了"机会囤积"(opportunity hoarding)机制所起的作用,即一个组织中的特权团体会倾向形成一个闭合的圈子,把持组织中的稀缺资源,不让其他圈子外的人获取这些资源。(《推动学术界性别平等:我们可以做些什么》,https://mp.weixin.qq.com/s/Ml1JAfSvZ0ach1U5jUEVsA;)
② 虽然AIA在1888年就迎来第一位女建筑师会员Louis Bethune加入,但80多年后女建筑师群体仍缺乏影响力。1973年在旧金山举行的全国代表会议上,纽约建筑学会分会执行委员会的第一位女性成员Judith Edelman提出的一项解决女建筑师现状的议案才在诸多反对和阻力中通过。
③ 其中一些团体(如OWA)至今依旧活跃,但它们的目标却远远没有达成。
④ 2017年BWAF策划了Emerging Leaders项目,为毕业5-10年的建筑行业女性创造职业发展机会,参与者可以与建筑、工程、地产、法律、金融服务等行业内资深女性前辈建立联系机制,分享从业经验,以在职业生涯中更快地成长。2012年雪城大学Lori Brown等联合创立的ArchiteXX同样为女建筑师的业内指导网络提供帮助。

项也反映了建筑界对女性发展和性别平等的积极关切[①]，尽管尚存在争议，但在更大程度上打破"明星建筑师"光环与女建筑师间的壁垒仍值得欣慰。

　　以上是对国内建筑教育及实践领域女性现状的初步探讨，希望能引发建筑行业对此性别差异议题的关注与思考，未来能涌现更多、更深入的实证研究，共同促进行业的持续改善与进步。

参考文献

[1] "Women in Art," *American Builder and Journal of Art*, September 1, 1872, 52.

[2] Rita Reif, "Women Architects, Slow to Unite, Find They're Catching Up with Male Peers," *New York Times*, February 26, 1973.

[3] Ada Louise Huxtable, "The Last Profession to Be 'Liberated' by Women," *New York Times*, March 13,1977.

[4] 赖德胜. 2016中国劳动力市场发展报告——性别平等化进程中的女性就业[M]. 北京：北京师范大学出版社，2017.

[5] 吴克宁. 先行者之路——记我国早期的三位女建筑师[J]. 时代建筑，1999（01）：97-99+79.

[6] 李沉，金磊. 先行者的歌——记我国早期的几位女建筑师[J]. 建筑创作，2002（04）：74-75.

[7] 理解建筑 理解女建筑师——访北京市女建筑师协会理事长黄薇[J]. 建筑创作，2002（04）：8-11.

[8] 赵景昭. 感悟"剑胆琴心"——女建筑师创作谈[J]. 建筑创作，2002（04）：6-7. 文小琴，宋歌.

[9] 在同济做设计 一名女建筑师的职业化之路[J]. 时代建筑，2011（06）：142-145.

[10] 赵家琪. 微光徐行——论台湾现代建筑中的女性建筑师角色[J]. 世界建筑，2014（03）：58-61+125.

[11] 马国馨.建筑师与女建筑师[J]. 建筑创作，2004（03）：106-111.

[12] 沈幼菁. 女性与女性建筑师[J]. 新建筑，2005（01）：69-70.

[13] Karen Kingsly, "Rethinking Architectural History from a Gender Perspective," in Voices in Architectural Education: Cultural Politics and Pedagogy, ed. Thomas A. Dutton (New York: Bergin and Garvey, 1991), 249-64.

[14] Diane Ghirardo, "Cherchez la femme: Where Are the Women in Architectural Studies?," in Desiring Practices: Architecture, Gender and the Interdisciplinary, ed. Katerina Rüedi, Sarah Wigglesworth, and Duncan McCorquodale (London: Black Dog, 1996), 156-73.

[15] Despina Stratigakos, *Where Are the Women Architects?* (New Jersey: Princeton University Press, 2016)

[16] Sandra Kaji-O'Grady, "Does Motherhood+ Architecture= No Career?," *ArchitectureAU*, November 20, 2014. http://architectureau.com/articles/does-motherhood-architecture-no-career

[17] Diana Griffiths, "A Lost Legacy," *Archiparlour*, April 18, 2912. http://archiparlour.org/authors/diana-griffiths.

[18] Lamar Anderson, "How Women Are Climbing Architecture's Career Ladder," *Curbed*, March 17, 2014. https://www.curbed.com/2014/3/17/10131726/how-women-are-climbing-architectures-career-ladder.

[19] American Institute of Architects, "Resolution 15-1, Equity in Architecture," 2015 AIA National Convention and Design Exposition: Official Delegate Information Booklet (Washington, DC: American Institute of Architects, 2015), 15-16.

[20] Ellen Perry Berkeley, "Women in Architecture," *Architectural Forum*, September 1972, 46-53.

---

① 如2014年起美国*Architectural Record*颁发的Annual Women in Architecture Awards；2012起加利福尼亚大学伯克利分校颁发的Berkley-Rupp Architecture Professorship and Prize；Beverly Willis Architecture Foundation颁发的BWAF Rolls Out Leadership Awards；AIA New York颁发的Women in Architecture(WIA) Recognition Award；英国*Architects' Journal*颁发的AJ Women in Architecture Awards；意大利Italcementi Group颁发的arcVision Prize—Women and Architecture；伊拉克Tamayouz Excellence Award 颁发的Tamayouz Women in Architecture and Construction Award。

第二部分
2019 中国建筑学会学术年会
收录论文

扫码阅读→收录论文全文

专题一 建筑理论与实践研究

1. 寻回建空间的社会性——从列菲伏尔的空间理论看地标性建筑

赵冰

同济大学建筑与城市规划学院（上海，200082）

摘要： 作为20世纪最具影响力的哲学家之一，列菲伏尔提出了影响深远的（社会）空间生产理论，认为空间的实质是社会生产。而在现代主义的框架下，相较于社会行为和个人经验，建筑空间更注重形式和符号，这在地标性建筑上有着尤为明显的体现。以空间生产理论的视角来看，地标性建筑正缺少纪念性建筑对社会行为的关注。列菲伏尔在《空间的生产》中关于纪念物、纪念性空间做了深入的讨论，通过它可以更好地理解地标性建筑为何需要社会性。

关键词： 列菲伏尔；空间的生产；纪念性空间；符号学；日常生活

2. 大道归元——当代本土建筑建构的多元论

杨筱平[1]、杨椰蓁[2]、张磊[3]

1. 西安市建筑设计研究院有限公司（西安710054）
2. 西安高新技术产业开发区管理委员会行政审批服务局（西安710065）
3. 西安理工大学土木建筑工程学院（西安710048）

摘要： 本土建筑的建构应在回归本原的基础上实现建筑与自然、传统、文化和环境的交融与对话，在当代的现时语境下，驱动与时代发展同步的动态张力、激活其物化和文化的内在因子，并以适宜的技术和适度的表达而内现本质、外显本色，此是谓当代本土建筑建构的"大道归元"。对当代本土建筑的探讨将以"此地 在地"、"现时 现实"、"本原 本色"、"适宜 适度"、"归元 归真"等多元维度而展开，价值导向直指回归环境、回归本原、回归生活的目标。

关键词： 本土；本地；本原；本色；本真

3. 解读现当代日本建筑设计及理论对我国的影响——基于2001～2015年中国建筑杂志中建筑用语的统计分析

张慧若[1、2]、王燕飞[1]、远藤秀平[2]

1. 河南科技大学建筑学院（洛阳，471023）
2. 神户大学大学院工学研究科（日本神户，6578501）

摘要： 通过对2001～2015年"建筑杂志"中有关日本建筑作品及理论等相关文章的分析，结合语言学的方法对文章中的关键词及其使用频率进行了主题索引和统计，然后根据"建筑-社会-文化"和"空间论-计划论-技术论"的轴心将其分类并进一步探讨了近年来在传统建筑文化的延展过程中我国建筑专业主流传媒对日本建筑界的关注点及评论导向。通过这十几年间中国建筑媒体话语的焦点运动，探索了同为东方传统文化背景下的日本对我国的表象及潜在影响。

关键词： 中国当代建筑；建筑杂志；日本建筑；建筑评论；建筑用语

4. 当代新现代主义建筑的发展阶段研究——以日本建筑师妹岛和世、藤本壮介的建筑作品为例

尹利欣

山东建筑大学（济南，250101）

摘要： 首先对新现代主义产生的背景和基本特征进行描述，然后系统地分析了当代新现代主义建筑发展的三个阶段，结合21世纪以来日本建筑师妹岛和世、藤本壮介的建筑作品，总结和归纳了以日本建筑师为代表的新一

代新现代主义建筑的特点，并对极少主义建筑的特点进行总结，对中国当代建筑以及新现代主义下未来建筑的发展都有重要的借鉴作用和现实意义。

关键词： 新现代主义；发展阶段；日本建筑师；极少主义

5. 日本丘式生态地产系统研究初探

朱惠斌

摘要： 日本城市建设密度极高，可资利用土地紧张，绿地资源有限。私有制土地模式、用地不规则和特殊地势制约城市开发进程。建立在西方"Vertical Garden"理念基础上，日本通过丘式"Hill"模式鼓励多功能开发，充分利用地形地势，提升空间紧凑度和多样性，在拥挤城市景观中恢复绿色生态，形成人与自然和谐共存的生态地产系统。对丘式规划理念的时代背景、地域特性和规划理念进行研究，结合东京三种典型丘式生态商业地产系统进行实证研究。我国北京三里屯、上海新天地、深圳华侨城等地已逐步形成规模化商业地产系统雏形，日本丘式理念研究对我国将有一定的借鉴和启示作用。

关键词： 商业地产；城市生态系统；丘式理念；垂直花园

6. 教育建筑设计中的民族地域特征应用——以永昌第一小学建筑设计方案为例

刘沅溢

淄博市规划设计研究院（淄博，255000）

摘要： 2008年汶川地震后，山东省对口援建北川，进行灾后恢复重建，至今已10余年。永昌第一小学建筑设计方案即是当时淄博市人民热忱参与的一个投标方案。如何把握民族地域特征，对地方民族建筑进行现代化表达，使传统与现代建筑文化互相融合，相得益彰，是该建筑设计方案的关键之处。在设计过程中，提取了传统羌族的民族建筑语汇和建筑空间特点，结合现代建筑技术及材料，塑造了既有羌族风格又有现代建筑特征的教育建筑群。

关键词： 教育建筑；援建；民族地域特征；羌族；小学

7. 开放共享理念下的中小学建筑复合化设计策略研究

张健、刘亚鹏

北京工业大学（北京，100000）

摘要： 伴随着教育改革的不断推进，国家教育事业"十三五"规划点明了要以创新、协调、绿色、开放、共享的发展理念统领教育改革发展，这一理念将素质教育推向了一个新的高度，研究面向新时代下的素质教育需求，深入解析教育理念变化对中小学建筑空间构成的影响，从空间复合、功能复合和资源复合三个不同的角度，提出开放共享理念下的中小学建筑复合化设计策略。

关键词： 开放共享；中小学建筑；复合化

8. 湘南地区传统书院对现代校园建设的启示

肖奕、李晓峰

华中科技大学（武汉，430000）

摘要： 书院作为中国古代十分重要的文教建筑，是集讲学、祭祀、藏书为一体的教育机构，延续千年。它最早出现在唐代，于宋代发展，明清达到顶峰，直到近代没落。湘南地区历史悠久，注重教育，崇尚礼仪，境内有大量传统书院。通过选取湘南地区的传统书院案例，分析探寻书院建筑形制及其文化在现代校园建设中发展与传承的可能性，从中总结出适宜于现代校园建设的传统营建智慧，以期得出现代校园建设的一些启示性指导。

关键词： 湘南地区；传统书院；建筑形制；现代校园

9. 基于集群智能的寒地大学校园适寒设计策略研究

陈硕[1]、梅洪元[1, 2]

1. 哈尔滨工业大学建筑学院（哈尔滨，150006）

2. 哈尔滨工业大学建筑设计研究院（150090）

摘要： 面对信息时代下高效、绿色、舒适的建设需求，寒地大学校园的空间品质亟待提升，集群智能以研究生物集群的智能行为为基础，发掘了大量的生物群体在时间、空间、社会维度上对环境的适应方式和对资源的高效利用规律，基于对集群智能的解读和研究，提出了寒地大学校园空间的梯度适寒、集聚适寒、优化适寒三个设计策略，并结合实践案例进行分析和阐释。

关键词： 寒地大学校园；集群智能；适寒设计策略

10. 天津市某大学多层学生公寓建筑创新设计

陈圣格[1]、周婷[2]、陈志华[3]、郭娟丽[2]

1. 天津大学国际工程师学院（天津300072）

2. 天津大学建筑学院（天津300072）

3. 天津大学建筑工程学院（天津300072）

摘要： 从建筑设计方案、绿色建筑性能分析、结构设计方案和围护体系设计等多角度对拟建建筑天津市某大学生公寓进行全面分析。大学生公寓楼以"装配式、可持续、绿色环保"为设计理念，设计方案体现装配式、绿色生态、耐久性好的特点，结构方案具有创新性、合理性、可行性，体现装配式建筑的标准化设计理念；在构件标准化、提高装配率的同时，给学生提供合理、舒适的生活条件，构造合理、施工方便；考虑与建筑使用功能和造型风格的适应性；实现绿色建筑技术、地域生态特征和可实施性的完美结合。

关键词： 装配式钢结构；建筑设计；绿色建筑设计；结构设计；围护体系

11. 大型公共建筑坡地接地方式研究

李冬

重庆大学（重庆，400045）

摘要： 大型公共建筑由于体型巨大，功能相对复杂，对于山地的适应已超越很多传统山地建筑处理方式的范畴，需要总结出新的理论和新的处理措施。通过几个实际案例分析，结合每个大型公共建筑功能、交通等因素，总结出不同功能大型公共建筑因地制宜做出的一系列接地方式。

关键词： 大型公共建筑；山地建筑；接地方式；建筑功能；建筑交通处理；土石方量

12. 适时·适地·适候——信息化时代语境下的寒地博物馆改扩建设计初探

史立刚、崔玉、杨朝静

哈尔滨工业大学建筑学院（哈尔滨，150006）

寒地城乡人居环境科学与技术工业和信息化部重点实验室（哈尔滨，150006）

摘要： 作为地域建筑文化的重要载体，博物馆是特定时空坐标系统的里程碑。随着生活消费的升级换代，消费模式从实物型向体验型转变，传统博物馆在规模配置、功能类型、流线组织、空间形式等都已不能适应当代的信息化和互动性需求，提质扩容的巨大需求缺口是当代博物馆发展的主要矛盾。如何在信息化时代语境下解决博物馆更新换代是目前亟待解决的科学问题。以黑龙江省博物馆改扩建设计为例，基于信息化时代下博物馆空间的设计需求，回应地域气候条件，运用物理环境模拟方法对其改扩建提出设计策略，以期为传统博物馆的发展提供借鉴。

关键词： 博物馆；更新；多元；互动；物理环境模拟

13. 面向众创空间的旧工业建筑改造可适性研究

纪伟东、李灏滨

山东建筑大学建筑城规学院（济南，250000）

摘要： 随着城市转型与产业升级，许多传统企业迁出城市中心区域，遗留下大量的废弃闲置工业建筑。该类建筑究竟是拆除重建还是改造再利用，已成为社会关注的焦点。同时随着我国政府对"大众创业、万众创新"的倡导，众创空间随之产生，其作为一种新型创新、创业平台，逐渐成为城市空间的新兴增长点，受到全社会的广泛关注。以旧工业建筑为改造载体，研究众创空间特有的空间特性，系统梳理旧工业建筑固有价值，探究两类建筑类型潜在联系以及功能置换过程中的可适性，发挥众创空间改造设计对推动焕活城市旧有存量建筑的积极意义，为众创空间在国内的发展进行尝试性探索。

关键词： 旧工业建筑改造；众创空间；可适性

14. 传统风貌院落型商业的建筑设计与运营研究

张健

北京华清安地建筑设计有限公司（北京，100000）

摘要： 通过对传统院落测绘，调研传统木建筑形制样式特点，总结出传统院落的组合方式、结构形式、柱网布局、面阔与进深的规制、屋面举折与步架的原则、门窗样式，整理当地的建筑风貌与细部特色，总结出具有地域性的传统风貌建筑特点。

运用上述总结，对符合传统风貌院落的建筑进行设计，满足现代规范要求，符合现代商业空间需要。院落型商业还需考虑业态落位、产权划分、商铺划分等问题，建筑方案还需为日后的业态落位提供多种可能性。

关键词： 传统建筑样式；院落型商业；商业运营

15. 立体化城市理念下的枢纽站域公共空间体系研究——以涩谷站为例

杨镇铭

西南交通大学（成都，611756）

摘要： 轨道交通站域的关键问题就是处理好轨交站点与城市的关系，其中站城一体化、站城协同是主要目标。站域空间立体化是实现该目标的一种具体方法。涩谷站及其周边地区在建设的过程中逐渐建立"以轨道交通站为核心的立体化公共空间体系"。该体系以枢纽站为核心，通过立体化步行网络从三维上联系城市公共空间，扩大了站点的影响，对于枢纽站和城市的有机结合起到促进作用。

关键词： 涩谷站；公共空间；立体化

16. 纪念性建筑的情感表达策略探析——以永州市柳子庙为例

朱雅丰、童淑媛、郑瑾

中南大学建筑与艺术学院（长沙，410000）

摘要： 以永州市柳子庙为例，通过实地调研测绘，查阅历史资料，对柳子庙构造形态、空间秩序、色彩应用以及人物背景进行分析。旨在探究纪念性建筑的情感表达方式及设计策略，对此类具有历史文脉并以历史人物纪念为主的纪念性建筑的情感化设计研究提出一定思考。

关键词： 柳子庙；纪念性建筑；情感化设计

17. 达斡尔族传统人居模式的空间结构探析

朱莹[1,2]、武帅航[1]、何孟霖[1]

1. 哈尔滨工业大学建筑学院（哈尔滨，150006）

2. 寒地城乡人居环境科学与技术工业和信息化部重点实验室（哈尔滨，150006）

摘要： 达斡尔族散居在东北边陲，人口12.14万。在长期演化中形成既适应严寒地区气候要素，又契合本民族生产方式的传统人居模式。基于复杂系统演化理论，将达斡尔族聚落演变视为生命诞生、发展及衰变全息过程，是人—家庭、人—社会、人—自然三种维度层层嵌套、彼此关联的互生体系，是生活、生产、生态空间的基底叠合和肌理交融。以此提取居住空间历史原型，对达斡尔族渐趋濒危的传统聚居空间模式予以提纯和复原，促进其现代转型和再生。

关键词： 达斡尔族；复杂系统演化论；传统聚落；空间原型

18. 适应地貌特征的寒地可移动建筑设计研究

陈玉婷[1]、梅洪元[1, 2]

1. 哈尔滨工业大学建筑学院（哈尔滨，150006）
2. 哈尔滨工业大学建筑设计研究院（150090）

摘要： 自古以来，建筑都是深深地扎根于土地，而可移动建筑的产生，使建筑与大地的关系悄然发生变化，从根植环境到选择、适应、改变环境，建筑开始真正如同生物一般"移动"，并逐渐发展为拥有决策智慧的"生命体"。立足于寒冷地域复杂的环境条件，结合仿生及机械学相关理论，分别提出适应于平坦地貌的轮式移动策略、适应于起伏地貌的足式移动策略、适应于冰缘地貌的履带式移动策略，建构符合寒冷地区地貌特征的可移动建筑技术体系。

关键词： 寒地；可移动建筑；地貌特征；环境适应性

19. 严寒地区室内环境色对人的适应性影响研究

邹德志、高鑫君、孟宇、杨睿彤

内蒙古工业大学建筑学院（呼和浩特，010000）

摘要： 室内环境通常意义上的理解即为建筑物的内部环境，是建筑使用者在建筑内主要活动的场所，也是人与建筑环境之间最直接的交互空间，良好的建筑室内环境可以使人对建筑产生舒适友好的感观。室内环境色彩是对环境的直观表征，研究通过对不同人群对室内色彩的初始印象场景实验和问卷调查，针对不同个体对室内初色印象的体验进而得出颜色、视觉、心理以及舒适度之间的关系，研究表明针对特定地区和人群按照不同空间环境色彩的转变可以影响人的空间适应性。

关键词： 严寒地区；环境色；适应性

20. 基于城市肌理的高层建筑裙房形态探究

张险峰、朱静煜、刘珊杉

大连理工大学建筑与艺术学院（大连，116024）

摘要： 以城市肌理为基础，并对高层建筑裙房形态的生成、更新与改造进行探究，同时以大连高层建筑为例，探索了裙房空间与标准层之间的耦合关系，阐释了裙房形态影响下的高层建筑交通体系的生成与配置，从而为高层建筑的裙房空间优化设计提供借鉴与参考。

关键词： 城市肌理；高层建筑；裙房；形态；大连

专题二 建筑文化与遗产保护

21. 从《清明上河图》的图示语境看北宋东京城市绿化

刘欣、陈飞虎

湖南大学建筑学院（长沙，410082）

摘要：在北宋名画《清明上河图》的图示语境下，从街道、河渠、园林三方面分析东京的城市绿化建设情况，再探讨商品经济发展对北宋东京城市绿化的影响，笔者认为经济繁荣增强了东京城市绿化空间的公共化程度。

关键词：东京；绿化；图示；清明上河图

22. 山海关城内官衙类建筑的明清变迁分析研究——以《山海关志》、《临榆县志》为依据

冯柯[1]、王薇[2]、王婷[3, 4]

1. 燕山大学（燕山，066004）
2. 北方民族大学（银川，750021）
3. 天津大学（天津，300072）
4. 内蒙古工业大学（呼和浩特，010051）

摘要：山海关地理位置特殊，在明清两代具有不同的历史意义。文章以明詹荣《山海关志》及清高锡畴《临榆县志》为主要史料，参考康熙八年《山海关志》等相关志书，从官衙类建筑的不同称谓、建筑组成以及建筑布局三个方面进行梳理归纳整理，比较了明清时期山海关的衙署建筑变迁，并对衙署建筑的格局形制进行了研究，得出了山海关地区衙署建筑主要包含公私两个部分，公为官厅，沿中轴线以此为照壁、大门、仪门、大堂、二堂，左右东西序列为六部用房；私为官邸或宅园。

关键词：山海关；衙署建筑；明清变迁；

23. 文化景观保护的安全格局与体系构建

胡沛东

武汉纺织大学伯明翰时尚创意学院（武汉，430073）

摘要：传统地域文化景观在城市化步伐日趋加快的背景下，不断冲击着传统的文化生态体系，传统地域文化景观正面临着破碎化、边缘化甚至近乎消亡的严峻形势。文化景观的保护急需突破单体节点尺度，在广义地理学意义的基础上，寻求跨区域联动。通过对文化景观中关键局部与周围生态环境的交互研究，以传统地域文化景观的空间网络为重点，构建传统文化景观保护的安全格局，加强文化景观中破碎化的斑块与空间要素的有效整合。

关键词：传统地域文化景观；安全格局；整体保护；空间网络

24. 冬奥会背景下张家口传统建筑村镇遗产保护与旅游开发策略研究——以暖泉镇为例

聂蕊、史艳琨、张慧、赵秀萍

河北工业大学建筑与艺术设计学院（天津，300401）

摘要：以冬奥会为契机，以举办城市张家口下属的暖泉镇为例，在传统村镇遗产文化资源整合研究和现有旅游开发问题研究的前提下，通过对传统建筑村镇遗产内部和周边环境的实地调研、环境容量最大承载力和适宜承载力评估以及旅游路线的优化整合，探讨以保护为前提的以堡寨及传统建筑为主、民俗活动为辅的张家口文化遗产合理旅游开发利用途径。

关键词：冬奥会；暖泉镇；文化资源整合；开发利用

25. 基于记忆建构的镇海古城空间格局保护探微

李炜

华中科技大学建筑与城市规划学院（武汉，430074）

摘要：当今城市建设中，历史城区普遍存在"环境碎片化"、"格局模糊化"等问题，"古城空间格局"这

一城市之"魂"没有得到足够重视。文章以宁波镇海古城为例，从城市记忆视角切入，通过"记忆信息提取—记忆要素编码—记忆系统存储"体系，对古城空间格局的保护进行探讨。旨在历史城区的内在机制和发展趋势影响下，探索古城空间格局保护新途径，从而为历史城区提供一种整体性的保护方法。

关键词： 镇海古城；空间格局；记忆建构；整体性保护

26. 形态与功能视角下历史风貌区更新模式创新

刘姗荷[1]、薛天炜[2]

1. 东南大学（南京，210000）

2. 大象建筑设计有限公司南京分公司（南京，210000）

摘要： 城市由快速发展逐渐转向旧城更新。历史风貌区保护更新难度高，但同时也是老城功能复兴的重要触媒点。形态与功能是城市空间中相互作用的两方面。历史地区衰退的重要原因即为传统的空间形态难以承载与时俱进的现代功能。以镇江山巷东历史风貌区为例，通过肌理研究与功能分析，解读街区的空间原型。探究保护、修补、创新的三级更新模式，通过混合社区的具体创新设计方案协调传统形态与现代功能，为历史风貌区更新发展提供可能的参考。

关键词： 城市设计；功能与形态；模式创新；历史风貌区；城市更新

27. 历史·更新·取舍——探析黑龙江省传统聚落营建文化的认同感

周亭余[1]、周立军[1,2]

1. 哈尔滨工业大学建筑学院（哈尔滨，150000）

2. 寒地城乡人居环境科学与技术工业和信息化部重点实验室（哈尔滨，150006）

摘要： 改革开放40年以来，黑龙江省的城市与乡村规划建设取得丰富硕果。现代工业技术的蓬勃发展对城乡带来全新的变化。但在建设过程中，一些建设性破坏仍然存在。例如在黑龙江部分地区传统村落的更新重建过程中，盲目搬用外来建筑文化形式，不重视乡村营建更新的原真性。通过文献研究、实地调研黑龙江传统聚落的建筑文化及营建技艺，分析乡土建筑改造营建的新旧碰撞，探究大众对本土村落营建文化认同感，启发后续聚落保护更新实践。

关键词： 历史人文；黑龙江传统村落；乡村营建更新；认同感

28. 白雀园老街保护和再利用视角下的空间形态研究

张献萍

河南大学土木建筑学院（河南，475000）

摘要： 许多历史城镇都有历史文化氛围浓郁的老街，它们营造出特有的场所感和认知感，是城镇充满魅力与活力的重要空间，它们的保护和再利用可以带动城镇的持续发展。用科学的发展观来规划历史老街的保护和再利用，使它们融入城镇的整体功能中去，维护地方特色进行健康理性的发展。

白雀园老街作为信阳白雀镇商业街，地理位置特殊，历史建筑、历史环境保存较好，极富地域特点和行业特征。以老街为研究对象，在保护和再利用的视角下进行空间形态的研究，以期总结其特点来保持和彰显白雀镇特色，促进其特色发展。

关键词： 白雀园老街；空间形态；保护和利用

29. 社区博物馆理念在庄河老街保护与更新中的探索与应用

刘枳汐[1]、马福生[2]

1. 沈阳建筑大学建筑与规划学院（沈阳，110000）

2. 沈阳建筑大学现代建筑产业技术研究院（沈阳，110000）

摘要： 历史街区是城市文脉的重要载体，随着人们对文物保护意识的增强，对历史街区开展不同模式下的开发与保护。在对庄河老街进行保护更新研究中引入社区博物馆理念，结合庄河老街的地域特点、文化特色以及发展现状，从街区空间格局、建筑周边环境、生活配套设施等方面对老街提出更新策略。将老街物质环境与非物质文化进行整体性保护，在激发社区活力的同时，寻求新的老街社区发展模式，探索庄河老街在保护与更新中的新理念与新方法。

关键词： 社区博物馆；历史街区；整体性保护；再生式更新

30. 商业性古建筑群的文化性研究——"茶马古道"上的聂市古建筑群

刘钇含

中南大学（长沙，410075）

摘要： 通过对古代商贸聚落的生境构成、社会组织结构及生产、生活方式的文化探讨，分析了聂市古建筑群的文化性，解读了商贸文化与场地营造的关联性与必然性，进而论证了聂市镇是以文化为载体自然而然地生成的，聂市古建筑群的存在是其文化的物化反映，同时这一物化的场所又密切地映射出了"茶马古道"的人文价值和精神内涵。

关键词： "茶马古道"；商贸聚落；文化性

31. 基于绿视率的历史街区步行环境视觉体验评价——以厦门中山路同文顶片区为例

李渊、黄竞雄

厦门大学建筑与土木工程学院（厦门，361005）

摘要： 历史街区是旧城公共空间的核心，其游览环境与游览体验是行人测度城市形象的重要参考。在有关视觉体验的研究成果中，主要以街景图片、问卷调查为手段，以定性研究为方法，缺乏量化分析。以厦门中山路同文顶历史街区为例，通过手机APP自动识别和计算绿视率、天空面积率、建筑物面积率等参数，探索了历史街区步行环境的测度标准，提出了基于视觉舒适体验的街区改造方案。

关键词： 历史街区；步行环境；中山路；商业街区；绿视率

32. 从"建筑实体"到"空间脉络"——基于空间句法的历史建筑"孤岛效应"改善策略

宋婧雯、王月涛、陈平

山东建筑大学建筑城规学院（济南，250000）

摘要： 历史城市迅速发展切断了新旧街区之间的联系，原有街区中历史建筑不断拆除和改造使其逐渐成为城市"海洋"中一座座"孤岛"。"孤岛效应"普遍存在于各历史城市中，是城市中新旧空间脉络联系的"断层点"。文章分析了城市街区中 "孤岛效应"产生原因，并应用空间句法软件对历史建筑周围肌理进行模拟分析和计算。基于空间特征数据分析提出空间特征优化和空间组构平衡两种改善"孤岛效应"的策略。这有助于深刻理解历史城区改造更新的关注重点从"建筑实体"到"空间脉络"的转向，也有助于城市设计领域中历史空间保护体系的完善。

关键词： 历史建筑、空间句法、孤岛效应、空间脉络

33. 闽南传统建筑文化内涵及其当代传承

赵亚敏

天津大学（天津，300000）

摘要： 当代建筑设计的趋同化使得本土建筑创作越来越重要。首先概述了闽南传统建筑文化的内涵与特征，

提出其内涵应是文化层面、观念层面、地缘特性层面所共同形成统一体。继而分别基于气候适应性、传统建筑形式、地理特性三方面论述当代本土建筑创作对传统传承的策略。以期针对闽南本土建筑文化的传承问题做进一步思考，探索传统建筑文化的再生策略，从而构建时代语境下闽南建筑文化体系。

关键词： 闽南；传统建筑文化；本土建筑；传承发展

34. 地域建筑文化的解析与传承——以哈尔滨市人大信访楼还建设计为例

洛晨、毕冰实

哈尔滨工业大学建筑设计研究院（哈尔滨，150090）

摘要： 对地域建筑文化的解析与传承是当代城市建筑设计的共识，这种建筑设计理念在老城区建筑新建及还建中尤为突出。以哈尔滨人大信访楼为例，通过介绍该建筑的设计过程，从地域建筑文化、街区界面以及建筑标识性等角度对哈尔滨地域建筑文化进行解读。并在此基础上提出以传承和创新为目标的建筑设计建议，以期为今后的地域建筑创作提供一定的方向和指导。

关键词： 地域文化；建筑设计；建筑还建

35. 文化语汇在地域性建筑设计中的可读性思考与应用——赤峰地区乡土建筑探索实践

许梦圆、郝鸥

沈阳建筑大学（沈阳，110168）

摘要： 随着乡村建设的不断推进，乡土建筑的研究也从追求对乡土建筑的原真性考证和符号性表达发展为解决乡土建筑的实际功能问题与符号背后的可读性思考。本文通过对历史文献的解读，提取赤峰地区的乡土建筑文化语汇，将其符号化，并通过赤峰建筑设计实例将抽象符号进行可读性分析与处理，通过设计的思考达到利于理解与结合使用功能的目的，以此作为乡村营建中乡土建筑设计与表达的思考方式与实践经验借鉴。

关键词： 文化语汇；赤峰地区；地域性建筑设计

36. 高椅村传统民居大木构架初探

陈斯亮

湖南城建职业技术学院（湘潭，411100）

摘要： 地方民居建筑鲜明的特点离不开技术的支持。本文以高椅村这个因移民而兴盛的非典型性侗寨为研究对象，在田野调查的基础上，通过大量建筑实例的比较分析，试图对高椅村传统民居大木构架的结构、形式、构件名称等加以归纳总结，以期更深入地了解其传统民居建筑的特点，并为该地区的建筑修缮工作提供一定的指导。

关键词： 高椅村；传统民居；大木构架

37. Analysis on the Protection and Renewal of Historic conservation areas: Taking Pingjiang Historic District as an Example

Zhao Wenjing, Ma jianwu

Gold Mentis School of Architecture and Urban Environment, Soochow University（Jiangsu, 215123）

Abstract: This paper sorts out the necessity of the establishment of historical and cultural blocks, and analyzes the problems existing in the early stage of development and exploration. They are pure static protection, over-commercial development, and the spread of "simulation and renewal" false culture, which proposes to solve the current historical district. The importance of continuous protection and renewal issues. Taking Suzhou Pingjiang historical and cultural district as an example, it analyzes and summarizes the experience in legal system research, material resources, river street pattern, human settlement environment and cultural heritage, and brings reference to the protection and renewal of other historical and cultural blocks in the country.

Keywords: Historic Conservation Areas; Protection and Renewal; Pingjiang Historical District

38. 中国传统仪式中的身体规范与空间秩序

顾月明

北京建筑大学（北京，100044）

摘要： 通过分析明清孔庙和徽州家庙两个具体案例，探索传统文化中作为社会规范的"礼"是如何通过身体体验建立起坛庙建筑的空间秩序。一方面祭奠仪式规定了参与者身体的行进路线，由此串联了不同的院落空间，这些院落根据仪式庄严性需要调整建筑尺度以产生不同程度的围合感；另一方面，参与者从仪式规训的身体力行和空间氛围中体会到传统儒家的道德伦理精神要求，因此坛庙建筑是一种要求人们"身心合一"的空间。

关键词： "礼"；身体规训；坛庙建筑；空间秩序

39. 浙江永嘉传统宗祠建筑油饰彩画调研

朱穗敏

浙江省文物考古研究所（杭州，310014）

摘要： 温州永嘉地区明清宗祠建筑室内油漆彩画可分为两个时期，明到清早中期建筑以黑色油饰为主，部分梁枋不做任何油饰；到清代中晚期，戏台和建筑寝堂开始出现藻井天花并且施彩画，寝堂廊部红色增多；此外，到清晚期，大部分建筑不做任何油饰彩画或者仅在寝堂后进放祖先牌位龛处设置油饰，一些建筑整体梁架施油饰。

关键词： 宗祠建筑；油漆；彩画

专题三　城市设计与乡村建设

40. 中国当代城市特征与社区营造城市设计策略研究

刘文杰

中国建筑科学研究院（中国建筑技术集团有限公司）（北京，100013）

摘要： 通过研究中国当代城市微观结构的形成过程，针对城市病产生的根源提出了"城市岛"的理论框架；以构建和更新社区生活圈、优化城市结构为目的，提出了应用城市设计的解决方案和策略；通过案例研究提出了城市新区、普通建成区和古城危改区三种类型的城市设计典型模式。

关键词： 城市特征；社区更新；城市设计

41. 城市低效空间的价值挖掘

李少锋

启迪设计集团股份有限公司（苏州，215000）

摘要： 城市化的快速发展，已经对我们的城市建设提出了更加精细化的要求。但由于以往发展遗留下的问题，或是具体地块的功能问题，我们始终会遇到一些使用效率不高的城市空间存在，这就需要我们不断地挖掘地块空间的利用价值，提升空间使用效率。本文结合作者设计的三个实际项目案例，对于三种有可能提高使用效率的城市空间类型特点和对应建筑的具体设计方法进行了探讨，论证在具体地块、具体项目层面上的城市空间高效利用的办法。

关键词： 城市发展转型；精细化；低效空间；建筑设计；价值挖掘；方法推广

42. 城中村公共空间更新策略探析——基于环境行为模式研究

叶家馨

华中科技大学建筑与城市规划学院（武汉，430074）

摘要： 随着城市高速发展以来，城中村问题成为城市普遍问题，对城中村的强制拆除加剧了城市各个阶层的矛盾，也造成了政府安置低收入人群的压力。在西方发达国家中，繁华之地仍未消除贫民窟，说明城中村将长期与城市共存。本文通过对合肥市吴夹弄的问卷访谈和实地调研所得出的数据和信息对人群环境行为进行分析，了解城中村内部人群的真实生活情况和公共空间使用，总结其公共空间更新策略，激发城中村的潜在活力，同时探求城市与城中村融合的新视角。

关键词： 城中村；环境行为；公共空间

43. 大数据平台下的云南传统村落保护与发展

陶思翰

昆明理工大学建筑与城市规划学院（昆明，650504）

摘要： 云南复杂多样的自然生态与地域人文环境造成其传统民族村落呈现大杂居小聚居的特征。于此，常规的乡村营建难以全面开展。通过对大数据平台的数据采集分析，建立完备准确的数据管理系统和信息检索系统，在物质文化与非物质文化的双重背景下有针对性地保护及建设古村落，减少特色村落的衰减，开展地域新民居建筑模式与绿色营建技术的研究，从而使村落空间在动态发展过程中进入新稳态。

关键词： 大数据；传统村落；村落地图；保护与发展

44. 基于类型学和行为轨迹的社区檐下空间更新——以汉阳知音社区为例

张友伦

华中科技大学（武汉，430074）

摘要： 利用类型学和行为轨迹研究的方法，本文以武汉汉阳知音社区为例，分析社区檐下空间的使用与改造。首先，本文根据本雅明"游荡者"的理论，对该片区所在的玫瑰片区进行空间注记和认知地图的绘制，得出相对客观的社区空间印象。再从类型学的角度，结合实地调研和问卷调查的形式，绘制行为轨迹图，分析该社区檐下空间的产生和使用矛盾提出空间优化方案，从而满足居民的日常使用需求。

关键词： 社区更新；类型学；行为轨迹；檐下空间

45. 圣地城山复相望——"城市双修"背景下延安二道街片区改造研究

吕成[1]、曹惠源[1]、张琪[2]

1. 中国建筑西北设计研究院（西安，710000）
2. 西安建筑科技大学（西安，710000）

摘要： "城市双修"是我国经济新常态下适应存量规划、改善人居环境、探索城市发展模式转型的重要手段，其主要修补对象为老城区，是应对城市特色丧失、存量资源利用等挑战的重要决策。二道街片区作为延安"三山两河"格局核心区，其更新发展具有重要意义，本文将以延安二道街片区为例，探讨"城市双修"理念下城市更新转型的新思路，以期为相关规划提供借鉴。

关键词： "城市双修"；延安；二道街片区

46. 此心安处是吾村——"枫桥经验"村级发源地枫源村美丽乡村建设启示

刘江黎、杨田

华建集团·上海建筑设计研究院有限公司（上海，200041）

摘要： 通过对于"枫桥经验"的发源地枫源村美丽乡村建设的介绍，阐述了我国乡村建设的三大规划核心：自然、文化、产业，并提出了自然、文化和产业的规划核心对于乡村建设的实践指导作用。通过枫源村美丽乡村建设成果，说明了基于本土文化和乡村产业转型发展的乡村振兴之路。

关键词： 枫桥经验；美丽乡村；乡村建设；本土文化

47. 以形观意，超以象外——江南传统村落环境空间营造艺术价值解析

刘琪、吴永发

苏州大学金螳螂建筑学院（江苏苏州，215123）

摘要： 江南是我国传统文化的典型代表，由于独特的地域与文化形成了具有可识别性的传统村落空间。本文从艺术价值角度切入，深入探讨江南传统村落环境空间营造的特征，认为江南传统村落环境空间艺术价值内涵主要体现为生态环境、空间格局、景观意象三个方面。同时，传统村落空间艺术价值的表现是从传统自然生命中不断抽绎出来的，空间形式上的变化感与流动感体现的即是生命逐渐演化的过程，是一种"以形观意、超以象外"的艺术表达方式。

关键词： 江南传统村落；村落环境；空间营造；艺术价值

48. 基于场所精神的乡村活动场景重构——以鄂东南宝石村宗祠建筑改造为例

叶家兴、李晓峰

华中科技大学建筑与城市规划学院（武汉，430074）

摘要： 宗祠是鄂东南传统血缘型聚落的精神中心与活动中心，是村民集体记忆的载体，但当今鄂东南传统宗祠大多由于年久失修而破败废弃，失去了其应有的文化价值。本文从场所精神理论出发，以传统村落中的活动场景为意象，进行宗祠改造实验，试图重构与再现传统村落中的活动场景，打造具有归属感与认同感的公共活动场所，体现传统村落的乡情文化，也为当代乡村振兴提供地区实践案例。

关键词： 场所精神；场景重构；宗祠；新与旧

49. 设计引导的贵州报京侗寨全周期乡村振兴路径探索

龚凌菲、章晓萱、李可言、陈冰

西交利物浦大学（苏州，215123）

摘要： 本文旨在探讨如何用设计手段实现乡村振兴全周期内的文化传承和可适化建设。当前我国乡村急需被振兴，但前端设计并不能有效预测和解决乡村振兴全周期过程中出现的所有问题。本研究选取黔东南报京侗寨，基于前期文献综述、案例分析、现场调查和当地村民代表采访等方法，得出了振兴报京侗寨的潜在设计研究路径与方法。研究发现，设计是全周期乡村振兴中的重要环节，而充分考虑乡村全周期发展因素，并用设计思维进行链接，才能帮助乡村可持续成长。

关键词： 乡村振兴；全周期；设计研究；报京侗寨

50. 乡村振兴视野下的传统村落营建策略——以京西古道三家店村为例

徐昕昕[1]、林箐[1,2]

1. 北京林业大学园林学院（北京，100083）

2. 多义景观规划设计事务所（北京，100083）

摘要： 在快速城市化的过程中，城市向乡村无限制地蔓延与城乡二元结构的存在破坏了传统村落的风貌与产业，造成了村落的衰落与文脉断裂。乡村振兴战略对传统村落而言既是机遇也是挑战。文章结合传统村落三家店村的具体情况，从景观价值、非物质文化遗产、政策环境三方面探析其振兴潜力。并提出了重现传统村落风貌、发展乡村旅游新业态和构建富有生活气息的人居环境振兴路径，以期以点带面，推动京西古道的文化遗产活化与京西传统村落的振兴和发展。

关键词： 乡村营建；乡村振兴；传统村落

51. 乡村振兴背景下乡村社区空间的营建策略研究

张耀珑[1]、汪晶晶[2]

1. 陇东学院土木工程学院（庆阳，745000）
2. 陇东学院美术学院（庆阳，745000）

摘要： 以乡村社区空间的营建策略为研究对象，结合新时期乡村振兴战略的目标，通过分析日本和中国台湾地区社区营造的相关案例，厘清乡村社区空间营造的目标和成功经验。结合多学科的视角，从物质空间、产业空间和社会空间营建等方面全面梳理当下适合乡村社区空间营造的策略：①应充分利用本地的优势资源，采用多方主体协同合作的策略，以村民感知为中心，引导村民全面参与到乡村社区建设、管理和运营的各个阶段中。②构建乡村社区空间营建同当地经济良性发展的互动机制，以期推动乡村社区的可持续发展。

关键词： 乡村社区空间；营建策略；以人为本；村民感知

52. 基于红色文化资源开发的乡村振兴路径探析——以贵州枫香溪革命老村为例

范金煜[1]、张博洋[2]

1. 贵州大学建筑与城市规划学院（贵阳，550000）
2. 贵阳学院城乡规划与建筑工程学院（贵阳，550000）

摘要： 开发乡村红色文化资源，既符合习近平总书记弘扬红色文化的重要指示，又有利于实现我国乡村振兴大目标。通过对贵州枫香溪革命老村发展现状特征和问题的研判，以乡村振兴为目标导向，对枫香溪革命老村进行新规划。基于红色文化资源开发，结合我国乡村振兴战略提出的五大方针，提出产业创新、生态宜居、文化振兴、空间优化、精神重塑、智慧推广等有效措施，对实现其乡村发展具有重要现实意义，同时为我国其他资源类似乡村的发展提供借鉴。

关键词： 红色文化；乡村振兴；革命老村

53. 旅游介入下的村落景观研究——以广州黄埔古港为例

魏冉

华南理工大学（广州，510641）

摘要： 乡村旅游作为当下城市人对乡土原生态生活的向往与快节奏现实之间架起的桥梁，如今已经成为一种重塑村落的方式。而乡村旅游的发展中仍存在破坏乡村景观格局和基础设施水平不足，导致乡村景观的无序化、村落生活与介入旅游失衡等问题。本研究将以广州黄埔古港为例，通过实地调研法、观察法、对比研究法等方式研究旅游介入后乡村聚落、经济、自然景观的格局变化，并提出改进建议。

关键词： 黄埔古港；历史建筑；村落景观；旅游业态

54. 原生态风貌下的乡村旅游规划——以茅塔生态旅游示范区规划设计为例

华紫伊、王天扬

华中科技大学建筑与城市规划学院（武汉，430070）

摘要： 建设社会主义新农村，发展生态旅游和休闲农业，正在全国各地积极开展。如何根据自身区位优势和资源禀赋，积极探索乡村旅游规划的创新发展生态模式，日益凸显其重要性。本文以茅塔生态旅游示范区规划设计为例，探究原生态风貌下的乡村开发新模式，提出"建筑整治、功能完善、景观提升、建设实施"的新策略。通过传承建筑风貌，保护自然生态，整治村落环境，以期将茅塔乡打造成一个文化、生态、居住相互协调的生态旅游示范区。

关键词： 生态旅游；乡村风貌；景观营造；创新发展

55．乡村旅游背景下的藏区镇郊型村落景观优化研究——以甘南藏区哇车村为例

成亮

西北师范大学城市与资源学系（兰州，730070）

摘要： 随着乡村振兴战略的推进，当前对乡村旅游的重视也越来越受到各级政府的关注，藏区历来就是具有浓厚吸引力的民族特色旅游目的地，其中乡镇商贸集散地空间辐射范围内的镇郊型村落有较可靠的旅游潜量，成为吸引旅游群体及保育旅游资源的核心节点，也是藏区承担乡村旅游的核心载体。通过对典型案例村落进行实地踏勘和系统分析，把乡村旅游发展思路融入到村落景观优化中，具体通过强化景观主题——以"印象"推"形象"、梳理景观功能——以"核心"带"配套"、构造景观界面——以"凸显"促"融入"的微创介入，推动村落旅游转型与发展，形成与乡镇既有空间联系又有自身风景文化特征的可持续结构形式，打造立体呈现藏区乡村生活的全景景观典范，从而推动乡村振兴的区域实现。

关键词： 乡村旅游；藏区；镇郊型村落；景观优化；乡村振兴

56．基于PSPL调查法的乡村公共空间活力研究——以安徽宏村为例

黄华青、顾天奕、杨嘉雯、陈子璇

南京大学建筑与城市规划学院（南京，210093）

摘要： 公共空间是传统乡村空间社会结构的重要一环。当代乡村由于人口流失、空间变迁等因素，面临公共空间活力缺失、社会凝聚力下降等问题。重塑公共空间活力也成为当代乡村营建的切入点。本文基于对安徽宏村传统街巷广场空间的研究，借助扬·盖尔的PSPL调查法绘制行人活动轨迹图，分析各类乡村公共空间节点与公共活动的互动机制，总结空间活力营造的关键因素，如区位可达性、空间尺度、公共家具、微气候舒适度等，为当代乡村建设提供借鉴。

关键词： 乡村公共空间；PSPL调查法；社会空间关系；宏村；乡村建设

57．参与式规划引导下的乡村公共空间营建策略研究——以洪兴村为例

徐盈

重庆大学（重庆，400045）

摘要： 在乡村振兴等政策的推动下，我国乡村公共空间建设实践活跃，但存在传统空间活力降低、空间主体诉求缺失、空间同质化模块化、新建空间缺乏乡村记忆等问题。本文采用实地调研及问卷方法，梳理参与式规划与乡村公共空间规划的复合关系，通过在潼南区洪兴村的应用，提出适应性建设更新失落空间、多元开放发挥各方优势、注重"培力"提升村民参与性、因地制宜传承乡土记忆等乡村公共空间营建策略。

关键词： 参与式规划；村民主体；乡土记忆；乡村公共空间营建；洪兴村

58．闽南侨乡村落公共空间特征及内涵研究——以晋江市福林村为例

李芝也、张凯平

厦门大学建筑与土木工程学院（厦门，361000）

摘要：通过调研，对闽南侨乡村落公共空间类型归纳总结，依据"社会—空间"理论，从宗族影响、华侨贡献、社会防御心理等方面分析其公共空间形成的深层内涵，丰富了闽南侨乡村落公共空间特征属性的研究。

关键词：闽南侨乡村落；公共空间；特征；内涵

59. 寒地乡村适老宅院绿化健康指标体系表现度比较——以东兴村与红星村为例

孙楚天、胡俞洁

哈尔滨工业大学建筑学院（哈尔滨，150000）

寒地城乡人居环境科学与技术工业和信息化部重点实验室（哈尔滨，150000）

摘要：伴随中国乡村人口结构老龄化的进程日益严峻，乡村地区老年人的健康状态与居住环境的矛盾逐渐激化。其中乡村宅院空间与老年人的生活联系十分紧密，而庭院中绿化空间质量的优劣影响着老年人的身心健康。文章聚焦于寒地乡村庭院绿化空间环境要素的健康适老表现。通过半结构访谈对民众评价的反馈结果进行收集，利用M-VIKOR法进行测算，通过质量结合的方式，对寒地乡村庭院绿化空间要素对老年人健康的作用进行探讨与比较。

关键词：寒地乡村；健康适老；宅院绿化：民众反馈：指标表现度

60. 东北传统民居建筑材料与技艺再生视角下的乡村营建

李蝉韵

哈尔滨工业大学建筑学院（哈尔滨，150001）

摘要：旨在从东北传统民居营建技艺的再生角度出发，探讨当下乡村营建过程中以秉承传统民居营建技艺中的哲学思想、生态智慧为前提，利用传统材料和构筑技法进行建设的可行性。

关键词：传统材料；营建技艺；适宜性再生

专题四 绿色建筑与建筑技术

61. 塑造绿色生活：设计能做些什么？

窦强

中国建筑设计研究院有限公司本土设计研究中心（北京，100044）

摘要：基于近期对北欧城市和建筑的实地考察与研究，本文从六个方面结合实例系统论述了设计是如何在不同尺度对于塑造城市绿色生活发挥其作用的。从而能够更加全面和清晰地认识到设计的价值和从更加广义的角度理解绿色设计。

关键词：北欧；绿色；设计

62. 职业的分离与合一：从工匠到数字工匠

周渐佳

同济大学建筑与城市规划学院（上海，200092）

摘要：工匠曾是建筑师最为熟悉的技艺与工作伙伴。随着阿尔伯蒂提出的现代建筑师范式的出现，行业的分工带来了设计与建造的分离。回想历史上对两者关系的诸多讨论，如今的建筑学似乎又一次地站在了与19世纪末相仿的对技术与分工的恐惧之中。而真正重塑两者关系的是算法设计与机器人建造技术的应用，这种全新的关系不仅令设计主体发生了根本性的改变，同样改写了以往的设计与建造流程。本文正是试图探讨从分离到统一背后的历史与技术原因，并以实际建造案例加以佐证。

关键词：工匠；数字工匠；标示系统；机器；流程；算法

63. 数字化语境下的传统建筑营造

董轶欣[1]、李绥[2]、秦家璐[1]

1. 沈阳建筑大学建筑与规划学院（沈阳，110168）
2. 沈阳建筑大学生态规划与绿色建筑研究院（沈阳，110168)

摘要： 阐述了数字思维与传统建筑美学的渊源，并尝试利用先进的数字技术对传统营造技艺进行诠释与再创造。结合传统村落与木构架建筑的参数化建造案例，探讨数字化再创作的审美价值与中国传统美学观念之间的联系，归纳总结出在数字化语境下的传统建筑再创作所呈现的特点和尚待解决的问题，为我国利用新兴技术进行建筑遗产保护、传承和发扬民族文化与匠人智慧提供方法和理论支持。

关键词： 建筑美学；数字思维；传统建筑营造；参数化设计

64. 性能驱动下的数字化设计与建造

张烨、许蓁、白雪海

天津大学（天津，300072）

摘要： 本文针对计算机辅助设计时代下部分建筑运算生成与物质实现相割裂的问题，从整合材料特性、结构表现、建造方式与空间形态设计的角度，对基于性能的数字化设计与建造进行了阐述。文章介绍了天津大学建筑学院的数字设计教学，并通过对四年级数字设计专题中一个建构作品的说明，进一步阐释了性能驱动设计的具体方法和步骤。

关键词： 建筑设计教学；数字设计；数字建造；性能驱动设计

65. 生态技术和修复场地理念下的游客服务中心建筑方案设计——以第十二届亚洲建筑国际交流会青年建筑师作品展入围作品为例

刘沅溢

淄博市规划设计研究院（淄博，255000）

摘要： 游客服务中心能够反映所处景区的地域特征、文化特色与历史传统，是游客对景区的第一印象。本文以第十二届亚洲建筑国际交流会青年建筑师作品展入围作品——淄博市山地地区游客服务中心建筑方案为例，对生态技术和修复场地理念下的游客服务中心设计进行了分析总结。在生态技术方面，运用多种新型技术。在场地环境方面，利用了20世纪乱石堆并保留了大树，缔造绿坡以修复连续的场地景观。方案设计彰显了建筑的时代特征和节能环保概念。

关键词： 游客服务中心；山地地区；生态技术；修复场地；淄博

66. 基于绿色建筑评价下传统村落可持续发展研究

刘志宏

苏州大学建筑学院（苏州，215000）

摘要： 绿色发展是中国传统村落活化延续的必由之路，对建设美丽乡村具有重大意义。绿色建筑是实现传统村落可持续发展的有效途径之一，对改善传统村落人文和自然生态环境等方面有着重要的作用。本研究重点对绿色建筑评价在传统村落可持续发展中存在的问题和解决措施进行探讨。通过利用传统村落本身的生态技术和绿色建筑技术相结合的特点，开发出具有适宜性的健康宜居、绿色民居、掌上村落等绿色评价指标体系。这一领域的突破，将进一步为保障传统村落可持续发展提供科学依据。

关键词： 绿色建筑评价；传统村落；可持续发展；乡村振兴；健康宜居

67. 贵州布依族民居被动式节能设计研究

张博洋[1]、范金煜[2]

1. 贵阳学院城乡规划与建筑工程学院（贵阳，550000）
2. 贵州大学建筑与城市规划学院（贵阳，550000）

摘要： 布依族作为贵州省的土著民族，其民居不仅地域特色突出，在建筑设计的气候适宜性上也有着自己独特的手段。本文以贵州布依族聚落镇山村典型石木建筑为研究对象进行风热环境测试，与普通民居进行对比分析其被动式节能成效，并从建筑选址、建筑环境营造、建筑材料、建筑结构、建筑设计五个主要设计因素进行能耗分析，探讨布依族民居建筑被动式节能设计优势与不足，为今后乡村民居建设的节能优化设计提供有益的参考。

关键词： 布依族民居；风热环境；被动节能设计

68. 可自然通风建筑立面的降噪构造设计研究

肖毅强、唐帅、林瀚坤

华南理工大学建筑学院，亚热带建筑科学国家重点实验室（广州，510641）

摘要： 高密度城市发展使噪声问题日益突出，现有研究主要关注于建筑立面的密闭性以减少室内噪声，但针对兼具自然通风与降噪性能立面构造的研究较为缺乏。因此，本文在案例研究基础上，根据隔声原理对具有通风降噪复合性能的建筑立面进行分类比较，并从构造形式与材料特性的角度进行讨论分析。最后通过COMSOL软件模拟对各类型立面构造的降噪性能进行对比分析。结论可为通风降噪复合性能的立面构造设计提供参考。

关键词： 降噪；自然通风；建筑立面；构造设计

69. 基于外立面形态塑造建筑自媒体效应的几点思考

魏丽丽[1]、章一峰[2]

1. 浙江建设职业技术学院（杭州，311231）
2. 浙江共济幕墙有限公司（杭州，310000）

摘要： 建筑是城市天际线最直观的展示，优秀的建筑往往被当作一座城市的名片，如何在互联网浪潮下，让建筑在众多同类中脱颖而出且不媚俗得体现"网红"效应？本文尝试通过建筑外立面材质、形态、泛光照明、美陈、声学等多个专业维度的综合，探索建筑是怎样被赋予自媒体功能，塑造建筑自我传播的能力，让更多人自发选择成为网红"打卡地"，以实现最终营销的目的。

关键词： 建筑形态；跨专业；自媒体；网红建筑

70. 再问一章：从"声景、光景"到"热景观"的讨论

宋德萱

同济大学建筑与城市规划学院，同济大学高密度人居环境生态与节能教育部重点实验室（上海，200092）

摘要： 建筑技术是现代建成环境的设计主导，建筑物理环境因素成为建筑设计的创新原点；目前声景观、光景观的相关研究多集中在较大尺度层面，"热景观"的关注与研究尚显不足；本文围绕建筑学中城市设计、单体建筑设计的方法展开研究，通过横向比较与纵向梳理，建立空间热景分殊化理论（Space Thermal-scape Differentiation Theory），以"环境控制景观"的表述来整合建筑物理的"热景观"概念与机制，研究"热景观"的主要特点。论文将结合相关案例研究"热景观"的基本原理与设计方法，研究开辟建筑设计与建筑技术相结合的新模式，为深度落实绿色建筑与设计创新提供基本原理与设计思路。

关键词： 热景观；建筑设计；绿色节能；理论与方法；空间热景分殊化理论

71. 滨水街区江风渗透能力改善策略研究——以武汉市江岸区某街区为例

陈扬骏、陈宏

华中科技大学建筑与城市规划学院，湖北省城镇化工程技术研究中心（武汉，430074）

摘要:长江中下游地区经济发展迅速，水网密集，如何通过空间控制性设计来改善水体表面来风对滨江街区的渗透能力，具有重要的实际意义。本文以武汉某街区为例，通过CFD数值模拟的方法，以空气中的水蒸气含量作为研究指标，来探索街区形态与水蒸气渗透能力的关联。研究发现，街区的围合形态、建筑间距等对于江风渗透能力有显著影响。同时提出针对该街区的布局优化策略，为街区控制性设计提供指导意义。

关键词：数值模拟；滨水街区；空间形态

72. 自然语言视角下的建筑空间数据图像化方法研究——以寒地建筑为例

潘文特[1]、梅洪元[1,2]

1. 哈尔滨工业大学建筑学院（哈尔滨，150006）
2. 哈尔滨工业大学建筑设计研究院（150090）

摘要： 我们生活在一个数据爆炸的时代，大数据方法已经介入到建筑设计中，并使其产生了巨大变革。对于习惯于图像思维的建筑设计师而言，如何将海量数据转译为易于阅读的图像成为急需解决的问题。本研究旨在借鉴自然语言研究中的逻辑和方法，将其应用于建筑空间数据图像化过程中，从而总结出一种空间数据图像化的方法，为大数据介入建筑和城市设计提供一种新的路径。本文将以寒地建筑为例，举例阐释建筑空间数据图像化过程。

关键词： 空间数据；图像化；自然语言；寒地聚落

73. 吐鲁番地区传统高架棚民居与新式民居夏季热环境测试研究

陈洁、杨柳、罗智星

西安建筑科技大学建筑学院（西安，710055）

摘要： 吐鲁番地区民居是在干旱荒漠气候下形成的独特居住形态，为了解吐鲁番乡村民居降温模式和夏季室内热环境状况，选取典型传统高架棚式民居和新式民居进行夏季室内热环境测试和使用方式调查。结果表明生土房间、砖混民居夏季室内热环境远离中性温度区间，半地下室达到夏季热舒适标准，温度平均偏差0.21，热稳定性及湿度相对较高，高架棚缓冲空间过热时段12：00～17：00，与室内空间中性时段交叉。提出吐鲁番民居建筑宜增加庭院遮阳延长热环境中性时段，对重质围护结构改善通风路径，增加夜间通风降温。通过优化民居被动式降温模式，为该地区民居室内热环境的改善与热工设计提供量化依据。

关键词： 吐鲁番；高架棚民居；热环境；被动式降温

74. 中国传统密集住区消防初探——以江苏南通西南营街区为例

俞昊、陈薇

东南大学建筑学院（南京，210096）

传统木构建筑营造技艺研究国家文物局重点科研基地（东南大学）（南京，210096）

摘要： 在中国传统密集住区中，人口多、建筑密度高、街巷狭窄、消防问题突出。本文以江苏南通西南营街区为例，通过实地调研、访谈居民，辅以历史文献，探究古人如何通过改进城市住区营造和完善消防组织来增强密集住区的防火能力，以期深入认识古人如何通过高效的措施、从居民生活的各方面解决消防问题。

关键词： 传统密集住区；消防；南通西南营街区

75. 表象背后——浅析人防工程的设计逻辑

杨秀锋

阳光壹佰置业集团有限公司总部产品中心设计部（北京，100000）

摘要： 人防工程之所以复杂是由其特殊的使用环境决定的。使用环境的性质决定了防御对象的内容，防御对象的内容决定了采取防御措施的不同，而防护对象的不同会影响防御措施的细节。人防工程设计就是围绕着防护对象、防御对象和防御措施三者展开的。本文从上述三者关系入手，首先剖析了人防类别和人防等级划分背后的逻辑和原理。在此基础上，重点分析了人防口部设计，从人的流线、气的流线以及人、气流线的结合三个方面剖析了人防口部设计原理，清晰呈现复杂表面下的缜密逻辑。

关键词： 人防；逻辑；流线；策略

76. 砖行砌语——清水砖幕墙系统

方云飞

清华大学建筑设计研究院有限公司（北京，100084）

摘要： 红砖作为建筑材料经过数千年的文化沉淀，有着有别于其他材料的宁静与深沉。砖体型小、规格统一，可以通过多种砌筑工法，达到丰富的建筑效果。从平整的建筑墙体到造型丰富、各种材质交融的建筑形象，红砖的砌筑更需要独创工艺的技术支撑。为此研发设计的清水砖幕墙系统在传统砌筑工艺基础上，增强了外饰面单砖砌体墙的稳定性；由承重结构和外挂拉结系统组成的一套稳定的结构体系增加了幕墙整体性，在抗震实验中表现优良。

关键词： 红砖；砖幕墙系统；砌筑工艺

77. 竹建筑中的复合竹材制备及运用

陈启泉[1]、陈聪睿[2]、周韬[3]

1. 天津大学建筑学院（天津市南开区，300072）
2. 中国建筑科学研究院（北京市朝阳区，100013）
3. 南昌大学建筑工程学院（江西省南昌市，330031）

摘要： 在建材的可持续性需求背景下，竹材具备天然、环保、可再生特征而备受关注。本文通过对比原竹和复合竹材两种材料，比较了两者的制备方法及力学性能、在建筑中的运用方式、优缺点。通过两者的对比，总结出传统原竹顺纹抗剪性能差、强度和刚度分布不均、易腐蚀霉变等缺陷，指出了复合竹材的力学性能优异、尺寸不易受限、建造方便、维护简单的优势，并阐释了重组竹材和集成竹材这两种复合竹材的制备技术及在竹建筑中的运用方式，最终对未来复合竹材的制备和运用提出建议。

关键词： 原竹；复合竹材；建材；制备；运用

专题五　建筑教育

78. 创新团队建设模式下的建筑学专业课程体系改革刍议

李蒙、李震

陆军勤务学院军事设施系（重庆，401311）

摘要： 高校创新团队在师资力量、教研结合和军民融合等方面具有独特优势。为此，应积极利用高校创新团队建设的契机，通过课程设置、教学模式、实训平台及更新机制推进专业课程体系建设，提高军队院校建筑学专业生长军官的任职能力。

关键词： 创新团队建设；建筑学；专业课程体系；改革

79. 以传承和发扬工业城市建筑文化为特色的建筑学实践教学改革探索——以沈阳工业大学建筑学为例

李维[1]、宁宝宽[1]、张靖宇[1]、沈力源[2]

1. 沈阳工业大学建筑与土木工程学院（沈阳，110000）
2. 辽宁省建筑设计研究院第四设计所（沈阳，110000）

摘要： 立足东北老工业基地沈阳的城市更新与转型，从职业化教育的观念出发，结合我校建筑学专业实践教学，探索以传承和发扬工业城市建筑文化为特色的建筑学实践教学体系；在实践中，以建筑环境认识实习与历史建筑测绘实习两门课程为依托，坐标废弃锅炉房改造项目——刘鸿典建筑博物馆为调研原点，辐射其周边老旧社区，以学生参与工业城市更新项目的方式使得工业城市建筑文化得以传承和发扬。

关键词： 建筑学；实践教学内容；工业城市更新；建筑环境认识；历史建筑测绘

80. 问题意识主导下的专题化教学在建筑设计课程中的应用探索——以"基地—概念"建筑设计训练为例

赵冬梅、范文兵、刘小凯

上海交通大学设计学院建筑学系（上海，200240）

摘要： 提高学生的问题意识，培养设计创新人才是当今建筑设计教学要解决的主要问题。打破传统功能—类型训练的方式，探索设计教学的新路径是开放并多元的。本文探讨的课程设计是遵循建筑设计教学目标的内在逻辑关系，围绕建筑学本体问题对建筑设计教学内容进行整合、提炼，选取专题、确定教学方案，并在问题意识主导下组织教学活动。以上海交通大学建筑学系二年级建筑设计课"基地-概念"专题的建筑设计训练为例，探索在问题意识主导下的专题化教学的课题设计、问题导向、环节推进和成果把控的整个教学设计。

关键词： 问题意识；专题化教学；课程设计；基地—概念

81. 迈向日常生活的建筑设计逻辑——以2017SUNRISE杯大学生建筑设计方案竞赛一等奖作品为例

苗欣

湖南大学建筑学院（长沙，410008）

摘要： 通过对湖南大学三位同学参加并获一等奖的2017"SUNRISE杯大学生建筑设计方案竞赛"的教学过程中发现的问题及教学引导，介绍指导教师"日常生活"范式的建筑设计教学体系强调的在设计启动阶段以"人群"、"场地"、"概念"三者共同切入、建立设计者个人价值判断、发动建筑设计的空间思维逻辑，以及基于作为"事件"的行为发生场所营构的建筑语言组织可能进行探究的整体性思考教学思路。

关键词： "日常生活"范式；空间建构；人群；场地；概念；叙事；找形；整体性思考

82. 艺术与技术之间——建筑设计基础课程中的建造实践教学探索

李丹阳、吕健梅

沈阳建筑大学建筑与规划学院（沈阳，110168）

摘要： 建筑是艺术与技术的结合，通过建造实践作为一种建筑设计的有效途径，越来越受到国内外建筑院校的重视。该文总结了建造实践的教学目的及其在建筑设计基础课程中的价值体现，结合当前沈阳建筑大学建筑学院建筑设计基础课程中建造实践教学的基本情况，对建造实践课程展开了进一步的思考并提出建议，以期对今后建造实践教学的发展有所启示。

关键词： 建筑设计基础；建造实践；建造教学

83. 基于VR（虚拟现实）方法的空间认知教学

滕夙宏、白雪海

天津大学建筑学院（天津，300000）

摘要：介绍了天津大学建筑学院在建筑设计基础教学中，通过引入VR（虚拟现实）的教学方法，提升学生的三维空间体验，帮助学生更好地理解空间生成的逻辑，进而VR的帮助下进行空间认知和设计的教学实践。实践证明，这种方式有效地促进了学生的主动思考和建构空间思维。

关键词：建筑设计基础教学；空间；VR（虚拟现实）

84．传统文化视角下的福建永泰庄寨田野考察

王小红[1]、范尔蒴[2]

1．中央美术学院建筑学院（北京，100000）

2．中央美术学院建筑设计研究院（北京，100000）

摘要：中央美术学院建筑学院《建筑认识实习》课程是通过下乡实践，培养学生在民居测绘、环境分析、田野调查等方面的专业技能；通过在地，学生建立起地域文化背景下建筑与村落关系的认知；课程同时要求学生了解庄寨的历史民俗、生活现状，通过在人类学和社会学范畴的调研，全面认知形成庄寨物质空间的各种地域、社会和文化因素。

我们把这些田野考察以测绘图和速写的形式表达，将建筑与传统文化及生活进行表现性重构，既培养了学生观察及表现能力，也为当地提供了独特的视觉视角，为宣传乡村振兴、提升乡村人居环境贡献专业力量。

传统文化对于当今建筑理论和实践的意义在于对本土建筑元素的概括与提炼，从文化层面解读传统建筑与村落的形成和特征，在现代建筑设计中体现地域性和民族性，这是未来中国当代建筑发展的回归之路更是必由之路。

关键词：下乡实践；田野考察；本土化教学；在地扩展